水陆一体化机动式
船载三维时空信息获取技术

中水珠江规划勘测设计有限公司
何宝根　赵薛强　麻王斌　王小刚　孙　雨　著

黄河水利出版社
·郑州·

内 容 提 要

本书共分8章。第1章为概述,主要阐述国内外的研究现状及相关技术。第2章为定位导航技术,主要介绍当前主流的定位技术,包括PPK/RTK技术。第3章为水位获取技术,主要介绍水位获取的方法、技术、水位的处理等。第4章为多波束测深技术,主要介绍多波束测深技术原理和主流的多波束测深设备等。第5章为三维激光扫描技术,主要介绍三维激光技术原理和主流的三维激光扫描设备等。第6章为水陆一体化三维测量技术,主要阐述船载系统的集成、应用和数据处理等。第7章为无人船船载三维时空信息获取技术,主要介绍无人船船载系统的集成、应用和数据处理。第8章为技术示范应用。

本书主要供海洋、水利、水电等测绘领域工作者阅读,也可供大专院校相关专业师生学习参考。

图书在版编目(CIP)数据

水陆一体化机动式船载三维时空信息获取技术/何宝根等著.—郑州:黄河水利出版社,2022.6

ISBN 978-7-5509-3291-3

Ⅰ.①水… Ⅱ.①何… Ⅲ.①三维-测绘-应用-水利工程测量②三维-测绘-应用-水力发电工程-工程测量 Ⅳ.①TV221

中国版本图书馆CIP数据核字(2022)第092235号

组稿编辑:王志宽　电话:0371-66024331　E-mail:wangzhikuan83@126.com

出 版 社:黄河水利出版社　网址:www.yrcp.com

地址:河南省郑州市顺河路黄委会综合楼14层　邮政编码:450003

发行单位:黄河水利出版社

发行部电话:0371-66026940、66020550、66028024、66022620(传真)

E-mail:hhslcbs@126.com

承印单位:广东虎彩云印刷有限公司

开本:787 mm×1 092 mm　1/16

印张:26.75

字数:620千字

版次:2022年6月第1版　印次:2022年6月第1次印刷

定价:220.00元

前　言

测绘专业是中水珠江规划勘测设计有限公司(原水利部珠江水利委员会勘测设计研究院,简称中水珠江设计公司)的传统优势专业。该公司是水利部重点装备水域测量设备的单位之一,是国家首批甲级资质测绘单位及综合勘察甲级资质单位,于20世纪80年代初引进的美国MRS-Ⅲ微波自动定位测深系统引领近海区大面积水深测量领域达十年,2009年被广东省总工会授予“工人先锋号”荣誉称号,至今涌现出多名省部级劳模。

测绘资料是勘测设计的基础。多波束测深技术、三维激光扫描技术是当今最先进的测量技术,机器代替人又是测绘今后的发展方向。如何通过海陆空测绘手段,快速获取三维测绘资料并自动识别、勾绘出地形图等多种测绘产品是工程建设迫切需要解决的问题,也是未来的发展方向。

2009—2021年间,在中水珠江设计公司领导及同事的大力支持下,作者参与引进了“高精度GPS星链差分系统关键技术引进”“第五代高分辨率宽带多波束测深系统”“船载激光三维扫描系统”等3项水利部“948”科研项目,均获得A级的最高评价,受到主管部门的高度肯定;参与了广州市科技支撑计划项目“无人直升机激光扫描快速数字地形测绘系统研究与设计”示范应用工作,获得专家好评。期间还大力发展无人船、无人机测绘事业,先后引进了便携式无人船、固定翼无人机、旋翼无人机、倾斜摄影测量及机载激光雷达等先进测量设备。通过引进、消化、吸收并集成创新,这些先进设备和技术在流域重要河道地形测量等水利重大前期项目,以及新干航运枢纽、大藤峡水利枢纽、八渡水电站等重大涉水工程项目中进行了示范应用,并向其他行业推广,彻底改变了测绘外业的作业方式,实现了海陆空三维一体化测绘和外业转内业的革命性变化,减轻了劳动强度,提高了劳动生产率,跟上了时代的发展潮流。“江西永泰航电枢纽工程无人机低空摄影测量”“珠江流域重要河道(西江干流)地形测量”“珠江流域重要河道地形测量(三期)”“珠江河口四期水下地形测量”等项目先后都荣获全国优秀测绘工程奖银奖,“大范围海域实时水位解算方法研究”荣获中国测绘学会科学技术奖二等奖,“水陆一体化机动式船载三维时空信息获取系统”荣获大禹水利科学技术奖三等奖。

为总结中水珠江设计公司十多年来在海陆空测绘方面的先进技术和工作经验,打造公司核心竞争力,给读者以借鉴,特撰写海陆空测绘新技术系列专著。

本书是海陆空测绘新技术系列专著之一,主要介绍多波束测深技术、三维激光扫描技术以及水陆一体化三维测绘技术,共分8章:

第1章:概述,主要阐述国内外的研究现状及相关技术。

第2章:定位导航技术,主要介绍当前主流的定位技术,包括PPK/RTK技术。

第3章:水位获取与改正技术,主要介绍水位获取的方法、技术和水位的处理等。

第4章:多波束测深技术,主要介绍多波束测深技术原理和主流的多波束测深设备等。

第5章:三维激光扫描技术,主要介绍三维激光技术原理和主流的三维激光扫描设备等。

第6章:水陆一体化三维测量技术,主要阐述船载系统的集成、应用和数据处理等。

第7章:无人船船载三维时空信息获取技术,主要介绍无人船船载系统的集成、应用和数据处理。

第8章:技术示范应用,以项目作业为例进行示范性应用介绍。

本书前言、第1章、第4章、第7章由何宝根、麻王斌撰写,何宝根撰写13万字,麻王斌撰写5万字;第2章、第3章由赵薛强撰写,计12.7万字;第5章、第6章由孙雨撰写,计10万字;第8章及参考文献由王小刚、麻王斌撰写,王小刚撰写14万字,麻王斌撰写7万字;全书由何宝根统稿。

本书代表了当前先进的海陆三维一体化测绘水平,是集体智慧的结晶,在撰写过程中得到各级领导及项目组的大力支持,并参阅了大量国内外资料,河海大学的实习生刘焕宇同学也为本书的汇编付出了努力,在此一并表示感谢。

由于资料收集未能全面,加之作者水平有限,错漏难免,敬请读者批评指正。

作 者

2022年1月

目　录

第1章　概　述

1.1　水陆一体化机动式船载三维时空信息获取技术发展概况

1.1.1　陆上三维激光测量发展现状

1.1.1.1　国内外三维激光扫描技术研究现状

三维激光扫描技术作为一种新兴的高新手段，在测绘应用当中主要采用激光测距原理，瞬时获取被测目标表面的三维坐标。三维激光扫描技术相比于传统测量手段的优势在于可以迅速地扫描被测目标，不需要接触目标物、无须棱镜即可直接获得高精度的点云数据，这样可以高效地对目标物体进行三维建模和重现。目前，三维激光扫描技术被广泛地运用在越来越多的工程实践和科学研究项目中(Han et al. ,2016)。

国外对三维激光扫描技术的研究比国内更加深入，一些先进的技术理念和仪器设备也出现的更早，技术上更加先进、完善。目前，市面上很多高精度的三维激光扫描仪都是国外厂家生产的，比如 Trimble 公司生产的 TX8 型激光扫描仪扫描误差小于 2 mm，Riegl 公司生产的 VZ6000 型激光扫描仪扫描距离最远可达到 6 000 m。此外，Leica 公司生产的 ScanStation P50 扫描仪不仅具有获取三维坐标、反射率和颜色信息等功能(Wang et al. , 2016)，还兼有全站仪的功能。在软件方面，由于国外研究起步早，很多厂家对自己的仪器都研发了配套的处理软件，例如 Leica 公司的 Cyclone、Riegl 公司的 Riscan 系列、Optech 公司的 PolyWorks 等。

国外对三维激光扫描技术的研究比较成熟，扫描仪和相关点云数据处理软件已经商业化。性能比较好的扫描仪有瑞士 Leica 公司的 ScanStation 系列和 HDS 系列、美国的 Trimble G 系列和 FRRO Fouce 系列、奥地利的 Riegl VZ 系列和 LMS 系列、加拿大的 Optech 公司等。对应的数据处理软件是 Cyclone、Trimble Realworks、Faro Scene、Riscan Pro、PolyWorks。国外学者对于扫描仪技术的应用做了很多的研究，取得了不少学术成果。1999 年，美国斯坦福大学等对米开朗基罗雕像扫描，运用获取的 7 000 张 RGB 照片重建了雕像三维数字模型。Allen P K 等将三维激光扫描仪和 CCD 相机结合，获取了物体的三维点云数据和图像信息。2008 年，瑞典的 Khaled Nabbout 验证了三维激光扫描技术在城镇规划中测量道路、铁路和隧道测量应用的可行性。Baltsavias E 等通过对人为和自然的文化遗产扫描数据，自动处理数据，实现了对被测物体的重新建模和可视化显示。在变形监测方面，Leonov AV 等运用三维激光扫描仪对 Moscow 的 Shukhov tower 进行扫描，建立了 Shukhov tower 的 3D 钢结构模型，为以后变形监测、模型重建提供了参考模型。

相比之下,国产仪器硬件方面的研发虽然一直在追赶,但起步晚、起点低,生产的仪器还是和国外有一定的差距。目前,较为先进的仪器有中海达的 HS1200 等。国内针对点云数据处理软件的开发还比较少,有中海达的 HD Pt CloudModeling-北京数字绿土科技的 LiDAR360 等。近年来,国内兴起了三维激光扫描仪研究热潮,取得了一定的成果。武汉大学自主设计了“LD 激光扫描测量系统”,率先研发利用激光扫描、多传感器集成、无线通信等综合技术实现野外测量数据实时自动采集传输、智能数据处理和数据管理的功能。中海达自主研发了新款 HS 系列高精度三维激光扫描仪,并推出了便携式三维激光扫描仪和 Iscan 车载扫描仪。广州星上维智能科技有限公司的手持扫描仪、北京天绘的 U-Arm 系列、北京天远的 OKIO 系列等三维扫描仪,已经在工程建设、生产制造和医疗行业等有了广泛应用。国内学者对三维激光扫描技术研究应用进行了大量研究和试验。秦始皇兵马俑博物馆自 2007 年以来,对兵马俑实体和一号铜车马进行了三维扫描,并完成了三维数字建模。李永强等将三维激光扫描技术与多种精密测量技术进行融合,将其应用到白马寺齐云塔的数字化保护中,获得了塔的三维数字模型,提高了测量成果可信度。赵俊兰等运用三维激光扫描技术对汶川地震遗址进行三维虚拟重建应用研究,重建了地震遗址三维地物地貌。高绍伟等提出在点云和 TIN 模型基础上,人工提取地形点、地物高程点和特征点的方法,验证了三维激光扫描技术在大比例尺数字测图方面的可行性。在变形监测方面,郭超等对山东某煤矿开采沉陷区大坝沉降进行扫描监测,证明了扫描仪能满足矿区的变形监测。吴侃等将三维激光扫描技术应用在建筑物变形监测中,提出用特征线方法判定建筑物变形的理论,取得了较好结果。扬帆等运用三维激光扫描仪对尾矿边坡进行监测,采用不同方法比较分析,提取出边坡变形数据。

1.1.1.2 三维激光扫描技术在测绘中的应用现状

三维激光扫描优势突出,在测绘工作中应用十分广泛。

在矿山测量方面,杨亮亮针对目前矿山的生产现状面临的问题进行分析,提出无人机搭载三维激光扫描仪在矿山采空区的使用,无人机存在的缺陷需技术攻关问题,提出先进测绘设备代替传统测量方式,新的测量方法的优势,为解决矿山安全隐患提出了有效依据,并且为今后的矿山开采及环境治理提供建议。金卓等基于三维激光扫描,以新疆某现代化矿井为研究对象,对矿井开拓巷道围岩变形测量技术进行了研究,在矿井软岩巷道的测试绘画过程中,根据被测量的区域实际地质情况等,以标准靶点云数据的方式进行采集。对被测区域的测量点进行筛选也是首要任务,尤其是扫描测量最大范围、点云数据的采样密度等参数指标的设置环节。针对单站点三维激光扫描点云,提出了一种基于圆柱形投影面巷道建模方法,通过这个方法可以高效便捷地对点云数据自动化建立相关体系模型。根据试验结果显示,所采用的方法在进行矿井巷道三维立体模型的构建时具有非常高的精度,构建模型精度由获取的点云精度决定,通过检校场分析、评定点云数据精度,扫描距离为 41 m、81 m 时,点位精度分别为±4.8 mm、±6.4 mm。相比于 Leica Cyclone 9 方法,该方法具有一个极大的特点是可实现自动化,并且十分高效精准。针对单站点三维激光扫描点云模式,以圆柱投影的方式对矿井巷道进行建模,为后续的多站点建模提供了理论基础。

在工程施工测量方面,胡玉祥等以某地质勘探电力管廊项目为例,介绍三维激光扫描技术用于空间坐标传递的作业流程，分析作业过程中误差影响因素和提高精度的方法，为类似工程提供了良好的借鉴作用。莫师慧采用全站仪、三维激光扫描仪和测距仪对贺院小区地下室进行竣工验收测量，全站仪负责地下室的绝对定位，三维激光扫描仪和测距仪则用于测量地下室的边长。利用三维激光扫描仪获取地下室的三维数据，再结合测距仪测量每条边的边长数据做比较分析，三维激光扫描仪的测量精度完全满足城市规划验收要求。三维激光扫描仪具有扫描效率高、数据信息量大、精度高等优点，并且可以将任何复杂的环境现场逼真地模拟出来，充分体现了该技术的实用性和科学性。随着科技的不断发展，三维激光扫描技术将会在竣工测量中得到更广泛的应用。赵兴友创新性地提出了将根节点聚合技术应用在海量倾斜摄影三维模型数据当中，从数据量、节点数、显示速度等方面进行了大幅度的优化，为海量三维数据在虚拟三维场景中的应用提供了基础，对海量三维数据的实时调用进行了试验并提供了可行方案。该技术能够大幅提高倾斜摄影三维模型数据的动态可视化速度，无论是 PC 端、Web 端还是移动端都能受益于此项优化，以达到最佳的访问效果。使用根节点聚合技术进行三维模型处理，为各行各业以及普通民众使用高精度大数据量的三维模型提供了可能，为智慧城市建设、全球测图等项目提供助力和支撑。阳杨针对三维激光扫描技术展开研究，着重分析该技术在道路工程断面测量中的应用情况。首先阐述三维激光扫描技术原理，其次介绍道路工程断面测量的作业流程，最后提出具体的三维激光扫描技术应用措施。田泽海、杨友生等针对常规方法对异形建筑进行规划条件核实测量时效率低的问题，以广州市第三少年宫为例，提出了利用三维激光扫描技术进行规划条件核实测量的新思路。结果表明，基于激光点云数据对异形建筑进行规划条件核实测量的技术是可行的，能有效加快规划部门行政审批效率。余章蓉、王友昆等采用 Trimble X7 进行建筑工程竣工测量，实现了外业数据采集的自动化，减轻了劳动强度，提高了工作效率；同时，获得了丰富的三维数据成果，特别是在立面图绘制、后期三维建模方面较传统竣工测量有明显的优势；在成果精度方面，能够满足相关规范的要求，因此能够作为替代传统竣工测量的一种测绘手段。随着设备测程和精度的进一步提高，以及设备成本的降低，三维激光扫描仪的应用前景将更加广泛。宋鹤宁、唐春晓通过对比分析传统竣工测绘和华测 HERON 背包 SLAM 激光扫描系统两种测绘方法，探讨 HERON 背包 SLAM 激光扫描系统在建筑竣工测量中的实用性。周世明为解决铁路隧道施工贯通误差对隧道限界的影响问题，结合工程案例，研究利用三维激光扫描技术进行隧道净空断面几何形态测量，并通过隧道中线调整来实现消除贯通误差的方法，并从如何高效准确获得整个隧道的点云数据，以及如何快速提取净空断面两个角度，介绍利用三维激光扫描技术实现铁路隧道净空断面快速测量的技术方案及作业流程。研究结果表明，采用该技术测量的净空断面精度高、数据丰富，可满足隧道中线调整设计要求；通过对 940 个隧道净空断面数据的综合分析，证明调整曲线半径的方法对隧道贯通误差消除的有效性。周美川则通过三维激光扫描技术在古建筑测绘工作的实践应用，系统地阐述了从扫描采集数据至绘制建筑图的过程及策略，采用三维激光扫描技术进行古建筑测绘可有效提高测量精度和数据完整性，省时省力、效率高。同时，非接触的测量方式不会对古建筑造成损伤，在技术层面上加强了古建筑、文物的保护和传承。牛英杰以 S 市因地铁下穿 JS 高速引起高速公路路面沉降作为背景，结合实例探讨了三维激光扫描技术在高速公路沉降监测当中的应用。

在地形测量方面,地面三维激光扫描仪近似于具有免棱镜功能的全站仪,由一个LIDAR激光扫描仪和数码相机以及内置的控制系统构成,数码相机可以外置连接,也可以内置在系统中。将它们固定在三脚架上,类似于全站仪一样架设在地面进行作业。地面三维激光扫描系统对目标的扫描是利用红外激光束以及快速的扫描系统高速地获得非接触式的数据。高准确率的激光测距是建立在独特的回响数字化和联网波形分析上的,这种技术使得仪器在不利的天气条件下或者得到多重目标回响的情况下,仍然可以获得较高的测量水平。随着地面三维激光扫描技术在国内应用普及程度的逐步提高,地面三维激光扫描系统设备在测绘市场拥有率显著增长,但国外产品在中国市场日前还占主导地位。郑贤泽等介绍了三维激光扫描技术的原理,阐述了利用三维激光扫描技术在地形测量中的工作流程,通过在硬件方面和数据处理方面同传统测量手段进行比较,证明其具有一定的优越性,旨在推动三维激光扫描技术在测绘领域更广泛的应用及更深层次的研究。

在水利工程测量方面,秦立华结合工程实例,分析了三维激光扫描技术在水利测绘中的应用,分析结果表明,在水利工程测绘中成功应用三维激光扫描技术,既能大幅度提升测绘的精度和效率,又能降低操作的复杂性,价格也比较适中,可为水利工程后期施工提供数据支持和理论指导,符合目前我国水利工程事业发展相关规范和标准的需求,具有非常广泛的应用价值,可进行大力推广应用。虞道祥以江门市江新联围为主要研究对象,分析了三维激光扫描技术在水利工程测绘中的研究,认为由于我国诸多水利工程的建设工作都会是带状和在偏远的山区进行,山区地形复杂、交通不便、环境恶劣,在一定程度上影响了水利工程测绘的效率。而三维激光扫描技术则可以在短时间内获取大范围的三维数据,这种技术在偏远的山区当中也可以应用。采用三维激光扫描技术可以提高测量的效率,降低相关技术人员不必要的劳动时间,具有良好的经济效益,应该被广泛地推广与应用。

1.1.2 水下多波束测量发展现状

1.1.2.1 国内外多波束测深系统研究现状

多波束测深仪在国外的研究开始的比较早,一些仪器设备出现的更早,型号更加全面,性能上也更优越。

20世纪60年代,美国海军研究署资助的军事研究项目中,就提出了多波束系统。1962年,美国国家海洋调查局对刚刚生产研究出来的窄波束回声探测设备(NBES)进行了试验。两个换能器阵列首次出现在这套多波束系统上,发射阵安装于船的龙骨,波束角度是2.66°×54°;其接受阵列方向垂直于龙骨,产生的波束数是16,发射角为20°×2.66°,试验发现,接收到16个窄波束,角度是2.66°×2.66°。早期系统通过垂直参考单元稳定发射波束,经过数字化后,通过图形记录纸以海底剖面的形式显示出来。通过这一次试验,证明了单波束的精度远远不及NBES。

随着计算机技术的不断发展、军事经济需求的不断增大,美国通用仪器公司认为,水下地形的大幅度测量可以通过升级和改造NBES完成。1976年,多波束系统使用数字化计算机及硬件控制系统,第一台多波束扫描测深系统从此产生,简称 SeaBeam。SeaBeam 系统有 16 个波束,波束角度为 2.66°× 2.66°,垂直龙骨面开角为 42.67°。此系统增加了计算机处理系统,可以对 16 个纵横稳定的波束进行同时处理,并且对其横摇在软件中进行改正。内插处理这 16 个波束,通过声速剖面的声线改正获得实测深度。SeaBeam 的测量深度在横向上,可以达到水深的 80%,当水深为 200 m 左右,海底实际的扫幅宽度大约是 160 m;水深为 4 000 m 左右,扫幅宽度约为 3 200 m。SeaBeam 系统的工作频率是 12 kHz,其最大测深 11 000 m。

多波束测深系统经过 50 多年的发展,研究进展迅速,在研制和生产上面,各公司加大投入,研制出多种型号的设备,国外先后生产和推出多种多波束测深系统。20 世纪 80 年代,美国海洋研究集团(NECOR)对 SeaBeam 的数据采集、处理、综合及显示能力做出相应完善。SeaBeam 具备强大的声呐系统,但导航功能不完善,需要先对数据进行采集,然后才可以综合处理成图。先进的计算机技术在多波束数据的提取和整理上应用,海陆数据的测绘和整理从此实现,在储存和数据处理方面进展迅速,能够满足多任务、多用户的需求。

世界上第一个商用的多波束测深仪被称为 SeaBeam,它于 1977 年 5 月在澳大利亚 HMASCook 调查船上投入使用。20 世纪八九十年代,随着技术的进步,开发了适用于浅水高分辨率测绘的高频系统。1989 年,阿特拉斯电子公司在德国研究船 Meteor 上安装了称为 HydrosweepDS 的第二代深海多波束。现在 Elac 公司和 SIMRAF 公司的产品比较完善,从浅水、中水到深水区域,都有相应的多波束测深仪产品。

总结国外的先进技术可以发现,国外先进多波束测深声呐的关键技术有这些:

(1)高精度高分辨率技术。为了提高测量分辨力,国外设备均使用较小的信号脉宽,比如说 EM2040 设备的信号脉宽为 25 μs,为了适应不同测量精度和测量范围的要求,设备的工作频率可以在大频率范围内选择,例如 R2Sonic 2024、EM2040 和 Seabat T20-P 的工作频率可以在 200 kHz 内进行调整。

(2)宽覆盖技术。为了增加覆盖范围,EM2040 采用了双探头,将两个探头组合成 V 形,Fansweep Coastal 30 采用了 U 形基阵来增大边缘波束的接受口径,实现宽覆盖测量。

(3)脉冲调频技术 Frequency modulation(FM)。为了更加扩大波束覆盖范围,EM2040 和 Seabat T20-P 都使用了调频技术,引用了压缩脉冲方法来提高信号信噪比,使其在不改变分辨力的情况下,增大测深范围。

(4)姿态平稳技术。为了降低船身摇晃带来的测深数据误差,R2Sonic 2024 使用了横摇姿态平稳技术,补偿了横摇、竖摇,保证了测深数据的准确。

(5)高帧率技术。为提高测量精度,Fansweep Coastal 30、R2Sonic 2024 和 Seabat T20-P 的帧率都达到了 50 Hz,R2Sonic 2024 则达到了 60 Hz。

(6)近场聚焦技术。为了避免近场效应导致的分辨力下降,Fansweep Coastal 30、R2Sonic 2024 使用了近场接收动态聚焦技术来解决,在近场时也可以实现高分辨率测深。

(7)海底检测与跟踪技术。为适应各种不同需求,第五代测深声呐集成了各种高级的检测技术,例如 Fansweep Coastal 30 的实时管道检测与跟踪技术、多目标检测技术和自动的地形跟踪技术。

(8)Multi-Ping 技术。声呐设备的帧率因为被远测量距离限制不能再提高了,所以为了进一步提高测深分辨力,R2Sonic 2024 使用每帧两条覆盖线的测深技术,Fansweep Coastal 30 采用了频分复用技术同时覆盖了 8 条覆盖线,实现了在船速较快情况下的精确测深。

综上所述,结合国外发展进程可以看出集海底地形信息一体化多波束测深声呐是未来海底测深技术的主要发展方向。国外致力于从信号处理角度提高多波束测深的效率和分辨力,例如高分辨率技术、FM 技术、宽覆盖技术等。在硬件条件不易突破的条件下,通过改变声呐设备的信号算法理论是国外的发展趋势。

国内最早的多波束测深系统研制开始于 20 世纪 80 年代中期,该多波束测深系统采用传统的模拟波束形成技术,形成 25 个波束,沿着航迹方向开角为 3°,垂直航迹方向开角为 2.4°~5°,覆盖宽度 120°。这也是我国最早的多波束测深系统尝试,但由于当时技术条件的限制未能投入实际应用。2000 年后中国科学院(简称中科院)声学研究所重点开展了基于相干原理的侧扫声呐的研究工作,在基于侧扫声呐的地形地貌探测理论和设备研制方面取得了重要进展。

到 20 世纪 90 年代初,国家有关部门从国防安全和海洋开发的战略需要出发,委托哈尔滨工程大学主持,海军天津海洋测绘研究所和原中船总 721 厂参加,联合研制了用于中海型的多波束测深系统,该系统属于用于大陆架和陆坡区测量的中等水深多波束测深系统,它的工作频率为 45 kHz,具有左右舷共 48 个 3°×3°的数字化测深波束,测深范围为 10~1 000 m,覆盖范围为 2~4 倍水深(覆盖宽度 126.8°)。该型条带测深仪的研制成功,使我国成功跻身世界具有独立开发与研制多波束测深系统的少数国家之列。

2006 年,哈尔滨工程大学成功研制了我国首台便携式高分辨浅水多波束测深系统,测量结果满足 IHO 国际标准要求,鉴定专家认为其主要技术指标达到现阶段国际同类产品先进水平,具有极大的推广价值。

在“十一五”863 计划、国家自然科学基金等项目的支持下,哈尔滨工程大学已拥有不同技术指标和特点的 HT-300S-W 高分辨多波束测深仪、HT-300S-P 便携式多波束测深仪、HT-180D-SW 超宽覆盖多波束测深仪三个型号。其中 HT-300S-W 高分辨多波束测深仪和 HT-300S-P 便携式多波束测深仪处于小批量生产阶段,HT-180D-SW 超宽覆盖多波束测深仪处于样品阶段。

目前,除了哈尔滨工程大学研制的多种型号的多波束测深仪,一些企业如中海达也推出了自己的多波束测深仪,标志着我国的民企也拥有了研制多波束测深仪的能力。

1.1.2.2 多波束测深关键技术研究进展

对于多波束测深系统而言,较为关键的技术主要有声线跟踪计算技术、异常数据探测技术、条带数据拼接处理技术等。

1. 声线跟踪计算技术

声线跟踪计算技术是多波束测深数据处理最重要的技术环节之一,也是多波束测深区别于单波束测深的一个最显著的技术环节。声线跟踪计算是指根据波束入射角、声波往返时间和声速剖面数据,计算波束脚印在船体坐标系下平面位置和深度的过程。由于海水的作用,声波在海水中不是沿一条直线传播,而是在不同介质层的界面处发生折射,因此声波在海水中的传播路径为一折线。为了得到波束脚印的真实位置,必须沿声波的实际传播路径跟踪波束轨迹,该过程即为声线跟踪。通过声线跟踪得到波束脚印在船体坐标系下的空间位置的计算过程又称为声线弯曲改正。在声线弯曲改正中,声速剖面观测数据扮演着十分重要的角色,因此要求声速剖面必须准确地反映测量海域声速的传播特性。一般在每天测量前后都需要对声速剖面进行测定,遇到特殊变化海域,还需要加密声速剖面采样站点,并相应减小站内采样水层的厚度。

声线跟踪是建立在已知声速剖面参数基础上的一种多波束测深三维空间位置计算方法。将声速剖面内相邻两个声速采样点划分为一个层,层内声速变化可假设为常值或常梯度,由此产生两种类型的声线跟踪计算模型,即基于层内常声速假设下的声线跟踪模型和基于层内常梯度假设下的声线跟踪模型。根据以上两类声线跟踪模型,只要知道各水层的厚度,便可获得层内波束传播的水平位移和时间参量,而水层厚度(即深度)又是需要确定的参量。为了解决这一矛盾,实际应用中一般采用所谓深度追加法实现声线跟踪精密计算,其具体计算过程这里不再详细介绍。

为了简化声线跟踪计算过程,国内外学者又先后推出了声线跟踪误差修正法和等效声速剖面法。两种方法的原理都是基于这样的事实:①具有相同传播时间、表层声速和剖面声线积分面积的声速剖面族,对应相同的波束脚印归算结果;②波束脚印归算中的深度和水平位移相对误差只与各个层面的入射角、声速和相对面积差有关,与其他参数无关。误差修正法是通过选择一个简单的声速剖面(如零梯度声速剖面)作为参考声速剖面,根据两者的相对面积差,建立参考声速剖面与实际声速剖面之间的联系,进而修正参考声速剖面的波束脚印归算结果。等效声速剖面法是通过选择一个剖面声线积分面积与实际声速剖面积分面积相同的常梯度声速剖面(称为等效声速剖面),以零梯度声速剖面作为参考声速剖面,采用误差修正和类似于常梯度声线跟踪的方法,即可获得最终的波束脚印位置和深度。

以上几种声线跟踪计算方法各有特点,相比较而言,由于常梯度声线跟踪法的理论假设与实际情况比较吻合,因此计算精度相对较高,但计算过程比较复杂。等效声速剖面法计算过程相对简单一些,计算精度也能满足作业标准要求,因此具有实际应用价值。其他两种方法虽然计算过程比较简单,但计算精度难以满足要求,因此很少使用。与声线跟踪计算精度相关的因素有实际声速剖面的代表性、层内声速变化规律假设的合理性、表层声速误差、假定参数的选择(如等效声速剖面法中的参考深度)、计算模型误差。

2. 异常数据探测技术

多波束测深是在测量平台不断运动状态下进行的一种动态测量,这是海洋测量区别于陆地测量的显著特点。由于测量平台受海浪起伏、风、流等海洋环境效应的干扰,多波束测深数据采集过程难免出现假信号,形成虚假地形,从而使绘制的海底地形图与实际地形存在差异,这就是海洋测量信息获取过程中的粗差问题。由于工作模式特殊,多波束测深出现粗差的概率要远远大于单波束测深。显然,对这类异常数据,必须设法在数据处理过程中加以删除。但需要指出的是,海洋测深过程除会出现前面所指的粗差型异常数据(称为伪异常数据)以外,还存在另一类性质的异常数据,即所谓真异常数据,它们是海底地形局部剧烈变化的真实记录,这些信息对保证航海安全、海洋工程设计等都具有十分特殊的意义,因此不可将它们从数字成果中剔除。为了提高测量成果的可靠性,多波束测深数据处理过程特别增加了条带数据编辑技术环节,其主要工作内容是对异常数据进行探测和处理。由于多波束观测数据量非常庞大,异常数据检测和判别十分困难,因此数据编辑在多波束测深数据处理过程中占有很重要的地位,其工作时间一般是海上作业时间的2~3倍。目前,数据编辑模式主要有人机交互式编辑和自动编辑两大类。人机交互式编辑采用人机交互界面,直观性较强,可靠性较高,但工作效率较低,编辑结果与操作者能力有关,具有一定的主观性。自动编辑采用数学处理方法,工作效率高,但处理结果的可靠性与所采用的数学方法有关,具有一定的不确定性。在实际应用中,采用人机交互和数学处理相结合的数据编辑方法,可取得更好的处理效果。

3. 条带数据拼接处理技术

多波束测深系统是一个由多传感器组成的综合测量系统,测深数据质量不但取决于测深传感器自身的先进性,还与其他辅助测量设备的技术性能和海洋环境效应有关,多波束测深误差具有显著的多源性。除前面提及的粗差外,多波束测深还会受到一系列系统性和随机性误差的影响,产生这类误差的主要因素有:①仪器观测误差,如回波信号检测误差、声线跟踪计算误差等;②测深传感器安装校准剩余误差;③定位引起的位置误差;④GNSS 天线与换能器中心不重合引起的偏心误差;⑤静态与动态吃水改正误差;⑥声速剖面观测与代表误差;⑦姿态传感器观测误差;⑧姿态改正误差;⑨测深与定位不同步引起的时延误差;⑩潮汐改正误差。

在上述误差源中,由于它们各自的变化特性和量值大小各异,它们对测深结果的影响方式也各不相同。尽管在数据处理过程中,可以通过建立相应的数学模型和补偿方法来减弱上述误差源的影响,但由于各种干扰因素变化复杂,各类剩余误差的影响是难免的。

多波束测深系统是一种条带状测深设备,为了实现全覆盖海底地形测绘,在设计多波束测带间距时,一般要求相邻条带之间要有一定(譬如10%)的重叠区域,以确保较为完善地显示海底地形地貌和有效发现水下障碍物,同时为精度评估提供必要的内部检核条件。但由于受各类剩余误差的影响,多波束测深数据难免出现系统性偏差,特别是在边缘波束部分,从而势必导致相邻条带重叠部分数据之间的不符。为了获得覆盖整个测区的连续光滑的测深成果,必须对重叠区的采样数据进行融合处理,即对条带数据做拼接处理,这是多波束测深数据处理工作的一个重要组成部分。对各类误差源的作用机制进行深入分析,建立相应的误差补偿模型,是实现条带数据合理拼接的基本前提。

4. 主要研究进展

海洋资源开发、海洋权益维护和军事活动等各类应用需求极大地推动了多波束测深技术的发展,同时也促进了多波束测深数据处理关键技术的突破。关于多波束测深技术的发展和应用,Mccaffrey E K、Atanu B 等曾做过比较详细的论述和总结,李家彪最早将该技术介绍到国内,为推动我国多波束测深技术的发展发挥了积极作用。黄谟涛等对多波束测深技术研究进展情况进行了综述,指出该技术正在向着全海深测量、高精度测量、高分辨率测量和集成化与模块化方向发展。此后,我国学者在涉及多波束测深数据处理的多个关键技术领域,开展了大量的研究工作。黄谟涛、刘胜旋、刘经南等从不同侧面,对多波束测深误差、设备安装校准、参数校正、数据质量评估等问题进行了比较深入的探讨;张红梅等研究了精密多波束测量中的时延确定方法;丁继胜、何高文等分析研究了声速剖面对多波束测深的影响及其改正方法;为了削弱声速剖面代表误差对多波束测深精度的影响,赵建虎等提出利用实测声速剖面数据、温度与盐度剖面数据,采用两种方法分别建立区域空间声速模型;赵建虎、Xueyi Geng 等相继提出了声线跟踪计算和测点空间位置归算的改进方法;陆秀平等在对目前常用的声线跟踪计算模型进行分析研究的基础上,推出了一组更加精密的声线跟踪计算公式;徐永斌和刘雷等分析研究了多波束测深中的潮汐改正技术;为了满足沿岸浅水多波束测深需求,陆秀平、黄辰虎等提出了能够顾及潮时差变化的多验潮站多边形潮汐分区改正数学模型,设计了海量多波束数据处理通用的虚拟单验潮站改正模式。为了满足近海多波束测深需求,陆秀平等将 TCARI 模式引入水位改正,提出了基于余水位配置的海洋潮汐预报方法。在此基础上,建立了多波束测深水位改正标准作业流程,并研制开发了实用化的水位改正软件模块。

在多波束测深异常数据检测方面,国内外学者已先后提出了多种算法。在处理多波束测深数据时,Herlihy D R 和 Ware C 等提出通过比较每个测点(作为被检测点)的观测值与其周围测点加权平均值的差异,来判断异常值的存在;Shaw S、Arnold J 等提出使用 AR 模型确定异常水深位置;Jorgen E E G 提出通过统计检验剔除异常数据;Lirakis C B、K Bongiovanni P 等提出利用统计分析方法判别异常点;Mann M 等探讨了中值滤波算法在多波束测深异常数据检测中的应用;Calder B R、Mayer L A 等提出了综合运用不确定度指标、中值滤波、Kalman 滤波和水深信息局部相关性分析等多种手段,进行异常数据探测的 CUBE(combined uncertainty and bathymetry estimator)算法,该算法已实现商业化,并作为 Caris 软件中的一个重要模块,在实际作业中得到了推广应用。国内方面,朱庆、董江等提出了基于趋势面的数据滤波方法;黄谟涛、HUANG Mo tao、阳凡林等将抗差估计理论应用于测深异常数据的检测;郭发滨等探索了小波变换应用于多波束测深异常值检测的可能性;阳凡林等提出了基于测点密度的图像滤波法;孙岚等分析比较了各类多波束测深异常数据检测算法的有效性;黄辰虎等通过算例验证了应用 CUBE 算法剔除多波束测深粗差的实际效果;陆秀平研究剖析了 CUBE 滤波算法检测异常数据的基本原理及其数学模型,证明 CUBE 滤波算法与传统加权网格化算法在形式上具有等价性;在此基础上提出了基于多波束测深不确定度的抗差加权网格化算法和抗差趋势面滤波算法,深入分析比较了两种抗差算法与 CUBE 滤波算法的技术特点、内在联系和区别,由此提出了联合采用抗差趋势面滤波和抗差加权网格化算法,进行多波束测深异常数据检测与定位的综合性方案。

如前所述,由于测深系统和海况的复杂性,造成多波束测深数据中包含许多系统性偏差,引起这些偏差的原因主要与海洋动态环境、传感器安装校准不准确、辅助传感器与声呐系统整合不完善,以及对海水声速结构了解不精细等因素有关。受此影响,相邻条带重叠区水深将出现不符,无法实现条带光滑拼接。针对此问题,国内外学者主要围绕多波束声线折射误差校正问题,开展条带边缘数据精细化后处理工作。Kammerer E 和 Beaudoin J D 等在该领域做了大量的研究和试验,取得了较好的效果;国内方面,黄谟涛等提出使用两步平差方法,以单波束测深数据作为控制,实现多波束测深条带之间、多波束与单波束测深数据之间的融合处理与拼接;吴自银等提出通过多波束测深边缘波束误差的综合校正,来改善相邻条带重叠区测深数据的不一致性;阳凡林等提出利用平坦海区多个条带的正投影校正换能器横摇安装残差，采用常梯度等效声速剖面模型校正声线折射误差，以中央波束测深数据作为控制，强制调整边缘波束测深值，达到整体光滑拼接的目的；梅赛等提出使用等效声速剖面原理实现多波束条带数据拼接；刘胜旋等对多波束测深残余折射处理方法进行了对比分析研究；针对多波束测深相邻条带数据不符问题，陆秀平分别构建了多波束测深相邻条带数据融合处理模型和多波束与单波束测深数据融合处理模型，提出了系统偏差补偿效果显著性检验方法。为了解决数据融合处理模型解算过程中的奇异性问题，提出了基于误差验后补偿理论和测深不确定度的两步平差计算方法。赵建虎等分析了残余误差对多波束测深影响的变化规律，提出了一种基于地形变化长波项与短波项相结合的残余误差综合削弱方法。

1.1.2.3 多波束测深系统应用现状

多波束测深系统在水下测量中应用广泛。为更好地对河道进行管理，李钦荣采用多波束测深系统对长江河道进行监测，快捷采集大面积、高精度水下点云数据，对河道水下地形做全覆盖、无遗漏的扫测，方便在 CAD 中制作各种比例尺的水下地形图，对水下地形数据在 GIS 软件中进行三维建模，制作固定断面图和冲淤分析图，进行断面对比和冲淤分析。通过监测为河道管理提供大量的基础资料，分析结果能全面反映河道的变化规律和趋势，提高河道管理的技术和水平。许招华等为了获取码头水下地形地貌，将多波束测深技术应用于码头地形测量，并且结合实际工作项目，详细介绍多波束测深系统及水下地形测量和数据处理流程，结合码头清淤前后的地形测量成果，准确分析清淤状况。测量结果表明，多波束测深技术能够准确获取码头水下地形变化信息，为相关工程应用提供参考。

同时，在水下构筑物监测方面多波束测深系统应用也十分广泛。曹公平、周小峰等采用 NORBIT iWBMS 多波束测深系统开展宁波市三江河道的监测工作，科学、真实地反映测区河床的水下三维一体化现状，为三江河道数字化、信息化与精细化管理提供丰富的水下三维空间信息，完善三江河道监测体系。应用成果显示，与传统单波束测深系统相比较，NORBIT iWBMS 多波束测深系统在河道监测方面具有全覆盖、高精度、高效率的优点，具有一定的推广应用价值。陶振杰等以深圳至中山跨江通道工程海底隧道基槽开挖试验项目为依托，介绍多波束测深系统在沉管安装基槽回淤监测及边坡稳定性分析中的应用。利用回淤量计算法、差值色块图比对法对基槽回淤变化情况进行监测分析，利用断面图分析法、三维图比对法分析边坡稳定性变化情况，实现了对该项目隧道基槽回淤及边坡稳定性的合理分析，为今后的设计和施工提供了合理的参考数据。朱相丞等通过使用多波束测深技术对新生洲头导流坝附近工程区域不同时期测量效果图的叠加比较，准确分析了造成工程区水下隐蔽工程结构变化和冲淤变化的原因，通过分析对比多波束测量的新生洲头导流坝工程试运行期水下地形以及冲刷对比数据可知，多波束测深技术在河道护岸工程施工后的质量控制和运行监测发挥了重要作用，相较于传统的单波束测深技术而言，多波束技术测得的高精度、高密度的海量数据可精确分析水下护岸建筑物的结构变化和工程区域地形变化，未来可以在更多的水下隐蔽工程运行监测阶段投入应用，为工程定期“体检”发挥作用。胡玗晗基于 RESON 多波束测深系统对上海市某隧道沉管外部覆土厚度及沉降变化进行监测，利用多波束测深技术精度高、全覆盖、高密度的特性，经声速改正、潮位改正、姿态矫正获取密度 0.5 m 的隧道河床坐标及高程点云数据；基于高精度曲面模型(HASM)构建隧道覆土三维显示模型,真实反映隧道河床地貌,推算隧道各沉管覆土厚度及沉降变化,并与往期数据对比反映阶段性变化。该文技术成果为水下工程覆土及沉降监测提供一种新的方法和测量手段,提高作业效率,并具有较高精度。由于隧道沉降变化不仅受覆土厚度变化影响,还受到地质结构、土质、水压、水体浮力等多种环境的影响,后续还将探索研究引入以上影响因子构建基于多波束测深系统的隧道沉降动态监测模型的可行性。闫文斌等结合多波束测量仪器在基槽开挖施工监测、基槽抛石施工监控量测及施工控制方面进行展示。

为了对后续类似水工项目及施工监测提供参考依据,分析得出多波束测量仪器的应用价值主要有以下几个方面:

(1)安全价值。通过及时进行基槽开挖、监测回淤情况、开挖边坡测量、监测抛石情况并生成三维图后,可以有效地进行开挖边坡的稳定性监控、已开挖基槽回淤监控等,在确保施工安全方面起到重要作用。

(2)经济价值。通过对多波束测量仪器施工成果进行展示,发现多波束测深系统数据的优点在于测量点密集、分辨率高、覆盖范围大,能够更加精准地测出水下目标物的形状、大小和高低变化,并直观地反映出地形地貌的特征。通过在施工过程中应用多波束进行监控,可以把误差控制在最小范围,节约块石材料、船舶等设备使用成本。

(3)质量意义。对于传统的单波束的线性测量,其测量过程中没有姿态改正,采用测量船时如果船舶摇晃,水深数据会失真,分辨率较低,对实际地形有细微差别。反观多波束,可以较好地进行水下面域的测量,较高的覆盖深度及面域覆盖使其较好地进行水下地形的准确监控,从而更加适合水工项目;可以高效地进行水下基槽开挖及水下抛石等工序的监测,确保质量。通过对多波束测量技术的施工应用,可精确快速地得到施工中各项水下测量数据。一方面既有效地缩短了施工测量时间,也为开挖施工及抛石施工提供了可靠的测量数据。另一方面,多波束测量系统在实际应用过程中就可以实时显示基槽开挖、基床抛石的实际情况,还可以形成三维模型,展示效果直观丰富。克服了以往水下测量由于环境影响、设备精度、测量方法等造成的种种误差,通过多波束测量仪得到的数据进行分析,方便对水下情况的掌握,具有良好的经济效益和推广前景。

除此之外,多波束测深系统在水下目标物探测方面也有着重要应用,蒋其伟等针对当前多波束测深系统目标探测问题进行了分析,以 SONIC 2024 型多波束测深系统为例,根据测深空间的几何关系推导了目标探测分辨率估计模型,结合算例深入研究并讨论了多波束测深扫海时垂直航迹方向、沿航迹方向分辨率在不同条件下的分布规律,从 S-44 角度对测量船及测深系统的参数设置进行了分析,并提出合理建议。该方法可实现对多波束测深系统目标探测能力的合理估计,从而为探测海底目标物等特殊应用提出合理化建议,对舰船水下目标搜寻、援潜救生、打捞能力及手段方法的应用具有一定参考价值。下一步可针对中浅水、中深水多波束测深系统在更深水域进行目标探测能力方面的研究,为深海目标探测搜寻提供有价值的参考数据。付五洲等通过采用 Reson SeaBat 7125 SV2 型多波束测深系统对长江太仓段河道进行扫测,能够精准定位沉船、集装箱、机器吊臂的位置以及其形态,能够识别小尺寸(3.5 m×3.5 m)的构筑物,可为救助打捞提供科学指导。结果表明,多波束系统可为河道应急抢险、小尺寸目标物探测以及形态分析提供精准数

据。通过一定的人工干预,可对河底地物的属性、形态进行精准判别。举例如下:

(1)Reson SeaBat 7125 SV2 型多波束测深系统能够在浅水区域得到较好的回波信号,如混凝土构筑物的扫测清晰可见。

(2)多波束测深系统分辨率高,能够清晰地扫测出小尺寸目标,为应急监测提供有效的技术支撑,如扫测散落的集装箱。

(3)粉质黏土、细砂、粉砂底质具有较强的反向散射特性,而铁质物品的反向散射更强烈,能够被区分辨别。

1.1.2.4 无人船搭载多波束测深系统

水下地形的不可见和水体流动所带来的不稳定性,导致测量精度受到水环境的动态影响,与陆地测量相比,数据处理更复杂。在一些特殊水域比如近岸、浅滩、港口等,人工涉水作业船只由于体积大、吃水深,往往无法获取这些区域的数据,从而无法保证数据覆盖的完整性。此外,船只涉水给作业人员带来安全风险。无人船测量技术可以解决以上存在的不足。

无人船测量技术是近年兴起的海底数据获取的自动化船基作业模式,可搭载单波束、多波束、ADCP、侧扫声呐、水质仪等,根据测量范围、设计测线开展长程走航式测量,在水上安防救助、海洋调查测量、水上环境采样监测等方面发挥了重要的作用。广东邦鑫数据科技股份有限公司采用 M40 无人船搭载 Reson SeaBat T20-P 多波束在近岸浅滩、江河湖泊进行测量,在保证数据精度的前提下,大大降低了人工成本,提高了作业效率,有效解决了浅滩水域难以获得一定密度水深数据的难点。测量用无人船一般采用双体或者三体船身,船身可用纳米碳纤维复合材料制作而成。由于无人船测量要避免浅水搁浅,须满足吃水浅的特点。用于水下地形测量的无人船一般搭载有多波束测深仪、单波束测深仪、ADCP、侧扫声呐及水质仪等测量载荷。其主要采用自动测量的方式,用测深仪对水深数据进行采集,同时搭载了高精度差分定位仪,测量航偏小于 1 m。测量任务结束之后,专业数据处理软件对水深数据和 GNSS 定位数据进行集中处理,可以快速得到水下三维地形图和地形网格图。利用无人船开展多波束全覆盖水下地形测量,已在我国南海以及第 34 次南极科学考察中得到了成功的应用。

在海洋监测与调查测量领域,国内外相关研发机构与企业,针对应用无人船技术开展海洋与江河湖泊水质测量、水文测量、水上气象探测、水下地形测量和地球物理要素测量等诸多测量任务,进行了大量的研发、测试与应用。无人船水文气象环境测量、水下地形测量及地球物理要素测量技术初步成熟,推出了系列化的无人船监测与测量系统,未来将在水域环境监测、水文测量、水上气象探测、水下地形测绘及水域地球物理探测等领域,得到广阔而规模化的应用。目前海洋测绘领域的无人船有云洲智能的领航者、听风者、急行者等,劳雷工业公司的 H300、Flymager、Deep Ocean X8 等,上海大学的精海系列,中海达的 iBoat 系列等。

无人船作为水下地形测量数据获取的重要路径,现阶段已代替了大部分的传统人工测量作业方式。自我国应用无人船技术以来,经由多年的技术创新发展,无人船的水下地形测量技术已趋近于成熟,而无人船的水下航行表现也趋于稳定。现阶段的无人船发展方向为智能化。在水下地形测量中无人船技术应用的最大优势就是高效、安全、轻便及小巧,再加上无人船测量运行成本低的应用优势,让无人船测量技术深受测绘单位的喜爱。无人船测量技术的远程遥控系统,以及自动驾驶系统完全杜绝了水下地形测量过程中发生的人员伤亡事故,无人船机体的特殊设计能够抵御外力的攻击,确保无人船能够最大程度地保存完好。此外,无人船能够搭载我国最为先进的通信系统、传感器系统及导航控制系统,避免无人船在水下测量过程中被水草或是渔网缠绕,也能帮助测量单位对无人船进行维护检查。与此同时,无人船所搭载的测深仪、ADCP、侧扫声呐等多种类型的传感系统,能够帮助测量单位全面测量水库、湖泊及内河航道等区域,实现对地下水域地形地貌数据的有效获取。

无人船搭载多波束的作业模式如图 1-1 所示。测量前,换能器固定安装在无人船底中部,主机固定在船舱内,架设并调试好无线电通信设备,确保设备与岸上工作站之间的通信顺畅。在岸边架设 GNSS 基准站,设置相关测量参数,使无人船按照事先设定好的航线航行,并启动测量。测量数据经专业后处理软件处理并检查后,形成最终成果。

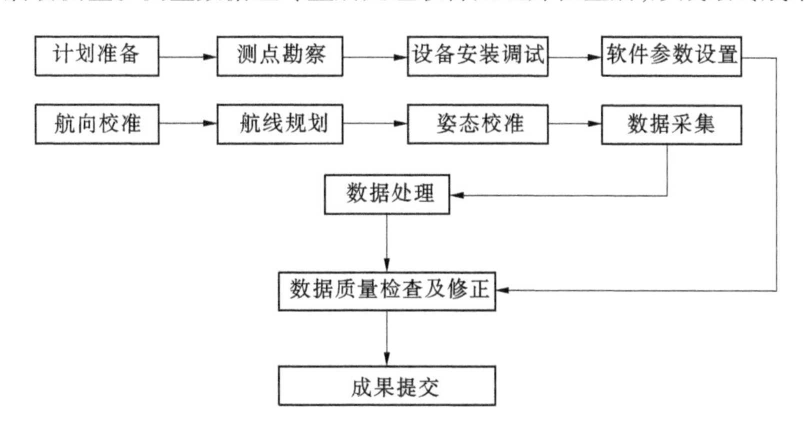

图 1-1　无人船搭载多波束的作业模式

无人船搭载多波束主要有以下优点:

(1)节省了作业时间。有人船搭载多波束在设备安装及校准环节需要 3~4 h,安装也较费时费力。无人船搭载多波束可免安装校准,节约了测前的准备时间。

(2)节约了成本。有人测量船需要的燃油费、维护保养费较高,至少需要 4 个作业人员。而无人船只需一些简单的维护保养费,只需在地面站派遣 1 人观看系统即可,大大节约了生产成本。

(3)提高了浅水区域的作业效率。一般情况下,浅水区域采用人工使用 RTK 的作业模式,1 min 只能测 3~5 个点,而且水下测量危险。采用无人船搭载多波束在 1 min 能完成上万个测点,并且能达到全覆盖测量,大大提高了单位时间内完成的测量面积。

(4)提高了浅水区域测量精度。浅水区域通常采用人工使用 RTK 的作业模式,测量过程中容易造成棱镜杆倾斜或下陷的情况,影响数据的准确性。采用无人船搭载多波束,测量船本身安装有姿态传感器,有效避免了因船体姿态引起的误差,输出的水深点密度也足够大,提高了浅水区域的水深精度。

1.1.3 一体化测量系统研究现状

目前的移动测量系统是根据实际测量需求，将三维激光扫描仪、多波束测深仪、姿态仪、GNSS 等部件组合起来，将其搭建在一个载体上，在实现移动的同时实时获取目标的空间三维数据。根据实际情况，有机载、车载、船载等方式，机载 LiDAR 技术发展始于 20 世纪 70 年代，由美国航空航天局研制了第一台对地观测 LiDAR 系统 LITE。而后随着全球定位系统和惯性导航系统的不断发展（郭发滨等，2004），使机载 LiDAR 的技术越来越成熟，在这方面，欧美等发达国家处于技术前沿（姚春静，2010）。目前，具有代表性的机载激光系统有 LeicaADS50 和 OptechALTM 系统等。

相比于机载 LiDAR，车载 LiDAR 则更加灵活（张迪等，2012）。自 20 世纪 90 年代以来，世界上很多国家都开展了车载 LiDAR 系统的研究，出现了众多车载移动测量系统（吴俣等，2009），如 TeleAtlas 系统、LynxMobileMapper 车载系统等。国内的一些高校和企业也研发了一些产品，比如武汉大学研发的 WUMMS（Wuhan University Mobile Mapping System）、山东科技大学研发的 3DSurs（3D Surveying System）等。

船载移动测量系统是在车载移动测量系统的技术基础上发展起来的，通过集成相关设备，实现地形数据的一体化移动采集。但是目前市面上的测量船价格昂贵，更多的是集成的单波束，无法很好地满足河道测量的要求，因此在已有设备的条件下，研究船载水陆三维一体化测量系统是十分必要的。

将激光测量系统搭载到船舶上的应用，近几年来才刚刚兴起。由于其在海岸、河岸、湖岸等水域有其独特的扫描角度优势，逐渐引起了研究人员的关注。结合了船载激光测量系统和多波束测深系统的船载三维测量系统更是一种新的构想，其研究和发展才起步于可行性论证阶段，其应用还需要广大研究人员的共同努力。2010 年 3 月，英国 MDL 公司研发的 QINSy 激光测量船在泰晤士河进行了系统海试，实现了岸边和水下地形地貌的同步测量。这是目前已知的、最早的船载三维测量系统试验。Pötrönen J 等通过船载三维测量系统在航道清淤、河岸栖息地检测、海岸滩涂线、沿海边坡稳定性灾害调查以及港口、码头、桥梁等水岸工程中的应用，分析了其在应用中独特的优点和不足，为后来者的研究提供了借鉴。其后，国内中海达公司自主研发了 iAqua 船载水上水下一体化移动三维测量系统。其具有多传感器高度集成、免标定的高精度一体化刚性平台、测量精度高、系统稳定可靠、易安装无须改装载体、水上水下统一基准等性能优势。可在海岸带海岛礁测量、堤岸监测、智能航道、数字水利等领域应用。

目前，船载三维测量系统在海岸带海岛礁测量方面的研究应用有所发展。宿殿鹏等利用船载多传感器综合测量系统采集的点云数据，并结合 VTK 技术实现了海岸线上下一体化点云实时显示，有效地提高了系统的信息挖掘和现场决策支持能力，实现了水上水下一体化测量。汪连贺等利用自主搭建的船载激光测量系统，对海岛礁、海岸带、滩涂崩岸等区域进行点云数据采集，通过内业的处理计算，验证了船载激光测量系统在该领域应用的可行性。张天巧深入研究和剖析了水陆机载激光测量技术在岛礁测量中的技术流程和处理方法，对水陆机载激光测量技术可以获得的产品进行展示，得出了该系统的突出特点有：①集成了多种传感器，可满足水下地形、陆地地形、可见光、红外多光谱航空摄影测量等多种应用,将 LiDAR 的使用范围由陆地拓展到了 50 m 深的水下地形测量; ②浑水处理技术(MWT)通过波形分析算法可以在水质较差水域(透明度小于 3 m)也能获得理想效果;③提供了设备检校和激光数据处理的自动化流程,使得从数据获取到后期处理的整个工作流程只需极少人工干预,并分析了水陆机载激光测量技术的特点和应用范围,为新技术的推广和发展提出了建议。边志刚等通过对船载水上水下一体化综合测量系统实施海岛礁、陕西黑河水库一体化测量案例,阐明系统在应用中的优缺点,为水上水下一体化测量技术进一步应用开拓思路。

在堤岸检测方面,Michoud C、Carrea D 等通过船载点云数据测试验证了船载激光测量系统在三维建模、变化检测和滑坡监测的潜力。最后,还确认了船基激光扫描系统监测单个目标大变化的能力,表征滑坡几何形状的能力。Mitchell T、Puente I 等利用移动激光扫描仪和多波束测深仪,完成对港口水上水下防波堤、堤岸的调查,并对防波堤进行三维重建,实现对防波堤、堤岸的检测,最终验证了船载三维测量系统是一种更安全、更高效的港口水上水下信息采集手段。其他方面,MattiVaaja 在其博士论文中通过对船载点云数据的平面高程、地物分类、变化检测的精度分析,论证了船载点云数据在河流流域地形地貌变化检测、地物分类、岸线检测、植被覆盖评估等应用的可行性。李广伟利用船载激光雷达系统实现了湖泊沿岸的植被参数估计。

在智能航道方面,Paweł B、Artur J 等通过自制船载激光测量系统采集的某海港的点云数据,实现了船载点云数据在港口和海岸区域精确的测量,验证了船载点云数据在电子航图中三维重建和可视化的可行性。

在数字水利方面,邓神宝等通过自主构建的船载三维测量系统,于某河段进行三维一体化测量,获得了精细的水上水下一体化点云模型,并与常规测量进行对比,进行数据精度评定。结果验证,船载三维测量成果精度符合规范要求。李贤标联合工程实例,分析和验证了船载移动测量技术的适用性,船载移动测量系统可以展示出周边水域三维场景、测绘坐标系统,实现水岸测绘成果的无缝拼接,能够为水库水上水下一体化发展提供相关方案,同时可以提供水库地形的真三维现势数据、三维立体图,为水库日常管理运营、清淤护堤等规划设计、建设实施提供参考依据。系统从外业至内业可以全面实现智能化、自动化与数字化,可以改善传统水库地形测量技术的不足与缺陷,从根本上提升水库地形测绘效率。同时可以提供多种精细化、直观化的测绘结果,为水库运营管理提供高精确度的数据信息依据。然而需要注意的是,为了提升船载移动测量系统的便捷性,实现点云数据地形特征点的自动化、精细化提取,进一步提升系统准确度与智能化水平,还需要技术人员进行深度探索和研究。相信在未来发展中,在水库地形测绘中会全部展现出船载移动测量系统的应用优势。针对河道、库区测量中利用传统测绘手段作业效率低下、测图更新周期缓慢、不能及时反映航道两岸地形的变化、对快速测绘反应能力不足等问题,余建伟等借助船载移动测量系统对三峡宜昌葛洲坝至重庆奉节段水域进行数据采集,获取的点云规整且水边两岸的要素信息清晰齐全,完全可以满足 DLG、DEM 处理和各种地形分析,也可以应用点云和影像数据进行建模和模拟分析,充分显示中海达船载移动测量系统具有高精度、高效率和成果丰富等特点,能较好地推广到河流、库区等水域的测量应用中。

此外，石硕崇、周兴华等总结了船载水陆一体化综合测量系统的数据采集、处理流程中的关键环节及存在的问题，最后展望了其未来的发展趋势并总结为以下这几个方面：

(1)硬件以集成为主，提高系统兼容性。

(2)加强数据处理技术及应用软件开发，根据数据类型和特点改进点云滤波、数据分类分割等算法，考虑植被对地形测量的影响提取出真实地形，并重视海量点云的快速显示方法研究。

(3)快速构建多分辨率数字高程/深度模型，精细化显示近岸复杂地形。

(4)降低成本，同时提高系统的便携性，建立行之有效的仪器检校和应用技术标准。

周建红等为快速、准确、全面获取河道水陆地形，提出构建水陆三维一体化测量系统，即由三维激光、多波束、光纤罗经、GNSS、相机等多传感器集成及其数据时空融合关键技术、系统整体设计方案。为精确建立测船坐标系，提出利用测船及其他传感器基座设计图确定船体坐标系方法；为削弱潮位误差，提出利用高精度、高分辨率重力模型，实现多波束无验潮测深技术。选取寸滩河段进行水陆一体化测量系统的数据采集、精度评定、成果应用试验，证实了水陆三维一体化测量系统的可行性、可靠性、精确性。吴琼等针对当前在水上水下一体化测绘内业实际生产中遇到的边岸地面点提取、测量空白区弥补等问题，主要依托 TerraScan 模块，研究和分析了边岸地面点云提取参数的选取及通过构建不规则三角网修补和内插测量空白区等高线的方式，提出了消除空白区的辅助性技术。在此基础上，对于水上水下一体化成图流程提出了新的等高线修测方案，完善了整个生产流程，大幅减少了生产过程中人力、物力支出，提高了一体化测绘的精度与效率，以及水上水下一体化数字成果的准确性与专业性。

1.2 水陆一体化机动式船载三维时空信息获取技术主要工作内容

水陆一体化机动式船载三维时空信息获取技术是指集成三维激光扫描技术和多波束测深技术实现水陆一体化实时三维时空获取的技术。该技术可为河道、航道及水库库区三维地形数据获取带来效率高、精度高、覆盖面较广、可扩展性较强的解决方案，该系统主要由三维激光扫描子系统、多波束测深子系统、导航定位定姿定向子系统、集成控制与数据采集子系统、数据处理与应用子系统等组成。

系统主要集成了三维激光扫描仪、多波束测深仪、光纤罗经，以及 GNSS、声速剖面仪和控制电脑等硬件设备。三维激光扫描仪由激光发射器、接收器、时间计数器、相机、电源、安装接口、控制面板及软件等组成。三者的结合能够实现：①赋予点云真实色彩，建立接近真实场景的三维模型；②精确识别目标细节，便于区分地物地类；③实时定位，距离、面积和体积测量等。多波束测深仪又称为多波束测深系统，是一种能同时获得数十个相邻窄波束的回声测深系统。一般由窄波束回声测深设备(包括换能器、测量船摇摆的传感装置、收发机等)和回声处理设备(包括计算机、数字磁带机、数字打印机、横向深度剖面显示器、实时等深线数字绘图仪、系统控制键盘等)两大部分组成。

目前,国外的多波束测深系统主要有 Elac 公司的 SeaBeam 系列多波束、R2SONIC 公司生产的 SONIC 系列多波束,国内的主要有无锡海鹰、中海达及海卓同创研发的多波束产品系列。iXSEA OCTANS 光纤罗经是唯一经 IMO 认证的测量级罗经,内含 3 个光纤陀螺和 3 个加速度计,内置自适应升沉预测滤波器,可实时提供精确可靠的运动姿态数据。系统启动 5 min 后,即可获得稳定的输出数据,包括真北方位角 Heading、横摇 Roll、纵摇 Pitch 及升沉 Heave。主要的辅助设备包括 GNSS、声速剖面仪和控制电脑。声速剖面仪用于测量河道不同水深处的声速值,用于后处理的声速改正;控制室中的控制电脑需安装相应的多波束声呐控制软件和水陆一体化机动式船载三维时空信息采集软件,如 R2Sonic 系列设备需要安装 R2Sonic 声呐控制软件,水陆一体化机动式船载三维时空信息采集软件主要有 Hypack 采集软件和 QINsy 采集软件,可操控相关设备,可视化显示测量进程和测量数据。其中部分设备配备了专业软件,用于操控设备及处理数据。该系统可同时采集水底、水岸带大地坐标的高密度点云数据、水底地形数据。这些精准的数据可以用于防涝防洪、河道 DEM、库区容量计算、淤积状况评估、水岸侵蚀调查、水利设施监管、违章建筑监管等领域。可以基于 GIS 平台生产出大比例尺地形图、等高线图、水岸线、符号库等多种数据成果。由于平台可以安装在有人船、无人船等载体上,激光为主动光源,设备作业时可以不受外界干扰 24 h 作业,有望成为目前水利应急抢险、河道岸坡监测、航道疏浚检查验收等的主流技术。该技术可以突破传统的水陆时空信息分开采集的弊端,实现船走到哪测到哪的梦想,极大地解放劳动生产力,提高生产效率。

在水利水电工程建设、航道疏浚维护、海岛礁测绘等工作中,水陆一体化三维时空信息的获取是必不可少的内容。目前,船载三维测量系统已经在海岸港口测量、海岛礁测量、海岸线海岸带测量、航道三维测量、航道清淤及桥梁水上水下测量等现实需要中得到了广泛的应用。与机载、车载、地面激光测量系统相比,其独特的数据采集角度优势,使其有独特的应用领域。

对多传感器水陆一体化机动式船载三维时空信息获取集成处理技术的关键在于实现多数据源的同步采集,在此基础上实现三维激光扫描、相机影像、多波束测深仪和 GNSS、IMU 等数据的融合。多传感器的同步控制是指为完成指定的测量和检测任务,通过特定的方法和手段使得参与任务的多个传感器按照预定的节奏、频率和逻辑顺序协同工作。时间同步控制器就是通过一系列的电路系统,保证各个传感器之间,以及传感器和定位系统之间的时间同步。时间同步控制系统是船载多传感器集成水岸一体测量系统的中枢神经系统和指挥控制系统,在船载三维激光扫描数据采集系统建立统一的时空基准的同时,协调、指挥和控制着所有船载激光传感器、数据采集板卡及计算机。水陆一体化机动式船载三维时空信息获取系统的同步控制系统主要由时间同步控制器(主同步控制器)、多波束测深设备、相机、激光扫描同步控制器和外部事件记录同步控制器组成,如图 1-2 所示。

时间同步控制器的主要功能是接收 GNSS 空间和时间信息及上位机的设置信息,在建立时空基准的同时,将位置信息、距离信息和时间信息融合,为其他职能型同步控制器提供位置、距离及时间等同步信息。本项目拟采用统一的时间板进行多传感器集成时间同步。时间同步控制器的工作原理如图 1-3 所示。

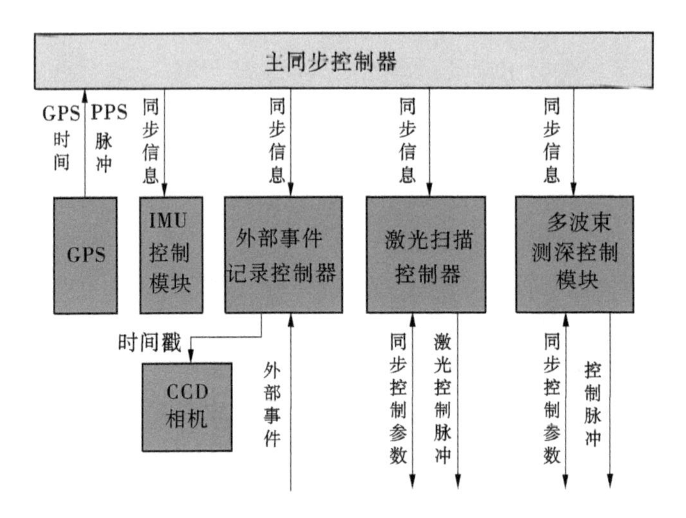

图 1-2　水陆一体化机动式船载三维时空信息获取系统的同步控制方案

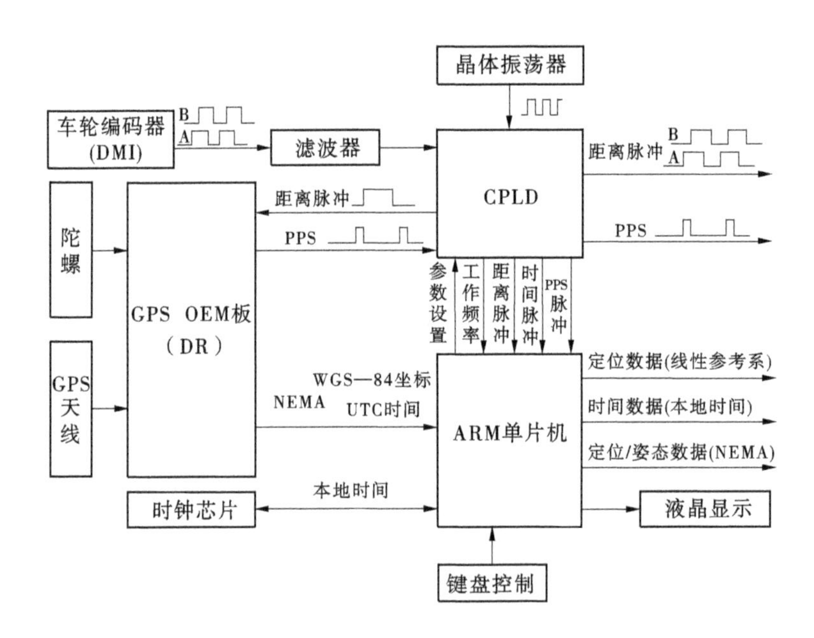

图 1-3　时间同步控制器的工作原理

在图 1-3 所示的时间同步控制系统中,通过一个时间板(Time-Board)实现三维激光扫描仪、相机、多波束测深设备和 IMU 设备等各传感器数据的同步记录。时间板有一个高精度的授时单元,通过 GNSS 获取绝对时刻,并与 GNSS PPS 相结合,从而达到 0.1 ms 的高精度时间同步。图 1-4 为实现三维激光扫描仪、相机、多波束测深设备和 IMU 设备时间同步的板卡。

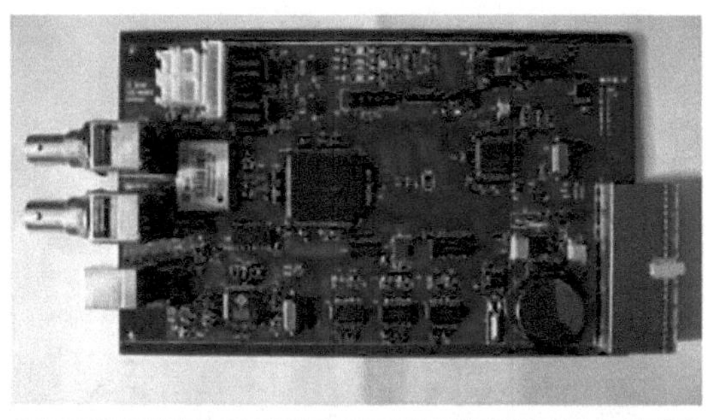

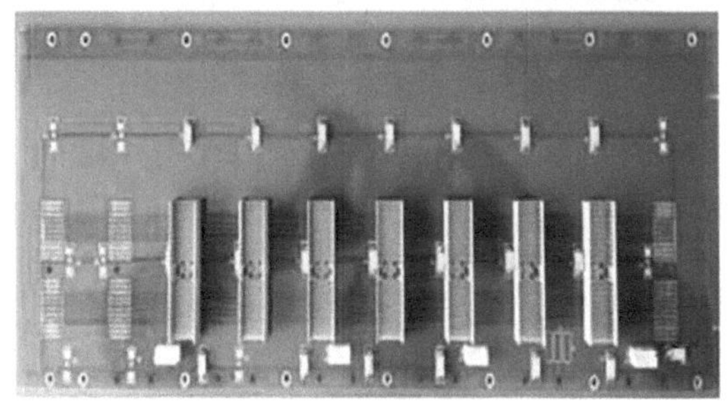

图1-4 时间同步板卡

1.3 本书的体系结构

本书主要包括8部分内容:

第1章:概述,主要阐述国内外的研究现状及相关技术。

第2章:定位导航技术,主要介绍当前主流的定位技术,包括PPK/RTK技术。

第3章:水位获取与改正技术,主要介绍水位获取的方法、技术和水位的处理等。

第4章:多波束测深技术,主要介绍多波束测深技术原理和主流的多波束测深设备等。

第5章:三维激光扫描技术,主要介绍三维激光技术原理和主流的三维激光扫描设备等。

第6章:水陆一体化三维测量技术,主要阐述船载系统的集成、应用和数据处理等。

第7章:无人船船载三维时空信息获取技术,主要介绍无人船船载系统的集成、应用和数据处理。

第8章:技术示范应用,以项目作业为例进行示范性应用介绍。

第2章 定位导航技术

2.1 GNSS的组成及工作原理

卫星导航技术是指采用导航卫星作为空间位置和时间基准,通过卫星发射的无线电导航信号,为地球表面、海洋及近地空间用户提供全天时、全天候、高精度的空间位置和时间参数,确定用户在相应时空参考系中的三维位置、速度和时间的技术。

2.1.1 GNSS的组成

GNSS的全称是全球导航卫星系统(Global Navigation Satellite System),它是泛指所有的卫星导航系统,包括全球的、区域的和增强的,如美国的GPS、俄罗斯的GLONASS、欧洲的Galileo、我国的北斗卫星导航系统,以及相关的增强系统,如美国的WAAS(广域增强系统)、欧洲的EGNOS(欧洲静地导航重叠系统)和日本的MSAS(多功能运输卫星增强系统)等,还涵盖在建和以后要建设的其他卫星导航系统。国际GNSS是个多系统、多层面、多模式的复杂组合系统,如图2-1所示。

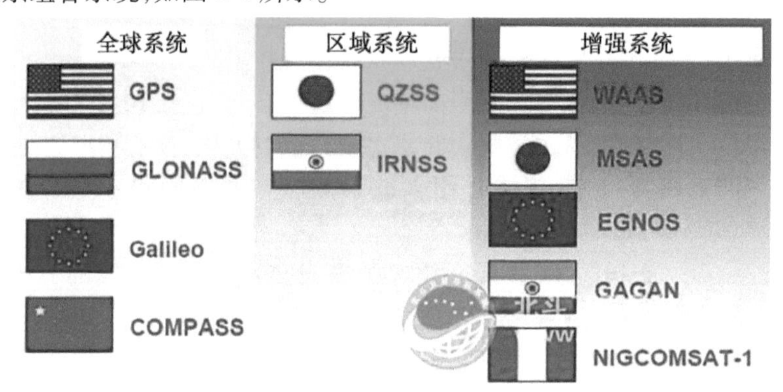

图2-1 全球导航卫星系统

2.1.1.1 四大卫星导航系统

1. GPS系统

GPS是20世纪70年代规划,80年代实施,90年代运营,耗资300亿美元,仅次于阿波罗登月计划和航天飞机计划的美国第三大航天工程。其主要目的是为陆、海、空三大领域提供实时、全天候和全球性的导航服务,并用于情报收集、核爆监测和应急通信等一些军事目的。另外,也为民用、商用提供导航、定位、测速和授时等服务。1994年3月,全球覆盖率高达98%的24颗GPS卫星星座已布设完成。导航系统结构坐标系为世界大地坐标系(WGS—84)。

GPS虽然是军民合用的系统,但它针对军用和民用提供了不同的定位精度。军用为

3 m精度,民用信号增加了干扰机制,使精度下降到100 m。鉴于GPS在民用中发挥越来越重要的作用,美国政府2000年取消了GPS的干扰机制,使民用信号的精度提高了10倍以上,大大方便了民用用户的使用,也为现在GPS的普及奠定了基础。据称经过改进的GPS军用信号已经达到了1 m的精度,但尚未对民用开放。

为了更好地进行国际间GNSS的兼容和交互操作,实现全球民用卫星导航系统的无缝隙连接,美国计划于2013年开始发射Block Ⅲ卫星,附加GPS第四个民用信号L1C,该信号能够与Galileo公开服务信号互操作,并与日本QZSS共用。Block Ⅲ卫星相对Block IIF卫星具有更强的抗干扰能力、可控的完好性性能和更高的精度。现已升级到第三代,以保持其在导航定位系统的霸主地位。从目前来看,GPS是全球范围内精度最高、覆盖范围最广的导航定位系统。

2. GLONASS卫星系统

GLONASS是苏联国防部从20世纪80年代初开始建设的与美国GPS相抗衡的全球卫星导航系统,与GPS功能、原理基本类似,是世界上第二个独立的军民两用全球卫星导航系统。导航系统结构坐标系为苏联地心坐标系(PE-90)。

GLONASS属于军民合用系统,可提供高精度的三维空间和速度信息,也提供授时服务。精度在10 m左右,采用频分多址编码,有更强的抗干扰能力,采用两种频率信号,但是由于发射技术和电子设计水平有限,工作不稳定并且卫星寿命不是很长。

俄罗斯在2000年提出要对GLONASS进行换代,GLONASS的标准星座由24颗卫星组成。为了逐步提升GLONASS系统性能,俄罗斯制订了一系列的空间卫星性能改进和补网计划。改进方案包括地面段支持设备、增加系统服务量、优化太空段设备、改进GLONASS差分设备。

3. 伽利略卫星导航系统(Galileo系统)

Galileo系统是欧洲设计的第二代卫星导航系统,是从区域性渐进地扩展成全球系统,即正在建设的Galileo全球卫星导航系统。Galileo计划是由欧盟委员会和欧洲空间局共同发起并组织实施的欧洲民用卫星导航计划,是为了打破美国GPS在卫星导航定位领域垄断而启动的、迄今为止欧洲将要开发的最重要的航天计划。旨在建立欧洲独立自主的民用全球卫星导航定位系统,它与国际上现有的GNSS相比,具有更佳的覆盖率、更高的精度和可靠性。

导航系统结构坐标系为ITRF-96大地坐标系。

Galileo系统可以分发实时的米级定位精度信息,这是现有的卫星导航系统所没有的。与美国的GPS相比,Galileo系统更先进,也更可靠。Galileo提供的公开服务定位精度通常为15~20 m和5~10 m两种档次。公开特许服务有局域增强时能达到1 m,商用服务有局域增强时为10 cm。

Galileo系统由空间段、地面段和用户段组成。空间星座包括30颗卫星,分布在3个轨道高度为2.361 6万km,倾角为56°的轨道平面上,每个轨道平面包括9颗工作卫星和1颗备用卫星。地面段包括5个遥测遥控跟踪站(TT&C)、10个上行注入站(ULS)、2个控制中心(GCS)及30~40个监测站。用户段由卫星导航接收机组成,包括使用不同服务种类的各种接收机。

Galileo 卫星导航系统采用独立的时空坐标系(Merrigan et al.,2002),并提供 5 种基准服务:开放式服务(OS)、生命安全服务(SOL)、商业服务(CS)、公共特许服务(PRS)以及搜索与救援(SAR)服务(Benedicto et al.,2000;Wolfrum 和 Trautenberg,2000;Erb,2000;Provenzano et al.,2000)。

Galileo 计划大致分为四个阶段(步骤):

第一阶段是完成 Galileo 系统定义、系统测试评估、算法有效性验证和卫星性能论证等,到 2005 年为止。

第二阶段是完成 4 颗 GIOVE 卫星以及相应地面站的在轨测试工作。2005 年 12 月 28 日发射了第一颗 GIOVE-A 试验卫星,2007 年 3 月开始对第二颗 GIOVE-A2 卫星进行风险评估和验证,该阶段从 2005 年到 2010 年。

第三阶段为全面展开部署阶段,该阶段完成 30 颗空间卫星以及所有地面站的在轨测试工作。

第四阶段为在 2012 年以后实现系统的操作运行。

专家断言 Galileo 系统必将与其他新技术(如移动通信、数字地图、智能交通等)相结合应用于各种不同的领域,包括车辆调度与管理、精细农业、铁路交通、旅游探险、航海、航空和航天领域,特别是将为民用航空带来一系列直接效益和间接效益,从而打破美国独霸全球卫星导航系统的格局。

4. 北斗卫星导航系统(BDS)

北斗卫星导航系统(BeiDou Navigation Satellite System,BDS)是我国正在实施的自主发展、独立运行的全球卫星导航系统,是我国着眼于国家安全和经济社会发展需要,自主建设运行的全球卫星导航系统,是为全球用户提供全天候、全天时、高精度的定位、导航和授时服务的国家重要时空基础设施。系统建设目标是:建成独立自主、开放兼容、技术先进、稳定可靠的覆盖全球的北斗卫星导航系统,促进卫星导航产业链形成,形成完善的国家卫星导航应用产业支撑、推广和保障体系,推动卫星导航在国民经济社会各行业的广泛应用。北斗卫星导航系统可以为全球用户提供开放、稳定、可靠的精准定位、精密授时、卫星导航、短报文通信四大功能。导航系统结构坐标系为 2000 中国大地坐标系(CGCS2000)。

北斗卫星导航系统属于军民合用系统,可提供高精度的三维空间和速度信息,也提供授时服务。

北斗系统提供服务以来,已在交通运输、农林渔业、水文监测、气象测报、通信授时、电力调度、救灾减灾、公共安全等领域得到广泛应用,服务国家重要基础设施,产生了显著的经济效益和社会效益。基于北斗系统的导航服务已被电子商务、移动智能终端制造、位置服务等厂商采用,广泛进入我国大众消费、共享经济和民生领域,应用的新模式、新业态、新经济不断涌现,深刻改变着人们的生产生活方式。我国将持续推进北斗应用与产业化发展,服务国家现代化建设和百姓日常生活,为全球科技、经济和社会发展做出贡献。

目前,我国正在实施北斗卫星导航系统建设,截至 2018 年 7 月 10 日,已成功发射 32 颗北斗导航卫星。根据系统建设总体规划,2000 年年底,建成北斗一号系统,向中国提供服务;2012 年年底,建成北斗二号系统,向亚太地区提供服务;2020 年,建成北斗三号系统,向全球提供服务。2020年7月31日,北斗三号全球卫星导航系统正式开通,这标志着北斗事业进入全球服务新时代。全球范围实测定位精度水平方向优于2.5 m,垂直方向优于5.0 m;测速精度优于0.2 m/s,授时精度优于20 ns,系统连续性提升至99.998%。北斗三号全球卫星导航系统正以高可靠、高安全、高质量运行,在多个方面取得重要成绩。

北斗系统由空间部分、地面部分和用户部分三部分组成。北斗系统空间部分由若干地球静止轨道卫星、倾斜地球同步轨道卫星和中圆地球轨道卫星等组成。北斗系统地面部分包括主控站、时间同步/注入站和监测站等若干地面站,以及星间链路运行管理设施。北斗系统用户部分包括北斗兼容其他卫星导航系统的芯片、模块、天线等基础产品,以及终端产品、应用系统与应用服务等。

北斗系统具有以下特点:一是北斗系统空间段采用三种轨道卫星组成的混合星座,与其他卫星导航系统相比高轨卫星更多,抗遮挡能力强,尤其低纬度地区性能优势更为明显;二是北斗系统提供多个频点的导航信号,能够通过多频信号组合使用等方式提高服务精度;三是北斗系统创新融合了导航与通信能力,具备定位导航授时、星基增强、地基增强、精密单点定位、短报文通信和国际搜救等多种服务能力。

2.1.1.2 GNSS卫星定位系统组成

以GPS系统为例,GNSS卫星定位系统主要包括空间星座、地面控制及用户设备部分。

1. 空间星座部分

按目前的方案,全球定位系统的空间部分使用21颗工作卫星和3颗在轨备用卫星组成GPS卫星星座,记作(21+3)GPS星座,高度约2.02万km,均为近圆形轨道,运行周期约为11 h 58 min,分布在6个轨道面上(每轨道面4颗),轨道倾角为55°。卫星的分布使得在全球的任何地方、任何时间都可观测到4颗以上的卫星,并能保持良好定位解算精度的几何图形(DOP)。这就提供了在时间上连续的全球导航能力。

卫星向地面发射两个波段的载波信号,载波信号频率分别为1 575.442 MHz(L1波段)和1 227.6 MHz(L2波段),卫星上安装了精度很高的原子钟,以确保频率的稳定性,在载波上调制有表示卫星位置的广播星历,用于测距的C/A码和P码,以及其他系统信息,能在全球范围内,向任意多用户提供高精度的、全天候的、连续的、实时的三维测速、三维定位和授时。

2. 地面控制部分

GPS系统的地面控制部分由设在美国本土的四个监控站、一个上行注入站和一个主控站组成。监控站的主要任务是取得卫星观测数据并将这些数据传送至主控站。

主控站设在范登堡空军基地,主要任务是收集各监控站对GPS卫星的全部观测数据,利用这些数据计算每颗GPS卫星的轨道和卫星钟改正值。

上行注入站也设在范登堡空军基地,它的任务主要是在每颗卫星运行至上空时把这类导航数据及主控站的指令注入到卫星。

3. 用户设备部分

用户接收机:GPS接收机能够捕获到按一定卫星高度截止角所选择的待测卫星的信号,并跟踪这些卫星的运行,对所接收到的GPS信号进行变换、放大和处理,以便测量出

GPS 信号从卫星到接收机天线的传播时间,解译出 GPS 卫星所发送的导航电文,实时地计算出用户接收机所处的三维位置,甚至三维速度和时间。

GPS 卫星发送的导航定位信号,是一种可供无数用户共享的信息资源。对于陆地、海洋和空间的广大用户,只要用户拥有能够接收、跟踪、变换和测量 GPS 信号的接收设备,即 GPS 信号接收机,可以在任何时候用 GPS 信号进行导航定位测量。根据使用目的的不同,用户要求的 GPS 信号接收机也各有差异。目前,世界上已有几十家工厂生产 GPS 接收机,产品也有几百种。这些产品可以按照原理、用途、功能等来分类。

2.1.2　GNSS 定位导航工作原理

以 GPS 系统为例,按定位方式, GPS 定位分为单点定位和相对定位(差分定位)。单点定位就是根据一台接收机的观测数据来确定接收机位置的方式,它只能采用伪距观测量,可用于车船等的概略导航定位。相对定位(差分定位)是根据两台以上接收机的观测数据来确定观测点之间的相对位置的方法,它既可采用伪距观测量,也可采用相位观测量,大地测量或工程测量均应采用相位观测值进行相对定位。

在 GPS 观测量中包含了卫星和接收机的钟差、大气传播延迟、多路径效应等误差,在定位计算时还要受到卫星广播星历误差的影响,在进行相对定位时大部分公共误差被抵消或削弱,因此定位精度将大大提高。双频接收机可以根据两个频率的观测量抵消大气中电离层误差的主要部分,在精度要求高、接收机间距离较远时(大气有明显差别),应选用双频接收机。

由卫星的位置精确可知,在 GPS 观测中,我们可得到卫星到接收机的距离,利用三维坐标中的距离公式,利用 3 颗卫星,就可以组成 3 个方程式,解出观测点的位置(X,Y,Z)。考虑到卫星的时钟与接收机时钟之间的误差,实际上有 4 个未知数:X、Y、Z 和钟差,因而需要引入第 4 颗卫星,形成 4 个方程式进行求解,从而得到观测点的经纬度和高程。

事实上,接收机往往可以锁住 4 颗以上的卫星,这时,接收机可按卫星的星座分布分成若干组,每组 4 颗,然后通过算法挑选出误差最小的一组用作定位,从而提高精度。

由于卫星运行轨道、卫星时钟存在误差,大气对流层、电离层对信号的影响,以及人为的 SA 保护政策,使得民用 GPS 的定位精度只有 100 m。为提高定位精度,普遍采用差分 GPS(DGPS)技术,建立基准站(差分台)进行 GPS 观测,利用已知的基准站精确坐标,与观测值进行比较,从而得出一修正数,并对外发布。接收机收到该修正数后,与自身的观测值进行比较,消去大部分误差,得到一个比较准确的位置。试验表明,利用差分 GPS,定位精度可提高到 5 m。

(1)伪距法:一般民用导航使用。

GPS 接收机根据接收所选卫星发来的导航信息和星钟校正参数的时间,能算出接收机到卫星的"距离",如果测量到 3 颗卫星的"距离",则分别以 3 颗卫星发射时刻的卫星位置(按发射的星历参数确定)为中心,根据测得的"距离"画出 3 个球,其交点便是用户的三维位置。

但是由于接收机的本机钟对星载原子钟存在偏差,上面所测的"距离"并不能代表卫星到接收机的真实距离。人们把这种距离称为"伪距离"(简称伪距),伪距法由此得来。

对第 I 颗星来说，伪距 R_I 的表达式为：

$$R_I = R_i + c\Delta t_{ai} + c(\Delta t_{ui} - \Delta t_{si})$$

式中：R_i 为真距；c 为光速；Δt_{ai} 为信号传播延时；Δt_{ui} 为用户钟相对于 GPS 时间的偏差；Δt_{si} 为卫星钟相对于 GPS 时间的偏差。

正因为用户钟与 GPS 时间不能精确同步，故每次测量总会有一个固定的偏差，这种偏差使定位产生不定性。如果我们再测量一个到第 4 颗卫星的伪距，则这时由用户钟偏差造成的定位不定性就产生一个由 4 个相交球面所围成的误差体积。我们从每个伪距测量中加上或减去这个固定值就消去了该固定体积，结果得到 4 个球面相交于一点，这就是用户的三维位置。实际上，这只要观测至 4 颗卫星的伪距并接收卫星的导航信息，解算 4 个方程就可得到。这种方法主要用于实时导航。

（2）差分法：GPS 定位是利用一组卫星的伪距、星历、卫星发射时间等观测量来实现的，同时还必须知道用户钟差。因此，要获得地面点的三维坐标，必须对 4 颗卫星进行测量。在这一定位过程中，存在着三部分误差。第一部分是对每一个用户接收机所公有的，例如卫星钟误差、星历误差、电离层误差、对流层误差等；第二部分为不能由用户测量或由校正模型来计算的传播延迟误差；第三部分为各用户接收机所固有的误差，例如内部噪声、通道延迟、多径效应等。利用差分技术，第一部分误差完全可以消除；第二部分误差大部分可以消除，其主要取决于基准接收机和用户接收机的距离；第三部分误差则无法消除。差分工作时需要一部位于已知精确位置的差分基准接收机，它对由 GPS 导出的解（位置或距离数据）与基准台（接收机）已知位置或距离数据比较，然后将修正项发给用户，以便修正用户本身的解。DGPS 可消去公共性误差（卫星误差、大气层效应误差）。由于 SA 对测量的影响像一种慢变化的偏差，在近距离内相同，故差分校正也可将其消去。工作时，在一个地区（可达几百千米范围）设置一台差分基准台即可。利用 C/A 码可获得米级的定时定位精度，而利用载波相位数据可达毫米级。

（3）双频法：在 GPS 观测量中包含了卫星和接收机的钟差、大气传播延迟、多路径效应等误差，在定位计算时还要受到卫星广播星历误差的影响，在进行相对定位时大部分公共误差被抵消或削弱，因此定位精度将大大提高，双频接收机可以根据两个频率的观测量抵消大气中电离层误差的主要部分，在精度要求高、接收机间距离较远时（大气有明显差别），应选用双频接收机。

（4）其他：其他提高精度技术。有联测定位技术、伪卫星技术、无码 GPS 技术、GPS 测角技术；精密星历使用技术、反 SA 技术、GPS/GLONASS 组合接收技术、GPS 组合导航技术等。

2.2　GNSS 定位技术

GNSS 的测量方法，按用户接收机天线在测量中所处的状态来分，可分为静态测量和动态测量；如果按定位的结果来分，分为绝对定位和相对定位。

静态测量，即在定位过程中，接收机天线（观测站）的位置相对于周围地面点而言，处于静止状态；而动态测量则正好相反，即在定位过程中，接收机天线处于运动状态，定位结果是连续变化的。

绝对定位亦称单点定位，是利用 GNSS 独立确定用户接收机天线（观测站）在 WGS—84 坐标系中的绝对位置。相对定位则是在 WGS—84 坐标系中确定接收机天线（观测站）与某一地面参考点之间的相对位置，或两观测站之间相对位置的方法。

目前工程、测绘领域，应用最广泛的是静态相对定位和动态相对定位。按相对定位的数据解算，是否具有实时性，又可将其分为后处理定位（PPK）和实时动态定位（RTK），下面就 GNSS 静态测量和常规 RTK、网络 RTK、PPK 定位技术进行详细介绍。

2.2.1 GNSS 静态测量技术

在定位过程中，接收机的位置是固定的，处于静止状态，这种定位方式称为静态定位（见图 2-2）。根据参考点的位置不同，静态定位又包含绝对定位与相对定位两种方式。

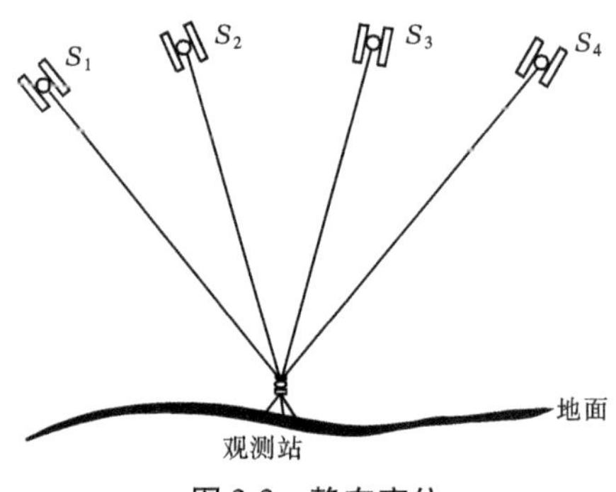

图 2-2 静态定位

绝对定位（或单点定位）以卫星与观测站之间的距离（距离差）观测量为基础，根据已知的卫星瞬时坐标，来确定观测站的位置，其实质就是测量学中的空间距离后方交会。由于卫星钟与接收机钟难以保持严格同步，所测站星距离均包含了卫星钟与接收机钟不同步的影响，故习惯称为伪距。卫星钟差可以导航电文中给出的钟差参数加以修正，而接收机钟差，通常难以准确确定。一般将接收机钟差作为未知参数，与观测站的坐标一并求解。因此，进行绝对定位，在一个观测站至少需要同步观测 4 颗卫星才能求出观测站三维坐标与接收机钟差 4 个未知参数。

静态相对定位，就是将 GNSS 接收机安置在不同的观测站上，保持各接收机固定不动，同步观测相同的 GNSS 卫星，以确定各观测站在 WGS—84 坐标系中的相对位置或基线向量的方法。在两个观测站或多个观测站同步观测相同卫星的情况下，卫星轨道误差、卫星钟差、接收机钟差、电离层折射误差和对流层折射误差等，对观测量的影响具有一定的相关性，所以利用这些观测量的不同组合进行相对定位，便可有效地消除或消弱上述误差的影响，从而提高相对定位的精度。静态相对定位一般采用载波相位观测量作为基本观测量，这一定位方法是目前 GNSS 定位中精度最高的方法，广泛应用于大地测量、精密工程测量、地球动力学研究等领域。

2.2.2 常规 RTK 定位技术

RTK 是 Real-Time-Kinematic 的缩写，即实时动态测量，它属于 GNSS 动态测量的范畴，测量结果能快速实时显示给测量用户。RTK 是一种差分 GNSS 测量技术，即实时载波相位差分技术，它通过载波相位原理进行测量，通过差分技术消除减弱基准站和流动站间的共有系统误差，从而有效提高了 GNSS 测量结果的精度，同时实时将测量结果显示给用户，极大地提高了测量工作的效率。

差分 GNSS 原理，对于距离不太远的相邻测站间，它们共有的 GNSS 测量误差如卫星星历误差、大气延迟(电离层延迟和对流程延迟)误差和卫星钟钟差对两个测站的误差影响大体相同,从总体上讲测站间测量误差具有很好的空间相关性。假如在一个已知点上安置GNSS接收机,这里称该接收机为基准站接收机,它与用户GNSS接收机即流动站接收机一同进行观测,如果基准站接收机能将上述测量误差改正数通过数据通信链发送给附近工作的流动站接收机,则流动站接收机定位结果通过施加上述改正数后,其定位精度得到大幅度提高。常规RTK技术使GPS实时定位精度从分米级提高到厘米级,是GPS技术上的重要革新,在CORS技术出现之前为主要的野外测量定位技术。

载波相位差分方法可以分为修正法和差分法两类,修正法为准RTK,差分法为真正的RTK。修正法是将基准站接收机的载波相位修正值发送给用户接收机,进而改正用户接收机直接接收GNSS卫星的载波相位观测值,再求解用户接收机坐标。差分法是将基准站接收机采集的载波相位观测值直接发送给用户接收机,用户接收机将接收到的GNSS卫星载波相位观测值与基准站接收机发送来的载波相位观测值进行求差,最后求解出用户接收机的坐标。

综上所述,RTK定位的基本原理是:在基准站上安置一台CNSS接收机,另一台或几台接收机置于载体(称为流动站)上,基准站和流动站同时接收同一组GNSS卫星发射的信号。基准站所获得的观测值与已知位置信息进行比较,得到GNSS差分改正值,将这个改正值及时通过无线电数据链电台传递给流动站接收机;流动站接收机通过无线电接收基准站发射的信息,将载波相位观测值实时进行差分处理,得到基准站和流动站坐标差ΔX、ΔY、ΔZ;此坐标差加上基准站坐标得到流动站每个点的GNSS坐标基准下的坐标;通过坐标转换参数转换得出流动站每个点的平面坐标(x,y)和高程h及相应的精度。

GNSS RTK数据处理是基准站和流动站之间的单基线解算过程,利用基准站和流动站的载波相位观测值的差分组合载波相位,将动态的流动站未知坐标作为随机的未知参数,载波相位的整周模糊度作为非随机的未知参数进行解算,通过实时解算出的定位结果的收敛情况判断解算结果是否成功。

2.2.2.1 RTK组成

常规RTK测量系统构成可以采用一台基准站加一台流动站(1+1)的形式,也可以采用一台基准站加N台流动站$(1+N)$的形式。常规RTK测量系统包括基准站、流动站和数据链三部分。基准站通过数据链将其观测值和测站坐标信息一起传送给流动站。流动站通过数据链接收来自基准站的数据,还要采集GNSS观测数据,并在系统内组成差分观测值进行实时处理。RTK技术的关键在于数据处理技术和数据传输技术,目前国内外RTK测量系统较多,国外RTK系统如美国天宝、瑞士徕卡等,国内RTK系统如南方、中海达、华测等。

2.2.2.2 RTK作业过程

在进行RTK作业前,测量人员需要收集已有资料、外业踏勘、制订外业观测计划、星历预报、测量仪器及配套设备的准备等工作,为工作的正常有序开展做好准备。现场作业步骤如下。

1.设备的架设与启动

基准站可以安置在已知点上,也可安置在测区范围地势较高方便信号传输的任意点上。连接好基准站、电源、电台间电缆，打开基准站主机与数传电台电源，打开移动站主机与手簿电源，量取基准站和移动站的仪器高。基准站仪器开机后，设置好数传电台频道。移动站与手簿间通信进行设置并连接，一般为蓝牙连接，随后对卫星进行搜索与锁定，当有 4 颗及以上数量的卫星信号时能很快进入“固定解”状态，显示三维坐标为移动站在前次测量时所设坐标系。

2. 建立工程项目

依次按要求填写或选取如下工程信息：工程名称、椭球系名称、投影参数设置、四参数设置（未启用可以不填写）、七参数设置（未启用可以不填写）和高程拟合参数设置（未启用可以不填写），工程新建完毕。

GNSS 系统采用世界大地坐标系 WGS—84。我们常用的有 2000 国家大地坐标系、1954 北京坐标系、1980 西安坐标系或地方独立坐标系。把大地坐标投影到高斯平面坐标上需要设置的参数有：

（1）参考椭球体参数（即坐标系统）。

（2）长半轴。

（3）扁率。

（4）中央子午线，2000 国家大地坐标系、1954 北京坐标系或是 1980 西安坐标系都要根据已知点坐标计算出 3°带或 6°带的中央子午线。

（5）纵、横坐标的加常数，横坐标加常数一般为 0，纵坐标加常数为 500 000 m。

（6）比例因子，一般为 1。

（7）投影高度。

3. 测区参数求解

目前 GNSS 如 GPS、GLONASS、北斗系统，采用的坐标系并不一样，但它们采用的都是地心坐标系，比如 GPS 卫星定位系统采集到的数据是 WGS—84 坐标系数据，2018 年 7 月 1 日起国内已经全面使用 2000 国家大地坐标系，以前 1954 北京坐标系、1980 西安坐标系或地方（任意）独立坐标系为基础的坐标数据，为了将 WGS—84 坐标转换为 2000 国家大地坐标系或地方（任意）独立坐标系，需进行参数求解。

常用的求参方法包括七参数法、平面四参数+高程校正法。

1）七参数法

两个空间直角坐标系分别为 $O\text{-}XYZ$ 和 $O\text{-}X'Y'Z'$，其坐标系原点不同，则存在三个平移参数 ΔX、ΔY、ΔZ，它们表示 $O\text{-}X'Y'Z'$ 坐标系原点 O' 相对于 $O\text{-}XYZ$ 坐标系原点在三个坐标轴上的分量；又当各坐标轴相互不平行时，即存在三个旋转参数。相应的坐标变换公式为：

$$\begin{bmatrix} X_2 \\ Y_2 \\ Z_2 \end{bmatrix} = (1+m)\begin{bmatrix} X_1 \\ Y_1 \\ Z_1 \end{bmatrix} + \begin{bmatrix} 0 & \varepsilon_Z & -\varepsilon_Y \\ -\varepsilon_Z & 0 & \varepsilon_X \\ \varepsilon_Y & -\varepsilon_X & 0 \end{bmatrix}\begin{bmatrix} X_1 \\ Y_1 \\ Z_1 \end{bmatrix} + \begin{bmatrix} \Delta X_0 \\ \Delta Y_0 \\ \Delta Z_0 \end{bmatrix}$$

七参数包括三个平移参数、三个旋转参数和一个尺度变化参数，布尔莎七参数变换公式，还有莫洛琴斯基公式和范式公式。

2) 平面四参数法

平面四参数坐标转换方法是一种降维的坐标转换方法,即由三维空间的坐标转换转化为二维平面的坐标转换,避免了由于已知点高程系统不一致而引起的误差。

四参数变换公式为:

$$\begin{cases}(X_2 - X_1) = m[(X_2 - X_1)\cos\alpha - (Y_2 - Y_1)\sin\alpha] \\ (Y_2 - Y_1) = m[(X_2 - X_1)\sin\alpha + (Y_2 - Y_1)\cos\alpha]\end{cases}$$

式中:ΔX 为坐标 x 的平移分量;ΔY 为坐标 y 的平移分量;m 为尺度因子;α 为旋转量。

七参数的应用范围较大(一般大于 50 km^2),计算时用户需要知道三个已知点的地方坐标和 WGS—84 坐标,即 WGS—84 坐标转换到地方坐标的七个转换参数。三个点组成的区域最好能覆盖整个测区,这样的效果较好。

四参数是同一个椭球内不同坐标系之间进行转换的参数。一般四参数指的是在投影设置下选定的椭球内 GNSS 坐标系和施工测量坐标系之间的转换参数。需要注意的是,参与计算的控制点原则上至少要用两个或两个以上的点,控制点等级的高低和分布直接决定了四参数的控制范围。经验上四参数理想的控制范围一般在 20~30 km^2 以内。总的来说,四参数的转化方式灵活、便捷,但控制的范围相对较小。

3) 参数计算的要求

做点校正时,可以视情况采用内业校正或外业校正的方法。内业校正时必须有校正点的地方坐标和其对应的 WGS—84 坐标,WGS—84 坐标之间相对矢量关系是准的,WGS—84 坐标可由一个静态网平差得到的。公共点的 WGS—84 坐标和地方坐标输入到计算软件中进行校正。外业校正时,当地地方坐标输入到计算软件中,WGS—84 坐标可等流动站获得初始化后,到公共点上实测得到,测量完毕后计算进行校正。做点校正前应至少有三个以上控制点的三维已知地方平面坐标和相对独立的 WGS—84 坐标。公共控制点就均匀分布在测区范围内。一般需多一个以上的点进行检查复核。

(1) 已知点最好要分布在整个作业区域的边缘及中间,能控制整个区域,例如,如果用四个点做点校正的话,那么测量作业的区域最好在这四个点连成的四边形内部。

(2) 避免已知点的线性分布,防止无法控制整个测区,这样会严重影响测量的精度,特别是高程精度。

(3) 如果在测量任务里只需要水平的坐标,不需要高程,建议用户至少要用两个点进行校正,但如果要检核已知点的水平残差,那么至少要用三个点。

(4) 如果既需要水平坐标又要高程,建议用户至少用三个点进行点校正,但如果要检核已知点的水平残差和垂直残差,那么至少需要四个点进行校正。

(5) 已知点之间的匹配程度也很重要,比如 GNSS 观测的已知点和国家三角已知点,如果同时使用,检核的时候水平残差可能会很大。

点校正做完后,要进行校正检核,检查水平残差和垂直残差的数值,看其是否满足用户的测量精度要求,一般水平残差和垂直残差都不应超过 2 cm。

4. 数据采集

RTK 差分解有几种类型,单点定位表示没有进行差分解;浮动解表示整周模糊度还没有固定;固定解表示固定了整周模糊度。固定解精度最高,通常只有固定解可用于测量。一般包括测点,放样,纵、横端面测量三个方面的内容。

GNSS 实时差分定位 RTK 技术是目前广泛使用的测量技术之一,是精确测量从架站光学仪器测量到自由移动站测量的革命,但受限于基站移动站之间的通信和误差距离强相关导致以下缺点:

(1)定位精度不均匀,常规 RTK 假设流动站与基准站误差强相关,精度随距离增大而降低;流动站与基准站间距离较近(即观测基线较短),两站的卫星钟差、轨道误差、电离层延迟、对流层延迟均为强相关,差分后这些系统误差大部分可以消除或者减弱,因此即使单历元定位也可以达到厘米级的精度。如基准站 10 km 范围内,上述系统误差强相关假设成立,常规 RTK 利用几个甚至一个历元观测资料就可以获得厘米级定位精度。但是,随着流动站与基准站间距离增大,上述系统误差相关性减弱,双差观测值中的系统误差残差迅速增大,导致难以正确确定整周模糊度,无法取得固定解。同时定位精度迅速下降,当流动站与基准站间距大于 50 km 时,常规 RTK 单历元解精度仅为分米级。在一个较大的区域内,需要若干个常规 RTK 才能达到定位的要求。在这种情况下,使用常规 RTK 技术将无法得到更高精度的定位结果。

(2)作业范围有限,受流动站和基准站的距离限制,一般小于 15 km,但是受限于信号传输设备影响,《全球定位系统实时动态测量(RTK)技术规范》(CN/T 2009—2010)要求作业范围是在 5 km 内。另外,差分技术的前提条件要求测两站的卫星信号传播路径相同或相似,这样才能保证两站的卫星钟差、轨道误差、电离层误差、对流层误差均为强相关,所以这些误差大部分可以消除,要到达 1~2 cm 级实时(单历元求解)定位的要求,用户站和基准站的距离需小于 10 km,当距离大于 50 km 时,以上误差的相关性大大减少,以致差分之后残差很大,求解精度降低,一般只能达到分米级基线精度,所以不适用高精度定位。

(3)测量效率低,主要由初始化时间决定,取决因素有接收机的解算技术、流动站接收到的卫星的数量和信号质量、差分数据的数据质量和 RTK 数据链传输质量。常规 RTK 系统的数据传输多采用 UHF 和 VHF 电台播发差分信号,由于电台信号的衍射性能差,而且都是站间直线传播,这要求测站间的天线必须"通视",所以在城市、丘陵、山区实施 RTK 作业很困难,经常发生能收到卫星信号,但是收不到电台信号的问题。

(4)测量不稳定、可靠性低。常规 RTK 通常采用单基准站形式,数据传输中采用的超高频 UHF、甚高频 VHF 的衍射性能差,使得播发的 RTCM 差分信号稳定性差且覆盖范围小,容易导致数据出错和信号延迟,降低了系统的可靠性。常规 RTK 观测中进行定位需要连续观测 4 颗以上 GNSS 卫星,在观测过程中不能对卫星失锁,否则必须重新初始化。

2.2.3 网络 RTK 定位技术

为了克服常规 RTK 所存在的缺陷,达到区域范围内厘米级、精度均匀的实时动态定位,网络 RTK 技术应运而生。美国天宝公司率先推出了网络 RTK 技术。网络 RTK 技术就是利用地面布设的一个或多个基准站组成 GNSS 连续运行参考站 CORS(Continuously Operating Reference Stations),网络 RTK 定位技术又称多基准站 RTK 定位技术,综合利用各个基站的观测信息,通过建立精确的误差修正模型,通过实时发送 RTCM 差分改正数修正用户的观测值精度,在更大范围内实现移动用户的高精度导航定位服务(见图 2-3)。

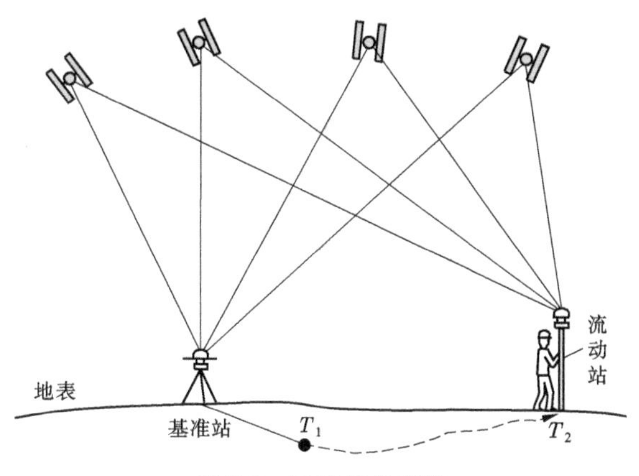

图 2-3　RTK 定位测量

网络 RTK 技术集成了计算机网络、数据库、无线通信和 GNSS 定位等技术，利用基准站网、数据处理中心(控制中心)和数据通信线路等实现实时动态定位，是基准站网络式 GNSS 多功能服务系统的核心支持技术和解决方案。

根据一定区域内基准站系统误差具有较强的空间相关性的特点，利用多个基准站的系统误差用一定的内插算法来内插或者外推该区域内、外流动站的未知系统误差，再解算基准站与流动站间的整周模糊度进行定位。基准站配备双频 GNSS 接收机，最好能接收精确的双频伪距观测值。同时，基准站的坐标应精确确定。此外，基准站还应配备数据通信设备及气象仪器等。基准站按规定的采样率进行连续观测，并通过数据通信链实时将观测资料传送给数据处理中心。

数据处理中心根据流动站的近似坐标(可据伪距法单点定位求得)判断出该站位于周围三个以上基准站所组成的图形内或外。然后，根据基准站的观测数据求出流动站处的系统误差，并播发给流动用户，通过修正来获得精确的坐标。基准站与数据处理中心间的数据通信可采用数字数据网或无线通信等方法进行。流动站和数据处理中心间的双向数据通信则可通过 GSM 等方式进行。

与常规 RTK 相比，网络 RTK 的主要优点为：

(1)精度提高。在网络控制范围内，由于采用内插法内插流动站的误差，受距离的影响比较小，流动站的定位精度分布较均匀，大多在±(1~2)cm 水平。

(2)作业范围扩大，在 70~90 km 的边长范围内，工作人员不用再架设基准站。

(3)作业效率高，操作方便，作业成本降低，简化了生产作业流程，大幅度提高了效率。

(4)可靠性提高。由于网络 RTK 采用多个基准站同时作业，当一个或者多个参考站出现故障时，网路 RTK 利用没有故障的基准站仍然可以正常进行定位，因此提高了系统的可靠性，扩大了作业范围。

(5)具有定位速度快、定位精度高且分布均匀、投资少的优势，大大促进了连续运行参考站网的建设。

2.2.3.1　网络 RTK 的技术和方法

目前应用较广的 CORS 网技术有虚拟参考站(VRS)技术、FKP 技术、主辅站技术、综合误差内插技术。其各自的数学模型和定位方法有一定的差异,但在基准站架设和改正模型的建立方面基本原理是相同的。

1. 虚拟参考站(VRS)技术

虚拟参考站(VRS)技术由 Herbert Landau 于 2002 年提出。其基本思想为:利用地面布设的多个(三个以上)参考站组成的连续运行参考站网,通过综合各个参考站的观测信息,建立精确的误差模型来修正距离相关误差,在流动站附近产生一个事实上不存在的虚拟参考站(VRS)。然后,利用 VRS 和流动站的观测值进行差分,精确确定流动站的坐标。由于 VRS 一般通过流动站接收机的单点定位坐标来确定,故 VRS 与流动站构成的基线通常只有几米到几十米,只要能够生成 VRS 的观测值或 RTCM 差分改正数,就可以在 VRS 和流动站之间直接实现常规差分解算。

虚拟参考站网络中,各固定参考站不直接向移动用户发送任何改正信息,而是将所有的原始数据通过数据通信线发给控制中心。同时,移动站用户在工作前,先通过 GPRS/CDMA 的上网功能向控制中心发送一个概略坐标(GGA 数据),控制中心收到这个位置信息后,根据用户位置,由计算机自动选择最佳的一组固定基准站,根据这些站发来的信息,整体改正 GNSS 的轨道误差,电离层、对流层和大气折射引起的误差,将高精度的差分信号发给移动站。这个差分信号的效果相当于在移动站旁边生成一个虚拟的参考基站,从而解决了 RTK 作业距离上的限制问题,并保证了用户的精度。其实虚拟参考站技术就是利用各基准站的坐标和实时观测数据解算该区域实时误差模型,然后用一定的数学模型和流动站概略坐标,模拟出一个临近流动站的虚拟参考站的观测数据,建立观测方程,解算虚拟参考站到流动站间这一超短基线。一般虚拟参考站位置就是流动站登录时上传的概略坐标,这样由于单点定位的精度,使得虚拟参考站到流动站的距离一般为几米到几十米,如果将流动站发送给处理中心的观测值进行双差处理后建立虚拟参考站的话,这一基线长度甚至只有几米。

对于临近的点,可以只设一个虚拟参考站。开一次机,用户和数据中心通信初使化一次,确定一个虚拟参考站。当移动站和虚拟参考站之间的距离超出一定范围时,数据中心重新确定虚拟参考站。

2. FKP 技术

区域改正参数(FKP)方法是由德国的 GEO++公司提出的。FKP 与虚拟参考站技术最大的不同是定位方法不同,一个是利用虚拟观测值和流动站观测值做单基线解算,一个是利用改正后的观测值加入各基准站做多基线解。该方法基于状态空间模型(SSM),要求所有基准站将每一个观测瞬间所采集的未经差分处理的同步观测值实时地传输到数据处理中心。数据处理中心首先计算出网内电离层和几何信号的误差影响,再把误差影响描述成南北方向和东西方向区域参数,然后以广播的方式发播出去,流动站根据这些参数和自身位置计算误差改正数。系统传输的 FKP 参数能够比较理想地支持流动站的应用软件,但是流动站必须知道有关的数学模型,才能利用 FKP 参数生成相应的改正数。为了获取瞬时解算结果,每个流动站需要借助于一个称为 AdV 盒的外部装置或接收机内置解译软件,配合流动站接收机的 RTK 作业。FKP 技术利用插值算法将区域范围内与距离有关的误差项模型化,是一种动态的全网整体解算模型。其工作原理和流程如下所述:

(1)主控站采用卡尔曼滤波动态模型,对多个或者所有测站采集的同步观测值进行非差网络解算,产生 FKP 的区域改正参数。

(2)主控站将 FKP 参数按 RTCM-TYPE59 格式编码并采用单向广播模式发送给用户接收机。

(3)用户采用 FKP 专用解码程序,进行距离相关误差修正,然后进行 RTK 定位。

FKP 方法是一种广播模式,其优点在于当基准站受到诸如多路径反射或高楼的信号遮挡等影响的时候,可以自动重新组成 FKP 的平面。此外,FKP 采取单向数据通信代替如 VRS 方法中的双向数据通信,不仅可以降低用户的作业成本,而且能够保持用户使用的隐秘性。FKP 的方法在德国、荷兰和其他欧洲国家有广泛的应用(Wubbena et al.,2002)。

3. 主辅站技术

主辅站技术是徕卡公司在 FKP 的基础上于 2005 年提出的,本质是对 FKP 的优化,数学模型上并没有什么大的区别,不过是在基准站播发基准点坐标信息和改正信息减少了一定的信息量,它基于多基站、多系统、多频和多信号非差分处理算法,从参考站网将压缩的所有相关代表整周模糊度水平的观测数据作为网络改正数播发给流动站。再有就是“主基准站”的选择及加入数个条件较好的“辅基准站”做多基线解。参与解算的基站不像 FKP 那样用到全部的基准站信息,可以使用单向数据通信和双向数据通信两种方式,单向数据通信方式下的主辅站技术称为 MAX 技术,双向数据通信方式下的主辅站技术称为 i-MAX 技术。MAX 技术中同一个网络单元中播发同一组数据,用户接收机目前只有徕卡公司生产的新型接收机才能够使用。i-MAX 技术与 VRS 技术一样,流动站必须播发自己的概略位置给数据处理中心,数据处理中心根据其位置计算出流动站的误差改正数,再以标准差分协议格式发播给流动站,流动站可以是各种支持标准差分协议格式的接收机。加入了双向通信可以较好地选择所在的基站群。

4. 综合误差内插技术

武汉大学 GNSS 中心 2002 年提出并应用综合误差内插技术(CBI),通过卫星定位误差相关性计算参考站上的综合误差,不对电离层延迟、对流层延迟等误差进行区分,也不将各基准站所得到的改正信息都发给用户,而是由监控中心统一集中所有基准站观测数据,选择、计算和播发用户的综合误差改正信息,内插出用户站的综合误差,具有算法简练、系统可用性强以及定位效率和精度高的优点(高星伟,2002)。在电离层变化较大的时间段和区域,应用此项技术优势明显,该技术能实现双向数据通信和单向数据通信。

由于电离层误差是所有误差中主要的误差项,唐卫明(2006)提出了改进的综合误差内插法。其要点包括两方面:一是内插得到 L1 载波相位电离层误差;二是对除电离层误差之外的误差(包括对流层残差、轨道误差及与信号频率无关的误差)进行综合内插。试验结果表明,改进的综合误差内插法的准确性、计算速度均优于先前的综合误差内插法。

2.2.3.2 网络 RTK 系统组成

网络 RTK 系统由基准站、系统管理中心、用户数据中心、用户应用及数据传输等 5 个子系统组成(见图 2-4)。整个体系是以管理中心为中心节点的星形网络。

1. 基准站子系统

基准站子系统(Reference Station Sub-System)简称 RSS,是整个系统的数据源,用于对

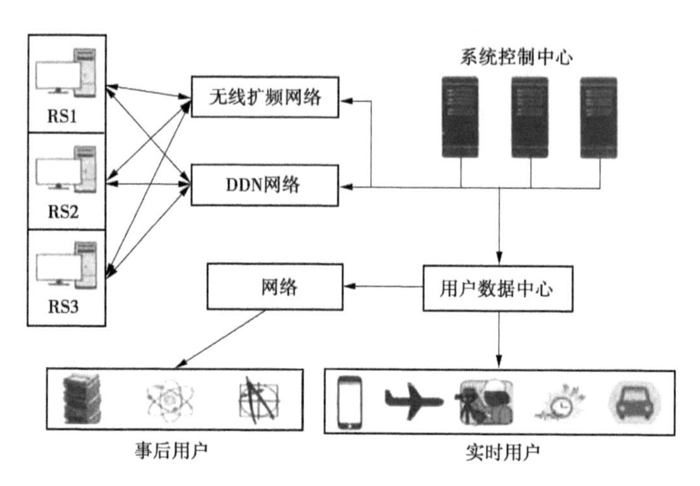

图 2-4　网络 RTK 系统组成

卫星信号接收、记录和传输。该子系统的稳定性和可靠性直接影响网络 RTK 系统的性能。

基准站结构包括基准站设备的选型、连接、网络形式等部分。各基准站的结构基本上是基于网络终端的，主要设备包括 GNSS 接收机、气象传感器、不间断电源 UPS、通信链路等。设备间的连接与通信是基准站设计中的核心部分，其可靠性和稳定性往往决定了整个系统的性能与可靠性。

基准站功能，基准站一般设计为无人值守型，连接可靠、稳定、均匀分布；采用单 GNSS 接收机方式；保存的 GNSS 数据，采用双备份方式。GNSS 接收机内存保留最新的 12～24 h 的原始观测数据，基准站计算机硬盘上至少能够保存 15 d 数据；按照设定的时间间隔自动将 GNSS 观测数据、气象观测数据通过数据传输网络传输给控制中心；设备完好性检测功能：定时自动对设备进行轮检，出现问题时向控制中心报警，在断电情况下，基准站能够靠自身的 UPS 支持 12 h 以上，并及时向控制中心和有关单位报警，有雷电及电涌自动防护功能等；可通过远程控制方式，设定、控制、检测基准站的运行。

2. 系统管理中心子系统

系统管理中心（System Monitoring and Analysis Center）简称 SMAC，是整个网络 RTK 系统的核心单元，由计算机网络系统、软件系统等组成，与各基准站之间主要依靠气象专网（或 DDN 专线）连接。管理中心要求具备数据处理、系统监控、信息服务、网络管理和用户管理等功能。

数据处理，负责各基准站数据采集并对传输过来的数据进行质量分析和评估，对某些数据（如导航）进行多站数据综合、分流、形成统一的差分修正数据，按某种方式上网服务，如果开展广域差分服务，还需计算广域差分改正数或向广域差分中心提供必要数据，对事后精密定位的数据进行必要的预处理，并按一定方式上网服务。

系统监控，对各基准站运行中的设备安全性、正常性进行监测管理，可远程监控基准站 GNSS 定位设备的工作参数、检测工作状态、发出必要的指令、改变各基准站运行状态。控制中心要求能够对 GNSS 基准站网子系统进行实时、动态的管理；对基准站的设备进行远程管理；对基准站进行设备完好性监测；网络安全管理，禁止各种未授权的访问；负责网络故障的诊断与恢复。

信息服务,对各类用户提供导航定位数据服务,地理信息中有关坐标系高程系的转换服务,有关控制测量和工程测量的软件服务和计算服务。控制中心通过用户数据中心向用户进行播发,可使用的主要通信方式有以下几种。广播通信:向全区域发布实时定位与导航的差分数据,可选择多种广播式通信链路。常规方式:UHF/VHF,通过专用设备向局部区域用户发布差分数据。公众网络:如 GSM/GPRS/CDMA,用于向大范围内的用户提供数据服务。网络数据发布:Internet,提供精密定位数据、电子地图信息等服务。卫星通信:VSAT,Inmarsat 等,用于今后与国家联网。

3. 用户数据中心子系统

用户数据中心子系统(Data Transmission Sub-System)简称 DTS,应兼顾中心站及数据处理中心的功能。数据中心子系统的建设包括中心机房建设、网络结构设计、防护设计等。

4. 用户应用子系统

用户应用子系统(Users' Application Sub-System)简称 UAS,其基本构成是接收数据链、GNSS 接收机和中央处理器。按照不同应用的要求,一般具备电子手簿、电子地图、回传数据链等设备。

5. 数据传输子系统

数据传输子系统(Data Communication Sub-System)简称 DCS,可分为两部分,一部分用于连接基准站和系统管理中心,另一部分用于连接用户数据中心和用户应用系统。

2.2.3.3　网络 RTK 应用发展现状

1. 国外概况

国际大地测量发展的一个特点是建立全天候、全球覆盖、高精度、动态、实时定位的卫星导航系统。在地面则建立相应的永久性连续运行的 GPS 参考站。世界上较发达的国家都建立或正在建立连续运行参考站系统(CORS)。

美国的 GPS 连续运行参考站系统(CORS)。它由美国国家大地测量局(NGS)负责,该系统的当前目标是:①使全部美国领域内的用户能更方便地利用该系统来达到厘米级水平的定位和导航;②促进用户利用 CORS 来发展 GIS;③监测地壳形变;④支持遥感的应用;⑤求定大气中的水汽分布;⑥监测电离层中自由电子浓度和分布。至 2001 年 5 月,CORS 已有 160 余个站。美国 NGS 宣布,为了强化 CORS,从即日起,以每个月增加 3 个站的速度来改善该系统的空间覆盖率。CORS 的数据和信息包括接收的伪距和相位信息、站坐标、站移动速率矢量、GPS 星历、站四周的气象数据等,用户可以通过信息网络,如 Internet 很容易下载而得到。

英国的连续运行 GPS 参考站系统(COGRS)的功能和目标类似于上述 CORS,但结合英国本土情况,多了一项监测英伦三岛周围海平面的相对变化和绝对变化的任务。直至今天已有近 60 个 GPS 连续运行站。

德国的全国卫星定位网由 100 多个永久性 GPS 跟踪站组成。它也提供 4 个不同层次的服务:①米级实时 DGPS[精度为±(1~3)m];②厘米级实时差分 GPS(精度为 1~5 cm);③精度为 1 cm 的准实时定位;④高精度大地定位(精度优于 1 cm)。

其他欧洲国家，即使领土面积比较小的芬兰、瑞士等也已建成具有类似功能的永久性GPS跟踪网，作为国家地理信息系统的基准，为GPS差分定位、导航、地球动力学和大气提供科学数据。

在亚洲，日本已建成近1 200个GPS连续运行站网的综合服务系统——GeoNet。它在以监测地壳运动地震预报为主要功能的基础上，结合大地测量部门、气象部门、交通管理部门开展GPS实时定位、差分定位、GPS气象学、车辆监控等服务。

2. 国内概况

随着国家信息化程度的提高及计算机网络和通信技术的飞速发展，电子政务、电子商务、数字城市、数字省区和数字地球的工程化和现实化，需要采集多种实时地理空间数据，因此中国发展CORS系统的紧迫性和必要性越来越突出。近年来，国内不同行业已经陆续建立了一些专业性的卫星定位连续运行网络，为满足国民经济建设信息化的需要，一大批城市、省区和行业已经建立类似的连续运行网络系统，一个连续运行参考站网络系统的建设高潮正在到来。

深圳市建立了我国第一个连续运行参考站系统（SZCORS），广东省、江苏省等省份和北京、天津、上海、广州、东莞、成都、武汉、昆明、重庆、青岛等部分市也建立了类似的省、市级CORS系统，现在部分省市可以免费使用CORS服务，湖南等省份提出区域联网以扩大使用范围。

中国兵器和阿里巴巴共建千寻位置公司，千寻位置建设和运营的是国家北斗地基增强系统"全国一张网"。该系统以北斗导航系统为主体，兼容GPS、GLONASS、Galileo等卫星导航系统信号。实现了统一规划、组网及跨区域无缝服务，同时支持大规模、高并发的基准站及用户接入，突破了行业瓶颈，为各类市场及应用提供更低成本的服务。千寻位置的服务没有聚焦于某个特定领域，覆盖范围可以达到全国32个省（市），面向测绘行业的有千寻知寸（FindCM）、千寻见微（FindMM）、千寻云迹（FindTrace）等服务，而普通的测量用户们经常用到的就是其中的千寻知寸（FindCM），厘米级精度服务，一个CORS账号全国通用。

2.2.4 PPK定位技术

GPS PPK（Post Processed Kinematic）技术，即动态后处理技术，是利用载波相位进行事后差分的GPS定位技术。PPK的工作原理：利用进行同步观测的一台基准站接收机和至少一台流动接收机对卫星的载波相位观测量；事后在计算机中利用GPS处理软件进行线性组合，形成虚拟的载波相位观测量值，确定接收机之间厘米级的相对位置；然后进行坐标转换得到流动站在地方坐标系中的坐标。

PPK技术是一种与RTK相对应的定位技术，这是一种利用载波相位观测值进行事后处理的动态相对定位技术。由于是进行事后处理，因此用户无须配备数据通信链，自然也无须考虑流动站能否接收到基准站播发的无线电信号等问题，观测更为方便、自由，适用于无须实时获取定位结果的领域（李征航，黄劲松，GPS测量与数据处理，武汉大学出版社，2013：168）。当前大部分无人机航摄采用PPK技术获取精确的航片POS位置，无人机在空中的飞行速度非常快，需要很高的定位频率。RTK技术的实时导航很难达到这种条件。PPK 支持 50 Hz 的定位频率,完全可以满足需求。网络 RTK 也可以提供 PPK 服务,如千寻云迹(FindTrace)是千寻位置推出的一款高精度(GNSS+INS)后处理位置解算服务,基于国家北斗地基增强系统“全国一张网”、全球精密星历数据和自研算法,FindTrace 为高精度地图采集、测量测绘、农业植保、飞行巡检等行业提供后处理的高精度的轨迹、姿态数据。

PPK 技术的系统也由基准站和流动站组成。与 RTK 实时载波相位差分定位技术既有共同点也有不同点,可以作为 RTK 技术的补充,其主要作业过程包括外业观测数据和内业数据处理。RTK 技术虽然作业距离远,但总是有接收不到差分信号的时候,或者有的时候在山区测量移动站作业距离近,远了就没办法接收到差分信号,这是 RTK 的弊端。差分信号通过数据链传输,或多或少会受到环境因素的影响,这个时候我们就可以应用 PPK 技术进行测量。利用 PPK 技术不需要数据通信,作业半径可以达到 300 km 以上,在 RTK 受到限制的区域也能利用 GPS 进行动态测量,是对 RTK 的一种重要补充作业方式。

2.3　惯性导航

惯性导航系统(Inertial Navigation System,INS)是一种利用惯性传感器件、基准方向及最初的位置信息来确定运载体在惯性空间中的位置、方向和速度的自主式导航系统,也简称为惯导。惯性传感器为加速度计和陀螺仪。惯性导航利用陀螺仪和加速度计测量载体在惯性参考系下的角速度和加速度,并对时间进行积分、运算得到速度和相对位置,且把它变换到导航坐标系中,这样结合最初的位置信息,就可以得到载体现在所处的位置。惯性导航的目的是实现自主式导航,即不依赖外界信息,包括卫星信号、北极指引等。

第一代惯性技术指 1930 年以前的惯性技术,奠定了整个惯性导航发展的基础。牛顿三大定律成为惯性导航的理论。第二代惯性技术开始于 20 世纪 40 年代火箭发展的初期,其研究内容从惯性仪表技术发展扩大到惯性导航系统的应用。20 世纪 70 年代初期,第三代惯性技术发展阶段出现了一些新型陀螺、加速度计和相应的惯性导航系统,其研究目标是进一步提高 INS 的性能,并通过多种技术途径来推广和应用惯性技术。当前,惯性技术正处于第四代发展阶段,其目标是实现高精度、高可靠性、低成本、小型化、数字化、应用领域更加广泛的导航系统。随着量子传感技术的迅速发展,在惯性导航技术中,利用原子磁共振特性构造的微小型核磁共振陀螺惯性测量装置具有高精度、小体积、纯固态、对加速度不敏感等优势,成为新一代陀螺仪的研究热点方向之一。

2.3.1　惯性测量基本原理

惯性导航理论依据,牛顿第一定律:在不受外力作用下,物体将保持静止或匀速直线运动。牛顿第二定律:物体加速度的大小跟作用力成正比,跟物体的质量成反比;加速度的方向跟作用力的方向相同。

惯性导航工作的核心原理是:它从过去自身的运动轨迹推算出自己目前的方位。其工作技术原理是以下三条基本公式:距离=速度×时间,速度=加速度×时间,角度=角速度×时间。首先,检测(或设定好)初始信息,包括初始位置、初始朝向、初始姿态等。然后，用 IMU 时刻检测物体运动的变化信息。其中，加速度计测量加速度，利用 $a=F/M$ 测量物体的线加速度，然后乘以时间得到速度，再乘以时间就得到位移，从而确定物体的位置；而陀螺仪则测量物体的角速率，以物体的初始方位作为初始条件，对角速率进行积分，进而时刻得到物体当前方向；还有电子罗盘，能在水平位置确认物体朝向。这 3 个传感器可相互校正，得到较为准确的姿态参数。最后，通过计算单元实现姿态解、加速度积分、位置计算以及误差补偿，最终得到准确的导航信息。

惯性传感器（inertial sensors）包括加速度计和陀螺仪，加速度计（accelerometer）测量线性加速度，陀螺仪（gyroscope）测量角速率，两者的测量过程都不需要外部参照。一般加速度计仅测单个轴向的加速度，大多数陀螺仪也只测量绕一个轴向的转动角速率。一个惯性测量单元（inertial measurement unit，IMU）通常是三个陀螺仪、三个加速度计，以实现三维的加速度和角速率测量。IMU 是惯性导航系统（inertial navigation system，INS）的传感部件，INS 可以自主输出三维导航信息。

各种惯性传感器在体积、重量、性能和成本等方面都存在几个数量级的差别。一般来讲惯性传感器的精度越高，相应的体积、质量越大，成本也越高。当前，惯性传感器的发展方向主要集中于微机械系统（micro electro mechanical systems，MEMS）技术。利用蚀刻技术，将多个传感器集成在单独的硅晶片上，这使得小而轻的石英和硅类型的惯性传感器，可低成本大批量生产。MEMS 传感器表现出非常优良的抗冲击性能，被用于炮射弹药的制导。然而目前大多数 MEMS 传感器精度相对比较低，微光机电系统（micro-optical-electro-mechanical systems，MOEMS）技术采用光学读出方式替代许多 MEMS 的电容检测，因而更具提高精度的潜力。

IMU INS 和惯性传感器可以分为如下四类宽泛的精度类别：战略级、导航级、战术级和商业级，见图 2-5。

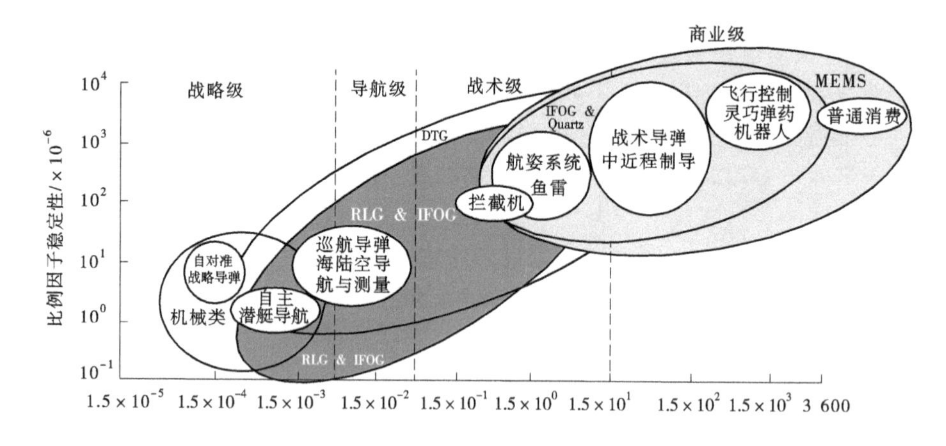

图 2-5　陀螺零偏稳定性

对 IMU 实施标定后可以明显改变其性能，尤其对于 MEMS 传感器，同一类型的 MEMS 惯性传感器，不经标定可以直接用于汽车制造业，而经过标定之后，就可用于战术级导航。“低成本”这个术语，被普遍应用于消费级和战术级惯性产品，涵盖了一个很宽的价格区间（从消费级到航海级）的惯性传感器，陀螺仪的精度跨越了 6 个数量级，而加速度计的精度仅有3个数量级的变化部分,原因在于:导航时间超过40 min后,陀螺仪的性能对导航精度的影响比加速度计的影响更大。

2.3.2　加速度计及陀螺仪

2.3.2.1　加速度计

加速度计是测量运载体线加速度的仪表。它由检测质量(也称敏感质量)、支承、电位器、弹簧、阻尼器和壳体组成。加速度计本质上是一个一自由度的振荡系统,须采用阻尼器来改善系统的动态品质。

加速度计在检测质量受支承的约束只能沿一条轴线移动,这个轴常称为输入轴或敏感轴。当仪表壳体随着运载体沿敏感轴方向做加速运动时,根据牛顿定律,具有一定惯性的检测质量力图保持其原来的运动状态不变。它与壳体之间将产生相对运动,使弹簧变形,于是检测质量在弹簧力的作用下随之加速运动。当弹簧力与检测质量加速运动时产生的惯性力相平衡时,检测质量与壳体之间便不再有相对运动,这时弹簧的变形反映被测加速度的大小。电位器作为位移传感元件把加速度信号转换为电信号,以供输出。

按检测质量的位移方式分类有线性加速度计(检测质量作线位移)和摆式加速度计(检测质量绕支承轴转动);按支承方式分类有宝石支承、挠性支承、气浮、液浮、磁悬浮和静电悬浮等;按测量系统的组成形式分类有开环式和闭环式;按工作原理分类有振弦式、振梁式和摆式积分陀螺加速度计等;按输入轴数目分类,有单轴、双轴和三轴加速度计;按传感元件分类,有压电式、压阻式和电位器式等。通常综合几种不同分类法的特点来命名一种加速度计。

1. 力平衡加速度计

力平衡加速度计是当前惯导系统中应用最广泛的一种加速度计,它利用闭路系统的负反馈原理把检测质量悬浮在其结构的某一固定位置上(见图2-6)。力平衡加速度计组成包括:惯性质量,被加速时其惯性能产生一个力;弹性铰链;敏感惯性力做功的传感器;力发生器;电子放大器。

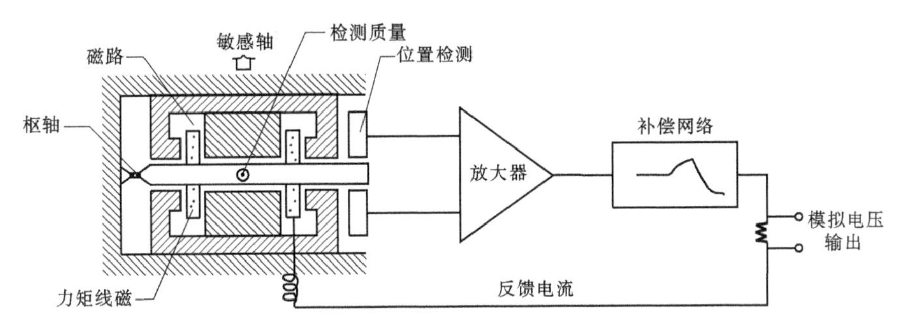

图2-6　力平衡加速度计的工作原理

如图2-6所示,当沿敏感轴有加速度作用时,检测质量的位置发生变化,位置检测器检测这一变化,然后将信号输入放大器,放大器驱动力发生器,使检测质量恢复到零位。加速度计的输出是流过力发生器与输入加速度成比例的电流。弹性铰链把检测质量束缚在单一的运动轴上。

一般采用枢轴或挠性结构。位置检测方法有多种,如电容、电感、电阻和光等。现在,一般高精密加速度计多采用电容检测结构。因为这种结构没有机械接触,需要的机械力小,稳定度高,还可以提供良好的压膜气隙阻尼。力发生器通常采用由线圈和永久磁铁组成的电磁式力矩器。这种力矩器施力能力高、线性度好。在有些情况下也有用静电式力发生器的。伺服系统中的电子放大器一般都含有相位补偿网络,合理设计电子放大器在不同频率下的增益可以使系统满足所希望的动静态指标。所以,力反馈加速度计系统的动态响应特性可以不完全取决于表头的机械阻尼,从而可以在很多情况下降低敏感轴的机械束缚刚度,减小因这些机械束缚的不稳定性带来的误差。

如果给加速度计结构中充满某种气体或液体,还可以为检测质量提供浮力,并提供较高的机械阻尼,这对提高仪表的精度和抗冲击能力无疑是极其有益的。一方面是因为它体积小、结构简单、坚实可靠;另一方面因为可以在设计中通过精心选择挠性结构、振动质量、位置传感器、力矩器、伺服电子线路、悬浮方式、阻尼及材料等,从而可以满足不同的性能和应用要求。

目前,力平衡加速度计已经发展成为非常成熟的技术,占据着绝大部分加速度计市场。世界上有许多厂家在生产力平衡加速度计。

2. *石英振梁加速度计*

石英振梁加速度计是一种基于石英振梁力频特性的新型高精度固态传感器,其工作原理如2-7所示。激振电路对石英振梁进行压电激励,使其在谐振频率点处形成弯曲振动,质量块将外界的输入加速度转换成作用在振梁上的轴向力。结合振梁的力频特性,通过改变振梁的刚度使其谐振频率发生变化,检测两个振梁的频率差获得加速度的大小和方向信息。

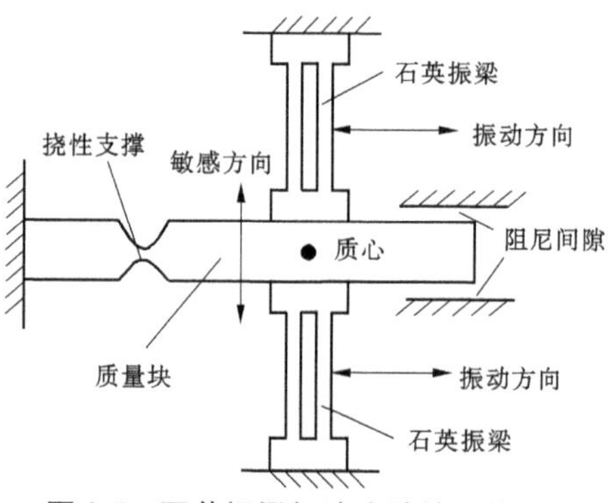

图2-7 石英振梁加速度计的工作原理

石英振梁加速度计敏感结构沿袭了传统加速度计摆式检测质量的设计理念,挠性支撑结构使得检测质量只能绕一个与输入轴垂直的方向进行转动,降低了仪表的交叉耦合误差。采用振梁推挽结构和频率差模输出,降低了仪表的零偏和二阶非线性,提高了仪表的标度因数。该结构的设计能大大降低温度、非惯性应力等共模误差影响,从而提升了仪表的精度。

石英振梁加速度计相比于摆式积分陀螺加速度计、摆式加速度计而言,零件数更少,功耗更低。敏感结构除两根谐振梁纳米级的微弱振动外,没有其他的机械磨损部件,也使其具有更长的平均失效时间和更高的可靠性。

振梁式加速度计可使用金属、陶瓷、石英、硅等材料。石英晶体具有压电特性,便于激励和敏感;石英晶体具有很低的内部损耗和无限的疲劳寿命,有优良的机械晶体稳定性;石英晶体刚性好、硬度大,还存在零温度系数的切型,正因为如此,石英晶体成为振梁式加速度计的首选材料。

振梁式加速度计组成：振梁式加速度计中最主要的元件是一对匹配的石英谐振力换能器，谐振器加上推-拉模式载荷如图 2-8 所示，其输出为两梁的频率差，对许多误差有共模抑制作用，包括非线性、温度灵敏度、参考时钟灵敏度、压力灵敏度和老化效应。晶体梁的谐振利用石英晶体的压电特性，根据不同电极图形来激励和敏感。

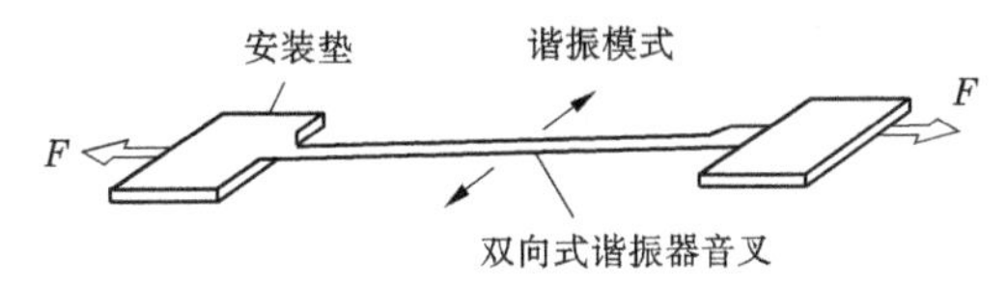

图 2-8　典型的双梁加速度计

当前使用的双端音叉谐振器，通过有限元分析法优化几何结构，不使用附加机械隔离系统，也能基本上消除支撑结构的能量损耗。这种独特的设计在空载频率的 10%以上的范围具有比较高的频率标度因数。不同隔离系统有利于在一定频率灵敏度内保持器件高的刚度，使其带宽与闭环加速度计的带宽相当，同时还可以使谐振器的体积减小，用单块石英晶片可生产出数十个谐振器，有利于谐振器的匹配和降低成本。

单检测质量块用一对精密的挠性元件约束，使其只具单自由度。其余的自由度由一对以推-拉结构加载的谐振器来约束。用挤压膜阻尼间隙作为超量程时对质量块的进一步约束，挤压膜阻尼间隙还用作机械冲击限位，以保护晶体免受过压而损坏。该开环机构是一种典型的二阶机械系统。晶体的轴向刚度很好，可使检测质量系统保持高的谐振频率，在高振动环境中应用时，矫正误差最小。另外，在加速度载荷下检测质量的偏离极小，使得交叉耦合系数最小。晶体的小尺寸使总体结构体积小，重量轻。

振荡器电路有两个基本的目的，即保持恒幅谐振且对晶体谐振器的频率和相位影响最小。这项任务虽具挑战性，但与伺服加速度计电路相比就简单得多。该电路还提供可用的低噪声输出信号。为与数字信号处理电路兼容，选择 0~5 V 的方波输出形式。

晶体振荡器的突出优点是功耗低，且为一常值，与加速度载荷的大小无关。一个储存了几年的这样的振荡器能够正常启动并在 500 ms 内达到稳定，提供导航仪需要的输出。

振梁式加速度计一般有三个振荡器，两个用于力敏晶体，一个用于晶体谐振温度传感器。电路的可靠性预估表明，振梁式加速度计的可靠性远优于其他模拟伺服器件。

振梁式加速度计包括传感器和振荡电路，用外壳进行密封。密封对控制梁的质量是至关重要的，因为如果受潮，梁的质量会发生变化，充填气压也发生变化，而气体的边界层又相当于寄生质量。质量的变化引起共模无载频率的漂移，虽然通过信号处理可以基本印制频率漂移，但仍然造成小的输出偏置变化。密封外壳消除了这一误差，同时为电路、互连部分及传感器提供良好的惰性环境。电信号通过不锈钢外壳上的玻璃密封绝缘子引出，封装对加速度计的性能，机械隔离和瞬时热流特性的设计都是很重要的。封装设计最佳必须考虑低劳动强度装配且不必使用熟练的操作工。

3. MEMS 加速度计

MEMS 加速度计是由微型传感器、执行器以及信号处理和控制电路、接口电路、通信和电源等构成的微型机电系统。

技术成熟的 MEMS 加速度计分为三种：压电式、容感式、热感式。压电式 MEMS 加速度计运用的是压电效应，在其内部有一个刚体支撑的质量块，有运动的情况下质量块会产生压力，刚体产生应变，把加速度转变成电信号输出。压电式 MEMS 加速度计容易受到压阻材料影响,温度效应严重、灵敏度低,横向灵敏度大,精度不高。由于压电式 MEMS 加速度计内部有刚体支撑的存在,通常情况下,压电式 MEMS 加速度计只能感应到“动态”加速度,不能感应到“静态”加速度,也就是我们所说的重力加速度。热感式 MEMS 加速度计内部没有任何质量块,它的中央有一个加热体,周边是温度传感器,里面是密闭的气腔,工作时在加热体的作用下,气体在内部形成一个热气团,热气团的比重和周围的冷气是有差异的,通过惯性热气团的移动形成的热场变化让感应器感应到加速度值。因此,热感式和压电式加速度计主要用于对精度要求不高的民用领域或军事领域中的高 g 值测量。容感式 MEMS 加速度计内部也存在一个质量块,从单个单元来看,它是标准的平板电容器。加速度的变化带动活动质量块的移动,从而改变平板电容两极的间距和正对面积,通过测量电容变化量来计算加速度。而容感式和热感式既能感应“动态”加速度,又能感应“静态”加速度。电容式硅微加速度计由于精度较高、技术成熟且环境适应性强,是目前技术最为成熟、应用最为广泛的 MEMS 加速度计。随着 MEMS 加工能力提升和 ASIC 电路检测能力提高,电容式 MEMS 加速度计的精度也在不断提升。

2.3.2.2 陀螺仪

1. 陀螺仪技术发展

1904 年 Herman Anshutz-Kaempf 和 Elmer Sperry 就设计出了首个机械陀螺仪系统。在 20 世纪 40 年代以后,陀螺仪得到了极大的发展,大致可以分为四个发展阶段(见图 2-9)。

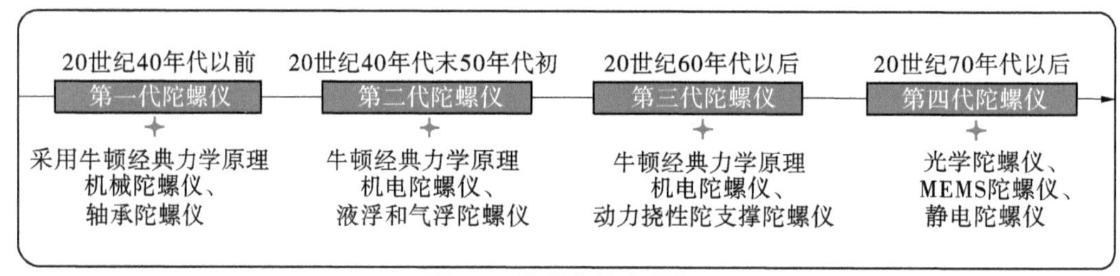

图 2-9 陀螺仪技术发展

先进成熟的加工工艺、光学原理的高效应用推动了陀螺仪朝着小型化、高精度、高可靠性的方向不断演进。环形激光陀螺仪、光纤陀螺仪、静电陀螺仪等已经形成了成熟的解决方案,并广泛应用于高精度惯导系统中。MEMS 加工工艺有效降低了器件的实现成本,应用于陀螺仪中能够有效控制成本,为广泛的民用和中低端军用市场提供了高性价比的解决方案。随着运动平台数量增多、运动速度提升、载体运行环境愈发复杂多变,对于更高精度、更高稳定性、小型化的需求将进一步提升,尤其是在高精度的制导武器装备中的需求更为迫切。在未来,随着技术理论的突破、预研技术的市场化,诸如核磁共振陀螺仪、原子干涉陀螺仪等基于量子理论的陀螺仪有可能成为未来市场的新生力量。

2. 陀螺仪的应用与分类

陀螺仪的应用与分类如图 2-10 所示。

1) 机电陀螺仪

机电陀螺仪是利用高速转子的转轴稳定性来测量载体正确方位的角传感器,支撑系

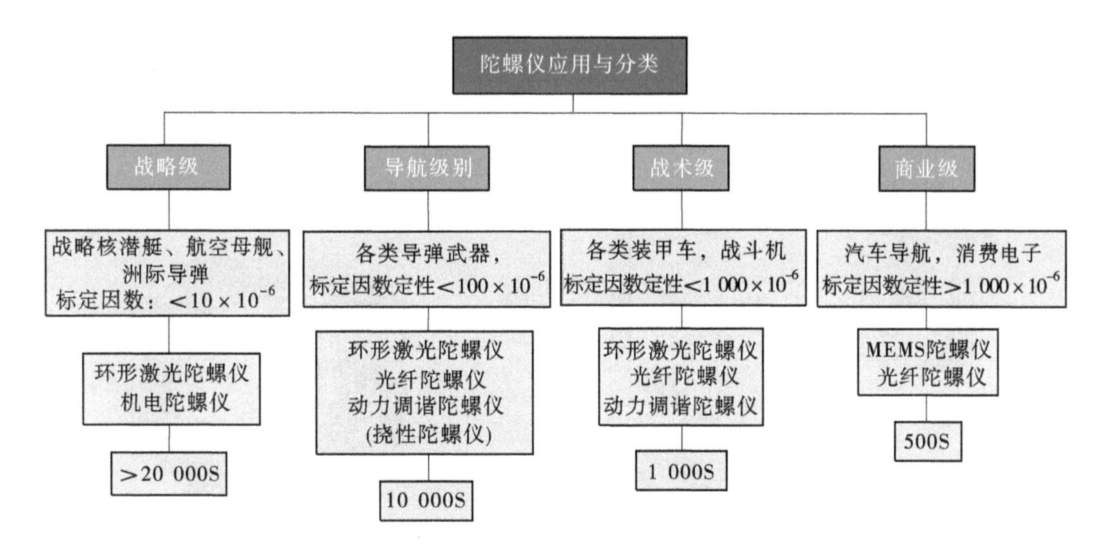

图 2-10　陀螺仪的应用与分类

统的力矩是降低测量精度的主要因素,因此高速转子的支撑系统是机电陀螺仪的主要技术发展领域,机电陀螺仪类别划分的主要依据则是支撑系统的工作方式。

机电陀螺仪的分类如图 2-11 所示,几种常见陀螺仪如图 2-12~图 2-14 所示。

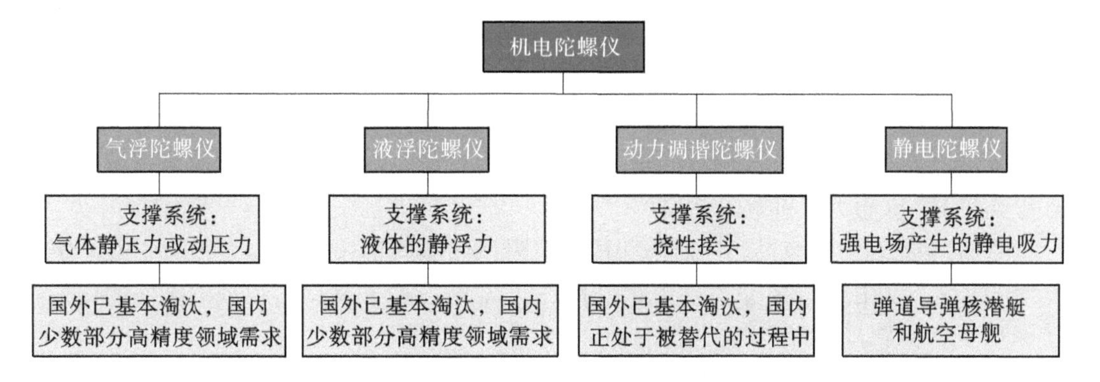

图 2-11　机电陀螺仪的分类

图 2-12　液浮陀螺仪

图 2-13　动力调谐(挠性)陀螺仪

2）光学陀螺仪

光学陀螺仪（见图 2-15）中主要有两种结构的产品，环形激光陀螺仪和光纤陀螺仪。这两种结构的陀螺仪都是基于 Sagnac 原理。激光陀螺仪的优点如下：

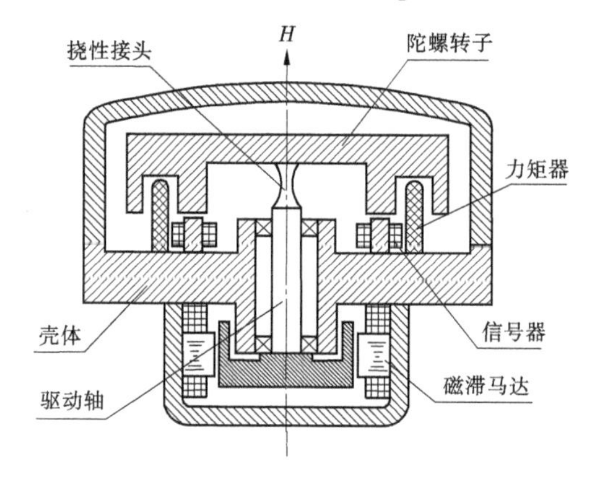

图 2-14　静电陀螺仪

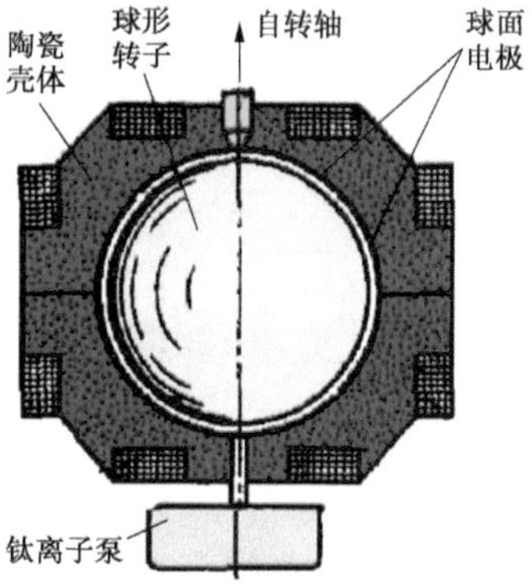

图 2-15　光学陀螺仪

（1）性能稳定，抗干扰能力强。可承受很高的加速度和强烈的振动冲击，在恶劣的环境条件下仍能稳定工作。即使运行几千小时以后，激光陀螺仪的精度（特别是偏置稳定性）仍能非常稳定。

（2）精度高。国外现已公布的零漂值为 5×10^{-4}°/h，中高精度正式产品的零漂值在 0.001~0.01 °/h。

（3）动态范围宽。可测转速的动态范围高于 10^8，远大于普通机电陀螺仪。

（4）寿命长，可靠性好。国外产品的寿命已达 1×10^5 h 以上，平均无故障时间（MTBF）已高于 1×10^4 h，远大于机电陀螺仪。

（5）启动迅速。没有马达的启动和稳定问题，所以激光陀螺仪启动后立即开始运转。激光陀螺仪不使用加热器，启动暂态误差特别低，这样系统在启动后很短的时间内（通常只需 1~2 min）就可正常工作。

（6）不需恒温。激光陀螺仪的腔长控制系统能确保它在环境温度大范围变化的状态下正常运转，这是其他种类的陀螺仪无法比拟的。

（7）具有高度稳定的标度因数。激光陀螺仪标度因数稳定度一般为 10^{-6} 数量级，最高可达 0.5×10^{-6}。

（8）动态范围造成的误差小。因为是光学元件，不存在非等惯性，旋转马达的动态性能、输出轴的旋转、框架的预负载、质量不平动态范围造成的误差极小及非等弹性等常规动量转子速率陀螺仪中常见的误差源（这些误差源对环境振动和加速度均较敏感），因此激光陀螺仪的性能基本不受动态环境的影响。激光陀螺仪的输入轴取决于环形激光谐振腔的闭合光路，该光路为固态几何形状，由膨胀系数极低的对准稳定性极高玻璃构成，从而输入轴的几何位置固定不变，可提供极高的输入轴对准稳定性。常规转子陀螺仪由于机械结构不对中而产生的传感器零位偏差、动态施矩回路的倾斜效应等限制了对准稳定性。

（9）使用灵活，应用范围广。激光陀螺仪既是速率陀螺仪，又是位置陀螺仪。

(10)输入信号数字化。与计算机结合方便。

(11)无高速转动部件。可直接附着于运动载体上。

(12)成本低。对于同样的精度和性能要求,激光陀螺仪的成本比机电陀螺仪低得多。

高精度的光纤陀螺仪主要应用在航空航天等高端武器装备领域;低成本、低精度光纤陀螺仪主要应用在石油勘查、农用飞机姿态控制、机器人等民用领域。

随着先进微电子与光电子技术的发展,如光电集成和光纤陀螺仪专用光纤的发展,加速了光纤陀螺仪的小型化和低成本化。光纤陀螺仪目前是惯性技术研究领域的主流陀螺仪,在 2005 年国外中近程导弹、中程导弹、卫星等武器装备领域就已经占据了一半以上的用量。目前,国内光纤陀螺仪的研制水平已接近惯性导航系统的中、低精度要求。陀螺仪性能比较见表 2-1。

表 2-1　陀螺仪性能比较

项目	液浮陀螺仪	动力调谐陀螺仪	经典陀螺仪	环形激光陀螺仪	光纤陀螺仪
价格	高	低	高	低	低
可靠性	普通	普通	普通	高	高
耐环境性	良	普通	良	优	优
动态误差	小	大	小	小	小
对数字系统适应性	良	良	良	优	优
启动	慢	普通	慢	快	快
精加工要求	高	普通	高	高	无
超精组装室要求	高	普通	高	高	无

3)MEMS 陀螺仪

MEMS 陀螺仪是由加速度计和抖动装置组成的,抖动装置又可分为角振动装置和线振动装置。因此,可以将 MEMS 陀螺仪看作是一种振动式角速度传感器,其原理是利用科里奥利力进行能量的传递,将谐振器的一种振动模式激励到另一种振动模式,后一种振动模式的振幅与输入角速度的大小成正比,通过测量振幅实现对角速度的测量。

对固定指向施加电压,并交替改变电压,让一个质量块做振荡式来回运动,当旋转时,会产生科里奥利加速度,此时就可以对其进行测量。

低精度 MEMS 陀螺仪主要用在手机、游戏机、音乐播放器等手持设备上;中级 MEMS 陀螺仪主要用于汽车电子稳定系统、GPS 辅助导航系统,精密农业、工业自动化、大型医疗设备等;MEMS 陀螺仪惯导系统具有体积小、质量轻、集成化程度高、功耗低、高可靠性等优点,单价在 10 万元以下。相比光学陀螺仪和机电陀螺仪,其精度最低,成本也最低。在军工领域,高精度的 MEMS 陀螺仪有替代低精度光纤陀螺仪的趋势,能够满足飞机和导弹的控制应用、战术导弹惯性制导、惯性 GPS 导航等要求。

2.3.3 惯性导航系统

惯性导航是使用装载在运载体上的陀螺仪和加速度计来测定运载体姿态、速度、位置等信息的技术方法。实现惯性导航的软、硬件设备称为惯性导航系统，简称惯导系统。Inertial Sensor Assembly（ISA）惯导传感器包括3轴陀螺和3轴加速度计，输出原始数据。Inertial Measurement Unit（IMU）惯性测量单元：ISA经过误差补偿和数据转换，输出补偿后的数据。Inertial Navigation System（INS）惯性导航系统：经惯性导航算法输出位置、速度和姿态角。

2.3.3.1 平台式惯导系统和捷联式惯导系统

运载体的运动是在三维空间里进行的，它的运动形式，一是线运动，一是角运动。不论线运动还是角运动，都是三维空间的，要建立一个三维空间坐标系，势必要建立一个三轴惯性平台。有了三轴惯性平台，才能提供测量三自由度线加速度的基准。测得已知方位的三个线加速度分量，通过计算机计算出运载体的运动速度及位置，所以第一大类惯导系统方案是平台式惯性导航系统。没有“机电”平台，将惯性元件陀螺仪和加速度计直接安装在运载体上，在计算机中建立一个“数学”平台，通过复杂计算及变换，得到运载体的速度和位置，这种无机电平台式惯导系统就是第二大类惯导系统方案，称为捷联式惯导系统。

平台式惯性导航系统有实体的物理平台，陀螺仪和加速度计置于由陀螺定的平台上，该平台跟踪导航坐标系，以实现速度和位置解算，姿态数据直接取自于平台的环架。由于平台式惯导系统框架能隔离运动载体的角振动，仪表工作条件较好，原始测量值采集精确，并且平台能直接建立导航坐标系，计算量小，容易补偿和修正仪表的输出，但是其结构比较复杂、体积大、成本高且可靠性差。捷联式惯性导航系统没有实体的物理平台，把陀螺仪和加速度计直接固定安装在运动载体上，实质上是通过陀螺仪计算出一个虚拟的惯性平台，然后把加速度计测量结果旋转到这个虚拟平台上，再解算导航参数。

捷联式惯性导航系统结构简单、体积小、维护方便，但陀螺仪和加速度计工作条件不佳，采集到的元器件原始测量值精度低。同时，捷联式惯导的加速度计输出的是载体坐标系的加速度分量，需要经计算机转换成导航坐标系的加速度分量，计算量较大，且容易产生导航解算的校正、起始及排列转换的额外误差。总体来说，捷联式惯导精度较平台式惯导低，但可靠性好、更易实现、成本低，是目前民用惯导的主流技术。平台式惯导与捷联式惯导对比见表2-2，INS精度等级见表2-3。

表2-2　平台式惯导与捷联式惯导对比

项目	平台式惯导	捷联式惯导
体积	大	小
质量	重	轻
成本	高	低
环境适应性	对冲击和振动敏感	抗冲击和振动
性能	可达最高精度	精度相对较低
自标定能力	有	无

表 2-3　INS 精度等级

项目	战略级	导航级	战术级
定位误差	<30 m/h	0.5～2 nm/h	10～20 nm/h
陀螺零偏	0.000 1 °/h	0.015 °/h(1 nm/h)	1～10 °/h
加速度计零偏	1 μg	50～100 μg	100～1 000 μg
应用领域	洲际弹道导弹潜艇	通用航空 高精度测绘	短时间应用 (战术导弹) 与 GPS 组合使用

2.3.3.2　惯性导航系统特性

1. 惯性导航系统主要的优点

(1)完全依靠运动载体自主地完成导航任务,不依赖于任何外部输入信息,也不向外输出信息的自主式系统,所以具备极高的抗干扰性和隐蔽性。

(2)不受气象条件限制,可全天候、全天时、全地理地工作。惯导系统不需要特定的时间或者地理因素,随时随地都可以运行。

(3)提供的参数多,比如 GPS 卫星导航,只能给出位置、方向、速度信息,但是惯导同时还能提供姿态和航向信息。

(4)导航信息完备,导航信息更新速率高,短期精度和稳定性好。目前常见的 GPS 更新速率为每秒 1 次,但是惯导可以达到每秒几百次更新甚至更高。

2. 惯性导航系统主要的缺点

(1)导航误差随时间发散,由于导航信息经过积分运算产生,定位误差会随时间推移而增大,长期积累会导致精度差。

(2)每次使用之前需较长的初始对准时间。惯性导航需要初始对准,且对准复杂、对准时间较长。

(3)不能给出时间信息。

(4)精准的惯导系统价格昂贵,通常造价在几十万元到几百万元。

IMU 传感器采用 OctansⅢ光纤罗经,能够提供 0.01°精度的横摆角、纵摇角改正参数和 0.1°精度的航向信息,其主要参数如表 2-4 所示。

表 2-4　OctansⅢ光纤罗经主要参数

航向精度	精度	0.1°×Secant 纬度
	分辨率	0.01°
	稳定时间	<5 min
升沉/横摆/纵摆	动态精度	0.01°
纵摇/横摆	精度	5 cm 或 5%
	量程	无限制
	分辨率	0.001°

2.4 组合导航

2.4.1 GNSS/INS 组合导航

GNSS 可以提供长时间内误差在米级(单点定位)的高精度位置输出,用户设备成本较低, 但与 INS 相比,其输出频率较低,一般为 10 Hz 上下,位置输出具有较大的短时噪声,并且标准 GNSS 用户设备不能测量姿态,GNSS 信号会被遮挡或干扰,所以不能依 GNSS 来提供连续导航参数 。

惯性导航有很多优点,系统可以连续工作,较少出现硬件故障;输出频率高,一般可以提供 50 Hz 的高带宽输出;短时噪声低;它在提供有效的姿态、角速率和加速度测量的同时,也能输出位置和速度,且不易被干扰,也没有辐射。惯性导航需要初始化,且经过初始对准后,能够长时间提供有效且可用导航参数的惯性导航系统成本较高,同时因惯性仪表误差通过导航方程被不断积分,导致惯性导航解算的精度随时间下降。

GNSS 与 INS 的优缺点是互补的,单独使用时很难满足导航需求,因此可以将二者组合在一起,结合两种技术的优势,以提供连续、高带宽、长时和短时精度均较高的、完整的导航参数。INS/GNSS 或者 GNSS/INS 组合导航系统中, GNSS 测量抑制了惯性导航的漂移, INS/GNSS 导航结果进行了平滑并弥补了其信号中断问题。

组合导航的实现有两种基本方法,即回路反馈法和最优估计法。最优估计是采用卡尔曼滤波或者维纳滤波,从概率统计最优的角度估计出系统误差并予以消除。由于组合导航中各个子系统误差源和量测误差都是随机的,采用最优估计方法远远优于回路反馈法,组合导航系统一般都是采用卡尔曼滤波。

2.4.2 组合导航算法

2.4.2.1 卡尔曼滤波

卡尔曼滤波是对随机信号做估计的算法之一,卡尔曼滤波采用状态空间法在时域内设计的滤波器,用状态方程描述任何复杂多维信号的动力学特性,避开了在频域内对信号功率谱做分解带来的麻烦,滤波器设计简单易行,采用递推算法,实时测量信息经提炼被浓缩在估计值中,而不必存储时间过程中的量测量。卡尔曼滤波能适用于白噪声激励的任何平稳或非平稳随机向量过程的估计,所得估计在线性估计中精度最佳。在 20 世纪 60 年代经提出后受到工程界特别是空间技术和航空界的高度重视。其应用涉及通信、导航、遥感、地震测量、石油勘探、经济及社会学研究等诸多领域。

GNSS 定位的长期稳定性与 SINS 系统定位的短期精确性具有近乎完美的互补特性,将两者进行组合可以显著提高导航精度。目前,大多数 SINS/GNSS 组合导航系统是利用 Kalman 滤波器将两者组合起来的。因此,组合系统的滤波器状态、量测信息、实现方式及系统校正方式和组合深度都会影响到 SINS/GNSS 组合系统的工作性能。GNSS 与 SINS 的组合导航主要有三种模式:松耦合、紧耦合、深耦合。

2.4.2.2　**松耦合**

在 GNSS 正常工作时，GNSS 输出位置与速度参数作为测量输入给组合卡尔曼滤波器，组合卡尔曼滤波器用它来估计 INS 误差，用该误差对 INS 导航参数进行校正，校正后的 INS 导航参数构成组合导航输出。这个组合是在位置域进行的。系统流程如图 2-16 所示。

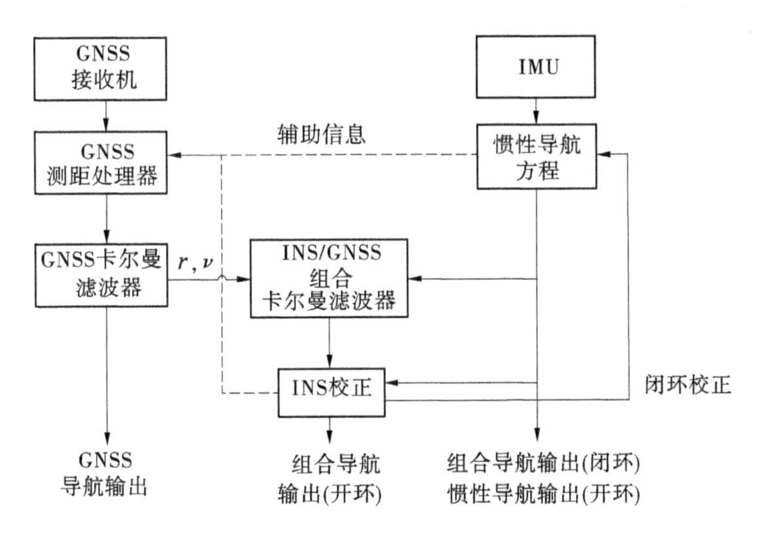

图 2-16　**松耦合 INS/GNSS 组合结构**

松耦合组合导航的主要优点是简单。由于可以使用任何 INS 和任何 GNSS 用户设备，这使得松耦合非常适合于改进类应用。另一个优点是冗余：除了组合导航参数，通常还有独立的 GNSS 导航输出；而若采用开环 INS 校正，还有独立 INS 导航输出，这使得可以并行地进行完好性监测。

2.4.2.3　**紧耦合**

紧耦合利用伪距、伪距率进行组合。伪距、伪距率为 GPS 接收机给出的信息，INS 无法直接给出，因此需要根据 INS 输出位置和速度信息，结合 GPS 接收的星历信息，计算出相应于 INS 的伪距、伪距率，然后将两个系统伪距、伪距率的差值作为组合滤波器的输入。据此估计 INS 误差及 GNSS 接收机的时钟偏差和漂移。因此，组合是在距离域完成的，与松耦合结构相同，组合导航输出结果，是校正后的惯性导航参数。由于绕过了 GNSS 导航处理，因此这也是个中心滤波组合，GNSS 的导航处理功能被纳入了 INS/GNSS 组合滤波中。最后利用卡尔曼滤波器估计并反馈 INS 误差，同时还对接收机钟差等参数进行估计。系统流程如图 2-17 所示。

紧耦合组合导航架构有不少优点，通过将 GNSS 导航处理器和 INS GNSS 组合算法合并为一个算法，松耦合组合导航滤波器没有松耦合的级联问题，由卫星几何分布和可用性导致的 GNSS 导航参数协方差的变化，隐式地包含组合算法，这使得可以采用更高的增益，从而增加了 INS 误差的统计可观性，但滤波器的带宽仍然必须在 GNSS 跟踪环带宽以内，以防止时间相关的跟踪噪声影响状态估计。紧耦合组合导航也可在当没有足够的卫星信号来计算出独立的 GNSS 导航参数时，GNSS 测量数据仍输入给组合系统辅助 INS。

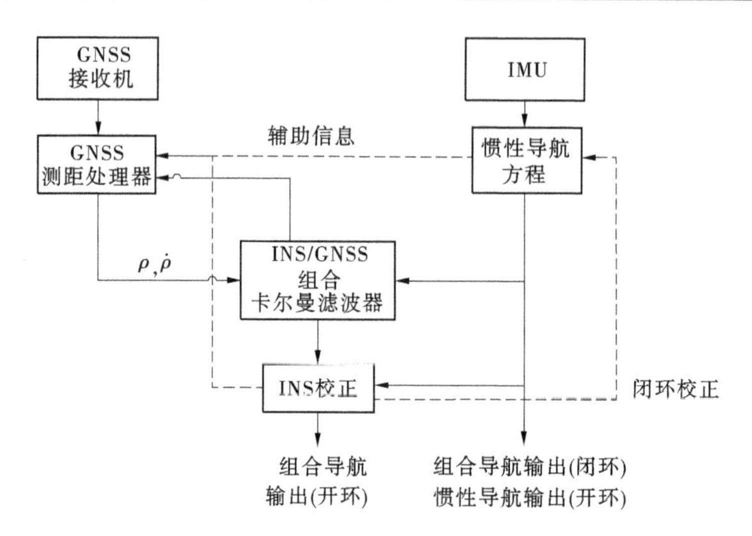

图 2-17　紧耦合 INS/GNSS 组合结构

紧耦合组合的缺点为不是所有 GNSS 用户设备都输出需要的距离域测量；尽管没有内在的独立 GNSS 导航参数，但在需要完好性监测的情况下，可以并行维持输出独立的 GNSS 导航参数。在相同的惯性设备和 GNSS 用户设备条件下，紧耦合 INS/GNSS 组合系统通常比相应的松耦合系统具有更好的精度和鲁棒性。

通过组合导航算法可以解算载体 POS 运动轨迹数据，进而通过轨迹数据解算特定坐标系统的三维激光点云数据。

第3章　水位获取与改正技术

水位获取方法主要包括验潮获取法、GNSS潮位获取法、卫星遥感潮位测量、北斗潮位遥报等方法。在观测获取到水位之后,需要对水位数据进行预处理之后再进行改正,改正方法有传统的三角分区(带)法时差法与最小二乘拟合法。此外,最新的基于精密潮汐模型与余水位监控的多站水位改正、基于最小二乘法的多站水位改正等方法近些年来也得到了广泛应用。本章主要介绍常用的水位数据获取、预处理及改正的方法,以及多站水位改正软件的开发。

3.1　水位获取方法

3.1.1　验潮获取法

3.1.1.1　验潮站简介

在生产中,实际观测水位分为潮位和余水位。潮位是海面在天体引潮力引起的变化,余水位是海面受气候气压作用引起的垂直变化。因为水位的主体是潮位,所以通常水位观测又称为潮位观测,即验潮。

验潮站又称潮位站,是为了了解当地海水潮汐变化的规律而设置的。为确定平均海面和建立统一的高程基准,需要在验潮站上长期观测潮位的升降,根据验潮记录求出该验潮站海面的平均位置。

验潮站通常按照观测时间长度来进行分类,海道测量用的验潮站,根据对观测精度的要求和观测时间的长短,通常可分为长期验潮站、短期验潮站、临时验潮站和定点验潮站。

(1)长期验潮站又称基本验潮站。其观测资料用来计算和确定多年平均海面、深度基准面,以及研究海港的潮汐变化规律等。

(2)短期验潮站是海道测量工作中补充的验潮站。一般连续观测30 d,用来计算该地近似多年平均海面和深度基准面。

(3)临时验潮站多应用于水深测量、水下地形测量、水利水电勘测等领域,以及构建平均海面和深度基准面等,观测周期一般为3~5 d。

(4)定点验潮站是指离岸较远的海上验潮站。通常在锚泊的船上用回声测深仪进行一次或三次24 h的水位观测,参照长期验潮站或短期验潮站推算平均海面、深度基准面,计算主要分潮调和常数及进行短期潮汐预报。

国内外对分类所采用的时长和类别并未形成统一标准。如:

(1)《海道测量规范》(GB 12327—1998)中将验潮站分为四类:长期验潮站一般应有2年以上的连续观测的水位资料;短期验潮站一般应有30 d以上连续观测的水位资料;临时验潮站在水深测量时设置,至少应与长期站或者短期站在大潮期间(良好日期)同步观测水位 3 d;海上定点验潮站至少在大潮期间(良好日期)与相关长期站或者短期站同步观测一次或者三次,24 h 或连续 15 d 水位资料。

(2)《水运工程测量规范》(JTS 131—2012)中将验潮站分为三类:沿海长期站的建立应连续观测水位 5 年以上;短期站宜和相邻长期站同步观测 30 d 以上;临时站与长期站或者短期站应在大潮期间同步观测 3 d 以上。

(3)美国将验潮站分为三类:基本控制验潮站(primary control tide station),连续观测时长不短于 19 年;二级控制验潮站(secondary control tide station),连续观测时长为 1~19 年;三级验潮站(tertiary tide station),连续观测时长在 1 个月至 1 年。

通常只有长期验潮站才连续观测 1 年以上,长期验潮站一般建有验潮井、验潮室等专用设施,除观测水位外,还观测海浪、海水温度与盐度、风、气压、温度、湿度等部分水文与气象要素,此时,验潮站又称为水文站或者海洋观测站。

海洋、水利、海事与海军等部门在我国沿海和内河建立了数百个长期验潮站,长期连续观测包括水位在内的水文与气象要素,在海洋测量、气象、交通、军事、海洋工程建设等方面发挥了十分重要的作用。在部分长期验潮站附近,并置了高等级的全球卫星导航系统(Global Navigation Satellite System,GNSS)观测墩与水准点,通过连续的 GNSS 观测与定期的高等级水准联测,可用于监测地壳沉降、平均海面变化等。沿海长期验潮站维持着海域垂直基准框架,高质量的长期水位观测数据、GNSS 观测数据与水准联测数据等可以精确确定平均海面、深度基准面、椭球面、国家高程基准等之间的关系。

在海洋测量中,通常需要布设验潮站,以覆盖测区的潮汐变化为基本原则设置验潮站的数量和地址。验潮时间应当包含外业水深测量时段,时长一般为数天至数月,习惯上可以统称为短期验潮站。

验潮法获取水位主要采用水尺观测法和验潮仪测量法等方式。

3.1.1.2　测站高程控制系统

1. 基本水准点、校核水准点设置

水准点是指用水准测量方法测定的高程控制点。该点相对于某一采用的基面的高程一般是已知的,并设有标志或埋设带有标志的标石。

(1)基本水准点,是水文测站永久性的高程控制点。应设在测站附近历年最高水位以上、不易损坏且便于引测的地点。

(2)校核水准点,是用来引测和检查水文测站的断面、水尺和其他设备高程,经常作校核测量的控制点,可根据需要设在便于引测的地点。

(3)临时水准点,因水文勘测等工作需要而在特定地点设立的短期高程控制点。

水文站应在不同位置设置三个基本水准点。

2. 高程测量

1)水准点的引测

(1)水文测站的基本水准点,其高程应从国家一、二等水准点(国家基本水准点)用不低于三等水准引测,条件不具备时可由国家三等水准点引测。

(2)当水文站设有三个基本水准点,应用环形闭合水准路线进行水准点联测,构成高程控制自校系统。

(3)校核水准点从基本水准点用三等水准测量引测,条件不具备时,也可以用四等水准测量引测。

2)水准点的校测

基本水准点每 5~10 年校测一次,校核水准点应每年校测一次。

3. 水尺接测与校测

水尺零点高程是指水尺的零刻度线相对于某一基面的高程。

1)测算要求

(1)采用 S3 级水准仪,双面标尺,往返测。

(2)需要校核的各支水尺,在往测和返测过程中,都要逐个测读。推算往返二次各测点高程均应由校核或基本水准点开始。

(3)当新测高程与原用高程相差不超过本次测量允许不符值,或虽超过允许不符值,但小于或等于 10 mm 时(比降水尺 5 mm),仍用原高程,否则应采用新高程,并查明原因。

2)水尺零点高程的校测

(1)校测次数与时间。

①一般每年汛前应将所有水尺全部校测一次,汛后应将本年洪水到达过的水尺校测一次。

②冲淤严重或漂浮物较多的测站,在每次洪水后,必须对洪水到达过的水尺校测一次。

③当发现水尺变动或在整理水位观测成果时发现水尺零点高程有疑问,应及时进行校测。

(2)水尺零点高程变动时的订正方法。

①确定变动时间,可绘制本站与上、下游站的逐时水位过程线或相关线比较分析确定。

②订正方法,当属于突变时,变动开始至校测时间统一加一改正数;当属于渐变时,渐变期间的水位按时间比例改正。

3.1.1.3　水尺观测法

1. 水尺测量测前准备工作

开展水位测量之前,首先要制订详细的水位观测计划,了解测区的水位站分布,收集可利用的水位站观测数据;其次根据已掌握的水位站数据及通过踏勘对测区的了解,开展水尺布设,并确定水位观测方法是人工观测还是采用自动验潮仪获取水位;再后,确保每个水尺观测零点都开展了四等水准联测,确保水位观测塔尺或自动验潮仪自检合格;最后,制订安全的水位观测应急预案,确保水位观测的安全。

2. 水文站水位观测操作规程

(1)汛前汛后各校测一次水尺零点高程,每次大洪水后,对使用过的水尺进行零点高程校测。

(2)每天 8 时定时观测,并在傍晚时校测一次,观测人员临水作业应穿着救生衣,确保自身安全。应提前 10 min 到达观测现场,查勘现场情况,保持水尺片清洁。正点观测水位、水温,记录后要校核一次,确保无错。要求水尺、水位计、终端机三者一致,超过

2 cm 则应检查原因,并排除故障。

(3)遇水尺被冲毁或损坏,应立即采取措施,打临时水尺和记取洪水痕迹,并及时校测。

(4)自记笔尖要保持墨水畅通,保持记录线清晰,避免迹线交叉。

(5)如发生仪器故障,应及时排除。洪水期间应加密人工观测次数,洪水过后对进水管、测井及时清淤,确保水位台运行正常。

(6)水温观测:在基本断面附近选择观测地点。当水深大于 1.0 m,水温计放在水面以下 0.5 m 处;水深小于 1.0 m 时,可放至半深处;水太浅时,可斜放水中,但不要触及河底。入水 5 min 后提起,准确观读水温。

(7)及时记录各项观测值,并且要保持资料整洁、仪器和工作场所卫生干净。

根据《水位观测标准》(GB/T 50138—2010),水位站水尺主要分为直立式、倾斜式、矮桩式等形式。选择水尺形式时应当优先选择直立式水尺,当直立式水尺设置或者观读有困难时,可选用倾斜式水尺或者其他观测方式,在易受流冰、浮运、航运或漂浮物的冲击以及岸坡平坦的断面,可选用矮桩式水尺;当断面情况复杂时,可按照不同的水位级设置不同形式的水位尺。水尺的刻度必须清晰,数字必须清楚且大小适宜,数字的下边缘应放在靠近相应刻度处。刻度面宽不小于 5 cm。刻度、数字、底摄的色彩对比应鲜明,且不易褪色,不易剥落。最小刻度为 1 cm,误差不大于 0.5 mm,当水尺长度在 0.5 m 以下时,累积误差不得超过 0.5 mm,当水尺长度在 0.5 m 以上时,累积误差不得超过该段长度的 1%。

3. 水尺的编号

(1)对设置的水尺必须统一编号,各种编号的排列顺序应为:组号、脚号、支号、支号辅助号。组号应代表水尺名称,脚号应代表同类水尺的不同位置,支号应代表同一组水尺中从岸上向河心依次排列的各支水尺的次序,支号辅助号应代表该支水尺零点高程的变动次数或在原处改设的次数。全在原设一组水尺中增加水尺时,应从原组水尺中最后排列的支号连续排列。当某支水尺被毁,新设水尺的相对位置不变时,应在支号后面加辅助号,并用连接符“-”与支号连接。

(2)当设立临时水尺时,在组号前面应加一符号“T”,支号应按设置的先后次序排列,当校测后定为正式水尺时,应按正式水尺统一编号。

(3)当水尺变动较大时,可经一定时期后将全组水尺重新编号,可一年重编一次。

(4)水尺编号(见表 3-1)应标在直立式水尺的靠桩上部,矮桩式水尺的桩顶上,或倾斜式水尺斜面上的明显位置,以油漆或其他方式标明。

4. 各种水位尺安装要求

1)直立式水尺安装

(1)直立式水尺的水尺板应固定在垂直的靠桩上,靠桩宜做流线形,靠桩可用型钢、铁管或钢筋混凝土等材料做成,或可用直径 10~20 cm 的木桩做成。当采用木质靠桩时,表面应做防腐处理。安装时,应将靠桩浇筑在稳固的岩石或水泥护坡上,或直接将靠桩打入,或埋没至河底。

有条件的测站,可将水尺刻度直接刻绘或将水尺板安装在阻水作用小的坚固岩石上,或混凝土块石的河岸、桥梁、水工建筑物上。

表 3-1　水尺编号

类别	代号	意义
组号	P C S B	基本水尺 流速仪测流端面水尺 比降水尺 其他专用或辅助水尺
脚号	u l a,b,c d…	设于上游的 设于下游的 一个端面上有多股水流时,自左岸开始的序号

注:1. 设在重合断面上的水尺编号,按 P、C、S、B 排序,选用前面一个,当基本水尺兼流速仪测流断面水尺时,组号用"P"。

2. 必要时,可另行规定其他组号。

(2)水尺靠桩入土深度宜为 1.0~1.5 m。松软土层或冻土层地带,宜埋设至松土层或冻土层以下至少 0.5 m;在淤泥河床上,入土深度不宜小于靠桩在河床以上高度的 1.5~2 倍。

(3)水尺应与水面垂直,安装时应吊垂线校正。

2)倾斜式水尺安装

(1)倾斜式水尺应将金属板固紧在岩石岸坡上或水工建筑物的斜坡上,按斜线与垂线长度的换算,在金属板上刻划尺度,或直接在水工建筑物的斜面上刻划,刻度面的坡度应均匀,刻度面应光滑。

(2)刻划尺度可采用下列两种方法:

①用水尺零点高程的水准测量方法在水尺板或斜面上测定几条整分米数的高程控制线,然后按比例内插需要的分划刻度。

②测出斜面与水平面的夹角,然后按照斜面长度与垂直长度的换算关系绘制水尺。

3)矮桩式水尺安装

矮桩式水尺入土深度与直立式水尺靠桩相同,桩顶宜高出床面 5~20 cm,木质矮桩顶面宜打入直径为 2~3 cm 的金属圆头钉,以便放置测尺。两相邻桩顶的高差宜为 0.4~0.8 m,平坦岸坡宜为 0.2~0.4 m。淤积严重的地方,不宜设矮桩式水尺。

4)临时水尺安装

临时水尺的设置和安装应符合下列规定:

(1)发生下列情况之一时,应及时设置临时水尺。

①发生特大洪水或特枯水位,超出测站原设水尺的观读界限;

②原水尺损坏;

③断面出现分流,超出总流量的 20%;

④河道情况变动,原水尺处干涸;

⑤结冰的河流,原水尺冻实,需要在断面上其他位置另设水尺;

⑥分洪溃口。

(2)临时水尺可采用直立式或矮桩式,并应保证临时水尺在使用期间牢固可靠。

(3)当发生特大洪水、特枯水位或水尺处于干涸冻实时,临时水尺宜在原水尺失效前设置。

(4)当在观测时间才发现观测设备损坏时,可打一个木桩至水下,使桩顶与水面齐平或在附近的固定建筑物、岩石上刻上标记,用校测水尺零点高程的方法测得水位后,再设法恢复观测设备。

5. 水尺的布设、观测应满足的要求

采用水尺观测法测量水位时,水尺的布设、观测应满足以下要求。

1)水尺布设

根据工程需要建立临时水尺或利用测区附近水文站资料。水尺布设位置应满足下列要求:

(1)能充分反映测区的水位变化。

(2)无沙洲、浅滩阻隔,无壅水、回流现象。

(3)不直接受风浪、急流冲击影响,不易被船只碰撞。

(4)地质稳定、能牢固设置水尺或自记水位计,便于水位观测和水准测量。

(5)水位站选在海底平坦、泥沙底质、风浪和海流较小的地方,并要保证潮水可自由流通,低潮不干出,能实时控制测区水位。潮位观测与测深同时进行,用于计算测深时潮位改正数。

(6)潮汐水域可利用测区附近水文站或设立水尺,水尺最大间距不宜大于 20 km,潮流区河段不宜大于 10 km。

2)水位观测

(1)水尺零点高程联测不应低于四等水准。水尺零点应经常校核。水尺倾斜时,应立即校正,并校核水尺零点高程,自记水位计零点也应经常校核。

(2)水位观测应采用北京时间,同步测记水位。水位观测值应精确到 10 mm。水位观测频次应符合表 3-2 的规定。入海口、沿岸海域应加密至每 10 min 观测一次。

表 3-2 水位观测要求

区域	水位变化特征	观测频次	加密频次
海域	潮汐影响	1 次/(10~30 min)	1 次/10 min
内陆水域	ΔH<0. 1 m	测深开始及结束各一次	
	0. 1 m≤ΔH≤0. 3 m	测深开始、中间及结束各一次	
	ΔH>0. 3 m	每小时一次	

注:ΔH 为日水位变化值,单位为 m。

潮汐影响区域的水位观测一般为每 10 min 观测一次读数。水位观测应在水深测量前至少 10 min 开始,测后至少 10 min 结束,精确到 10 mm,水尺零点应定期校核。

3.1.1.4 验潮仪测量法

常用的验潮仪主要包括浮子式验潮仪、声学验潮仪、压力式验潮仪等。

浮子式验潮仪又称为井式验潮仪，主要由验潮井、浮筒、记录装置组成。该仪器通过在水面上随井内海面起伏的浮子带动上面的滚筒转动，因滚筒与编码器同轴，可从编码器读取实时潮位，编码器也可将潮位数据存储或通过遥报仪发送出去。优点是坚固耐用，滤波性能好；缺点是连通导管易堵塞，维修成本高。图 3-1 为浮子式验潮仪示意图。

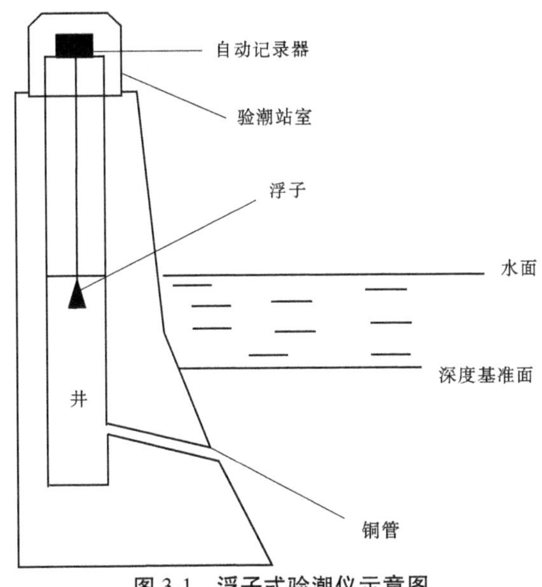

图 3-1　浮子式验潮仪示意图

声学验潮仪主要由探头、声管、支架等部分组成，是利用声波测距原理进行的非接触式测量。基本原理：固定在水位计顶端的声学换能器向下发射一束声波，信号遇到声管的校准孔和水面分别产生回波，同时记录发射、接收的时间差，进而求得瞬时海面距换能器的高度。采集数据通过遥报仪传送。特点：使用方便，工作量小，滤波性能好。

压力式验潮仪是采用压力与水位变化成比例的原理，通过测量水下某一固定位置的压力值，计算出因海面起伏变化而产生的水深变化，从而实现其验潮功能。将验潮仪抛置于海上某验潮处水下的固定位置，按其事先设定的时间间隔观测验潮点的压力值，然后减去同时刻的大气压值，得到验潮点的水压值。测量工作原理见图 3-2。由水压值、海水密度和所处位置的重力加速度 3 个参数计算出验潮仪的水深值，验潮仪水深值计算公式为：

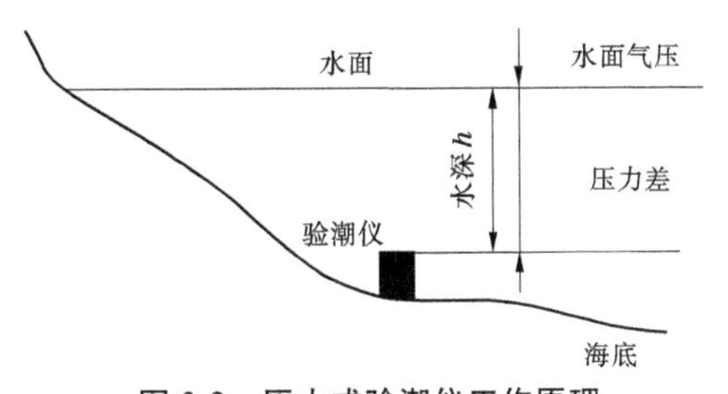

图 3-2　压力式验潮仪工作原理

$$h(t)=\frac{P_1(t)-P_0(t)}{\rho g(\varphi)} \tag{3-1}$$

式中：$h(t)$ 为验潮仪的水深值；$P_1(t)$ 为验潮仪测量的压力值；$P_0(t)$ 为海面大气压值；ρ 为海水密度；g 为重力加速度，$g(\varphi)=9.780\ 318\times(1.0+5.278\ 8\times10^{-3}\sin^2\varphi+2.36\times10^{-5}\sin^4\varphi)$，$\varphi$ 为验潮仪的地理纬度。

压力式验潮仪按照结构可分为机械式水压验潮仪和电子式水压验潮仪,生产中常用电子式水压验潮仪。电子式水压验潮仪主要由压力探头、电缆、控制器等组成。测量原理是通过测量水下压力获得水位变化。特点:安装方便,精度高,携带方便,自动化程度高,滤波性能好,是当今海洋测量自动化首选仪器。图 3-3 为压力式验潮仪示意图。

采用自动验潮仪观测水位时,应按照以下步骤进行:

(1)利用自动验潮仪软件将自动验潮仪时间与北京时间同步,10 min 记录一次。

(2)在放置自动验潮仪的区域,对自动验潮仪测定的深度进行比对,求取改正数。

(3)采用焊接比较牢固的架子将自动验潮仪安装固定并放在水下,并测定当时的水位数据。

(4)不定期测定放置自动验潮仪的海区水位数据,用以修正自动验潮仪测定的水位,并不定期巡查,取出数据,以防仪器或者数据丢失,取出自动验潮仪之前测定放置区的水位数据。

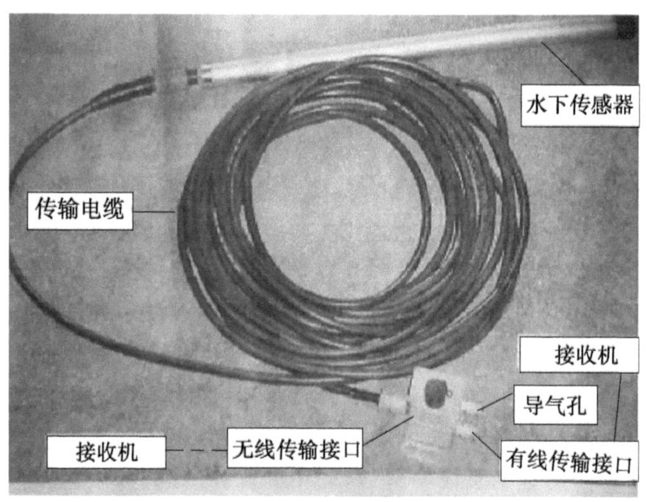

图 3-3　压力式验潮仪示意图

(5)根据实测的水位数据和自动验潮仪记录的距离水面的距离关系,计算不同时间的水位数据。

水位观测完毕,将水位观测值记录在潮位观测本上。

3.1.2　GNSS 潮位获取方法

传统验潮方法有以下几个缺陷:

(1)验潮站处潮位反映的是那个有限水域的水位变化。

(2)测船处潮位通常是利用验潮站观测潮位,通过潮位模型内插获得。该方法在一些水域可能导致比较大的潮位模型误差,并给水下地形测量高程方向带来较大的影响。

(3)在一些特殊地区,当验潮站无法设置时,通过该方法根本无法获得船位处潮位。

GNSS 潮位测量法是随着差分 GNSS(DGNSS)技术的不断成熟和发展而逐步发展起来的新技术。其工作原理是,在基准站安置一台 GNSS 接收机,对所有可见 GNSS 卫星进行连续的观测,并将其观测数据通过无线电传输设备,实时地发送给用户观测站。在用户机上,GNSS 接收机在接收 GNSS 卫星信号的同时,通过无线电接收设备,接收基准站传输的数据,然后根据相对定位的原理,实时地计算并显示用户站的三维坐标。DGNSS 潮位测量分为静态法与动态法。静态法是将 DGNSS 潮位站的 GNSS 接收天线安置在靠近岸边或海上固定处的浮筒或测量船上,与岸上 GNSS 接收机实施动态载波相位差分测量,求得 DGNSS 潮位站瞬时海面高度的一种潮位测量方法。动态法是将 DGNSS 潮位站的 GNSS 接收天线安置在船上,与岸上 GNSS 接收机实施动态载波相位差分测量,求得测量船所处瞬时海面高度的一种潮位方法。

测点的 GNSS 测得的海面高度(位置)计算公式为:$d=h-N-d_0$。式中:d 是海面在某高程系统中的高度;h 是 GNSS 天线的 WGS—84 椭球高度;N 是 WGS—84 参考椭球与所采用高程系统大地水准面的差值,亦是 GNSS 天线到海面的高度;d_0 是 GNSS 天线到海面的距离。值得注意的是,GNSS 测出的是其在 WGS—84 椭球中的位置,与以往所采用的潮位仪进行潮位测量有所不同,潮位仪所测出的是相对于海底的水深,显然 GNSS 潮位测量不但包含了海水的潮位变化,还包含了地壳的固体潮。在天体引力潮力的作用下,地壳的起伏可达十几厘米至几十厘米,因此在采用 GNSS 进行潮位测量时,要设法修正或者减小固体潮的影响。

GNSS 测定水面高程主要是利用 RTK 或网络 RTK,由流动站获取固定基站发出的差分信号,根据预先求出的坐标转换关系,实时测量流动站的平面坐标和高程。测量水面高程时,将流动站固定安装在测量船上,使 GNSS 仪器中心与测深仪测杆中心保持一致,量取 GNSS 仪器中心至水面高的距离,设置在 GNSS 仪器中,测量船航行作业时,流动站 GNSS 根据基站发出的差分信号,直接测量出任一时刻瞬时水面高程。

GNSS 在航潮位测量的主要思想是基于 GNSS 载波相位差分处理技术得到 GNSS 天线的平面位置及高程,然后通过测定 GNSS 天线到水面的高差,进而计算测船处瞬时水面的高程,并从该瞬时高程中提取出潮位。其数据处理基本流程如下:

(1)GNSS 天线处的高程滤波。GNSS-RTK/PPK 测量中,由于无线电传输、卫星失锁等因素易引起 GNSS 高程信号异常和中断,进而影响潮位的准确提取,为此,必须对 GNSS 垂直解进行滤波处理。

(2)瞬时海面高程的获取。由于 GNSS 所测的高程为天线相位中心的高程,而潮位反映的是海面的变化,为此需要将 GNSS 天线处的高程通过姿态改正转换到海面,进而获得瞬时海面高程。瞬时海面高程是潮位提取的基础。

(3)高程转换。由于 GNSS 提供的是大地高,而潮位一般采用基于海面深度基准面的潮位高,因此必须进行高程转换。

经过以上三步处理,就获得了测船处的瞬时海面高程序列。该高程序列的变化是瞬时的,是波浪、船体上下起伏变化和潮位等因素综合作用的结果,为了获得实际潮位,就必须对该瞬时高程时序进行处理,以提取出正确的潮位。

GNSS 潮位获取可以采用 GNSS-RTK、GNSS-PPK 两种方法。

3.1.2.1　GNSS-RTK 潮位获取法

采用 GNSS-RTK 潮位获取法,应满足《水利水电工程测量规范》(SL 197—2013)和《全球定位系统实时动态测量(RTK)技术规范》(CH/T 2009—2010)作业要求,按照下列方法作业：

（1）选用合适的 GNSS 仪器，将 GNSS-RTK 输出频率调为 10 Hz 以上。

（2）单基站 RTK 作业半径不超过基准站作业半径的 5 km，网络 RTK 不受作业半径影响，但是必须在有效的网络覆盖范围内作业。

（3）利用网络 RTK 获取 GNSS 潮位，应均匀选用不低于 3 个已知点进行参数求取坐标转换。

（4）采用基站 RTK 进行定位测量时，宜选择地势高、无遮挡的地方架设 GNSS 基站，移动站获得固定解后，要对已知点进行检校并留下记录，满足精度要求后方可进行作业；必要时选择覆盖测区的控制点求取参数。

3.1.2.2 GNSS-PPK 潮位获取法

PPK 技术（post processing kinetic，动态后处理技术），是利用载波相位进行事后差分的 GNSS 定位技术，其系统也是由基准站和流动站组成的。在动态情况下，80 km 范围内，PPK 的平面位置精度可以达到 5 cm 以内，高程精度也可以达到 10 cm 以内。由于测船在测量过程中不可避免地要受到动态吃水、波浪的影响，要获得高精度的 PPK 潮位，必须进行姿态改正、动态吃水改正及波浪滤除。

PPK 潮位测量技术在一定的有效距离范围内，在测量工作区适当位置处架设 1 台或者多台基准站接收机，再使用至少 1 台流动站接收机作为流动站在作业区域进行测量，由于同步观测的流动站和基准站的卫星钟差等各类误差具有较强的空间相关性，外业观测结束以后在计算机中利用内业处理软件进行差分处理、线性组合，并形成虚拟的载波相位观测值，计算出流动站和基准站接收机之间的空间相对位置；然后在软件里固定基准站的已知坐标，即可解算出流动站待测点的坐标。作业过程中基准站接收机保持连续观测，流动站接收机依次在每个待测点上进行测量，为了将整周模糊度传递至待测点，流动站接收机移动过程中需要对卫星保持持续跟踪。

GNSS-PPK 确定瞬时潮位的基本原理是：利用 PPK 测量获得 GNSS 天线处的瞬时三维坐标，并结合其在船体坐标系下的坐标，以及潮位计测量得到的动态吃水，经过一系列基准面转换获得测深点瞬时潮位。其基准面关系如图 3-4 所示。

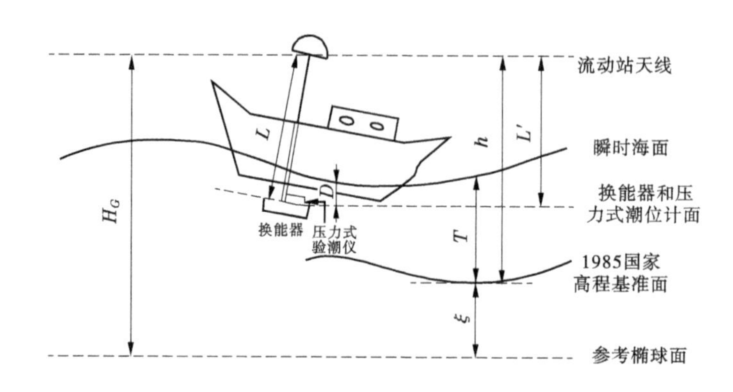

图 3-4 PPK 确定测深点瞬时潮位的基准面关系

图 3-4 中，H_G 为 GNSS 天线的大地高；L'为 GNSS 天线到换能器与压力式潮位计所在平面的直线距离；T 为基于 1985 国家高程基准面的潮位；ξ 为 1985 国家高程基准面到参考椭球面的距离；D 为换能器的动态吃水；h 为 GNSS 天线的 1985 国家高程。

测深点瞬时潮位为：

$$T = h - L' + D \tag{3-2}$$

式中：L'为 L 在竖直方向的长度；D 为换能器的动态吃水，可以利用与换能器固连在同一平面上的压力式潮位计测量压力，然后将压力转换为深度实时获得；h 为 GNSS 天线的 1985 国家高程，可以利用测区周围已知控制点在两套坐标系下的坐标求得七参数后进行坐标转换后获得。

GNSS-PPK 在潮位测量能够真实地反映潮位变化的时空特征，能够给出不同位置、不同时刻的潮位，有效地避免了在潮汐性质复杂、强潮流区利用潮汐模型推算潮位带来的模型误差，利用该技术可以在潮汐性质复杂区域进行海底地形测量。与 RTK 实时载波相位差分定位技术既有共同点也有不同点，可以作为 RTK 技术的补充，其主要作业过程包括外业观测数据和内业数据处理。

1. 观测数据

首先将基站和移动站分别设置为静态，且基站必须架设在已知点上，采样间隔设置 1 Hz，高度截止角不低于 13°；其次基准站和移动站都切换到静态模式，量取基站天线高度，注意观察仪器卫星灯（蓝色每隔 5 s 闪烁 N 次）和数据采集灯（黄色 1 s 闪烁一次）是否正常；最后按设置的“PPK 观测时间”进行测量。

2. 数据处理

采用商业 PPK 数据后处理软件将采集的数据处理为多波束后处理软件接受的数据格式，目前支持 GNSS-PPK 潮位的商业多波束后处理软件为亿点通海洋测量软件。

在近海岸或距离海岸较远的区域、外海及远海区域采用 PPK 采集潮位数据是可靠的，PPK 潮位测量技术是可行的。采用 GNSS-PPK 潮位测量技术进行潮位测量时，宜选择风浪较小的天气，船舶摇摆幅度小于 10°，这样采集的高程数据不会因船舶摇摆造成的误差过大产生潮位测量错误；也可以选用配备有船舶姿态矫正设备和涌浪补偿器的船舶或者在船舶中安装船舶姿态矫正设备和涌浪补偿器并实时记录，将记录的数据与采集的 PPK 数据进行联合计算，从而求出更为准确的潮位测量数据。

GNSS-PPK 潮位测量技术在使用的过程中一定要注意基准站与流动站能够接受卫星进行数据采集；时刻观察 PPK 移动站左右上下摇动的幅度不会过大，保证维持移动站的相对稳定性；高程转换过程的关键是要确定大地高与当地理论基准面的关系，利用基面转换关系建立转换模型便于转换为潮位数据。GNSS-PPK 潮位测量技术的使用能为水深测量与施工船舶作业提供较为准确的潮位，方便施工船舶对航道进行分层开挖，极大地提高了船舶施工效率和水深测量的准确性，为项目创造极大的经济效益。

注意：由于 GNSS-PPK 测量时将接收机设置为静态模式，因此利用 GNSS-PPK 获取潮位时，需要在测量船上配置一台用于导航定位的 GNSS 移动站。

3.1.3 卫星遥感潮位测量与北斗潮位遥报

卫星遥感潮位测量是指利用卫星的雷达高度计来测量海面的起伏变化。卫星测高技术可提供全球特别是偏远地区的潮位资料，其特点是速度快、经济。它可检测全球的海洋潮位，为建立全球海洋潮汐模型提供依据。其测高原理是雷达高度计向海面发射极短的雷达脉冲，测量该脉冲从高度计传输到海面的往返时间，通过必要的改正，便可求出卫星到海面的距离，如果卫星轨道为已知，那么即可得知海面的高度。潮位遥感测量与 GNSS 验潮一样，同样存在固体潮影响。

传统的潮位遥报依靠高频发射传输，受自然条件影响很大，且距离受限。目前，国内已开发出北斗系统进行潮位遥报，居领先地位的是上海达华测绘有限公司。北斗导航卫星系统是我国独立发展、自主运行，并与世界其他卫星导航系统兼容互用的全球卫星导航系统。北斗卫星导航系统除能够提供高精度、高可靠的定位及导航和授时服务外，还保留了北斗卫星导航试验系统的短报文通信、差分服务和完好性服务特色，因此用于遥报传输的可靠性较好，保密性好且不受距离影响。目前，国内基于北斗潮位遥报技术已广泛运用到长江口、洋山、距离陆地 40 km 的连云港车牛山岛潮位系统，且现在稳定性较好，弥补了高频遥报发射系统的缺陷。

3.1.4 雷达潮位仪测量

雷达潮位仪测量潮位技术的前提要求根据实际水文气象要素，设定一个测站基准面 H_b。雷达潮位仪主机发射微波信号，经天线聚束照射到海面，海面将电磁波反射回雷达，接收天线收集海面反射的回波，经接收机放大、混频、检波等一系列处理，测量电磁波的往返延迟时间，运用 $H_a=\Delta t\times c/2$，求出雷达潮位仪距离海面的实时高度。该高度结果为一种模拟信号，经过模数变换、无线传输等技术传入终端计算机。这时海面潮位的实时数据即为 $T=H_b-H_a$。

测量仪器距离自由海面的高度是潮位仪进行测量的主要内容。雷达接收到的调频连续波可以在其工作的同时进行实时处理，并将处理后准确的潮位信息向终端输出。输出到终端的潮位数据可以在计算机上显示并记录储存（见图 3-5）。雷达潮位仪测量系统分为四部分，即雷达潮位仪主机、电压信号模数转换器（简称 A/D 转换器）、无线传输设备及终端计算机。雷达潮位仪主机负责发射、接收雷达回波信号，并将回波信号处理成 4～20 mA 的电流信号，传入 A/D 转换器。该电流信号的大小表征雷达到海面的高度。A/D 转换器经过 A/D 转换，将模拟信号数字化，以满足远距离无线传输的要求。最后无线传输设备利用 GPRS 无线网络，将数据传入安装在实验室的终端计算机，从而实现了从验潮站到终端计算机的无线、双向数据通信。终端计算机安装了分析、处理软件，用于对潮位数据进行显示、分析和储存（见图 3-6）。

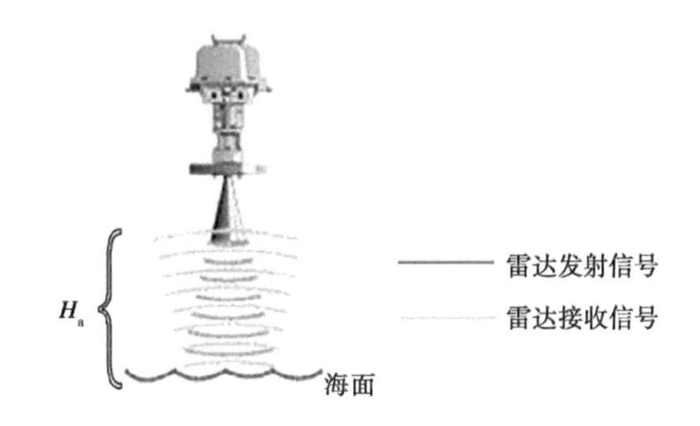

图 3-5 雷达潮位仪测量原理示意图

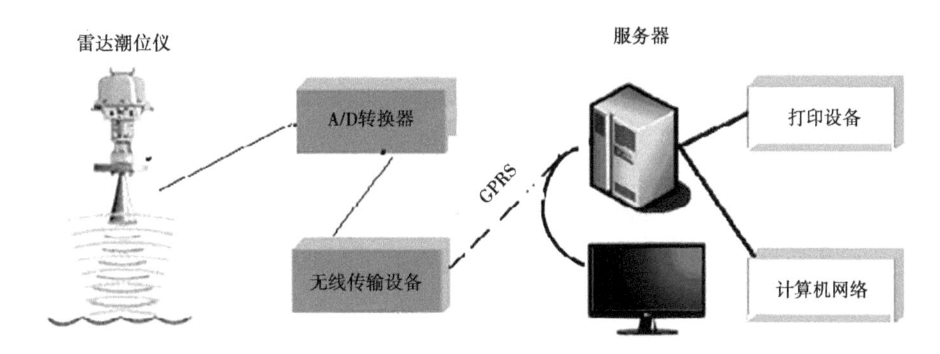

图 3-6 雷达潮位仪测量系统框架

3.2 水位的组成

验潮站利用水尺或者验潮仪观测海面(水位)的垂直变化。水尺与验潮仪都有其自身的零点,测量记录水位在该零点上的高度,该零点为水位零点。观测数据最终都可以转换为观测时刻、该时刻水位在水位零点上高度的形式,若以 $h(t)$ 表示时刻 t 的水位观测值,则按激发机制可分解为以下四个部分:

(1)平均海面在水位零点上的高度 MSL(mean sea level),平均海面可以看作各种波动和振动的平衡面。

(2)引潮力的激发及在海底地形和海岸形状等因素制约下引起的海面升降,通常称为天文潮位或者潮位。以平均海面作为各分潮波动的起算面,天文潮位表示为 $T(t)_{\mathrm{MSL}}$。

(3)气压、风等气候、气象作用引起的水位变化,其中的周期性部分以气象分潮(如年周期分潮 S_a 与半年周期分潮 S_{sa})形式归入天文潮位,而剩余的短期非周期性部分,称为余水位(residual water level,sea level residual),其激励机制主要是短期气象变化。以 $R(t)$ 表示余水位。

(4)水尺或者验潮仪的测量误差,表示为 $\Delta(t)$。

综上,水位 $h(t)$ 可以表示为:

$$h(t) = \mathrm{MSL} + T(t)_{\mathrm{MSL}} + R(t) + \Delta(t) \tag{3-3}$$

以平均海面作为平衡面,水位随着时间的升降变化与天文潮位的变化基本一致,或者说水位变化的主体是天文潮位。在正常天气下,余水位的量值在±40 cm以内,而在台风等特殊天气情况下,余水位量值可以达到米级。经过必要的水位数据预处理,测量误差可认为呈偶然性。

3.2.1 天文潮位的表示

天文潮位是水位变化的主体,平均海面可看作其平衡位置,则时刻t从平均海面起算的天文潮位$T(t)_{\mathrm{MSL}}$可表示为

$$T(t)_{\mathrm{MSL}} = \sum_{i=1}^{m} H_i \cos[V_i(t) - g_i] \tag{3-4}$$

式中:m为分潮的个数;H、g分别为分潮的调和常数;$V(t)$为分潮在时刻t的天文相角。

理论上,式(3-4)应当包含所有分潮的贡献,但是因为分潮涨幅间的差异很大,只有部分振幅较大的分潮才有实际意义,称为主要分潮。

分潮的调和常数与地点有关,传统上是通过长时间的水位观测,由潮汐分析获取其精确量值。当调和常数已知时,由式(3-4)可以计算任意时刻的天文潮位,称为潮汐预报。

3.2.2 余水位定义及其时空特征

3.2.2.1 余水位的定义

余水位也称为异常水位或者增减水位,是气压、风等气象作用引起的短期非周期性水位变化,由式(3-3)得,余水位$R(t)$按照下式计算:

$$R(t) = h(t) - \mathrm{MSL} - T(t)_{\mathrm{MSL}} - \Delta(t) \tag{3-5}$$

式中:$h(t)$为从水位零点起算的观测水位;MSL为平均海面在水位零点上的高度,当观测时间长度足够长时,取所有观测水位的算术平均值;$T(t)_{\mathrm{MSL}}$为从平均海面起算的天文潮位,由主要分潮的调和常数按照式(3-4)计算;$\Delta(t)$为测量误差。

在式(3-5)中,测量误差$\Delta(t)$难以确定,考虑到目前的验潮仪器与观测手段,并对水位数据实施必要的处理之后,测量误差可认为呈偶然性,且量值相对于余水位可以忽略不计。因此,余水位取为水位变化与天文潮位变化的差异部分,即

$$R(t) = h(t) - \mathrm{MSL} - T(t)_{\mathrm{MSL}} \tag{3-6}$$

由上式计算的余水位$R(t)$包含了观测误差$\Delta(t)$。因为天文潮位$T(t)_{\mathrm{MSL}}$通常仅由主要分潮计算,未包含所有分潮,故式(3-6)计算的余水位$R(t)$还包含了未顾及的小分潮作用。综合而言,实际计算获得的余水位由三部分构成:

(1)气象作用引起的短期非周期性水位变化。

(2)预报天文潮位时未顾及的小分潮作用,或者称为天文潮位推算误差。

(3)测量误差。

因此,由式(3-6)计算的余水位在严格意义上是粗略余水位,优势在于求解简便,直接由实测水位减去预报的天文潮位即可得到。主体仍然是气象因素引起的短时水位变化。

3.2.2.2 余水位的时空特征

在时间域上(在时间上的变化规律角度),由于天气变化的随机性,余水位在相对较

长的时间尺度内表现为很强的偶然性;然而,天气因素在数小时的较短时间尺度内,又存在一定的连续性。因此,余水位在时间域上的统计规律性取决于气象因素变化的连续性和海洋水体的惯性。

在空间域上(在空间上的分布规律角度),由于一定范围内的天气相同或者相似,以及海洋水体运动存在着惯性,因此一定范围内的余水位变化存在较强的相似性,或者称余水位具有较强的空间相关性。通常越开阔、越深的海域,余水位的空间相关性越强。

3.3 水位数据预处理

3.3.1 粗差探测与数据修复

粗差主要来源于水位读取、抄写和录入时的人为错误,仪器故障产生的误差,极其特殊的海洋条件或者天气引起的不合理水位等。通常凭借作业者的经验,由水位变化曲线的平滑性,通过对比前后水位来判断是否存在粗差。我国近海的潮差较大,一般可以达到数米,因此粗差对水位曲线平滑性的影响不易正确判断,通常只能判断出量值很大的粗差。

按水位的组成,时变部分可分为天文潮位与余水位。天文潮位是时变的主体,变化较为平滑,余水位则是水位与天文潮位的差异部分,因此粗差将被计入余水位中。余水位虽然在时间上呈现短期非周期性,但量值范围相对小、空间相关性强。利用邻近站余水位变化相似的特征,采用对比多站同步余水位变化的方式将易于发现粗差。

人为的粗差通常呈现为个别、独立的粗大误差,而仪器故障产生的粗差可能存在于个别时刻,也可能呈现为一段时间内数据的错误或者缺测。对于个别、独立的粗差数据,实施数据修复;而对于一段时间内的缺测,则实施数据插补。个别、独立的数据修复可采用两种方法:一是由前后水位数据拟合内插,如二次多项式拟合。二是潮汐预报叠加余水位拟合内插,由主要分潮的调和常数预报天文潮位,叠加上拟合内插的余水位。这两种方法都适用于计算机自动处理。若结合邻近站的余水位同步变化曲线,则可由前后余水位的变化规律及邻近站的余水位变化,手工内插出余水位的修订量,对水位做出相应的修订。

一段时长的数据插补需按缺测的时长采用不同的方法:

(1)时长在3~4 h内,可采用数据修复的两种方法,由本站的水位数据实施插补。

(2)更长时间的插补需要结合邻近站的同步数据,采用潮汐预报叠加邻近站余水位的方法实施插补。具体是指:由本站的主要分潮调和常数预报插补时刻的天文潮位,而余水位采用邻近站的余水位。该方法可行的前提条件是站间的余水位一致性强,需由同步时间段的余水位实施评估。

3.3.2 零点漂移探测与修正

自容式压力验潮仪是海上布设站的常用验潮设备,验潮仪加装于配重底座上,放置在水下。在海流海水冲刷等影响下,底座可能会发生移动、倾斜或者沉降等。这对于潮位观测而言,意味着验潮的水位零点在垂直位置上发生了变动,称为零点漂移。对于岸边布设的验潮仪,可设置水尺,定期同步观测水位,通过对比水尺与验潮仪的同步水位来确定验潮仪的零点漂移及修正量。对于离岸海上布设的验潮仪,需结合邻近站的同步水位,利用日平均海面变化与余水位变化的空间相关性,通过对比各站日平均海面与余水位的同步变化曲线,检测水位零点变动情况。零点漂移探测与修正的具体步骤如下:

(1)以两个长期站为基准站,由同步改正法等方法确定该验潮站的长期平均海面。

(2)统计三个站同步期间的日平均海面,并转换为各站的平均海面日距平。

(3)计算三站的余水位,由余水位同步变化曲线可进一步明确水位零点变动发生的时刻。

(4)由各时间节点处(可按需求增加节点)的修正量,内插出所有观测时刻处的零点漂移修正量并实施修正。

(5)重新传递确定该验潮站的长期平均海面以及计算余水位,检查修正的正确性。

3.3.3 滤波

水位观测是测量验潮站点处海面的整体升降,需要将高频的波浪影响滤除。长期验潮站一般建有验潮井,具有可靠、良好的滤波性能。短期验潮站采用水尺与验潮仪直接测量海面变化,滤波性能相对不足,水位观测值仍叠加了波浪变化影响,特别是在气象条件较为恶劣的时候。因此,在水位数据预处理时,需要对水位数据进行平滑滤波。

由余水位同步变化曲线可以更明显地观察到短期站水位中的高频抖动,是因为滤波性能不足而残留的波浪影响。由此对比可知,短期站水位数据应当进行必要的滤波平滑。

水位数据的滤波可以采用两种方法,一是直接对水位数据进行拟合平滑;二是对余水位进行拟合平滑,再重新叠加天文潮位组合成水位。拟合可以采用二次多项式,对于每个观测时刻,取其前后一段时间为拟合区间,由拟合区间内的水位或者余水位按照最小二乘原理确定出二次多项式,进而由二次多项式计算出水位或余水位。

以需拟合的水位的观测时刻为中心,选取一定大小的拟合区间,以拟合区间内的水位或者余水位确定二次多项式。拟合区间的选取与水位观测间隔有关,原则是既能可靠求解出多项式系数,又能只去除高频抖动而不过度平滑。如观测间隔 1 h,拟合区间为前后各 2~3 h;如观测间隔为 5 min 或 10 min,拟合区间为前后各 30 min。若日潮不等现象明显且观测间隔为 1 h,建议采用平滑余水位的方法,以保证在涨潮或落潮时间很短的高低潮处不会过度平滑。

3.3.4 预处理步骤汇总

水位数据预处理步骤汇总如下:

(1)按照验潮站水位数据的时间长度,选择合适的潮汐分析方法实施潮汐分析,获得主要分潮的调和常数。需要注意邻近站间主要分潮个数基本一致,若长期站存在长期潮汐分析结果,则短期站的潮汐分析应当引入长期站的差比关系,实施差分订正,并引用长期的长周期分潮调和常数。

(2)采用水准联测法、同步改正法或回归分析法,传递确定短期站的平均海面。

(3)由主要分潮的调和常数预报各水位对应时刻的潮位并且计算余水位。

(4)由余水位同步变化曲线实施粗差探测,对个别、独立的粗差进行数据修复。对一段时间的连续错误数据直接删除,标注为缺测数据,但暂不插补。

(5)统计各站的平均海面日距平,由日距平与余水位的同步变化曲线,对短期站实施零点漂移探测与修正。

(6)对短期站重新实施潮汐分析、传递确定平均海面以及计算余水位,必要时实施滤波。

(7)对于缺测数据,由邻近站的同步余水位数据实施数据插补。

3.4　水位改正方法

水位改正的应用范围通常位于近海,在远海或深海,潮汐引起的测深误差通常可以忽略不计。传统水位改正的办法通常有单(多)站改正、时差法、最小二乘拟合法等,这些方法实施简单,在小范围潮汐性质相似的区域有着良好的表现,但是也存在一定的局限性,比如需要考虑验潮站的布置位置,区域潮汐性质的差异等,在极端条件下有可能会造成很大的误差,甚至高达数十厘米。现代水位改正技术一方面对传统的验潮方式加以改进,比如基于 GNSS 的“无验潮”测深方法,改变了水位只能从近岸传递至海域的格局,使得整个海域在任意一点都可以获得以大地高为基准的实测水位,本质上并未摆脱“无验潮”,并且由于缺少可靠基准转换模型,其精度未能得到很大提高。另一方面改进了水位传播的方式,将传统方法中的线性传播改为按照水动力方程进行传播,典型代表为潮汐模型。传统与现代水位改正法各有优劣,相较于定位精度以及仪器测深精度,水位改正精度已经逐渐成为制约水深测量精度的主要原因。

许军等按照实现手段将水位改正分为两种:第一种是将基于规定起算面的水位作为整体进行空间内插,称为传统水位改正方法。传统水位改正方法至少需要两个验潮站,验潮站数量与分布决定着水位改正的精度,如果是应用潮时差法、最小二乘方法,则需要保证相邻两个验潮站之间的潮汐性质基本相同,而我国近海以及其邻近海域潮汐性质复杂,特别是在黄海、渤海区,潮汐类型空间变化较大,因此传统水位改正方法具有一定的局限性。第二种是以天文潮和余水位监控组合模型以及 GNSS 无验潮模式为代表的现代水位改正方法。现代水位改正方法改变了传统验潮手段,利用 GNSS 和卫星测高技术使得海上验潮更加方便,并且可以将验潮范围扩展至全海域。

3.4.1　国内外水位改正方法研究现状

水位改正是以有限离散的验潮站内插整个测区的瞬时海面形状及每一点的水位改正值。内插都是基于对瞬时海面形状(水位的空间分布结构)的某种假设,不同的假设或处理手段意味着不同的水位改正方法。水位改正方法还决定了验潮站的布设方案,包括站点个数与位置,以保证基于该水位改正方法与布设的站点,内插的水位改正数能达到精度要求。

我国一直采用苏联的三角分区(带)法和模拟法。三角分区法的假设条件是两站之间的潮波均匀传播,即两站间的同相潮时与潮高的变化与距离成比例。当布设的验潮站不能完全控制测区时，由内插法求得区域内一定数目虚拟站的水位。初期，虚拟站水位的内插是在手工作业模式下进行的，又称为三角分区图解法。三角分区图解法的潮差与潮时实质主要是由水位变化的特征点（高潮与低潮）比较求得。另外，在三角分区图解法中，同一分带内（验潮站或内插的虚拟站的有效控制范围内）水位值假设在同一时刻保持一致，水位在空间上不是连续分布的。模拟法是对三角分区图解法的简化，进一步假设各站在同一时刻的瞬时海面为平面，即假设潮时差为零，仅以潮差比描述水位的空间结构。模拟法的目的是在手工作业方式下提高作业效率。

在计算机普及应用后，我国众多学者开始尝试利用计算机改进水位改正的作业模式，提高作业效率及水位改正的精度。谢锡君等（1988）将三角分区法改进为适用于计算机处理的时差法，将两站的水位视为信号，运用数字信号处理技术中的互相关函数，求得两站间的潮时差。刘雁春等（1992）进一步提出最小二乘曲线比较法（最小二乘拟合法），首次给出了水位改正的数学模型，两站水位关系以潮时差、潮差比与基准面偏差为参数，参数求解采用最小二乘拟合逼近技术。相对于时差法，最小二乘拟合法更进一步以数学模型逼真地描述了三角分区图解法对水位空间结构的假设，在理论假设概念和计算技术方法上都做了改进。

美国主要采用离散潮汐分区法，其假设条件与三角分区法一致，假设潮时与潮差按距离均匀变化。选定某一站作为参考站，根据沿岸、海上验潮站的实测数据与潮汐模型，勾绘相对于参考站的等潮时线和等潮差线（同潮图），据此对测区进行合理的划分，分区原则为：相邻分区的潮时差不超过 0.3 h，潮差不超过 0.2 ft（约 0.06 m）。每一个分区的水位值由最近验潮站的观测水位，按对应的潮时差和潮差比计算得到，因此同一分区在同一时刻的水位值相等，水位在空间上分布不连续，与三角分区法相似。在美国，沿岸区域与岛上布设了相当密集的验潮站，部分重要港湾还构建了区域高分辨率的潮汐模型，潮汐信息获取充分。另外，在体制上，美国由国家海洋和大气管理局（NOAA，National Oceanic and Atmospheric Administration）下属的 CO-OPS（Center for Operational Oceanographic Products and Services）统一负责全国海域的验潮站数据以及等潮时线和等潮差线的勾绘任务。在水深测量实施前，测量单位以 CO-OPS 提供的测区同潮图与分区图为参考，在潮汐信息了解可能不足的区域布设短期验潮站，检验并修正同潮图与分区图。国际海道测量组织（IHO，International Hydrographic Organization）出版的《海道测量手册（Manual on Hydrography）》（2005）将其作为水位改正的标准方法。但该方法目前不适用于我国，一方面，我国近海的潮汐变化十分复杂，但验潮站分布密度相对较低；另一方面，勾绘等潮图与分区需较强的技术要求，而在我国目前的运行体制下，水位改正的实施工作完全由作业单位承担，很难实现。

上述水位改正方法都是将基于起算基准面的水位作为整体进行空间内插，可称为传统水位改正方法。对应的现代水位改正方法主要包括：一是将水位的内插分为天文潮位的内插与余水位的传递，如基于潮汐模型与余水位监控法；二是基于 GNSS 定位技术的方法，常称为无验潮模式。

国内外学者在近十年来分别独立地对水位变化中的非潮汐因素（气象因素等）做了相关的研究和试验（翟国君等，2002；王征等，2002；侯世喜等，2005；裴文斌等，2007；唐岩，

2007),并提出了基于余水位的水位改正方法。在国外,美国为解决离散潮汐分区法的水位不连续问题,提高水位改正的精度,Hess 等(1999)提出了一种连续分区的水位改正方法,以加权内插法空间内插各主要分潮的调和常数、余水位与基准面,称为分潮和余水位内插法(TCARI,Tidal Constituent and Residual Interpolation)。该方法已在实际海道测量作业中得到应用,获得了很好的效果。但为达到较高的精度,该方法要求较密集的验潮站分布,目前的应用区域主要集中于海湾,外推时可能出现较大的误差。Hess 等发展该方法的主要目的是解决离散潮汐分区法的水位不连续问题,我国近海的潮汐变化十分复杂但验潮站分布密度相对较低,因此适用性不高。在国内,最早的关于余水位的研究始于 20 世纪 90 年代末,并尝试应用于实际海道测量作业之中。1996 年,天津海事局海测大队(现为天津海事测绘中心)在秦皇岛港及附近以瞬时天文潮位结合余水位,发展了一种新的海洋潮位推算方法:由验潮站计算的余水位,对测区内由潮汐模型得到的天文潮位进行订正,以沿岸验潮站实现了无潮点附近 30 km 测区的高精度水位推算(王征等,2002)。1997 年,天津海事局海测大队又将该方法成功应用于营口港及附近的水深测量。该方法显著扩大了验潮站的有效控制距离。随着我国近海精密潮汐模型的分辨率与精度的提高(暴景阳等,2013;许军等,2017),基于潮汐模型与余水位监控法已逐渐得到应用(刘雷等,2015;刘庆东等,2015;边志刚等,2017)。

当前,传统水位解算方法主要采用时差法和最小二乘拟合法进行水位改正。水位解算的精度取决于验潮站的布设密度与空间分布结构,4 站及以上的多站水位改正需分区进行。为实现大范围海域的实时水位解算需布设较多的水位观测站,海上布站危险大且成本高,分区水位改正则存在邻区跳变的弊端,难以保证精度。除传统水位解算方法外,近年来基于 GNSS 技术和潮汐模型的现代水位解算方法在国内外发展迅速。采用 GNSS 技术可获取实时水位,但受海域通信距离限制和卫星失锁的影响,在一定程度上影响作业效率和成果精度。潮汐模型由于采用稀少验潮站即可实现大范围海域实时水位的解算,近年来备受青睐,但目前国内外构建的潮汐模型在浅水区的精度普遍较低,难以满足精度要求。

对于传统水位改正方法,周宇艳、马向阳等在总结各传统水位改正法基本原理及假设条件的基础上,分析了现行的《海道测量规范》(GB 12327—1998)中关于验潮站布设的条目:潮汐类型相似及最大潮高差与最大潮时差的量化指标要求不能保证站间的水位关系满足传统水位改正方法的假设条件。基于假设条件,提出了评价指标与方法:①对于站间水位相似性,提出由同步水位曲线定性判断和最小二乘拟合法推算的中误差为量化指标的定量分析相结合的评价方法;②对于站间水位均匀变化,提出由站间是否存在阻挡以及潮波图定性判断、中间站点处水位内插误差为量化指标的定量分析相结合的评价方法。为实现大范围海域的实时水位控制,满足水位改正的精度要求,王小刚、赵薛强等基于 POM(princeton ocean model)模式与 blending 同化法、最小二乘拟合法等多种水位改正法,构建了基于精密潮汐模型和多站水位改正模型的大范围海域实时水位解算方法,研发了多站水位改正软件,并采用长期、临时验潮站法和 GNSS-PPK 法在珠江口海域进行成果精度应用校核。结果表明:①精密潮汐模型精度为 4.5 cm,优于国际模型;②水位解算成果误差在±5 cm 以内,水深测量数据水位改正成果中误差在±15 cm 以内,精度能够满足相应规范要求。运用大范围海域实时水位解算方法可获得研究区任意位置、任意时刻的高精度水位数据，可为水下地形测量、航海的水位信息动态保障、枯水期水量调度及咸潮上溯研究等提供实时水位数据。研究成果可推广应用于长江口、杭州湾等海域的实时水位确定。

此外，陈春、黄辰虎等针对多波束测深易出现的因水位改正不完善导致的相邻测深条带间的拼接断层，分别采用天文潮预报、基于余水位配置的海洋潮汐推算，以及基于日平均海面订正的海洋潮汐推算等方法进行水深测量水位改正。结果表明，后两种方法均适用于多波束水深测量水位改正。至于哪一种方法水位改正效果更优，不具有绝对性，其与作业期间验潮站的布设及余水位在时间、空间的变化规律等因素密切相关，具体选择上应根据实际主测线相互间、主测线与检查线间的拼接符合程度以及主测线与检查线的交叉点不符值统计情况进行综合评判。在沿岸仅有 1 个验潮站控制的情况下，若测区内余水位相关性不强，建议使用基于日平均海面订正的海洋潮汐推算法。黄辰虎针对远海航渡式水深测量作业中的潮汐改正难题，基于全球潮汐场 DTU10 模型及 GNSS 无验潮测深两种改正模式，通过潮汐场预报精度评估、验潮站实测数据比对分析及 GNSS 大地高计算潮汐值等多种手段，开展了大范围、长时段、单测线情况下水深测量水位改正研究，形成了一套适用性强的航渡水深测量水位改正方法与流程，为面向全球的海洋水深测量资料处理提供了潮汐、垂直基准和水位归算的方法和技术支持。许军、暴景阳等探讨了基于区域潮汐场模型的水位控制方法中的基准面确定问题，发现余水位控制方法在传递余水位的同时隐含了平均海面传递的事实，因而使区域各点与验潮站的平均海面处于同一历元，而深度基准面的确定误差是该方法的主要误差之一。同时根据渤海的某次水深测量作业，研究了区域深度基准面的精化，验证了平均海面的传递理论。最后分析了该方法存在的问题与应用限制。

邹小锋、曹树清等在理论分析的基础上，结合戴家洲河段的多波束测深数据，对不同水位改正方法在航道测深中的适用性进行了分析总结，根据《水运工程测量规范》（JTS 131—2012）中“水位控制测量应根据工程需要在内河建立基本水位站、基本水尺或临时水尺；水位观测应精确到 10 mm。当上、下比降断面的水位差小于 0.2 m 时，水位观测应精确到 5 mm”“水深测量的深度误差，当水深范围小于 20 m 时，深度误差限值为±0.2 m”的要求，由于长江内河航道的水深基本在 20 m 以内，不仅要求水位观测的精度较高，水位改正的精度也应该保证在厘米级，且精度越高越好，只有这样才能保证多波束航道水深测量的可靠性；单站的水位控制范围有限，且内河航道的水位变化与水流方向的相关性很大，因此在航道测深中，若要采用单一水位站进行水位改正，一定要充分考虑水位数据的有效范围；此外，突发性的大量降水、水库临时调水等因素都会影响单站水位改正的精度；相比于单站水位改正，距离内插法的水位改正精度稍好，但该方法是假定测区内所有测点的水位处于同一直线或平面内，因此当水位变化主要表现为长周期性质时，该方法是简单且有效的；但当短周期影响因素对水位产生主要影响时，该模型就不再有效。总体而言，单站水位改正和距离内插方法都是最基础的改正方法，适用范围有限；时差法考虑到了水位变化带来的时差影响，而最小二乘拟合法是在时差法的基础上，又考虑了潮差比和基准面偏差的影响，仅从模型考虑，最小二乘拟合法的理论更为严谨。但从试验结果看,最小二乘拟合法的水位改正精度却略差于时差法,这是由于试验测区范围较小,因此几乎不存在潮差比和基准面偏差,这时候强制性计算这两个量反而会使拟合精度变差。综上所述,在内河航道多波束测深的水位改正中,实际应用中建议首先采用最小二乘法对水位性质进行分析,若潮差比和基准面偏差基本可以忽略,可以直接采用时差法进行改正计算。

3.4.2 传统水位改正方法

传统水位改正方法是将基于规定起算面(通常为深度基准面)的水位作为整体进行空间内插,内插出每个测深点处在测深时刻的水位改正数。按照测区范围以及潮汐变化的复杂程度,采用不同的验潮站空间配置实施水位改正。主要分为下列这几种模式:

(1)单站模式:以一个验潮站的水位代替整个区域的水位,适用于潮汐变化十分平缓、范围小的测区。

(2)带状模式:由两个验潮站内插出连线上各个测深点处的水位改正数,适用于航道等测区。

(3)区域模式:由多个验潮站内插出各个测深点处的水位改正数,常以不共线的 3 个验潮站组成的三角形作为基本配置,将 3 个以上的验潮站分区组成多个三角形。该模式是最常用的水位改正模式。

若测区范围大、潮汐变化复杂,则可能需要将测区分为几个区域,各个区域采用不同的验潮站配置以及水位改正模式,分区域实施水位改正。上述三种模式中,单站模式不涉及水位的空间内插,仅需要将验潮站的水位按照时间内插出测深时刻的水位值。其他两种模式需要以离散的验潮站内插出测区的瞬时海面形状。空间内插是基于对瞬时海面空间分布形状的某种假设,不同的假设或处理手段意味着不同的水位改正方法。我国长期采用苏联的三角分区(带)法,后续在此基础上发展提出了时差法与最小二乘拟合法。

三角分区(带)法是由手工的分带图解法发展而来的,其假设条件是两站之间的潮波是均匀传播的,即两站间的同相潮时与潮高的变化与其距离成比例。在布设的验潮站不能完全控制测区时,站间进行分带,均匀内插出一定数目虚拟站的水位。而三站组成三角形,进一步分区并内插虚拟站。分带或分区内所有测深点处水位都由对应的验潮站或虚拟站水位代替,同一分区或分带内的水位值假设在同一时刻为同一值,因此同一时刻水位在空间上不是连续分布的,分区或分带间呈阶梯状。它主要包括两站分带法和三站分区法。

3.4.2.1 两站分带法

两站分带法是带状水位改正模式,是由两个验潮站内插测区的水位改正数。其假设条件是:两站之间的水位传播均匀,潮差和潮时的变化与距离成比例,以 A、B 两站为例,首先应当满足两站之间水位变化相似。

理论上,依水位按距离均匀变化的假设可以内插出两站之间任意一点处水位变化曲线,但早期手工作业模式下,只在两站之间内插出数个点的水位,称为虚拟站。虚拟站均匀分布于 A、B 两站之间,与 A、B 两站一起计算任意点处的水位改正数。计算方法是每个站附近一定范围内视为一个分带,分带内采用单站模式计算水位改正数,即分带内任意点在同一时刻的水位值都与验潮站(或虚拟站)一致。虚拟站的数目取决于分带数,分带数取决于两站水位间的差异以及测深精度要求,由下式计算:

$$K=\frac{2\Delta\zeta}{\delta_Z} \tag{3-7}$$

式中:K 为分带数;$\Delta\zeta$ 为 A、B 两站从深度基准面起算的同时刻水位间的最大差异,称为最大潮高差;δ_Z 为测深精度指标。

由式(3-7)计算的 K 向大值取整,以保证相邻分带间同时刻水位的最大差异不超过测深精度指标 δ_Z。两站之间内插出 $K-1$ 个虚拟站的水位曲线。基于两站分带法的原理,实施步骤总结如下:

(1)A、B 两站的水位经过必要的预处理及基准面确定后,将水位的起算面转换为深度基准面。

(2)由两站的同步水位数据,统计同步期间的最大潮高差 $\Delta\zeta$。

(3)选取合适的测深精度指标 δ_Z,按照式(3-7)计算出分带数 K。

(4)在两站之间内插出 $K-1$ 个虚拟站的水位曲线。

(5)确定出分带,分带的界线方向与水位传播方向垂直。

(6)按照测深点所在的位置确定所在的分带,由分带内验潮站或者虚拟站的水位拟合内插出测深时刻的水位值即为水位改正数。

3.4.2.2　三站分区法

三站分区法的假设条件是:相邻两站之间的水位传播均匀,潮差和潮时的变化与距离成比例。三站分区法内插虚拟站及分区的原理简述如下:

(1)在三个站之间两两分别按照两站分带法进行分带并且内插出虚拟站的水位。

(2)由三个站组成的三角形各边上的验潮站与虚拟站,分别按照分带数确定各分带的分界点,将相邻边上的分界点按照顺序依次相连。

(3)对每个分区在两端验潮站或者虚拟站之间,进一步按照两站分带法进行分带并且内插出虚拟站水位。

(4)按照测深点的位置确定所在的分区,由分区内验潮站或虚拟站的水位拟合内插出测深时刻的水位值即为水位改正数。

3.4.2.3　时差法水位改正

时差法是对三角分区(带)法的改进,消除了水位空间分布不连续问题,其假设条件与三角分区(带)法相同。时差法将相邻 A、B 两验潮站的水位视为信号,运用数字信号处理技术中的互相关函数,求得两站间的潮时差。多个验潮站时可组网或分区组网。根据潮时的变化与距离成比例的假设,将潮时差进行空间内插,测区内任一点的水位值由相对于基准验潮站的潮时差计算。

时差法水位改正所依赖的假设条件与水位分带法相同,即两验潮站之间的潮波传播均匀,潮高和潮时的变化与其距离能成比例。通过数字信号处理技术中互相关函数的变化特性,将两个验潮站的水位数据视作信号,通过对两信号波形的研究求得两信号之间的时差,进而求得两潮位站的潮时差及待定点相对于验潮站的时差,经过时间归化后,求得待求点的水位改正值。

1. 验潮站潮时差求解

A、B 两验潮站在同一时间$[N_1,N_2]$内进行同步水位观测，两站的水位观测值分别是与时间相关的序列$\{X_1,X_2,\cdots,X_n\}$和时间间列$\{Y_1,Y_2,\cdots,Y_n\}$，依次作出两站的水位观测曲线，如图 3-7 所示。

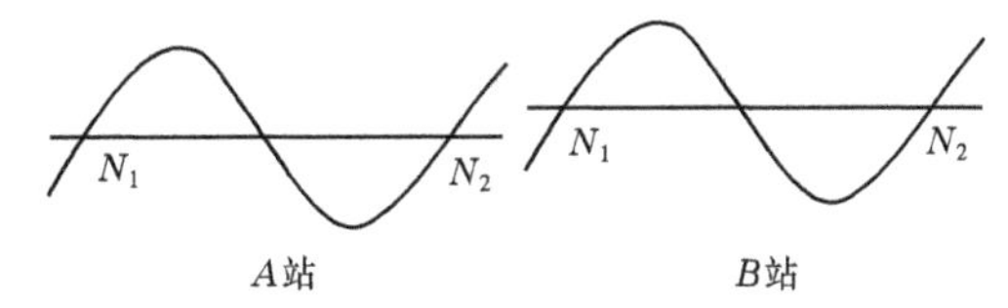

图 3-7　A、B 两站水位曲线

在进行水位改正之前，需要验证两个验潮站的潮汐性质是否基本相同，即探讨两站水位曲线的相似程度。对水位曲线进行离散化处理，通过一定采样值的相关系数来确定两曲线的相似程度。求解相似系数 R 的公式为：

$$R_{xy}(N_1,N_2)=\frac{\sum_{n=N_1}^{N_2}X_nY_n}{\sqrt{\sum_{n=N_1}^{N_2}X_n^2\sum_{n=N_1}^{N_2}Y_n^2}} \tag{3-8}$$

由离散数学原理可知，$|R|$接近 1 时，两曲线就越相似；$|R|$接近 0 时，两曲线就不相似。由于两验潮站之间存在或大或小的潮时差，要确定两验潮站的水位曲线相似性，必须对其中一站的水位曲线进行延时处理，即在时移运算中研究 X_n 与 Y_n 的相似性，把 Y_n 延 τ 时，使之变为 $Y_n-\tau$，则时延 τ 时的相似系数为：

$$R_{xy}(\tau)=\frac{\sum X_nY_{n-\tau}}{\sqrt{\sum X_n^2\sum Y_{n-\tau}^2}} \tag{3-9}$$

式中：τ 值不同，$R_{xy}(\tau)$也不同，当 $R_{xy}(\tau)$达到最大值时，Y_n 延时 τ_0 与 X_n 最为相似，则 τ_0 就是两曲线的相似时差，也就是 A、B 两验潮站的潮时差。

2. 待定点潮时差求解

如图 3-8 所示，A、B、C 三个验潮站组成的三角形中，以 A 站为基准，分别求解以 A 站为基准的潮时差，并将 B、C 两站归化到 A 站的空间直角坐标系中，则有 $A(X_A,Y_A,\tau_A)$、$B(X_B,Y_B,\tau_B)$、$C(X_C,Y_C,\tau_C)$。

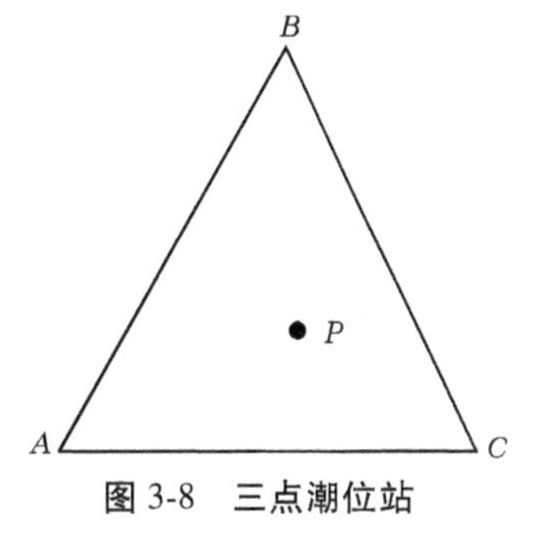

图 3-8　三点潮位站

三角形中任意一点 $P(X_P,Y_P,\tau_P)$必位于 A、B、C 三点组成的空间平面上，因此可以得到任意一点 P 的时间延时 τ_P 为：

$$\tau_P=\frac{(X_P-X_A)[(Y_C-Y_A)\tau_B-(Y_B-Y_A)\tau_C]+(Y_P-Y_A)[(X_B-X_A)\tau_C-(X_C-X_A)\tau_B]}{(X_B-X_A)(Y_C-Y_A)-(Y_B-Y_A)(X_C-X_A)} \tag{3-10}$$

3. 待定点水位改正数求解

由于求得的 τ_B、τ_C、τ_P 均是以 A 点为基准，欲求待定点 P 的 t 时刻的改正数，则需将 t_A、t_B、t_C 时间改化为与待定点 P 为 t 时刻相对应的时间，即根据 t_A、t_B、t_C，可以分别得到对应时刻 A、B、C 各站的水位值，同样，立 $xy\xi$ 空间直角坐标系，三站的坐标分别为 $A(X_A, Y_A, \xi_A)$、$B(X_B, Y_B, \xi_B)$、$C(X_C, Y_C, \xi_C)$，则 $P(X_P, Y_P, \xi_P)$ 必位于 A、B、C 三点组成的空间平面上，可以得到任意 P 点 t 时刻的水位改正值 ξ_P 为：

$$\xi_P = \xi_A + \frac{(X_P - X_A)[(Y_C - Y_A)(\xi_B - \xi_A) - (Y_B - Y_A)(\xi_C - \xi_A)] + (Y_P - Y_A)[(X_B - X_A)(\xi_C - \xi_A) - (X_C - X_A)(\xi_B - \xi_A)]}{(X_B - X_A)(Y_C - Y_A) - (X_C - X_A)(Y_B - Y_A)} \tag{3-11}$$

3.4.2.4 最小二乘拟合法水位改正

最小二乘拟合法在时差法以潮时差为参数描述水位关系的基础上，增加了潮差比与基准面偏差等参数，并采用最小二乘拟合逼近技术求解参数，通过空间内插三个参数从而实现水位的空间内插。其基本原理如下：

设 A、B 两站的水位分别为 $h_A(t)$ 与 $h_B(t)$，则两站同步水位之间的关系描述为：

$$h_B(t) = \gamma h_A(t + \delta) + \varepsilon \tag{3-12}$$

式中：γ 为放大或收缩比例因子，定义为潮差比；δ 为水平移动因子，定义为潮时差；ε 为垂直移动因子，定义为基准面偏差，三者统称为潮汐比较参数。

式(3-12)对两站水位关系的描述为：A 站的水位曲线经过平移(潮时差)、放大或缩小(潮差比)、垂直升降(基准面偏差)后与 B 站的水位变化曲线相同。因此，最小二乘拟合法必须保证的前提条件是两站水位曲线相似，与三角分区(带)法及时差法相同。

3.4.3 传统水位改正方法实施条件与评估方法

实施条件是验潮站布设设计的基本依据，国家规范和行业标准以条目的形式对此进行了规定。首先，简要给出工程实践中要达到条目要求的符合程度的检测方法，并且分析其合理性；其次，提出新的评价指标及相应的评估方法，给出验潮站控制范围的确定方法；最后，以实例对评价指标与评估方法进行说明。

3.4.3.1 国家规范与行业标准的规定与实施

1. 规定要求与检测方法

三角分区(带)图解法、时差法与最小二乘拟合法等传统水位改正方法，一直是水深测量与水下地形测量等工程中应用最广泛的手段与方法。国家规范与行业标准中对于验潮站的要求都是基于传统水位改正方法制定的。《海道测量规范》(GB 12327—1998)的规定条目为“验潮站布设的密度应能控制全测区的潮汐变化。相邻验潮站之间的距离应满足最大潮高差不大于 1 m，最大潮时差不大于 2 h、潮汐性质基本相同。对于潮时差和潮高差变化较大的海区，除布设长期验潮站或者短期验潮站外，也可在湾顶、河口外、水道口和无潮点处增设临时验潮站。”行业标准《水运工程测量规范》(JTS 131—2012)中的条目与其基本一致。

该条目可以细分为以下三部分：

(1) 目标要求。控制全测区的潮汐变化。

(2)量化指标要求。最大潮高差不大于 1 m、最大潮时差不大于 2 h、潮汐性质基本相同。

(3)特殊情况的要求。在湾顶、河口外、水道口和无潮点处增设临时验潮站。

在实践工作中,该条目通常的执行与检测方法如下:

(1)若出现所提特殊情况,则按要求在相应特征点处增设站点。

(2)检测验潮站的控制范围或者验潮站网是否能覆盖测区,通常以站点相对测区的分布进行定性判断。

(3)检测相邻站间的潮高差与潮时差是否合限,而"潮汐性质基本相同"通常以"潮汐类型相同"代替。这三个量化指标是定量判断的依据,利用相邻站间的同步实测水位数据,统计潮高差与潮时差,而由调和常数计算潮汐类型数,统计潮汐类型。

2. 条目的合理性分析

条目的合理性集中于三个量化指标的合理性,其分析需从传统水位改正方法的假设条件上出发。三角分区(带)图解法、时差法及最小二乘拟合法三种传统水位改正方法虽然在参数及其求解、水位改正数计算等方面存在明显差异,但都是以潮差比与潮时差为参数描述瞬时海面的空间结构,其中三角分区(带)图解法隐含在虚拟站水位的内插过程中。三种方法对水位空间分布结构的描述从本质上可以认为是一致的,假设条件也是一致的;对于相邻的 *A*、*B* 两站,Azhan1 的水位曲线经过平移(潮时差)、放大或缩小(潮差比)后与 *B* 站的水位曲线相同,而且潮时差与潮差比在两站之间的变化是均匀的(暴景阳等,2006a;许军,2009)。因此,假设条件的符合程度取决于站间水位曲线是否相似,以及站间的水位变化是否均匀。

按照假设条件对照分析三个量化指标的合理性。

(1)站间潮汐类型相似的要求是:以潮汐类型数判断站间水位曲线的相似性。该判断方式将连续的潮汐类型数变化人为地划分为 4 个区间的阶梯:半日潮、不规则半日潮、不规则日潮与日潮。但实际上同一区间的水位曲线相似程度不一定高于相邻区间,如 *A* 站与 *B* 站的潮汐类型数分别为 0. 51 和 1. 99,都属于不规则半日潮类型,而 *C* 站的潮汐类型数为 0. 49,属于半日潮类型,实际上 *A* 站与 *C* 站的水位曲线相似度明显高于 *A* 站与 *B* 站。

(2)最大潮高差不大于 1 m 与最大潮时差不大于 2 h 的意义主要体现在三角分区(带)图解法,最大潮高差的阈值限制了站间内插虚拟站的个数,最大潮时差的阈值限制了水位曲线之间的距离,这对于手工作业模式(早期的图解法)是必要的。若站间水位曲线相似且站间的水位均匀变化,则基于计算机的三角分区(带)图解法、时差法与最小二乘拟合法在理论上可连续内插任意数目的水位曲线。此时因最大潮高差与最大潮时差的阈值而造成的布设站点数量增加,从精度来说并不是必须的。

总之,条目的量化指标要求与传统水位改正方法的假设条件之间不是充分必要关系。满足量化指标要求并不能保证站间的水位关系满足传统水位改正方法的假设条件;反之,不满足量化指标要求也不意味着站间的水位关系一定不满足传统水位改正方法的假设条件。

3.4.3.2 评价指标与评估方法

更合理的评价指标与评估方法应直接基于水位改正方法的假设条件，即站间水位曲线是否相似，以及站间的水位变化是否均匀。

(1)站间水位曲线是否相似，可直接从同步水位曲线进行人工定性判断，需特别注意日不等现象的一致性。在量化指标方面，黄辰虎等(2007)基于时差法与最小二乘拟合法的原理，提出将时差法的相关系数和最小二乘拟合法推算的中误差，分别作为潮汐性质相似性强弱判断的两个量化指标。这明显优于基于潮汐类型或潮汐类型数的判断方式。考虑三种传统水位改正法对水位空间分布结构的描述与假设条件的一致性，可统一将最小二乘拟合法的推算中误差作为站间潮汐类型相似度的量化指标，更直观、清晰地表示站间水位经过缩放及平移后的差异，表征了站间水位曲线的相似度。

(2)在站间推算中误差合限的前提下，站间水位变化是否均匀，可由站间是否存在阻挡及潮波图来进行定性判断。具备精密潮汐模型时，可以预报多点潮位，由同步潮位曲线来进行定性判断。在量化指标方面，以中间站为检核站，以两侧站采用水位改正法内插中间站水位，将内插误差作为量化指标。

最小二乘拟合法的推算中误差与中间站点处水位内插误差，可依据水深测量或者水位控制的精度要求进行合理选择。在设计阶段，可结合精密潮汐模型与历史资料，利用预报潮位进行评估，作为站点选址的量化依据；在水位改正数计算阶段，利用实测水位数据进行评估，作为水位控制精度的量化指标。

3.4.3.3 验潮站控制范围的确定方法

在设计阶段，传统上习惯将验潮站控制范围作为验潮站布设合理性的判断依据：在给定的精度指标下计算相邻站的控制范围是否重叠，以及是否能够覆盖全测区。若整个测区都在一站的控制范围内，则可采用单站水位改正模式。若相邻站的控制范围重叠，则站间无须增设站。该判断方法具有形象直观的优点，因此从三角分区(带)图解法至今一直常被提及与使用。

1. 基本原理

估算验潮站 A 的控制范围，需已知相邻验潮站 B 的验潮数据或者潮汐信息。基本思想是：基于水位由 A 站至 B 站传播形态的某种假设，在给定的误差约束指标下估算 A 站在 A 站至 B 站方向上的控制范围。基本估算公式为 $d=\frac{\delta_z}{\Delta T_{\max}}R_{AB}$，式中 δ_z 为误差约束指标，R_{AB} 为两验潮站之间的距离，$\Delta T_{\max}$ 为两站之间的最大潮高差，易知该式也是 B 站在 B 站至 A 站方向上的控制范围。

2. 基于水位改正法的估算方法

传统上，将两站水位的起算面转换为平均海面或者深度基准面，将计算的两站在每个相同时刻的水位差值称为潮高差，$\Delta T_{\max}$ 取为潮高差绝对值的最大值。该方法未顾及两站之间的潮时差，是基于两站之间潮差按距离线性变化且两站间的潮时差很小的假设进行的，即假定瞬时海面为直线形态，故称为直线形态估算法。

刘雁春(1998,2003)提出了调和常数模型估算法，以调和常数随距离均匀变化的假设为基础，基本原理是将两站的潮高差由调和常数模型表达，经过泰勒级数展开，并且顾及假设，最终整理得到验潮站控制距离 d 与时间 t、调和常数的方程。根据此方程求出 d 随时间的变化情况，可以给出最小值、最大值、平均值及不同值的频率。d 取最小值时，对应的潮高差即为 ΔT_{max}。

直线形态估算法假设瞬时海面为直线形态，未顾及海面的弯曲形态；调和常数模型估算法假设调和常数线性变化，由潮位的调和表达来描述海面的弯曲形态。因此，从描述海面形态的完善程度角度来看，在两站所选分潮能足够完善地描述潮位变化以及调和常数较精确时，调和常数模型估算法明显优于直线形态估算法。但是在实际水位改正中，并不是通过 A 站与 B 站的调和常数线性内插来计算测深点的水位改正数，这意味着调和常数模型估算法所估算的控制范围在水深测量的水位改正中没有实际意义，或者说只有采用了 A 站与 B 站的调和常数线性内插来计算测深点的水位改正值时才有实际意义。因此，验潮站控制范围确定方法的合理性取决于采用的水位改正方法，水位改正的模型是对海面形态的一种假设，基于相同假设估算的控制范围与该水位改正方法才相匹配，才具有实际意义。

（1）三角分区（带）图解法中计算分带数实际上就是直线形态估算法的反应用，因此直线形态估算法是与三角分区（带）图解法相匹配的验潮站控制范围的估算方法。超出验潮站控制范围时，需要内插虚拟站或者增设站。每个站代表控制范围内的水位变化。

（2）时差法以潮时差的空间分布来描述海面形态，此时验潮站控制范围应该是在给定的误差约束指标下潮时差的空间内插范围。ΔT_{max} 取由 A 站以时差法内插 B 站的最大误差。

（3）最小二乘拟合法以潮差比、潮时差与基准面偏差三个参数来描述海面形态，此时验潮站控制范围应是在给定的误差约束下三个参数的空间内插范围。ΔT_{max} 取由 A 站以最小二乘拟合法推算 B 站的最大误差，即推算误差的最大值。

3. 实例计算

分别选择潮汐类型为半日潮、混合潮与日潮类型的实例进行分析：一是连云港—石臼所，相距 69.3 km，为半日潮类型；二是香港—大万山，相距 65.7 km，为混合潮类型；三是北海—涠洲，相距 50.3 km，为日潮类型。然后，利用三角分区（带）图解法对应的直线形态估算法与最小二乘拟合法对应的估算法计算得到验潮站的控制距离。δ_z 取 20 cm，计算结果如表 3-3 所示。

表 3-3　验潮站控制范围的计算结果

验潮站组	站间距离/km	直线形态估算法	最小二乘拟合法
连云港—石臼所	69.3	9.3	52.7
香港—大万山	65.7	18.6	130.1
北海—涠洲	50.3	17.1	69.3

由表 3-3 可知，最小二乘拟合法估算的控制距离都明显大于直线形态估算法的结果。对于直线形态估算法的结果，连云港—石臼所间的分带数为 15，香港—大万山间的分带数为 8，北海—涠洲间分带数为 6。直线形态估算法假设瞬时海面为直线形态，对海面形

态的不完善描述决定了估算的控制范围较小，按分带法实施水位控制时需要一定数量的分带，在分带数较多时可能达不到给定的误差约束指标，此时需要在中间设立验潮站。对于最小二乘拟合法，以潮差比、潮时差与基准面偏差这三个参数描述海面形态，对于以上三组验潮站，估算的控制范围说明采用最小二乘拟合法进行水位控制时，各组验潮站已能控制中间区域。但是这并不能得出“最小二乘拟合法比直线形态估算法优越”的结论，因为当水位改正法选择直线形态估算法而验潮站控制范围采用最小二乘拟合法时，会出现分带偏少不能达到精度指标的问题；反之，当水位改正法选择最小二乘拟合法而验潮站控制范围采用直线形态估算法时，会出现需要多设站的问题。因此，验潮站控制范围估算法的优劣不在于估算距离的大小，而在于与采用的水位改正方法是否匹配。

4. 应用说明

验潮站控制范围的确定方法可以按照以下方法进行应用。

1）点领域水位改正模式

在点领域水位改正模式下，验潮站控制范围内的水位将直接由该站的水位代替，是以点代面的模式，未考虑潮差比与潮时差的变化。此时验潮站控制范围的估算方法应该采用传统的直线形态估算法。

2）断面（带状）或区域水位改正模式

在断面（带状）或区域水位改正模式下，将以潮差比与潮时差等参数进行水位空间内插，此时应采用与水位改正法相匹配的估算方法。基于水位改正法的估算方法中，ΔT_{max} 取为由 A 站以相对应的水位改正法内插 B 站的最大误差，即以水位改正模型描述两站之间水位关系时出现的最大误差。以最小二乘拟合法为例，估算的距离是指在给定的精度指标（最大 d 误差）覆盖两站之间区域。因此，在设计验潮站布设时，应使相邻验潮站的控制范围重叠。

将验潮站控制范围作为验潮站布设合理性的判断依据，作业流程总结为：首先，选择要采用的水位改正方法；其次，进行选址，可由已建立的精密潮汐模型或者同步验潮天数得到的数据进行精度测试，若不满足则进行调整，直至满足要求。精度测试与检验的主要手段是在给定的精度指标下计算相邻站的控制范围是否重叠，以及是否能覆盖全测区，验潮站控制范围的估算采用与水位改正方法相对应的估算方法。

3.4.4 基于 GNSS 技术的水位改正法

基于 GNSS 技术的水位改正法是利用全球卫星导航系统（GNSS）精确确定测量载体垂直方向上的运动，经过必要的基准转换后，将深度基准面上的垂直差距作为瞬时水深的改正数，可消除潮汐、涌浪等各种因素引起的垂直方向上的运动。因此，该方法无须验潮站观测潮位，也称为无验潮模式。因为基于全球定位系统 GNSS 的研究与应用较多，习惯称为 GNSS 免验潮模式或者 GNSS 无验潮模式。

3.4.4.1 基本原理

该技术的基本原理是：在任一测量时刻，由 GNSS 技术测定天线处的大地高 H_{GNSS}，测深仪测量船底换能器至海底的垂直距离 h，即瞬时水深测量值。M 为 GNSS 天线与测深仪换能器的垂直距离，是可以测量的已知参数，则易得到海底的大地高 h_{GNSS} 为：

$$h_{GNSS} = H_{GNSS} - M - h \quad (3\text{-}13)$$

式(3-13)表明,由 GNSS 与测深仪的测量成果易获得海底的大地高 h_{GNSS},是指海底在参考椭球面上的高度。而图载水深是海底在深度基准面下的垂直距离,因此需将大地高 h_{GNSS} 转换为深度基准面起算的图载水深 h_{CD}。该转换需要测深点处深度基准面、参考椭球面等垂直基准面之间的关系,属于海域垂直基准面转换问题。该转换可以采用以下两种方法:

(1)平均海面高模型与深度基准面模型。

平均海面高模型、深度基准面模型分别指网格化的平均海面大地高数据集、深度基准面 L 值数据集。由两个模型分别内插出测深点处的平均海面大地高 H_{MSL} 与深度基准面在平均海面下的垂直距离 L,则

$$h_{CD} = H_{MSL} - L - h_{GNSS} \quad (3\text{-}14)$$

(2)大地水准面模型、海面地形模型与深度基准面模型。

大地水准面模型、海面地形模型分别指网格化的大地水准面差距(高程异常)数据集、海面低星数据集。由三个模型分别内插出测深点处的 N、ζ 与 L,则

$$h_{CD} = N + \zeta - L - h_{GNSS} \quad (3\text{-}15)$$

由上述两种方法,利用不同的垂直基准面模型将海底的大地高转换为图载水深。

3.4.4.2　应用条件

在理论上,基于 GNSS 技术的水位改正精度高于其他水位改正方法。但是由其基本原理可知,该方法的应用需要以下条件:

(1)瞬时大地高的解算。瞬时大地高的高精度解算是本方法应用的前提,通常采用实时动态相位技术(Real Time Kinematic,RTK)以获得厘米级的高程精度,但与岸上基准站的距离有限。离岸边距离较远时,也可采用基于载波相位后处理技术(Post Processing Kinematic,PPK)和精密单点定位技术(Precise Point Positioning,PPP),垂直方向的定位精度可以达到 10 cm 左右。

(2)天线与换能器之间垂直距离 M 的确定。在测量载体保持静态时,天线与换能器之间的垂直距离 M 为一个已知固定值。而在测量载体动态时,载体的姿态处于变化之中,此时的 M 为与姿态相关的变量,需要通过动态传感器(Motion Reference Unit,MRU)或者多个接收机的方式确定载体的姿态变化。

(3)基准面转换。将海底的大地高转换为至深度基准面起算的图载水深,需要参考椭球面、平均海面、深度基准面、大地水准面之间的关系。对于江河或者港口、航道等较小测区,可以采用以点代面或者多点内插的方式。若测区范围较大或者离岸边一定距离或者潮汐变化复杂,则需要构建测区范围内连续无缝的垂直基准转换模型。

另外,实践应用时还将面临大地高解算成果的异常突跳处理、GNSS 与 MRU 和测深的时间同步等问题,技术要求较高。

3.4.4.3　PPK 测深技术

1. 无验潮测深原理

传统的水下地形测量,大多都是利用 GNSS 测得点位的平面坐标,同时通过潮位信息及测得的水深数据求得水底的高程数据。这种方式需频繁地查询获取潮位数据,数据处

理起来较为麻烦，且船体受涌浪的影响，会做不规则的上下浮动，其位置信息的可靠性不强，从而影响测得的水深数据精度不高，进一步导致获取的水底地形的高程数据精度也不高。

随着 GNSS 技术的不断发展，RTK 的精度不断地得到提高，目前 RTK 可以达到厘米级的水平定位精度和高程精度，这让无验潮测深技术成为现实，利用无验潮测深技术可以有效地消除船体吃水和潮位的误差，而且测量效率高，其测量原理如图 3-9 所示。

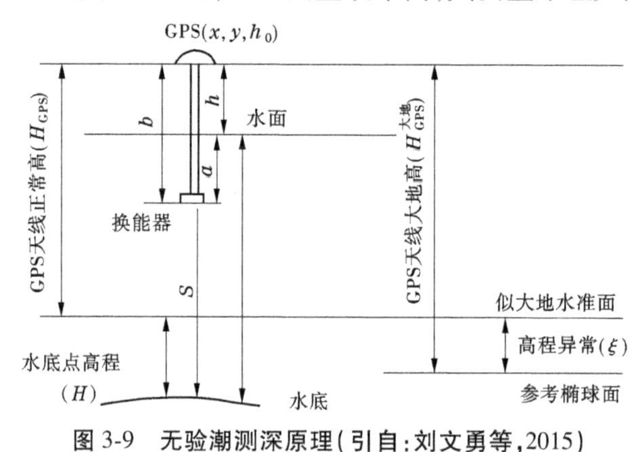

图 3-9 无验潮测深原理（引自：刘文勇等，2015）

水底高程为 GNSS 高程去除测深杆的长度，再减去换能器以下水体深度，如式(3-16)所示。

$$H = H_{GPS} - b - S \tag{3-16}$$

式中：H 为水底高程；H_{GPS} 为天线高程；b 为杆长；S 为换能器以下水深。

由于 GNSS 获取的是基于 WGS—84 参考椭球面的大地高，想要得到工程项目的正常高，需对大地高进行高程转换，转化成正常高，两者之间的差值为高程异常，转换公式如式(3-17)所示。

$$H_{GPS} = H_{GPS}^{大地} - \xi \tag{3-17}$$

式中：$H_{GPS}^{大地}$ 为天线大地高程；ξ 为高程异常。

无验潮测深经高程基准转换后，可以直接获取点位的水底高程，不需要进行潮位测量，能极大地减弱消除吃水及涌浪等误差影响，不仅极大地提高效率，且消除了潮位误差影响。但难点和重点是高程异常求取、模型的选取、已知点的布设，大区域还涉及模型分段等，这些都是无验潮测深测量亟待解决的问题。因此，基于 EGM 2008 重力模型的无验潮测深技术开始被提出来。

2. EGM 2008 重力模型

地球重力场模型实际上是一种给定的用来描述确定重力场的一类基本参数集合，是地球的一种基本位场信息(C. Hirt et al.，2010)，是大地测量、地球物理、地质、地震与海洋等学科重要的研究对象和手段(Jin Li et al.，2015)，卫星测高、卫星重力测量等重力测量技术发展为高精度全球重力场模型的建立提供可靠基础资料(杨金玉等，2014)。美国国家地理空间情报局(National Geospatial-Intelligence Agency)通过多年的研究，并结合 PGM2007B 模型，研究出了 EGM 2008 地球重力场模型。该模型的展开阶数已达到 2 190 阶。EGM 2008 地球重力场模型自发布以来，在很多地区都进行了测试(Weiyong Yi et al. ,2014),测试结果如表 3-4 所示。

表 3-4　EGM 2008 模型 GNSS 水准外部检核结果

地区	GNSS 水准点个数	标准差/cm
全球	12 353	13
美国大陆	4 201	7. 1
澳大利亚	534	26. 4

利用 EGM 2008 地球重力场模型进行大地高到正常高的高程转换,是利用模型的高程基准与国家高程基准的差值实现的(C. Hirt et al. ,2011)。利用 EGM 2008 重力场模型计算高程异常值见式(3-18)。

$$\xi_M(\gamma,\varphi,\lambda) = \xi_0 + \frac{GM_g}{r\gamma}\sum_{n=2}^{n_{\max}}\left(\frac{a_g}{r}\right)^n\sum_{m=0}^{n}\left\{\left[\overline{C}_{nm} - \frac{GM_0}{GM_g}\cdot\left(\frac{a}{a_g}\right)^n\overline{C}'_{nm}\right]\right.$$
$$\left.\cos m\lambda + \overline{S}_{nm}\sin m\lambda\right\}\overline{P}_{nm}(\sin\varphi) \tag{3-18}$$

式中:GM_g 为地球重力场模型常数;a_g 为地球重力场模型半径;GM_0 为参考椭球重力常数,WGS—84 椭球重力常数取 3 986 004. 418×10^8 m^3/s^2; a 为参考椭球长半轴;γ、φ、λ 分别为地心向径、地心纬度、地心经度;γ 为正常重力,取 9. 798 m/s^2;$\overline{C}_{nm}$,$\overline{S}_{nm}$ 为完全规格化位系数;$\overline{C}'_{nm}$为参考椭球完全规格化的位系数;$\overline{P}_{nm}$ 为完全规格化的缔合勒让德系数;ξ_0 为高程异常的零阶项(李树文等,2014)。

$$\xi_0 = \frac{GM_g - GM_0}{R\gamma} - \frac{W_0 - U_0}{\gamma} \tag{3-19}$$

式中:W_0 为大地水准面重力位,由多年卫星测高数据求得,取 62 626 856. 0 m^2/s^2;U_0 为参考椭球正常重力位,WGS—84 椭球正常重力位取 62 636 851. 714 6 m^2/s^2; R 为地球平均半径,取 6 371 008. 771 m。

3. 基于 EGM 2008 模型的无验潮测深

GNSS 接收机能获取 WGS—84 坐标系的坐标,而平面基准和高程基准在我国的坐标系中是分离的,平面基准采用的国家坐标系或者当地独立的坐标系,而高程系统则采用正常高。这就涉及平面和高程系统的转换问题。平面坐标转换目前主要有四参数和七参数两种方法,四参数适用于较小范围,而七参数适用范围较大,且精度较高,公认的成熟的七参数转换模型为布尔萨七参数模型。在测区边缘及中心选取 3 个以上具有源坐标系和目标坐标系重合点的坐标,利用布尔萨七参数转换模型实现平面坐标的转换,如式(3-20)所示。

$$\begin{cases} X_2 = \Delta X + X_1(1+\varepsilon) - \xi_Y H_1 + \xi_Z Y_1 \\ Y_2 = \Delta Y + Y_1(1+\varepsilon) + \xi_X H_1 + \xi_Z X_1 \\ H_2 = \Delta X + H_1(1+\varepsilon) - \xi_X H_1 + \xi_Y Y_1 \end{cases} \tag{3-20}$$

式中:ΔX、ΔY、ΔZ 为平移参数;ξ_X、ξ_Y、ξ_Z 为旋转参数;ε 为一个无纲量的尺度参数。

高程转换利用已知的 GNSS 水准点求取各点的高程异常值,如式(3-21)所示。

$$\xi = H^{大地} - H^{正常} \tag{3-21}$$

式中：ξ 为高程异常值；$H^{大地}$ 为 WGS—84 的大地高；$H^{正常}$ 为正常高。

利用式(3-21)求出各点高程异常值 ξ_M，则二者之差 $\Delta\xi$ 可以按照下式来计算(简程航,2014)：

$$\Delta\xi = \xi - \xi_M \tag{3-22}$$

经由式(3-18)、式(3-21)、式(3-22)计算得 $\Delta\xi$ 结果，见表 3-5。

表 3-5 EGM 2008 重力场高程异常值与 GNSS/水准高程异常值差值结果 单位：cm

点号	1	2	3	4	5	6	7	8	9	10
$\Delta\xi$	-14.2	-12.9	-14.3	-13.7	-13.9	-13.8	-14.5	-14.8	-14.1	-13.3

由表 3-5 可知，$\Delta\xi$ 数值稳定，可近似认为是“常数”。

4. 精度评定

1) 内符合精度

仪器内符合精度是指测量仪器多次测量同一个目标，观测值之间的离散程度。对于 n 个点，坐标转换精度估计公式如下。

坐标 X 的中误差计算公式为：

$$\mu_X = \pm\sqrt{\frac{[vv]_X}{n-1}} \tag{3-23}$$

坐标 Y 的中误差计算公式为：

$$\mu_Y = \pm\sqrt{\frac{[vv]_Y}{n-1}} \tag{3-24}$$

高程 H 的中误差计算公式为：

$$\mu_H = \pm\sqrt{\frac{[vv]_H}{n-1}} \tag{3-25}$$

则平面点位中误差计算公式为：

$$\mu_P = \pm\sqrt{\mu_X^2 + \mu_Y^2} \tag{3-26}$$

2) 外符合精度

仪器外符合精度是指仪器对目标进行观测，观测值与真值的较差，对于 n 个检核点，依据检核点的精度估计计算原理及方法同内符合精度。

无验潮测深提高了测深精度和效率，通过利用 EGM 2008 模型，进行无验潮测深试验研究，得出如下结论：

(1)利用 EGM 2008 地球重力场模型计算的高程异常值，与 GNSS/水准点计算的高程异常值之间的差值稳定，仅利用少量控制点就可求取该“常数”(二者高程异常之差值)，无须分段，降低了高程转换对控制点分布及数量的要求，方法简便，精度可靠。

(2)基于 EGM 2008 模型的 GNSS 三维坐标转换内、外符合精度可达厘米级，精度高且可靠。

(3)基于 EGM 2008 模型无验潮测深精度可达厘米级，进一步提高了无验潮测深的精度和作业效率。

3.4.4.4 网络 RTK 无验潮测深

1. 网络 RTK 无验潮动态定位原理

在进行无验潮测深方法研究之前,首先介绍测深数据的采集方法。目前测深数据采集主要是由网络 RTK 定位技术和改进的 JSCORS 系统组成数据采集技术。

1)常规 RTK 定位原理

差分技术很早就被人们所运用,其原理是在一个测站对两个目标的观测量、两个测站对一个目标的观测量或一个测站对一个目标的两次观测量之间进行求差,以此消除公共误差项,提高定位精度。在 GNSS 定位领域,差分技术的应用有位置差分、伪距差分、相位平滑伪距差分和载波相位差分技术四种。RTK(Real Time Kinematic)技术即为实时载波相位差分技术的简称,是应用最为广泛的 GNSS 差分技术。常规 RTK 的工作原理,是将一台接收机固定作为参考站,另一台或几台作为流动站进行同步观测,参考站将差分信息通过数据通信链实时发送给在其周围工作的流动站用户,以帮助流动站实时动态地获得较为精确的点位坐标,测量原理如图 3-10 所示。常规 RTK 所发送的差分信息包括测距伪码观测值(可选)、载波相位观测值及参考站位置,动态流动站用户根据自己获得的相同历元的载波相位观测值进行实时相对定位,进而根据参考站的已知坐标求得自己的瞬时位置。目前,常规 RTK 能够实时获得厘米级精度定位结果。

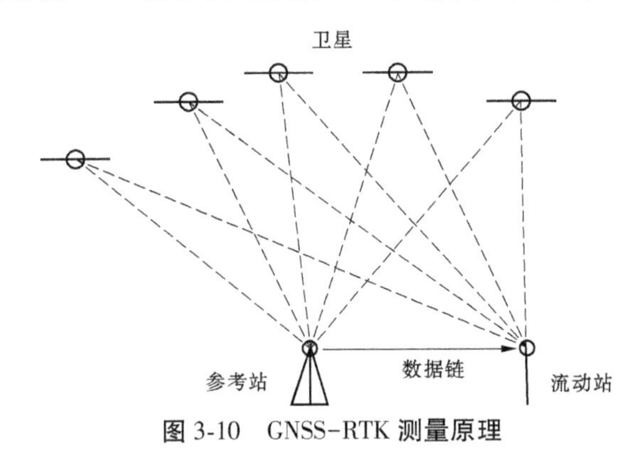

图 3-10 GNSS-RTK 测量原理

GNSS 定位中受到从卫星端、传播路径到接收机端的多项误差来源的影响,这些误差来源严重地影响了 GNSS 的定位精度。RTK 技术中通常对观测值进行双差处理来消除卫星钟和接收机钟的钟差,并削弱了卫星星历误差、电离层延迟误差和对流层延迟误差等的影响,从而提高定位精度。

常规 RTK 双差观测方程可写为:

$$\lambda \cdot \Delta\nabla\varphi = \Delta\nabla\rho + \Delta\nabla d\rho - \lambda \cdot \Delta\nabla N - \Delta\nabla d_{ion} + \Delta\nabla d_{trop} + \Delta\nabla d_{mp}^{\varphi} + \in \Delta\nabla\varphi \tag{3-27}$$

式中:λ 为载波周长;$\Delta\nabla$为卫星和接收机间双差算子;φ 为载波相位观测量;ρ 为卫星到接收机的距离;$d\rho$ 为卫星星历误差残余(双差处理之后的残余);N 为整周模糊度;d_{ion} 为电离层延迟残余;d_{trop} 为对流层延迟残余;d_{mp}^{φ} 为多路径效应影响;$\in\Delta\nabla\varphi$ 为载波相位双差测量噪声。

观测方程中，双差整周模糊度 $\Delta \nabla N$ 可以通过初始化或 OTF 法较快速地确定，观测噪声 $\in \Delta \nabla \varphi$ 为服从白噪声分布的随机误差，多路径效应 $d_{\mathrm{mp}}^{\varphi}$ 需要通过选择良好的观测环境和设置卫星高度截止角等方式来削弱，而其他误差残余项的影响与流动站到参考站之间的距离有很强的相关性。当流动站离参考站较近（一般为 15 km 以内）时，这些残余项影响较小，此时可以在数个历元观测后就得到厘米级精度定位结果。而当流动站到参考站之间的距离增加到一定程度后，轨道偏差残余 $\Delta \nabla \mathrm{d}\rho$、电离层延迟的残差项 $\Delta \nabla d_{\mathrm{ion}}$ 和对流层延迟的残差项 $\Delta \nabla d_{\mathrm{trop}}$ 都将迅速增加，从而导致难以正确确定整周模糊度，定位精度迅速下降。当流动站和参考站之间的距离大于 50 km 时，常规 RTK 的单历元解一般只能达到分米级的精度。

常规 RTK 能够实时提供动态高精度定位，但是还存在上文提到的距离限制，并且在数据传输方式等方面受到制约。为了解决这些问题，网络 RTK 诞生并很快地取得了广泛的运用。

2）网络 RTK 定位原理

GNSS-RTK 是一种高新定位技术，它随着时代技术的提升而提升，逐步提供更高的精度、更大的应用范围和更完善的服务系统。连续运行参考站系统（CORS）是 GPS 定位技术的革新，是“空间数据基础设施”最重要的组成部分，它能够获取所需定位点的准确位置、速度和时间等信息。CORS 连续运行参考站是 GPS 发展中的一个重要方向，最具有代表性的 CORS 系统是一个分布式网络系统，由以下 5 个部分组成：连续运行参考站子系统（Reference Station Sub-System, RSS）、系统控制与数据处理中心（System Monitor and Control Center, SMC）、数据通信子系统（Data Communication Sub-System, DCS）、用户服务中心（User Servings Sub-System, USS）和用户应用子系统（User Application Sub-System, UAS）。CORS 系统运用到定位中最关键的是实时动态定位技术，网络 RTK 即是在 CORS 下进行的实时高精度差分定位技术。网络 RTK 利用了各个 CORS 参考站的观测信息，以 CORS 网络结构为基础，建立精确的差分信息计算模型，通过无线通信链路发送差分改正信息，以此消除或削弱各种误差的影响，从而帮助用户获取均匀、高精度、可靠的定位结果。相较于常规 RTK，网络 RTK 具有以下优点：

（1）服务范围扩大。常规 RTK 有效服务范围为以参考站为中心的大约 15 km 范围内，而网络 RTK 在整个 CORS 网内都可以精确服务，并能做适当的网外延伸。

（2）使用方便性提升。常规 RTK 需要用户自行架设参考站并调试信号发射装置，而网络 RTK 基于的是连续运行的参考站系统，用户只需要当地 CORS 账号即可进行单机作业。

（3）可靠性增强。常规 RTK 依赖于单参考站，当参考站出现故障时，用户就得不到正确的差分信息，而在网络 RTK 中，网络系统可以快速发现故障参考站并进行修正。

与常规 RTK 一样，网络 RTK 的差分解算中也受到多种误差源的影响。而网络 RTK 之所以能够提供更加均匀、可靠的高精度定位服务，其主要技术手段在基准站精确定位求解出各项误差之后，利用参考站网对各项偏差进行内插，用内插结果校正用户接收机位置。由此可知，网络 RTK 技术包括两个关键问题：整周模糊度解算和区域误差建模。

网络 RTK 中的整周模糊度固定问题可以分为参考站网和流动站的整周模糊度确定

问题。对于基准站网模糊度确定，国内外学者提出许多方法。比较常用的有长距离 GPS 静态基线模糊度解算（韩绍伟，1997）、序贯最小二乘平差法（Sun，1999）、单历元整周模糊度搜索法（高星伟，2002）和快速确定长基线模糊度三步法（唐卫明，2006）等。这里介绍基准站单历元整周模糊度搜索法，此方法不主张解方程组，直接利用坐标已知、模糊度为整数和双频整周模糊度之间的线性关系为条件进行搜索，可分为两步进行求解。

第一步，将 L_1、L_2 载波的双差观测方程列出：

$$\lambda_1\Delta\nabla\varphi_1=\Delta\nabla\rho+\lambda_1\Delta\nabla N_1+\Delta\nabla d_{\text{trop}}-\Delta\nabla d_{\text{ion}L_1}+\in\Delta\nabla\varphi \tag{3-28}$$

$$\lambda_2\Delta\nabla\varphi_2=\Delta\nabla\rho+\lambda_2\Delta\nabla N_2+\Delta\nabla d_{\text{trop}}-\Delta\nabla d_{\text{ion}L_2}+\in\Delta\nabla\varphi \tag{3-29}$$

式中：下标表示不同的载波波段；λ 为载波波长；φ 为相位观测值；ρ 为卫星到接收机的距离；N 为载波整周模糊度；d_{trop} 为对流层延迟；$\in\Delta\nabla\varphi$ 为多路径效应误差。

在双差模型中，电离层延迟具有以下关系：

$$\Delta\nabla d_{\text{ion}L_2}=\frac{f_1^2}{f_2^2}\Delta\nabla d_{\text{ion}L_1} \tag{3-30}$$

忽略多路径效应误差，上述方程可以整理为：

$$\Delta\nabla\widetilde{N}_2=\frac{\lambda_2}{\lambda_1}\Delta\nabla\widetilde{N}_1+\frac{l_2}{\lambda_2}-\frac{\lambda_2 l_1}{\lambda_1^2},\widetilde{N}_1,\widetilde{N}_2\in Z \tag{3-31}$$

其中：$l_1=\lambda_1\Delta\nabla\varphi_1-\Delta\nabla\rho-\Delta\nabla d_{\text{trop}}$，$l_2=\lambda_2\Delta\nabla\varphi_2-\Delta\nabla\rho-\Delta\nabla d_{\text{trop}}$。

上式表示了两个波段整周模糊度之间的关系，搜索时可以在 $\widetilde{N}_1$ 的一定范围内搜索备选值，同时 $\widetilde{N}_2$ 的备选值也被确定。

第二步，确定整周模糊度，常用的方法有三种。经验法，在距离很近时，电离层延迟小于整周模糊度备选值重复周期的一半，即只有一对整周模糊度符合该要求。回代法，将第一步备选值回代到双差观测方程，利用无电离层组合，可以得到电离层延迟及与频率无关的误差值，选取与对流层模型计算结果接近的一组模糊度值即可。伪距 P 码法，经过对流层延迟修正后的双差伪距减去站星间几何距离，得到与该延迟最接近整周模糊度备选值，公式如下：

$$\frac{\Delta\nabla I_{ij}^{pg}}{f_1^2}=\Delta\nabla P_{1ij}^{pg}-\Delta\nabla\rho_{ij}^{pg}-\Delta\nabla d_{\text{trop}ij}^{pg} \tag{3-32}$$

对于流动站双差模糊度确定，一般采用最小二乘搜索法或者附加参数的卡尔曼滤波法。最小二乘搜索法认为观测噪声对载波相位观测所引起的误差远小于一个波长，双差模糊度与空间三维值存在线性关系，只存在 3 个独立的双差模糊度，即只要确定 3 个双差模糊度，其余模糊度便可直接推算确定。附加模糊度参数的卡尔曼滤波法即是把模糊度参数作为卡尔曼滤波器的一个待求参数，通过多个历元滤波进行求解。

GNSS 信号中的误差源包括卫星轨道误差、卫星钟差、地球自转效应误差、电离层延迟、对流层延迟、接收机钟差，以及卫星天线相位中心偏差、卫星天线相位中心变化、接收机天线相位中心偏差、接收机天线相位中心变化、相对论效应、相位缠绕、海洋潮软、地球固体潮等特殊误差。其中，地球自转效应误差和特殊误差可使用模型改正，组成双差观测值后，卫星钟差和接收机钟差也可以剔除。因此，在网络 RTK 中，需要重点考虑的误差包括电离层延迟、对流层延迟和卫星轨道误差。

目前,网络 RTK 中误差内插或建模方法可以分为内插法、线性组合模型法(LCM)和多项式拟合法三类。其中内插法包括基于距离的线性内插法(DIM)、线性内插法(LIM)和综合误差内插法等,多项式拟合法包括偏导法(PDA)和低阶曲面拟合法(LSM)等。这里介绍基于距离的线性内插方法,这种方法根据参考站与流动站间距离对参考站间双差电离层延迟、对流层延迟和轨道误差加权相加,计算简便。利用基于距离的线性内插方法求解参考站电离层延迟具体公式如下:

$$\begin{cases}\Delta\nabla I_u=\sum_{i=1}^{n}\dfrac{\omega_i}{\omega}\Delta\nabla\hat{I}_i\\ \omega_i=\dfrac{1}{d_i}\\ \omega=\sum_{i=1}^{n}\omega_i\end{cases}\tag{3-33}$$

式中:I 为电离层误差;下标 u 表示用户站(流动站);n 为参考站数目;下标 i 表示相应的参考站;d 为参考站到用户站之间的距离。

当内插对流层误差或卫星轨道误差时,只需将式中的电离层误差修改为相应的对流层误差或卫星轨道误差即可。

对于如何具体地在 CORS 下实现网络 RTK 定位,目前,国际上主流的解决方案包括虚拟参考站技术(VRS)、主辅站技术(MAC)、区域改正数技术(FKP)和综合内插技术(CBI)四种。

VRS 技术基本原理是在 3 个或更多参考站(相距 70~100 km)覆盖范围内,首先进行伪距单点定位,在流动站附近确定一个大致坐标,然后把该坐标发送至参考站网数据处理中心,同时参考站进行载波相位测量,并计算出各站的各种偏差改正,结合流动站的概略坐标,利用网络改正数内插方法进行内插,得出概略坐标处的改正数,以此建立虚拟参考站。VRS 工作原理如图 3-11 所示。

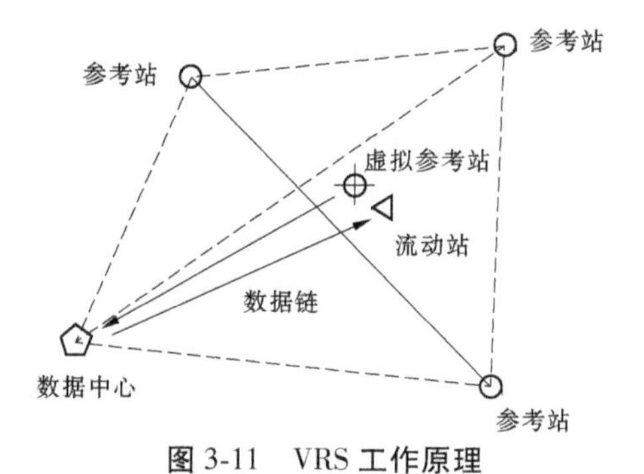

图 3-11 VRS 工作原理

VRS 技术是目前运用最广的 RTK 技术,这里对其原理进行介绍。假设 A 为根据流动站位置选取的主参考站,P 为生成的虚拟参考站,则 A 和 P 的非差观测方程为:

$$\lambda\varphi_A^i=\rho_A^i+c(\delta t_A-\delta t^i)+\lambda N_A^i+d_{\mathrm{trop}\,A}^i-d_{\mathrm{ion}\,A}^i\tag{3-34}$$

$$\lambda\varphi_P^i=\rho_P^i+c(\delta t_P-\delta t^i)+\lambda N_P^i+d_{\mathrm{trop}P}^i-d_{\mathrm{ion}P}^i\tag{3-35}$$

式中已略去多路径效应和观测噪声;上标 i 表示卫星号;下标 A 表示主参考站;下标 P 表示虚拟参考站;c 为光速,其余符号与前文一致。

星际差分得到:

$$\lambda\Delta\varphi_A^{ij}=\Delta\rho_A^{ij}-c\Delta\delta t^{ij}+\lambda\Delta N_A^{ij}+\Delta d_{\mathrm{trop}A}^{ij}-\Delta d_{\mathrm{ion}A}^{ij}\tag{3-36}$$

$$\lambda\Delta\varphi_P^{ij}=\Delta\rho_P^{ij}-c\Delta\delta t^{ij}+\lambda\Delta N_P^{ij}+\Delta d_{\mathrm{trop}P}^{ij}-\Delta d_{\mathrm{ion}P}^{ij}\tag{3-37}$$

上两式作差得到：

$$\lambda(\Delta\varphi_A^{ij}-\Delta\varphi_P^{ij})=(\Delta\rho_A^{ij}-\Delta\rho_P^{ij})+\lambda(\Delta N_A^{ij}-\Delta N_P^{ij})+(\Delta d_{tropA}^{ij}-\Delta d_{tropP}^{ij})-(\Delta d_{ionA}^{ij}-\Delta d_{ionP}^{ij})=\Delta\nabla\rho_{AP}^{ij}+\lambda\Delta\nabla N_{AP}^{ij}+\Delta\nabla d_{tropAP}^{ij}-\Delta\nabla d_{ion\,AP}^{ij}\tag{3-38}$$

式中：$\Delta\varphi_A^{ij}$ 为主参考站 A 的一次星间差分，可由坐标推算得到，对流层误差和电离层误差根据虚拟站位置内插得到，在双差模糊度 $\Delta\nabla N_{AP}^{ij}$ 通过模糊度固定方法得到后，虚拟站观测单差方程如下：

$$\Delta\varphi_P^{ij}=\frac{1}{\lambda}(-\Delta\nabla\rho_{AP}^{ij}-\Delta\nabla d_{trop\,AP}^{ij}+\Delta\nabla d_{ion\,AP}^{ij})+\Delta\varphi_A^{ij}-\Delta\nabla N_{AP}^{ij}\tag{3-39}$$

同理，对于用户站与虚拟站的双差方程：

$$\lambda(\Delta\varphi_u^{ij}-\Delta\varphi_P^{ij})=\Delta\nabla\rho_{uP}^{ij}+\lambda\Delta\nabla N_{uP}^{ij}+\Delta\nabla d_{tropuP}^{ij}-\Delta\nabla d_{ionuP}^{ij}\tag{3-40}$$

由于用户站与虚拟站之间位置很近，可以认为空间相关误差是相同的，有：

$$\begin{cases}\Delta d_{ionu}^{ij}=\Delta d_{ionA}^{ij},\Delta\nabla d_{ionuP}^{ij}=0\\ \Delta d_{tropu}^{ij}=\Delta d_{tropA}^{ij},\Delta\nabla d_{tropuP}^{ij}=0\end{cases}\tag{3-41}$$

则用户站观测单差观测方程为：

$$\Delta\varphi_u^{ij}=\Delta\varphi_P^{ij}+\frac{1}{\lambda}\Delta\nabla\rho_{uP}^{ij}+\Delta\nabla N_{uP}^{ij}\tag{3-42}$$

式中：$\frac{1}{\lambda}\Delta\nabla\rho_{uP}^{ij}$ 可由坐标推算得到；$\Delta\varphi_P^{ij}$ 由前文可得。在双差模糊度 $\Delta\nabla N_{uP}^{ij}$ 确定后，能够保证用户站单差观测值的高精度，这就是 VRS 技术的基本原理。

MAC 技术的基本概念是从参考站网以高度压缩的形式，将所有相关的、代表整周未知数水平的观测数据（如弥散性的和非弥散性的差分改正数），作为网络的改正数据播发给流动站。主辅站技术中，一个主参考站和若干个辅助参考站组成一个网络单元，发射主站差分改正数和辅站与主站改正数的差值给流动站，对流动站进行加权改正，以得到精确坐标。MAC 工作原理如图 3-12 所示。

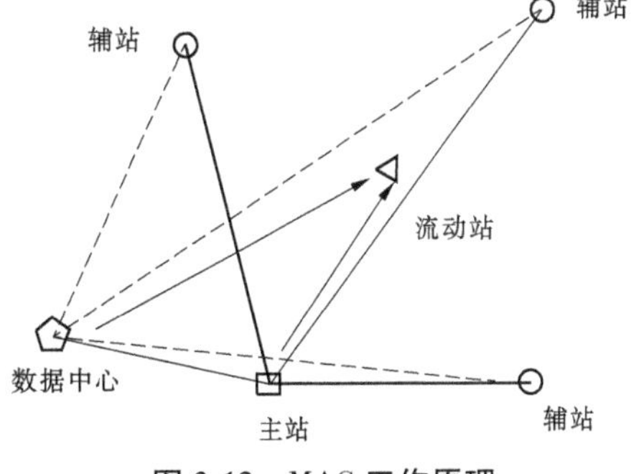

图 3-12　MAC 工作原理

FKP 技术是指利用 GNSS 参考站观测数据及参考站已知坐标等信息，计算得到参考站网范围内与时间或空间相关的误差改正数模型，然后利用测量点的近似坐标内插出测量点的误差改正数，将它应用到观测值中，从而消除各种与时间和空间有关的误差，获得高精度的定位结果。CBI 技术是根据双差组合的特点，在参考站计算改正信息时，不对各项误差进行单独计算并将由各参考站所得到的改正信息都发给用户，而是由数据监控中心统一集中所有参考站观测数据，选择、计算和播发用户的综合误差改正信息的一种技术。

3）CORS 系统组成数据采集技术

CORS 连续运行参考站作为 GNSS 技术发展历程上的一个重大革新，新技术的出现总会伴随着传统技术的渐渐逝去，在目前这个经济发展迅速的时代，CORS 技术的研发也是越来越成熟,各个省市都在研究布设自己的区域 CORS 网络。CORS 的设计、建设和运行的目的是在省内建立一个精度可靠的全球导航卫星系统综合信息服务网,该服务网具有高精度、高时分分辨率、高效率和高覆盖率的特点。通过信息网络的传送实现向需求用户提供高精度、连续、动态的三维坐标,满足各个政府部门、各类企业和社会民众的现代信息化管理需求,形成省内各种成果的坐标统一性。

CORS 系统由参考站网子系统、系统控制中心、数据通信子系统、数据中心、用户应用系统五个部分组成。其组成结构如图 3-13 所示。

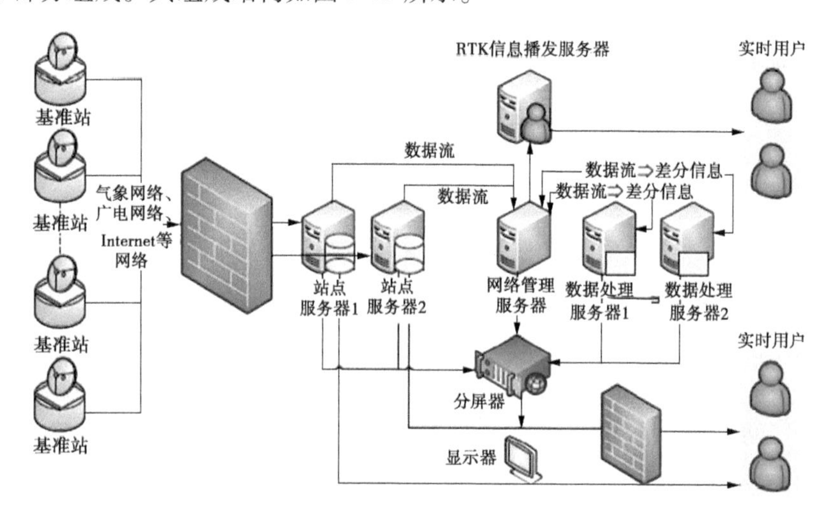

图 3-13　CORS 系统组成

(1)参考站网子系统。具体由全省范围内的所有参考站构建而成,包括各个参考站的 GNSS 接收机、UPS 和防雷设施等。在选定新的参考站时要严格按照规范选址并进行 24 h 不间断的测量,获得的外业数据要进行具体的环境测试分析。

(2)系统控制中心。包括网络硬件设备、操作系统软件、数据处理软件等。主要依靠内部网络设备和外部通信线路设备来解决数据处理问题,维护好系统的正常工作,处理好用户管理和服务。

(3)数据通信子系统。包含 SHD 专线、ADSL 专线、广电网络专线等。主要是利用因特网和移动数据网将各个参考站的原始观测值发送到系统控制中心,并将系统控制中心处理后的差分信号回送到各个参考站。

(4)数据中心。利用硬件设备、数据处理软件对接收的实时数据进行解算处理,生成自动单元。

(5)用户应用系统。主要是各个厂家不同型号的移动站终端设备。根据用户需求,利用移动站终端设备采集不同精度的定位数据。

2. 无验潮水深测量方法设计

1)水下地形测量系统

这里讨论的无验潮水深测量是基于 JSCORS 系统组成数据采集技术而实现的。水下测量与陆地测量在测绘科学里面各占很大的比例,其测量原理相似,但实际作业却大不相同。水下测量相对于陆地测量而言,其特点有四个:一是水下测量的平面位置和高程位置使用不同的仪器分别确定,而陆地测量可以在同一仪器上实现;二是水下测量的通视条件十分有限,所以重复观测几乎不可能,而陆地测量为了达到更高精度,重复观测是可以实现的;三是水下地形点高程是间接获取的,水下地形点高程是由水面高程减去相应的水深间接获取的;四是水下地形要素相对于陆地来说表现形式比较简单,一般只用等深线就可以说明。因此,水下测量是较为复杂的一套集成系统,其测深系统一般可分为三个部分:探头、处理单元和操作站,但一个完整的测深系统还需要一些外围辅助仪器来获取船体姿态数据、定位数据和声速剖面数据等。测深系统又可分为多波束测深系统和单波束测深系统,多波束测深系统的工作原理与单波束测深系统一样,均是利用声波在水下传播的特性进行测量。探头部分的换能器在水下发射一定频率的声波,声波在水下传播之后经过河底再反射回来被探头接收,根据声波传播的时间及声波在水下传播的速度即可计算出水深。与单波束有所区别的是:多波束测深系统发射出的声波信号是由 N 个成一定角度分布的指向性正交的两组换能器组成,相互独立发射、接收,获得一系列垂直航向窄波束,水下地形测量系统主要由 GNSS 接收机、计算机、导航软件、导航显示器、同步定标器和测深仪组成。其组成结构如图 3-14 所示。

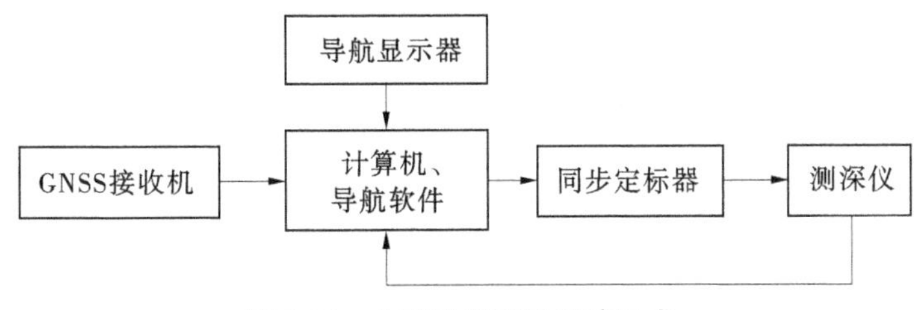

图 3-14　水下地形测量系统组成

在水下地形测量时,具体可分为四个步骤来实现:首先进行航迹线布设,其次对水深数据进行采集,接着对数据进行处理,最后对成果精度进行分析。

(1)航迹线布设。航迹线也可称测线,即测量船根据所设计的测线进行航行的轨迹线。根据航道测量规范,其航迹线应顺航道布设,两线中间间距的确定要保证相邻扫测带至少有 10%的航向重叠。需要注意的是,在布设完顺航道方向的航迹线后,一定要布设一条横穿整个测区且与主测深线垂直的检查线,用以数据后处理的成果精度分析评定。

(2)数据采集。在进行实地测量前,先检查 GNSS 的信号是否正常,利用载波相位差分技术进行实时差分,根据基准站的校正数对其流动站进行校正,从而可以达到厘米级的定位精度。采用一个功能强大、界面友好直观且支持多串口数据通信的导航软件。另外,需要进行多波束系统的安装与校准,待所有仪器正常工作之后开始进行测区的扫测。

(3)数据后台处理。外业数据采集完成后需要输入计算机服务器端进行下一步的数据后台处理,结合潮位数据、声速数据及定位数据等对水深数据进行纠正、滤波、圆滑处理、投影转换等操作,其数据的后台处理流程如图 3-15 所示。

(4)成果精度分析。在多波束测量中至少应有一条用以检核成果的检查线,该检查线与主测线正交且跨越整个测区,多波束测深数据的精度分析就是采用该检查测线的方法,此方法可以很好地评估多波束测深所涉及的各项误差,包括传感器的安装误差、校准误差、水位校正误差、声速校正误差等。

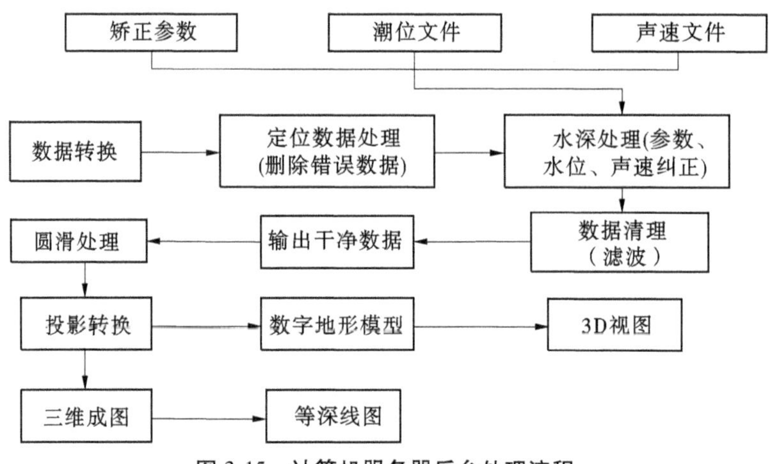

图 3-15　计算机服务器后台处理流程

2)无验潮网络 RTK 测深方法与计算模型

传统方法采用验潮测量模式,该模式在已有验潮站的地区应用很广泛。应用时需要采集测区内的水位资料作为测量船的瞬时水位高程,瞬时水位高程是代表水位站所在位置的瞬时水位高程,不能完全替代测量船当前位置的瞬时水位。所以在测量中受到涌浪、潮汐等因素的影响较大。该模式下,由测深仪等设备获取水深点的深度值,由 GPS 采集目标点的平面位置,考虑瞬时水位高程,建立水位校正模型,从而获得目标点的三维坐标数据。此测量模式需要瞬时水位值,一般周边至少需要有 3 个验潮站。若少于 3 个验潮站,需建立相关的水位校正模型才能计算出准确的水底高程。水下测量的具体任务即获得水底目标地的平面位置(x, y)和高程 h,其平面位置(x, y)由 GNSS 相关定位设备直接获取,高程 h 根据测深仪采集的实际水深和验潮站的瞬时水位综合得出。如图 3-16 所示,h_0 瞬时高程由验潮站瞬时水位给出,h_1 为换能器到瞬时水面的高差,h_2 为换能器至水底的高程。

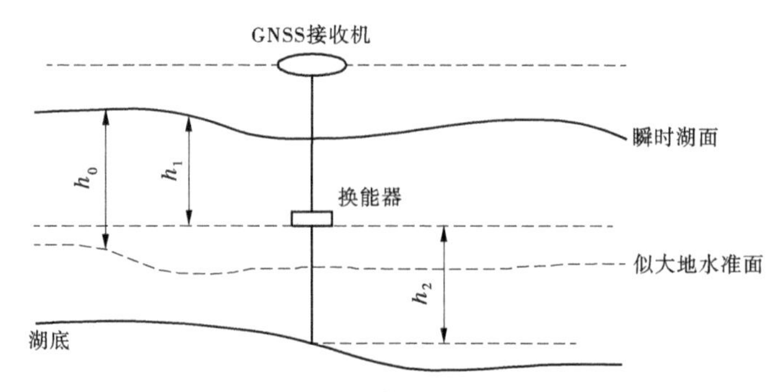

图 3-16　验潮测量模式下的测深示意图

则高程为:

$$h = h_0 - h_1 - h_2 \tag{3-43}$$

上述为验潮测量模式的测深系统,随着科技的发展、定位精度的提升,使得操作更为方便、测量更为准确的无验潮测深技术成为可能。无验潮测量模式摒弃了传统水下测量对验潮站的需求，利用参考站和流动站的高精度定位直接获取水底目标点的高程，有效地消除了船舶动态吃水和涌浪的影响，还避免了验潮站水位校正模型的误差影响。基于常规单机 RTK 的无验潮测量技术在水深测量中的精度主要取决于 GNSS 大地高测定精度、似大地水准面拟合精度和仪器自身精度。无验潮测量模式下的测深示意图如图 3-17 所示。

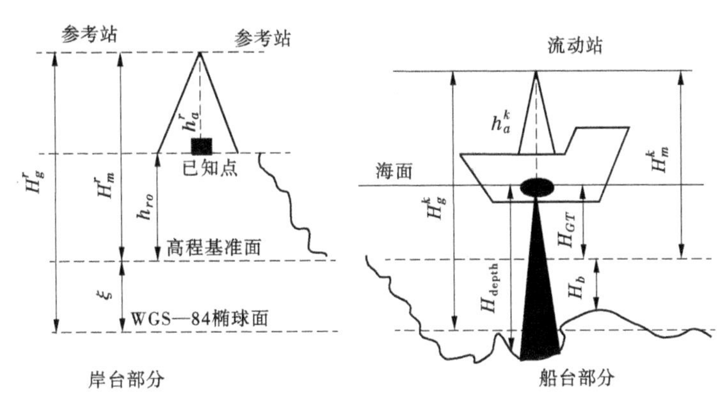

图 3-17　无验潮测量模式下的测深示意图

图 3-17 中，h_a^r 为参考站天线高；h_a^k 为流动站天线高；h_{ro} 为已知点正常高；H_{GT} 为换能器瞬时高程；ξ 为高程异常，由似大地水准面拟合得到，H_g^r 和 H_m^r 分别为参考站 GPS 天线处的大地高和正常高；H_g^k 和 H_m^k 分别为流动站 GPS 天线相位中心的大地高和正常高，H_g^k 可由 GNSS 网络 RTK 测得，精度为 2~3 cm。可得下列计算公式：

$$H_m^r = h_a^r + h_{ro} \tag{3-44}$$

$$H_m^k = h_a^k + H_{GT} \tag{3-45}$$

$$H_m^k = H_g^k - \xi \tag{3-46}$$

根据 GPS 测量规范，当基准站和流动站之间的距离小于 30 km 时，可认为下式成立：

$$H_g^r - H_g^k = H_m^r - H_m^k \tag{3-47}$$

$$H_m^k = H_m^r - (H_g^r - H_g^k) \tag{3-48}$$

结合以上式子，可得出换能器瞬时高程 H_{GT}：

$$h_a^k + H_{GT} = h_a^r + h_{ro} - (H_g^r - H_g^k) \tag{3-49}$$

$$H_{GT} = h_a^r + h_{ro} - (H_g^r - H_g^k) - h_a^k \tag{3-50}$$

换能器瞬时高程确定后，即可得出水底目标点高程：

$$H_b = H_{GT} - h_{\text{depth}} = h_a^r + h_{ro} - (H_g^r - H_g^k) - h_a^k - h_{\text{depth}} \tag{3-51}$$

上述方法摒弃了传统水下测量对水位观测的需求，结合 RTK 技术对水深测量和水位测量的一体化数据采集，直接获取水地目标地的高程，该方法实施简便、高效。但船体的姿态对水深数据的采集影响较大，尤其是水面波浪较大的时候，必须采取相应的措施对船体姿态进行测定和对该方法水下测量误差进行补偿。

3. RTK 无验潮测深精度主要影响因素分析

网络 RTK 测深的精度影响因素有很多，这里主要从以下几个方面来进行分析。

1)测深设备对水下测量的影响

水下测量系统是一个由 GNSS 接收机、计算机、导航软件、导航显示器、同步定标器和测深仪等组成的组合系统。RTK 系统结合测深仪对水下测量的误差具体可分为两类:水深测量误差和平面定位误差。仅考虑这两类误差不能全面反映水下目标底物的准确形状。影响水下测量精度的要素有很多,如换能器安装对测深的影响、声速对测深的影响、延迟效应的影响、高程异常校正的影响等,另外测量船只的船速、船姿、船型以及天气因素也会对测深产生影响,尤其是在无验潮测量模式下,在理论模型上消除潮汐误差是可行的,但在实际中要顾及 GNSS 接收机和测深仪时间的同步性。所以本节主要是对水下测量中各类误差产生的机制因素进行分析,并针对性地提出相应解决办法。

(1)换能器安装测深影响因素。

在水下地形测量过程中,换能器在船体上安装的位置会对测深产生一定的影响。其常规安装方法也有两种:一种是换能器杆是安装在船舷边靠近船头 1/3 位置处,经实际测量发现,该安装方法在测量船转弯时会受到螺旋桨的影响产生大量的假水深;另一种是直接安装在离船头 1/3 位置的船底中央,该方法可以很好地避免螺旋桨产生的旋涡对测量的影响。

测量过程中,换能器与接收机天线之间的连接是固定在船舶的连接杆上,若连接杆产生倾斜,会导致一定的偏角,该偏角对水深测量有一定的误差影响。连接杆的倾斜也会使得接收机测量出的高程比实际高程偏小,尤其是在水下特征点附近,这种误差会更加明显。有效地分析换能器与接收机之间的倾斜状态,建立合理的误差校正模型,能够很好地提高水下作业精度。在江面上测量时,会受到天气状况的影响,在风速较大的情况下,测量船会产生一定的偏摆。此时若连接杆的偏差较大,会导致测深的结果产生严重误差。其换能器安装偏差示意图如图 3-18 所示。

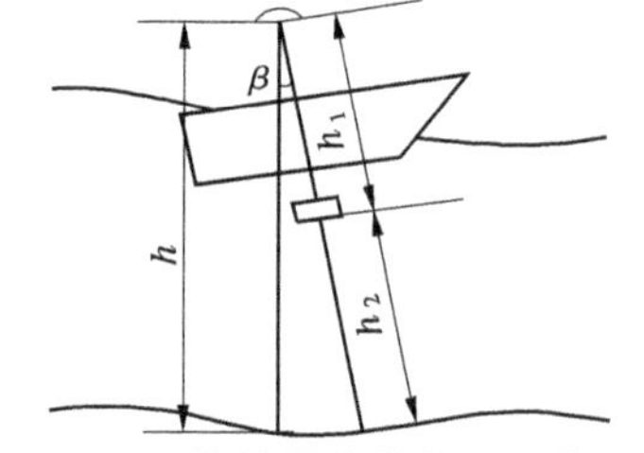

图 3-18 换能器安装偏差示意图

图 3-18 中,h_1 为接收机天线至换能器底部的高度,h_2 为测深仪实际测量出的水深,h 为测量真值,β 为连接杆与竖直方向的夹角,则垂直方向引起的误差为:

$$\Delta h = (h_1 + h_2)\cos\beta - h \tag{3-52}$$

水平方向引起的误差为:

$$\Delta h' = (h_1 + h_2)\sin\beta \tag{3-53}$$

换能器是水下测量工作中最为关键的组成部件之一,其安装质量会直接影响测量的结果。而其换能器安装误差又属于系统误差,该类误差不可避免。所以,换能器在安装的过程中要求精准到位。换能器安装导致的系统误差主要有三个方面:安装位置产生的误差、垂直状态和稳定性导致的误差。

对于换能器安装位置,通常情况下是安装在离船头 1/3 位置的船底中央,以避免船尾螺旋桨旋转而产生气泡和旋涡的影响;换能器的垂直状态是指换能器的底部要与水面平行,若不平行,则测量出来的水深值比实际水深值要大;对于稳定性方面,若换能器安装不稳定,由于测量船在水面上行驶中受到风浪的影响会有摇摆,其航行姿态不是一个固定的行驶状态,换能器发射和吸收波束的能力会受到较大的影响。

(2)声速测深影响因素。

在实际水深测量中,需要用到的声速值有两种,一种是表层声速,是换能器所处位置的声速值;另一种是声速剖面,是水体中各个位置处的声速值。表层声速相对较容易获取,一般由换能器所处位置的实时声速传感器所测量得出。而声速对水深测量的研究要从声速剖面入手,声速剖面是可以直接反映出声线的实际轨迹。声速对水下测量精度的影响比较显著,且对测量结果影响是多方面的。声速剖面测量的误差主要来源于水体环境的变化。

声速测量误差可用 Mackenzie 声速公式来表达:

$$\Delta C = \left[\frac{\partial C(T,s,D)}{\partial T}\Delta t\right]^2 + \left[\frac{\partial C(T,s,D)}{\partial s}\Delta s\right]^2 + \left[\frac{\partial C(T,s,D)}{\partial D}\Delta D\right]^{1/2} \tag{3-54}$$

式(3-54)表明,影响声速的主要因素有三个:温度 T、盐度 s、深度 D,在这三个因素中,其水体温度的变化使得各个水层中声速有差异,也是影响声速最为关键的因素,另外,特殊水域中,水文因素、水流特点等对声速测量误差的影响也不可忽视。因此,需要根据具体的河道状况,制订严密的声速测量方案。

(3)延迟效应影响因素。

测深仪的工作原理是靠换能器发射波束,波束到达水底发射回换能器的接收装置,根据发射和接收波束的时间差乘以波束在水中的传播速度,可得到水底目标点的水深值。在此过程中不可避免地产生了测深延迟误差,测深延迟是指测深仪测深时刻与 GPS 定位时刻不同步所产生的水深位移误差。这种时差的不同步主要体现在两个方面:一是接收机接收到的定位时刻和测深仪标记时刻不同步;二是测深仪自身发射波束的时刻与世界标准时整秒时刻的不同步。对于第一种情况,在测量导航软件中就已经得到解决,目前市面上大部分的水下测量软件都已解决了这一问题。第二种情况较为复杂,而且不同的测深仪的测深延迟时间也不一样。下面针对第二种误差原因产生的具体情况进行分析,并给出解决方案。

在不同的作业区域,其航迹线的布设也不同。航迹线具体可分为计划线和检查线两类,测量船首先根据计划线完成外业的测量工作,再根据检查线来检查所测区域数据的准确性。布设完计划线后,一定要布设一条横穿整个测区且与主测深线垂直的检查线,用于数据后台处理的成果精度分析评定。取其中相邻三条航线进行分析,图 3-19 是按照 $L_1 \to L_2 \to L_3$ 的计划线进行外业数据采集的。

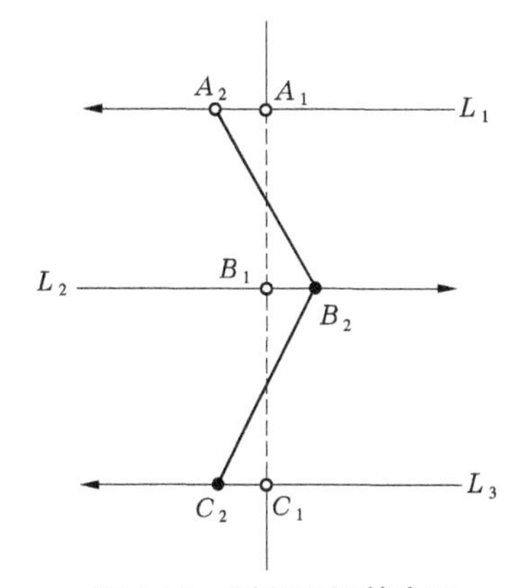

图 3-19　测深延迟效应下平面位置误差示意图

设船舶航行速度为 v,测深延迟时间为 t,则可以得到测深延迟效应的位移量 S_t:

$$S_t = vt \tag{3-55}$$

由式(3-55)得出:设定测量船均速 7 节(1 节 = 1.852 km/h)计算,若延迟时间为 0.1 s,测深延迟效应的位移量约为 1.3 m,由于相邻的两条测线的方向是相反的，故两条测线之间的实际延迟距离为 2.6 m。考虑整个测区所有计划线的布设，可知：等深线会呈现一个整齐的波浪形曲线，往测的水深值偏大，返测的水深值偏小。另外，在实际测量中，其测线不可能与理论上设定路线一致，是整齐划一且相互平行的直线。实测时影响因素主要有：一是测量船受风浪的影响会出现摇摆偏航，二是由于测量船垂直于两岸来回穿梭，中途还需避让正常航行的船舶和渔网。考虑到实际测量环境，其测深延迟效应将会更加复杂。图 3-20（a）、（b）较好地反映了测量船在假定无风浪、无障碍物航线上的等深线图和受到延迟效应影响的等深线图。

综上所述，由于测深延迟效应的误差不具有规律性，所以无法设定数学模型来消除延迟效应产生的误差，只能根据实际测量环境因素和经验，合理设计测量方案来消除该方面误差。因此，为减小这方面的误差影响，应根据已有的图形资料合理地选择测量船航行时的参照物。另外，尽可能按照布设的计划线进行测量，合理地控制好船速。

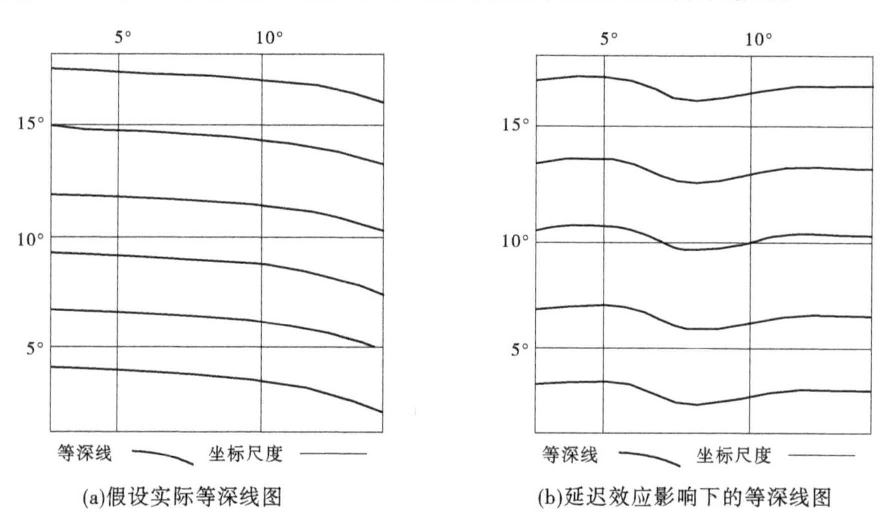

(a)假设实际等深线图　　(b)延迟效应影响下的等深线图

图 3-20　测深延迟效应前后对比示意图

2）运动载体对水深测量影响因素分析

水深数据采集的过程中，其数据具有实时性、动态更新等特征，水体与运动载体也是相对运动的。建立数学模型，采取合理的测量步骤，其运动载体对测量的误差影响都不可能完全避免。确定合理的船型以及航行速度，建立正确的计算模型确定测量船的姿态对测量影响是本节的讨论重点。

（1）船速测深影响因素分析。

根据前期研究工作，可知船速对测量结果的影响是很显著的。最为明显的是在船速过快时导致测深仪所发射的波束不能很好地到达水底所形成的假水深。在测深测量软件中体现出来的是一个一个大大的气泡，或者是一段与周边河床明显不连续的测深数据。理论上，测量船在实际测量时的船速不稳定，对船体吃水、测深延迟效应、船体姿态及航线都有着很大的影响。当船速较快时，船体吃水较深，航线可以很好地按照既定的计划线进行，但是延迟效应比较大，接收机接收的定位信号和测深仪接收波束的信号存在较大的时间误差，会导致航线上的测深数据存在一定的滞后性。若船速较慢，一是船体吃水较浅，受到风浪的影响产生摇摆,包括横摇和纵摇两种,其船体的摇摆姿态对测深的影响在下一节中具体讨论,随着船体摇摆程度的增加,会严重地影响测深精度;二是过低的船速大大降低了测量的效率。

下面从理论上阐明船速的快慢对测深值的影响。如图3-21所示,v为测量船实际测量时的船速,c为水下声速。

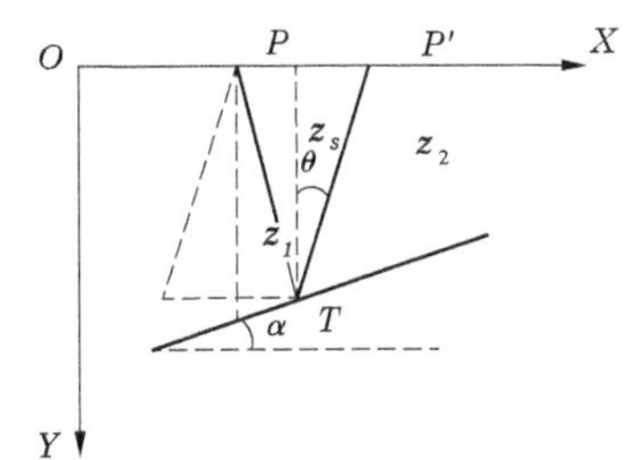

图3-21　船速效应及波束角效应对测深值的影响

假设测量船在P点时刻开始发射声波,声波经过PTP'在P'位置被换能器接收装置接收。在$\triangle PTP'$中,$\overline{PP'}=s,\overline{PT}=z_1,\overline{TP'}=z_2$,可得出测深值:

$$z_s = (z_1 + z_2)/2 \tag{3-56}$$

若波束角单独作用时的测深值为z_1,则:

$$s = vt \tag{3-57}$$

$$z_1 + z_2 = ct \tag{3-58}$$

$$\Delta z = z_1 - \frac{z_1 + z_2}{2} = \frac{z_1 - z_2}{2} \tag{3-59}$$

其中,Δz表示波束角作用后,船速对测深值z_1的影响。在$\triangle PTP'$中有:

$$z_2^2 = s^2 + z_1^2 - 2sz_1\cos(90° - \theta) \tag{3-60}$$

将式(3-57)~式(3-59)代入式(3-60)中得到:

$$\Delta z = -\left(\frac{v^2 - vc\sin\theta}{c^2 - vc\sin\theta}\right) z_s \tag{3-61}$$

同理可得出其他情况下的Δz值。

若$\theta < \alpha, \alpha > 0°$,此时在$\triangle PTP'$中有:

$$z_2^2 = s^2 + z_1^2 - 2sz_1\cos(90° + \theta) \tag{3-62}$$

推算得到:

$$\Delta z = -\left(\frac{v^2 + vc\sin\theta}{c^2 + vc\sin\theta}\right) z_s \tag{3-63}$$

若$\theta > |\alpha|$,在$\triangle PTP'$中则有:

$$z_2^2 = s^2 + z_1^2 - 2sz_1\cos(90° + \alpha) \tag{3-64}$$

得出:

$$\Delta z = -\left(\frac{v^2 + vc\sin\alpha}{c^2 + vc\sin\alpha}\right) z_s \tag{3-65}$$

其中当$\alpha = 0°$时,即河床为平坦区域,式(3-65)可化简为:

$$\Delta z = -\left(\frac{v^2}{c^2}\right) z_s \tag{3-66}$$

$k = -\left(\frac{v^2}{c^2}\right)$表示的是船速相对于波束角效应引起测深值失真下的相对失真量值。

根据船速对测深的误差影响分析可知,船速对测深不是单一存在的,是多个方面的因素叠加影响,所以为了减少其影响,可以从以下几个方面改进测量方法:

①在测量船上线前就应该达到预定速度，但提速或降速的过程要尽量在 0~0.5 节以内。

②在测量船偏离计划线时，应缓慢地改变航偏角，航偏角的变化应尽量控制在 3°以内。

③换能器最好能安置在船体中心下方，而不是船体一侧，这样可以很好地削弱纵摇偏摆的影响。

④在有涌浪的情况下，应降低测量船的前进速度，以免纵摇偏摆加大。

(2)船体姿态影响因素分析。

在进行水深测量时，船舶十分平稳地进行数据采集工作在目前的技术上是做不到的，其过程中会伴随着涌浪的影响，船体姿态会有一定的摇摆或偏航，此时，其多波束换能器中心与测量船重心的三轴坐标是不完全重合的，会存在一定的坐标平移或旋转，船体姿态的不稳定会导致横滚偏差和纵滚偏差。彻底消除这方面的误差影响在实际操作中难以达到，为了尽可能削弱这种船体姿态引起的测量误差，必须对测量船的姿态进行测定和校正。

船体横摇对测深的影响如图 3-22 所示。

假设船体在 t 时刻发生横摇，α 为偏角，s 为实际测量深度，θ 为测深仪半波束角，d 为船体到水底的实际深度，则横摇对深度方向的附加误差为：

当 $|\alpha|<\theta$ 时，横摇引起的水深的偏差在波束角的范围以内，无须校正。

当 $|\alpha|>\theta$ 时，横摇引起的水深的偏差超出波束角的范围，令 Δd 为引起的附加测深误差，其表达式为：

$$\Delta d = s[\cos(\alpha - \theta) - 1] \tag{3-67}$$

其船体纵摇对测深的影响如图 3-23 所示。

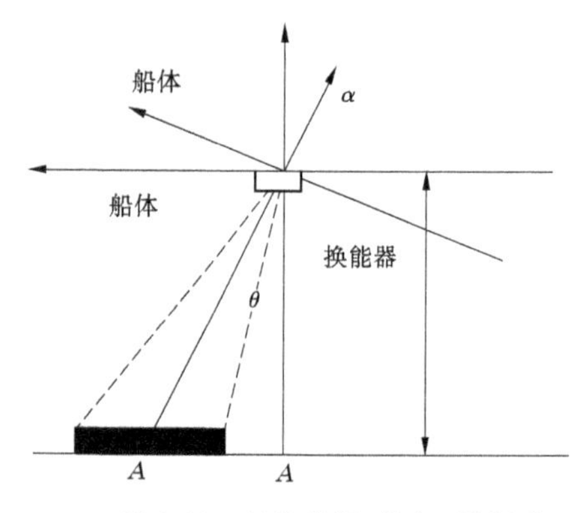

图 3-22　船体横摇对测深的影响

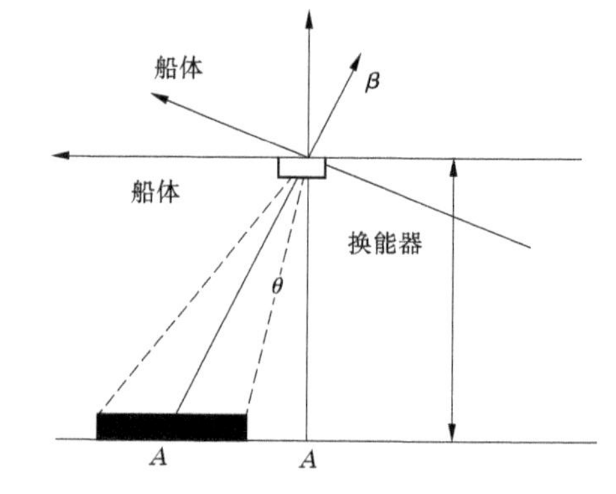

图 3-23　船体纵摇对测深的影响

假设船体在 t 时刻发生纵摇，β 为偏角，s 为实际测量深度，θ 为测深仪半波束角；d 为船体到水底的实际深度，则纵摇对深度方向的附加误差为：

当 $|\beta| < \theta$ 时，纵摇引起的水深的偏差在波束角的范围以内，无须校正。

当 $|\beta|>\theta$ 时，纵摇引起的水深的偏差超出波束角的范围，令 Δd 为引起的附加测深误差，其表达式为：

$$\Delta d = s[\cos(\beta - \theta) - 1] \tag{3-68}$$

综上所述，船体姿态对测深的影响可以通过建立相关的数学模型进行消除，利用 GNSS 实时测定船体姿态并通过控制中心实时改变换能器姿态，能有效地消除船体姿态对测深引起的误差，提高水深测量精度，更好地满足工程需求。

(3)船型对测深影响因素分析。

在水深测量中，引起测量精度的因素有很多，其中船型的选择也是造成误差的原因之一。根据现有资料，对各种船舶形状的变化对水深测量的误差进行相关分析，并提出各种情况下减少水深测量误差的方法。

总体来说，由于测区水域内深度有限，在实际测量时水深 10 m 以下的区域已经在正常航道范围以内，水下地形十分复杂，部分水域有整治建筑物的存在，且该水域是渔民撒网的重点照顾对象，测量船随时都要躲避渔网等障碍物带来的危险，所以尽可能采用小渔船之类的小型船舶。如果采用大型船舶，船舶吃水较深，一是容易搁浅；二是遇到水底有陡坎或整治建筑物之类的，容易给螺旋角带来伤害；三是船型过大，船只回旋半径大，不易掉头和拐弯，在测量时容易出现假水深。若测量区域位于通航航道内，水域广阔，其水深足够大型测量船来回穿梭。另外，由于工作区远离岸边，受到的水流更急，风浪更大，且航道内的运载船只较多，所以应该选择船型较大且功率较大的测量船，保证测量作业的安全性和高效率。

3.4.5　基于精密潮汐模型与余水位监控的多站水位改正技术

基于精密潮汐模型与余水位监控的多站水位改正技术即大范围水位推算技术，是指利用基于精密潮汐模型与余水位订正的虚拟站技术、基于精密潮汐模型与余水位监控的水位推算技术实现由稀少固定验潮站点推算珠江口及邻近海域任意位置处的瞬时水位。

3.4.5.1　关键技术原理

最小二乘拟合法等传统水位改正方法是直接将水位空间内插至测深点处，而基于潮汐模型与余水位监控法是将水位分解为天文潮位和余水位，潮汐模型和验潮站分别内插天文潮位与余水位至测深点处，再重组为水位。

从深度基准面起算的水位 $h(t)$，不考虑观测误差，可分解表示为

$$h(t) = L + T(t)_{\mathrm{MSL}} + R(t) \tag{3-69}$$

式中：L 为深度基准面 L 值；$T(t)_{\mathrm{MSL}}$ 为从平均海面起算的天文潮位；$R(t)$ 为余水位。

任一测深点 P 在测深时刻 t 的水位改正数 $h_P(t)$，是由类似于式(3-69)的三部分组合而成的，各部分计算原理如下。

1. 天文潮位 $T_P(t)_{\mathrm{MSL}}$

从平均海面起算的天文潮位 $T_P(t)_{\mathrm{MSL}}$ 由 P 点处的主要分潮调和常数计算，而主要分潮调和常数来源于精密潮汐模型。按 P 点的坐标，由潮汐模型内插出该点处的调和常数。

2. 余水位 $R(t)$

P 点处的余水位 $R_P(t)$ 据此特点由验潮站的余水位传递确定。因此，验潮站起余水位监控的作用。验潮站水位数据经预处理后可认为消除了观测误差 Δt，按定义或传递技

术确定长期平均海面 MSL,潮汐模型内插调和常数,预报天文潮位 $T(t)_{MSL}$。验潮站处余水位取实测水位与天文潮位的残差部分,直接由实测水位减去预报潮位。按验潮站的空间配置,余水位的传递分为三种模式:①单站模式,以一个验潮站处余水位代替整个区域的余水位;②带状模式,由两个验潮站内插出连线上各测深点处的余水位;③区域模式,由多个验潮站内插出各测深点处的余水位。

3. 深度基准面 L 值 L_P

P 点处的 L_P 可由验潮站按略最低低潮面比值法传递确定,多站传递时采用各站传递值的距离倒数加权平均值。

$$L_P = \sum_{i=1}^{n} \frac{ISLW_P \cdot L_i}{ISLW_i \cdot S_i} \Big/ \sum_{i=1}^{n} \frac{1}{S_i} \tag{3-70}$$

式中:n 为验潮站个数;$ISLW_P$、$ISLW_i$ 分别为 P 点与验潮站的略最低低潮面值;L_i 为验潮站的 L 值;S_i 为 P 点至验潮站的距离。

3.4.5.2 精度评估方法

精度评估方法的基本原理可总结为:水位分为天文潮位与余水位两部分,其中天文潮位由精密潮汐模型预报,而余水位由验潮站传递。因此,水位推算精度取决于精密潮汐模型的潮位预报精度及余水位空间内插的精度。

前述在区域精密潮汐模型构建中已对其精度进行了评估。在大范围水位推算技术的适用性分析中已对水位推算精度进行综合评估,结果表明:对于珠江口及邻近海域,利用海岛上的稀少固定验潮站可推算区域内任意点处优于 5.0 cm 精度的瞬时水位。

基于精密潮汐模型与余水位监控的多站水位改正技术是针对其可适用性,基于实测验潮站数据、水深测量的多种水位改正成果开展精度评估。为了综合评估水位改正的精度,采用如下评估方法:

(1)实测水位验证法采用实测水位成果对基于余水位订正的虚拟站技术推算的成果精度开展验证评估,主要方法是:①基于大范围水位推算的实用性分析方法,采用三站进行评估,两站内插,中间站作为检核站,同时采用传统的基于最小二乘法的双站内插法,中间站作为检核站,进行精度统计,最后根据两种方法的精度检核情况进行精度评价;②采用临时验潮站法开展精度评估,具体方法为:在水位观测方便的区域布设临时水位观测站进行水位观测或采用长期验潮站成果,将水位观测值与精密潮汐模型推算的该处水位数据进行比较,进而评估模型精度。

(2)基于水下地形测量等项目实践,采用多种水位改正方法如 GNSS 潮位法、传统水位改正法等对基于精密潮汐模型与余水位监控的水位改正成果进行精度评估,具体实施方法:可采用 GNSS-RTK 或 GNSS-PPK 等技术开展水深测量数据采集,由于水深测量数据相同,可对水深测量成果开展基于精密潮汐模型与余水位监控的水位改正、GNSS 潮位改正、传统水位改正等多种水深测量成果的水位改正,进而对结果开展精度评估。

3.4.6 大范围水位推算技术的适用性分析

大范围水位推算技术是指利用基于余水位订正的虚拟站技术与水位推算技术实现由稀少固定验潮站点推算所观测海域任意位置处的瞬时水位。

3.4.6.1 基本原理

水位变化 $h(t)$ 按激发机制可主要分解为两部分：一是引潮力为源动力引起的天文潮位 $T(t)$，代表海面周期性上升下降的运动，可由调和常数进行预报；二是气象因素等引起的短时水位异常 $R(t)$，称为余水位或异常水位，在时域上呈现复杂的非周期性。因此，验潮站处实测的水位变化 $h(t)$ 表示为

$$h(t) = MSL + T(t)_{\mathrm{MSL}} + R(t) + \Delta(t) \tag{3-71}$$

式中：MSL 为当地长期平均海面在验潮零点上的垂直高度；$T(t)_{\mathrm{MSL}}$ 为从平均海面起算的天文潮位；$R(t)$ 为余水位；$\Delta(t)$ 为观测误差。

验潮站起余水位监控的作用，即区域任一点处的余水位由验潮站处余水位传递确定。验潮站水位数据经预处理后可认为消除了观测误差 $\Delta(t)$；按定义或传递技术确定平均海面 MSL；潮汐分析获得主要分潮的调和常数或潮汐模型内插调和常数，预报天文潮位 $T(t)_{\mathrm{MSL}}$。验潮站处余水位取实测水位与天文潮位的残差部分，直接由实测水位减去调和预报潮位即可得到，即

$$R(t) = h(t) - MSL - T(t)_{\mathrm{MSL}} \tag{3-72}$$

由式(3-72)计算的余水位，其主体是气象因素引起的短时水位异常，但包含了潮汐分析中未顾及的部分小分潮的作用及观测误差，因此也称为粗略余水位。

对于任一点 P，在时刻 t，从平均海面起算的水位 $h_P(t)$ 为天文潮位与余水位的组合，即

$$h_P(t)_{\mathrm{MSL}} = T_P(t)_{\mathrm{MSL}} + R_P(t) \tag{3-73}$$

式中：$T_P(t)_{\mathrm{MSL}}$ 为天文潮位，由潮汐模型内插的调和常数进行预报；$R_P(t)$ 为余水位，由验潮站传递。

3.4.6.2 精度评估方法

基本原理可总结为：水位分为天文潮位与余水位两部分，其中天文潮位由精密潮汐模型预报，而余水位由验潮站传递。因此，水位推算精度取决于精密潮汐模型的潮位预报精度及余水位空间内插的精度。

前述在区域精密潮汐模型构建中已对其精度进行了评估。余水位空间内插是基于余水位空间相关性强的特点，内插精度取决于余水位的空间一致性。为了综合评估水位推算精度，在余水位空间一致性分析时，采用如下评估方法：

(1)以2个邻近同步站为一组，分别记为余水位监控站与检核站。

(2)两站都采用精密潮汐模型内插调和常数，计算余水位。

(3)对两站的余水位一致性进行分析，即比较两站的余水位，统计精度指标与误差分布。

该检测方法等价于由潮汐模型预报天文潮位、余水位监控站传递余水位的方式内插出检核站的水位数据，与检核站实测水位进行比较，因此评估结果是由监控站内插检核站处实时水位所能达到的精度。

采用前述设计的评价方法，首先，由精密潮汐模型内插各站点处的调和常数，进而计算余水位；其次，按站间的空间关系以及水位同步情况，比较余水位的一致性。

从激发机制上，余水位的主要动力来源于风、气压等短时气象变化。这是余水位具有

较强空间相关性的原因。另外，水位对短时气象变化的响应受到海底地形、岸线分布、岛的隔断等因素的影响，故在近海沿岸区域，余水位的空间一致性可能呈现区域性。因此，余水位的空间一致性分析可分为两步：

（1）定性分析。通过同步余水位曲线，查看余水位在区域上的差异与一致性。

（2）定量分析。按区域，对站间的同步余水位进行比较，定量分析差异，确定站间传递余水位的精度指标。

3.4.7 基于最小二乘法的多站水位改正技术

传统的多站水位改正技术是采用时差法、最小二乘拟合法开展四站及以上的分区多站改正，分区多站改正会引起邻区跳变，使得水深测量水位改正的成果空间上不连续，降低了成果精度。基于此，在分析传统水位改正法的技术原理基础上，构建了基于空间多面函数与最小二乘拟合法的多站改正模型，以实现四站及以上无须分区的多站水位改正，保证水深测量水位改正成果空间上的连续性，提高成果精度。

3.4.7.1 关键技术原理

设 A、B 两站的水位分别记为 $h_A(t)$ 与 $h_B(t)$，则两站同步水位之间的关系描述为

$$h_B(t) = \gamma h_A(t+\delta) + \varepsilon \tag{3-74}$$

式中：γ 为放大或收缩比例因子，定义为潮差比；δ 为水平移动因子，定义为潮时差；ε 为垂直移动因子，定义为基准面偏差。三者统称为潮汐比较参数，如图 3-24 所示。

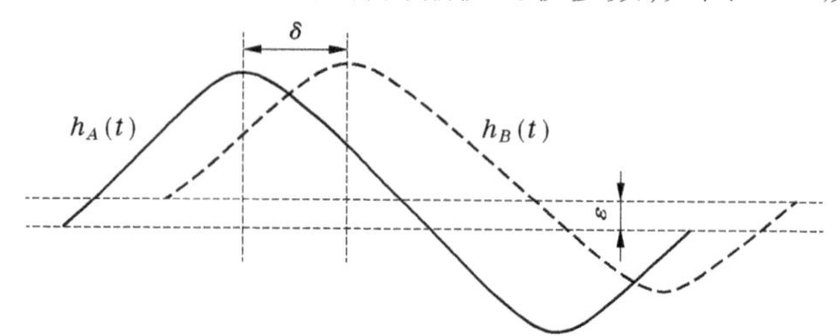

图 3-24 最小二乘拟合法中的水位关系示意

结合图 3-24，式(3-74)对两站水位关系的描述为：A 站的水位曲线经平移（潮时差）、放大或缩小（潮差比）、垂直升降（基准面偏差）后与 B 站的水位曲线相同。

拟求解的潮汐比较参数组成未知参数向量

$$\hat{X} = \begin{bmatrix} \hat{\gamma} \\ \hat{\delta} \\ \hat{\varepsilon} \end{bmatrix} \tag{3-75}$$

式(3-75)为最小二乘拟合法的数学模型，是潮汐比较参数的非线性方程，需实施线性化。设参数向量 $\hat{X}$ 的初值为 X_0，X_0 是给定的已知初值，$\hat{X}$ 与 X_0 的差值用 $\hat{x}$ 表示，则有

$$\hat{X} = X_0 + \hat{x} \tag{3-76}$$

式中

$$X_0 = \begin{bmatrix} \gamma_0 \\ \delta_0 \\ \varepsilon_0 \end{bmatrix} \tag{3-77}$$

$$\hat{x} = \begin{bmatrix} \Delta\gamma \\ \Delta\delta \\ \Delta\varepsilon \end{bmatrix} \tag{3-78}$$

将式(3-74)按泰勒级数展开,得

$$h_B(t) = \gamma_0 h_A(t+\delta_0) + \varepsilon_0 + h_A(t+\delta_0)\cdot\Delta\gamma + \gamma_0 h'_A(t+\delta_0)\cdot\Delta\delta + \Delta\varepsilon \tag{3-79}$$

式中,$h'_A(t+\delta_0)$为 $h_A(t)$在 X_0 处对 δ 的偏导数。

按间接平差原理,将式(3-79)转为观测方程形式

$$h_B(t) + \nu = [h_A(t+\delta_0)\gamma_0 h'_A(t+\delta_0)]\hat{x} + \gamma_0 h_A(t+\delta_0) + \varepsilon_0 \tag{3-80}$$

设同步时段内 n 个时刻的水位,记为 $t_i(i=1,2,\cdots,n)$,每个时刻构建如式(3-81)的观测方程。据间接平差的原理,观测方程组形式为

$$L + V = B\hat{x} + d \tag{3-81}$$

式中:$\hat{x}$ 为待求未知参数向量,如式(3-78)所示。其他各向量为

$$L = [h_B(t_1)\quad h_B(t_2)\quad \cdots \quad h_B(t_n)]^{\mathrm{T}} \tag{3-82}$$

$$V = [v_1 \quad v_2 \quad \cdots \quad v_n]^{\mathrm{T}} \tag{3-83}$$

$$B = \begin{bmatrix} h_A(t_1+\delta_0) & \gamma_0 h'_A(t_1+\delta_0) & 1 \\ h_A(t_2+\delta_0) & \gamma_0 h'_A(t_2+\delta_0) & 1 \\ \vdots & \vdots & \vdots \\ h_A(t_n+\delta_0) & \gamma_0 h'_A(t_n+\delta_0) & 1 \end{bmatrix} \tag{3-84}$$

$$d = [\gamma_0 h_A(t_1+\delta_0)+\varepsilon_0 \quad \gamma_0 h_A(t_2+\delta_0)+\varepsilon_0 \quad \cdots \quad \gamma_0 h_A(t_n+\delta_0)+\varepsilon_0]^{\mathrm{T}} \tag{3-85}$$

假设各观测互相独立,则观测值权阵可设为单位阵。按间接平差原理,求解得

$$\hat{x} = (B^{\mathrm{T}}B)^{-1}B^{\mathrm{T}}(L-d) \tag{3-86}$$

在求解的 $\hat{x}$ 上叠加给定的初值 X_0,按式(3-76)即得潮汐比较参数向量 $\hat{X}$。

对于任一测深点 P,计算各站相对基准站的潮汐比较参数,将参数内插至该测深点处,其水位由基准站水位按测深时刻、相对于基准站的潮汐比较参数进行推算。潮汐比较参数的空间内插与时差法的原理一致,按两站带状模式与多站区域模式简述如下。

1. 两站带状模式

如图 3-25 所示,A 与 B 为验潮站,两站间的直线距离为 R_{AB};P 为任一测深点,在两站连线上的垂足至两站的距离分别为 R_{AP} 与 R_{BP};测深时刻记为 t。

若取 A 站为基准站,由两站同步水位按最小二乘拟合法原理求解出 B 站相对于 A 站的潮汐比较参数 γ_{AB}、δ_{AB} 和 ε_{AB}。假设潮汐比较参数在两站间与距离成比例的均匀变化,参照图 3-26,以 A 站为基准构建坐标系,横轴为相对 A 站的距离 R,纵轴为某个潮汐比较参数 h。

由图 3-26 易知,可按下式内插出 P 点相对于 A 站的潮汐比较参数:

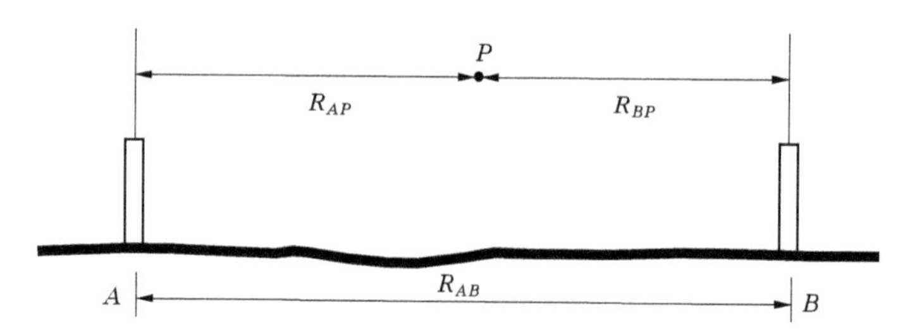

图 3-25　两站带状模式示意

$$\begin{cases} \gamma_{AP} = 1 + (\gamma_{AB} - 1)\ R_{AP}/R_{AB} \\ \delta_{AP} = \delta_{AB} \cdot R_{AP}/R_{AB} \\ \varepsilon_{AP} = \varepsilon_{AB} \cdot R_{AP}/R_{AB} \end{cases} \tag{3-87}$$

测深点 P 处在测深时刻 t 的水位改正数 $h_P(t)$ 为

$$h_P(t) = \gamma_{AP} h_A(t + \delta_{AP}) + \varepsilon_{AP} \tag{3-88}$$

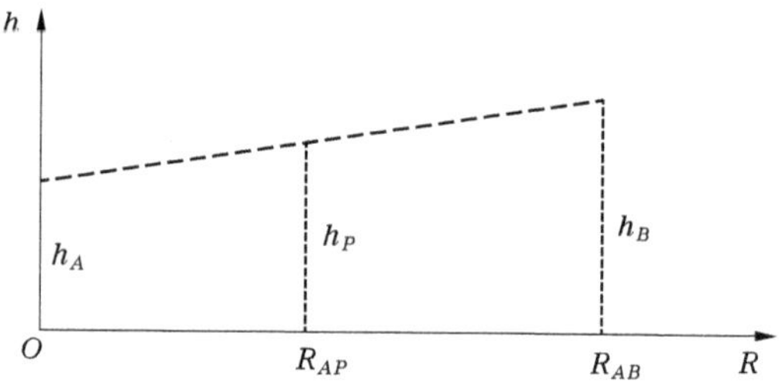

图 3-26　按距离线性内插

2. 多站区域模式——三站

以不共线的 3 个验潮站为例，如图 3-27 所示，A、B、C 为验潮站，P 为任一测深点，测深时刻记为 t。

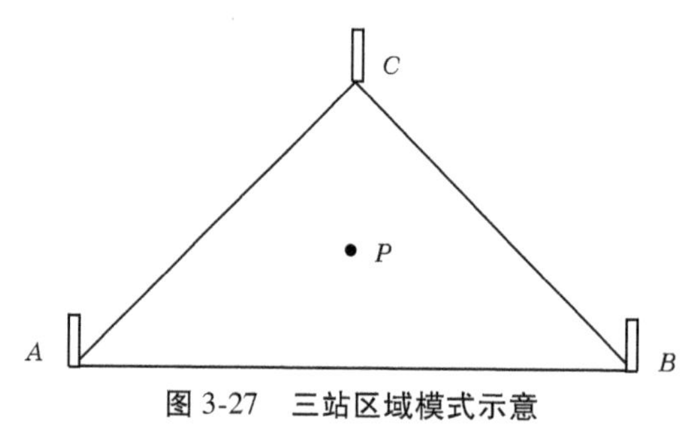

图 3-27　三站区域模式示意

若取 A 站为基准站，由同步水位数据分别求解出 B、C 站相对于 A 站的潮汐比较参数。假设三个潮汐比较参数分别呈平面分布，以潮时差 τ 为例，参照图 3-28，以 A 站为时差基准构建 $xy\tau$ 空间直角坐标系，三个验潮站处的坐标分别为 (x_A, y_A, τ_A)、(x_B, y_B, τ_B) 与 (x_C, y_C, τ_C)。

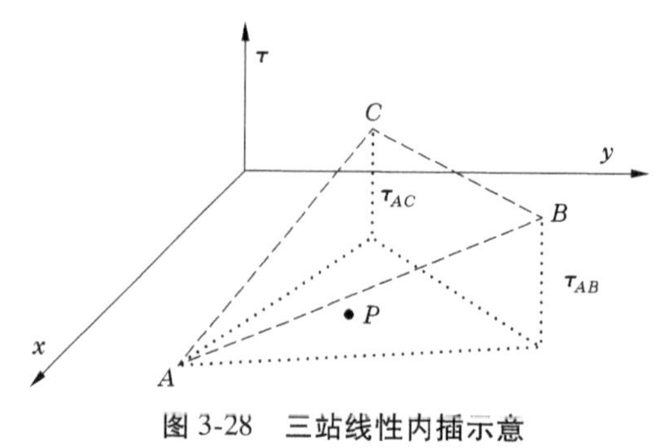

图 3-28　三站线性内插示意

这里将利用空间几何中过不共线三点确定平面方程的原理，简述如下。在 xyz 空间直角坐标系中过不共线三点(x_1, y_1, z_1)、(x_2, y_2, z_2)与(x_3, y_3, z_3)的平面方程可设为

$$ax + by + cz + d = 0 \tag{3-89}$$

式中：a、b、c、d 为方程的系数。将三点的坐标代入式(3-89)，可推导出系数为

$$\begin{aligned} a &= (y_2 - y_1)(z_3 - z_1) - (y_3 - y_1)(z_2 - z_1) \\ b &= (x_3 - x_1)(z_2 - z_1) - (x_2 - x_1)(z_3 - z_1) \\ c &= (x_2 - x_1)(y_3 - y_1) - (x_3 - x_1)(y_2 - y_1) \\ d &= ax_1 - by_1 - cz_1 \end{aligned} \tag{3-90}$$

对于平面上的任一点 $P(x_p, y_P, z_P)$，若 x_P、y_P 已知，则由式(3-89)可得

$$z_P = -(ax_P + by_P + d)/c \tag{3-91}$$

将式(3-90)代入式(3-91)可得 z_P 的解析表达式。

利用上述原理，由 A、B、C 三点坐标求解出所在平面的方程，进而求解出 P 点处相对于 A 站的三个潮汐比较参数 γ_{AP}、δ_{AP} 与 ε_{AP}，最后由式(3-88)计算水位改正数 $h_P(t)$。

3. 多站区域模式——四站及以上

对于大范围开阔海域，以四个及以上验潮站计算水位改正数时，采用空间多面函数实施潮汐比较参数的空间内插。以潮时差 τ 为例，并取 A 站为基准站，则构建函数

$$f(\tau) = a(x - x_A) + b(y - y_A) + c \tag{3-92}$$

将其他各站的坐标及相对 A 站的潮时差代入式(3-92)，每站可建立一个方程，按最小二乘原理求解出未知参数，进而求解出 P 点处相对于 A 站的三个潮汐比较参数 γ_{AP}、δ_{AP} 与 ε_{AP}，最后由式(3-88)计算水位改正数 $t_P(t)$。

3.4.7.2　精度评估方法

多站水位改正模型可结合基于精密潮汐模型与余水位订正的虚拟站技术开展四站及以上无须分区的多站水位改正，也依据实测验潮站数据开展四站及以上多站水位改正。水位改正模型的精度评估主要采用两种方法：

(1)定点观测检核法，具体评估方法为：选择五站或以上的水位观测站，其中选择重叠区的一水位观测站作为检核站，基于实测水位观测数据，分别采用传统的三站分区法、本项目的多站水位改正法，开展检核站的水位改正，并对其改正成果开展精度评估。

(2)基于水下地形测量项目的精度评估，具体评估方法为：①采用海洋测量软件将所测区域内水深测量数据根据水位站分布情况进行分区开展三站水位改正，并统计重叠区域的水位改正成果误差，进而分析分区改正的弊端及多站水位改正模型的优点；②对水深测量数据开展四站及以上的多站水位改正、基于 GNSS-PPK 技术的水位改正两种改正方法的精度统计分析。

3.4.8　虚拟站技术

虚拟站技术是指推算某个站点处水位的技术方法。该站点称为虚拟站或者推算站，在测量期间的全部或部分水位不是实测的，而是由其他验潮站的实测水位推算而得。虚拟站技术一般用于离岸较远的海上站点，以节约成本。推算的虚拟站将与实测的验潮站一起应用于三角分区(带)法、时差法和最小二乘拟合法等传统水位改正方法的水位改正

数计算中,因此虚拟站技术只是站点水位推算技术,补充站点应用于传统水位改正方法,并不是独立的水位改正方法。

虚拟站的水位推算采用天文潮位预报与余水位推算的方法,按照调和常数来源分为两类:

(1)在虚拟站处曾经实测过水位数据,由历史实测水位经过潮汐分析获得站点处的调和常数,这是最常用的方法。为了保证调和常数的精度,《水运工程测量规范》(JTS 131—2012)对水位数据时长与潮汐分析方法的规定为“用于推算海上定点水位站水位的推算点应当具有 30 d 以上的历史水位数据,并且利用岸上长期水位站同步水位观测资料分析结果对其调和常数进行差比订正”。据此规定,虚拟站处调和常数的计算要求及方法可细分为两点:第一,虚拟站点处的历史水位数据时长应该达到 30 d,并具有邻近长期验潮站在该历史时段的同步水位数据;第二,具有该邻近长期验潮站的长期分析结果,利用调和常数差分订正原理对虚拟站处的调和常数进行差分改正。

(2)虚拟站处的调和常数直接采用潮汐模型内插结果,此时相当于采用基于潮汐模型与余水位监控法推算虚拟站处的水位。

虚拟站技术在水位推算原理上和基于潮汐模型与余水位监控法一致,推算精度取决于两点:一是调和常数的精度,即天文潮位的预报精度;二是余水位的空间一致性,即余水位的推算精度。《水运工程测量规范》(JTS 131—2012)直接对水位推算的误差做出规定,包含了天文潮位预报误差与余水位传递误差,规定推算订正水位与历史观测水位比对限差应当满足以下要求:

(1)占比对总点数的 80%的观测值与推算值之差不大于 0.10 m。

(2)占比对总点数的 95%的观测值与推算值之差不大于 0.20 m。

(3)占比对总点数的 100%的观测值与推算值之差不大于 0.30 m。

该规定针对的是存在历史水位数据的情况,利用虚拟站与邻近长期验潮站的同步历史进行检测。首先,按照差分订正的原理确定虚拟站的调和常数;其次,调和常数预报天文潮位,邻近长期验潮站传递余水位,组合成推算水位;最后,将推算水位与实测水位相比较,统计差值的分布。

对于采用基于潮汐模型与余水位监控法推算出虚拟站的水位情况,适用性将取决于基于潮汐模型与余水位监控法在虚拟站处的精度。

3.5　多站水位改正软件开发

多站水位改正软件的目标是满足单波束与多波束水深测量对多站水位改正的应用需求。

3.5.1　关键技术原理

水位控制的主要目的是通过利用验潮站的水位观测数据,计算出每个测深点处在测深时刻相对于参考面的水位,将该水位值订正至瞬时水深,以消除海洋潮汐的影响,因此该水位值称为水位改正数或水位改正值。水位改正数的计算是以有限、离散的验潮站内插整个测区的水位变化。内插是基于对瞬时海面空间分布形态的某种假设,不同的假设或处理手段意味着不同的水位改正方法。我国长期采用苏联的三角分区(带)图解法及模拟法,谢锡君等(1988)将三角分带图解法改进为适用于计算机处理的时差法,刘雁春等(1992)提出了最小二乘拟合法。这三种水位改正方法都是将基于规定起算面(通常为深度基准面)的水位作为整体进行空间内插,可称之为传统水位改正方法。而现代水位改正方法主要包括两种:一是将水位的内插分为天文潮位的内插与余水位的传递,如基于潮汐模型与余水位监控法;二是基于 GNSS 定位技术的方法,常称为无验潮模式。

多站水位改正软件采用最小二乘拟合法、基于潮汐模型与余水位监控法等两种水位改正方法。其中,最小二乘拟合法是对传统水位改正方法在理论假设概念上和计算技术方法上的重大改进,具有数学模型完善、参数求解方法合理、水位空间分布连续与适用于计算机处理的优点。基于潮汐模型与余水位监控法通过构建的精密潮汐模型可实现稀少站点控制下的外海大范围水位控制。

最小二乘拟合法多站水位改正的关键技术原理见 3.4.2 表述,基于潮汐模型与余水位监控的水位改正法的关键技术原理见 3.4.5 表述。下面介绍多站水位改正软件水位改正模式的关键技术原理。

本软件支持两种水位改正模式:水道或航道、一般区域。

3.5.1.1　水道或航道模式

在水道或航道模式下,按顺序设置的验潮站以两站水位改正的方式计算水位改正值。如测区为珠江的某段,沿珠江布置多个验潮站,则对于任一测深点,按其坐标确定两侧的验潮站,由两侧验潮站实施潮汐比较参数或余水位的线性内插。

3.5.1.2　一般区域模式

一般区域模式下,由选择的验潮站自动选择两站或多站水位改正的方式计算水位改正值。如测区为珠江口外海,按测区范围及潮汐变化特征布设验潮站,则将按照验潮站的个数自动选择内插方式,如单站、两站带状线性内插、三站平面线性内插与多站内插。

3.5.2　软件功能

3.5.2.1　基本功能

多站水位改正软件支持最小二乘拟合法、基于潮汐模型与余水位监控法等两种水位改正方法,提供了水道或航道、一般区域等两种模式,可据单波束或多波束的测线文件、Hypack 导航文件、CARIS 导航文件实施沿航迹的水位改正,且水位改正值在空间上连续,同时能提供多站水位变化曲线显示、验潮站控制范围与潮波传播方向计算,以及水位改正的精度评估。

3.5.2.2　功能模块设置

软件主要包含的功能设置如图 3-29 所示。

各模块的功能简要叙述如下:

(1)以项目为单位管理水位改正任务,以二进制文件保存验潮站的基本信息与水位数据、验潮站配置等,以新建与保存等功能构成项目管理模块。

(2)以验潮站为单位管理基准面与水位观测数据,验潮站的基本信息与水位观测数

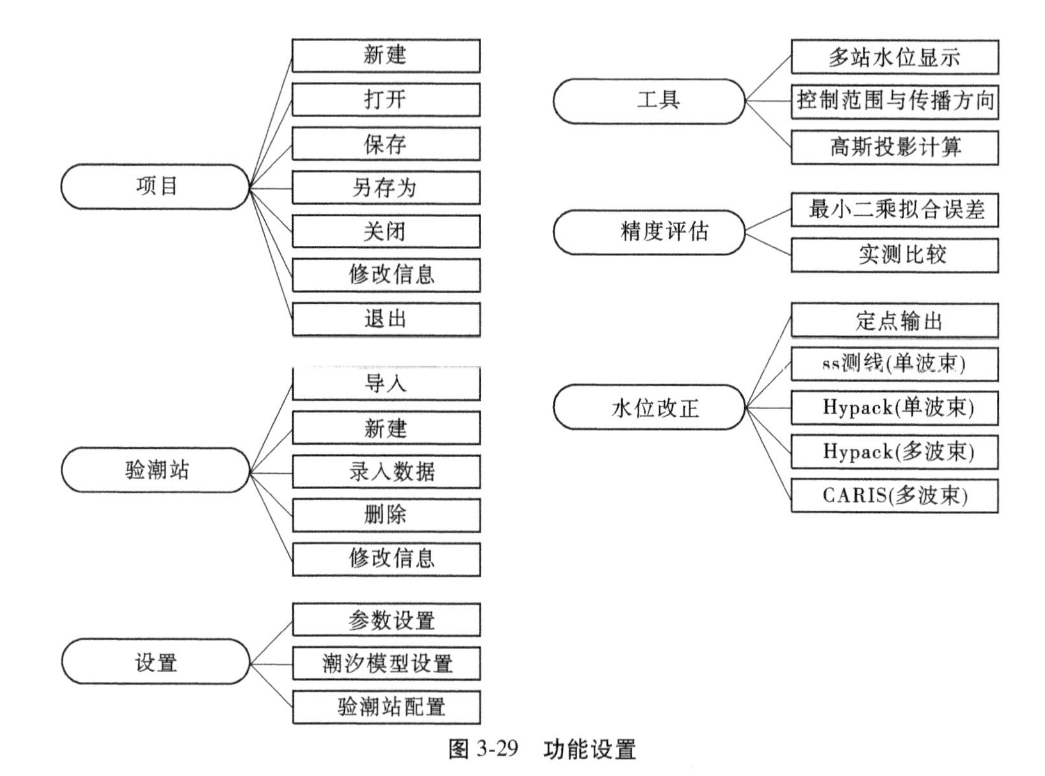

图 3-29　功能设置

据可通过直接导入水位数据管理与计算软件导出的专用格式文件,也可通过输入基本信息及从数据文件录入水位数据,结合信息修改与删除功能构成验潮站管理模块。

(3)以水位变化曲线形式显示多站的同步水位变化情况,以验潮站实测水位数据估算验潮站的有效控制范围与潮波传播方向,并以图形直观地给出验潮站的布设合理性,结合高斯投影计算工具构成了工具模块。

(4)以最小二乘拟合模型统计两站间水位的拟合误差,评估两者水位的相似程度,结合与实测水位进行比较统计的功能构成了精度评估模块。

(5)水位改正模块是核心功能模块,具有定点水位值输出等功能,实现了最小二乘拟合法、基于潮汐模型与余水位监控法等两种水位改正法,支持水道或航道、一般区域等两种水位改正模式,可据单波束或多波束的 ss 格式测线文件、Hypack 导航文件、CARIS 导航文件实施沿航迹的水位改正,可给出多波束数据处理软件支持的水位改正值文件。

各模块根据逻辑关系,相互联系,构成较完备的多站水位改正软件系统。

3.5.3　技术与功能特点

软件具有如下的技术与功能特点:

(1)以项目为单位管理水位改正任务,以二进制文件保存验潮站的基本信息与水位数据、验潮站配置等,方便保存与调用水位改正任务。

(2)传统水位改正法采用了最小二乘拟合法。该方法是对传统水位改正方法在理论假设概念上和计算技术方法上的重大改进,具有数学模型完善、参数求解方法合理、水位空间分布连续与适用于计算机处理的优点。

(3)现代水位改正法采用了基于潮汐模型与余水位监控法,该方法具有验潮站控制范围大与外推性能良好的优点,可减少验潮站的布设密度,在潮汐类型变化快速的海域具有更明显的优势。

(4)提供了水道或航道、一般区域等两种水位改正模式。在水道或航道模式下,按顺序设置的验潮站以两站水位改正的方式计算水位改正值;而在一般区域模式下,由选择的验潮站自动选择两站或多站水位改正的方式计算水位改正值。

(5)可分区域设置验潮站,即对不同区域设置不同的验潮站与水位改正模式。

(6)由验潮站实测水位数据可估算验潮站的有效控制范围与潮波传播方向,以图形形式直观地给出验潮站的布设合理性。

(7)以最小二乘拟合模型统计两站间水位的拟合误差,评估两者水位的相似程度。

(8)提供了水位改正值与实测水位进行比较统计的功能,可用于评估水位改正精度或水位的空间内插性。

(9)可据单波束或多波束的 ss 格式测线文件、Hypack 导航文件、CARIS 导航文件实施沿航迹的水位改正,给出多波束数据处理软件支持的水位改正值文件。

第4章　多波束测深技术

4.1　多波束测深系统简介

多波束测深系统又称为多波束测深仪、条带测深仪或多波束测深声呐等，最初的设计构想就是为了提高海底地形测量效率。与传统的单波束测深系统每次测量只能获得测量船垂直下方一个海底测量深度值相比，多波束探测能获得一个条带覆盖区域内多个测量点的海底深度值，实现了从“点-线”测量到“线-面”测量的跨越，其技术进步的意义十分突出。

多波束测深系统是一种多传感器的复杂组合系统，是现代信号处理技术、高性能计算机技术、高分辨显示技术、高精度导航定位技术、数字化传感器技术及其他相关高新技术等多种技术的高度集成。该系统自20世纪70年代问世以来就一直以系统庞大、结构复杂和技术含量高著称，世界上主要有美国、加拿大、德国、挪威等国家在生产。

多波束测深系统是可以同时获得多个(典型如127个、256个)相邻窄波束的回声测深系统。测深时，载有多波束测深系统的船，每发射一个声脉冲，不仅可以获得船下方的垂直深度，而且可以同时获得与船的航迹相垂直的面内的多个水深值，一次测量即可覆盖一个宽扇面。多波束测深系统一般由窄波束回声测深设备(换能器、测量船摇摆的传感装置、收发机等)和回声处理设备(计算机、数字磁带机、数字打印机、横向深度剖面显示器、实时等深线数字绘图仪、系统控制键盘等)两大部分组成。

测深系统的换能器基阵，由发射声信号的发射阵和接收海底反射回声信号的接收阵组成。发射器发出一个扇形波束，其面垂直于航迹，一般开角为60°~150°，航迹方向的开角为0.5°~5°。接收阵接收海底回波信号，经延时或相移后相加求和，形成几十个或者数百个相邻的波束。航迹方向的波束开角一般为1°~3°，垂直于航迹的开角为0.5°~3°。组合发射和接收波束可得到几十个或几百个窄的测深波束。换能器基阵可以直接装在船底或在双体船上拖曳。为了保证测量精度，必须消除船在航行时纵横摇摆的影响，一般采用姿态传感器进行姿态修正。

多波束测深系统是利用安装于船底或拖体上的声基阵向与航向垂直的海底发射超宽声波束，接收海底反向散射信号，经过模拟/数字信号处理，形成多个波束，同时获得几十个甚至上百个海底条带上采样点的水深数据，其测量条带覆盖范围为水深的2~10倍，与现场采集的导航定位及姿态数据相结合，绘制出高精度、高分辨率的数字成果图。

与单波束回声测深仪相比，多波束测深系统具有测量范围大、测量速度快、精度和效率高的优点，它把测深技术从点、线扩展到面，并进一步发展到立体测深和自动成图，特别适合进行大面积的海底地形探测。这种多波束测深系统使海底探测经历了一个革命性的变化，深刻地改变了海洋学领域的调查研究方式及最终成果的质量。有些国家自其问世之后，已经计划把所有的重要海区都重新测量一遍。正因为多波束条带测深仪与其他测深方法相比具有很多无可比拟的优点，仅仅近 20 多年时间，世界各国便开发出了多种型号的多波束测深系列产品。20 世纪 60 年代初开始，相继研制了几种类型的多波束测深系统，最大工作深度 200～12 000 m，横向覆盖宽度可达深度的 3 倍以上。多波束测深系统同卫星定位系统配合，由计算机实时处理标绘等深线图，是 20 世纪 70 年代末以来海道测量工作的一个突破。

4.2　多波束测深系统原理

4.2.1　水声学基础

4.2.1.1　水体中声波传播特性

声波是纵波的一种，跟电磁波不同，其特点是在水中衰减慢、传播远。频率较低的声波信号拥有非常大的能量，可以穿透几千米的水体从而到达海底，海底探测因此实现。由于声波在水体中的传播特殊性，可以通过声波探测的方法，获得海底床表的地形和地貌。声波在水中的传播方式如图 4-1 所示，图中波峰就是具备高能量的区域，为图中深色处；波谷代表能量很小的区域，为图中浅颜色处；一个波的长度是两个波峰和一个波谷之间的距离，频率是在一个时间内通过一个位置的波数个数；振幅是声波在振动时产生幅度的大小，振幅的大小表现了声波能量的强弱。声波在不同的物体中传播，传播速度是不同的，即声速与物体的性质有关，其在海水中的传播速度大概是 1 500 m/s。

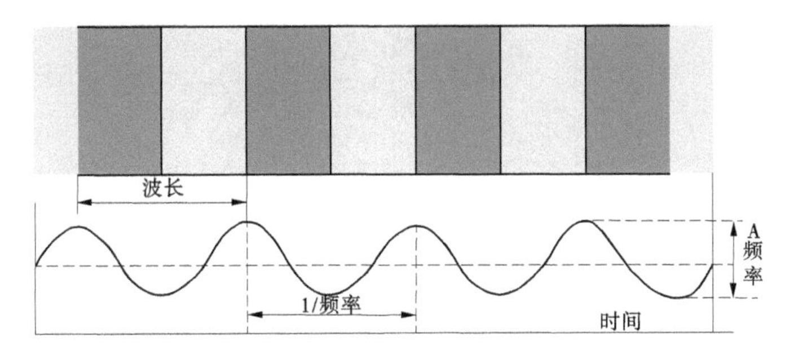

图 4-1　声波在水中的传播示意图

多波束测量的作业区域基本都是海域，由于海水成分复杂异常，其中包含多种对海水的状态产生影响的因素。声速会因在海水中的深度不同而发生变化。由于声速在不同海水层的传播速度不同，通过这个原理可获得相关声剖信息，如图 4-2 所示。

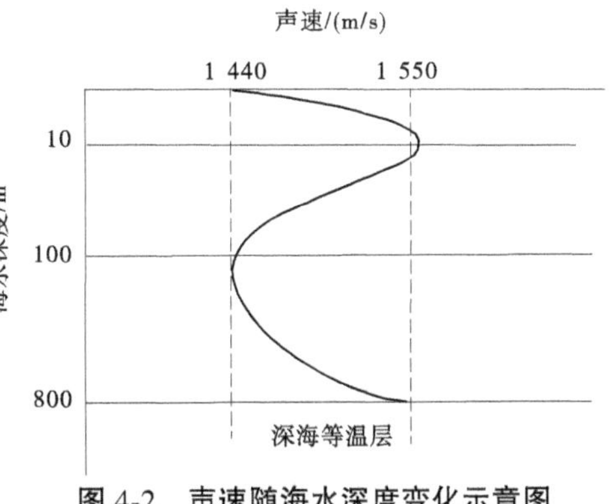

图 4-2　声速随海水深度变化示意图

4.2.1.2　束控原理

自然声波以球面波形式进行传播，不具备一定的传播方向，如图 4-3 所示，由于这种传播方式缺点明显，即衰减快，能量分布分散,如果对海洋进行探测,此方式明显是不符合要求的,因此我们须采用一定技术,使声波能够向特定方向发射。此技术可称为声波束控。

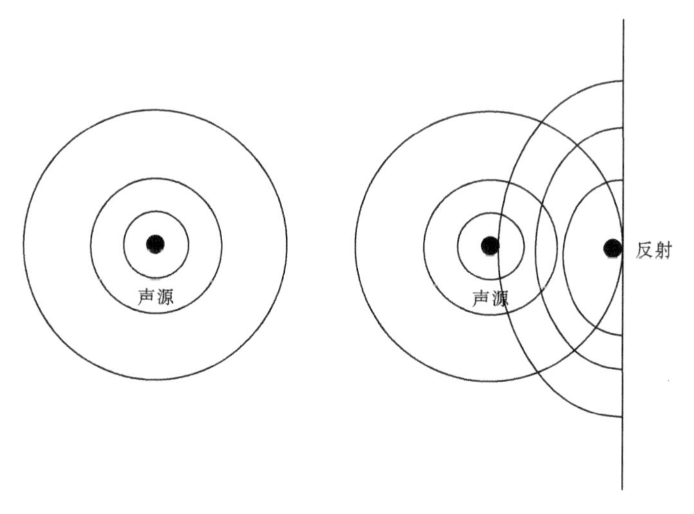

图 4-3 球面波

由于声波具有干涉原理,通过此原理,可以确定声波的发射方向。如图 4-4 所示,发射基阵在相邻条件下,会产生相同的信号,这两个信号在公共区域就会产生干涉效应,从而使干涉区的相长区域的振幅达到加强。

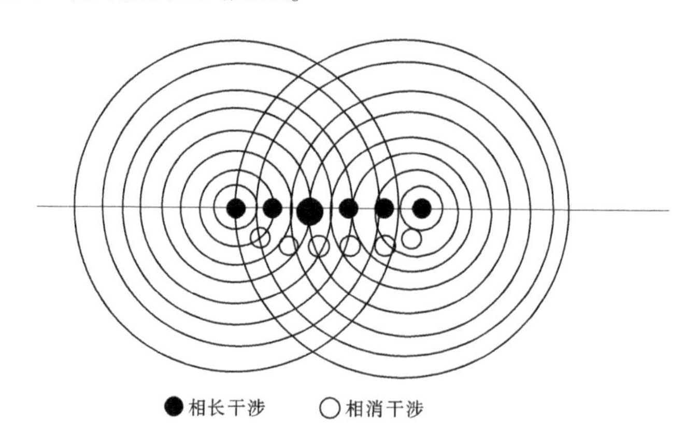

图 4-4 声波的干涉效应

假设 d 是两个声源 R_1 和R_2 之间的长度,θ 定义为传播方向,关于R_1 和R_2 的声程 A 可表示为:

$$A = d \times \sin\theta \tag{4-1}$$

相长干涉会在 A 为波长的整数倍情况下发生,此情况下 $A = t\lambda$,此处 t 是倍数,λ 是整波长。

$$A/\lambda = (d/\lambda) \times \sin\theta = 0,1,2,3,\cdots \tag{4-2}$$

当 A 的非整周部分等于半波长时会发生相消干涉,即:

$$A/\lambda = (d/\lambda) \times \sin\theta = 0.5,1.5,2.5,\cdots \tag{4-3}$$

理想情况下，假设 $d=\lambda/2$ 时，阵列干涉的相长、相消都在轴线上。此时在相长方向上主瓣上的声波的能量达到最大。由理论可知，主瓣上面的能量达到最集中状态时，能量所表现的束控作用就越突出，因此发射阵列的数量会急剧增多，阵列的长度会越长，那么波束越窄，指向性随之越好。反之，主瓣的声能集中性越差、越分散，声能束控越差，波束角越大，指向性就越差。多波束系统的基阵束控法有相位加权和幅度加权两种。用 D 来表达换能器阵列的长度，主瓣波束角可用式(4-4)表示：

$$\theta \approx 50.6 \times \lambda/D \tag{4-4}$$

波束指向性可以通过具体操作进行提高，如对波长进行缩短控制，对阵列可以通过控制使其增加。但是，这只是理想状态下，由于很多影响因素的实际存在，所以其指向性不可能无止境增加。

4.2.1.3　声能方程

声呐系统的组成相对复杂，其相应的组成部件有接收器、声源、海水信道三个独立单元，影响声强的因素有很多，如声源级 SL、声能传播损失 TL、指向性 DI、环境噪声 NL、目标强度 BS 和等效混响 RL 等，声能方程的综合性体现在对上述每个参数所造成的影响程度进行理论上的集中和合并，其可作为声呐设计及使用的依据，系统检测能力的估算可利用此声呐方程，从而反映出海底沉积物。

$$EL = SL - 2TL + BS + RL - NL + DI \quad (\mathrm{dB}) \tag{4-5}$$

1. 声源级 SL

声呐发射信号强度的大小可以用声源级来表现，定义为：

$$SL = \lg \frac{I}{I_0}, r = 1 \tag{4-6}$$

式中：I 是声源中心距其 1 m 处的声强，参考声强定义为 I_0，水声学理论定义参考声强 I_0 取自平面波声强为 1 μPa 的均方根。

2. 指向性参数 DI_T

指向性参数定义为，距离相同时，在轴方向上，指向性发射器的声强级 I_D 比辐射声场声强级 I_{ND} 在无指向性发射器上高出的分贝数，公式如下：

$$DI_T = 10\lg \frac{I_D}{I_{ND}} \tag{4-7}$$

无指向性声源的声强定义可以表示为：$I = W_a/(4\pi R^2)$，辐射声功率为 W_a，侧扫声呐在发射波束上是窄波束，其声强的表现形式为：

$$I = \frac{P_0^2}{\rho C} \times 10^{-7} \tag{4-8}$$

指向轴上的声压(MPa)可以表示为 P_0，ρC 意义为海水阻抗，在考虑声波指向性的前提下，声压的表现形式是：

$$P_0^2 = 1.5 \times 10^{-7} W_a d \tag{4-9}$$

$$d = I_D/I_{ND}$$

由此可得，指向性声波的发射声源级为：

$$SL = 20\lg P_0 = 71.78 + 10\lg W_a + DI_T \tag{4-10}$$

3. 声能传播损失 TL

海水是复杂的介质,是不均匀的,在声波的传播过程中,声波受到多种干扰因素的影响,声强在波束主瓣上的大小因传播距离增加而减小,声强的变化同距离的关系用声能传播损失 TL 表达,其定义为:

$$TL = 10\lg \frac{I_1}{I_r} \tag{4-11}$$

式中:I_1 为到声源中心 1 m 处的声强,此声强位于发射器声轴方向上;I_r 为到声源 r 处的声强。

TL 主要包括两个部分,分别是吸收损失和扩散损失,海水的吸收系数影响着吸收损失,波束的形状影响着扩散损失,其表现方式为:

$$TL = n \cdot 10\lg R + \alpha R \tag{4-12}$$

海底声波在全反射条件下,柱面波传播损失的估算用 $TL=10\lg R$ 表示,此时 $n=1$;考虑到柱面波传播会因介质变化而受损,因此声波传播损失在浅海处的估算,可用 $TL=15\lg R$ 表示,此时 $n=1.5$;球面波在开阔水域条件下进行传播损失估算,可以用 $TL=20\lg R$ 表示,此时 $n=2$;一般,海水中温度与盐度的改变、声波的频率大小都会直接影响海水吸收系数 α。

4. 目标反射强度 BS

声波的形状和声波的频率大小等因素会对目标反射强度造成影响,影响因素还包括目标自身存在的相关特征,比如形状和成分。反射强度在声呐的使用中一直是重点,其定义为回波强度在入射声波的反方向处比入射强度高出的分贝数, 表现为:

$$BS = 10\lg \frac{I_r}{I_i} \tag{4-13}$$

5. 环境噪声级 NL

大量的噪声因素存在于海水中,在声呐设备工作时必然会成为不可避免的干扰。将 NL 定义为噪声强度 I_N 与测量带宽的比,参考声强I_O 高出的部分分贝数,表现为:

$$NL = 10\lg \frac{I_N}{I_O} \tag{4-14}$$

水听器接收和检测测量信号的条件,是回波强度一定大于噪声强度。

6. 等效平面波混响 RL

背景干扰因素中,混响是其中之一。混响强度的大小是通过等效平面波声强大小表现的,等效平面波混响级 RL 可以定义为:

$$RL = 10\lg \frac{I}{I_0} \tag{4-15}$$

上面公式中,平面波的强度大小表示为 I,参考声强用 I_0 来表现。

4.2.2 多波束测深系统

4.2.2.1 多波束测深系统组成

多波束测深系统是组成复杂的综合系统,包含很多传感器,其原理特点是多元化和复杂化。多波束测深系统集导航定位技术、计算机技术和数字化传感器技术等多种技术于一体，是全新的测深系统，具有高精度和全覆盖的特点。多波束测深系统的组成结构如图 4-5 所示，分析多波束数据信息并进行数据处理，必须理解此系统的组成方式及工作原理。

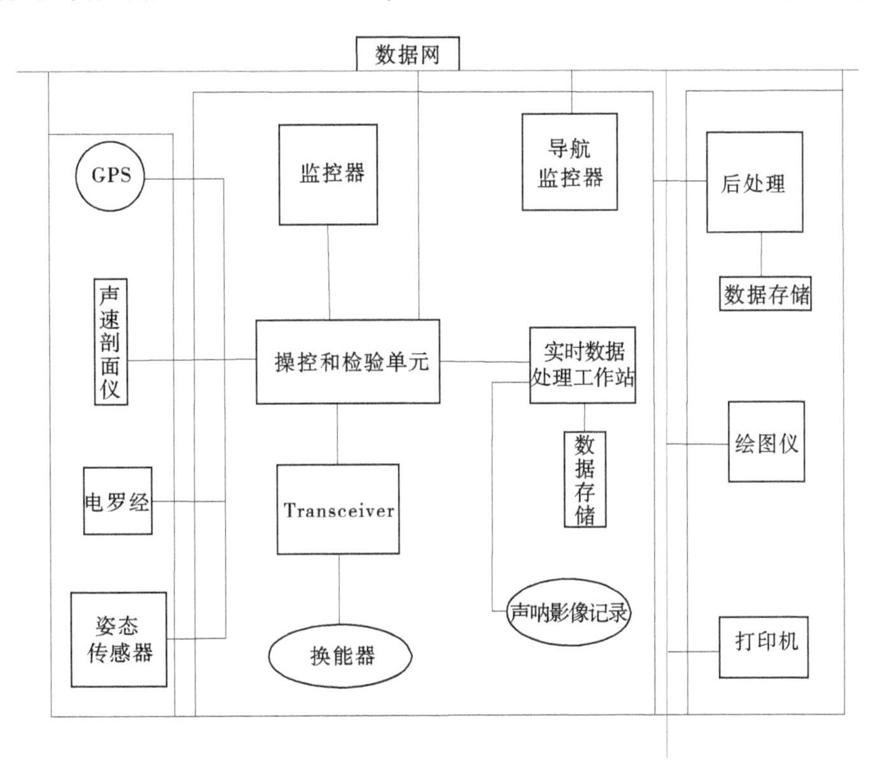

图 4-5　多波束测深系统组成示意图

(1)声学系统：指的是换能器的基阵，用来控制波束的发射及接收。

(2)采集系统：形成波束及对接收的回波信号进行数字转换，方式是反算距离或记录换能器基阵上声波往返于海底的时间。

声学原理：指的是相长干涉、相消干涉和换能器指向性理论，同时还有换能器基阵的束控理论及波束的形成、发射与接收理论。多波束换能器向下呈扇形发射声波脉冲，方向垂直于龙骨。水体中声波传播时，当声波到达海底界面时，会发生反射和散射现象，换能器通过多阵列接收单元通过窗口原理接收回波信号。

(3)辅助传感器：主要设备有导航定位系统、电罗经和姿态传感器以及声速剖面仪，用于定位船只瞬时位置、航行方向和输出姿态数据等内容。其中，声波在海水中传播速度的测量是通过声速剖面仪得到的。

定位与导航原理：测量海底地形时，除需要测定水深信息外，同样需要测定被测点的位置。因此，GPS 卫星定位极其重要，首先确认 GPS 接收机位置，通过换能器坐标系统和船体坐标系统的相互转换，每个海底波束点的位置可以解算获得。风和海流会影响测量船在水上的航行，船只的航向和航迹因此会发生偏转，从而产生一个偏角。多波束换能器在船只航行时，发射接收波束的方向垂直于航向方向，在垂直于航向方向上获得扫描的点阵,因此解释了接收波束在进行正确的空间归位时,必须确保电罗经对于航行方向的实时测量。点阵信号同单个点信号原理相似,单个波束点信号表现如图 4-6 所示。

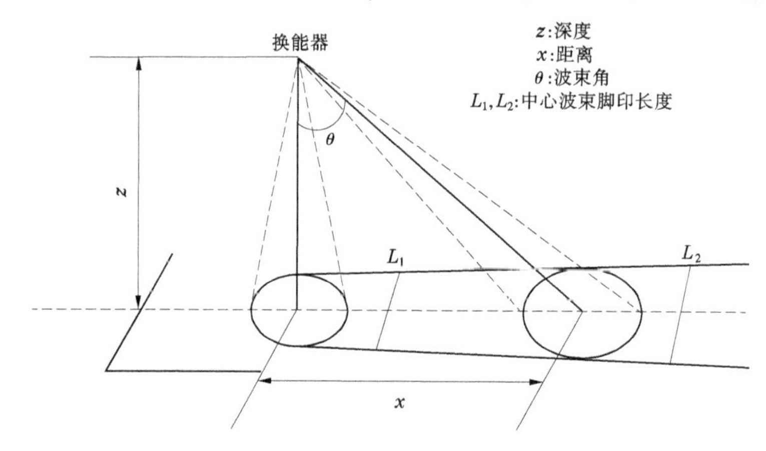

图 4-6　单个波束点信号

姿态修正原理:风浪等因素会对航行产生影响,船体会产生瞬时姿态变化,船体的横摇、纵摇、艏摇和涌浪是姿态的主要参量。姿态传感器可获得这些参量值。姿态修正的解决是通过解算船体坐标系统在瞬时情况下与理想情况下进行转换获得的。

水体声速变化原理:研究指出,局部海域内,水平层状结构是海水的声速结构的正常表现。多波束测深系统中,声速剖面仪通过测量获取水体层状声速方面的信息,通过声速改正理论达到确定声波轨迹的目的,从而辅助海底的测量点进行归位计算。

(4)数据处理系统:工作站是最主要的部分,工作站通过将导航定位数据、声速剖面数据和潮位信息以及船体姿态数据综合起来,进行关于波束投射点在平面上的坐标信息及深度信息的计算,将这些数据综合起来,绘制成多波束声呐图像,从而反映海底的地形地貌,为海底地形地貌的勘察和调查提供依据。

数据采集及处理:主要是存储设备、计算机仪器以及绘制成图设备等原理。

4.2.2.2　工作原理

多波束测深系统的发展源自回波测深仪,本质上来说,同单波束测深仪没有差异,两者不同于换能器单元的数量,多波束测深系统换能器单元相对较多,同一时间内可以发射多个波束,也可以接收多个波束,可一次性在垂直于航行轨迹剖面上向海底发射多个波束,数量从几十到上百不等,因此一定宽度的水深条带中的点,通过走航式测量可全覆盖获取。此系统工作原理如图 4-7 所示,狭义上来讲,多波束测深系统的组成一般包括发射端、接收端及换能器这三个部分。

(1)发射端:电压产生于震荡电路,这个电压的特点是频率高和震荡,电压作用于压电陶瓷,压电陶瓷继而通过压电效应,产生声波发射。对于多波束系统来说,数量众多的不同的波束在同时发射,根据水声学相关原理,如上述部分所述,若要得到规则整齐且强度一致的发射波束,则一定需要合理地设计声波发射基阵。图 4-8 为发射端工作原理。

(2)接收端:接收端利用的效应同样是压电陶瓷效应。方式是通过声波信号对压电陶瓷进行震动作用,从而使压电陶瓷能够产生一定的高频交变电压,该电压的影响因素并

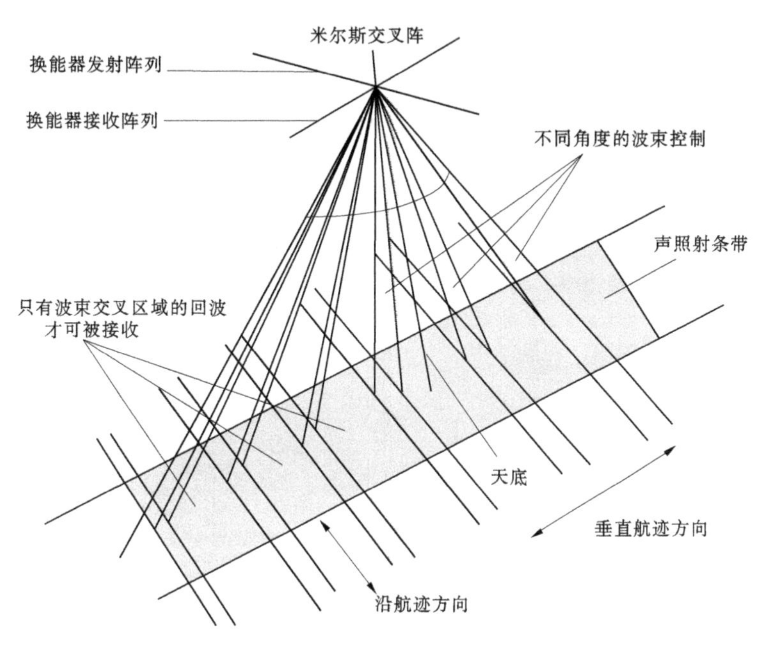

图 4-7　多波束测深系统工作原理示意图

不单一，其中就包括声波的频率及强度，其方式是将具有价值的信息通过电压信号获得，海底的相关信息则根据这些信息反映出来。接收端工作原理如图 4-9 所示。

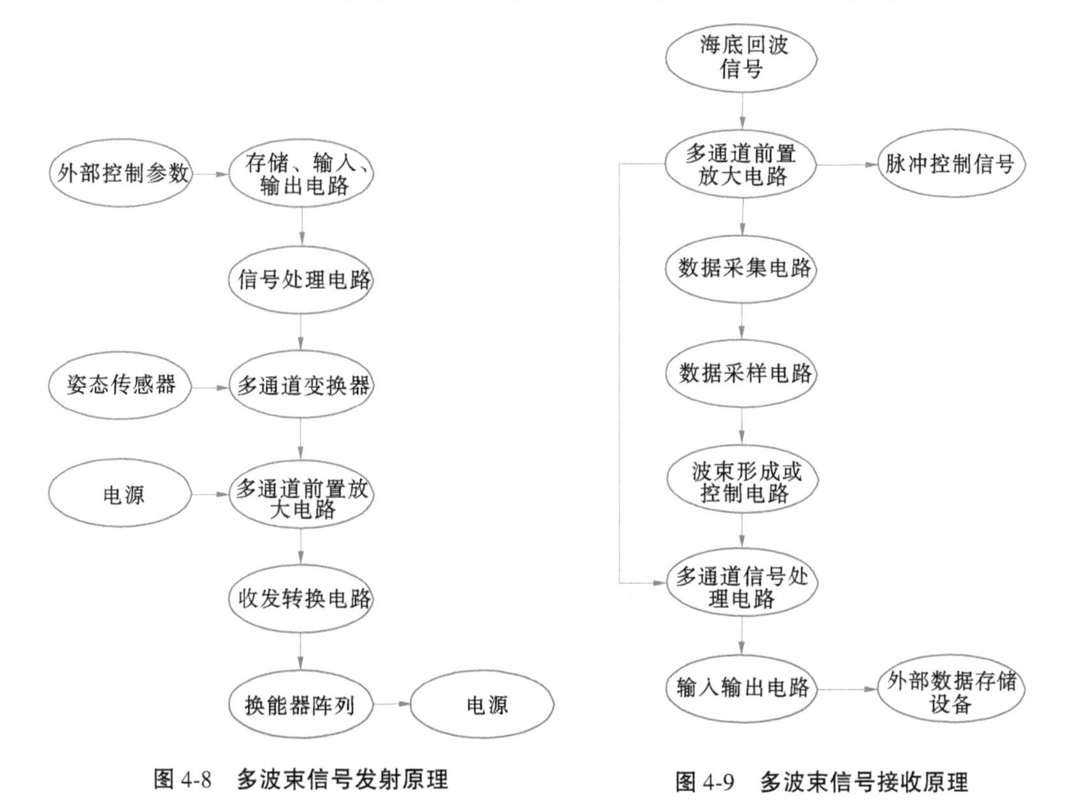

图 4-8　多波束信号发射原理　　图 4-9　多波束信号接收原理

(3)换能器:多组压电陶瓷组合成换能器,其工作方式也是压电效应,其按照一定的方式将不同的压电单元进行组合,组合后用导线接出来从而组成换能器阵列,然后进行电信号与声信号的转换,是构成多波束测深系统的重要部件,在系统里发挥着非常重要的作用。工作原理如图 4-10 所示。

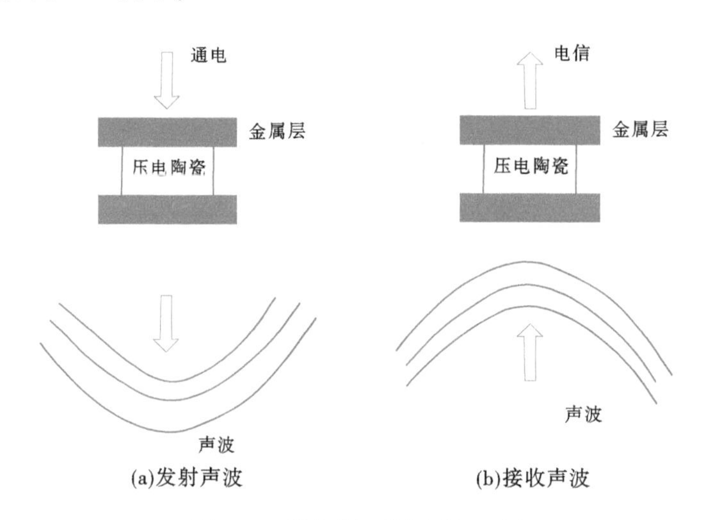

图 4-10　换能器工作原理示意图

换能器工作时,对于发射波束,其纵向宽度远远小于横向宽度;对于接收波束,其横向宽度小于纵向宽度。发射波束和接收波束同时工作时,在海底会产生一块重叠的区域部分,对于接收波束而言,海底实际有效接收区为矩形投影区, 其长度和宽度均有一定角度,这就是波束脚印。

4.2.2.3　多波束测深系统分类

多波束测深系统通过近 30 年的发展,其研究与应用已经达到较高水平,也达到了一个比较成熟的阶段,特别是近些年来,多波束测深技术取得了突破性的进展,主要表现为:

(1)全海洋测量技术。现在多波束测深系统测深范围覆盖了从浅水到深水整个全海域,不但能用于河道测量、港湾测量及浅海测量,还可以应用于深海万米测深。

(2)发展高精度测量技术。现在不管深水多波束还是浅水多波束大部分都是采用的振幅和相位联合检测技术,从而可以保证测量的扇面范围内波束测量精度的大体一致。为了使得中央波束测点面积与边缘波束基本相近、测点距基本一致,保证中央波束和边缘波束分辨率的一致性,现在开始设计了新型系统。

(3)浅水多波束向着高密度、高精度、聚焦方向发展,同时具备高清晰成像功能,而且集成化越来越好,也越来越轻巧,也越来越多地被 AUV、ROV、深拖、无人艇搭载应用。

(4)现在浅水多波束和深水多波束都可以进行水体数据记录和处理,使得系统的能力得到了拓展,水体信息对进行海底气体逸出、打捞及海底生物研究都有一定的意义。

自多波束测深系统问世以来,生产和销售多波束条带测深仪产品的厂商有几十家,先后推出的产品也有上百个型号,种类也比较复杂,一般可以从频率、测深量程和发射波束等方面进行分类。

1. 按频率分

按照工作频率一般可以分为高频、中频和低频三类，一般高于 180 kHz 为高频，36～180 kHz 为中频，低于 36 kHz 为低频。

2. 按测深量程分

按照测深量程一般可以分为浅水、中水和深水三类，一般浅水指的是 0～500 m 量程，中水指的是 500～3 000 m 量程，深水为大于 3 000 m 量程。

深水多波束系统工作频率一般在 12～30 kHz，测量量程为 10～10 000 m，系统的物理尺寸较大，一般至少是 5 m×5 m 以上，不适合安装在小船上。目前，市场上的深水多波束测深系统主要由挪威 Kongsberg 公司、德国 ELAC 公司、德国 ATLAS 公司和丹麦 RESON 公司生产。

表 4-1、表 4-2 和表 4-3 分别为这几家公司的 11 000 m 级、7 000 m 级以及 2 000～3 000 m 级各级别中的深水多波束系统的技术指标，对比分析后可以看出，这几款多波束系统除在波束发射能力、数据采集能力、扫幅宽度等方面稍有差别，总体性能指标都能满足大部分测量要求，其他配置方面基本一致，包括了导航定位、运动传感器、表面声速及声速剖面等传感器和发射机控制机柜。在功能上也具有侧扫功能和水体探测功能，这些设备均为处于国际使用前沿的设备。

表 4-1　主流深水多波束(11 000 m 级)性能指标

Brand 厂商	Kongsberg Maritime	L-3 ELAC Nautik	Teledyne ATLAS Hydrographic	Teledyne Reson
产品型号	EM 122	SeaBeam 3012	Hydrosweep DS	Seabat 7150
声呐探头物理属性				
发射换能器(长×宽×高/mm)	7 770×760×197 (1°×1°)	7 740×1 056×276 (1°×1°)	5 658×299×155 (1°×1°)	
接收换能器(长×宽×高/mm)	540×7 200×120 (1°×1°)	892×7 760×222 (1°×1°)	299×5 658×155 (1°×1°)	
电源要求/W	<900	1 300	700	500
性能参数				
海底探测方法	相位和振幅探测	组合振幅和相位探测	High-Order 波束形成	组合振幅与相位探测
频率/kHz	10.5～13	12	14～16	12/24 可选
最大频率/Hz	5	5	5	
深度量程/m	20～11 000	5～11 000	10～11 000	50～11 000
最小水深/m	20	5	10	50
深度分辨率/cm	1	2	6.1	12

续表 4-1

Brand 厂商	Kongsberg Maritime	L-3 ELAC Nautik	Teledyne ATLAS Hydrographic	Teledyne Reson
脉冲类型	CW 和 FM	只有 CW	CW 和 chirp	CW
最大覆盖倍率	5.5 倍水深(估计值)	5.5 倍水深(140°)	6 倍水深(143°)	4 倍水深
最大覆盖宽度/m	4 300	3 100	3 000	
发射和接收控制	8 区分频,动态聚焦	Sweep 逐次扫射		
每条带的波束数量	等角、等距波束方式 256 个,加密波束方式 432 个	301 个	960 个	150 个
多 Ping 功能	2 swath 每 Ping		多 Ping-4	最高 880
发射波束宽度	0.5°、1°、2°	1°、2°	0.5°、1°、2°	1°、2°
接收波束宽度	1°、2°	1°、2°	1°、2°	1°、2°
波束脚印是否等距一致	是	是	是	是
侧扫功能				
系统是否具备侧扫功能	标准配置	是	是	
每条带的侧扫样本数量	58 000@ 750 m		10 000/Ping	
精度				
系统的统计计算精度(cm RMS)	满足 IHO-SP44 特级,0.2%水深/5 cm	0.2%水深	优于 0.3 m,0.2%水深(2σ)	
最大允许的测量船速/km	16	12	10	
测量模式	等角、等距、高密(等距)	等角、等距	等角、等距	等角、等距
声速				
是否实时应用波束折改正	是	是	是	是

续表 4-1

Brand 厂商	Kongsberg Maritime	L-3 ELAC Nautik	Teledyne ATLAS Hydrographic	Teledyne Reson
在实时数据采集中系统是否能采集和集成声速剖面	是	是	是	是
姿态补偿				
兼容的运动姿态传感器系统	Seatex Seapath 和 MRU, Applanix POS/MV, Coda Octopus, IXSEA	所有具有 TSS-1, PASHR 输出的协议的姿态传感器		
要求 MRU 达到的动态精度	纵摇/横摇:0.02°;涌浪:5 cm	纵摇/横摇:0.02°;涌浪:5 cm	纵摇/横摇:0.02°;涌浪:5 cm	
运动补充	Roll 稳定波束±15° Picth 稳定波束±10° Yaw 稳定波束±10°	Roll 稳定波束±10° Picth 稳定波束±10° Yaw 稳定波束±5°	Roll 稳定波束±10° Picth 稳定波束±5° Yaw 稳定波束±5°	Picth 稳定波束±10°
传感器				
到处理器单元的接口	换能器表面声速、声速剖面、姿态、位置、艏向、1 PPS、单波束水深	换能器处声速、声速剖面、姿态、位置、艏向	换能器处声速、声速剖面、姿态、位置、艏向、1 PPS、单波束水深	换能器处声速、声速剖面、姿态、位置、艏向、1 PPS、单波束水深
兼容软件				
在数据采集时在线获取水深数据	是	是	是	是
采集控制软件	SIS 软件	Hydrostar 软件	ATLAS HYDROMAP CONTROL 软件	PDS2000

表 4-2　主流中深水多波束(7 000 m 级)性能指标

Brand 厂商	Kongsberg Maritime	L-3 ELAC Nautik	Teledyne ATLAS Hydrographic
产品型号	EM 302	SeaBeam 3050	Hydrosweep MD30
声呐探头的物理属性			

续表 4-2

Brand 厂商	Kongsberg Maritime	L-3 ELAC Nautik	Teledyne ATLAS Hydrographic
发射换能器（长×宽×高/mm）	2 972×350×160（1°×1°）	3 134×402×176（1°×1°）	2 364×170×127（1°×1°波宽）
接收换能器（长×宽×高/mm）	406×2 400×160（1°×1°）	530×3 820×195（1°×1°）	190×2 584×127（1°×1°）
发射机尺寸/mm	540×750×1 107	904×483×1 352	
电源要求/W	<2 000	1 700	1 200
性能参数			
海底探测方法	相位和振幅探测	组合振幅和相位探测	High-Order 波束形成
频率/kHz	26~34	50	24~30
最大 Ping 率/Hz	30	50	40
深度量程/m	10~8 000	6~7 000	5~7 000
最小水深/m	10	6	5
深度分辨率/cm		4	6.1
CW 发射脉冲		0.4~10 ms 可调	
FM 发射脉冲	最大 120 ms		
最大采样频率/kHz	10	10	10
脉冲类型	CW 和 FM	仅有 CW	CW 和 chirp
最大覆盖宽度/m	7 000	7 000	7 000
发射和接收控制	8 区分频，动态聚焦	Sweep 逐次扫射	
每次发射的最大水深点数	864 个；30 kHz	315 个；50 kHz	960 个；50 kHz
每条带的波束数量/个	432	315	320
多 Ping 功能	2swath	多 Ping-2	多 Ping-3
发射波束宽度	0.5°、1°、2°	1°、1.5°、3°	0°、1°、1.5°
接收波束宽度	1°、2°	1°、2°	1°、1.5°、3°
波束脚印是否等距一致	是	是	是
侧扫功能			
系统是否具备侧扫功能	标准配置	是	是

续表 4-2

Brand 厂商	Kongsberg Maritime	L-3 ELAC Nautik	Teledyne ATLAS Hydrographic
每条带的侧扫样本数量	58 000@ 750 m		10 000/Ping
精度			
系统的统计计算精度/cm RMS	满足 IHO-SP44 特级,0.2%倍水深/5 cm	0.2%倍水深	优于 0.3 m,0.2%倍水深(2σ)
最大可以允许的测量船速/km	12	12	12
测量模式	等角、等距、高密(等距)	等角、等距	等角、等距
声速			
是否实时应用波束折改正	是	是	是
在实时数据采集过程中系统是否能够采集和集成声速剖面	是	是	是
姿态补偿			
兼容的运动姿态传感器系统	Seatex Seapath 和 MRU, Applanix POS/MV, Coda Octopus, IXSEA	所有具有 TSS-1, PASHR 输出的协议的姿态传感器	
要求 MRU 达到的动态精度	纵摇/横摇:0.02°;涌浪:5 cm	纵摇/横摇:0.02°;涌浪:5 cm	纵摇/横摇:0.02°;涌浪:5 cm
运动补充	Roll 稳定波束±15° Picth 稳定波束±10° Yaw 稳定波束±10°	Roll 稳定波束±10° Picth 稳定波束±10° Yaw 稳定波束±5°	Roll 稳定波束±15° Picth 稳定波束±10° Yaw 稳定波束±5°
传感器			
到处理器单元的接口	换能器表面声速、声速剖面、姿态、位置、艏向、1 PPS、单波束水深	换能器处声速、声速剖面、姿态、位置、艏向	换能器处声速、声速剖面、姿态、位置、艏向、1 PPS、单波束水深
兼容软件			
在数据采集时在线获取水深数据	是	是	是
采集控制软件	SIS 软件	Hydrostar 软件	ATLAS HYDROMAP CONTROL 软件

表 4-3 主流中浅深水多波束(2 000~3000 m 级)性能指标

Brand 厂商	Kongsberg Maritime	L-3 ELAC Nautik	Teledyne ATLAS Hydrographic	Teledyne Reson
产品型号	EM 712	SeaBeam 3012	Hydrosweep MD50	Seabat 7160
声呐探头的物理属性				
发射换能器(长×宽×高/mm)	970 × 224 × 118 (1°×1°)	1 581×380×125 (1°×1°)	2 400×153×193 (1°×1°)	1 477×1 100×100 (1°×1°)
接收换能器(长×宽×高/mm)	490 × 224 × 118 (1°×1°)	450×2 284×150 (1°×1°)	193×2 100×193 (1°×1°)	
发射机尺寸(长×宽×高/mm)	540×841×750	877×483×177		
电源要求/W	<900	1 700	600	500
性能参数				
海底探测方法	相位和振幅探测	组合振幅和相位探测	High - Order 波束形成	组合振幅和相位探测
频率/kHz	40~100	50	52~62	44
最大 Ping 率/Hz	30	50	40	
深度量程/m	3~3 600	3~3 000,2 cm	2 500	3 000
最小水深/m	3	3	5	3
深度分辨率/cm	1	2	6. 1	12
CW 发射脉冲	0. 2~2 ms	0. 15~10 ms 可调		
FM 扫频脉冲	最大 120 ms			
最大采样频率/kHz		20	12. 2	
脉冲类型	CW 和 FM	只有 CW	CW 和 chirp	CW
最大覆盖倍率	5. 5 倍水深(估计值)	5. 5 倍水深(140°)	6 倍水深(143°)	4 倍水深
最大覆盖宽度/m	3 650	3 500	3 600	
发射和接收控制	3 区分频,动态聚焦	Sweep 逐次扫射		
每次发射的最大水深点数	800 个;30 kHz	315 个;50 kHz	960 个;10 kHz	等距:512 个 等角:150 个

续表 4-3

Brand 厂商	Kongsberg Maritime	L-3 ELAC Nautik	Teledyne ATLAS Hydrographic	Teledyne Reson
每条带的波束数量	400 个	315 个	320 个	150 个
多 Ping 功能	2 swath 每 Ping	多 Ping-2	多 Ping-4	无
发射波束宽度	0.5°、1°、2°	1°、2°	0.5°、1°、2°	1°、2°
接收波束宽度	0.5°、1°、2°	1°、2°	1°、2°	1°、2°
波束脚印是否等距一致	是	是	是	是
侧扫功能				
系统是否具备侧扫功能	标准配置	是	是	
每条带的侧扫样本数量	58 000@ 750 m		10 000/Ping	
精度				
系统的统计计算精度	满足 IHO-SP44 特级,0.2%水深/5 cm	0.2%水深	优于 0.3 m,0.2%水深 (2σ)	
最大可以允许的测量船速/km	12	12	12	
测量模式	等角、等距、高密(等距)	等角、等距	等角、等距	等角、等距
声速				
是否实时应用波束折改正	是	是	是	是
在实时数据采集过程中系统是否能够采集和集成声速剖面	是	是	是	是

续表 4-3

Brand 厂商	Kongsberg Maritime	L-3 ELAC Nautik	Teledyne ATLAS Hydrographic	Teledyne Reson
姿态补偿				
兼容的运动姿态传感器系统	Seatex Seapath 和 MRU, Applanix POS/MV, Coda Octopus, IXSEA	所有具有 TSS-1, PASHR 输出的协议的姿态传感器		
要求 MRU 达到的动态精度	纵摇/横摇: 0.02°; 涌浪: 5 cm	纵摇/横摇: 0.02°; 涌浪: 5 cm	纵摇/横摇: 0.02°; 涌浪: 5 cm	
运动补充	Roll 稳定波束±15° Picth 稳定波束±10° Yaw 稳定波束±10°	Roll 稳定波束±10° Picth 稳定波束±10° Yaw 稳定波束±5°	Roll 稳定波束±10° Picth 稳定波束±5° Yaw 稳定波束±5°	Picth 稳定波束±10°
传感器				
到处理器单元的接口	换能器表面声速、声速剖面、姿态、位置、艏向、1 PPS、单波束水深	换能器表面声速、声速剖面、姿态、位置、艏向	换能器表面声速、声速剖面、姿态、位置、艏向、1 PPS、单波束水深	换能器表面声速、声速剖面、姿态、位置、艏向、1 PPS、单波束水深
兼容软件				
在数据采集时在线获取水深数据	是	是	是	是
采集控制软件	SIS 软件	Hydrostar 软件	ATLAS HYDROMAP CONTROL 软件	PDS2000

浅水多波束系统一般选用 100~400 kHz 频率,测量量程为 0.5~500 m,系统的物理尺寸较小,方便安装在小作业船上。主流浅水多波束的性能指标如表 4-4 所示。浅水多波束地形测量应用十分广泛,从大陆架浅水区测量到近岸测量,勘察、海洋环境调查都可以用浅水多波束调查任务,而浅水多波束由于频率较高,因此测量精度较高,在海洋工程方面的精细测量的应用也是浅水多波束的主要应用方向。浅水多波束系统主要生产厂家也是由上述几家深水多波束厂家生产,比如挪威 Kongsberg 公司生产的 EM2040 系列(EM2040、EM2040P、EM2040C)、美国 R2Sonic 公司生产的 R2Sonic 2000 系列(R2Sonic 2026、R2Sonic 2024、R2Sonic 2022 等)、丹麦 Reson 公司生产的 Seabat 系列(Seabat T50P、Seabat 7125、Seabat T20),以及 Kongsberg 公司生产的 GeoSwath Plus 系列浅水多波束都是目前国内外的主流产品,但是近年来越来越多的生产厂家包括国产厂家也都推出各自的浅水多波束系统,也都有不错的性能,使得浅水多波束系统有着更多的选择。

表 4-4　主流浅水多波束的性能指标

项目	RESON T50P	R2Sonic 2024	ATLAS FS20	Kongsberg EM2040	ELAC SBeam 1180
频率/kHz	190～420	200～400	200	200/300/400	180
量程范围/m	0.5～575	1～500	0.5～300	0.5～600	300/600
扫测角度	165°	160°	161°	140°	153°
波束角	1°×0.5°	1°×0.5°	1.3°×1.5°	0.7°×0.7°	1.5°×1.5°
波束数量/个	512	512	1 440	800	126
测深分辨率/mm	6	5	20		20
采样率/Hz	50	60	16	50	25
海底探测技术	振幅和相位	振幅和相位	相干	振幅和相位	振幅和相位
运动补偿	Roll	Roll	Pitch	Roll,Pitch,Yaw	Roll

3. 按照发射波束分

根据波束形成的使用方法不同,多波束测深系统可以分为相干法和束控法。束控法是通过相控技术进行发射,一次只能向一个方向发射信号,采用旋转发射技术,发射与接收波束方向通过运动传感器补偿后达到一致。相干法是指发射机发射短脉冲一次完成扫描海底,接收器按一定的相位差接收海底回波信号。声学子系统同时记录回波时间获得回波波束的方向,求得海底测点的垂直深度和横向距离。

4.3　多波束测深系统主要类型

多波束测深系统发展已久,特点较单波束测深系统而言,能够一次在平面内给出几十个甚至上百个深度。通过测定,准确且快速地分辨出水下目标的形状和大小,得到最低点以及最高点的相关信息,从而准确地描绘出水下地形的相关精细特征,整体看来,做到了成功将海底地形通过面测量表达出来。与传统的单波束测深系统相比,多波束测深系统优势明显,测量速度快、范围大、效率和精度高及能够达到数字自动化记录和绘图。多波束测深系统的原理有两种:第一种,一定角度条件下,测定波束信号进行往返所用的时间;第二种,一定时间条件下,通过获取反射波束信号的角度。根据使用方法不同,多波束测深系统可以为两种,即电子多波束和干涉多波束。

4.3.1　电子多波束

根据发射阵列、接收阵列的形状,电子多波束可分为弧面阵系列和平面阵系列。原理是普通波动原理,如图 4-11 所示。主要技术是波束导向和束控技术。波束导向原理是通过对来自于声源阵中不同基元接收的信号进行时间或相位延迟,如图 4-12 所示。束控技术是将发射信号以及接收信号的能量聚集在主叶瓣上,同时抑制侧叶瓣及背叶瓣的信号,分为以下两种方法:

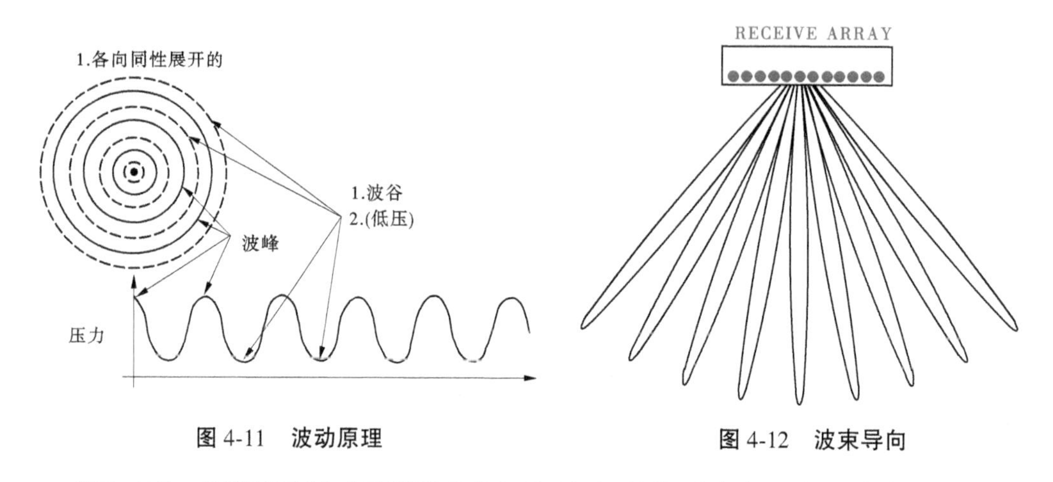

图 4-11　波动原理　　　　图 4-12　波束导向

相位束控:对信号进行时间延迟或者相位延迟,此信号来自于声源阵中不同的基元。此技术可指定主波瓣的传导方向。

振幅束控:声源阵中的不同基元上,施加不同电压值以此减小发射波束的旁瓣能级效果,同时使波瓣宽度增加。

4.3.2　干涉多波束

干涉多波束的工作原理是回波信号在换能器上发射一次短脉冲对海底进行一次扫描,2 个接收换能器通过相位差方式接收此信号,波束到达角和两个换能器存在固定关系的相位差,通过相干原理,解算出到达角,再与设备上记录波束经过的传播时间结合,计算出深度以及横方向的位置信息。干涉多波束在发展阶段,通过两个接收换能器组成,目的是记录相位差。由于人类要求的增加和技术的不断进步,干涉多波束正向着多个换能器层面发展。在海底平坦的理想状态下,假设声波作用于海底一固定点,此固定点与换能器的关系如图 4-13 所示。

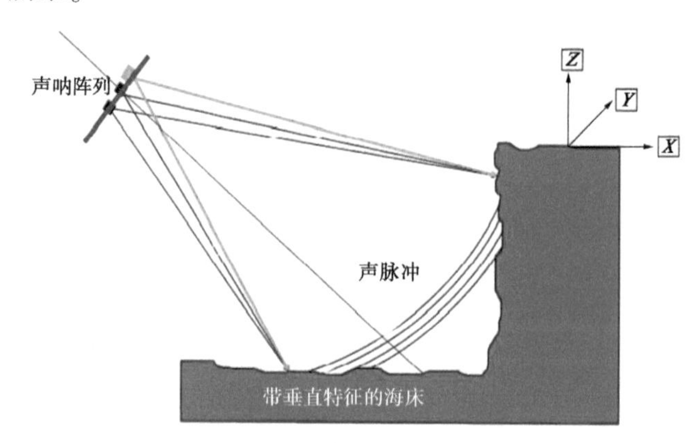

图 4-13　换能器与海底固定点关系

干涉多波束的优点如下:

(1)能够提供更高的解析度和更宽的条带宽度,因此数据密度大、分辨率高。

(2)能够得到精细图像和多波束水深同步输出的结果。

其缺点也非常明显,具体如下:

(1)中央波束质量差。

(2)适用于平坦地形,对复杂地形的测量解算能力较差。

4.3.3 不同类型仪器的比较

由于当今形势的改变和经济的快速发展,促进了人类对海洋探测的步伐, 在此背景下,多波束测深系统的发展和更新速度大大增加,性能不断提高。由于电子多波束和相干多波束都有各自的优缺点,其性能也有优劣,因此人们对于其选择也有相关考量。这里主要进行几种多波束仪器的列举比较,其性能指标可见表4-5、表4-6。

表4-5 电子多波束性能指标

生产厂家	型号	频率/kHz	波束宽度	探测范围/m	波束个数	扇面角
Sonic 公司	Sonic2024	200~400	0.5°× 1°	1~500	256/1 024	160°
RESON 公司	SeaBet8101	240	1.5°× 1.5°	1~300	101	150°
L-3 Communications ELAC Nautik GmbH 公司	SeaBeam1050	50	1.5°× 1.5°	5~3 000	126	153°
Kongsberg Simrad 公司	EM120	12	1°×1°~ 2°× 4°	20~11 000	191	150°

表4-6 干涉多波束性能指标

生产厂家	型号	频率/kHz	最大测量水深/m	覆盖宽度	波束宽度	脉冲长度/μs	最大分辨率/mm
GeoAcoustics 公司	GeoSwat h Plus 多波束	125~500	50~200	水深的12倍	0.5°~ 0.85°	32~896	12
GeoAcoustics 公司	GeoSwat h Plus AUV	125~500	4 000	水深的12倍	0.5°~ 0.85°	32~896	12
Ping DSP 公司	3DSS IDX-450	450	50~200	水深的10~20倍	0.25°~ 5°	10~200	17

4.4 多波束测深系统显控软件

4.4.1 国内外多波束测深软件发展现状

多波束测深系统高度集成现代信号处理、数字化传感器、高分辨显示、高性能计算机和高精度测深等算法和技术，随着需求剧增世界各国争相进行研发，与此同时多波束测深系统软件也得以快速发展，目前挪威、美国、加拿大、德国等国家已研制出多款多波束测深系统商业软件。虽然国内多波束测深系统软件研发相对较晚，但是我国对多波束测深技术高度重视，国内高校和研究所已经有一定的研究成果，目前已经由哈尔滨工程大学、浙江大学和中科院声学所等单位研制出多种型号多波束测深系统及相应的显控软件。

4.4.1.1　国外多波束测深系统软件的发展现状

国外多波束测深系统的研究和应用已经比较成熟，并且形成了系列化产品。主流商用多波束测深系统软件大致分为两种，实时处理软件和后处理软件，这些产品具有功能完备、集成度高、交互友好等特点。以下是国外最典型和常用的三种多波束测深系统软件。

1. QINSy 软件系统

QINSy 软件是由荷兰公司研发的一款多波束测深显控软件，可支持从简单的单波束勘测到复杂的海上施工作业等各种行业。软件适应 Windows 系统使用，具备多种辅助设备数据采集处理以及绘图等功能。QINSy 为各种类型的测量系统提供了一种安全可靠的解决方案，如图 4-14 所示，为 QINSy 软件创建测线和导航功能界面。该软件可广泛用于水文测量、河道疏浚监测、地震测量和动态定位等领域。

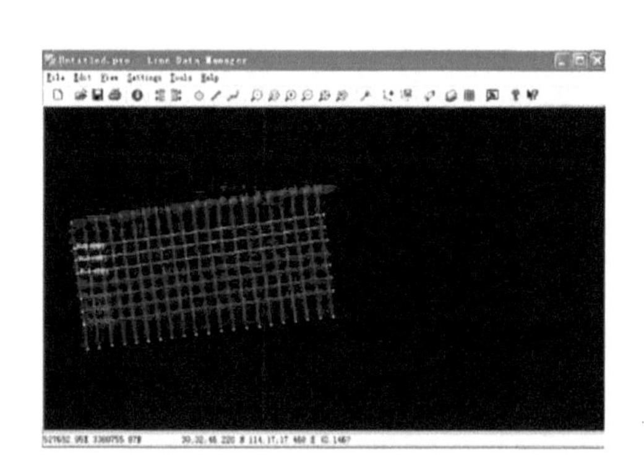

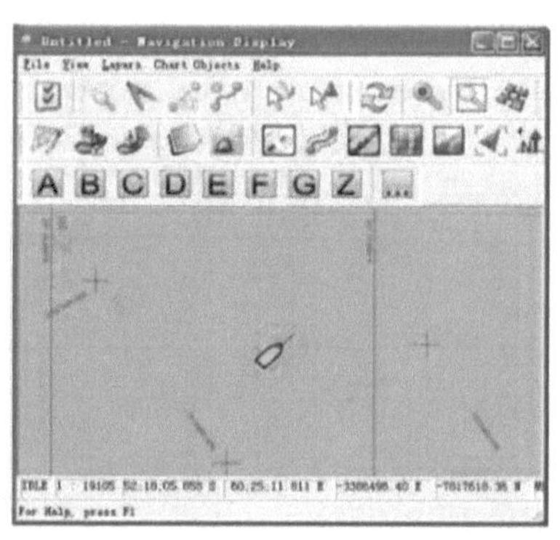

图 4-14　QINSy 测线与导航功能

QINSy 软件具备声呐工作需要的大部分功能，主要为声呐载体移动中用到的测线规划、辅助设备设置和校准、数据采集和格网数据处理功能。另外还扩展了几个附加功能包，包含河道疏竣监测调查、DGPS QC、S-57 ENC 更新以及 Qloud 等功能。

QINSy 多波束测深声呐软件主要分为四个部分：第一部分为工程准备阶段，主要定义大地测量参数、定义系统布局、创建测线计划、转换 DXF 信息和创建测深格网；第二部分为设置与校准，主要为设置定位系统、QINSy 辅助校准陀螺和姿态传感器，并使用处理管理器校准多波束测深声呐；第三部分为测线计划、声速设置、选择潮汐信息、记录数据和导航及舵手显示功能；第四部分为数据后处理模块，包含 QPD 文件校准处理、应用潮汐信息进行水位归正、剔除野值、输出格网数据以及格网数据处理并输出三维数据。如图 4-15 所示，为 QINSy 多波束测深声呐软件海底地形数据显示。QINSy 的优势在于数据采集、对声呐的实时控制性、在恶劣条件下保障声呐测量的数据，并实时对声呐数据进行辅助数据的补偿，实时对地形数据进行格网化，最终将精确的数据实时显示在上位机中，但其后处理三维拼图等功能相对薄弱。

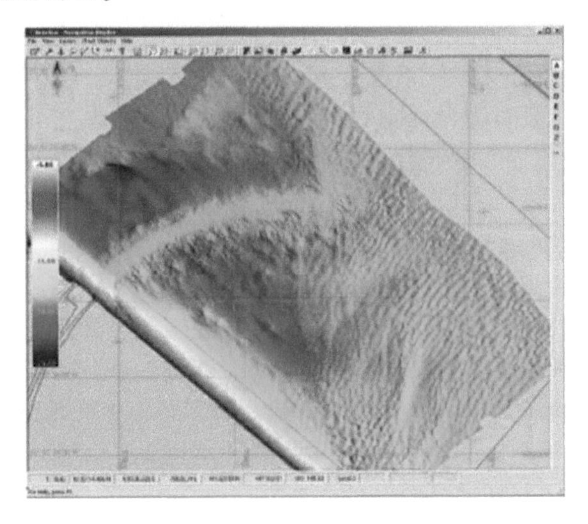

图4-15　QINSy 软件海底地形显示界面

2. HYPACK 软件系统

HYPACK 软件系统是美国 HYPACK 公司设计研发的一款基于 Windows 平台的水道测量和疏浚数据处理软件,该软件提供几乎所有水文测量所需的功能,如调查设计、数据收集、水深纠正、离群点剔除、绘图制表、CAD、体积数量计算、轮廓生成和创建/修改电子图表等功能,如图4-16所示。该软件具有良好的人机交互操作界面,功能体系完善,支持目前市场上大部分硬件设备,如 GPS 和惯导系统、单波束和多波束回声测深仪、侧扫声呐、浅地层剖面仪、姿态传感器、磁力仪和速度传感器等。HYPACK 软件系统应用于各种水文测量,包括监察航道情况、水下搜索、侵蚀和沉积研究、海滩复垦项目、海床调查等,主要包括声学多普勒流速剖面仪、磁力仪、单波束声呐、侧扫声呐、多波束声呐和激光雷达等模块。HYPACK 是一款商用的多波束软件,功能完善,目前国内外大部分多波束测深声呐系统中导航和后处理部分均使用 HYPACK 软件。

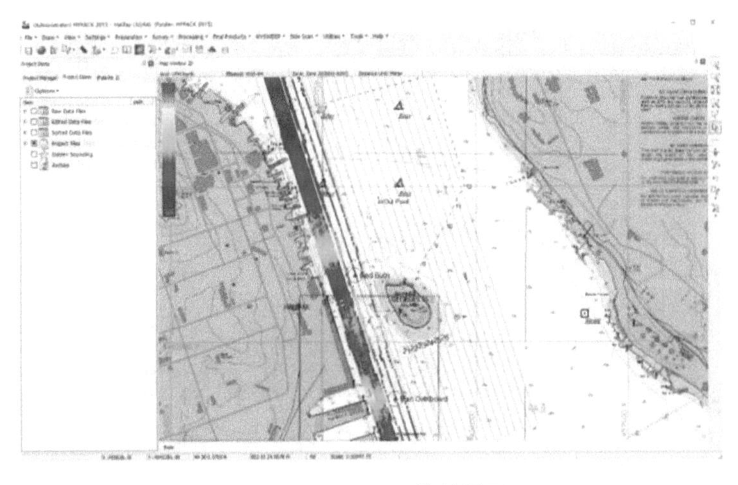

图4-16　HYPACK 软件界面

3. CARIS 软件系统

CARIS 由加拿大著名的海洋 GIS 软件开发公司开发,从原始测深数据获取到海图出图,CARIS 提供一整套流程化地理信息方案,该软件功能强大、简单易用,迎合各种海事领域的需求。该软件系统具有综合全面的海洋测绘数据处理、先进可靠的管理多种海量测深数据、准确定义海域边界、海图制图中减少数据冗余的企业级数据库管理等功能。可同时支持多种类型外围设备,人机交互能力强,可以很容易地集成到任何工作流程。如图 4-17 所示,CARIS 软件展现出强大的编辑能力。该软件能够同时处理多波束、后向散射、侧扫声呐、单波束和激光雷达数据。同时融合了最新的三维可视化技术,可用于水文、海洋学和海洋科学。如图 4-18 所示,CARIS 软件绘制出三维海底地形地貌图。软件最显著的特点是海图制图种类丰富,包含新一代电子海图和新一代纸海图,近年来 CARIS 软件出色地完成了中国沿海港口的大部分航行海图的周期性测量及编绘工作。

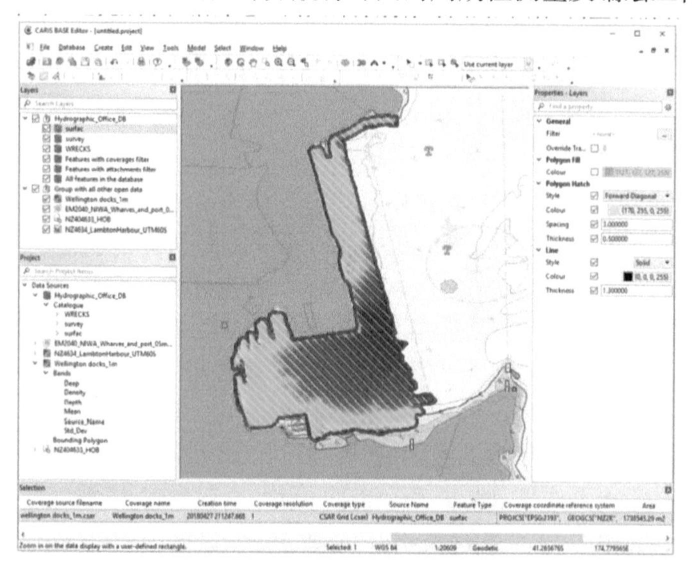

图 4-17　CARIS 软件编辑界面

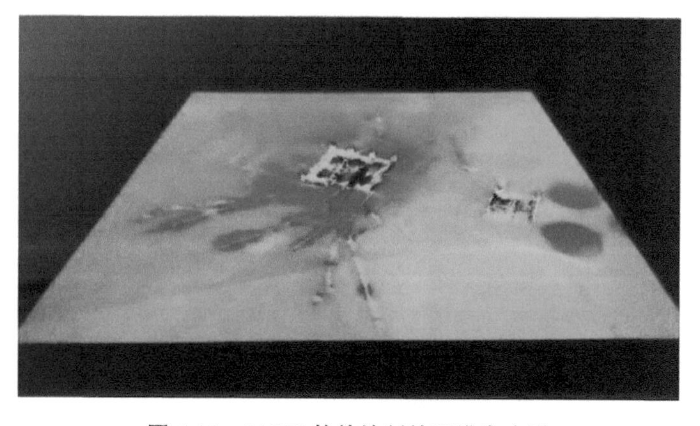

图 4-18　CARIS 软件绘制的三维海底图

4.4.1.2　国内多波束测深系统软件的发展现状

我国在多波束测深声呐系统领域的研究起步相对较晚,在 20 世纪 80 年代中期,我国研制出第一台多波束声呐样机。“八五”期间,国家重点资助多波束测深技术的研制工作。20 世纪末,我国研制出第一套条带测深系统。在国家的高度重视下,“十一五”期间,由中科院声学研究所、中船重工 715 所、国家海洋局第二海洋研究所等多家科研单位共同联合研制出我国第一套深水多波束声呐,该系统中的显控系统运行界面如图 4-19 和图 4-20 所示。

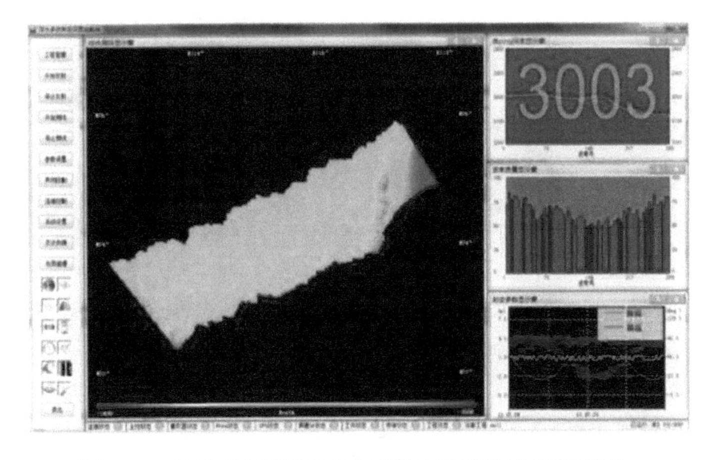

图 4-19　深水多波束测深侧扫声呐显控软件运行界面 1

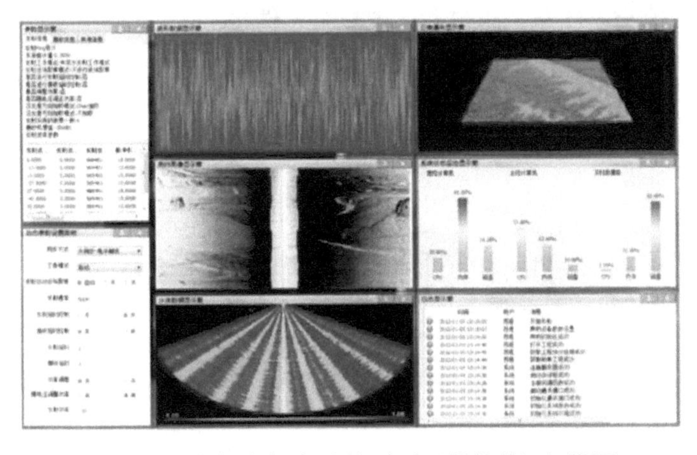

图 4-20　深水多波束测深侧扫声呐显控软件运行界面 2

该显控软件可以在不同的视图中显示不同的声呐窗口,如多波束声呐窗口、侧扫声呐窗口、三维海底地形窗口及辅助信息窗口等,以多视图的方式按不同需求对实时探测结果进行二维和三维的可视化显示,向多波束声呐探测设备提供了友好的控制终端。

哈尔滨工程大学研发的 HT-300S-P 型声呐是我国首套便携式多波束测深系统,填补了国内空白。一体化电子仓密封设计,体积小,重量轻,安装维护方便,是目前国内外体积和重量最小、性价比最高的多波束测深系统。具体指标为:作用距离 1~100 m,声波工作频率为 300 kHz,波束宽度为 1.5°×1.5°,可以覆盖的海底范围为 5 倍水深,有 128 个波束。该多波束显控软件主界面如图 4-21 所示。

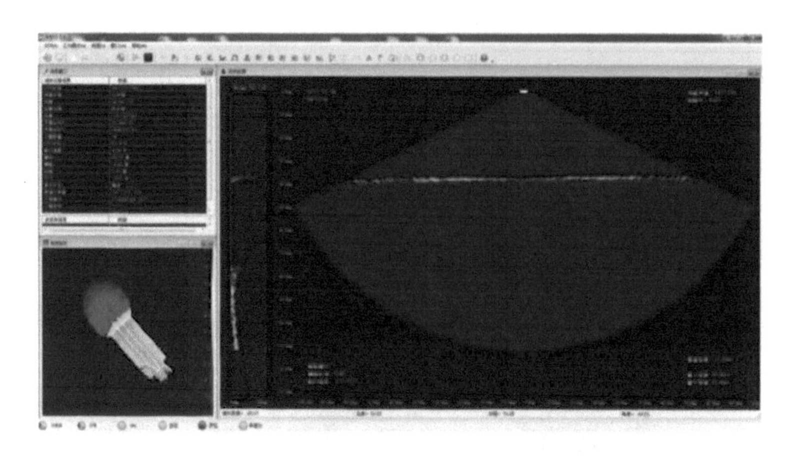

图 4-21　HT-300S-P 便携式多波束测深系统显控软件主界面

由图 4-21 可知,该多波束显控软件可以实时显示海底地形,辅助信息实时更新,并且可以显示当前周期内的水体剖面和测深结果,并将海底地形进行三维可视化显示,全面地覆盖了多波束测深系统的显示与控制需求。分析当前多波束测深系统及其上位机上运行的显控软件,可以看到:①随着多波束测深系统硬件平台逐渐向小体积、低功耗、低成本、高性能等方向发展,上位机也已经逐步由通用计算机向嵌入式系统转变;②以上国内外多波束声呐显控软件系统已经比较成熟,但还部分存在跨平台兼容性差、开发成本高等缺点,因此本书针对多波束测深系统应用发展需求,使用 Qt Creator 软件开发平台开发一套可多平台使用、功能丰富的多波束测深系统显控软件。

4.4.1.3　国内外常用多波束测深软件开发平台

国内外常用的软件开发平台包括 VC++、Visual Basic、Visual Studio 和 Qt Creator 等,对这些软件开发平台的特点介绍如下。

1. VC++集成开发环境

VC++是 Microsoft 公司的集成开发环境,它是面向对象的,为用户提供快速开发程序的框架,提高了编程效率。VC++具有编辑编译、建立连接和调试等功能,可以在程序框架中快速添加类。MFC 是微软基础类库的简称,封装了 Windows 的 API 函数。对它的应用需要了解消息流、窗口类结构和文档视图类等。COM 是开发软件组件的一种方法,有很多小型二进制可执行程序组成。使用 VC++需要对 C++语言和 MFC 框架有深入的理解。VC++发布于 C++标准最终确定之前,对该标准的支持并不理想。

2. Visual Basic 集成开发环境

Visual Basic 是 Windows 下的软件集成开发环境。它可以在 Windows 系统中开发各种应用程序,是面向对象的,并且能够快速简便地开发图形用户界面。由于 Visual Basic 软件开发平台是用 BASIC 语言编写的,对该软件的使用不对用户有 C++语言编程有过多要求。

3. Visual Studio 集成开发环境

Visual Studio 是微软公司开发的程序集成开发平台,集成多个编辑器编译器于一体,功能强大。它作为一种创新启动板,可用来编辑、调试和生成代码。它具有强大的功能,具有相对完善的集成开发环境,并且具有高度可扩展性。Visual Studio 集成开发平台要比 VC++更加标准。

4. Qt Creator 集成开发环境

Qt 是一个可开发多平台使用软件的 C++图形用户界面应用程序框架,为用户提供了便捷的可视化操作窗口,集成了编译器和界面编辑器等多个模块。Qt 容易被扩展,并允许进行真正的组件编程。Qt Creator 是跨平台的 Qt 集成开发环境。支持的系统包括 Linux、Mac OS X 和 Windows 等。使用 Qt 编写的软件界面美观简洁,代码可重用性强,并且便于为以后软件开发平台移植做准备。

前面提到的两款国内多波束测深系统中,均使用 Visual Studio 软件开发平台结合 MFC 框架来进行显控界面的设计,而 Visual Studio、VC++、Visual Basic 开发平台和 MFC 框架均须基于 Windows 平台使用,可移植性差,并且代码开发复杂。随着操作系统的更新,前三种软件开发平台的兼容性逐步下降。因此,现在大多选择 Qt Creator 平台来完成多波束测深系统的显控软件的开发工作。

4.4.2　Qt 开发环境介绍

由于不同的平台具有不同的系统特性和程序开发环境,需要使用的库及函数不同,代码的编写方式也不尽相同,包括开发的核心机制也存在许多差异,因此开发可跨平台移植的程序需要考虑多方面的复杂因素。这里根据软件的多平台使用需求选择了 Qt Creator 作为软件的开发平台。Qt 是一个可以跨平台的、开源的开发工具,目前大多数国产化软件均基于 Qt 框架开发,以其开源的代码、可借鉴的开发库及嵌入式系统的需求,得到了国内开发人员的青睐。同时因为其可移植性强,可以快速地实现在不同系统下的编译转换。

4.4.2.1　Qt 开发框架

Qt 是一个可开发多平台使用软件的 C++图形用户界面应用程序框架,可以在 Linux、MAC 和 Windows 系统中使用。Qt 于 2012 年被 Digia 公司收购,于 20 世纪初发行小型级的 Qt Creator 软件集成开发平台。Qt 包含 Qt Creator、Qt Linguist、Qmake、Qt Designer 和 Qt Assistant 等开发工具。Qt Linguist 用来加快应用程序翻译与国际化;最常使用的是 Qt Designer,通过集成到软件中后,可以轻松通过拖曳方式来完成软件页面的布局设计;Qt Assistant 程序开发助手为可定制的帮助文件和文档阅读器;Qmake 是一种代码编译器,集成后对于程序开发人员而言十分便捷。Qt 功能与底层 API 之间的 UI 部分构成关系如图 4-22 所示。

Qt 库对应不同的操作平台有不同的版本。直观地将操作平台与 Qt 库版本的关系反映出来。本书编写的多波束显控软件在 Windows 平台下开发,对应了 GDI(Graphics Device Interface)绘图接口库,其他平台则对应 X11 和 Macintosh 两个版本。Qt 中集成了各种各样的功能模块供使用者编程。如图 4-23 所示,介绍了其主要包含的模块和对应的功能。

由图 4-23 可以看出,Qt 集成了图形显示、数据库、网络等模块于一体,面向对象开发且拥有丰富的软件开发接口。对照多波束测深显控软件的需求分析,该框架可以完全满足其所有功能需要。

4.4.2.2　信号与槽机制

信号与槽机制使对象间可以进行信息交流,通过信号的触发实现槽函数立即执行。

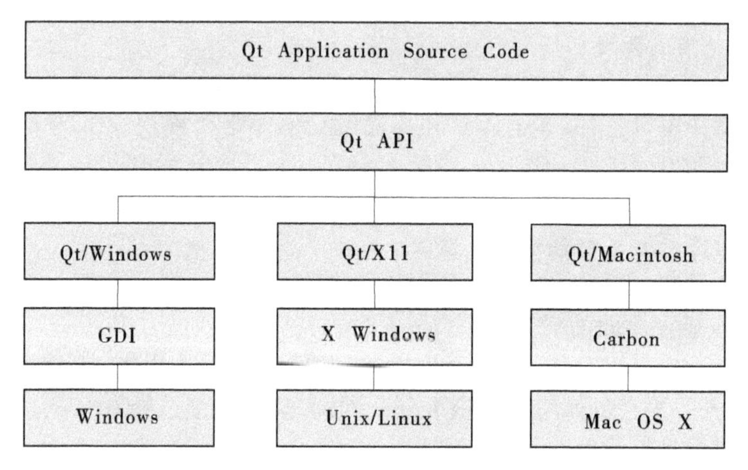

图 4-22　Qt 功能与底层 API 之间的 UI 部分构成关系

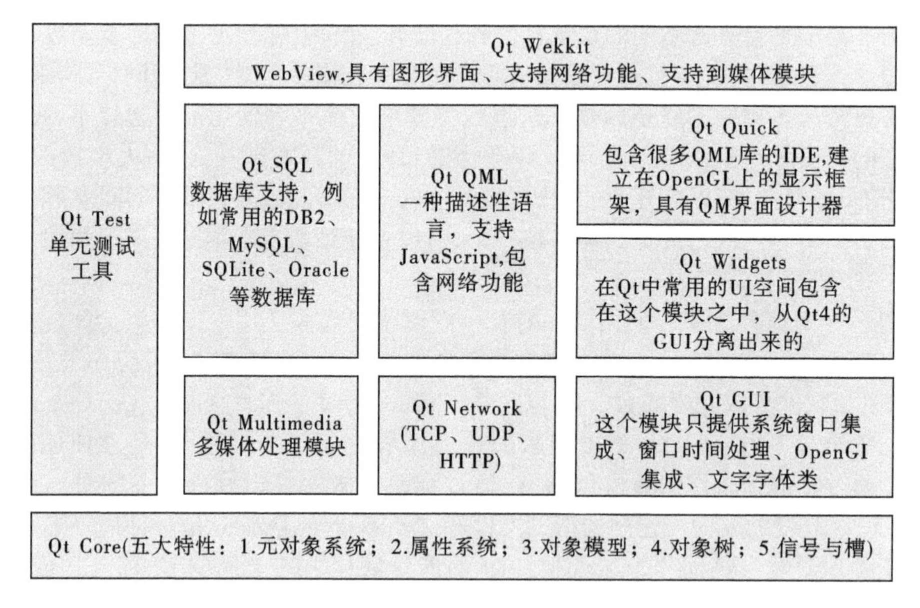

图 4-23　Qt 模块结构

信号与槽是 Qt 的核心特征，是与其他开发框架不同的最突出的特点。在 GUI 编程中，当改变了一个部件时，期望其他部件可以对其做出反应。大部分情况下，我们希望不同的对象之间能够进行通信。例如，用户单击点击最大化按钮操作时，希望执行窗口的最大化函数 showMaximized(　)。Qt 中的信号与槽实现了这个功能，可以将操作和响应相互绑定。一些工具包(例如 MFC 框架)使用回调机制来实现对象之间的通信。该方法将指针指向即将操作的函数，之后可以在进程运行时在正确的位置调用返回函数。但是回调函数机制不能确定类型，也不能保证可以使用对的参数来使用回调函数。而且是强耦合的，回调机制紧紧地绑定了图形用户的功能元素，进而很难把开发拆分成独立的模块。

Qt 的信号与槽机制与回调机制的原理不同。信号会在某个具体事情发生的时候产生,每个信号都有与之相对应的操作事件。比如想要在窗口关闭时弹出警告框,窗口关闭会发出close( )信号,因此只要写一个弹出警告框的槽函数,与该信号相关联,则可以成功实现这一功能。信号与槽机制的操作是安全的,当类型有误的时候会发出警告,不会使系统产生崩溃的现象。信号与槽的实现扩展了C++的语法,同时也充分地利用了C++面向对象的特征。信号与槽的连接方式如图4-24所示。一个信号可以与多个槽函数链接,多个信号可以与单个槽链接,一个信号可以与另一信号链接。如果该信号与多个槽函数建立链接,则在发出信号时,将以相应的顺序依次执行。

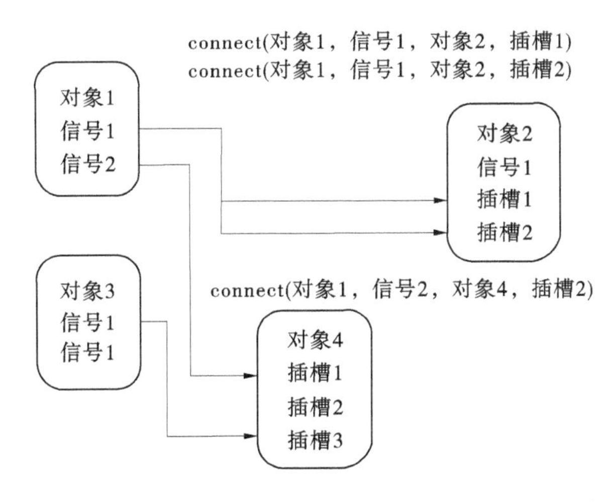

图4-24 信号与槽的连接方式

4.4.2.3 事件和事件过滤器

QEvent是Qt事件类,每个具体事件都继承自这个类并加入了相应的事件函数。常见的事件有30多种,包括QPaintEvent绘图事件、QMouseEvent鼠标事件和QKeyEvent键盘事件等,并且一些事件支持对多种事件的响应,如鼠标事件中支持鼠标左右键单击双击、按下、弹起、拖曳、滚轮等操作的响应。事件通过调用QObject::event( )函数发送。

由于程序处理通常是复杂且可变的,因此Qt的事件分配方法是灵活机动的。事件通常是通过调用虚拟函数来触发的,应用程序还可以创建并发送自定义的事件以实现某些复杂功能。在Qt中,要实现事件发送,创建事件对象,使用发送事件响应函数,返回值代表事件已被执行。

图4-25是一个自定义事件处理的例子。

```
bool MyClass:event(QEvent*e){
    if(e—>type()==QEvent::KeyPress){
        QKeyEvent*ke=(QKeyEvent*)e,
        if(ke —>key()==Key Tab){
        //这里是特定的 tab 处理
        k->accept();
        return TRUE;
      }
    }else if(e->type()>=QEvent::User){
        QCustomEvent*C=(QCustomEvent*)e;
        //这里是自定义事件处理
        return TRUE;
    }
    QWidget::event(e);
    }
```

图4-25 自定义事件

4.4.3 多波束测深显控软件数据可视化系统的设计与实现

显控软件的可视化系统接收来自数据传输模块转发的数据，在每个可视化模块中将数据进行解算和优化处理后，进行绘图显示。本章将从实时通道数据可视化、实时水体数据可视化、实时地貌数据可视化三个方面，针对不同数据的特点和可视化表达中存在的问题展开分析，并完成各个模块的设计与实现工作。

4.4.3.1 QWT 类库简介

1. QWT 类库

Qt 提供了绘制二维图像的模块，可以实现一些基本点、线的绘制。然而要更好地实现图像显示效果和操作功能，软件中集成了提供专业级绘图库的 QWT 绘图插件进行原始波形和地貌图像的绘制。

QWT 绘图库是一个基于 LGPL 的开源插件库，可以用于绘制各种统计图，如曲线图、折线图、伪彩图、点图等二维图像，并且包括仪表盘、滚动条等控件。QWT 是基于 Qt 框架开发而来的，具有 Qt 的跨平台特性。该插件库主要提供了曲线、滑块、仪表盘、圆盘这四类 2D 图形控件集，可在此基础上设计美观实用的各类控件。使用 Qt 中的 2D 绘图库和 QWT 插件库共同开发多波束测深系统软件界面，为创建窗口、绘制曲线与伪彩图提供了更好更便捷的方法，优化了软件的设计与开发流程。

其中，QwtPlotItem 类是插件库中所有绘图控件的基类，由该类派生出 QWT 的网格类、曲线类、坐标轴类等，图 4-26 中为各个类之间的继承关系。

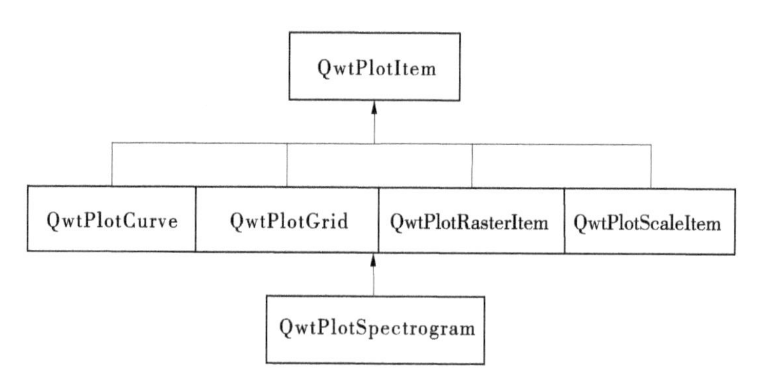

图 4-26 QWT 类继承图

由于 QWT 插件库继承了 Qt 的跨平台特性，在使用 Qt 框架开发的项目程序中均可集成使用 QWT。

2. QWT 开发环境编译

首先在 QWT 官网 http://sourceforge. jp/projects/sfnet _ qwt/downloads/qwt/下载 QWT6. 1. 3，解压得到的压缩文件，目录中 src 文件为 QWT 的源代码，example 中为 QWT 样例程序的源代码，doc 中为帮助文档。

使用 Qt Creator 打开并编译 qwt. pro 文件，完成 QWT 的编译工作。在项目中使用该插件还要进行一些文件的配置工作。以 E:\program\Qt5. 4. 2\qwt-6. 1. 3 安装在 E:\

program\Qt5. 4. 2\5. 4\mingw491_32 目录下为例：

(1)E:\program\Qt5. 4. 2\qwt-6. 1. 3\lib 的 qwtd. dll、qwt. dll 动态库文件复制到 E:\program\Qt5. 4. 2\5. 4\mingw491_32\bin 目录下。

(2)E:\program\Qt5. 4. 2\qwt-6. 1. 3\lib 的 qwtd. lib、qwt. lib 静态库文件复制到 E:\program\Qt5. 4. 2\5. 4\mingw491_32\lib 目录下。

(3)E:\program\Qt5. 4. 2\qwt-6. 1. 3\designer\plugins\designer 的 qwtdesigner_plugin. dll 和 lib 文件复制到 E:\program\Qt5. 4. 2\5. 4\mingw491_32\plugins\designer 目录下。

(4)E:\program\Qt5. 4. 2\qwt-6. 1. 3\include 中的所有文件复制到 E:\program\Qt5. 4. 2\5. 4\mingw491_32\include\qwt 目录下。

由以上四个步骤完成对 QWT 的编译与配置。图 4-27 中展示了使用 QWT 库绘制简单波形的运行效果。

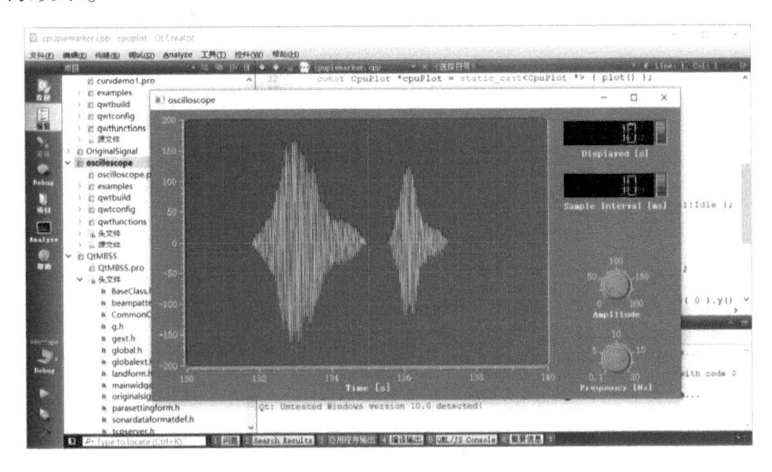

图 4-27　QWT 简单工程测试

4.4.3.2　实时通道数据可视化模块

通道数据是采集板采集的各通道回波信号数据，实时显示通道波形可以供操作人员观察各个通道的回波信号波形，是判断声呐是否正常工作的一种重要途径。由 4.4.2.1 节可知，通道数据数据量大小约为每秒 8 MB，对于实时刷新的界面而言，数据量相当庞大，因此为了解决高效率无延迟地绘制通道波形的问题，采用多线程的方式将解析后的通道数据在线程中处理与绘制，充分利用系统资源，并发处理通道数据，优化通道数据可视化处理性能，在 4.4.3.3 节和 4.4.3.4 节也是如此。

本节中通道数据可视化模块的绘制主要用到了 4.4.3.1 节中的 QwtPlotCurve 类实现波形的绘制功能。首先添加 QwtPlotCanvas 画布类对象和 QwtPlotGrid 网格类对象，并设置坐标轴参数；添加 QwtPlotCurve 曲线类，设置曲线画笔颜色，使用 setRenderHint( ) 函数设置曲线光滑，并用 setSamples(xData,yData) 函数设置曲线数据，其中 xData 是采样点容器，yData 是将对应采样点的回波强度值归一化后存入容器；为了在图像上根据鼠标的位置显示该点采样点数，添加 QwtPlotPicker 坐标拾取器类对象实现鼠标位置的跟踪；最后进行图像绘制。图 4-28 为通道波形显示窗口运行效果。

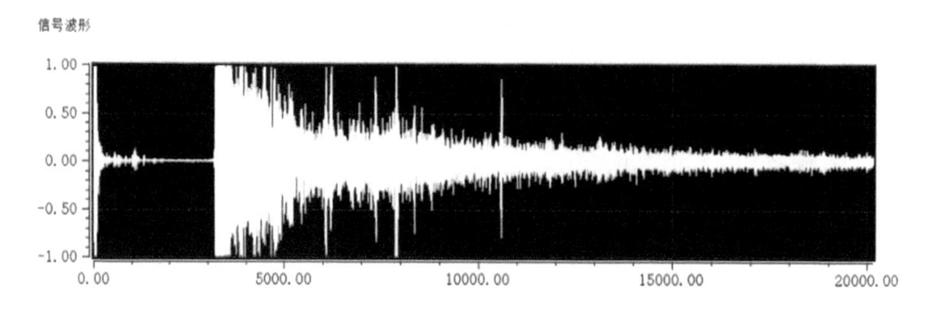

图 4-28 通道波形显示窗口

这里采用以定时器的方式实时对通道数据进行刷新，通过信号与槽机制将定时器的 timeout 信号与刷新槽函数绑定，依系统的工作频率设定实时刷新的时间间隔。具体实现代码如下：

```
QTimer * curveTimer = newQTimer( );
connect( curveTimer, SIGNAL( timeout( ) ), this, SLOT( slotReplot( ) ) );
curveTimer->start( 1000/ping_rate );//单位 ms，根据 PING 率设置刷新时间间隔。
```

4.4.3.3 实时水体数据可视化模块

波束剖面显示窗口显示当前周期内测得的海底深度信息，以波束深度点颜色变化直观地显示海底剖面的地形。由 4.4.2.1 节可知，波束数据数据量大小约为每秒 13 MB，并且要完成位置解算、使用图像增强算法进行优化后进行绘制，这对于实时刷新的界面而言，数据量相当庞大，为了解决高效率无闪烁地绘制水体图像的问题，采用多线程的方式将解析后的水体数据在线程中处理和绘制，充分利用系统资源，并发处理水体数据，优化水体数据可视化处理性能，并采用双缓冲绘图方法对水体图像进行绘制，提高绘图效率。模块的结构框图如图 4-29 所示。

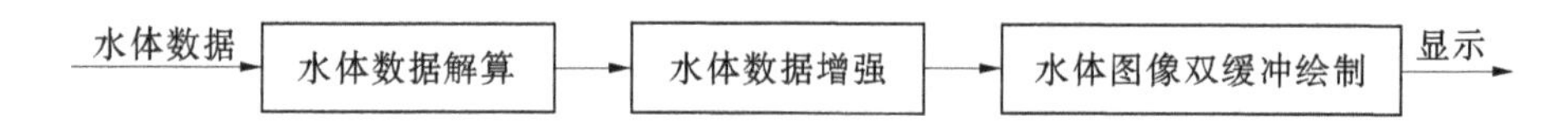

图 4-29 水体数据可视化模块流程

1. 水体数据解算

随着计算机硬件和多波束测深系统算法的飞速发展，多波束测深系统具备获得密集水深、高分辨率反向散射强度数据的能力，可以高效探测海底地形地貌，同时还具有水体成像功能，可以对水体中感兴趣的目标进行高效二维成像。多波束测深系统获得的水体图像携带了波束从换能器到海底的完整信息，可以连续监测感兴趣目标的空间位置信息，成为国内外学者的一个重要的研究方向与热点问题。在实际应用中，按照多波束测深系统中等角或等距工作模式得到探测扇面中每一个波束的角度，通过不同水体的回波强度体现水体图像中的目标信息。探测扇面的实际位置与水体数据存储之间的关系如图 4-30 所示。

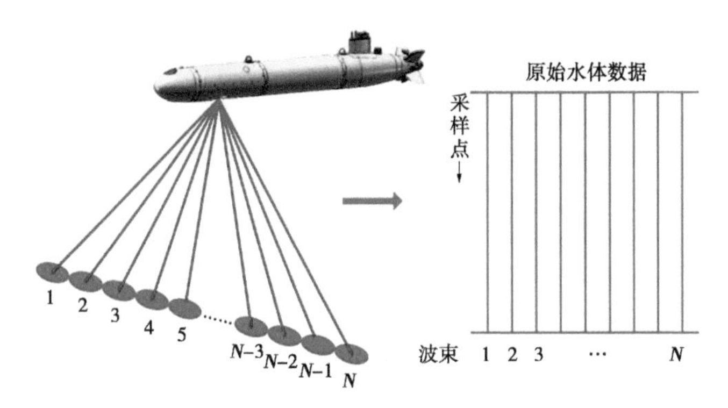

图 4-30　水体数据结构示意图

在波束位置解算中，每个采样点的斜距计算公式如下：

$$R = \frac{n + T_r}{2f_s}c \tag{4-16}$$

式中：f_s 为信号采样频率；n 为采样点数；T_r 为混响延迟点数；c 为声波声速。

得到斜距后，利用三角形勾股定理根据数据点的波束角度计算出显示窗口的数据点坐标(x,y)，计算公式如下：

$$\begin{cases} x = x_0 + R \cdot \sin\left(\dfrac{\theta \cdot \pi}{180°}\right) \\ y = y_0 + R \cdot \cos\left(\dfrac{\theta \cdot \pi}{180°}\right) \end{cases} \tag{4-17}$$

其中x_0 和y_0 为基阵 O 的横纵坐标，如图 4-31 所示。

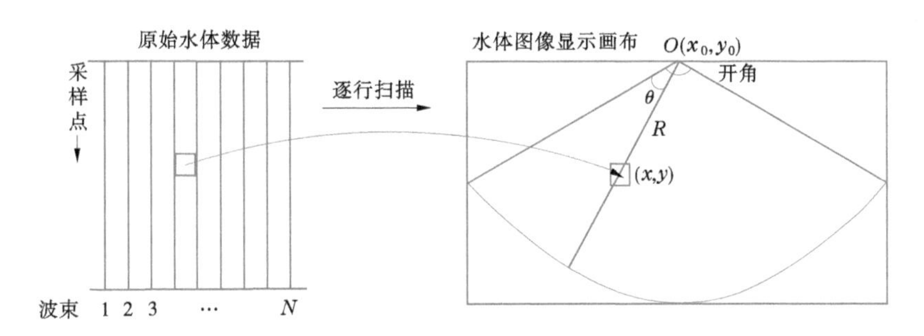

图 4-31　波束位置解算原理示意图

2. 水体数据增强

对声呐获取的水体数据进行动态亮度分配处理，目的是增强图像的对比度，使目标及海底轮廓更加清晰。动态亮度分配算法将声呐接收的回波信号强度映射到 0～255，建立映射函数，选取合适的参数增强水中目标及海底轮廓亮度。设强度最小值为 L，强度最大值为 H。这里为避免产生孤立单峰，取回波强度输入最大值的 10%作为最大值 H。在这里对回波强度最值进行限制，当回波强度小于 L 时，其映射的颜色值为 0；当回波强度大于 H 时，其映射的颜色值为 255，映射函数如下式所示：

$$\begin{cases} Z_{\text{out}} = 0, Z_{\text{in}} = L \\ Z_{\text{out}} = 255\left(\dfrac{Z_{\text{in}} - L}{H - L}\right)^{\gamma}, L < Z_{\text{in}} < H \\ Z_{\text{out}} = 255, Z_{\text{in}} \geqslant H \end{cases} \tag{4-18}$$

式中：z_{in} 为声信号回波强度；z_{out} 为输出灰度值，范围在 0~55；γ 为映射函数参数。

当 $\gamma=1$ 时，产生一个线性拉伸；当 $\gamma<1$ 时，图像亮度得到增强；当 $\gamma>1$ 时，图像亮度减弱，将 γ 值分别设定为 0.5、1、2、4，图 4-32(a)~(d) 为映射参数不同情况下的效果图。可以看出，随着映射参数 γ 的增加，水体目标和海底轮廓与背景的对比度不断增强，但当 γ 值过大时，背景中的噪声也随之明显变亮，使目标部分细节丢失。通过试验对比，当 $\gamma=2$ 时，效果最好。因此，在选取映射函数 γ 时，需要多方面因素考虑，不同任务需求中，选取不同的 γ 值以达到效果。

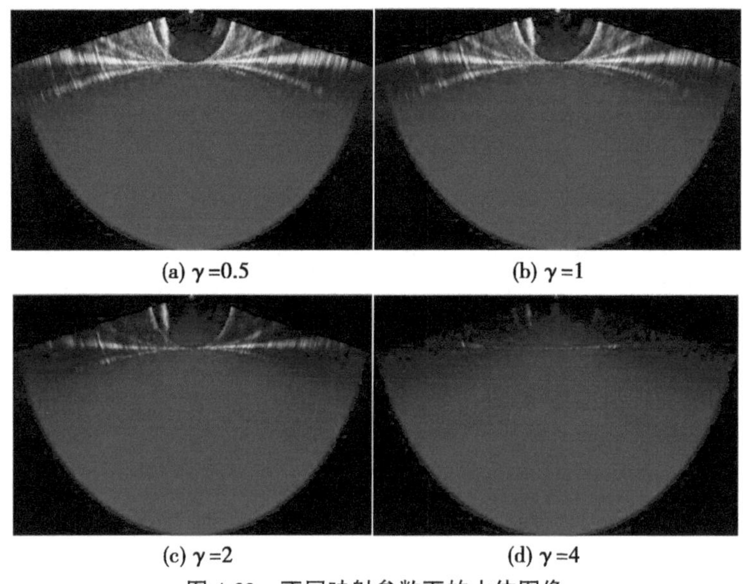

图 4-32 不同映射参数下的水体图像

3. Qt 双缓冲绘图技术

Qt 双缓冲绘图是一种应用于图形图像编程中的基本技术手段。由于要显示在窗口中的数据量很大，在图形绘制的过程中，如果直接在画板中进行绘图，在软件实时刷新窗口的情况下会造成界面显示的卡顿，不利于软件的实时性。双缓冲绘图在内存中创建一个和绘制画板相同的对象，先在缓冲区中进行图像绘制，之后将这个对象直接拷贝到屏幕上。这样可以实现两个对象交替完成图像的绘制工作，提高了绘图的效率，可以消除大量数据实时绘制时产生的延迟现象。

4. 水体图像绘制

经过分析水体数据的特点，本模块采用 QPainter 类实现二维散点图的绘制，并结合 QColorMap 类按照波束深度点的强度不同绘制彩色图像。本系统波束数量为 512 个，以基阵为圆心，依据等距或等角模式按 512 个波束方向绘制扇形散点图。

Qt 中集成了绘制图像的基础类 QPainter，使用该类可以画基础的点线及其他二维图。

图形绘制类为用户提供了各种各样的接口函数，可以绘制图形，按照色棒设置颜色，以及可以实现一些在界面窗口中拖曳、平移、改变图形大小的操作。此外，还能够使绘制出的图片和文字消除锯齿等特殊功能。

水体图像的绘制分为两个部分。首先，绘制每次刷新图像不需要重绘的构件，在构造函数中绘制基阵，并且根据覆盖扇面的角度绘制扇形背景。其次，在定时器刷新连接槽函数中，取经过前两小节处理后得到的波束位置数据和对应点优化后的强度数据，绘制每次刷新需要重绘的波束深度点。使用双缓冲绘图技术，将后一部分的绘制首先在 QImage 上进行，在绘图事件 paintEvent(　) 中再将 QImage 绘制到界面上显示。当刷新窗口进行重新绘制时，使用 update(　) 函数刷新，调用该接口函数可实现对窗口的擦除和重绘功能。

图 4-33 为水体图像的绘制效果。窗口中 x 轴方向坐标表示以基阵为中心，左右的横向距离；y 轴方向坐标表示基阵以下的深度。波束点的颜色由黄到蓝代表采样点的强度由强到弱，由此显示了当前 Ping 测量范围内的水体剖面信息。软件将测深结果以红色绘制在水体图像中，用以标注当前 Ping 的海底深度。

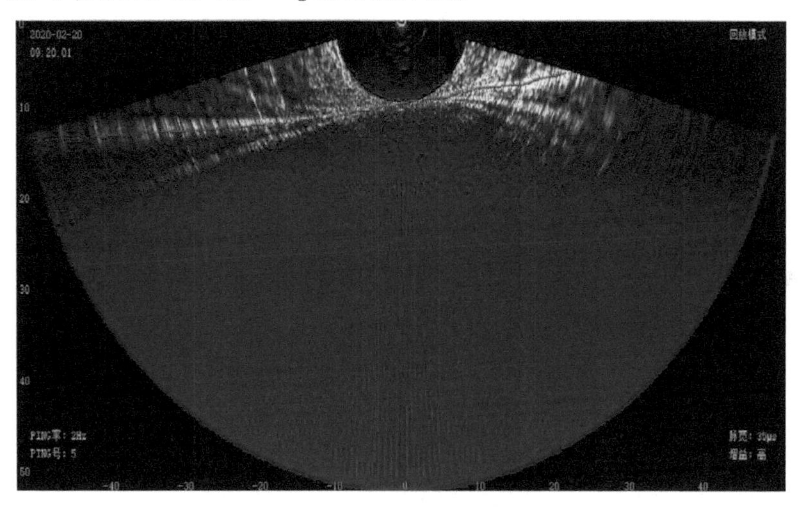

图 4-33　水体数据结构示意图

4.4.3.4　实时地貌数据可视化模块

分析地貌数据的特点，软件将海底地貌图像以伪彩图的形式进行显示，根据反向散射强度、入射角度、横摇纵摇和艏向等测量信息绘制地貌伪彩图。模块中首先进行地貌数据解算，之后按照条带更新方式使用 QWT 绘图插件绘制伪彩图，最后在界面中实时刷新显示。地貌数据可视化模块流程如图 4-34 所示。

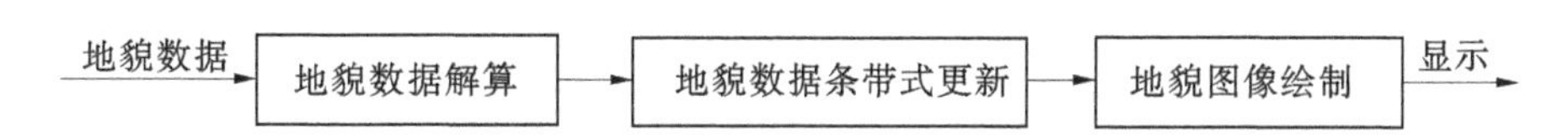

图 4-34　地貌数据可视化模块流程

1. 地貌数据解算

由于海洋环境因素和多波束测深系统的复杂性，系统采集到的海底回波强度 I 不能反映真实的海底特性。在地貌数据生成之前，还需要根据声呐方程对回波强度进行修正，从而

获得更精确的地貌特性。多波束测深系统是一种主动声呐系统,其声呐方程可以表示为:

$$EL = SL + D_T - 2TL + BS + G_R + S_H + D_R \tag{4-19}$$

式中:EL 为接收回波信号级;SL 为发射声源级;TL 为声波传播损失;BS 为反向散射强度;S_H 为水听器接收灵敏度;G_R 为系统处理增益;D_R 和 D_T 分别为接收阵和发射阵的波束指向性图。其中,参数 SL、D_T、G_R、S_H 和 D_R 取决于多波束测深硬件系统的参数。BS 取决于海底的反向散射特性和海底瞬时有效声照射面积 A 以及海底的地形条件:

$$BS(\theta) = BS_b(\theta) + 10\lg[A(\theta)] \tag{4-20}$$

式中:BS_b 为海底固有反向散射强度,与海底底质类型的特性和回波信号入射角 θ 有关;有效声照射面积 A 与波束脚印和声脉冲照射区域覆盖大小有关,是一个复杂的参量。

根据式(4-19)和式(4-20)可以推算出海底反向散射强度 $BS_b(\theta)$ 的表达式为:

$$BS_b(\theta) = EL - SL - D_T + 2TL(\theta) - 10\lg[A(\theta)] - G_R - S_H - D_R \tag{4-21}$$

在获取真实的海底反向散射强度数据后,对其进行相应归一化处理从而绘制地貌伪彩图。反向散射强度最大值是 $GBS_{b\max}$,最小值是 $GBS_{b\min}$,强度最大值为 $G_{\max}$,最小值为 $G_{\min}$,归一化公式如下所示:

$$G = G_{\min} + \frac{G_{\max} - G_{\min}}{GBS_{b\max} - GBS_{b\min}}(GBS_b - GBS_{b\min}) \tag{4-22}$$

2. 地貌图像绘制

为了能够在占用较小内存的情况下实现对地貌图像的快速绘制,软件根据每 Ping 地貌数据按照条带更新方式更新的特点,使用一种条带式增量更新方法以构造动态地貌伪彩图像,达到实时地貌数据的可视化表达目的。由于实时地貌数据在实时模式下累加,实时绘制现有地貌数据,直至最后一 Ping 数据绘制完成时显示完整地貌。因此,按照最终地貌图像的显示需求构造一个存储地貌数据的容器,以一 Ping 地貌数据作为条带单元,按照先入先出队列的方式将解算后的地貌数据加入容器并进行绘制。这样可以避免消耗过多的计算机资源,将对整个地貌数据的处理分解到对每 Ping 地貌数据的处理,提高了图像实时绘制的效率。图 4-35 为地貌数据的条带更新方法。

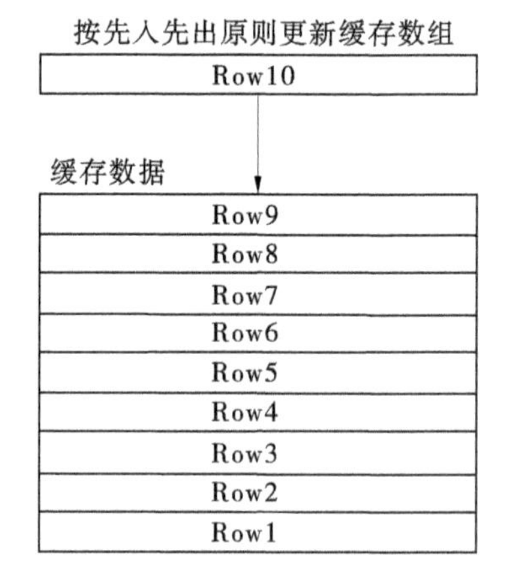

图 4-35　地貌数据的条带更新方法

海底地貌图以伪彩图的形式进行显示,使用到 4.4.3.1 节 QWT 插件库中的 QwtPlotSpectrom 类绘制。方法如下。

1) 定义频谱图对象

首先定义一个频谱图对象。在 QWT 中,实例化一个 QwtPlotSpectrogram 频谱图类对象实现伪彩图的绘制功能。在本软件的二维伪彩图中,纵坐标设置为 Ping 号,横坐标设置为采样点数,颜色由采样点的反向散射强度值确定:

```
m_landform=newQwtPlotSpectrogram();//定义频谱图对象
```

2) 数据栅格化处理

为了以伪彩图形式显示地貌数据,先要将地貌数据进行栅格化处理转换成栅格数据。QwtRasterData 类可以对各种类型的数据进行栅格化转换,对应的接口函数可以按照画布显示分辨率和大小将数据进行重采样处理,并将得到的矩阵数据映射到定义的栅格中。QwtMatrixRasterData 类继承自 QwtRasterData 类,用于实现对矩阵数据的栅格化。多波束显控软件中的地貌数据存储在二维数组中,使用该类对地貌数据进行处理,其中 setValueMatrix(QVector&,int)函数用于传入矩阵数据,setData(QwtRasterData *)用于设置光栅数据。

3) 矩阵颜色映射

Qt 中使用 QwtColorMap 颜色类实现将矩阵数值映射成不同颜色的功能,使用该类实现地貌伪彩图像的颜色映射。颜色类中有两个派生子类,分别为 QwtLinearColorMap 类和 QwtAlphaColorMap 类。这里使用前一个颜色类,使用时通过设置颜色的偏移量完成不同数值的颜色映射。各个偏移量位置不同,以其中前后两个相近偏移量对应不同颜色完成颜色的过渡。其中 addColorStop(double,QColor&)函数用来设置 0~1 的偏移量和对应颜色。使用 setColorMap(QwtColorMap *)函数实现对光栅数据的颜色映射。使用 setColorBarEnahled(　)函数和 setColorMap(　)函数对右侧色棒进行设置。

4) 设置频谱图显示模式

使用光栅类的 setDisplayMode(　)函数来设置频谱图的显示模式。

5) 添加图元

最后使用 attach(QwtPlot * plot)函数将频谱图添加到相应窗口中,完成地貌数据的可视化功能。

其中色棒设置如图 4-36 所示。

图 4-36　海底地貌显示窗口

图 4-37 为 Qwt 控件显示的地貌显示窗口界面。

图 4-37　海底地貌显示窗口

4.4.4　多波束测深软件测试

以对多波束测深系统工作原理的充分理解和软件各模块的详细设计为基础,本书基于之前的研究内容,通过模拟发包软件和网络调试助手验证了网口通信的实现,完成了对硬件系统进行参数设置与状态设置,以及各个窗口的显示功能。最后通过实验室调试和水池试验验证了该软件系统数据采集、存储与显示的功能。

4.4.4.1　通信功能测试

使用模拟声呐数据发包软件向多波束显控软件发送数据,测试软件网口的通信功能。

首先将发包软件安装在测试计算机上,将测试计算机与采集计算机用网线连接,并按数据传输方案设置各自的 IP 地址和端口号。点击向服务器发起连接按钮,如图 4-38 和图 4-39 所示,采集软件成功与发包软件建立连接。

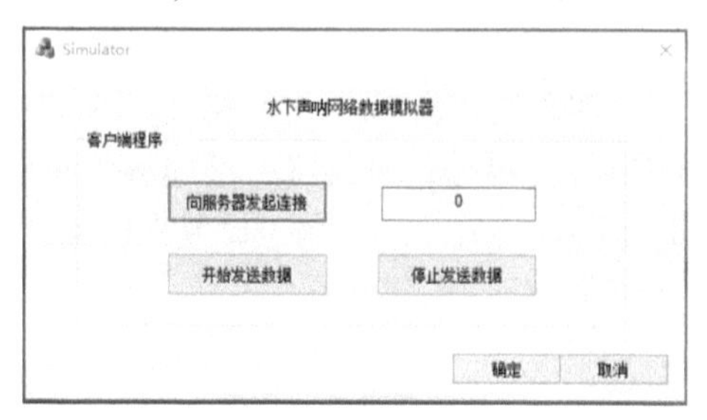

图 4-38 模拟声呐数据发包软件界面

图 4-39 模拟器与多波束显控软件连接成功

成功建立连接后,点击"开始发送数据"按钮,模拟发包软件开始向显控软件发送数据。为了监控数据传输速度,打开任务管理器中的性能窗口,显示以太网传输速率曲线如图 4-40 所示。由图中可见传输速率在 22.5 MB/s 左右,满足系统传输速率需求。

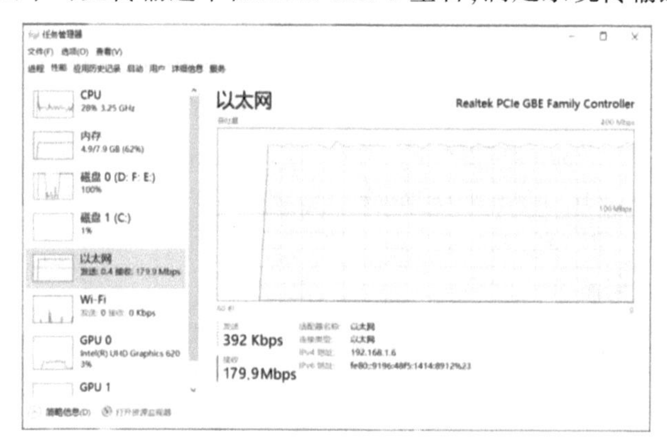

图 4-40 以太网传输速率监控窗口

4.4.4.2 数据库存储功能测试

为了验证显控软件数据库存储功能,使用网口调试助手向软件发送辅助设备信息,在数据库中查看存储结果。由于 MySQL 不具有像 Access 数据库一样的 UI 界面,这里使用 Navicat Premium 软件辅助显示数据库中的数据。测试结果表明软件可以在数据库中进行不同类型的数据存储,其中 GPS 数据表和姿态数据表分别如图 4-41 和 4-42 所示。

4.4.4.3 显示功能测试

1. 通道波形窗口测试

通道波形窗口实时显示采集板采集的各通道回波信号的波形,如图 4-43 所示。项目中声呐接收机使用 108 通道采集板,因此要求该窗口能够显示 108 通道的信号波形。但如果将所有的通道波形同时显示在一个窗口中,每个波形会很小,波形信息也不便于观察。根据使用者的需求,该软件设计多种显示模式,旨在直观便捷地观察原始信号波形信息。

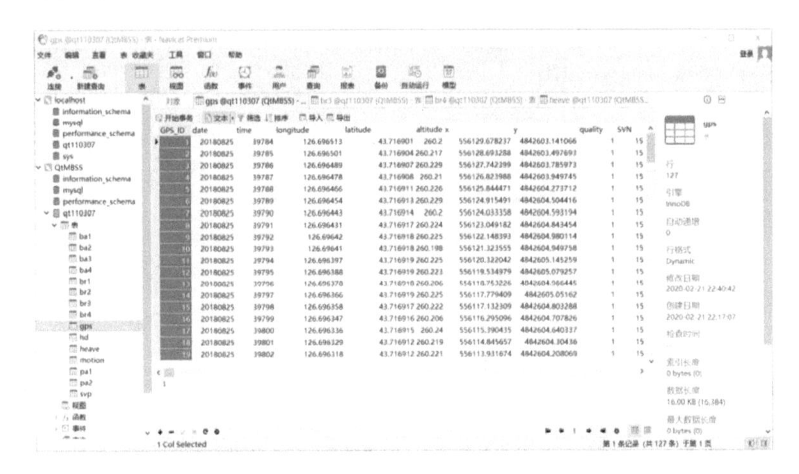

图 4-41　MySQL 数据库中 GPS 数据表

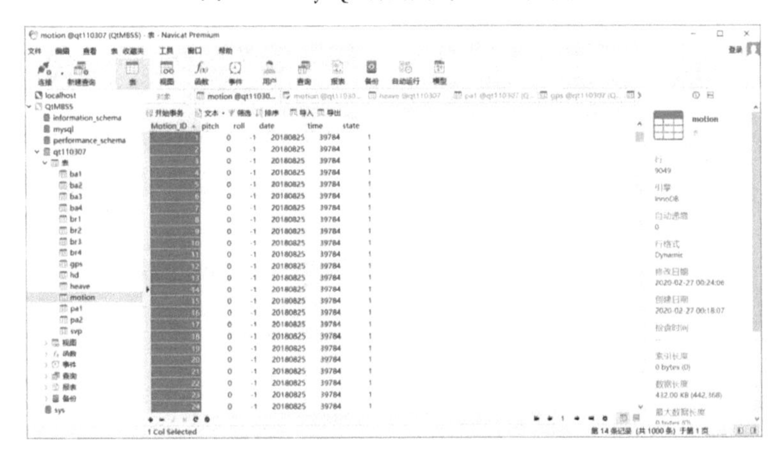

图 4-42　MySQL 数据库中姿态数据表

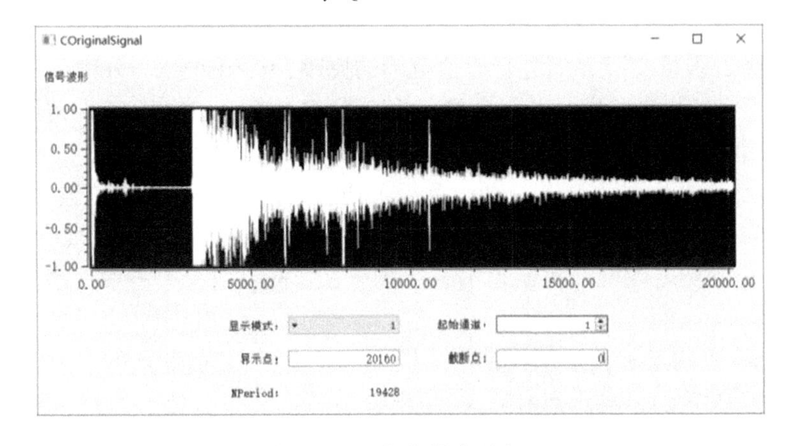

图 4-43　采集信号波形窗口

通道信号波形窗口是判断基阵接收信号是否正确的重要依据，该界面只在调试设备时使用。由图 4-43 中窗口界面可看出显示分为两部分：波形显示区和工具区。

其中工具区如图 4-44 所示，该工具区主要有以下几个功能模块：

(1) 显示模式:用来控制通道波形显示数量,如图 4-45 所示该下拉框有 6 个选项可供选择,默认显示单通道波形数据。

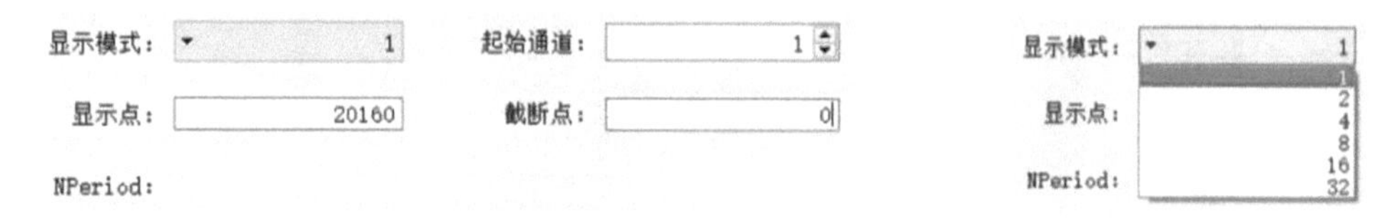

图 4-44 对话框工具条　　　　图 4-45 显示模式选项列表

图 4-46 为显示 8 通道波形的界面。

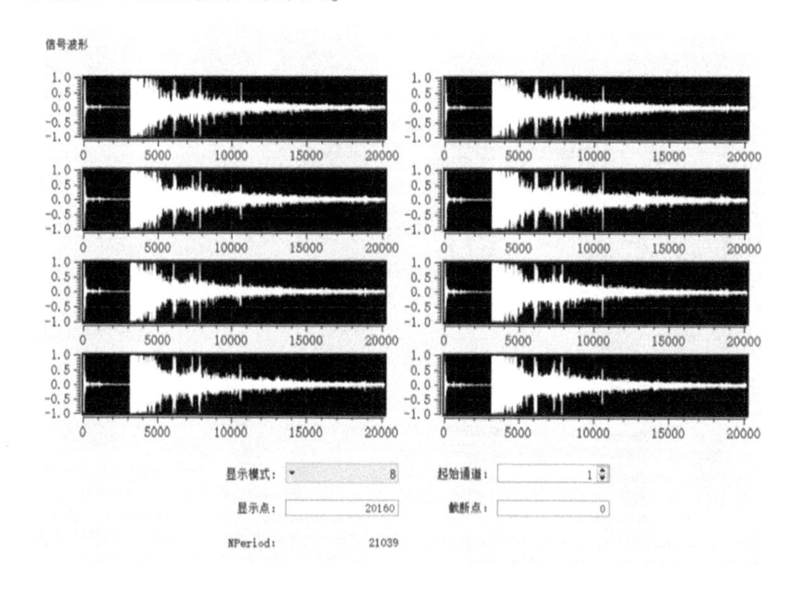

图 4-46 通道显示模式窗口

(2) 起始通道:可通过下拉框选择由第几个通道的波形数据开始显示,其取值范围为 1~108。可以通过人机交互界面进行取值范围的更改,有两种方式,分别为按钮操作和外围设备输入。更改后,波形显示区就会显示相应通道的波形,当输入不在范围中的数字时弹出对话框报错,输入无效。

(3) 显示点:在框中输入数字可以设置每个通道显示信号的采样点数。如图 4-47 为显示点数为 15 000 点的效果图。可以手动输入想要观察的采样点数,然后按回车键,波形显示区的波形即随之改变。控制显示的点数与总采样点数有关。本程序控制至少显示 100 个采样点。

(4) 截断点:控制显示波形从设定的采样点数开始显示,截断点的点数设置与总采样点数和当前窗口设置的总显示点数有关,超出合理范围程序报错。通过该编辑框更改显示的起始采样点位置,根据需求输入显示点数字,随后波形也随之改变。图 4-48 为起始采样点为 2 000 时的信号波形图。

(5) NPeriod:显示当前鼠标所在的采样的点的标号。通过 setMouseTracking( ) 函数来开启鼠标轨迹,随窗口中的鼠标移动获取当前点的 x 轴坐标,即采样点标号。结合采样

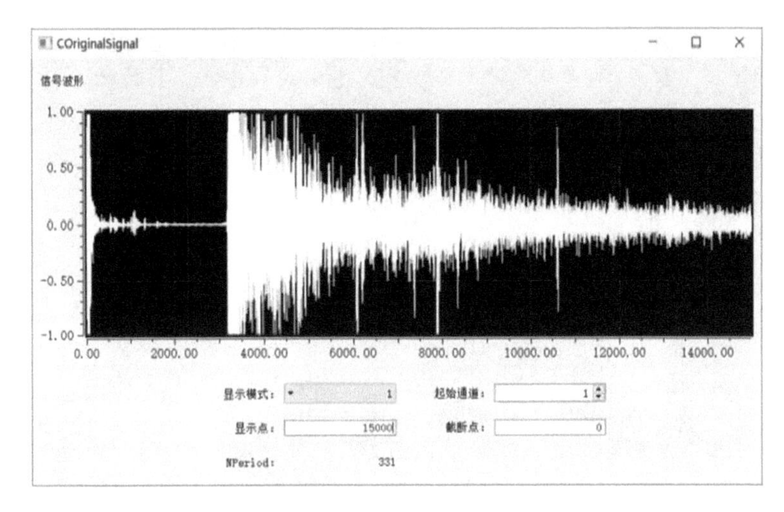

图 4-47　显示点为 15 000 点时的信号波形图

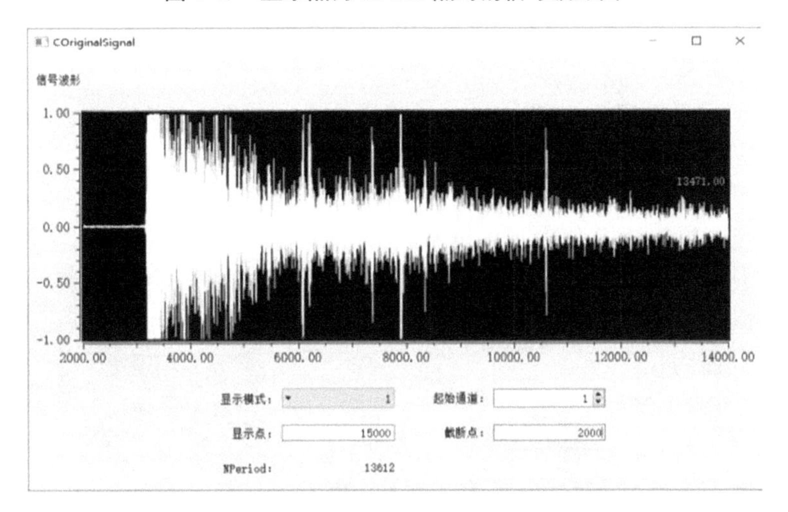

图 4-48　起始采样点为 2 000 时的信号波形图

率可大致估算出当前时刻的深度值。

2. 水体剖面窗口测试

波束剖面窗口显示了当前 Ping 测得的水体数据信息和深度信息，如图 4-49 所示。本系统扫测波束数量为 512 个，以基阵为圆心，依据等距或等角模式按 512 个波束方向绘制扇形散点图。测深点使用红色点绘制，水体采样点的颜色代表该点的强度，由此显示了当前 Ping 测量范围内的海底剖面信息。

窗口中显示了多波束系统的参数，主要有日期、系统时间、工作模式、频率、当前图像 Ping 号、脉宽和增益等信息。窗口下方为回放模式下的回放控制栏，通过点击“开始/暂停”按钮进行控制，点击“加速 * 2”按钮即按当前播放速度的 2 倍速播放，点击“减速/2”按钮按当前播放速度的半速播放，“上一帧”和“下一帧”按钮可在暂停播放后，查看当前帧前后的数据图像，便于观察关键性的测量图像。通过拉动控制栏中间的滑块可以从任一 Ping 数据开始播放。

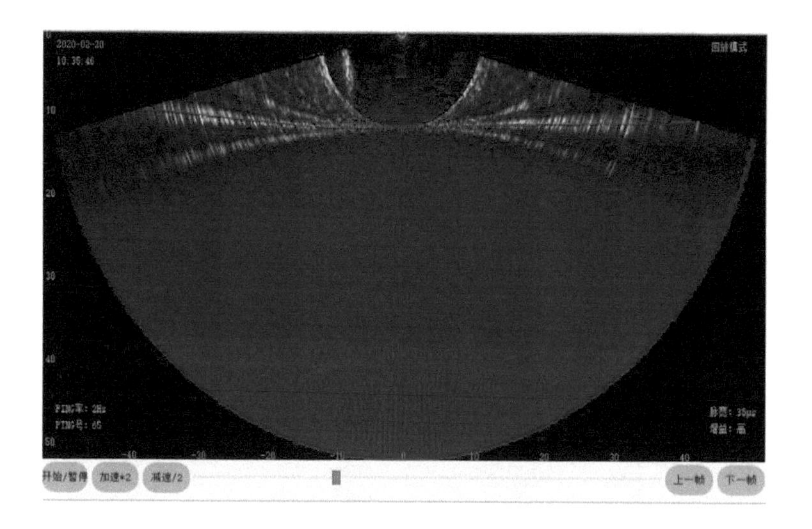

图 4-49　波束剖面显示窗口

3. 地貌窗口测试

地貌显示窗口界面如图 4-50 所示。其中黄色表示反向散射强度值最强，黑色表示反向散射强度值最弱。从图中可以看出，颜色偏黄色说明此处对声波的散射能力强，颜色偏黑色表示此处对声波的散射能力弱。该地貌窗口具有较强的海底地貌分辨能力，直观地显示出不同地貌信息，验证了显控软件高分辨探测地貌的能力。

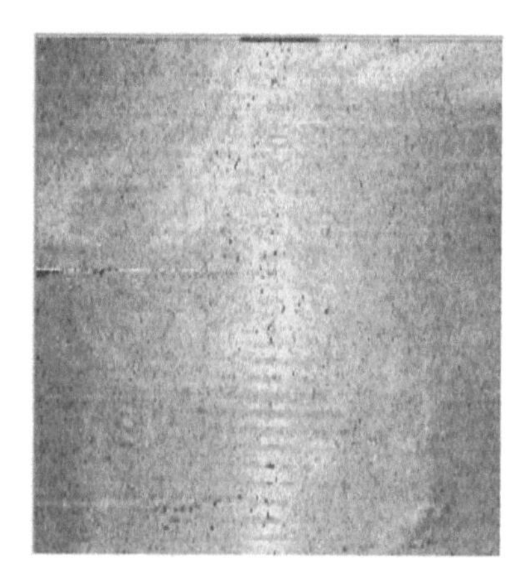

图 4-50　海底地貌显示窗口

4.4.4.4　软件整体测试

1. 软件实验室测试

软件除四个主要显示窗口外，还有工具栏、状态栏、实时参数控制界面三部分。这三部分同四个主要窗口基本上覆盖了整个显控界面。以显示窗口为主，辅助信息窗口为辅，共同将声呐工作的整体状态和声呐数据的测量结果显示给用户。

(1) 工具栏。工具栏主要指导用户如何快速正确地使用声呐系统及软件。如打开和新建工程；声呐工作开始阶段对工作参数的设置；控制系统开始和停止工作；当声呐稳定工作后，将主要显示窗口最大化，便于用户观察。软件菜单栏如图 4-51 所示。

图 4-51　软件菜单栏界面

第一个按钮的功能是切换“回放模式”和“实时模式”两种工作模式界面，其中，回放模式时右侧实时参数控制界面不可操作，实时模式下水体图像下方的回放控制模块不可操作。

在实时模式中，点击“新建工程”按钮后，弹出“新建工程”对话框，如图 4-52 所示。若已经在本机器上运行过该软件并建立过工程，则软件“本次运行”时会自动加载工程信息，将最后一次打开的工程载入软件，并加载响应的配置信息。若没有运行过该软件，则需要创建一个新的工程。首先输入工程名称，对话框弹出时，会根据当前系统时间，使用月日时分秒信息，默认一个工程名字。然后单击“浏览”按钮选择一个存放工程文件的文件夹位置。

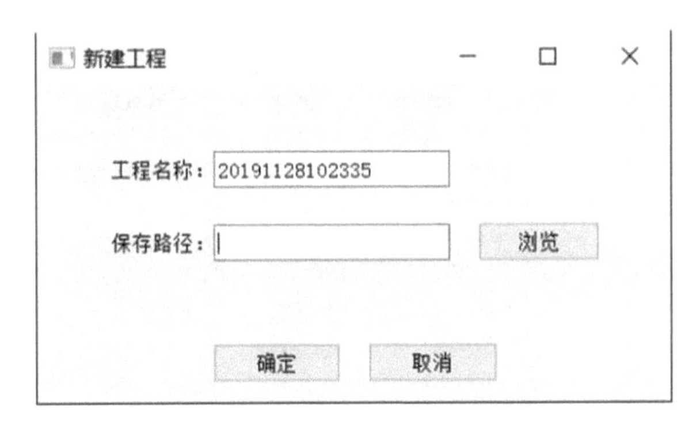

图 4-52　“新建工程”对话框界面

如果想打开一个已经存在的工程，点击“打开工程”按钮后，在弹出的对话框中选择一个已经存在的工程，如图 4-53 所示。

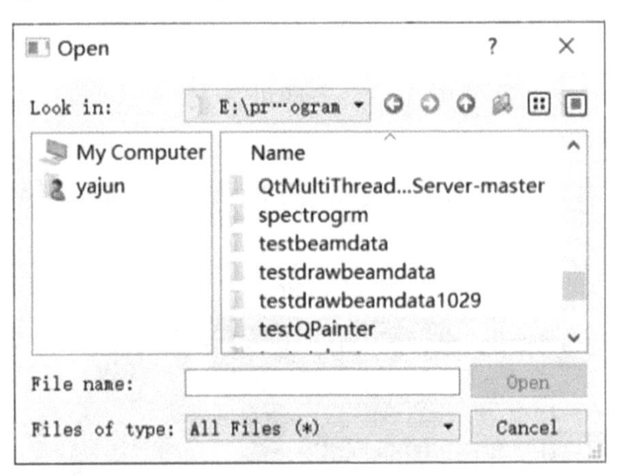

图 4-53　“新建工程”对话框界面

点击“设备设置”按钮后，弹出系统参数配置对话框。在系统参数初始化部分设置多波束系统的工作参数，包括选择式初始化参数、输入式初始化参数和选中式初始化参数三种。选择式参数包括波束模式、信号脉宽、发射功率、覆盖扇面、初始增益、频率、TVG 曲线、显示量程等；输入式初始化参数包括最大深度、最小深度、人工设定声速等；选中式初始化参数包括表面声速来源选择和是否使用实时横纵摇补偿，如图 4-54 中上半部分所示。

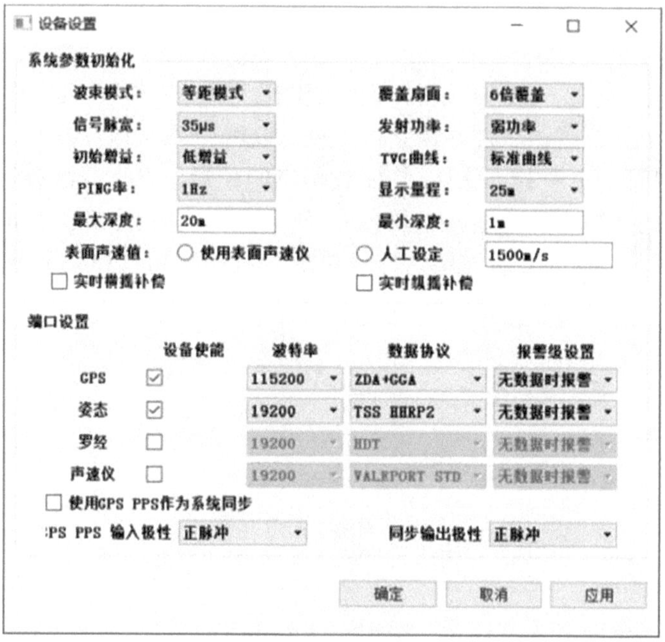

设备设置

系统参数初始化

波束模式：等距模式　　覆盖扇面：6倍覆盖

信号脉宽：35μs　　发射功率：弱功率

初始增益：低增益　　TVG曲线：标准曲线

PING率：1Hz　　显示量程：25m

最大深度：20m　　最小深度：1m

表面声速值：○ 使用表面声速仪　○ 人工设定　1500m/s

□ 实时横摇补偿　□ 实时纵摇补偿

端口设置

	设备使能	波特率	数据协议	报警级设置
GPS	☑	115200	ZDA+GGA	无数据时报警
姿态	☑	19200	TSS HHRP2	无数据时报警
罗经	□	19200	HDT	无数据时报警
声速仪	□	19200	VALEPORT STD	无数据时报警

□ 使用GPS PPS作为系统同步

GPS PPS 输入极性 正脉冲　　同步输出极性 正脉冲

确定　取消　应用

图 4-54　系统参数配置对话框

端口设置部分用于设置多波束测深系统中 GPS、姿态、罗经和声速仪设备的端口参数、输出数据协议和报警级别设置，如图 4-54 下半部分所示。对于接入的多个辅助设备，需要根据各个设备连接的数据格式将相应的波特率与数据协议进行调整。在该软件中，按照输出数据的不同类型分别设置各端口，图中的四个端口可以由多个设备提供，因此在软件中只需要设置对应数据类型的端口设备即可。

点击“快速截屏”按钮可以在实时工作模式中截取整个屏幕，并保存至工程文件路径下，方便数据处理人员快速定位有效数据位置，提高后续数据处理效率。“快速截屏”功能效果如图 4-55 所示。

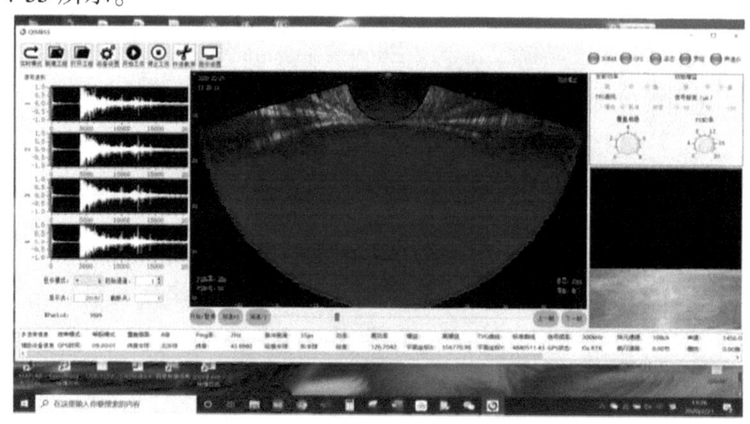

图 4-55　“快速截屏”功能效果

(2)状态栏。更直观地显示整个系统各个部分的工作情况,一旦系统工作出现问题,可以通过状态栏快速检测每个部分的工作情况。如图 4-56 所示,图中绿色的图标代表已经建立连接,灰色的图标代表没有建立连接,设备工作异常时显示红色。

图 4-56　软件状态栏界面

(3)实时参数控制界面。可以在软件运行中实时对声呐设备进行控制(见图 4-57)。实时可调的参数有发射功率、初始增益、TVG 曲线、信号脉宽、覆盖扇面和工作频率。

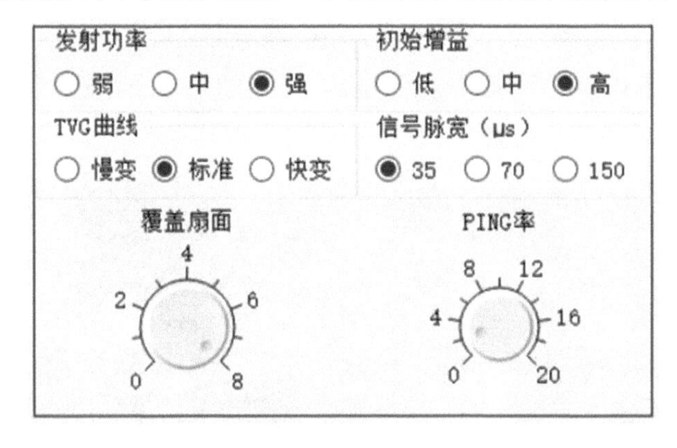

图 4-57　软件实时控制界面

(4)调试过程中软件的整体工作界面如图 4-58 所示。

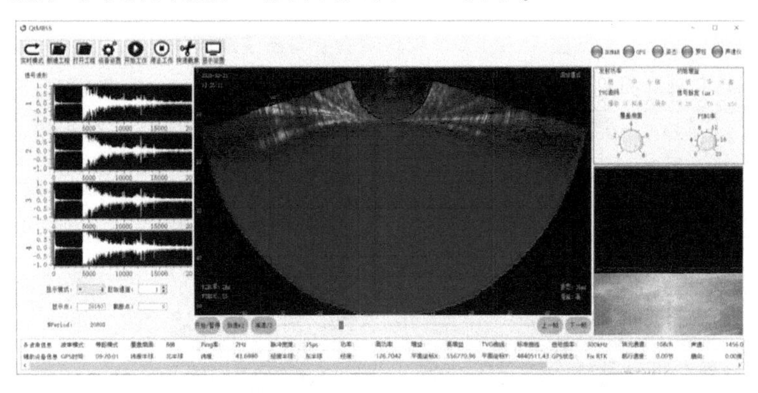

图 4-58　软件整体工作界面

2. 软件试验测试

在完成软件的编写、实验室测试的基础上,在信道水池进行软件测试,验证显控软件的功能和工作稳定性。试验通常选用自主研制的多波束声呐,如图 4-59 所示,工作频率为 300 kHz,脉冲宽度为 35 μs,波束宽度为 1°×1°,波束数目为 512 个。

通过连接法兰将换能器基阵安装在水池行车上,将基阵电缆插头与转接盒连接,转接

图 4-59　多波束声呐

盒与笔记本通过网线连接。设备安装完毕后,上电进行水池静态测试试验,如图 4-60 所示。

图 4-60　多波束声呐安装与系统联调

试验中的软件运行截图如图 4-61 所示。从图中可以看出,软件状态显示灯工作正常,声呐参数信息显示正常,通道波形窗口显示正常,水体剖面显示窗口正常显示由 512 个波束组成的剖面数据,能够清晰地观测出水池的池壁轮廓。在测试中系统能够稳定正常工作,验证了设计的多波束测深声呐显控软件可以达到预期目的。

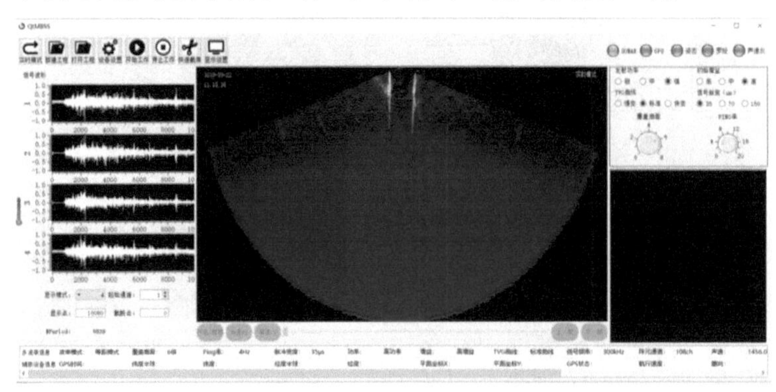

图 4-61　水池试验实时模式工作下界面截图

3. 软件整体测试结果

通过实验室测试和水池试验，对多波束声呐显控软件的功能进行验证，测试结果如下：

（1）通过网口通信测试验证了软件的网络通信功能，数据传输速度满足声呐系统需求，没有出现网络阻塞问题；通过数据库测试验证了数据库文件存储功能。

（2）通道波形显示模块可以实时准确地显示各个通道的波形数据，并且能够以多种模式供软件使用者直观便捷地观察信号波形的信息。

（3）在绘制水体剖面显示窗口中，可以看到水体强度数据的最大值与数据解算后得到的深度数据完全重合，验证了数据解算的准确性。

（4）地貌窗口实时更新显示稳定，验证该部分实现了对地貌高分辨探测显示功能。

（5）试验工作中，显控软件可以长时间对声呐数据进行接收与存储，声呐数据结果与试验环境相吻合，验证了数据的正确性。

综上所述，多波束声呐显控软件能够稳定地完成声呐数据的采集和显示，对声呐进行实时控制，验证了该软件的全部功能。

4.5　多波束测深系统工作程序

4.5.1　外业资料采集

4.5.1.1　多波束仪器安装的原则和要求

（1）多波束测深系统换能器应当固定安装在噪声低且不容易产生气泡的位置，并应保证换能器在工作中不露出水面。

（2）系统发射接收接线盒应当尽量靠近换能器，且接线盒位置至少要高于船体吃水线。

（3）艏向测量仪应当安装在测量船的艏艉（龙骨）线上，参考方向指向船艏。

（4）定位天线一般安装在多波束测深系统换能器顶部位置，如无法安装，则应当精确测量定位天线与换能器的相对偏差，并且输入偏差进行校正。相对偏差应当≤0.05 m。

（5）运动传感器一般应安装在船体重心位置或者靠近重心的位置。

4.5.1.2　换能器姿态校正

海上试验应当包括参数测试及水深测量准确度检验。其中，参数测试是按照先后顺序分别为横摇偏差改正、定位时间延迟改正、纵摇偏差改正和艏向偏差改正参数的测试。参数测试完成后，应当进行水深测量准确度检验。

（1）横摇偏差改正（Roll）。横摇偏差一般是由多波束测深系统换能器安装偏差和运动传感器安装偏差组成的。通常情况下，当多波束换能器和运动传感器固定安装时，这种偏差是一个常量。多波束测深系统如果存在横摇偏差，则在平坦海域进行测量时，垂直航迹方向的地形剖面就会发生倾斜。

做横摇偏差改正时，一般在平坦海底海域或者平直斜坡海域（坡度应当小于 2°）布设一条测线,进行正反两个方向测量。横摇偏差测试计算有坡度计算法和剖面重合法两种。两次测量后,把同一位置垂直航迹的地形剖面显示在同一视窗内,不断调整横摇偏差值,直至两个剖面重合。

(2)纵摇偏差改正(Pitch)。纵摇偏差由多波束测深系统换能器安装误差、运动传感器安装误差组成。通常情况下,当多波束换能器和运动传感器固定安装时,这种偏差是一个常量。多波束测深系统如果存在纵摇偏差,则进行测量时,会产生沿龙骨方向的位置偏差。

做纵摇偏差改正时,一般选择在有明显斜坡的海域,布设一条测线,测线长度应当保证覆盖整个标志地物。在测线上,以相同速度进行正向和反向两次测量。两次测量后,把同一位置沿着或平行于航迹方向的地形剖面显示在同一视窗内,不断调整纵摇偏差值,直至两个剖面重合。

(3)定位时间延迟改正(Time)。若多波束测深系统采用的时间与定位时间不同步,或者多波束测深系统与定位系统在相同时刻的定位信息不相同,则必然产生测量数据的位置误差,即测量位置沿航迹方向发生延迟偏移。

做定位时间延迟改正时,选择的测试海域应存在能被多波束系统勘测出来的标志地物,或者具有5°~10°的简单斜坡。在所选择的海域,布设一条测线,测线长度应当保证覆盖整个标志地物。在测线上,保持匀速测量,而且第一次测量的速度 v_1 与第二次测量的速度 v_2 相差至少1倍以上。两次测量后,把在航迹方向上的地形剖面显示在同一视窗内,不断调整定位时间延迟值,直至两个剖面重合。

(4)艏向偏差改正(Yaw)。艏向是通过艏向测量仪(如罗经等)获得的,多波束测深仪换能器安装方向的偏差、龙骨方向测量的偏差及艏向测量仪基准方向的偏差等因素都会产生艏向偏差。多波束测深仪换能器安装方向的偏差,只要是固定安装,该方向偏差是一个常量(艏向偏差Ⅰ);龙骨方向测量的偏差及艏向测量仪基准方向的偏差,就是艏向测量仪的测量偏差,只要艏向测量仪及其安装位置不改变,其测量偏差是一个常数(艏向偏差Ⅱ)。所以,多波束测深系统艏向偏差由艏向偏差Ⅰ和艏向偏差Ⅱ组成。由于多波束测深仪形成以及波束数据处理时,是以左右舷垂直船艏线的方向作为基准方向的,艏向偏差将产生波束点位置和测量水深值的偏差,位置偏差的影响是以中央波束为中心的,越往边沿影响越大。因此,应当测定艏向偏差,并且把该偏差作为参数对多波束测深系统进行校准。

做艏向偏差改正时,在标志地物两侧布设两条测线,在测线上,保持匀速测量,利用多波束测深系统的边缘波束覆盖标志地物,测线长度应保证覆盖整个标志地物。两次测量后,把标志地物处沿航迹方向上的地形剖面显示在同一视窗内,不断调整艏向偏差值,直至两个剖面重合。

4.5.1.3 多波束水深测量

多波束水深测量是一种条带测量,扫测的条带宽度是水深的3~8倍,在测幅范围内,采取等距或者等角波束模式发射和接收,使整个测幅内有相同的精度。测量时测幅之间相互重叠至少20%,从而保证了测区内的全覆盖测量。

根据技术要求,在多波束水深测量期间,根据水深变化、气象条件及现场多波束水深数据质量的需要,需要进行声速剖面测量。一般每天至少需要做一到两次声速剖面,用来校准水深值。特殊区域视实际情况加密声速测量。

测量过程中,多波束数据采集主要由专业采集软件来完成,例如 Qinsy、PDS2000、Hypack 和 SIS 等多波束导航采集软件,测量数据以专门多波束文件格式保存。现在的多波束采集软件都是基于工作站平台的,具有良好的人机交互界面。所有的测量数据可记录在与项目名相同的文件目录中,文件名包含了项目名称、测线名和开始采集时间,由计算机自动生成,不存在测线重名现象。数据保存采用硬盘介质存储,为了达到最佳测量效果,测量时对多波束系统实时监控,最大限度地降低不合格数据的产生。

在实际作业中,不同设备的测区需有一定的重叠区域,一般为 500~2 000 m,以保证不同调查船的数据完全覆盖,并且同时可以进行数据对比,以保证不同调查设备数据之间的误差符合国际航道测量组织(IHO)标准。

4.5.2　多波束测深资料处理与成图

多波束测深资料一般采用专业处理软件对多波束水深数据进行处理,目前比较常用的处理软件主要有加拿大 Teledyne CARIS. Ins 公司 Caris HIPS and SIPS 软件,以及荷兰 QPS 公司的 Qimara、Qcloud 软件。其内容包括位置校准、潮位改正、声速校正、数据清理等过程,最终输出修正后水深数据,同时结合其他制图软件(如 ARCGIS、AutoCAD 等)编绘等深线图。资料处理基本流程一般包括原始数据输入、定位处理、水深处理、数据滤清及最后的输出,具体流程如图 4-62 所示。

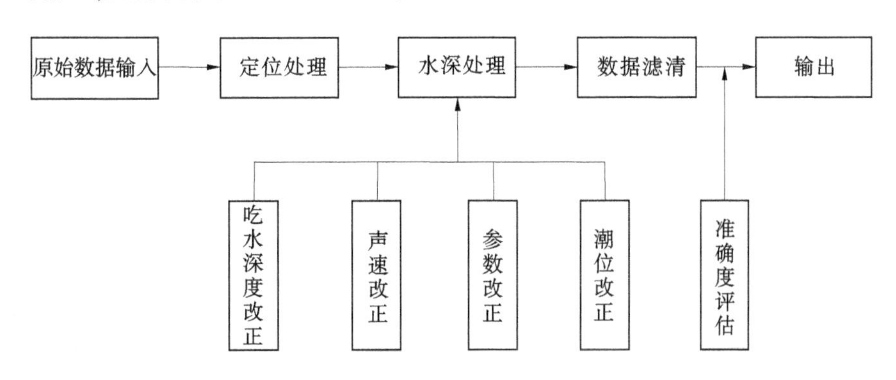

图 4-62　资料处理基本流程

(1)定位处理:主要检查外业定位是否正常,航迹是否满足要求。

(2)水深处理:包括换能器吃水深度改正、潮位改正、参数改正和声速改正。其中,潮位变化对浅水区水深影响较大。多波束资料处理需要进行潮位改正,近岸一般采用潮位站数据,近海一般采用预报潮位和实测潮位相结合的方式进行潮位改正,大于 200 m 水深海域一般不进行潮位改正。由于各地受到地形、水文、气象等因素影响,各地潮位有差异和各自变化。水深测量的数据均根据项目需求利用潮位订正到要求的基准面。水深超过

1 000 m 区域,由于测量数据的误差超过了一般的潮位变化值,测量数据不用潮位校准。

(3)数据滤清:利用计算机对数据自动滤清或者通过人机交互编辑准确剔除不良数据点。

(4)准确度评估:资料经处理后,应对整个区域进行水深测量精确度评估,计算主测线和联络测线的在重复测点上的水深测量值的差值,统计均方差,作为水深测量准确度综合评估的依据。计算公式为:

$$\sigma = \pm \sqrt{\frac{\sum_{i=1}^{n} h_i^2}{2n}} \tag{4-23}$$

式中:σ 为中误差,m;h_i 为不同测线条幅重复测点水深测量值的差值,m。

计算均方差时,允许舍去少数特殊重复点,但舍去点数不得超过总点数的 5%。水深变化较大的区域,可以按照水深值分段计算。

水深数据处理过程中,多波束后处理软件获得的水深数据需要进一步网格化成数字地形模型才能形成等深线图。根据路由宽度和成图技术要求,在不同水深,网格大小一般由表 4-7 所示。

表 4-7　一般多波束测量各水深区 DTM 成果网格推荐大小

水深范围	水深/m	网格大小/m
浅水区	<50	1~2
浅水区	50~200	5~10
浅水区	200~500	10~20
浅水区	500~2 000	20~50
浅水区	2 000~5 000	50~100

数字地形模型(Digital Terrain Model,DTM)是指表达地形特征的空间分布的一个规则或不规则的数字阵列,也就是将地形表面用密集点的 x、y、z 坐标的数字形式来表达。最初它被用于各种线路选线(铁路、公路、输电线)的设计及各种工程的面积、体积、坡度计算,任意两点间的通视判断以及任意断面图绘制。在测绘中,它被用于坡度坡向图,绘制等高线、立体透视图,制作正射影像图及地图的修测。它还是地理信息系统的基础数据,可以用于土地现状利用的分析、合理规划及洪水险情预报等。在海洋测绘数据量越来越大的今天,DTM 应用也越来越广泛。DTM 在水下地形测量中主要有这几个方面的应用:等深线、海底地形可视化、海底地形分析、海底地表特征调查,特别是 DTM 可以用 3D 技术展现水上水下地形数据。

4.6 多波束测深数据处理软件

4.6.1 多波束测深数据处理软件开发的必要性分析

4.6.1.1 多波束测深发展中遇到的问题

多波束测深系统的诞生标志着海洋测深技术发生了根本性的变革。多波束测深技术经过了30年,特别是近10年的发展,其仪器设备无论是结构设计还是观测精度,都达到了相当成熟和相对稳定的阶段,不同类型仪器间的性能差异越来越小,目前在国际市场上,几乎所有的多波束测深系统的测量精度都能达到甚至超过IHOS-44标准。在这种新的形势下,当前特别值得重视和亟待研究解决的主要问题是多波束深度和图像数据的处理与管理。

4.6.1.2 现有软件的不足

目前国内商用的多波束测深数据处理软件均为进口软件,操作界面友好,但普遍存在以下不足:①价格昂贵;②绝大部分软件没有汉化,给工程作业人员带来不便;③某些功能不能满足中国制图标准(侯世喜等,2003)。

4.6.1.3 软件的国产化趋势

跟多波束测深系统被国外产品垄断一样,目前国内使用的较为成熟、广泛的多波束测深数据处理软件同样被国外软件所垄断,为了适应多波束测量技术的飞速发展,建立和启动标准化、工程化、集成化程度高并拥有自主知识产权的多波束测深数据处理软件迫在眉睫,本书的目的就是对多波束测深数据处理软件的开发做一些有意义的尝试。

4.6.2 多波束测深数据处理软件开发的可行性分析

对于多波束测深数据处理软件的设计与实现需要做如下几个方面的准备:

(1)需获得多波束野外测量的原始数据。

(2)要有多波束原始数据格式说明,多波束野外采集的数据以二进制格式存储,因此要有相关的格式说明,才能设计相关的程序对数据进行读取,数据的读取是测深数据处理的基础。

(3)要对多波束测深系统及测深原理有全面且深刻的认识,掌握利用原始数据进行测深数据处理的方法与步骤。

(4)具备较好的程序设计与开发能力。

(5)要有一到两套较为成熟的现有多波束测深数据处理软件,以做精度对比分析,对软件的测深数据处理成果进行精度评定。

海洋一所是国内较早从事多波束数据采集和处理的单位之一,拥有SeaBeam1180和EM3000两套多波束系统。EM3000测深系统由Simrad公司设计和开发,采集的数据以ALL格式存储,在知道了ALL格式结构说明后,即可编写相应的程序进行数据读取。

数据读取是数据处理的基础,最终的成果是要获得每个波束投影点在地理坐标系下的大地坐标(B,L)和深度基准面下的水深 h。如何利用原始数据计算水深点坐标是一个较为复杂和关键的步骤,因为影响最终成果的因素有很多,必须对每个因素进行逐一考虑,同时要提高计算的精度,才能获得理想的成果,这一部分是本书的研究重点,在下文中有详细的介绍和分析。

最后还要对软件数据处理的精度进行评定,这就需要一到两套现有的较为成熟的数据处理软件来进行比对,如某单位目前拥有第三方多波束测深数据处理软件 CARIS 及 EM3000 系统自带的测深数据处理软件 Neptune。Caris 具有良好的兼容性、人机交互界面及理想的数据处理精度,目前在国内使用较为广泛。Neptune 只针对 Simrad EM 系列,对于其他多波束系统则不兼容,因此使用受到限制。本书软件基于 Visual Basic 编写,具有兼容性好、开发简便快速、开发的软件具有良好的人机交互界面、运行稳定等优点,能够满足程序开发的需要。

4.6.3　多波束测深数据处理软件应具备的主要特性和功能分析

为了适应多波束测量技术的飞速发展,建立和启动标准化、工程化、集成化程度高并拥有自主知识产权的多波束测深数据处理软件已显得十分必要(侯世喜等,2003)。本节对软件所应具备的主要特性进行了分析和探讨,为软件设计指明了方向。

4.6.3.1　具有良好的兼容性

目前国内使用的多波束全为国外进口,有多个厂家的产品并且相同厂家不同型号的多波束系统也千差万别,要开发的测深数据处理软件不能只针对某一特殊型号或某一特定厂家,而应该尽可能多地兼容各种型号的数据,为此应收集尽量多的多波束数据格式和电子海图格式,使软件能够接收多种格式的多波束数据并能够输出多种格式的图形文件。

4.6.3.2　软件应具有的数据编辑模块

1. 坐标投影计算模块

坐标投影计算模块的主要功能是基准(坐标系)的转换。包括垂直方向和水平方向上的合并,垂直方向上将实际的水深转换到统一的深度基准面上;水平方向上将船坐标系下测量的数据转换到统一的大地坐标系,实现测线间的拼接。

2. 姿态传感器数据编辑模块

姿态传感器数据编辑模块主要功能是检查和处理测量船的姿态数据。将测量船的姿态数据(航向、升沉、横摇、纵倾)分别按时间序列显示,并自动线性拟合,允许用户对跳点编辑,或设置过滤参数进行自动过滤,编辑运动传感器数据的同时测线水深数据会自动改变相应的姿态和水深数据。

3. 定位数据编辑模块

定位数据编辑模块主要功能是检查和处理测量船的定位数据。将测量船的航迹以一系列离散(或连续)点的形式显示,软件能够计算并以图表的形式显示当前测线测量船的瞬时速度、瞬时航向等信息,能够对定位数据进行拟合处理,同时能够允许人工跳点编辑。

4. 声速编辑与改正模块

声速编辑与改正模块主要功能是检查和处理声速剖面数据。将当前位置的声速剖面数据以折线的形式在声速(X)-深度(Y)坐标系中显示,允许人工查询编辑声速剖面记录,并将改正后的声速剖面重新对波束进行归位,实现声速改正。

5. 潮汐数据编辑模块

潮汐数据编辑模块主要功能是检查和处理潮汐实测数据。将潮汐数据以折线的形式在时间(X)-深度(Y)坐标系中显示,允许人工查询编辑潮汐数据,并能够对潮汐数据做调和分析和预报。

6. 测线水深数据处理与编辑模块

测线水深数据处理与编辑模块主要功能是将姿态数据、声速数据、潮位数据、换能器吃水数据等改正参数归算到最终的水深当中,并能够检查和处理测线水深数据。本模块中数据的处理精度、算法的选择、模型的采用等将直接影响成果质量,因此本模块为软件的重点部分,不仅需要一定的理论支撑,在编程实现上也有相当的难度。将当前测线水深数据以多视角的形式在测幅(X)-水深(Y)坐标系中显示,包括俯视图、侧视图、后视图、三维坐标视图等,可以在任何一个视图中对水深数据进行跳点编辑,也可以设置过滤参数进行自动过滤(侯世喜,2003)。

7. 区域水深数据编辑

区域水深数据编辑主要功能是检查和编辑当前区域(多条测线)的水深数据。特点是将当前区域水深数据以二维、三维形式显示,可以很直观地检查和分析条带间的拼接情况,从而对各传感器的数据改正进行质量控制,此处要求软件不仅能够对粗差进行探测和消除,而且对系统误差也能够发现和减弱。

8. 水深数据成图模块

多波束测量的水深数据密度很高,因此成图模块首先应有合理、快速的数据压缩功能,既能保证水深点的密度要求,又能满足航行安全,同时真实地反映海底地形;应能将国产电子海图作为数据编辑的背景资料;必须内置各种常用大地坐标系,并能够在各种坐标系及投影之间转换。

9. 声呐图像成图模块

多波束不但具有测深的功能,还能够通过利用反向散射强度数据来反演海底地貌。反向散射强度数据独立记录在振幅记录包中,通过对该数据包的提取,即可实现对反向散射强度数据的测深数据处理,从而形成声呐图像来反演海底地貌信息。

10. 成果数据输出模块

多波束测量与测深数据处理的最终成果要以文本文件形式和二维海底地形图的形式给出,文本文件要包含每一 Ping 每一波束对应的大地坐标及对应于深度基准面下的水深数据,二维海底地形图要能直观反映海区内水深及其变化等信息。

4.6.4　测深数据处理软件设计思路

本节给出了软件对原始数据处理的思路与步骤,软件的实现可以按该思路一步步地实现,软件的整体设计思想和框架也是按该思路构建的。

第一步:对原始数据分离提取,得到测深记录包、声速剖面数据包、导航记录包、姿态记录包、多波束安装参数记录包、反向散射强度记录包等数据。

第二步:利用提取出的多波束安装参数记录包信息,建立船体坐标系,从而确定出各声呐之间的位置关系。

第三步:利用提取到的姿态数据包信息,通过时间内插得到对应于每一 Ping 的姿态数据,并将该数据作为坐标系间的旋转参数,建立船体坐标系与垂直坐标系的关系,这一步称为姿态补偿。由于从测深数据包中提取到的到达角已经做过姿态补偿,所以这一步在测深数据处理中不需要再做了。由于声呐与船体存在安装角,以及声呐安装带来的角度误差,还需要做安装改正,安装改正数一般在正式测量前通过试验测得,并对角度进行了改正,所以这一步在测深数据处理中通常不用考虑。

第四步:利用测深记录包中关于波束的到达角(相对于垂直坐标系 Z 轴)、旅行时信息,结合声速剖面数据包,基于层内常梯度算法,计算得到波束投影点在垂直坐标系下的三维坐标,从而对声速剖面差的波束实现声速改正,如果还存在残差,可进行测深数据处理改正。

第五步:利用提取到的导航数据包通过时间内插得到对应于每一 Ping 的 GPS 位置,并利用之前建立的船体坐标系,通过坐标平移得到声呐处的大地坐标。

第六步:利用声呐的大地坐标及船的航向信息,建立垂直坐标系与大地坐标系间的转换关系,从而将波束投影点从垂直坐标系转换到大地坐标系下,得到波束投影点在大地坐标系下的平面坐标。

第七步:利用垂直坐标系下波束投影点的 Z 值,结合声呐吃水计算得到瞬时海深,并结合潮位数据经过潮位改正后得到深度基准面下的水深值。

第八步:成果显示与输出。

4.6.5 多波束测深数据处理软件的编程实现

由于多波束测量采集的数据量非常大,因此多波束测量的数据处理一般采用自动处理和人机交互处理相结合的方式进行(周兴华,2003)。本节是多波束测深数据处理软件的编程实现部分,软件利用模块化处理实现了多波束测深数据处理中涉及的各步流程,主要包括数据分离提取模块、船体坐标系建立模块、安装参数校准模块、船体姿态补偿模块、垂直坐标系下坐标计算模块、声速改正模块、大地坐标系下平面坐标计算、水深计算与潮位改正模块、声呐图像生成与处理模块、成果输出模块。

软件基于 Visual Basic 6.0 开发,目前只针对 EM3000、EM3002、EM2040、EM2000、EM1002、EM710、EM302、EM122、EM300、EM120 型多波束测深数据,能够完成从数据分离读取、数据显示、坐标投影计算、船体坐标系下波束坐标计算、声速改正、垂直坐标系下坐标计算、地理坐标系下波束投影点平面坐标及水深值计算,到水深数据成图显示、声呐图像生成、成果以文本文件形式输出的过程。

4.6.5.1 数据分离提取模块

软件基于 EM3000 型数据 ALL 格式,数据记录信息丰富,含有测深记录、导航记录、姿态记录、振幅记录等,为了实现不同的测深数据处理目的,需有针对性地分离提取出所需信息,通过该模块可实现对原始数据的读取,为下一步的数据处理做准备。表 4-8 ~ 表 4-10 是经分离提取得到的部分信息。

表 4-8　提取得到的部分测深记录数据

记录大小	标识码	开始码	型号	日期	时间	Ping	序列号	航向	声速	深度	最大波束数	可用波束数	采样率	内嵌测深结构	结束码	检核码
3104	2	68	3002	20060804	57638935	2565	141	19439	15284	158	254	192	13956	<1x1struct>	3	62576
3136	2	68	3002	20060804	57639157	2566	141	19440	15284	158	254	194	13956	<1x1struct>	3	64770
3104	2	68	3002	20060804	57639381	2567	141	19442	15284	158	254	192	13956	<1x1struct>	3	60499
3104	2	68	3002	20060804	57639604	2568	141	19443	15284	161	254	192	13956	<1x1struct>	3	60656
3120	2	68	3002	20060804	57639827	2569	141	19448	15284	164	254	193	13956	<1x1struct>	3	60192
3072	2	68	3002	20060804	57640053	2570	141	19457	15284	166	254	190	13956	<1x1struct>	3	61654
3136	2	68	3002	20060804	57640275	2571	141	19469	15284	164	254	194	13956	<1x1struct>	3	3302
3120	2	68	3002	20060804	57640497	2572	141	19480	15284	159	254	193	13956	<1x1struct>	3	7918
3120	2	68	3002	20060804	57640724	2573	141	19489	15284	153	254	193	13956	<1x1struct>	3	2051

表 4-9　提取得到的部分姿态记录数据

记录大小	开始码	标识码	型号	日期	时间	姿态计数	序列号	记录数	内嵌的姿态结构	结束码	检核码
286	2	65	3000	20060804	57638887	26899	141	22	<1x1struct>	3	36299
286	2	65	3000	20060804	57639986	26900	141	22	<1x1struct>	3	25658
274	2	65	3000	20060804	57641087	26901	141	21	<1x1struct>	3	27985
286	2	65	3000	20060804	57642136	26902	141	22	<1x1struct>	3	38551
286	2	65	3000	20060804	57643236	26903	141	22	<1x1struct>	3	29299
286	2	65	3000	20060804	57644337	26904	141	22	<1x1struct>	3	24612

表 4-10　提取得到的部分导航记录数据

记录大小	开始码	标识码	型号	日期	时间	导航计数	序列号	纬度 * 2	经度	尺度	船速	测线方向	航向
112	2	80	3000	20060804	57638589	29362	141	720006426	1204996136	65535	245	18253	19459
112	2	80	3000	20060804	57639588	29363	141	720005966	1204996153	65535	250	17499	19443
112	2	80	3000	20060804	57640587	29364	141	720005523	1204996138	65535	235	18638	19485
112	2	80	3000	20060804	57641588	29365	141	720005100	1204996095	65535	230	18729	19411
112	2	80	3000	20060804	57642588	29366	141	720004636	1204996098	65535	270	17575	19291
112	2	80	3000	20060804	57643588	29367	141	720004153	1204996101	65535	260	17647	19254
112	2	80	3000	20060804	57644588	29368	141	720003703	1204996086	65535	240	18693	19265

图 4-63～图 4-66 为通过提取姿态数据包得到的一个条带对应时间范围内的船只姿态数据，可以发现噪点并删除。

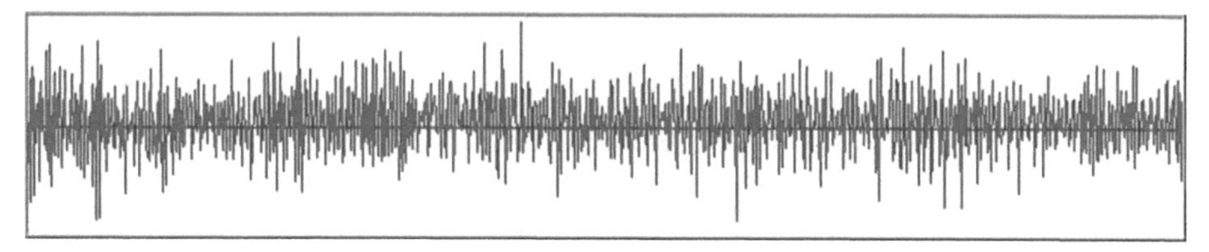

图 4-63　横摇随时间的变化

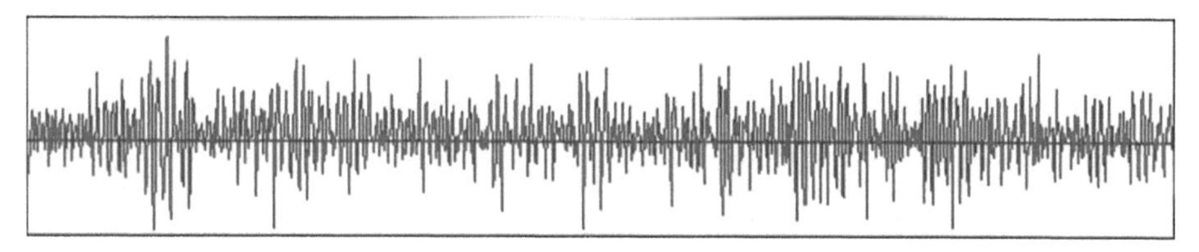

图 4-64　纵摇随时间的变化

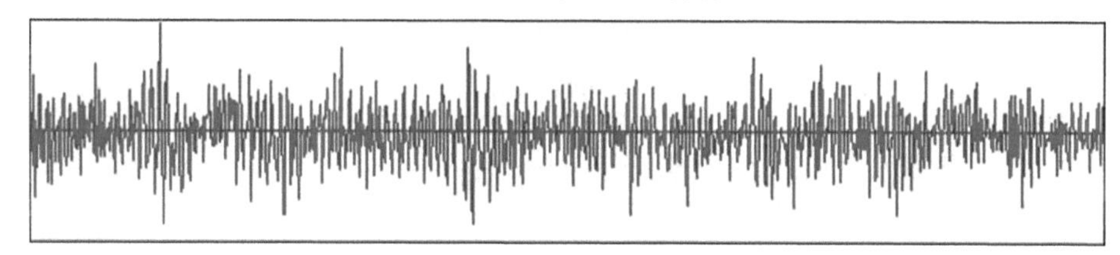

图 4-65　起伏随时间的变化

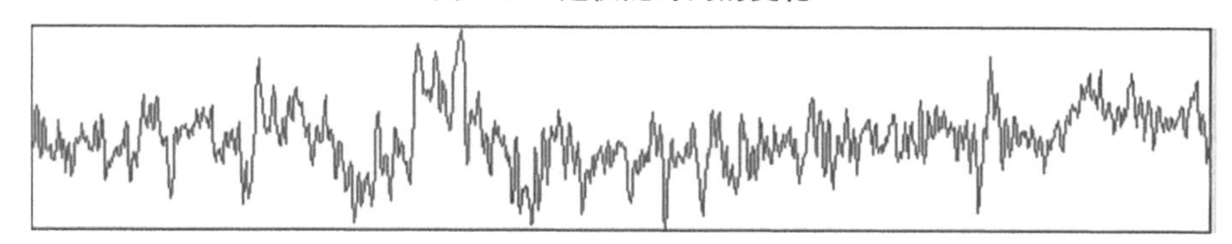

图 4-66　航向随时间的变化

4.6.5.2　船体坐标系建立模块

多波束安装参数记录中包括了声呐的位置及其姿态改正数、GPS 导航定位设备的位置与时间延迟、姿态传感器的位置与时间延迟及姿态补偿、船体的形状等重要参量，通过提取这些参量就可以建立相应的船体坐标系，从而确定各传感器的相互关系。

船体坐标系的原点一般选在船体重心位置，Y 轴通过坐标原点，平行测量船龙骨指向船首，垂直向下为 Z 轴，X 轴通过坐标原点，指向侧向，与 Y、Z 构成右手正交坐标系。

InstallationParameters

<Transducer1Zvalue="2. 40">

<Transducer1Yvalue="0. 00">

<Transducer1Xvalue="0. 00">

<Transducer2Zvalue="2. 40">

<Transducer2Yvalue="0. 00">

<Transducer2Xvalue="0. 00">

<Position1Zvalue = " -5. 76" >

<Position1Yvalue = "0. 00" >

<Position1Xvalue = " -3. 70" >

以上数据为通过提取多波束安装参数记录得到的船体安装信息,知道这些信息后即可建立相应的船体坐标系了。

4.6.5.3 **安装参数校准模块**

多波束测深系统的安装误差包括换能器安装姿态误差、电罗经安装误差及 GPS 定位延迟引起的误差。换能器和电罗经的安装,理论上应该严格与船舶参考坐标系相一致,即发射阵列和接收阵列均位于 *XOY* 水平面内,且发射阵列在水平面内平行于 *Y* 轴,接收阵列在水平面内平行于 *X* 轴。实际上十分精确的安装是做不到的,通过准确的校准和修正是可以保障测量精度的。另外,定位与测深系统存在时间的不同步,即延迟现象。由于换能器的安装误差和 GPS 延迟误差需要纠正,才产生了多波束参数校准的概念。

由于对于 EM3000 型多波束测量系统,在正式测量前已经通过试验的方法获得了各传感器的改正值及 GPS 时间延迟,并对测量数据进行了补偿,因此在 EM3000 测深数据处理中不需要再进行该步骤了。对于如何通过试验获得各改正值的方法,在这里不再赘述。

4.6.5.4 **船体姿态补偿模块**

由于船只在航行过程中受风浪等因素的影响,船的姿态是不断发生变化的(见图 4-67),随着船只的摆动,各波束的角度也发生了变化,因此要通过姿态传感器记录的船只姿态数据对各波束进行角度补偿,补偿后的角度是相对于垂直坐标系的,并依据补偿后波束角计算波束投影点在垂直坐标系下的坐标。因为从测深数据包提取到的波束到达角已经做过姿态补偿了,所以对于该型号数据不需要再做了。

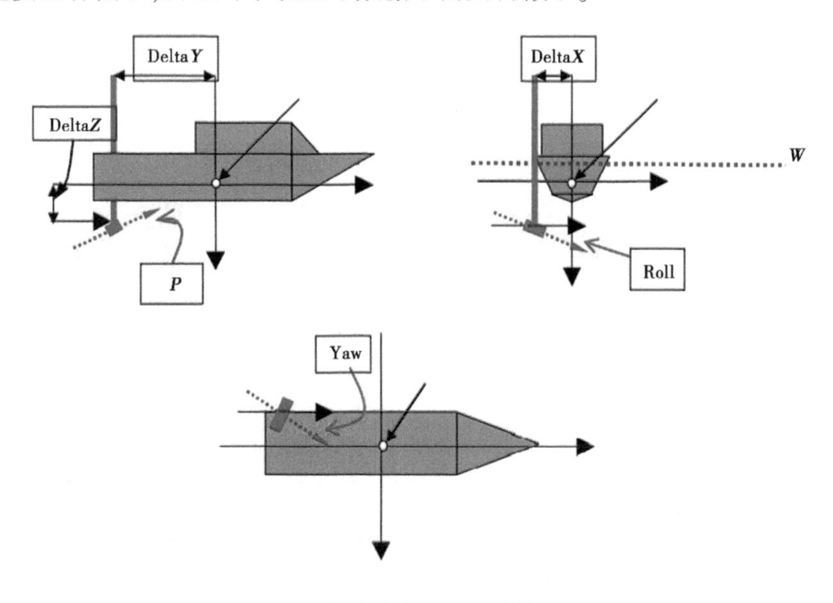

图 4-67 船体姿态在三个面内的变化

4.6.5.5　垂直坐标系坐标计算模块

EM3000 型多波束采用广角度定向发射,一次声脉冲(1Ping)最多可发射接收 254 个波束,利用水声学原理根据波束的发射角、旅行时及声速剖面信息可获得船体坐标系下波束投影点的三维坐标,该过程即为船体坐标系下投影坐标计算。此过程的目的是建立各波束与声呐的位置联系,为获得各投影点的地理坐标及深度做准备。

由于海水物理因素的变化,各水层的海水声速是变化的,而声速是计算波束投影点坐标的必要参数,因此声速剖面的选取直接影响波束投影点归位计算的精度。由于野外数据采集的限制,不可能随时随地采集声速剖面,只能采用以点代面的方法,这样势必会带来声速剖面代表性误差。因此,对于声速的改正是测深数据处理软件必做的过程之一。

通过该窗口可将从测深记录中直接提取出来的波束坐标和通过提取波束旅行时、到达角等参量计算得到的船体坐标每 Ping 的显示。蓝色射线代表从数据中提取出的船体坐标,黄色的亮点代表利用波束参量基于常梯度声线追踪模型计算得到的船体坐标,从图中可以发现两者的吻合度相当好,基本每个黄色亮点都处在蓝色射线的顶端,可见采用的声线追踪算法正确且精度较高。

图 4-68　单 Ping 信息显示窗口

通过图 4-68 单 Ping 波束信息显示窗口,可以实时查看每一 Ping 对应的波束信息,如 Ping 号、姿态、位置等数据,并可以查看声速改正前后的波束归位情况。

图 4-69~图 4-71 为波束在船体坐标系下三个方向的剖面图,通过以上窗口可以实时查看波束分别在三个平面内的投影情况,可以发现噪点并删除。

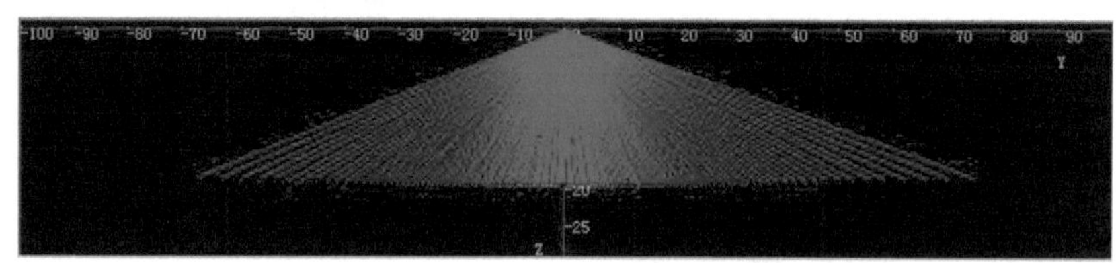

图 4-69　船体坐标系下 *YOZ* 面内波束剖面图

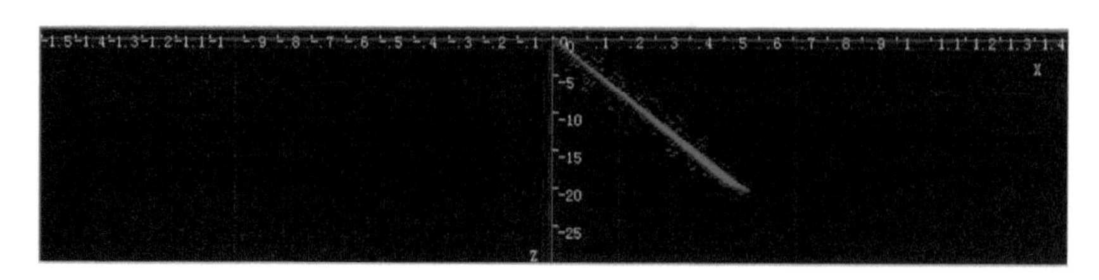

图 4-70　船体坐标系下 *XOZ* 面内波束剖面图

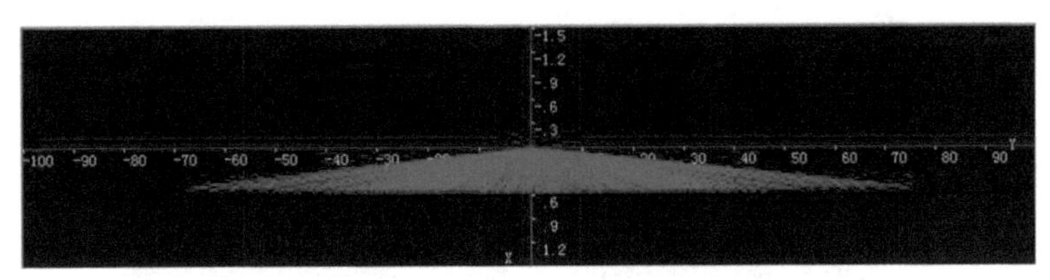

图 4-71　船体坐标系下 *XOY* 面内波束剖面图

4.6.5.6　声速改正模块

软件主要分两步对声速剖面做改正：

(1)针对野外采集的声速剖面，采用时间最近、距离最近等原则，或直接对现有的声速剖面在空间和时间上做拟合，从而获得一个在测区内符合性最好的声速剖面。

(2)由于海水的不确定性，采用拟合等方法获得的声速剖面可能与实际值还有很大的出入，这种情况下在测深数据处理中需人为干预声速剖面，从而使波束归位达到一种理想的状态。软件提供了类似于 Caris 等软件中的声线折射改正工具，通过该工具可实现人为纠正声速剖面，并将采用纠正后声速剖面的波束投影点的坐标实时显示出来，以供测深数据处理人员选择合适的声速剖面。对于波束投影点坐标计算基于常梯度声线追踪算法，个别相邻水层声速值没有发生变化的，采用常声速声线追踪算法。

软件提供了一个声速改正工具，可实现对节点处声速的人为改正，并能够将改正后的声速剖面应用到波束的归位计算中去，并且计算结果可实时显示在船体坐标显示窗口中，一次来选择较为理想的声速剖面。此工具适用于外业采集的声速剖面代表性差，通过拟合还不能消除海底变形的情况。由于海水声速的变化主要在表层，而且表层声速对地形的影响也最大，因此该工具只提供对表层 20 m 内声速的更改。

图 4-72 为声速剖面的选择、改正、显示窗口，通过该窗口可以选择要使用的声速剖面，如果声速剖面质量不好，还可以手动改正并将改正后的声速剖面重新对波束进行归位并实时显示。原始声速剖面见图 4-73。

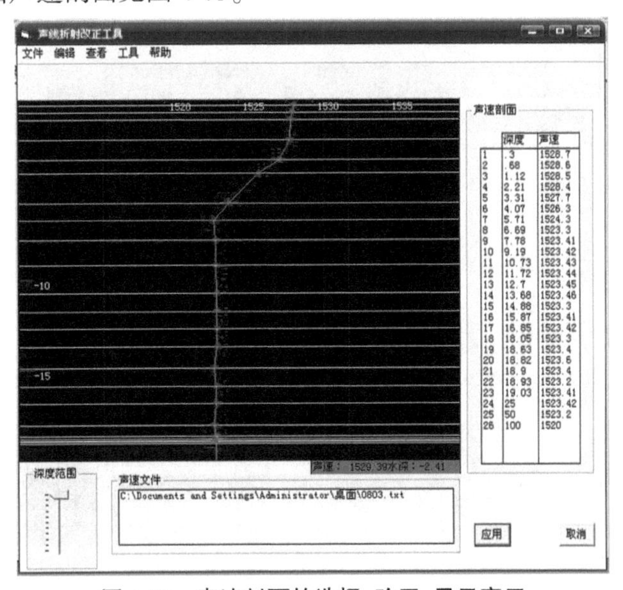

图 4-72　声速剖面的选择、改正、显示窗口

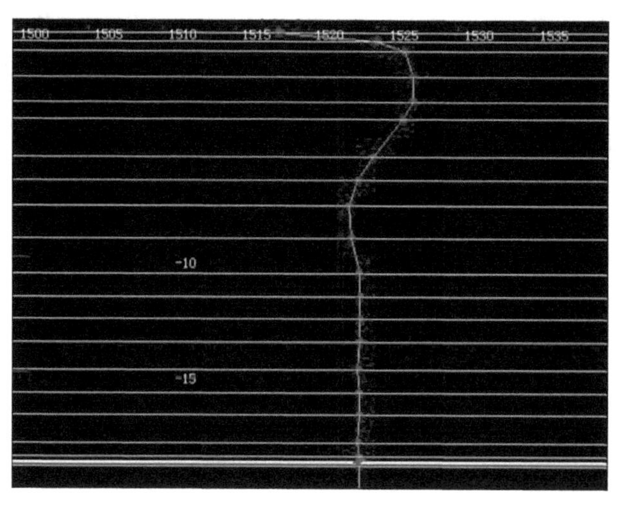

图 4-73 原始声速剖面

通过该声线折射工具,可以人为地更改声速剖面,从图 4-74 中可以看出波束呈笑脸状弯曲,结合相邻条带数据,可以断定该 Ping 采用的声速剖面质量较差,有必要进行声速改正。

由于表层声速的变化较大,波束代表性误差也多出现在表层声速,这里利用该声速改正工具对声速剖面的表层声速进行了手动修改,如图 4-75 所示,并将改正后的声速剖面重新对波束进行了归位计算,结果如图 4-76 所示。

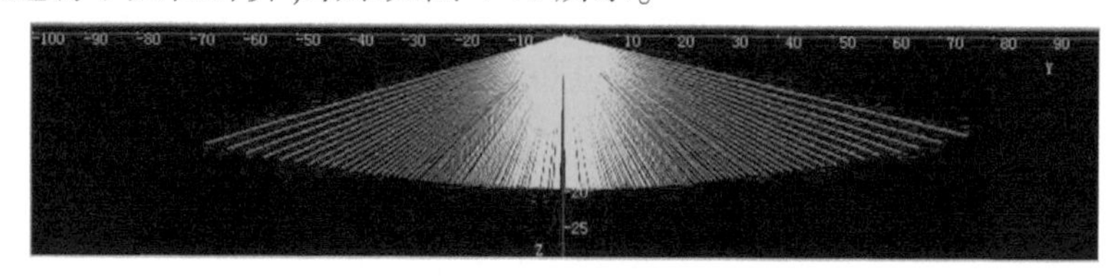

图 4-74 未做声速改正前的波束形状

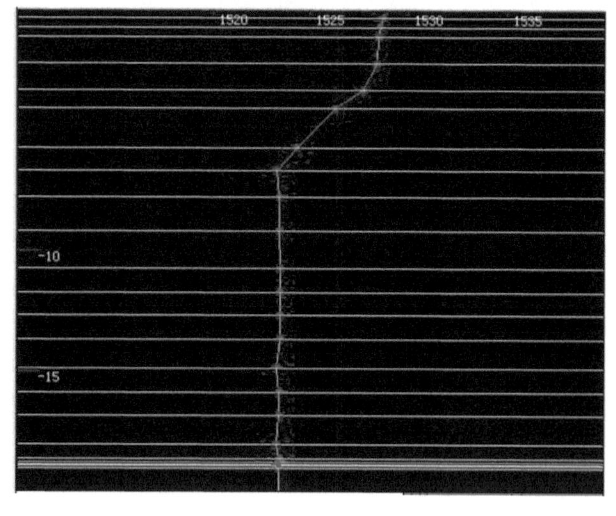

图 4-75 手动改正后的声速剖面

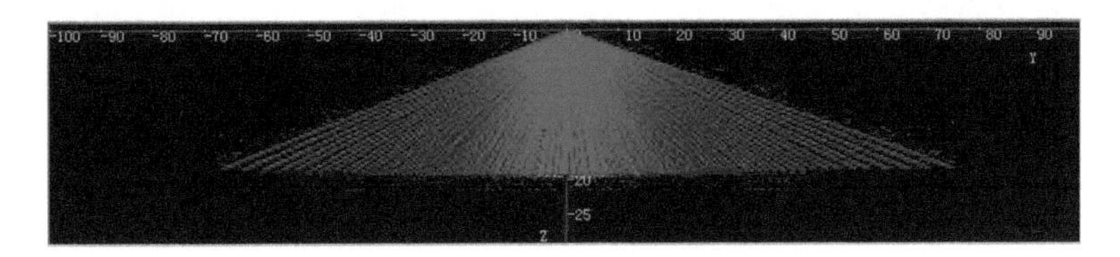

图 4-76　声速改正后波束形状

观察图 4-76，图中黄色亮点为未做声速改正前的波束投影点，蓝色射线端点代表经过声速改正后的波束投影点，可以发现，做过声速改正后的波束投影点变得平坦，基本消除了声速剖面误差带来的笑脸状假地形。同时可以发现更改后的声速剖面对地形的影响较大，边缘波束变化明显，中央波束的水深值基本没有变化。可见边缘波束对声速是相当敏感的，尤其是表层声速，中央波束对声速的敏感性较小。

4.6.5.7　大地坐标系下平面坐标计算、水深计算模块

该过程即将波束船体坐标转换到地理坐标下，同时对水深进行计算，进行潮位改正并将波束投影点平面位置计算结果及对应水深以二维水深图显示的过程。图 4-77 为某一条带数据计算结果，WGS—84 坐标系高斯 3°带投影，中央经线 120°，东西方向 100 m，南北方向 1 500 m，白色线为船只的航迹线，点云数据为各波束投影点地理坐标系下的坐标，颜色代表水深，由绿向蓝水深逐步递增，从图中可以发现该条带水深大体上由西北方向向东南方向加深。

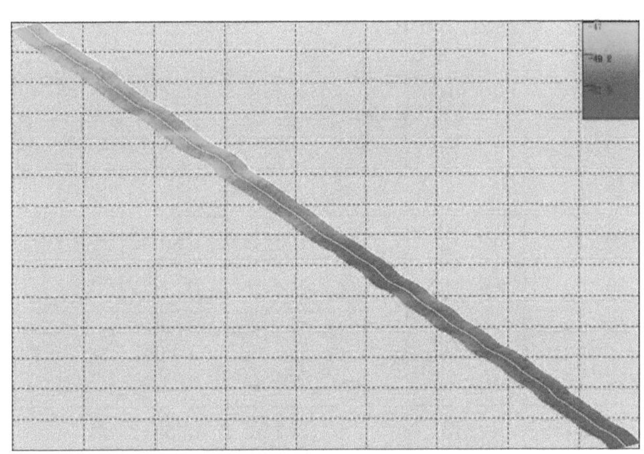

图 4-77　单条条带测深数据的二维水深

4.6.5.8　声呐图像生成与处理模块

该模块的作用是利用提取的波束反向散射强度数据，结合计算得到的波束在地理坐标系下的平面坐标，以二维图像显示的过程。图 4-78 是通过提取波束反向散射强度记录，并结合之前模块计算得到的波束地理坐标得到的一条条带数据的反向散射强度信息图，该声呐图像是未加任何改正与处理的原始图像。

4.6.5.9　成果输出模块

该模块的作用是将波束投影点对应的大地坐标（B、L）和水深 H 以文本文件的形式输出的过程，同时可以选择性地输出波束对应的波束号、测量时间、测量日期、条带号等其他辅助信息，表 4-11 列出了输出的部分成果数据。

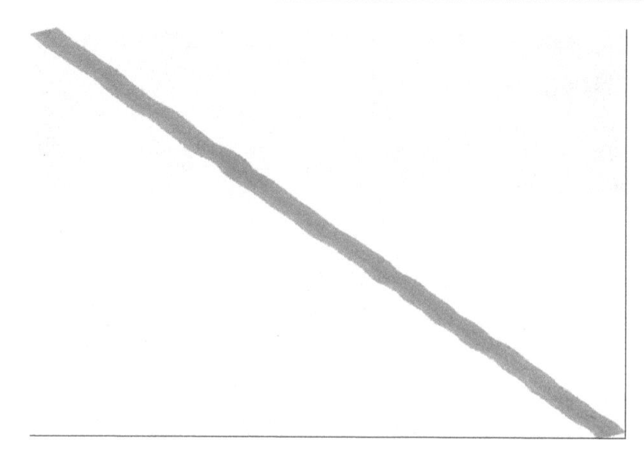

图 4-78　单条条带数据的反向散射强度图像

表 4-11　测深数据处理成果输出

B	*L*	*H*	条带号	波束号	测量时间
38. 336 596 5	121. 786 448 1	49. 522	0667_20110901_033312_00_01	3	33:13. 6
38. 336 578 0	121. 786 405 8	49. 482	0667_20110901_033312_00_01	4	33:13. 6
38. 336 564 0	121. 786 373 8	49. 502	0667_20110901_033312_00_01	5	33:13. 6
38. 336 552 1	121. 786 346 4	49. 362	0667_20110901_033312_00_01	6	33:13. 6
38. 336 542 1	121. 786 323 5	49. 342	0667_20110901_033312_00_01	7	33:13. 6
38. 336 533 3	121. 786 303 3	49. 382	0667_20110901_033312_00_01	8	33:13. 6
38. 336 525 2	121. 786 284 8	49. 302	0667_20110901_033312_00_01	9	33:13. 6
38. 336 517 8	121. 786 267 9	49. 282	0667_20110901_033312_00_01	10	33:13. 6
38. 336 511 0	121. 786 252 2	49. 262	0667_20110901_033312_00_01	11	33:13. 6
38. 336 504 7	121. 786 237 9	49. 312	0667_20110901_033312_00_01	12	33:13. 6
38. 336 498 7	121. 786 224 0	49. 282	0667_20110901_033312_00_01	13	33:13. 6
38. 336 492 9	121. 786 210 8	49. 242	0667_20110901_033312_00_01	14	33:13. 6
38. 336 487 5	121. 786 198 5	49. 302	0667_20110901_033312_00_01	15	33:13. 6
38. 336 482 3	121. 786 186 5	49. 272	0667_20110901_033312_00_01	16	33:13. 6
38. 336 477 3	121. 786 175 0	49. 252	0667_20110901_033312_00_01	17	33:13. 6
38. 336 472 5	121. 786 163 9	49. 252	0667_20110901_033312_00_01	18	33:13. 6
38. 336 467 7	121. 786 153 1	49. 192	0667_20110901_033312_00_01	19	33:13. 6
38. 336 463 2	121. 786 142 6	49. 282	0667_20110901_033312_00_01	20	33:13. 6
38. 336 458 7	121. 786 132 4	49. 272	0667_20110901_033312_00_01	21	33:13. 6
38. 336 454 4	121. 786 122 5	49. 222	0667_20110901_033312_00_01	22	33:13. 6
38. 336 450 1	121. 786 112 6	49. 232	0667_20110901_033312_00_01	23	33:13. 6
38. 336 446 0	121. 786 103 2	49. 162	0667_20110901_033312_00_01	24	33:13. 6

续表 4-11

B	L	H	条带号	波束号	测量时间
38.336 441 9	121.786 093 8	49.142	0667_20110901_033312_00_01	25	33:13.6
38.336 437 8	121.786 084 5	49.082	0667_20110901_033312_00_01	26	33:13.6
38.336 433 8	121.786 075 3	49.212	0667_20110901_033312_00_01	27	33:13.6
38.336 429 8	121.786 066 3	49.192	0667_20110901_033312_00_01	28	33:13.6
38.336 425 9	121.786 057 4	49.132	0667_20110901_033312_00_01	29	33:13.6
38.336 422 0	121.786 048 5	49.142	0667_20110901_033312_00_01	30	33:13.6
38.336 418 2	121.786 039 7	49.182	0667_20110901_033312_00_01	31	33:13.6
38.336 414 3	121.786 030 7	49.292	0667_20110901_033312_00_01	32	33:13.6
38.336 410 6	121.786 022 1	49.172	0667_20110901_033312_00_01	33	33:13.6
38.336 406 8	121.786 013 4	49.202	0667_20110901_033312_00_01	34	33:13.6
38.336 402 9	121.786 004 5	49.292	0667_20110901_033312_00_01	35	33:13.6

4.6.6　软件数据读取方法的验证

数据读取通常是数据处理的基础,即首先要将数据读取出来再进行各项改正计算得到最终成果。一款好的数据处理软件要有正确的、高效率的数据读取方法,多波束数据记录形式较为复杂,但只要能验证一种数据记录的正确性,即能验证整个数据包读取的正确性。本节通过验证提取到的声速剖面记录包来验证数据读取方法的正确性。

程序严格按照数据文件格式说明书进行数据的读取,以提取到的声速剖面数据为例(见图 4-79),可以发现经分离提取出的数据是正确的,说明该软件数据读取方法是正确的。

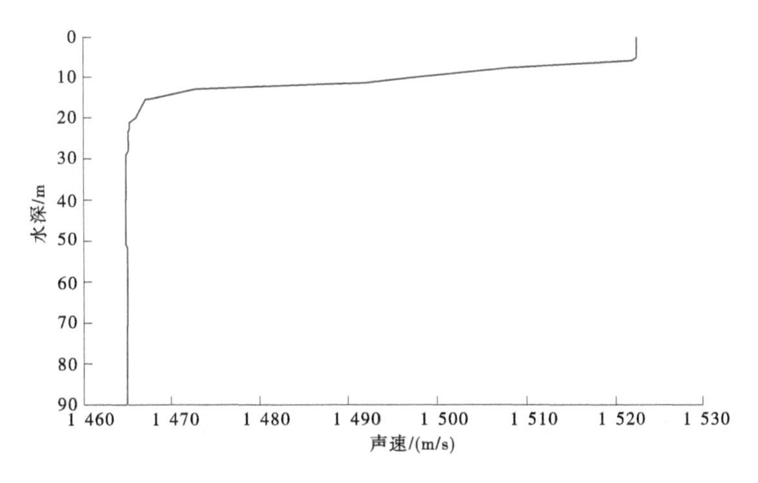

图 4-79　通过数据提取分离得到的声速剖面数据

4.6.7 坐标投影方法的验证

坐标投影计算是数据处理过程中重要的一步,投影计算的精度直接影响了最终成果的精度,因此有必要对坐标投影方法的精度进行评定,本节采用将数据处理坐标投影计算结果与常用坐标转换软件转换结果进行比对的方法来进行精度评定,见表 4-12。

表 4-12 坐标投影计算结果比对

项目	B	L	项目	B	L
	36.000 313 33	120.499 614 2		36.000 238 81	120.499 609 7
	X	Y		X	Y
常用坐标转换软件	3 985 692.883	545 047.057 6	常用坐标转换软件	3 985 684.611	545 046.696 1
多波束测深数据处理软件	3 985 692.815	545 047.057 2	多波束测深数据处理软件	3 985 684.543	545 046.695 7

这里通过对 1 000 个 GPS 定位点的坐标投影计算结果与常用坐标转换软件的解算结果进行了比对,结果表明两种软件的计算结果误差均值在 X 方向不超过 8 cm,在 Y 方向上优于 1 cm,考虑到航道测量规范对定位精度的要求不高,平面方向上优于 5 m 即可,因此坐标投影计算方法可行。

4.6.8 基于层内常梯度声线追踪模型的验证

本书通过提取波束的到达角和旅行时,结合提取出的声速剖面文件,基于层内常梯度声线追踪模型对各波束在船体坐标系下进行了坐标计算。计算结果表明,通过建立层内常梯度模型计算得到了波束投影点的坐标与野外多波束系统计算得到的坐标是吻合的,说明采用的层内常梯度声线追踪算法正确。

通过对图 4-80 和图 4-81 的比较可以得出,通过提取波束信息,采用层内常梯度模型计算得到的波束在 YOZ 面内的坐标与通过提取原始记录包得到的波束在船体坐标系下 YOZ 面内的坐标是一致的,因此可以证明通过提取波束到达角、旅行时等信息,采用层内常梯度追踪模型对波束进行归位计算的方法可行,对层内常梯度追踪模型的实现是正确的。

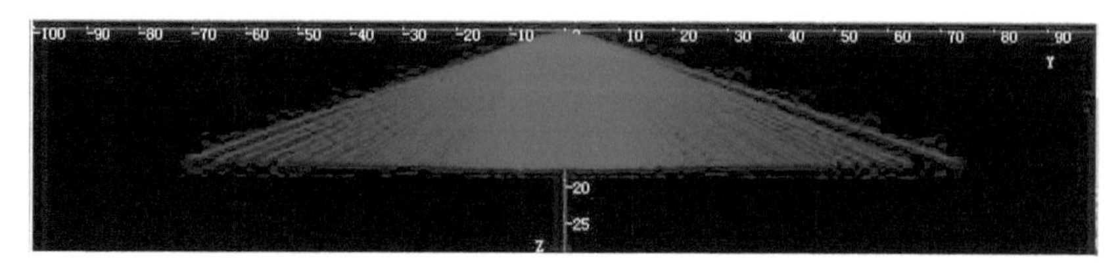

图 4-80 通过提取原始记录包得到的波束在船体坐标系下的 YOZ 面内的坐标

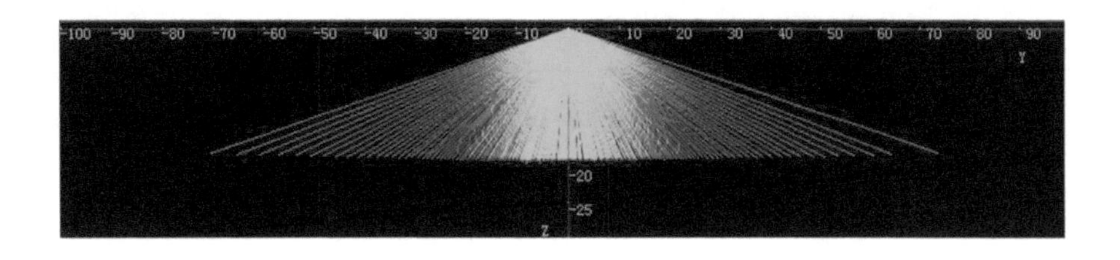

图 4-81　通过提取波束信息,采用层内常梯度模型计算得到的波束在 *YOZ* 面内的坐标

4.6.9　声速改正效果的验证

这里通过对声速剖面进行人工手动改正的方法来消除声速剖面误差带来的测量误差。试验表明通过人工手动改正后的声速剖面重新利用基于层内常梯度的声线追踪模型计算后可以明显消除声速剖面误差带来的测量误差,该方法切实可行。

通过图 4-82 和图 4-83 的比较可以发现,采用了新的声速剖面对波束重新进行归位计算后,有效地消除了声速剖面误差带来的笑脸状假地形,改正后的地形变得平坦,是一种有效的声速改正方法。

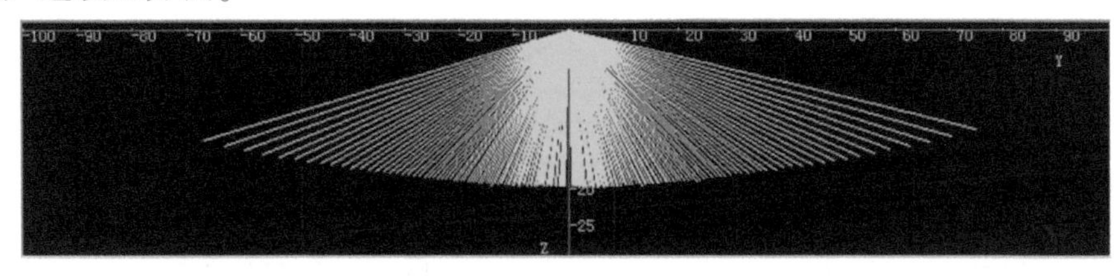

图 4-82　由于声速剖面误差产生的笑脸状假地形

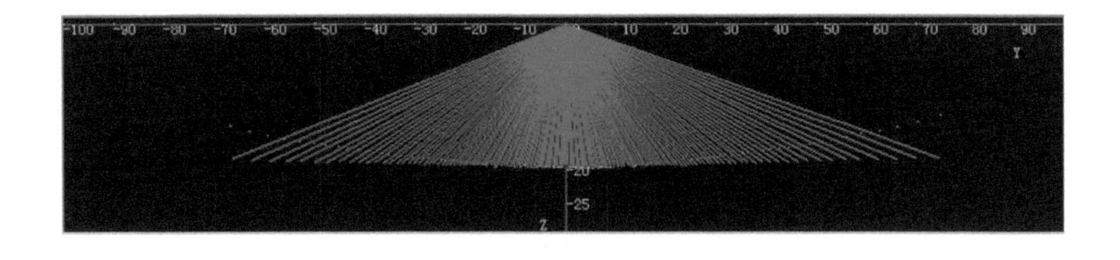

图 4-83　经过声速改正后的海底地形

4.6.10　数据处理成果精度评定

衡量测深数据处理成果的精度不单要看平面定位计算结果,还要综合考量水深计算结果。对于测深数据处理成果精度的评定采用与 CARIS 测深数据处理结果逐 Ping 逐波束比对的方法,采用相同的处理参数与过程,以此来评定软件解算结果的平面位置和水深计算精度,并通过比较两种软件的成果图验证解算成果的可靠性(见表 4-13、表 4-14)。

表 4-13　测深数据处理软件与 CARIS 软件的部分解算成果

CARIS 解算结果					自编程序解算结果				
Ping 号	波束号	*X*	*Y*	*Z*	Ping 号	波束号	*X*	*Y*	*Z*
25493	3	4 246 370.787	656 194.135	49.23	25493	3	4 246 369.508	656 194.457 0	49.18
25493	4	4 246 368.662	656 190.476	49.19	25493	4	4 246 367.508	656 190.854 6	49.29
25493	5	4 246 367.054	656 187.708	49.21	25493	5	4 246 365.839	656 187.846 8	48.89
25493	6	4 246 365.686	656 185.337	49.07	25493	6	4 246 364.597	656 185.608 4	49.05
25493	7	4 246 364.537	656 183.357	49.05	25493	7	4 246 363.539	656 183.702 3	49.26
25493	8	4 246 363.526	656 181.609	49.09	25493	8	4 246 362.534	656 181.892 3	49.16
25493	9	4 246 362.596	656 180.009	49.01	25493	9	4 246 361.612	656 180.231 0	48.97
25493	10	4 246 361.746	656 178.547	48.99	25493	10	4 246 360.802	656 178.770 8	48.98
25493	11	4 246 360.964	656 177.189	48.97	25493	11	4 246 360.064	656 177.441 8	49.10
25493	12	4 246 360.241	656 175.952	49.02	25493	12	4 246 359.356	656 176.165 2	49.09
25493	13	4 246 359.551	656 174.750	48.99	25493	13	4 246 358.676	656 174.941 1	48.98
25493	14	4 246 358.885	656 173.608	48.95	25493	14	4 246 358.050	656 173.813 2	49.05
25493	15	4 246 358.265	656 172.544	49.01	25493	15	4 246 357.444	656 172.720 2	49.02
25493	16	4 246 357.667	656 171.506	48.98	25493	16	4 246 356.871	656 171.688 5	49.11
25493	17	4 246 357.092	656 170.511	48.96	25493	17	4 246 356.308	656 170.674 2	49.03
25493	18	4 246 356.541	656 169.551	48.96	25493	18	4 246 355.775	656 169.712 4	49.17
25493	19	4 246 355.990	656 168.617	48.90	25493	19	4 246 355.236	656 168.741 9	48.88
25493	20	4 246 355.472	656 167.708	48.99	25493	20	4 246 354.731	656 167.832 5	48.91
25493	21	4 246 354.955	656 166.826	48.98	25493	21	4 246 354.241	656 166.949 4	49.13
25493	22	4 246 354.461	656 165.970	48.93	25493	22	4 246 353.756	656 166.075 1	48.91
25493	23	4 246 353.967	656 165.113	48.94	25493	23	4 246 353.280	656 165.218 2	48.91
25493	24	4 246 353.496	656 164.300	48.87	25493	24	4 246 352.819	656 164.387 5	48.90
25493	25	4 246 353.025	656 163.487	48.85	25493	25	4 246 352.363	656 163.565 6	48.85
25493	26	4 246 352.554	656 162.682	48.79	25493	26	4 246 351.912	656 162.752 5	48.95

表 4-14　测深数据处理软件与 CARIS 软件的部分解算成果

CARIS 解算结果					自编程序解算结果				
Ping 号	波束号	*X*	*Y*	*Z*	Ping 号	波束号	*X*	*Y*	*Z*
25493	3	4 246 370.79	656 194.135	49.23	25493	3	4 246 369.508	656 194.457	49.18
25493	4	4 246 368.66	656 190.476	49.19	25493	4	4 246 367.508	656 190.855	49.29
25493	5	4 246 367.05	656 187.708	49.21	25493	5	4 246 365.839	656 187.847	48.89
25493	6	4 246 365.69	656 185.337	49.07	25493	6	4 246 364.597	656 185.608	49.05
25493	7	4 246 364.54	656 183.357	49.05	25493	7	4 246 363.539	656 183.702	49.26
25493	8	4 246 363.53	656 181.609	49.09	25493	8	4 246 362.534	656 181.892	49.16
25493	9	4 246 362.60	656 180.009	49.01	25493	9	4 246 361.612	656 180.231	48.97
25493	10	4 246 361.75	656 178.547	48.99	25493	10	4 246 360.802	656 178.771	48.98
25493	11	4 246 360.96	656 177.189	48.97	25493	11	4 246 360.064	656 177.442	49.10
25493	12	4 246 360.24	656 175.952	49.02	25493	12	4 246 359.356	656 176.165	49.09
25493	13	4 246 359.55	656 174.750	48.99	25493	13	4 246 358.676	656 174.941	48.98
25493	14	4 246 358.89	656 173.608	48.95	25493	14	4 246 358.050	656 173.813	49.05
25493	15	4 246 358.27	656 172.544	49.01	25493	15	4 246 357.444	656 172.720	49.02
25493	16	4 246 357.67	656 171.506	48.98	25493	16	4 246 356.871	656 171.689	49.11
25493	17	4 246 357.09	656 170.511	48.96	25493	17	4 246 356.308	656 170.674	49.03
25493	18	4 246 356.54	656 169.551	48.96	25493	18	4 246 355.775	656 169.712	49.17
25493	19	4 246 355.99	656 168.617	48.90	25493	19	4 246 355.236	656 168.742	48.88
25493	20	4 246 355.47	656 167.708	48.99	25493	20	4 246 354.731	656 167.833	48.91
25493	21	4 246 354.96	656 166.826	48.98	25493	21	4 246 354.241	656 166.949	49.13
25493	22	4 246 354.46	656 165.970	48.93	25493	22	4 246 353.756	656 166.075	48.91
25493	23	4 246 353.97	656 165.113	48.94	25493	23	4 246 353.280	656 165.218	48.91
25493	24	4 246 353.50	656 164.300	48.87	25493	24	4 246 352.819	656 164.388	48.90
25493	25	4 246 353.03	656 163.487	48.85	25493	25	4 246 352.363	656 163.566	48.85
25493	26	4 246 352.55	656 162.682	48.79	25493	26	4 246 351.912	656 162.753	48.95
25493	27	4 246 352.10	656 161.887	48.92	25493	27	4 246 351.465	656 161.948	48.93
25493	28	4 246 351.64	656 161.108	48.90	25493	28	4 246 351.029	656 161.161	48.95
25493	29	4 246 351.19	656 160.338	48.84	25493	29	4 246 350.597	656 160.383	48.86

续表 4-14

CARIS 解算结果					自编程序解算结果				
Ping 号	波束号	*X*	*Y*	*Z*	Ping 号	波束号	*X*	*Y*	*Z*
25493	30	4 246 350.74	656 159.569	48.85	25493	30	4 246 350.165	656 159.605	48.88
25493	31	4 246 350.30	656 158.807	48.89	25493	31	4 246 349.733	656 158.827	48.93
25493	32	4 246 349.85	656 158.029	49.0	25493	32	4 246 349.316	656 158.075	48.84
25493	33	4 246 349.43	656 157.285	48.88	25493	33	4 246 348.903	656 157.331	48.75
25493	34	4 246 348.99	656 156.532	48.91	25493	34	4 246 348.481	656 156.571	48.73
25493	35	4 246 348.55	656 155.762	49.00	25493	35	4 246 348.039	656 155.775	48.98
25493	36	4 246 348.12	656 155.036	48.92	25493	36	4 246 347.641	656 155.058	48.79
25493	37	4 246 347.72	656 154.352	48.63	25493	37	4 246 347.210	656 154.280	48.86
25493	38	4 246 347.27	656 153.565	48.80	25493	38	4 246 346.792	656 153.528	48.85
25493	39	4 246 346.84	656 152.821	48.80	25493	39	4 246 346.370	656 152.767	48.88
25493	40	4 246 346.40	656 152.069	48.82	25493	40	4 246 345.958	656 152.024	48.84

通过统计分析,自编测深数据处理程序与 CARIS 的测深数据处理结果在南北方向上差值均值为-0.334 0 m,差值中误差为 0.290 1 m;在东西方向上差值均值为 0.171 4 m,差值中误差为 0.41 m;水深差值均值为-0.008 m,差值中误差为 0.002 m。通过分析比对,测深数据处理程序解算结果在平面 *X*、*Y* 方向都不超过 0.5 m,水深误差在毫米级。

同时还可以发现,两种软件对中央附近波束解算结果的符合度要明显优于对边缘波束解算结果的符合度,这可能是因为两种软件声速改正的不同引起的,声速对边缘波束的影响要远大于对中央波束的影响。

航道测量规范的要求为:定位采用 DGPS 定位系统,定位精度优于 5 m;水深≤30 m 时,多波束水深准确度应高于 0.3 m;水深>30 m 时,多波束水深准确度应高于水深的 1%。假设 CARIS 解算结果无误,则该测深数据处理软件的解算精度也在规范要求的精度范围之内。该海区水深值在 50 m 左右,水深测量限差为 50 cm,因此软件解算结果无论是在平面定位精度还是在深度计算精度上都符合要求,达到了精度对测深数据处理软件设计的要求。

图 4-84、图 4-85 为两种软件的最终成果图,图 4-84 中央白线为航迹线,在 CARIS 成果图中没有显示。比较两图可以发现,两者在平面方位和水深趋势上是一致的,只是由于两款软件水深颜色表示不同,两幅条带水深颜色上略有差别,在水深分布上都呈现出:总体上水深值由西北方向到东南方向呈逐渐增大的趋势。通过比较也可以验证该测深数据处理软件解算成果的可靠性。

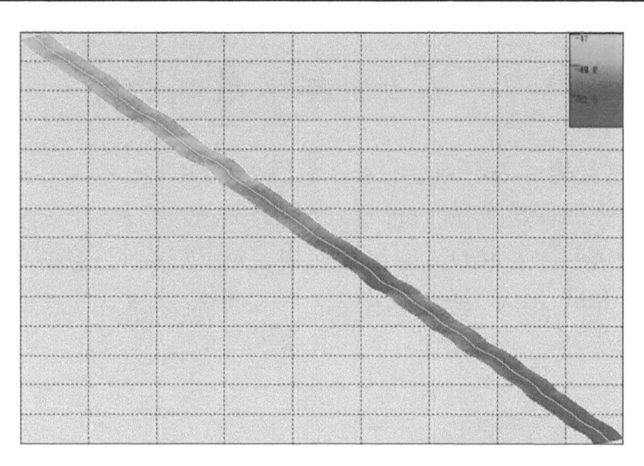

图4-84　自编测深数据处理软件解算成果

从测深数据处理软件的验证与精度评定结果可知,所开发软件能够实现对多波束数据的测深数据处理过程,并主要得到以下结论:

(1)程序的数据读取方法正确,通过数据读取可以得到原始记录中想要的任何数据,并进行处理,数据读取是测深数据处理过程的基础。

(2)对层内常梯度追踪模型的编程实现是正确的。为了实现声速改正过程,需要重新提取出波束的到达角和旅行时信息,并结合声速剖面数据,采用层内常梯度模型进行波束投影点位置计算。其中对于层内常梯度模型的编程实现是计算的关键,计算结果表明层内常梯度模型的实现是正确的,采用基于层内常梯度的声线追踪模型来对波束进行归位计算可行。

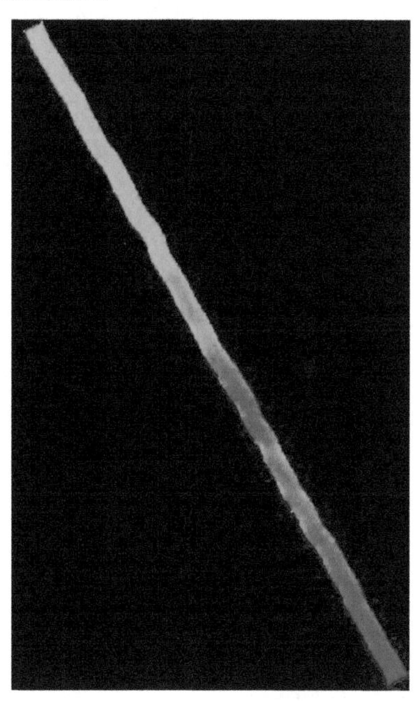

图4-85　CARIS 解算成果

(3)软件实现了声速改正的过程。声速剖面误差严重影响多波束测深成果的质量,因此对于声速改正的实现是测深数据处理软件必做步骤之一。软件通过提取波束原始信息结合声速剖面数据重新对波束进行了位置计算,通过对声速剖面的人工修改并用于波束归位计算实现了声速改正的目的,消除了由于声速剖面误差带来的测深误差。

(4)通过对测深数据处理软件解算成果的精度分析可知,软件对测深数据处理的思路及方法是基本正确的,涉及的坐标计算与坐标系转换的过程也是可靠的,通过该测深数据处理软件可以实现对多波束原始测量数据的测深数据处理,测深数据处理解算成果满足精度要求。

4.7　多波束测深数据处理

多波束测深数据处理可采用专业的多波束后处理软件如 CARIS、Hypack 和亿点通多波束后处理软件等,在数据转换、处理前,应严格定义项目名称、测量船只、实施日期等内容,形成符合数据处理软件要求的文件目录结构,数据处理前还应将 WGS—84 坐标系的坐标参数(如中央子午线、投影等)输入进去。内业数据处理分为项目文件建立、数据预处理、多波束数据处理、安装偏差校正、水深数据成图处理、图像处理等。

4.7.1　项目文件建立

多波束测深数据内业处理前,需先建立一个项目工程文件,该项目工程文件包括项目的坐标系统设置、船形设置及安装偏差参数录入等。

4.7.1.1　坐标系统参数

根据项目的实际情况,准确录入项目的坐标系统参数,如椭球参数、投影信息、平面转换、高程拟合及坐标平移等信息,保证项目坐标基准的正确性。

4.7.1.2　船形设置

将外业记录数据本记录量取的船体长宽等信息及各设备如 GPS、姿态仪、探头等的坐标位置输入多波束后处理软件中的船形设置中。

4.7.1.3　安装偏差参数

安装偏差参数即多波束测深系统安装时的横摇、纵摇误差和艏向误差,该参数开始设置时均输入 0,待开展横摇、纵摇和艏向偏差校正后再输入正确的值。

4.7.2　数据预处理

数据处理前应首先对数据进行预处理,预处理是对所有多波束测量数据进行初步的整理,剔除粗值、插值、平滑,主要包括数据读取与格式转换、声速剖面数据处理、定位数据处理、潮位数据处理、姿态数据处理、深度数据处理、数据合并等,其目的是减小误差,提高数据的可信度。

4.7.2.1　数据读取与格式转换

要对多波束测量数据进行处理,首先就必须对原始数据格式进行提取和转换,包括原始多波束数据提取、列表显示、统计分析、对数据来源和特征文字说明等,通过数据采集软件将数据转换为后处理软件可识别的数据格式,如 XTF 格式数据。

4.7.2.2　声速剖面数据处理

将测量的声速数据整理、检查,转换成后处理软件可识别的数据格式,转换过程中,可将声速剖面数据生成曲线图进行检查,剔除错误数据。

4.7.2.3　定位数据处理

定位数据处理主要是对 GPS 跳点数据进行编辑,包括剔除经度、纬度、航速、航向等变化失真的点,对删除后时间间隔不一致的数据进行拟合内插,对罗经及运动传感器数据进行平滑等。最终将测量船的航迹以一系列离散或连续的点的形式显示。

4.7.2.4　姿态数据处理

在理想状态下，换能器的波束断面与水面、航向正交。由于风、海流等因素的影响，船的姿态（航偏角、横摇角、纵摇角）和动态吃水等发生变化，导致多波束实测断面与铅垂方向、航向间有夹角。在对姿态数据处理时，应首先剔除姿态数据中的异常值，对删除（或缺失）的点插值及对姿态数据平滑；然后在数据合并处理时加入旋转角影响的改正，对船姿引起的水深及水下地形误差进行补偿。

4.7.2.5　潮位数据处理

潮位数据直接影响着水位改正的精度，潮位数据处理主要是检查和处理潮位实测数据，以折线形式在时间（横坐标）-深度（纵坐标）坐标系中显示，并进行查询编辑。潮位数据转换成多波束后处理软件可识别的数据格式，便于计算。

4.7.2.6　深度数据处理

测量过程中噪声的影响及人为操作失误或参数设置不合理等，都将会导致测量数据中出现假信号，形成虚假地形，从而使绘制的海底地形图与实际地形存在差异。为了提高测量成果的可靠性，必须消除这些虚假信号，剔除假信号，为后处理成图做好准备。本次数据处理首先采用软件自动判别异常数据的方式自动滤波，先将粗差剔除，然后制作瓦片图采用交互式滤波的方式剔除粗差。交互式滤波需靠有经验的专业人员通过比较数值的大小或分析水下地形的变化趋势等手段进行判别处理。

图 4-86 为多波束数据预处理流程。多波束数据处理前首先应做好多波束测量数据的预处理工作，减小后续制图工作量，提高质量。

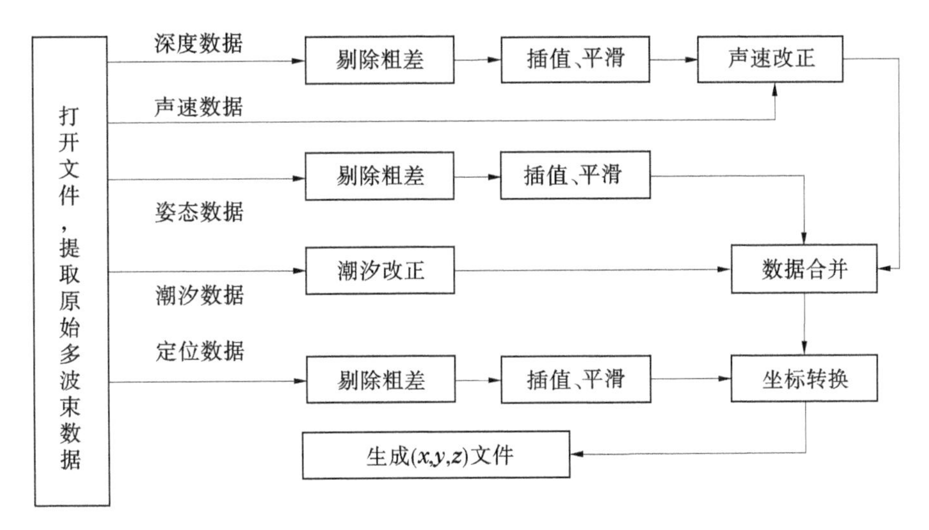

图 4-86　多波束数据预处理流程

4.7.3　多波束数据处理

4.7.3.1　静态吃水改正

将每天开工前后测量的静态吃水数据输入多波束后处理软件中，开展静态吃水改正。

4.7.3.2 动态吃水改正

将已测的测量船动态吃水数据根据软件的要求输入相应的船速和水位改正值,生成动态吃水改正文件,开展动态吃水改正。

4.7.3.3 声速改正

将野外测量的声速剖面改正数据录入到多波束后处理软件中,生成声速改正文件,开展声速改正。

4.7.3.4 潮位改正

潮位改正可选择 GPS 潮位改正和验潮站潮位改正两种方法。

1. GPS 潮位改正

利用移动站获取的 GPS 潮位数据开展潮位改正。

2. 验潮站潮位改正

验潮站潮位改正可采用传统的人工观测水位方法,采用多波束后处理软件自带单站、双站、三站及四站以上多站水位改正功能开展验潮站潮位改正;在开阔的海域已建立精密潮汐模型的区域如珠江河口,也可采用基于潮汐模型与余水位订正的虚拟站技术推算海上虚拟站点的潮位,然后将虚拟站点的潮位导入多波束后处理软件开展潮位改正。

基于潮汐模型与余水位订正的虚拟站技术即为海上历史站点用虚拟推算代替实测,具体步骤为:

(1)根据收集测区内的水位资料和实测验证水位资料,利用公司开发的多站水位改正软件评估基于潮汐模型与余水位订正的虚拟站技术推算的水位精度,比对时间不应少于 15 d,且比对结果应满足:

①$d \leq 0.1$ m,占比对总数的 80%;

②$d \leq 0.2$ m,占比对总数的 90%;

③$d \leq 0.3$ m,占比对总数的 100%。

其中:d 为观测值与推算值之间的绝对差。

(2)对验潮站数据进行预处理,剔除不合理的观测水位,然后录入到多站水位改正软件中,选用区域精密潮汐模型,开展基于潮汐模型与余水位订正的虚拟站技术推算海上虚拟站水位。

(3)将推算的虚拟站水位及观测水位录入到多波束后处理软件中,开展验潮站潮位改正。

4.7.3.5 安装偏差参数改正

安装偏差参数改正在作业第一天或者作业准备前开展一次,在以后测量船只、测量设备安装位置等未变化的情况下,可不再开展横摇、纵摇校准和艏向校准,保持安装偏差参数不变即可。

1. 定位时延值校准

目前,市场上多波束测深系统中基本都采用 PPS 同步信号,定位和测深时间同步进行,不需进行定位时延校准;如特殊情况需进行定位时延校准的,可按下列步骤进行。

(1)利用同向不同速一条航线,选择一块陡峭的地形或明显的地物,将框选条带线设置成平行测线。

(2)在软件中选择定位时延校准选项,不断调整校准值的大小,以两条测线重合为准,确定校准值。

(3)不断选取不同的校准测线,根据已确定的校准值检查测线重合情况,进而不断优化校准值,以获取最优的定位时延值。

(4)将最终的定位时延值保存在软件中。

《水运工程测量规范》(JTS 131—2012)中规定,定位时延的测定与校准宜选择在水深 10 m 左右、水下地形坡度 10°以上的水域或在水下有礁石、沉船等明显特征物的水域,在同一条测线上沿同一航向以不同船速测量两次,其中一次的速度应不小于另一次速度的 2 倍,两次测量作为 1 组,取 3 组或以上的数据计算校准值,中误差应小于±0.05 s。

2. Roll 横摇值校准

《水运工程测量规范》(JTS 131—2012)中规定,对横摇偏差的测定与校准宜选择在水深不小于测区内最大水深且水下地形平坦的水域进行,在同一测线上相反方向相同速度测量两次作为 1 组,取 3 组及以上的数据计算校准值,中误差应小于±0.05°。

(1)利用往返一条航线,选择一块较平坦的地形,将框选条带设置成垂直测线。

(2)在软件中选择横摇校准选项,不断调整校准值的大小,以两条测线重合为准,确定校准值。

(3)不断选取不同的校准测线,根据已确定的校准值检查测线重合情况,进而不断优化校准值,以获取最优的定位时延值。

(4)将最终的 Roll 值保存在软件中。

(5)Roll 值影响测量数据较大,应尽可能准确。

3. Pitch 纵摇值校准

《水运工程测量规范》(JTS 131—2012)中规定,纵摇偏差的测定和校准宜选择在水深不小于测区内的最大水深、水下坡度 10°以上的水域或在水下有礁石、沉船等明显特征物的水域进行,在同一条测线上相反方向相同速度测量两次作为 1 组,取 3 组及以上的数据计算校准值,中误差应小于±0.3°。

(1)利用往返一条航线,选择一块陡峭的地形或明显的地物,将框选条带设置成平行测线。

(2)在软件中选择纵摇校准选项,不断调整校准值的大小,以两条测线重合为准,确定校准值。

(3)不断选取不同的校准测线,根据已确定的校准值检查测线重合情况,进而不断优化校准值,以获取最优的定位时延值。

(4)将最终的 Pitch 值保存在软件中。

4. Yaw 艏向偏差校准

《水运工程测量规范》(JTS 131—2012)中规定,艏向偏差的测定与校准宜在水深不小于测区内的最大水深、水下坡度 10°以上的水域或在水下有礁石、沉船等明显特征物的水域进行,使用两条平行测线,测线间距要保证边缘波束有重叠,以相同速度相同方向各测量一次作为 1 组,取 3 组及以上的数据计算校准值,中误差应小于±0.1°。

(1)利用同向平行航线,选择一块陡峭的地形或明显的地物,将框选条带设置成平行测线。

(2)在软件中选择艏向偏差校准选项,不断调整校准值的大小,以两条测线重合为准,确定校准值。

(3)不断选取不同的校准测线,根据已确定的校准值检查测线重合情况,进而不断优化校准值,以获取最优的定位时延值。

(4)将最终的 Yaw 值保存在软件中。

经过"定位时延""Roll""Pitch""Yaw"校准后,将其保存在相关船形配置中,方可对大批量数据进行重新计算。

4.7.3.6　数据融合

主要是多波束测深数据归算,将姿态数据、声速数据、潮位数据、换能器吃水深度数据等参数归并到最终的水深当中,并在垂直方向和水平方向上分别做数据转换处理。垂直方向上根据潮位数据把水深值转换到深度基准面上,得到最终水深;水平方向上根据罗经和 GNSS 数据将水深点的平面位置由船坐标系(x,y)转换到大地坐标系中,实现测线间的衔接,最终生成三维地理坐标水深数据。

4.7.3.7　粗差滤波

数据融合处理后,为获取质量更优的点云数据,需要开展粗差滤波处理,一般将大于3倍误差的数据作为粗差,将其过滤。

4.7.3.8　数据精细化处理

在粗差滤波剔除噪声点后,利用多波束后处理软件波束点清理等工具,对点云数据开展精细化处理工作。

4.7.3.9　水深数据成图处理

成图处理是对预处理后的数据处理,生成河底和海底地形数字模型(DTM)。多波束测量的水深数据密度很高,因此成图系统首先应有合理、快速的数据压缩功能,既能保证水深点密度要求,又能满足航行安全,同时真实地反映海底地形;其次,为了便于对海底声呐图像的处理,需对测量得到的离散的水深数据进行网格化处理;最后,应有符合国际标准的图幅自动配置功能,直接生成符合要求的成果图,能够输出多种图形格式文件(栅格文件、矢量文件等)或数据文件,打印纸质成果图。

4.7.3.10　图像处理

数据成图后,还需对图像进行处理,以便图形能够达到更好的效果。

(1)噪声干扰。多波束测量数据虽然经过了严格的数据处理,但还包含着未被完全消除的噪声的影响。噪声干扰降低了图像质量,造成图像特征提取和识别困难,并产生不良的视觉效果。因而图像处理的一个非常重要的任务便是削弱噪声,提高图像质量。

(2)突出有用特征。寻找和识别目标是多波束声呐图像的一个基本功能。为了更好地分辨多波束条带测深仪绘制的图像细节,使三维地形图更加清晰,就需要对图像进行增强处理,突出图像中的有用信息,以利于目标的发现。

(3)目标被发现后,目标的尺寸、边缘和面积等特征的确定和提取还需通过图像处理获得。

4.7.3.11　水深数据准确度评估

利用多波束与单波束、多波束与多波束重合点水深不符值，进行水深测量准确度估计。

4.7.3.12　导出数据

根据需求导出所需格式的点云数据、高程点或者等高线。

4.7.4　多波束粗差处理

水下测量与水体联系紧密，在作业过程中，风浪、水流等其他因素会对测量精度产生一定的影响，多波束测深系统是一套集成而来的综合性设备，其自身存在的噪声和作业平台的不稳定可能会造成测量的数据中出现虚假信号。因此，粗差随之产生，使得实际地形同绘制的海底地形图之间存在明显差异。为使测量点的精度达到要求，从而绘制出符合精度要求的海底地形图，粗差的探测与剔除是必不可少的。下面是几种粗差剔除的常用处理方法。

4.7.4.1　交互式以及单 Ping 粗差剔除

交互式粗差剔除是人通过主观意识辨别和确定错误。根据相关方法进行数据的筛查与选择。相关数据通常会在数值突变处表现出来，在三维数据上体现为毛刺现象，异常明显，且在边缘波束位置大量出现。单 Ping 的处理方法在手工编辑时也会出现，其缺点非常明显，消耗时长，效率低下。

单 Ping 粗差剔除的过程如下：

(1)设计一个检测窗口，根据每一个 Ping 的数据值设置长度。

(2)去掉窗口内最大值和最小值，求出平均值以及标准差。

(3)判别待检测项是否满足$|x-u|>3$，u 的定义是，滑窗之中其他 $n-2$ 个点数据的平均值，x 是对应的标准差。

(4)同上步骤，进行多次重复，就可以全部检测将出现异常的数值。

4.7.4.2　基于统计特征滤波

COP 算法、Ware 算法、Eag 算法、DU 算法是常用的基于数据统计特征的滤波算法。

1. COP 算法

Guenther 和 Green 在 1982 年首次提出 COP 算法，选择关注的深度点，进行邻域选择，选择点根据船只航行所用时间与垂直航迹方向的距离关系确定，通过计算得到此区域内点的平均值和标准差，将此区域内每个点的两个值做差比较，通过 2 倍或 3 倍标准差准则进行判断，从而确定测深异常值。

2. Ware 算法

Ware、Knight 和 Wells 提出了 Ware 算法，此法提出的背景是，假设海底地形具有连续性并且缓慢变化的特点，它是一种基于加权平均移动之上的算法，从而对所需观测的目标点进行相应的滤波。前提是假设真实的海底表面是缓慢且连续的，海底的频率变化相对较低，因此高于平均值或标准差异常的数据会被检测出来，这些错误点通过 2 倍或 3 倍标准差的判断准则被识别出来。

3. Eag 算法

Eag 算法通过判定和减小测深尖峰信号来完成对深度数据的滤波，该方法假定每一个尖峰信号都是潜在的异常值，并提供一个表格，用于计算尖峰信号的熵值。若熵值超过一定限值，则认定该尖峰信号对应的测深点为异常值。

熵值的计算首先要确定测深点海床的平均深度值 d 和标准方差 SD。设尖峰信号处测点的深度值为 d，邻域波束的深度值为 d_k，熵 $q(z)$ 通过下式计算：

$$q(z)=\frac{(n-1)(SD-sd)}{sd}$$

$$SD=(d-\bar{d})+\sum_{k=1}^{n}(d_k-\bar{d})^2,sd=\sum_{k=1}^{n}(d_k-\hat{d})^2$$

$$\bar{d}=\frac{d+\sum_{k=1}^{n}d_k}{n+1},\hat{d}=\frac{\sum_{k=1}^{n}d_k}{n} \tag{4-24}$$

熵值计算了尖峰点残差与周围点残差对标准偏差贡献的比值，表明了尖峰点深度值同其邻域点深度值之间的相对关系。当熵值超限时，即说明尖峰点与周围点的深度值偏差过大，应予以标定。其缺陷在于仅能处理邻域内的单个错误，所以只适用于单条带操作。

4. DU 算法

运用 DU 算法探测异常值时，可以假定接受邻近所有的波束，数据处理人员通过基于聚类模式的自动探测界外值的算法对分区中所有波束进行交互式编辑。该算法不仅适用于单条带，同时也适用于多条带数据的编辑。

4.7.4.3　趋势面滤波

趋势面滤波的方法类似于局势趋势面，通过确定波束脚印的平面位置(X,Y)和深度 Z，运用函数 $Z=f(x,y)$ 对地形进行拟合，在 3α 原则下进行粗差标定。趋势面函数 f 形式可定义如下：

$$Z=f(x,y)=\alpha_0+\alpha_1x+\alpha_2y+\alpha_3xy+\alpha_4x^2+\alpha_5y^2 \tag{4-25}$$

式(4-25)给出的函数是一般形式下的表现方式，实测过程中，可自行确定模型阶数，前提是要参考水下地形的实际改变情况。$\alpha_i(i=0,1,2,3,4,5)$ 是多项式系数，f 为需求参数，测点的平面坐标定义为 x、y，测点深度表示为 z。设 $X=[\alpha_0,\alpha_1,\alpha_2,\alpha_3,\alpha_4,\alpha_5]$，模型的系数矩阵为 B，则式(4-25)变为

$$Z=BX \tag{4-26}$$

可以通过最小二乘法得到此模型的相关系数：

$$X=(B^{\mathrm{T}}B)^{\mathrm{T}}B^{\mathrm{T}}Z \tag{4-27}$$

平面坐标(x,y)和深度 Z 通过相邻内测点做出趋势面后，相对粗差来说，标定原则为：

$$\begin{cases}(z_i-f(z_iz_i))\leqslant 1\alpha\ 接受\\(z_i-f(z_iz_i))>1\alpha\ 标定\end{cases} \tag{4-28}$$

式中：$K=2$ 或 3；被检查点定义为z_i，点(X,Y)的深度定义成 i，α 是 i 点内测点深度的均方

差。趋势面滤波法优点是操作方法简单,平坦地形情况下适用性强。其点也很明显,地形产生复杂变化时,滤波能力低下,造成滤波不完全,解决方法是提高多项式模型的阶数,因此模型更加接近实际的海底地形。遇到面积相对较大的测量水域,将地形相对复杂的区域划分为多个地形变化不大的小区域,会达到更好的效果,但必须保证每个条带之间具备连接区域。因此,可以通过此方法对各个条带进行滤波处理。

4.7.4.4　抗差 M 估计滤波

抗差 M 估计滤波的原理是,通过最小二乘拟合方法获得的参考趋势面,相关数据没有对结果造成明显影响,同时符合正态分布,此时可对不符值进行验定。但是,通过最小二乘拟合方法得到的趋势面在趋势面拟合深度数据被异常值影响时会失真。在此背景下,黄谟涛等采用抗差估计方法。通过上述原理,基于 M 估计的对应模型的抗差解可以表示为:

$$\hat{X}=(A^{\mathrm{T}}\overline{P}A)^{-1}A^{\mathrm{T}}\overline{P}L \tag{4-29}$$

第 $K+1$ 步迭代解为:

$$\hat{X}^{(k+1)}=(A^{\mathrm{T}}\overline{P}^{(k)}A)^{-1}A^{\mathrm{T}}\overline{P}^{(k)}L \tag{4-30}$$

式中:X 是模型的待定参数向量;A 是方程系数阵;P 是等价权阵;L 是自由项。等价权阵采用 IGGⅢ方案:

$$P_{\bar{i}}=\begin{cases}P_i, \ |V_i'|\leqslant k_0\\ \dfrac{P_ik_0\left(\dfrac{k_1-|V_i'|}{k_1-k_0}\right)^2}{|V_i'|}, k_0<|V_i'|\leqslant k_1\\ 0, \ |V_i'|>k_1\end{cases} \tag{4-31}$$

其中:$V_i'=V_i/\alpha_i$;k_0 和k_1 可分别取为 1.0~1.5 和 2.0~3.0,根据海底地形调整具体数值。

因测深点深度与海底地形区相关,因此异常值判断估计模型可以采用简单的加权平均模型。假设有 m 个测深值为 $Z_i=1,2,\cdots,m$ 的测深点 P_i 在被检测点 P 领域内,根据式(4-30)可建立基于抗差 M 估计的模型:

$$\hat{Z}^{(k+1)}=(\sum_{i=1}^{m}\overline{P_i}^{(k)}Z_i)/\sum_{i=1}^{m}\overline{P_i}^{(k)} \tag{4-32}$$

其中,$\overline{P_i}$ 为等价权,通过式(4-31)可以计算得出,式(4-32)中等价权初始值P_i 与深度初始值$\hat{Z}$ 分别定义为:

$$P_i=\frac{1}{(d_i+\varepsilon)^2} \tag{4-33}$$

$$\hat{Z}=\mathrm{med}\{|Z_i|\} \tag{4-34}$$

测深点 P_i 到被检测点 P 的距离用d_i 来表现,ε 是小正数,作用是防止式(4-32)中分母变为 0,可以通过计算范围内 i 个测点的深度值的中值来定义初始深度估计值 $\hat{Z}$。式(4-31)的等价权计算中,$v_i=Z_i-\hat{Z}$,第 k 步$\boldsymbol{\sigma}_i^{\widehat{(k)}}=\mathrm{med}\{|v_i^{(k)}|\}/0.6745$。

此处提出假设,深度为 $\widehat{Z_P}$ 的稳定推值,在 n 次迭代条件下获得关于 P 的结果,预报残

差的是通过该点的推值深度及实际测量过程中真实深度Z_P得到的。判断此点值是否存在异常情况,可以借助下式判定:

$$|\Delta Z| > k\sqrt{\widehat{\sigma}_P^2 + m_P^2} \tag{4-35}$$

式中;$\widehat{\sigma}_P$为推值均方差;m_P为观测中误差,通常取$\pm\frac{3\widehat{Z}_P}{1\ 000}$;$k$可以是2或者3。

该方法计算过程相对复杂,深度估计初始值和等价权初始值以及等价权函数中K_0与K_1的选取结果,会严重影响抗差估计结果,因此在选取时,要严格匹配具体的海底复杂地形。

4.7.4.5 中值滤波

1971年,美国数学家图基首先将中值滤波法用于时间序列的分析,之后被广泛运用到其他学科中。中值滤波是一种非线性的平滑技术,能够较好地剔除异常值和平滑噪声。其滤波过程如下:首先确定一个窗口,移动该窗口,直至其覆盖测区所有的测深点,然后用窗口各点测深值的中值代替窗口中心点的值,从而达到平滑信号的目的。多波束测深异常信号通常比较尖锐,而考虑到中值滤波在平滑尖锐信号方面的优越性,因此可以采用这种滤波方法对多波束异常数据进行剔除。

类似于图像处理,测深数据中x、y坐标可以看作图像中某个像素点的位置,深度z则可以看作像素点的灰度值。为了检验某测量点的深度值是否异常,首先求得在测量点窗口范围内的N个点的深度中值:

$$z_{\text{med}} = \text{median}\{z_i\}, i = 1,2,\cdots,N \tag{4-36}$$

将测深值与求得的中值进行比较,并通过2σ或3σ粗差判定准则,标定测深异常值:

$$|z(x,y) - z_{\text{med}}| > 3\widehat{\sigma}_N$$

$$\widehat{\sigma}_N^2 = \frac{\sum_{i=1}^{N}[z_i(x,y) - \bar{z}]^2}{N}$$

$$\bar{z} = \frac{\sum_{i=1}^{N} z_i(x,y)}{N} \tag{4-37}$$

其中,$z_i(x,y)$是被检测点的初始深度值;z_{med}是选定窗口内所有深度的中值;$\widehat{\sigma}_N$则为均方根误差。

若上式中的假设条件成立,则可以认为被检测点为测深异常值,并用z_{med}代替原值。中值滤波的窗口可以取线形、正方形或圆形等多种形式,本书选用不同大小的正方形窗口作为滤波窗口。

4.7.4.6 测深数据的空间处理方法

1. 沿测深作业前进方向的正投影

沿测深作业前进方向的正投影,即将测量值映射到与测深作业前进方向正交的二维平面中,x方向数据为横向的偏距,y方向数据即为测深数据。由于换能器按某一频率向海底发射波束,当频率满足测深条件时,可以认为海底地形的起伏不会很剧烈,水深值小梯度变化,此时沿此方向投影,则可以快速地对海底测区进行滤波,从而提高数据处理效率。

值得说明的是,该法在海底地势较为平坦的地区滤波效果较好,不适用于地形变化复杂的海区。

2. 沿正交测线方向侧投影

此投影方法 y 轴数据为测深大小,x 轴数据为时间要素,此时可以较好地表达沿测量方向和海底地势变化情况,适用于复杂海区,该投影与正投影相结合可以达到更好的效果,基本可以剔除大部分异常数据。

4.7.5　多波束数据误差探测与修正

误差的存在,对试验结果影响很大,误差一般情况下由粗差、随机误差和系统误差组成。由于随机误差和粗差存在无法修正的特点,因此这里对系统误差的修正加以分析研究。系统误差的处理存在方法,找出其变化规律,对观测值在误差源最接近的地方进行有效的改正或补偿。

4.7.5.1　误差组成与传递

系统误差复杂多样,比如仪器设备安装过程中产生的偏差、子系统的安装误差、声速改正不正确带来的误差及设备因素产生的时间延迟误差。还有残余系统误差,如姿态测量误差。风浪等外界因素对船体姿态产生影响,进而会造成换能器面产生运动,多波束测量的理想状态因上述因素被破坏,从而造成观测值失真。

4.7.5.2　换能器安装偏差探测与修正

1. 横摇偏差探测与修正

横摇偏差的影响非常大,必须加以消除。设备安装过程中,换能器以船艏为原点通过旋转所产生偏差角。如图 4-87 所示,当测量发生在平坦海床时,波束实际测量方向同理想状态下测量方向之间会出现一个偏差角,从而导致所得地形出现倾斜,不符合实际情况,所以校准这个步骤非常关键,将所得数据加入后期数据处理中,改正波束点地理坐标。

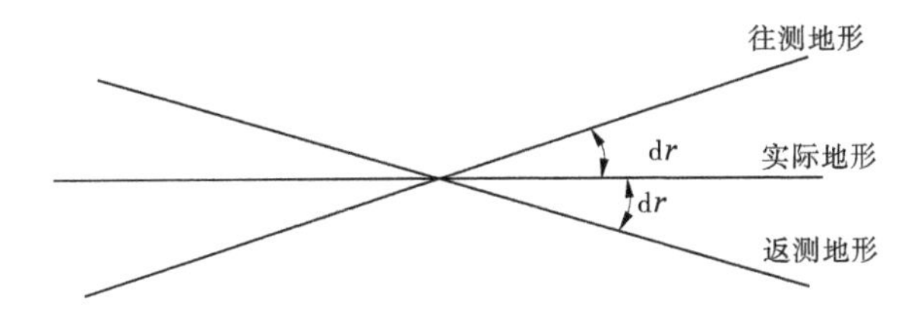

图 4-87　横摇安装偏差角对海底地形测量影响示意图

试验:试验区域为一段平缓的水下区域,规划一条航线,在这条航线上来回多个航次进行测量,导出原始测量数据,开始处理,得到每一条断面上所有点的三维地形数据信息。

结果显示,如果横摇偏差确实存在,相同位置上,条带会产生方向不同的两个具有一定倾斜角度的海底地形结果。数据处理理论说明,如果横摇偏差是正数,条带右侧某一位置则会出现实际测量地形上翘的结果,相反,返回测量的地形出现下沉,且上翘和下沉的幅度是相同的;左侧条带与右侧条带情形相反,前进时测量的地形出现下沉,返回时测量的地形向上翘起,其变化幅度也是一样的,情形如图 4-88 所示。

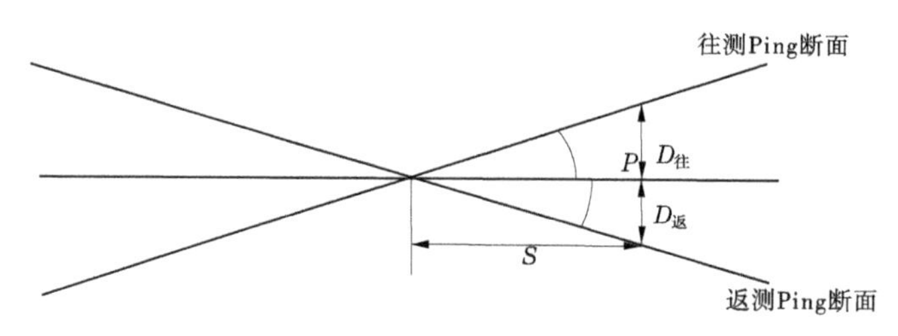

图 4-88　横摇偏差示意图

由上述可得,横摇偏差的模型如下。

P 点开始,S 是 P 同中央波束之间的距离,$D_{往}$ 和 $D_{返}$ 深度值则代表了船只往返的深度值,横摇偏差角可以凭借几何关系定义如下:

$$\mathrm{d}r = \arctan\frac{D_{往} + D_{返}}{S} \tag{4-38}$$

不同位置上,当 Ping 为 i 个时,通过上式将各个区域的横摇偏差角算出来,通过断面中的数据,可以通过下式获得其平均值:

$$\mathrm{d}r_i = \mathrm{Mean}\{d_j\} \quad (j = 1,2,\cdots,m) \tag{4-39}$$

式(4-39)中,m 代表此断面中的测点个数,都是有效的。条带中有多个 Ping,每个 Ping 横摇偏差角的平均值可以通过横摇姿态角影响量级估算得到,通过统计及检验所有数据,去掉不符值。其原则为 3σ 原则。

$$\sigma = \sqrt{\frac{[\Delta_i\Delta_i]}{n}} \tag{4-40}$$

$$\mathrm{d}r_0 = \mathrm{Mean}\{\mathrm{d}r_i\},i = 1,2,\cdots,n \tag{4-41}$$

$$\Delta_i = \mathrm{d}r_i - \mathrm{d}r_0 \tag{4-42}$$

通过粗差剔除 n 个断面的偏差角,就会得到 K 个偏差角,这些偏差角均有效,那么 K 个偏差角的平均值就是最终的偏差角。

$$\mathrm{d}r = \mathrm{Mean}\{\mathrm{d}r_k\},k = 1,2,\cdots,k \tag{4-43}$$

假设往返测量航迹相同,且试验数据数量足够大,那么可以认为所得的横摇偏差角是非常准确的。

2. 纵摇偏差探测与修正

纵摇偏差角的存在,是换能器在安装时,安装不规范,船体坐标系的 x 轴没有达到平行于换能器的 x 轴,因此产生一个绕着船体坐标系 y 轴进行旋转的偏差角,因为这个角的存在,投射在海底的波束点沿航迹会产生前、后位移,从而出现一个与垂直方向存在小倾角的倾斜角度,结果使得整体地形产生“前视”或者“后视”现象,如图 4-89 所示。

计算纵摇偏差角。由于纵摇偏差角的存在,“前视”或者“后视”现象会发生在整个 Ping 断面上,因为中央波束具有高精度特点,将每 Ping 的中央波束提取出来,对其进行纵摇偏差角探测。

(x,y,D) 是通过一来一回两个方向测量所得的断面中央波束的时序数据,在 P 处获

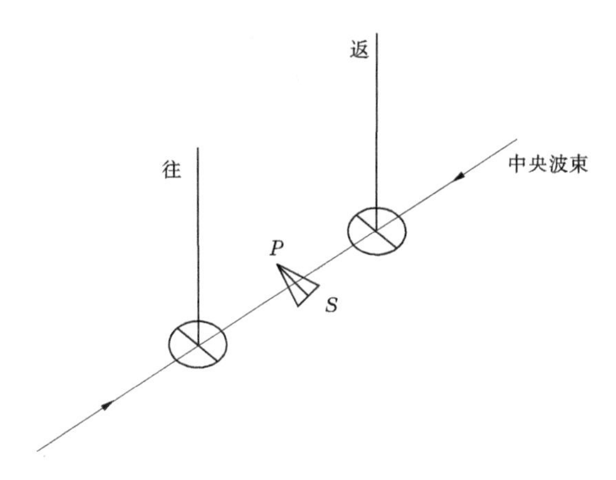

图 4-89　纵摇偏差示意图

取来回测量坐标信息 $P_{往}(x_1, y_1, D)$ 和 $P_{返}(x_2, y_2, D)$，P 点的位置一致，水深也相同，都是 D。纵摇偏差角即可通过 P 点往返坐标信息计算，如图 4-90 所示。

$$S = \sqrt{\Delta x^2 + \Delta y^2} \tag{4-44}$$

式(4-44)中，$\Delta x = x_1 - x_2$，$\Delta y = y_1 - y_2$。

纵摇偏差角定义为 $\mathrm{d}p$，可以表示为：

$$\mathrm{d}p = \arctan \frac{S/2}{D_{水深}} \tag{4-45}$$

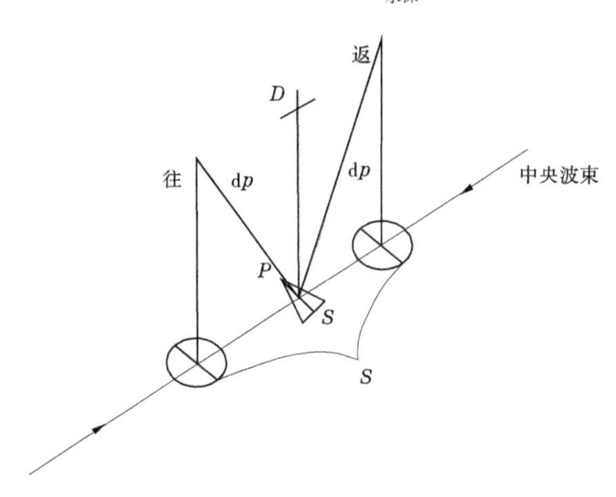

图 4-90　纵摇偏差示意图

在确定纵摇偏差角和剔除粗差条件下，m 个中央波束点均满足上述条件，对每一点来讲，都能够通过计算得到一个纵摇偏差角，但是存在测量误差，所得的纵摇偏差角会出现不同，因此必须相对于这 m 个偏差角序列进行一系列粗差探测和剔除。

$2\sigma/3\sigma$ 原则依然适用于纵摇偏差角的粗差探测，若粗差剔除后，有效的纵摇偏差角依然有 K 个，那么纵摇偏差角的最终结果是这 K 个偏差角的平均值。

$$\mathrm{d}p = \mathrm{Mean}\{\mathrm{d}p_k\} \quad (k = 1, 2, \cdots, k) \tag{4-46}$$

其统计参量计算如下：

$$\mathrm{STD} = \sqrt{\frac{[\Delta_k \Delta_k]}{K-1}} \tag{4-47}$$

$$\mathrm{max}dp = \max\{dp_k\}, \mathrm{min}dp = \min\{dp_k\} \tag{4-48}$$

$$\Delta_{\mathrm{k}} = dp_k - dp, dp = \mathrm{Mean}\{dp_k\}, k = 1,2,\cdots,k \tag{4-49}$$

上面提到的方法只是用到了测量断面中的中央波束,如果条件满足,可以选择适当大小的波束角(如±30°)范围内的中央波束,进行上述相关试验安排,随着数据数量的增加,优点是,得到的偏差角精度会相对增加;缺点是,会大大增加数据处理的工作量和时间。

试验:试验地点为一片开阔水域,水域必须满足具有坡度地形,然后规划一条测线 2,对其进行多次往返测量,然后对所得数据做相应处理,在众多试验数据里面,选取其中一组试验数据,这组数据符合往返测线重合度高的要求,没有进行偏差角修正之前,进行探测和解算相关偏差角,修正数据后,断面错位现象会出现好转,但此试验效果相对来说不是非常明显,因为纵摇偏差角的影响对测量成果来说相对较小。

4.7.5.3　罗经安装偏差探测与修正

罗经安装偏差的情况同横摇偏差情形是不同的,在相对平坦海区进行测量时,此偏差不会导致假的水深值出现,但测点会出现位置的移动,对于测量的影响,这些偏差具有综合性和互相关联性。因此,区分这些效应,必须保证选择的边界条件是特殊的,然后通过一定的顺序保证校正工作的完成。区分因为上述偏差原因造成的测点位移现象,要求满足试验区内的试验目标是独自的、具有易识别特点的,位移量则通过对这些目标进行往返多次测量得到,并且注意区分其他多类偏差随之产生的综合效应。

校正目标选择注意事项:校正试验应该选择线性物体作为试验测量目标。当测区满足不了这个要求时,两个相对的孤立目标也是可行的,但必须保证这两个目标非常容易识别。假想二者连线,将这条假象线当作此次试验需要校正的目标。因为是假想情况,误差务必会存在,所以观测点信息的准确尤为重要。检测时,应合理控制船速,穿越目标物时角度要大,位置分辨率会更高。

4.7.5.4　Heave 异常探测与修正

Heave 具有零均值的特点,其反映的是上下产生涌动,这种情况一般发生在船只受到水体作用,当其内部数据受到算法影响时,Heave 就会出现错误,从而不再符合正态分布规律。

同一时序内的 Heave 值,在其时序变化正常和统计特点不发生变化的条件下,其理论平均值是零,因此计算 Heave 值应使用测量中得到的所有数据信息,将其分为很多段,通过取其均值。取单独一段,则有:

$$\overline{\mathrm{Heave}} = \mathrm{mean}\{\mathrm{Heave}_i\}, i = 1,2,\cdots,n \tag{4-50}$$

其中 n 为该段的 Heave 个数,根据如下原则判断是否存在异常:

如果该段 $\overline{\mathrm{Heave}} = 0$,则表明 Heave 无偏差,否则认为该段存在偏差,且偏差为 $\overline{\mathrm{Heave}}$。

Heave 偏差修正可直接利用修正后新的 Heave 值对水深进行改正,若实测水深为 Z,则修正后的水深 Z'为:

$$Z' = Z - \mathrm{Heave} \tag{4-51}$$

Heave 时序存在系统偏差,其探测方法如上,计算出每个时序段的均值 $\overline{\text{Heave}}$,如果均值的结果不是 0,可得系统偏差 $\overline{\text{Heave}}$ 存在于时序段内。将该偏差从原始的观测时序中去掉,Heave 时序中包含的只有随机误差,此时 Heave 时序是正常的。

$$\text{Heave} = \text{Heave}' - \overline{\text{Heave}} \tag{4-52}$$

将这种方法运用到其他时序段中,探测和修复其他所有系统偏差。修正及分析:将一个 Heave 时序单独挑选出来,段长保证 5 s 时长,通过式(4-50)进行计算,进而得其均值,判断偏差是不是真实存在;存在的话,将修正后的值替换它们;不存在的话,使用原始观测数据。经过探测可知,段的长度的重要性对于探测和修复非常大。段的长度要充分考虑,建议取为 5 s。由试验所知,段长在 5 s 时,探测和修复效果最好。

4.7.5.5　时间延迟偏差探测与修正

1. 误差分析

定位系统和测深系统基本上是同步进行的,如果不同步,会造成测深点偏移,会影响正常海底地形成图,即定位时延。

系统延迟效应如图 4-91(a)、(b)所示。箭头为航行测线,记录位置点是 P,位移是 Δ。如图 4-91(a)所示,由于存在系统延迟因素,所有的水深点都会产生 Δ 位移,地形位置差异会出现;测量船航行规划如图 4-91(b)所示,在正反两个方向进行交替测量,正方向检测得到的水深值会因为系统性延迟因素而向右产生 Δ 位移,反方向检测得到的水深值会向左产生 Δ 位移,这种情况下,水下地形会产生条带状的交叉错位情况。航速与位移 Δ 的大小成正比关系。

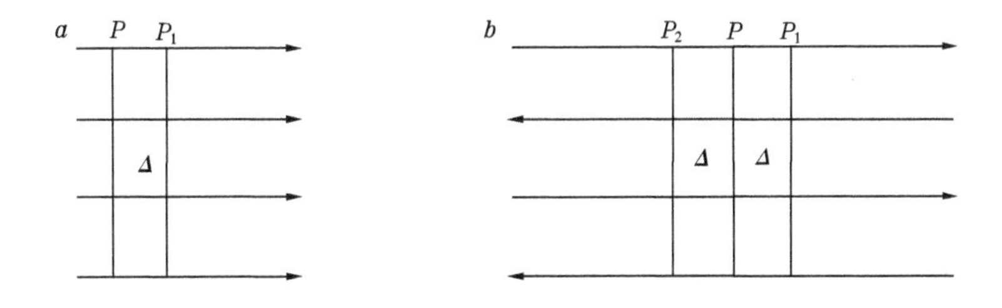

图 4-91　系统延迟效应对测深产生的影响

2. 误差修正

同一目标弹测法:在试验水域中,将一个显而易见的物体作为目标,速度一致的情况下进行往返测量,获得同一目标的两个偏移位置 P_1 和 P_2,见图 4-92(a),可以得到延迟位移 Δ 为:

$$\Delta = P_1P_2/2 \tag{4-53}$$

v 是测量时船航行的速度,从而可以计算出定位设备的时延是:

$$\Delta t = \Delta/v \tag{4-54}$$

剖面重叠法:试验水域内规划一条测线,试验区的目标应足够明显,测线与目标垂直,以 v_1 航速沿测线测量,此时 v_1 较小,从而得到位置 P_1,P_1 是 P 经过偏移而到达的位置,然

后以 v_2 航速进行测量，测量方向与上面一致。此时 v_2 较高，产生位置 P_2，具体如图 4-92(a)所示。图 4-92(b)中的两条虚线代表了试验中的两条测线的纵向剖面，在水平航向上，当此线移动到重合在一起时，得到位移位置 2Δ，那么时间延迟可以通过 $\Delta t = 2\Delta/(v_2 - v_1)$ 得到。获得结果后，定位时间修正处理，代入后处理软件系统。

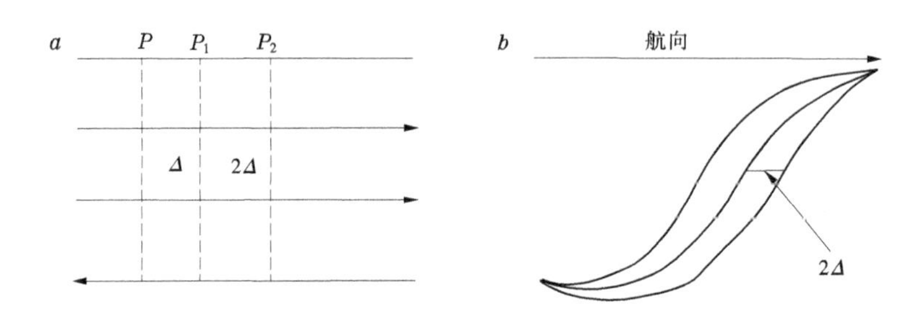

图 4-92　两条测线的纵向剖面图

4.7.5.6　声速改正探测与修正

1. 声速剖面结构变化的影响

海水中，声速结构是不单一的，一般可以将其分为如下四种类型，等速的均匀层结构、随着深度增加声速线性增加的递增型结构、随着深度增加声速线性减少的递减型结构和两个不等速均匀层相互叠置的跃层结构。水团各自的叠置情况真实存在，海水自身也具有一定程度的层化情况，因为这两种原因存在，声速结构会产生多种类型。声速剖面的产生是因为上述四种情况的相加或者复杂组合。声速结构不同，波束形成的传播路径必然存在差异，其差异性会直接导致测量时的精度达不到要求，从而使海洋底部的形态产生巨大的变化。

2. 声速剖面时间变化的影响

声速剖面随时间而变化，相同地点的水团，由于运动或发生层化改变，不同时间下，会发生大的改变。声速剖面时间上改变产生的影响与其结构发生改变时产生的影响一样，对多波束测深系统在测量精度方面造成影响。

3. 声速剖面空间变化的影响

同上述情况类似，即使声速剖面所处的时间是相同的，但是因存在位置发生改变，其本身也发生了变化，这种变化有些情况下非常明显。加拿大 Halifax Appoaches 做了一个研究，通过其测量研究的资料发现，表层声速在相距很远的两点是一样的，但在这两点之间的其他部分区域，明显的结构差异已经表现出来了。很多模型研究结果证明，当角度超过 60°时，波束已经达不到精度要求，因此必须使用新的当地的剖面信息。

声速剖面在多波束测量过程中起到十分重要的作用，追求更高精度的测量结果，必须解决声速剖面的测量误差。声速剖面的特殊性，对其使用中，禁止直接使用以前的数据，必须保证数据的准确性，才能够保障精度达到要求。

4.7.5.7　水深改正

1. 潮位改正

潮位改正是数据综合处理上必须保证的一个因素。通过深度测量得到的结果 D 具有相对性,且与潮位的状态有关,因此潮位必须经过改正,才能在统一垂直基准下完成统一,最终表现出水下地形的变化情况。

潮位信息比较容易获取,可通过验潮站所得,在潮位站有效作用范围内潮位观测序列可进行直接改正。潮位站如果很多,而施工的水域在这些潮位站包围之中,可通过这些潮位站对试验水域进行同步潮位观测,然后凭借潮位模型进行试验模拟,就能够得出施工水域范围内的的潮位信息 T。

施工水域下面的水深 Z 可以表现为:

$$Z = T - D \tag{4-55}$$

此处潮位信息的时间与施工时设备测量时间不相同,因此必须进行内插处理。潮位的变化在短时间内是符合线性关系的,但在测量中并不都是如此,如果测量时间长,此时的潮位 t 在两个潮位时间 t_1 和 t_2 之间,那么此时的 t 时间的潮位信息可以表示为:

$$T_t = T_{t_1} + \frac{T_{t_2} - T_{t_1}}{t_2 - t_1}(t - t_1) \tag{4-56}$$

式中:T_{t_1} 和 T_{t_2} 为测量时 t_1 和 t_2 单独获取的潮位值。

2. 吃水改正

潮位信息加入系统经改正后的水深,才是波束点在海洋里面的真实水深,换能器平面到海底某一测点的直线长度仅是换能器那一时刻的实测水深,我们需要的水深是加上换能器吃水后的水深。所以,通过吃水改正的水深数据,才是需要的结果。

吃水改正有两种,一种是静态吃水改正,另外一种是动态吃水改正。静态吃水是指测量船处于静止不动,换能器底面到水面之间的直线距离,可以进行直接改正,方法是换能器安装固定后直接测量。动态吃水改正属于吃水改正的一种,上文有所提及,其包含两个部分:传统吃水改正和压力传感器方法的吃水改正。

传统吃水改正:施工过程中船体因水体因素会产生浮动,换能器也会随着船只变化,产生吃水改变的情形,这种情况下,是相对静止的,这个时候的吃水变化是动态吃水。影响动态吃水最大的因素就是航速,船航行的越快,动态吃水就随之越大。因此,在水深测量中,动态吃水改正是必不可少的。通过试验可以获得改正结果。压力传感器方法的动态吃水原理是:在船体底部安装压力传感器,通过传感器读数,获得船体底部的水压信息,代入相关公式,可得到船体底部在水下的深度。

4.7.6　多波束测深系统的波束脚印归算

利用多波束测深系统获取测深点的水深值需要在特定的坐标系中进行表达,通常将这一归算过程称为波束脚印的归算,这是多波束测深成果表达的关键一步。

多波束测量中,其目的是获取测深点在地理坐标系中的三维坐标,平面位置通过定位系统实现,水深值通过声呐系统测量。在多波束测深系统中,定位系统的中心通常和换能器中心的位置不重合,波束脚印归算的第一个改正项就是由于定位中心和换能器中心位置不一致引起的偏心改正。第二个改正项是时间延迟,这是由于定位系统和声呐系统的数据采样率不一致引起的。与此同时,在实际测量过程中,由于受风、流和涌浪等各种干扰因素的影响,船体产生横摇、纵摇和船艏晃动等运动,从而使得波束脚印归算问题转化为多维动态改正问题，改正值的大小与船体姿态参数、测深深度和波束入射角的大小有关，并且改正值具有时变性。故波束脚印的位置与载体的实时运动姿态息息相关，为后续波束脚印公式推导方便，建立如下坐标系：

（1）船体坐标系（b 系）。船体坐标系是以测量船为基础建立的坐标系，坐标原点位于换能器中心，x 轴指向船头方向，y 轴指向船的左舷，z 轴垂直 x 轴和 y 轴构成的平面垂直向上，构成右手空间直角坐标系，其结构如图 4-93 所示。

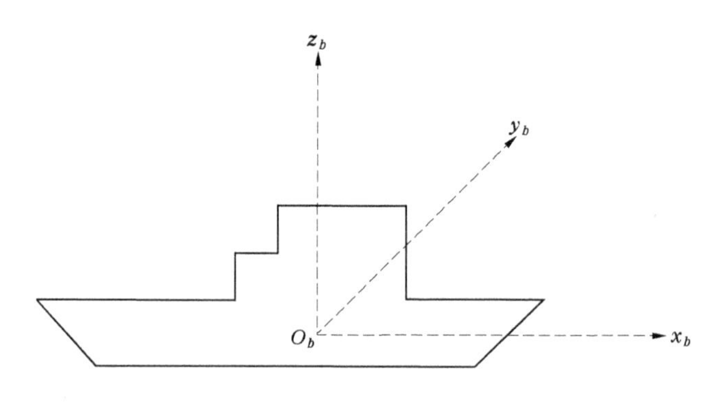

图 4-93　船体坐标系

（2）当地水平坐标系（L）。当地水平坐标系与载体坐标系的坐标原点重合，x 轴指向东方向（参考椭球的卯酉圈方向），y 轴指向北方向（参考椭球的子午线方向），z 轴指向天顶方向（参考椭球的法线方向）。当地水平坐标系如图 4-94 所示。

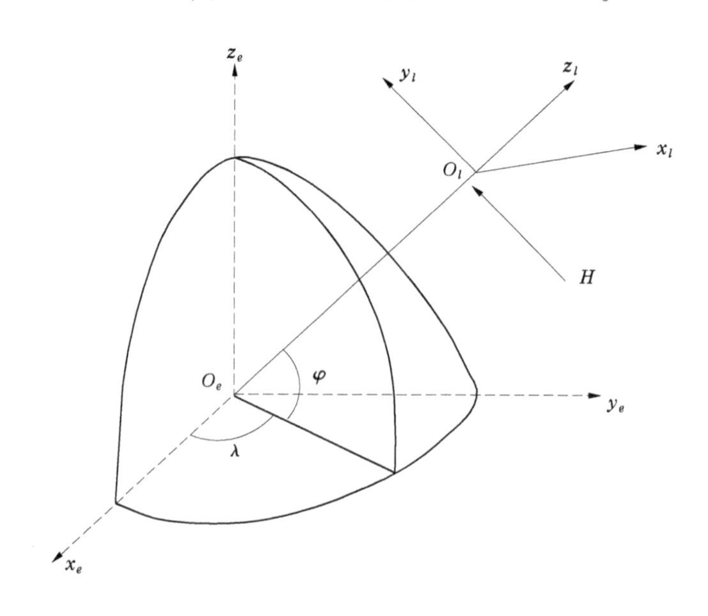

图 4-94　当地水平坐标系

船体姿态角是指船体坐标系相对当地水平坐标系各坐标轴的旋转参数。如图 4-95 所示,航向角 h 是指 b 系绕 L 系中 z 轴的旋转,取值为 b 系中 x 轴与 L 系中 x 轴的夹角,定义域为(0°~360°)。横摇角 r 是 b 系绕 L 系中 x 轴的旋转,右舷向下为正,反之为负,定义域为(−180°~180°)。纵摇角 p 是 b 系绕 L 系中 y 轴的旋转,船艏向上为正,反之为负,定义域为(−90°~90°)。

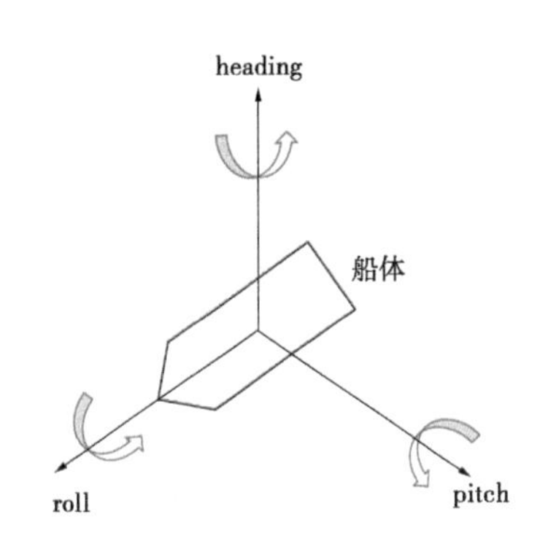

图 4-95　姿态角示意图

4.7.6.1　波束脚印归算方程

多波束测深系统中,波束脚印归算中需要补偿的船体运动参数有航偏角(heading)、横摇(roll)、俯仰(pitch)和升沉h_d。在海图制作中,如果测量船的运动补偿效果不佳,海底地图上则会出现"波浪",准确的船姿参数对于将多波束观测值转化为准确的深度值至关重要。波束脚印的归算过程实际上是坐标成果的转换过程,分别为动态偏心改正、动态位置传算、水深位置归算和平面位置归算。

1. 动态偏心改正

设姿态测量中心在 b 系中的坐标为(x,y,z),则在 b 系中 IMU 中心相对换能器中心的偏心矢量为:$\Delta x=-x,\Delta y=-y,\Delta z=-z$。在 b 系中,换能器与 IMU 都和测量船固联,其偏心矢量保持不变。但在 L 系中,偏心矢量将会随着船体姿态而发生变化。将其在当地水平坐标系下的偏移量表示为$(\Delta X,\Delta Y,\Delta Z)$,其计算公式推导如下:

$$\begin{bmatrix}\Delta x\\ \Delta y\\ \Delta z\end{bmatrix}_L = R(h,P,\gamma)\begin{bmatrix}\Delta x\\ \Delta y\\ \Delta z\end{bmatrix}_b \tag{4-57}$$

式中:R 表示 b 系到 L 系的坐标转换矩阵。

根据横摇角 r、纵摇角 p 和航向角 h 的定义,b 系到 L 系的转换需要进行三次旋转,首先是 b 系绕 L 系的 z 轴转动 h 角,之后在此基础上绕 x 轴旋转动 p 角,最后是在以上旋转的基础上绕 y 轴转动 r 角。其旋转过程可表示为:

$$R_1 = \begin{bmatrix}1 & 0 & 0\\ 0 & \cos r & -\sin r\\ 0 & \sin r & \cos r\end{bmatrix} \tag{4-58}$$

$$R_2 = \begin{bmatrix}\cos p & 0 & -\sin p\\ 0 & 1 & 0\\ \sin p & 0 & \cos p\end{bmatrix} \tag{4-59}$$

$$R_3 = \begin{bmatrix}\cos h & -\sin h & 0\\ \sin h & \cos h & 0\\ 0 & 0 & 1\end{bmatrix} \tag{4-60}$$

则 R 可表示为:

$$R = R_3R_2R_1 = \begin{bmatrix} \cos h & -\sin h & 0 \\ \sin h & \cos h & 0 \\ 0 & 0 & 1 \end{bmatrix} \begin{bmatrix} \cos p & 0 & -\sin p \\ 0 & 1 & 0 \\ \sin p & 0 & \cos p \end{bmatrix} \begin{bmatrix} 1 & 0 & 0 \\ 0 & \cos r & -\sin r \\ 0 & \sin r & \cos r \end{bmatrix} \tag{4-61}$$

将式(4-61)代入式(4-57)可得：

$$\begin{cases} \Delta X_{\text{at}} = -x_a \sin h \cos p + y_a(\cos h \cos r + \sin h \sin p \sin r) - z_a(\cos h \sin r - \sin h \sin p \sin r) \\ \Delta Y_{\text{at}} = -x_a \cos h \cos p - y_a(\sin h \cos r - \cos h \sin p \sin r) + z_a(\sin h \sin r + \cos h \sin p \cos r) \\ \Delta Z_{\text{at}} = -x_a \sin p - y_a \cos p \sin r - z_a \cos p \cos r \end{cases} \tag{4-62}$$

式(4-62)即为换能器中心与IMU中心不一致所引起的动态偏心改正公式。

2. 动态位置传算

多波束测深系统中，设波束入射角为θ，波束脚印至换能器中心的距离为C，波束脚印在b系中的坐标为(x_p,y_p,z_p)。由于收换能器的安装特性，其只能接收垂直于船行进方向的波束断面，则波束脚印在b系中的坐标表达为：

$$\begin{bmatrix} x_p \\ y_p \\ z_p \end{bmatrix}_b = \begin{bmatrix} 0 \\ C\sin\theta \\ C\cos\theta \end{bmatrix}_b \tag{4-63}$$

考虑到船在行进过程中船体姿态的影响，波束脚印相对换能器中心在L系的位置偏移量可表示为：

$$\begin{bmatrix} \Delta X_{tp} \\ \Delta Y_{tp} \\ \Delta Z_{tp} \end{bmatrix}_L = R(h,p,r)\begin{bmatrix} x_p \\ y_p \\ z_p \end{bmatrix}_b = R(h,p,r)\begin{bmatrix} 0 \\ C\sin\theta \\ C\cos\theta \end{bmatrix}_b \tag{4-64}$$

顾及式(4-60)得：

$$\left.\begin{cases} \Delta X_{tp} = -R\cos h \sin(\theta + r) + R\sin h \sin p \cos(\theta + r) \\ \Delta Y_{tp} = R\sin h \sin(\theta + r) + R\cos h \sin p \cos(\theta + r) \\ \Delta Z_{tp} = -R\cos p \cos(\theta + r) \end{cases}\right\} \tag{4-65}$$

式(4-65)即为波束脚印相对换能器中心的位置偏移量在L系中的实时动态计算公式。

3. 波束脚印的水深位置归算

在多波束测深系统中，换能器的高程由潮位、吃水和涌浪等参数共同决定。在实际测量中，潮位数据通过验潮站给出，船体吃水参数通过相关数学模型计算得到，涌浪参数反映换能器在垂直面内的起伏变化，其参数结合多波束测深结果即可确定观测水底在绝对高程基准的高程值。为获得船体垂直方向的位移，涌浪参数由惯导系统的垂直方向加速度信息经过积分运算得到。波束脚印水深位置归算方程为：

$$H_z = z + \Delta D + \Delta J + \Delta I + \Delta S - \Delta T \tag{4-66}$$

式中：H_z为测深点水深高程；z为实测水深值；ΔD为动态吃水改正，ΔJ为静态吃水改正；ΔI为仪器改正；ΔS为声速改正；ΔT为深度基准面到瞬时海水面的潮汐改正。

4. 波束脚印的平面位置归算

综合波束脚印归算改正公式，波束脚印在L系中平面坐标计算公式可表示为：

$$\begin{cases} B = B_0 + (\Delta Y_{at} + \Delta Y_{tp})/M \\ L = L_0 + (\Delta X_{at} + \Delta X_{tp})/N\cos B \end{cases} \tag{4-67}$$

式中：(B,L) 为波束脚印的纬度和经度；(B_0,L_0) 为 GPS 天线相位中心的纬度和经度；M、N 分别为子午圈曲率半径和卯酉圈曲率半径。

4.7.6.2　船姿对多波束测量的影响分析

船姿分析的目的在于分析航偏角 h、横摇角 r、纵摇角 p 和涌浪引起的换能器升沉 h_d 对多波束脚印归算的影响。由于船姿因素的影响，实际测量断面与理想断面会产生一定的旋转，从而使得测深结果产生偏差。

1. 航偏角 h 的影响

测量船在工作中，航向通常不会和测线方向严格保持一致，在干扰因素的作用下，会绕 z 轴在水平面上产生 h 角的扭动。其会对波束脚印在 L 系中的坐标产生影响，假设航偏角的变化为 h，暂不考虑其他因素影响，则航偏角 h 和测量误差 Δh 对波束脚印坐标的影响可表示为：

$$\begin{bmatrix} X \\ Y \\ Z \end{bmatrix}_L = \begin{bmatrix} \cos h & -\sin h & 0 \\ \sin h & \cos h & 0 \\ 0 & 0 & 1 \end{bmatrix} \begin{bmatrix} x \\ y \\ z \end{bmatrix}_b = \begin{bmatrix} \cos h & -\sin h & 0 \\ \sin h & \cos h & 0 \\ 0 & 0 & 1 \end{bmatrix} \begin{bmatrix} 0 \\ C\sin\theta \\ C\cos\theta \end{bmatrix}_b \tag{4-68}$$

$$\begin{bmatrix} \mathrm{d}X \\ \mathrm{d}Y \\ \mathrm{d}Z \end{bmatrix} = \begin{bmatrix} C\sin\theta\sin\Delta h \\ C\sin\theta\cos\Delta h - C\sin\theta \\ 0 \end{bmatrix} = \begin{bmatrix} D\tan\theta\Delta h \\ D\tan\theta\Delta h^2/2 \\ 0 \end{bmatrix} \tag{4-69}$$

式中：$D=C\cos\theta$，表示深度。

2. 横摇角 r 的影响

横摇使得船体绕着 y 轴产生旋转角度 r，从而使得实际测量断面与理想测量断面绕 y 轴产生了 r 角扭动，使得波束入射角由 θ 变为 $\theta+r$，从而对波束脚印在坐标系中的坐标产生影响。横摇角 r 及横摇角测量误差 Δr 对波束脚印归算的影响可表示为：

$$\begin{bmatrix} x \\ y \\ z \end{bmatrix}_b = \begin{bmatrix} 0 \\ C\sin(\theta + r) \\ C\cos(\theta + r) \end{bmatrix}_b \tag{4-70}$$

$$\begin{bmatrix} \mathrm{d}x \\ \mathrm{d}y \\ \mathrm{d}z \end{bmatrix}_b = \begin{bmatrix} 0 \\ C\cos(\theta + r)\mathrm{d}r \\ -C\sin(\theta + r)\mathrm{d}r \end{bmatrix}_b = \begin{bmatrix} 0 \\ D\Delta r \\ -D\tan\theta\Delta r \end{bmatrix}_b \tag{4-71}$$

式中：深度 $D = C\cos(\theta + r)$。

3. 纵摇角 p 的影响

纵摇使得换能器随之绕 x 轴在 yoz 平面转动 p 角，从而使得实际测量断面与理想测量断面产生 p 角的偏差，则波束脚印在 b 系中的坐标以及 p 角测量误差 Δp 对坐标归算的影响可表示为：

$$\begin{bmatrix} x \\ y \\ z \end{bmatrix}_b = \begin{bmatrix} \cos p & 0 & \sin p \\ 0 & 1 & 0 \\ -\sin p & 0 & \cos p \end{bmatrix} \begin{bmatrix} x \\ y \\ z \end{bmatrix} = \begin{bmatrix} C\cos\theta\cos p \\ C\sin\theta \\ C\cos\theta\cos p \end{bmatrix} \tag{4-72}$$

$$\begin{bmatrix} dx \\ dy \\ dz \end{bmatrix}_b = \begin{bmatrix} C\cos\theta\cos\Delta p dp \\ 0 \\ -C\cos\theta\sin p dp \end{bmatrix}_b = \begin{bmatrix} D\Delta p \\ 0 \\ -D\tan p\Delta p \end{bmatrix}_b \tag{4-73}$$

由式(4-72)、式(4-73)可知,测量船在纵摇影响下,深度 $D = C\cos\theta\cos p$。

4. 换能器升沉 h_d 的影响

船体在测量过程中,换能器固定于船体的正下方,船体的升沉运动使换能器在垂直方向上发生运动,升沉值直接反映在多波束声呐所测得的测深值中。假设 h_d 向上为正,向下为负,故换能器升沉值 h_d 不会对平面坐标产生影响,只会影响波束脚印垂直方向的坐标值,则换能器升沉 h_d 及其测量误差 Δh_d 对波束脚印坐标的影响可表示为:

$$\begin{bmatrix} x \\ y \\ z \end{bmatrix}_b = \begin{bmatrix} 0 \\ C\sin\theta \\ C\cos\theta - h_d \end{bmatrix} \tag{4-74}$$

$$\begin{bmatrix} dx \\ dy \\ dz \end{bmatrix}_b = \begin{bmatrix} 0 \\ 0 \\ \Delta h_d \end{bmatrix} \tag{4-75}$$

5. 船体姿态测量误差的综合影响

在实测过程中,船体姿态通常由多个姿态因子共同作用,其作用结果可表示为:

$$\begin{bmatrix} dx \\ dy \\ 0 \end{bmatrix}_h + \begin{bmatrix} 0 \\ dy \\ dz \end{bmatrix}_r + \begin{bmatrix} dx \\ 0 \\ dz \end{bmatrix}_p + \begin{bmatrix} 0 \\ 0 \\ dz \end{bmatrix}_{h_d} = \begin{bmatrix} D\tan\theta\Delta h + D\Delta p \\ D\tan\theta\Delta h^2/2 + D\Delta r \\ \Delta h_d - D\tan\theta\Delta r - D\tan p\Delta p \end{bmatrix} \tag{4-76}$$

4.7.7　残余系统误差探测及削弱

4.7.7.1　残余系统误差探测概述

多波束测深系统是一个由多传感器组成的综合系统,其测量误差具有显著的多源性,其中船体姿态测量误差对深度的影响与波束入射角有关,并通过一定的几何关系反映到测深数据中,声速剖面代表性误差主要是由测量海域的水文因素和声速剖面采样站布设引起的。系统误差的存在使得边缘波束脚印的计算精度低于中央波束,从而导致相邻条带重叠区内的测深数据出现不匹配,严重时将导致海底地形失真。虽然通过船体姿态测量参数校正及提高声速剖面测量精度可以有效地抑制系统误差对多波束测深的影响,但是由于海况的复杂多变,系统误差还是或多或少地被带入到测深数据中(阮锐,2001;刘胜旋,2002;刘方兰,2004)。

为了合理有效地消除系统误差的影响,国内外许多专家学者都做了大量的研究,其中较为常用的是半参数法(赵建虎,2000)和两步滤波法(朱庆,1998;黄谟涛,2000;赵建虎,2000),半参数法从机制上阐述了如何消除系统误差,但是该方法的难点在于如何确定系统误差的组成,以及各组成成分在总系统误差中所占的比例;两步滤波法将相邻条带测深数据的融合问题分两步进行处理,首先采用条件平差对相邻条带的重合点进行平差处理,得到误差综合影响值;随后根据该误差综合影响值,确定系统误差的函数表达式,并消除其影响。需要指出的是,使用半参数法或两步滤波法削弱系统误差是在测深异常值剔除的基础上进行的,即深度数据仅受系统误差和随机误差的影响。上述系统误差削弱方法均是建立在一定的数学模型下完成的,本章节先研究消除(或削弱)系统误差部分,然后根据相邻条带拼接效果对残余系统误差进行探测,利用下述方法对残余系统误差进行削弱。

4.7.7.2　残余系统误差探测

1. 残余系统误差对测深影响特点

在声线跟踪中,涉及安装偏角误差、声速代表性误差和姿态测量误差,进而对测深结果造成影响。下面以声速误差为例,基于声线跟踪,分析残余系统误差探测对多波束测深的影响。在进行声线跟踪时,基于层追加,对层 i:

$$z_i = C_i t_i \cos\alpha_i \tag{4-77}$$

设实际声速 C_i^0,存在误差 ΔC,则有

$$\frac{z_i^0}{z_i} = \frac{C'_i t_i \cos\alpha'_i}{C_i^0 t_i \cos\alpha_i} = \frac{C'_i \cos\alpha'_i}{C_i^0 \cos\alpha_i} \tag{4-78}$$

结合 Snell 法则:

$$\frac{C_0}{\sin\alpha_0} = \frac{C_i^0}{\sin\alpha_i^0} = \frac{C'_i}{\sin\alpha'_i} = p \tag{4-79}$$

则

$$1 + \frac{\Delta z_i}{z_i} = \frac{\sin\alpha'_i \cos\alpha'_i}{\sin\alpha_i \cos\alpha_i} = \frac{\sin 2\alpha'_i}{\sin 2\alpha_i} \tag{4-80}$$

即

$$\frac{\Delta z_i}{z_i} = \frac{\sin 2\alpha'_i}{\sin 2\alpha_i} - 1 \tag{4-81}$$

$$\frac{\sin\alpha'_i}{\sin\alpha_i} = \frac{C'_i}{C_i^0} = \frac{C_i^0 + \Delta C}{C_i^0} = 1 + \frac{\Delta C}{C_i^0} \tag{4-82}$$

则

$$\Delta C = C_i^0 \left(\frac{\sin\alpha'_i}{\sin\alpha_i^0} - 1\right) \tag{4-83}$$

设整个水柱有 n 层,ΔC 的综合影响 ΔZ 为:

$$\Delta Z = \sum_{i=1}^{n} \Delta Z_i = \sum_{i=1}^{n} \left(\frac{\sin 2\alpha'_i}{\sin 2\alpha_i} - 1\right) z_i \tag{4-84}$$

实测地形偏差如图 4-96 所示。

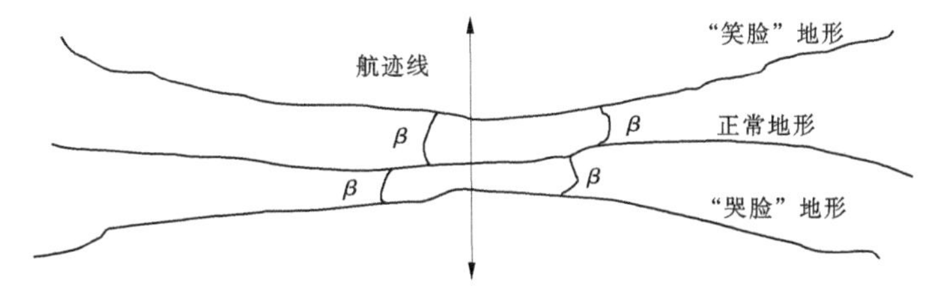

图 4-96　声速误差影响

2. 残余系统误差探测

水下地形测量环境复杂,在各项系统误差包括声速、换能器安装偏差(横摇、纵摇、艏摇)和外部罗经安装偏差探测及修正完成后,还存在残余误差,对多波束测深仍呈现系统性综合影响,且随着波束入射角和水深的增加而增加,在深水区影响显著。因此,需要对其进行探测并修复。

在进行了各项系统误差的探测及改正后,对多波束相邻条带的对应 Ping 在 $o-yz$ 平面内形成 Ping 断面图,若左右两条带对应 Ping 的断面图不能对接上,仍然呈现出"笑脸"或者"哭脸"地形,则表示仍然存在残余系统误差。若仍然存在系统误差,相邻条带对应 Ping 断面二维地形如图 4-97 所示,一般这种残余系统性误差在边缘波束表现得尤为明显。

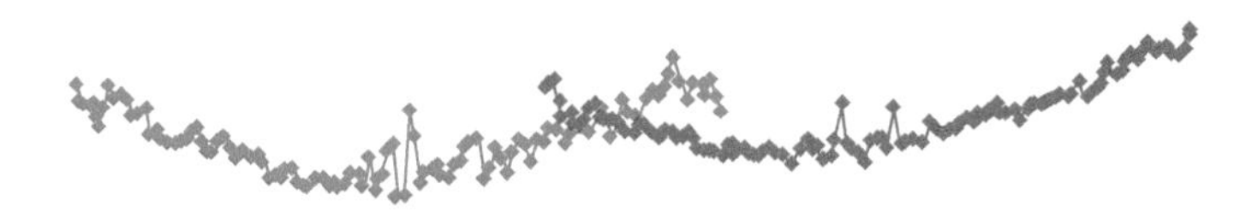

图 4-97　相邻条带 Ping 断面间几何关系(二维)

4.7.7.3　基于海床地形一致性变化原则削弱方法

残余系统误差对测深数据影响具有系统性,改变了测深数据对大尺度范围下的地形反映,对于小尺度下地形尚未影响。基于海床地形一致性变化原则对残余系统误差进行修复,首先假设:各种误差对中央波束测深数据的影响远远小于边缘波束;海床地形变化均匀、连续。借助相邻条带中央波束范围内的地形数据,构建地形纵向和横向趋势面模型,以及边缘波束残余系统误差改正模型,实现测深数据残余系统误差的修复。

研究中给出的较为实用的方法是基于相邻条带 Ping 断面中央波束的地形频谱信息对边缘波束的残余系统误差进行综合性修正。该方法是基于以上假设,同时认为测深数据中存在残余系统误差影响,即地形变化的长波项受到了残余系统误差的影响,而由各项系统误差改正后的数据得到地形仍能够正确地反映海床地形变化的短波项,则只需借助中央波束,获取地形变化的长波项,并复合短波项,进而实现地形的复原,实现残余系统误差的修复。基本原理如图 4-98 所示。

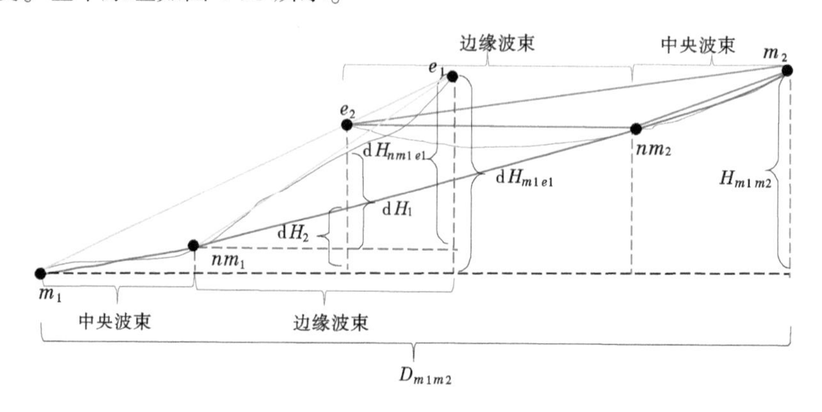

图 4-98　残余系统误差削弱原理

对于任意一点边缘波束,设其到中央波束点的距离为 D_{m1},到近中央点 nm_1 的距离为 D_{nm1},则有:

$$dH_1 = \frac{dH_{nm1\,e1} \times D_{nm1}}{D_{nm1\,e1}} \tag{4-85}$$

$$dH_2 = \frac{dH_{m_1m_2} \times D_{m1}}{D_{m_1m_2}} \tag{4-86}$$

$$dH = dH_1 + (dH_{m1\,e1} - dH_{nm1\,e1}) - dH_2 \tag{4-87}$$

$$Depth' = Depth - dH \tag{4-88}$$

$Depth'$ 是对残余系统误差进行修正后的波束脚印点深度值。

为检验该假设的正确性,在两个条带中抽取 1 个对应 Ping 断面地形数据绘制断面图(见图 4-99)。从图中可以看出,除中央波束外,边缘波束均存在“翘起”,即所谓的“笑脸”现象,也正是这种“笑脸”现象,导致条带间区域出现“隆起”。上述残余系统误差削弱方法处理后效果如图 4-100 所示。

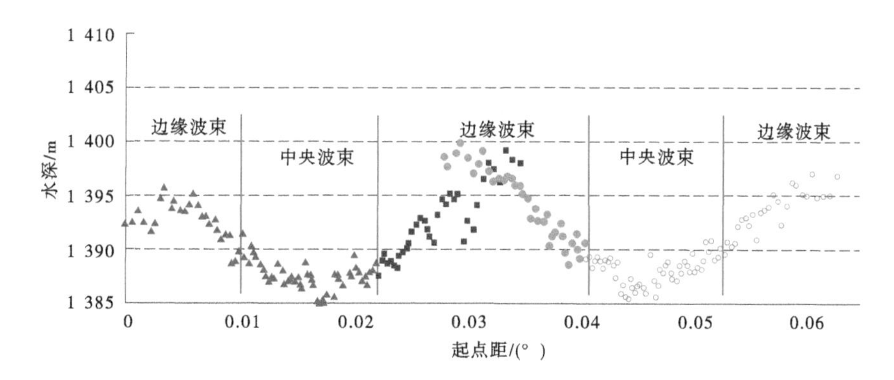

图 4-99　Ping 断面误差

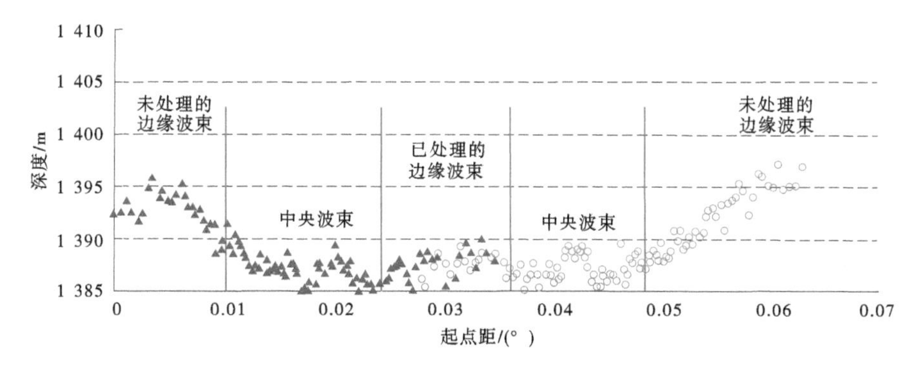

图 4-100　误差处理后效果

4.7.7.4　基于地形频谱与微地形信息相结合的残余系统误差削弱方法

残余误差对水深的影响具有系统性,其改变了水深数据长周期信号(长波项),但并不会影响地形微变化的短周期信号(短波项)。此外,考虑到每 Ping 中央波束区测深数据质量可靠,借助中央波束区测深数据可拟合出海床地形变化的主趋势。据此,下面给出一种基于地形频谱与微地形信息相结合的残余系统误差削弱的方法，长波项按照上述利用相邻条带中央波束拟合获得，短波项则通过小波分析进行提取，最后复合短波项及长波项，具体的研究路线如图 4-101 所示。

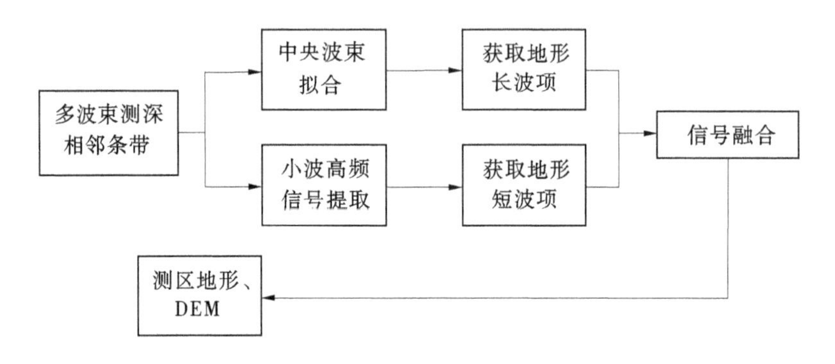

图 4-101 残余误差削弱研究线路

首先进行地形长波项提取工作，地形长波项的获取是通过相邻条带中央波束拟合获得的，当相邻条带中对应 Ping 配对完成后，针对配对 Ping，以一定的中央波束选择方式确定中央波束测点（选择方式可根据波束入射角或者测点离中心点距离大小确定），上述工作完成后，进行趋势预测（线性回归分析），线性回归分析可采用指数、线性、对数、多项式、幂、移动平均等，结合测区水下地形特点可适当选取。本书结合实测数据，对随机选取的一组配对 Ping 中央波束测点进行趋势预测，如图 4-102 所示，图中横坐标为测点到基准点（最边缘测点）距离，纵坐标为水深。

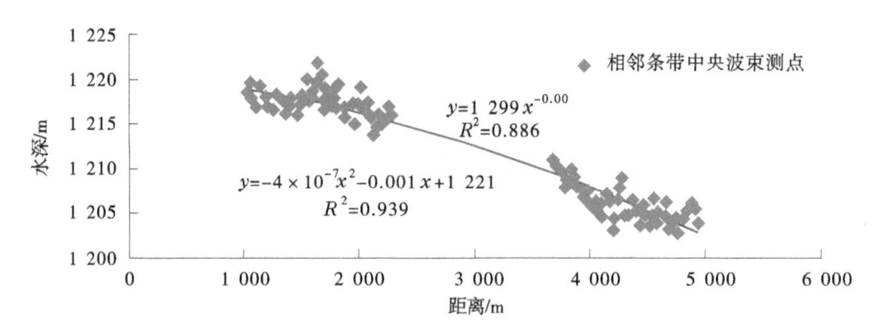

图 4-102 配对 Ping 中央波束测点趋势分析

完成上述工作后，进行小波高频信号提取。小波变换具有提供局部细化功能的优点，在时域和频域内都能表征信号的特征，通过伸缩平移运算对信号进行多尺度分解。本书采用小波分析提取配对条带波束测点短波项信号，信号提取的关键在于选取适当的小波基、分解层数和阈值量化处理。根据均方差 RMSE、信噪比 SNR、平滑度 r 指标来综合评价所选的参数量对区域平均高频信号质量的影响。随机选取的一条 Ping 原始信号和高频信号提取如图 4-103 所示，对测区相邻条带区域 40 条 Ping 数据进行分析，具体各指标结果如表 4-15 所示。

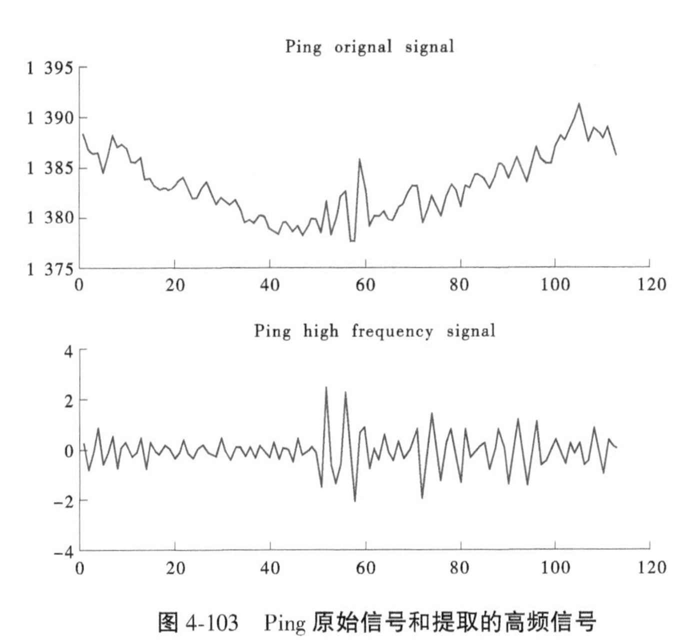

图 4-103　Ping 原始信号和提取的高频信号

表 4-15　三种评价指标对不同小波基和分解层数的评价结果

小波基	分解层数	RMSE/m	SNR	r
Db6	3	1.013 7	62.738 4	0.072 0
	5	1.164 9	61.535 1	0.055 6
Sym4	3	1.006 8	62.797 7	0.074 1
	5	1.156 8	61.597 4	0.059 8
Coif5	3	1.004 3	62.820 2	0.074 8
	5	1.155 4	61.607 4	0.060 4

从表 4-15 分析，从平滑度角度来看，不同的小波基和分解层数的影响为毫米和厘米级别，说明选取的不同参数量对对象数据平均高频信号的影响差距较小。而从中误差和信噪比指标分析，最优的小波基为 coif5，分解层数为 3 层，此时各项参数最佳。

实测数据试验及误差处理效果，本书试验数据为中国南海某测区，水深范围为 1 100~1 400 m，地形变化平缓。对多波束原始数据进行处理、粗差剔除及系统误差探测与修正之后，基于地形频谱与微地形信息相结合的残余系统误差削弱步骤如下：

(1) 对区域中的每一组配对 Ping，利用小波分析提取高频信号，小波基为 coif5，分解层数为 3 层，得到相应地形短波项信号 S_i^W。

(2) 试验中针对每一组配对 Ping，长波项趋势预测采用多项式拟合的线性回归分析，可获取线性回归方程，最终得到配对条带地形长波项信号 S_i^M。

(3) 融合地形短波项和长波项信号，生成新信号 S_i^L，循环处理测区内所有配对 Ping，最终完成残余系统误差削弱。

图 4-104(a)为整个测区原始海床 DEM,在条带拼接处呈现凹凸不平地形。经本章节方法处理,改正后的 DEM 如图 4-104(b)所示,能有效地消除“隆起”现象,表明残余系统误差削弱效果明显。

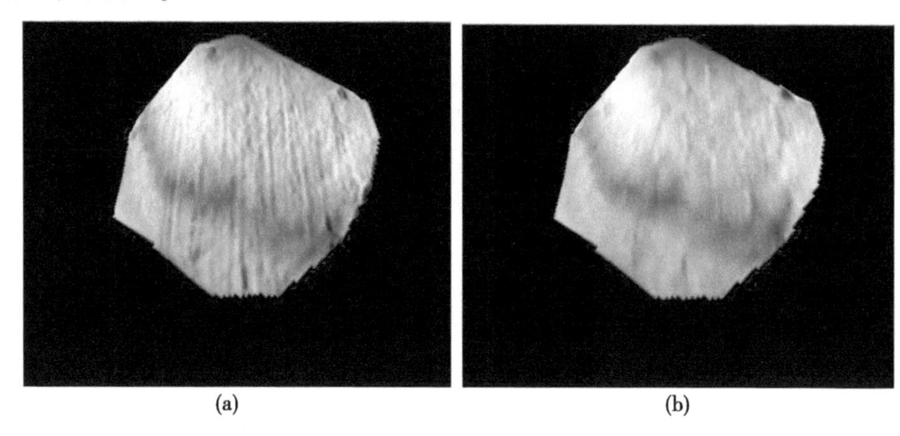

(a) (b)

图 4-104 改正前后测区 DEM

4.8 多波束测深误差来源分析

多波束测深误差的产生主要是多波束系统的复杂性、环境的不可逆性以及操作人员的主观性造成的。

4.8.1 多波束测深误差的特点

多波束测深误差一般由三部分组成,即系统误差、随机误差和粗差,因此这里主要对这三种误差进行分析。

4.8.1.1 系统误差

系统误差的主要特点包括可重复性、单向性和可预测性。条件相同下,测量结果在多次测量时会重复出现,误差值固定且确切。当多波束测量条件改变后,其误差的变化也会遵循某种特定的规律,且具有可重复性。可以通过测量确定系统误差的值。测量结果的特点是,偏离于一个方向,其数值的变化有相关规律,方向具有单向性。

4.8.1.2 随机误差

随机误差在测量时具有以下特点:大小和方向不固定,绝对值无法预估,精准确定的测量行为无法实现。随机误差的特点是,不断测量后,其正负误差互相抵消,误差的平均值逐渐向零靠近,此误差具备抵偿性和有界性。

4.8.1.3 粗差

多波束测量粗差的主要特点是,产生粗差的可能性比较小,属于小概率事件,出现粗差的数据一般比测量误差数据的绝对值大 3 倍以上,数值可信度低,数据不可被采用。引起粗差的因素大多具有偶然性,无规律可循,属于随机发生。

4.8.2　多波束测深误差主要来源

多波束测深误差的分类从误差产生的原因及性质上看,理论上可以分成粗差、系统误差和随机误差三部分,不同来源的误差如表4-16所示。粗差拥有较大的绝对值,数量很少,比较容易剔除。系统误差在观测之中存在,且遵循某种规律。数据精度的影响因素主要是粗差和系统误差。

表4-16　多波束测深误差

项目	系统误差	偶然误差
平面	GNSS安置偏移 GNSS数据时延 换能器安置偏差	GNSS定位 振动
垂直	潮位 吃水 声速剖面模型 仪器性能(旁瓣干扰)	姿态测量 表面声速测量 声速剖面测量 声学测量(振幅检测、相位检测)
环境		噪声 底质类型 水体环境

误差来源在测量过程中可分为实时测量误差和非实时测量误差两类。实时测量误差指对所需的有关参数在实时计算海深和水平距离参数时产生的误差,而非实时测量误差包括数据后处理时产生的误差和因为处理算法等因素产生的误差。测量误差根据误差与深度的关系,又可以分为绝对误差和相对误差。产生系统误差的原因众多,有仪器自身误差、仪器安装过程中和处理方法上产生的误差及现场操作时产生的误差等。随机误差和粗差产生的原因一般包括仪器误差、操作误差、人员因素和操作条件误差等。简单来说,多波束测深误差来源包括多波束系统的复杂性、环境的特殊性和人员的主观性。

4.8.2.1　多波束测深系统的复杂性

1. 多波束系统组成

多波束系统具有多个子系统,通过连接、调参等步骤,组成一个综合性系统。总体上可分为以下几个部分:多波束换能器、数据采集单元和辅助设备及数据处理系统。

声学系统是换能器,主要工作是接收和发射波束;数据采集系统的工作是负责波束的形成及将换能器接收到的声波信号向数字信号进行转换,进而反算其测量的长度或者其返回的时间;外围辅助设备复杂众多,有用于定位的传感器(如GPS)、记录姿态数据的传感器(如姿态仪)、测量声速的设备(如声速计)及电罗经等,其目的是测量船只的瞬时位置、姿态状况和航行的方向以及声速在海水中的传播特性;数据后处理系统的主体是工作站,其综合GPS定位信息、船只航行信息、声剖信息和潮位信息等,得到波束脚印的深度数据和具体坐标信息,最终绘制成海底平面图或者海底地形三维图,为海底的勘察和调查提供支持。

2. 多波束系统设备连接

在各个子系统连接过程中造成操作不当或者参数有误，同样会造成很大的误差。子系统连接如图 4-105 所示。

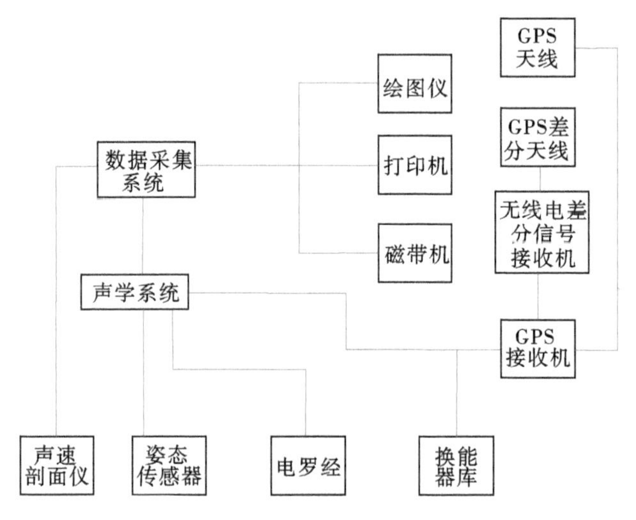

图 4-105 多波束系统设备连接方式示意图

3. 多波束测量流程和数据的处理成图

多波束测量过程同样复杂，主要内容包括测量前的准备工作、外业数据的采集、数据的内业处理。其测量的相关流程如图 4-106 所示。

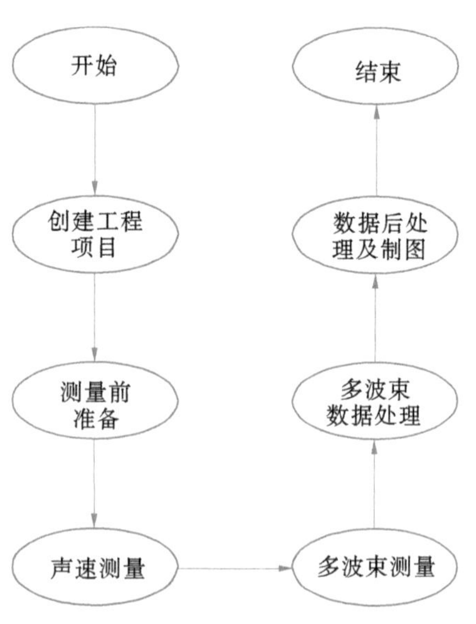

图 4-106 多波束系统测量流程

测量前准备：包括设计测线，调试相关软、硬件设备，设置有关大地测量参数等。设计测线：根据测量区域的形状、测量区域内的水深等现场情况和扫测宽度进行布置测线，针对范围较小的测量水域或者扫测航道，将测线布设在平行于测区的长边方向或者平行于航道的走向。软硬件设备调试：实质是主机柜的调试，内容是检测电脑与主机柜连接是否正常。

调试 GPS 的目的是确保输出软件可以匹配导航定位设备输出数据的格式，调试姿态传感器的目的是保证姿态数据在输出时格式正确。设置相关大地测量参数主要是统一定位设备的椭球基准、后处理软件的椭球基准及测量当地的椭球基准。

外业数据采集：通过相关采集软件中的一些对应功能，获取导航数据、姿态数据、测深数据等信息，使用声速剖面仪获取声速信息，凭借尺子或者定位设备实现潮汐信息采集。

内业数据处理：内业数据的处理是使用相应的数据处理软件（如 CARIS，Hypack，Fledermaus、Mb-system 等）处理采集所得数据，内业需要根据成果目标按照数据处理流程进行操作。

4.8.2.2　环境的特殊性

由于多波束测深系统的工作特性，环境阻碍因素在整个过程中产生重要的影响，如天气原因会导致导航定位数据的变化、海水温度的变化和盐度的变化，以及所测水域内水位高度的改变都对结果产生影响。得不到这些因素的准确数据，最终结果必定会产生相关的误差。因此，对于多波束系统，其工作的准确与否跟环境的关系是紧密相连的，在整个过程中需要借助其他一些设备或其他外部数据来辅助其完成探测任务。

4.8.2.3　人员的主观性

多波束系统的测深工作与其他工作一样，离不开人的参与。前期的准备工作需要人员的参与，中期的数据采集工作需要人员来完成，由于处理软件的局限性，数据处理离不开人的参与。在整个操作过程中，人员的相关操作会达不到理论要求，例如人员在仪器设备安装过程中操作不准确、外业采集中数据的记录过程出现问题及后续数据处理过程中操作不当等，误差也会随之产生。这也是大的影响因素，是不可忽略的。

4.8.3　多波束测深系统误差估计

水深精度的正确理解是水深在经过一系列改正后得到的精度。对各个误差源进行定量表示后才能够确定水深精度。在测量深度数据时缺少多余的观测值是水深测量的特点，水深精度的估计是受可能出现的随机误差和影响水深值的系统误差决定的。提高测量水深精度最关键的步骤是，将所有可能对探测水深值产生影响的所有误差的综合进行估计，因此必须得到总传播误差这个关键因素，总传播误差是所有能够影响测深过程从而造成测深结果误差的全部因素，其中包括：①声速误差：与声信号传播路径有关；②系统误差：测深设备与定位设备仪器自身存在的误差；③水深误差；④船摇与船只航向误差；⑤安装偏差；⑥精度引起的误差：受到船只运动传感器精度的决定；⑦数据处理误差等。这些误差都会影响探测水深的精度，因此通过采用统计的方法，对全部已知的误差进行综合考虑，然后通过一系列方法和操作才能够确定水深精度。描述水深精度主要是经过统计后确定的传播误差总量，其置信度达到95%。

为了对所有误差源进行说明解释，必须估计相关误差的大小，国际海道测量组织中给出了其估计形式：

$$\sigma_{\mathrm{rpd}}(2d_{\mathrm{rms}}) = \pm\sqrt{\sigma_n^2 + [\tan(\theta)\sigma_d]^2 + (d\sigma_r)^2 + (d\sigma_p)^2 + [d\tan(\theta)\sigma_g]^2 + [\tan(\theta)\sigma_v]^2 \frac{5d^2}{4v^2}} \tag{4-89}$$

式中：$2d_{\mathrm{rms}}$ 为径向位置误差（置信度为95%），其数值是误差平方和根的2倍：水深测量误差 σ_d、航向误差σ_g、定位系统引起的误差σ_n、纵摇误差σ_p、横摇误差σ_r 和声速误差σ_v；d 为换能器在水下的深度值；v 为声音传播速度的平均值，波束角为 θ，其必须遵从从最下方起算的要求。

上述是多波束系统获取的数据误差源及其估计公式，对于其他测深仪器测深误差的估计，可以根据不同仪器的实施探测情况，对一些误差进行取舍。多波束测深系统是由多个子系统组成的复杂性综合系统，需通过必要的设备连接及内、外业共同协作才能完成对所需数据的提取。因此,上述每一个步骤都必须精确处理,以免造成误差,最终影响测量结果。

4.8.4 多波束系统测深精度评估方法

国内目前关于多波束数据处理尚没有统一的技术标准,在多波束质量评价体系上完善性不够。国家和地方发布了多个版本水深测量的规范,其对多波束水深测量精度评估主要有以下两种方法。

4.8.4.1 水深测量极限误差

IHO 海道测量标准、交通部多波束测深系统测量技术要求中测深极限误差是:

$$\Delta = \pm \sqrt{a^2 + (b \times d)^2} \tag{4-90}$$

式中:Δ 为测深极限误差,m;a 为系统误差,m;b 为测深比例误差参数;d 为水深,m。

我国现行海道测量规范规定水深测量极限误差优于水深值的 2%(水深大于 100 m),现行海洋调查规范规定水深测量准确度优于水深值 1%(水深大于 30 m),近年来海军和原海洋局制定的相关调查规范,全部都将深度测量极限误差的标准定义为小于水深值的 1%(水深大于 30 m)。

4.8.4.2 主测线与检查线交叉点不符值统计

深度达到几千米的深海区,这里的水深的真值在现有条件下根本没有办法获取,所以只能通过多波束凭借主测线与检查线的交叉点进行不符值计算,从而展开内符合精度计算及评估,这才是可行的主要手段。海道测量规范规定,通过获取主测线与检查线重合点(两点相距图上 1.0 mm 以内)深度信息,在进行剔除系统误差和粗差相关工作后,不符值必须符合水深值的 3%(水深大于 100 m)的限差标准,超限点数占参与比对的总点数的概率不能够超过 15%。海军和原海洋局在最近几年制定的相关调查规范中,都对主测线与检查线重合点深度标准做出规定,规定指出,在数据经过系统误差和粗差剔除后,不符值必须符合水深值的 2%(水深大于 30 m)的限差标准,超过限的点数的数量占总的对比点数的概率不能超过 10%。

第 5 章　三维激光扫描技术

5.1　激光雷达工作原理

5.1.1　激光雷达基本工作原理

激光雷达是“光探测和测距”(Light detection and ranging)的简称。早先称为光雷达，因为那时使用的光源均非激光。自激光器出现以来，激光作为高亮度、低发散的相干光特别适合作光雷达的光源，所以光雷达均使用激光器作光源，名称也就统称为激光雷达了。激光雷达最基本的工作原理与无线电雷达没有区别，即由雷达发射系统发送一个信号，经目标反射后被接收系统收集，通过测量反射光的运行时间而确定目标的距离，分析目标地物表面反射能量大小及反射波谱幅度、频率和相位等信息，至于目标的径向速度，可以由反射光的多普勒频移来确定，也可以测量两个或多个距离，并计算其变化率而求得速度，这也是直接探测型雷达的基本工作原理。由此可以看出，直接探测型激光雷达的基本结构与激光测距机颇为相近。因为光速是已知的，所以根据发射光的发出时间和后向散射光的接收时间的时间差就可计算出激光器与污染剂的距离。这就是激光雷达能测距的原理。

三维激光扫描从遥感角度是主动遥感数据获取技术。三维激光扫描系统是一种集激光、全球定位系统(GPS)和惯性导航系统(INS)三种技术于一身的系统，用于获得点云数据并生成精确的数字化三维模型。这三种技术的结合，可以在一致绝对测量点位的情况下获取周围的三维实景 。

5.1.2　激光雷达组成及分类

5.1.2.1　激光雷达系统组成

(1)发射单元：激光器、发射光学系统，发射激光束探测信号。

(2)接收单元：接收光学系统、光学滤光装置、光电探测器。接收反射的激光信号即回波信号。

(3)控制单元：控制器、逻辑电路。控制激光激发、信号接收及系统工作模式。

(4)信号处理单元：信号处理、数据校准与输出。光电转换，信号分析，数据获取。

RIEGEL VZ1000 地基雷达如图 5-1 所示。

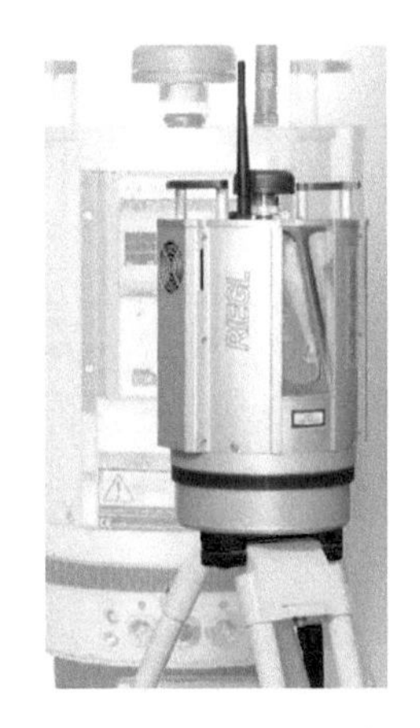

图 5-1　RIEGEL VZ1000 地基雷达

5.1.2.2　激光雷达的分类

1. 基于 TOF 法的激光雷达分类

基于 TOF 法，激光雷达可以分为机械激光雷达、MEMS 激光雷达、相控阵激光雷达、FLASH 激光雷达。

机械激光雷达主要使用机械部件旋转来改变发射角度从而测量激光发出和收到回波的时间差，确定目标的方位和距离（见图 5-2）。机械激光雷达的优点为单点测量精度高，抗干扰能力强，可承受高激光功率。缺点是垂直扫描角度固定，它的装调工作量大，体积也大，长时间使用电机损耗较大。

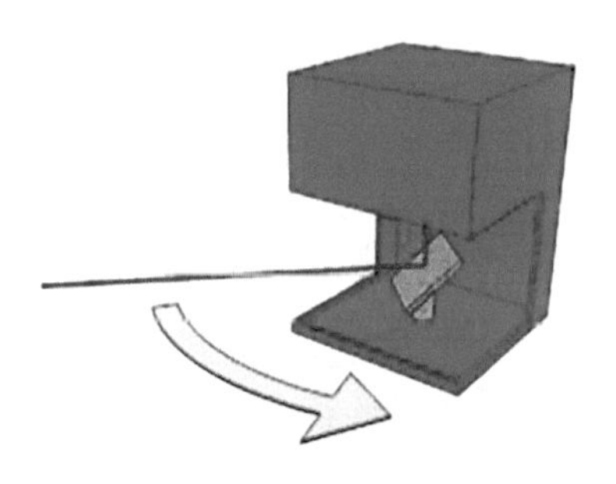

图 5-2　机械激光雷达

MEMS 激光雷达工作原理是通过 MEMS 把机械结构集成到体积较小的硅基芯片上，并且内部有可旋转的 MEMS 微振镜，通过微振镜改变单个发射器的发射角度，从而达到不用旋转外部结构就能扫描的效果。本质上是将机械式激光雷达的机械结构通过微电子技术集成到硅基芯片上，但是并没有做到完全取消机械结构。其优点是集成度高、体积小，元器件损耗低，芯片级工艺，适合量产。缺点是高精度高频振动控制难度大，制造精度要求高，无法实现 360°扫描，需组合使用。

相控阵激光雷达工作原理类似干涉，通过改变发射阵列中每个单元的相位差，合成特定方向的光束（见图 5-3）。经过这样的控制，光束便可对不同方向进行扫描。雷达精度可以做到毫米级。优点是扫描速度快，一般可达到 MHz 量级以上；扫描精度较高，可以做到 μrad 量级以上；可控性好，可以在感兴趣的目标区域进行高密度的扫描，这对于自动驾驶环境感知非常有用；缺点是易形成旁瓣，影响光束作用的距离和角分辨率，干涉效果易形成旁瓣，使得激光能量被分散；加工难度高，光学相控阵要求阵列单元尺寸必须不大于半个波长。

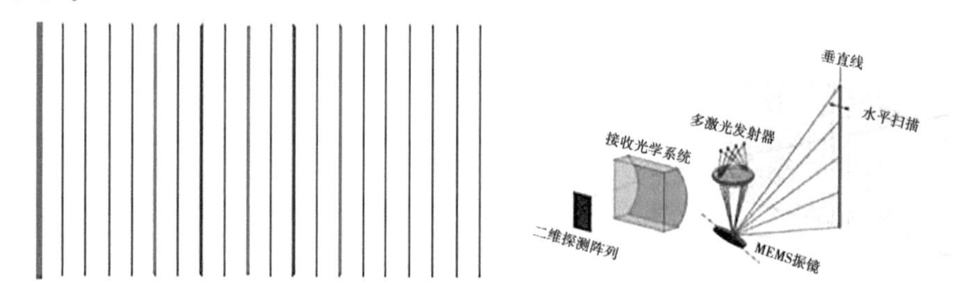

图 5-3　相控阵激光雷达

FLASH 激光雷达单次探测可覆盖视角内所有方位，不同于以上激光雷达是逐点扫描式，单次发射只探测某个方位，FLASH 激光雷达可以一次性实现全局成像来完成对周围环境的探测（见图 5-4）。其优点是没有扫描器件，成像速度快、集成度高、体积小、芯片级工艺，适合量产；缺点是激光功率受限、探测距离近、抗干扰能力差、角分辨率低，无法实现 360°成像。

2. 基于激光测距方式分类

根据激光测距基本原理,实现激光测距的方法有两大类:飞行时间(TOF)测距和非飞行时间测距,飞行时间测距有脉冲式激光测距和相位式激光测距,非飞行时间测距主要是三角激光测距。

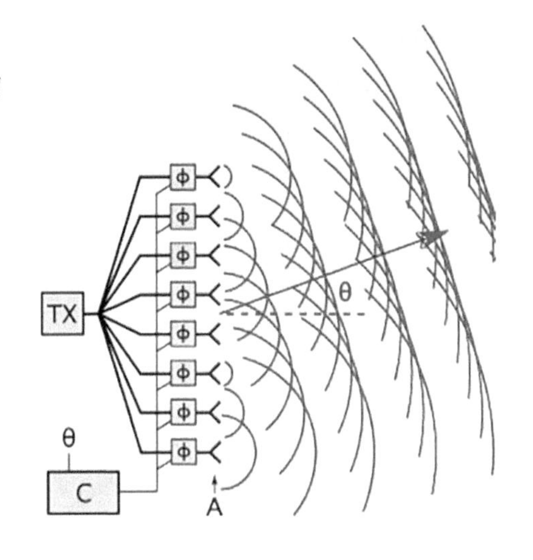

图 5-4　FLASH 激光雷达

1)脉冲式激光测距法

脉冲式激光测距是激光技术最早应用于测绘领域中的一种测量方式。激光发射器发射激光脉冲,计时器记录发射时间;脉冲经物体反射后由接收器接收,计时器记录接收时间;时间差乘以光速即得到距离的两倍。用此方法来衡量雷达到障碍物之间的距离。由于激光发散角小,激光脉冲持续时间极短,瞬时功率极大可达兆瓦以上,因而可以达到极远的测程。一般情况下不使用合作目标,而是利用被测目标对光信号的漫反射来测距,测量距离可表示为:

$$L = c\Delta t/2 \tag{5-1}$$

式中:L 为测量距离;c 为光在空气中传播的速度; Δt 为光波信号在测距仪与被测目标之间往返的时间。

一般在非精密测量中,光在空气中的传播速度取真空中的 3×10^8 m/s(现代物理学通过对光频率和波长的测量推导出的精确值为 $2.997\,924\,58\times10^8$ m/s),在精密测量中可参考空气的状态进行修正得到精确值。

脉冲激光的发射角小,能量在空间相对集中,瞬时功率大,利用这些特性可制成各种中远距离激光测距仪、激光雷达等。目前,脉冲式激光测距广泛应用在地形地貌测量、地质勘探、工程施工测量、飞行器高度测量、人造地球卫星相关测距、天体之间距离测量等遥测技术方面。

脉冲式测距法相比于其他两种测距方法来说简单粗暴的多,原理也很好理解,通过一个高频率的时钟驱动计数器对收发脉冲之间的时间进行计数,这就使得计数时钟的周期必须远小于发送脉冲和接收脉冲之间的时间才能够保证足够的精度,因此这种测距方法适用于远距离测量,而达到毫米级别的测量采用脉冲式测距所付出的硬件成本实在太高。

2)相位式激光测距法

相位式激光测距通常适用于中短距离的测量,测量精度可达毫米、微米级,也是目前测距精度最高的一种方式,大部分短程测距仪都采用这种工作方式。相位式激光测距是将一调制信号对发射光波的光强进行调制,通过测量相位差来间接测量时间,较直接测量往返时间的处理难度降低了许多。测量距离可表示为:

$$2L = \varphi \cdot c \cdot T/2\pi \tag{5-2}$$

式中:L 为测量距离;c 为光在空气中传播的速度;T 为调制信号的周期时间;φ 为发射与接收波形的相位差。

在实际的单一频率测量中,只能分辨出不足 2π 的部分而无法得到超过一个周期的测距值。对于采用单一调制频率的测距仪,当选择调制信号的频率为 100 kHz 时,所对应的测程就为 1 500 m,也即当测量的实际距离值在 1 500 m 之内时,得到的结果就是正确的;而当测量距离大于 1 500 m 时,所测得的结果只会在 1 500 m 之内,此时就出现了错误。

所以,在测量时需要根据最大测程来选择调制频率。当所设计的系统测相分辨率一定时,选择的频率越小,所得到的距离分辨率越高,测量精度也越高。即在单一调制频率的情况下,大测程与高精度是不能同时满足的。

相位式激光测距法可以达到毫米级别的测量精度,当初在调研的时候一直有一个疑惑,如果发射信号的相位和接收信号的相位差是光走过的距离产生的,那么相位式和脉冲式的原理基本一样,达到毫米级别精度的话发射信号和接收信号的相位差将极小,这个问题后面会详细说明。

3) 三角激光测距法

三角激光测距法即光源、被测物面、光接收系统三点共同构成一个三角形光路,由激光器发出的光线,经过汇聚透镜聚焦后入射到被测物体表面上,光接收系统接收来自入射点处的散射光,并将其成像在光电位置探测器敏感面上,通过光点在成像面上的位移来测量被测物面移动距离的一种测量方法。距离表示如下:

$$L = f(B + X)/X \tag{5-3}$$

式中:L 为测量距离;f 为 sensor 与透镜中心的距离;X 为反射光斑与 sensor 中心的距离;B 为发射光与 sensor 中心的距离。

三角激光测距法具有结构简单、测试速度快、使用灵活方便等诸多优点,但由于三角激光测距系统中,光接收器件接收的是待测目标面的散射光,所以对器件灵敏度要求很高。另外,如激光亮度高、单色性好、方向性强,在近距离的测量中较为容易测量出光斑的位置。因此,三角法应用范围主要是微位移的测量,测量范围主要在微米、毫米、厘米数量级,已经研发的具有相应功能的测距仪,广泛应用于物体表面轮廓、宽度、厚度等量值的测量,例如汽车工业中车身模型曲面设计、激光切割、扫地机器人等。

4) 测量方法比较

三种激光测距方式各有特点,脉冲式激光测距法的优点是测量范围广且光学系统紧凑,但是高速读取脉冲光的电路设计和配置较为复杂。

相位式激光测距法在近距离测量中测量精度更高,同时由于无需时间测量的电路设计比较简单,因而此方法可以用于整列传感器中,然而相位式激光测距法不能分辨实际距离在一个还是多个测量周期内,因而不适用于长距离的测量。

三角激光测距法的优势是小距离下测量精度高,但是缺点为电路的小型集成化比较困难,并且测量易受外界环境光的影响。

5.1.3　激光雷达主要参数

激光波长:目前市场上激光雷达最常用的波长是 905 nm 和 1 550 nm。1 550 nm 波长激光雷达传感器可以以更高的功率运行,能提高探测范围,同时对于雨雾的穿透力更强。

波长 905 nm 的激光雷达主要优点是硅在该波长处吸收光子,而硅基光电探测器通常比探测 1 550 nm 光所需的铟镓砷(InGaAs)近红外探测器便宜。

测量距离:激光雷达所标称的距离大多以 90%反光率的漫反射物体(如白纸)作为测试基准。激光雷达的测量距离与目标的反射率相关。目标的反射率越高则测量的距离越远,目标的反射率越低则测量的距离越近。因此,在查看激光雷达的探测距离时,要知道该测量距离是目标反射率为多少时的探测距离。

测距精度:指测量一定数量后得出的真实值,是与真实一致性的度,重复精度也叫再现性或可重复性,是用于表示多次测量得到同一结果的可能性的量。一般测绘级的激光传感器测量精度都在 1 cm 左右。

扫描频率:一秒内进行多少次测距输出。较高的扫描频率可以确保安装激光雷达的机器人实现较快速度的运动,并且保证地图构建的质量。但要提高扫描频率并不只是简单的加速激光雷达内部扫描电机旋转这么简单,对应的需要提高测距采样率。否则当采样频率固定的情况下,更快的扫描速度只会降低角分辨率。

角分辨率:角分辨率是扫描仪分辨目标的能力,测角分辨率越小,则表明能够分辨的目标越小,这样测量出的点云数据就越细腻。包括垂直分辨率和水平分辨率,水平方向上由电机带动,所以水平分辨率可以做得很高。一般可以做到 0. 01 度级别。垂直分辨率与发射器几何大小相关,也与其排布有关系,就是相邻两个发射器间隔做得越小,垂直分辨率也就会越小。垂直分辨率为 0. 1~1 度的级别。

视场角大小:指激光束通过扫描装置所能达到的最大角度范围,包括水平视场角和垂直视场角。垂直视场角一般为 30°~50°,机械式水平视场角一般是 360°,固态式水平视场角一般为 80~120°。

雷达线束:常见的激光雷达的线束有 16 线、32 线、64 线等。多线激光雷达就是通过多个激光发射器在雷达上的分布,通过电机的旋转形成多条线束的扫描。理论上讲,线束越多、越密,对环境描述就更加充分。

安全等级:激光雷达的安全等级是否满足 Class 1,需要考虑特定波长的激光产品在完全工作时间内的激光输出功率,即激光辐射的安全性是波长、输出功率和激光辐射时间综合作用的结果。

5. 2　数据采集

5. 2. 1　作业前期准备

5. 2. 1. 1　资料收集

了解用户需求及测量范围,明确数据规格、成果精度及比例尺要求、成果数学基础要求。以制定相适应的作业采集方案,确定扫描距离功率等参数。

在扫描作业前需收集测区相关资料,包括已有控制成果资料、已有地形图、已有卫星影像或者航空影像资料等。对于控制成果资料不全的,需要自行测量相应控制成果,待测量成果完成后再开展激光采集作业。

了解测区交通状况，了解地表作物覆盖分布情况，为制定适合当地激光作业的方案做好准备。了解测区气候气象信息，确保设备在最好的环境和气候条件下作业。需提前了解降水和雾霾状况，避免在大雾、霾及雨天作业。最后，综合测区条件确定作业时间及作业方案。

5.2.1.2 现场踏勘

摸清道路分布，调查测区河道或者海区水量流量适航情况，选择合适的码头或者临时停靠点。调查测区内地物分布情况，关注地物种类、分布疏密及作业扫描对象的位置，将作业对象按照特点分清主次，主要对象采取重点扫描方式，加大扫描密度，保证作业覆盖；次要对象可以适当降低作业扫描密度，减少冗余的数据，保证基本覆盖。

5.2.1.3 作业规划

1. 航线布设

根据前期收集到的资料及踏勘成果，规划扫描航线。线路设计应满足测区覆盖完全，线路执行高效合理，既能满足测量成果要求，又不出现过多冗余数据。考虑岸线扫描的距离远近，在河道较宽的河面停采陆地激光数据。将设定好的扫描航线标识于卫星影像或者地形图中，最终形成可以直接导入航行设备的规划航线。

2. GNSS 基站布设

在地面布设一台以上的基站，站点间距不超过 30～50 km，基站最好布设在等级控制点上，选点避开高压线、通信塔等大功率信号传输设备附近，在数据采集过程中同步接收 GNSS 信号。

5.2.2 采集作业

5.2.2.1 作业准备

作业前一天做好所有设备检查及联调，保证设备可以正常工作。做好设备扫描拍照测试，存储内存检查、清理，以保证充足存储空间，做好相关设备电池的充电准备工作，保证设备作业电池电量。

5.2.2.2 设备现场安装调校

在码头做好现场设备安装。将三维激光扫描设备、GNSS 移动设备、相机及地面监控站等安装到特定支架载体上，并将载体固定在船上，做好加固。连接各个设备通电并测试联通性及可用性。架好基准站，并量好天线高、做好记录，采集基站原始及目标坐标系统坐标信息并存储好，开始 GNSS 静态采集。移动站采集前，测试整个系统可以正常使用，激光设备保证正常运转采集，移动 GNSS 数据正常，拍照正常。做初步的数据质量检查，如水深、激光等，确保数据无误方可正式开始作业。

涉及多站反光片拼接校准情况，需首先进行反光片布设，保证点位分布均匀，站点间保证三点以上共用，点位不能分布在一条直线上，应高低错落处于明显易扫描到的位置上。

5.2.2.3 数据采集

地面站开启采集后，监控人员注意监控各项数据参数，如设备电量、GNSS 数据质量、激光数据回传量、航速及航向监控等。确保各设备正常工作，出现异常时，及时暂停设备采集查找原因并处理。操作过程中注意躲避扫描头及镜头，避免出现遮挡导致的数据空洞，监控航线走位压线的稳定性，保证数据采集完全。

5.2.2.4　数据质量检查

数据采集完成后，需及时将数据导出，通过后处理软件检查数据完整性，检查数据质量如点云密度、空洞、分层等。如出现点云过于稀疏或者漏洞，及时补采。

当天或者单个工程作业完成后需对整个数据进行详细的质量检查。首先，将所有数据导出后做好不同站或者工程的数据拼接，检查是否出现点云漏洞。然后，将数据根据坐标转换参数进行坐标改正及详拼，检查点云密度，如果出现密度不足或者漏洞，及时进行数据补测。

5.3　点云数据处理

5.3.1　点云预处理滤波算法

滤波通常是点云预处理的第一步，是将噪声点、离群点、孔洞、数据压缩等做相关处理后，为更好地进行特征提取、配准、曲面重建、可视化等高阶应用，现针对点云的几种滤波器进行分析和对比。

在获取点云数据时，由于设备精度、操作者经验、环境因素等带来的影响，点云数据中将不可避免地出现一些噪声点。而滤波的作用就是利用数据的低频特性剔除离群数据，并进行数据平滑或者提取特定频段特征。

需要点云滤波的情形主要有：噪声等离散数据需要去除，点云数据密度不规则需要平滑，因遮挡等问题造成离群点需要去除，大量数据需要进行抽稀采样等。

常用的点云滤波器包括直通滤波器、条件滤波器、高斯滤波器、双边滤波器、体素滤波器、统计滤波器、半径滤波器、频率滤波器等。

从功能层面可以分为兴趣提取、下采样、离散点去除三类使用，直通和条件滤波用于预处理的最前端提取出感兴趣的区域；体素滤波用于对密集点云进行下采样减少数据量；其他滤波器用于平滑点云同时去除离散点。

5.3.1.1　直通滤波器

直通滤波器的滤波原理是在点云的指定维度上设置一个阈值范围，将这个维度上的数据分为在阈值范围内与不在阈值范围内，从而选择过滤与否。能够快速过滤掉用户自定义区间范围内的点云。

在实际应用中，由于激光扫描采集的距离较远，但是根据功能需求的不同可能只关心一定区域内的数据，如自动驾驶低速物流车的运营场景，可能在 X 方向只关心前后 60 m，Y 方向只关心左右 20 m 的范围。此时就可以利用直通滤波器提取出感兴趣区域，可较快剔除部分点云，达到第一步粗处理的目的。直通滤波器的特点是根据人工设定的先验范围约束或者借助外部约束，直观地缩小关注的空间范围，减少后续计算量。

5.3.1.2　条件滤波器

条件滤波器的滤波原理是通过设定滤波条件进行滤波的，类似于分段函数，判断点云是否在规则的范围中，如果不在则舍弃。上述的直通滤波器就是一种较简单的条件滤波器。

如图 5-5 所示，采用直通滤波器或者条件滤波器均能够完成提取感兴趣区域的功能。

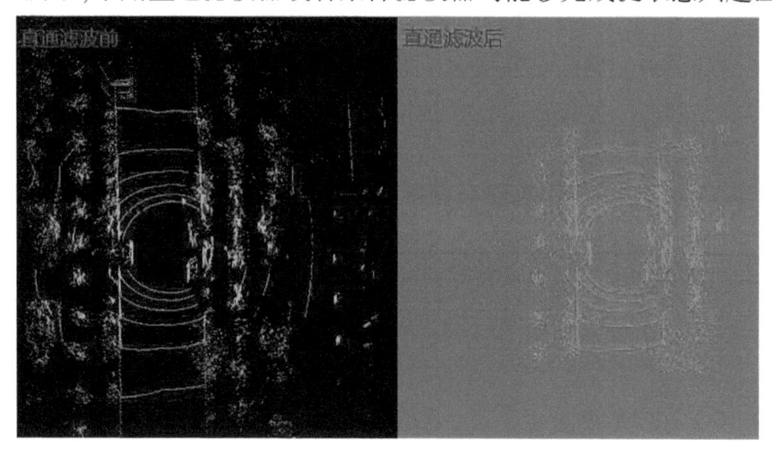

图 5-5 直通滤波器效果示意图

5.3.1.3 高斯滤波器

高斯滤波器的原理是采用加权平均方式的一种非线性滤波器，在指定域内的权重是根据欧式距离的高斯分布，通过权重加权平均的方式得到当前点的滤波后的点。其特点为利用标准差去噪，适用于呈正态分布的数据。平滑效果较好，但是边缘角点也会被较大的平滑。

5.3.1.4 双边滤波器

双边滤波器的原理是通过获取邻近采样点的加权平均来修正当前采样点的位置，在高斯滤波器只考虑空间域点的位置基础上，增加了维度上的权重。一定程度上弥补了高斯滤波的缺点。其特点为既有效地对空间三维模型表面进行降噪，又可以保持点云数据中的几何特征信息，避免三维点云数据被过渡光滑。但是只适用于有序点云。

5.3.1.5 体素滤波器

体素滤波器的原理是通过对输入的点云数据创建一个三维体素栅格，然后在每个体素内，用体素中所有点的重心来近似显示体素中的其他点，这样该体素内所有点就用一个重心点最终表示。也有另外一种相似的表达形式：利用每一个体素立方体的中心来近似该体素立方体内的所有点，相比上一种方法计算速度较快，但是损失了原始点云局部形态的精细度。其特点为可以达到向下采样同时不破坏点云本身几何结构的功能。点云几何结构不仅包括宏观的几何外形，也包括其微观的排列方式，比如横向相似的尺寸、纵向相同的距离。随机下采样虽然效率比体素网格滤波器高，但会破坏点云的微观结构。

如图 5-6 所示，经过体素网格下采样后的行人，点云会变得更稀疏。主要是针对线束比较高的激光雷达或者多个雷达数据叠加时，平滑点云间隔的情况使用。

离散群点是指在获取点云数据时，由于受到外界干扰如视线遮挡、障碍物等因素的影响，点云数据中存在着一些距离主题点云较远的离散点，即离散群点。如图 5-7 所示：由于设备采集或者障碍物遮挡等问题导致在三维空间中出现零星的点集。离散群点会破坏

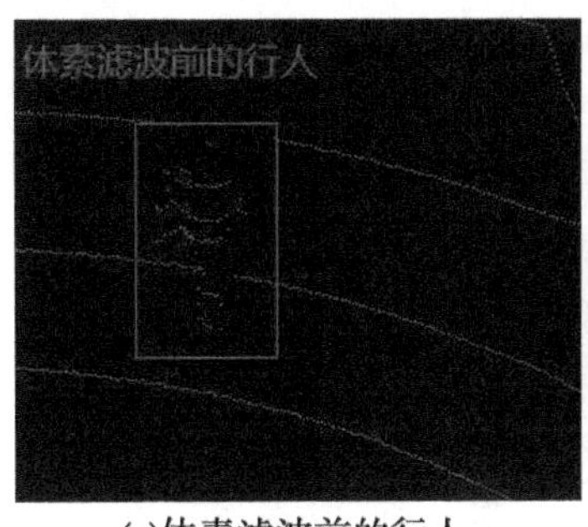

(a)体素滤波前的行人

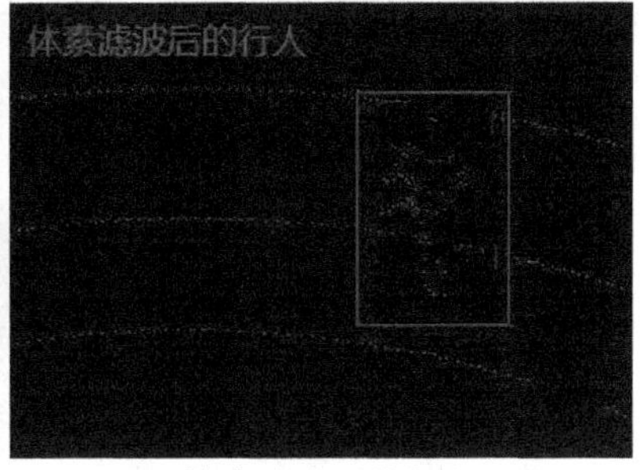

(b)体素滤波后的行人

图 5-6　体素滤波器效果示意图

点云的表达准确性。使得局部点云特征(例如表面法线或曲率变化)的估计变得非常复杂,这往往导致错误的估计结果,从而可能导致点云配准失败。

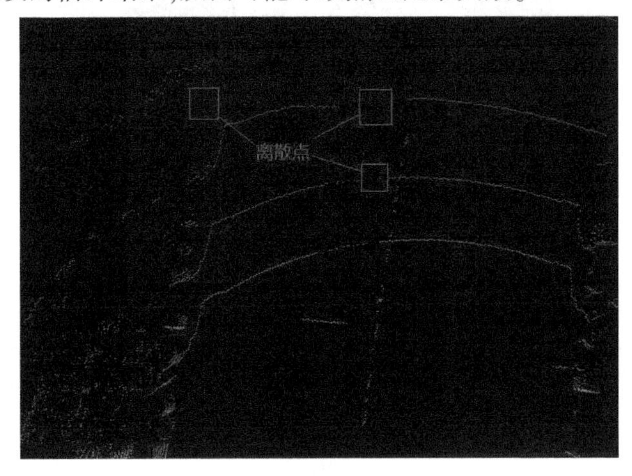

图 5-7　离散点示意图

5.3.1.6　统计滤波器

统计滤波器的原理是对每个点的邻域进行一个统计分析,并修剪掉那些不符合一定标准的点。我们的稀疏离群点移除方法基于在输入数据中对点到临近点的距离分布的计算。

具体方法如下:

计算每个点到其最近的 k 个点平均距离(假设得到的结果是一个高斯分布,其形状由均值和标准差决定),那么平均距离在标准范围之外的点,可以被定义为离群点并从数据中去除。

统计滤波器的特点是根据密度去除离群点,对密度差异较大的离群点去除效果较好。

5.3.1.7　半径滤波器

半径滤波器原理与统计滤波器类似,只是操作更加暴力直观,根据空间点半径范围临近点数量来滤波。

在点云数据中以某点为中心画一个圆计算落在该圆中点的数量,当数量大于给定值时,则保留该点,数量小于给定值则剔除该点。此算法运行速度快,依序迭代留下的点一定是最密集的,但是圆的半径和圆内点的数目都需要人工指定。

半径滤波器的特点为用于去除离群点,在一定程度上可以用来筛选边缘点。

如图 5-8 所示:采用上述两种滤波器可以剔除掉零星的点集。

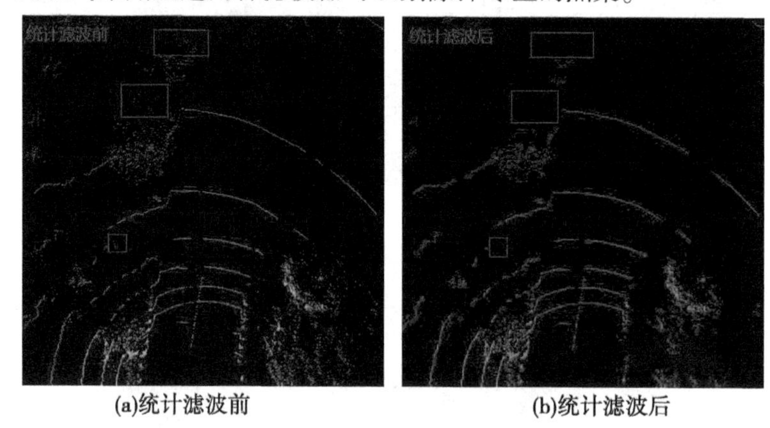

(a)统计滤波前　　(b)统计滤波后

图 5-8　统计滤波效果示意图

5.3.1.8　频率滤波器

频率滤波器的原理:在点云处理中,点云法线向量差为点云所表达的信号。用点云的曲率来表示频率信息,如果某处点云曲率大,则点云表达的是一个变化高频的信号。如果点云曲率小,则点云表达的是一个不变低频的信号。例如:地面曲率小,它表达的信息量也小;障碍物处曲率大,频率就会更高。

以 DoN 算法为例,目的是在去除点云低频滤波,低频信息(例如建筑物墙面、地面)往往会对分割产生干扰,高频信息(例如建筑物窗框、路面障碍锥)往往尺度上很小,直接采用基于临近信息的滤波器会将此类信息合并至墙面或路面中。所以,DoN 算法利用了多尺度空间的思想。其特点为在小尺度上是可以对高频信息进行检测的,可以很好的保留小尺度高频信息。其在大规模点云中的优势尤其明显。

滤波器主要是通过局部计算的方式,获得一个响应值,然后根据响应值调整点云,比如位置调整、保留或删除某点。当一种滤波无法完整达到预处理要求时,可以通过组装多个滤波器达到更复杂的功能。比如在实际应用中借助于车辆运动轨迹和路沿检测作为感兴趣区域的先验知识进行直通滤波;接着根据激光雷达的线束多少调整统计滤波参数过滤离群点;由于使用了两颗激光雷达做数据拼接,最后通过体素降采样平滑点的间隔。

5.3.2　点云分类处理

激光点云数据包括地面点、植被点、建筑物点等,一般根据激光点相互之间的空间关系进行分类,分类的基本过程是首先去除明显高于或低于地表物体的噪声点,然后提取地面点,最后分离植被点和非植被点。

下面以 terrasolid 软件为例介绍获取后的点云数据处理。

5.3.2.1　去除噪声点

噪声点一般为孤立点,包括一些明显高于地表物体的激光点,例如飞鸟等高空物体上的点,以及一些明显低于地表的激光点,例如其他光源引起的异常点。Isolated points 算法用于判断孤立点,假设以当前点为中心的 25 m 半径的球形空间内没有其他点的情况下,判断当前点为噪声点。

第一步,通过 TerraScan 主窗口的 File→Open block 菜单打开块文件,可以设置块边界的缓冲区尺寸,用于从临近块中读取相邻的点数据(见图 5-9)。

第二步,通过 TerraScan 主窗口的 Classify→Routine→By class…菜单,打开 Classify by class 对话框,From class 选择 Any class,To class 选择 Default,点击"OK"按钮会将所有类直接指定为未知类(见图 5-10)。

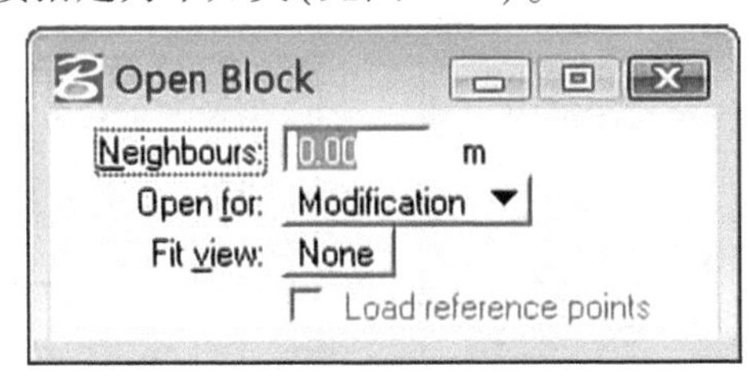

图 5-9

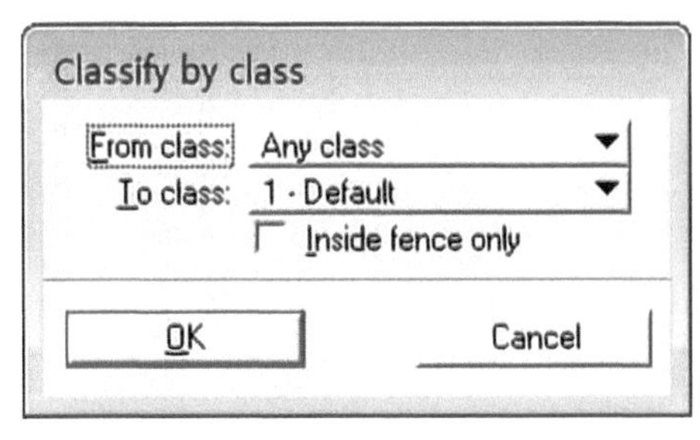

图 5-10

第三步,通过 TerraScan 主窗口的 Classify→Routine→Isolated points…菜单,打开 Classify isolated points 对话框,From class 选择 Default,To class 选择 Noise,If fewer than 1 other points within 25.00 m 表示如果在 25 m 球形空间内最多有 1 个点,则该点为孤立点(即噪声点)(见图 5-11)。

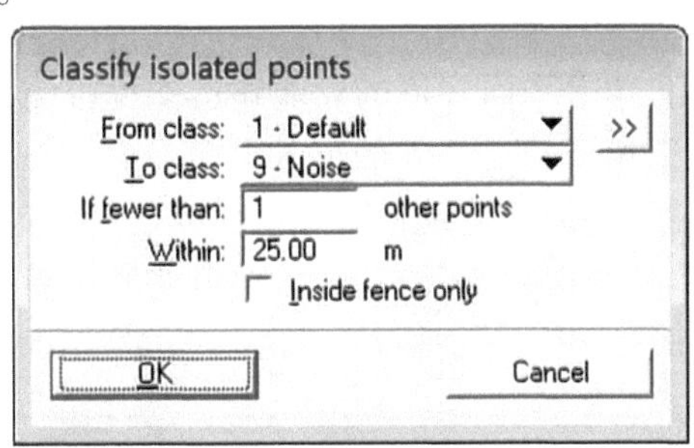

图 5-11

说明:对于未去除的噪声点,可以采用手工方式去除。

5.3.2.2　提取地面点

地面点一般低于地物点,Ground 算法可以有效分离地面点和非地面点。

通过 TerraScan 的 Classify→Routine→Gound 菜单打开 Classify ground 对话框,Classify 组中 From class 选择 Default,To class 选择 Ground;Initial points 组中 Max building size 设为 15.0 m;Classification maximums 组中 Terrain angle 设为 88.00°,Iteration angle 设为 15.00°,Iteration distance 设为 1.40 m(见图 5-12)。

说明:Ground 方法迭代地建立 TIN 表面模型来分出地面点。

开始时选择一些局部最小值点,要确保这些点击在地面上。通过 Max building size 参数控制最初点的选择,如果 Max building size 为 60.0 m,程序假设在 60×60 的区域内,至

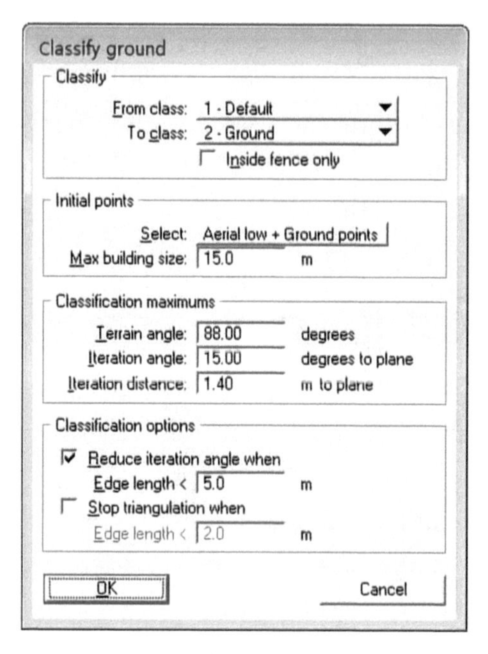

图 5-12

少有一个点击在了地面上,并且认为最低点为地面点。

通过选择的最低点建立最初的模型,最初模型的大多数三角形都低于地面,有一些三角形的顶点与地面接触。通过迭代方法添加一些新点到模型中,每个新添加的点使得模型更接近于地面。

迭代参数决定了距离三角形平面多近的点能够被模型接受,Iteration angle 是点、点在三角形平面投影和最近的三角形顶点之间的最大角度,Iteration distance 参数确保迭代时不会向上跳跃太大,这有助于将低矮建筑物阻挡在模型之外。如图 5-13 所示。

Iteration angle 越小,越容易抑制点云的变化,平坦地形使用小角度(接近于 4.0°),山区地形使用大角度(接近于 10.0°)。

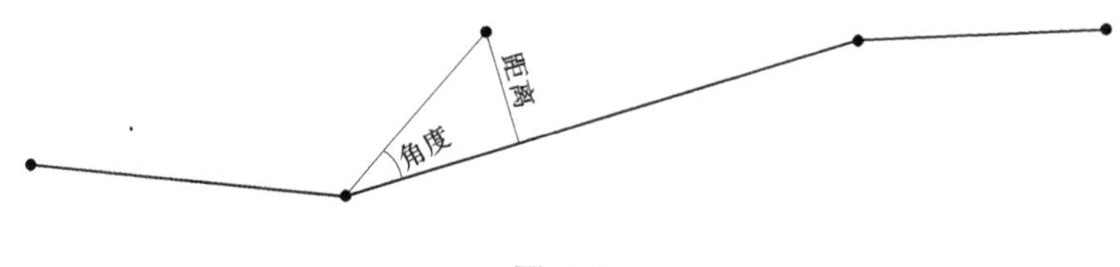

图 5-13

对于大野口数据的试验发现,当 Max building size 为 15.0 m 时,可以很好地去除植被,保留山顶、山脊等大部分凸地形特征,不能保留断崖、小山梁等一些凸地形特征点;对于山区平原的房屋,能够去除大部分房屋,不能去除紧邻山脚的一些房屋。

当 Iteration angle 为 15.00°时,可以保留更多的山脚变坡点等大部分凹地形特征。

说明:对于过多去除的地面点及未能去除的非地面点需要进行手工编辑,首先确定需要编辑的区域,然后使用手工编辑工具进行处理,最后保存编辑结果。

5.3.2.3　去除地下点

地下点是位于地面之下的点,例如落在井壁上的激光点。提取地面点之后,有一部分地下点被误分为地面点,这里采用 Below surface 算法去除这些地下点。另外,由地面点建立拟合平面之后,有少量未分类点位于拟合平面之下(即为地下点),这里采用 By height from ground 算法去除这些点。

第一步,通过 TerraScan 的 Classify→Routine→Below surface 菜单打开 Classify below surface 对话框,From class 选择 Ground,To class 选择 Low point,Limit 设为 8.0 倍标准差,Z tolerance 设为 0.10 m(见图 5-14)。

说明:Below surface 算法的基本思路是首先搜索距离当前点最近的 25 个临近点,然后由临近点建立平面方程,最后根据当前点与拟合平面之间的关系来判断当前点是否为地下点。如果当前点在拟合平面之上,或者当前点到拟合平面(在其之下)的距离小于 Z 值误差(这里设为 0.10 m),则当前点不是地下点;否则计算临近点与拟合平面之间高程差值的标准差,如果当前点到拟合平面(在其之下)的距离大于 n 倍标准差(这里设为 8.0 倍标准差),则当前点为地下点。

第二步,通过 TerraScan 的 Classify→Routine→By height from ground…菜单打开 Classify By height from ground 对话框,Ground class 选择 Ground,Max triangle 设为 100.0 m,From class 选择 Default,To class 选择 Low point,Min height 设为-2.00 m,Max height 设为 0 m(见图 5-15)。

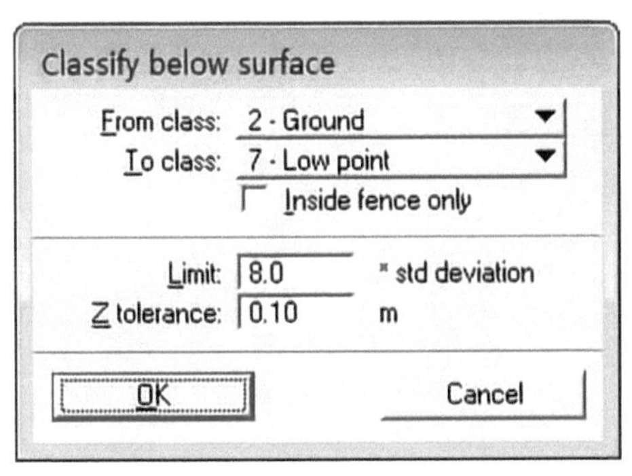

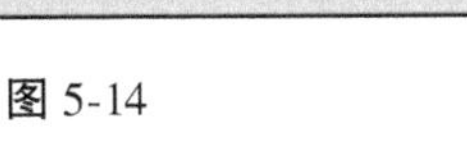

图 5-14

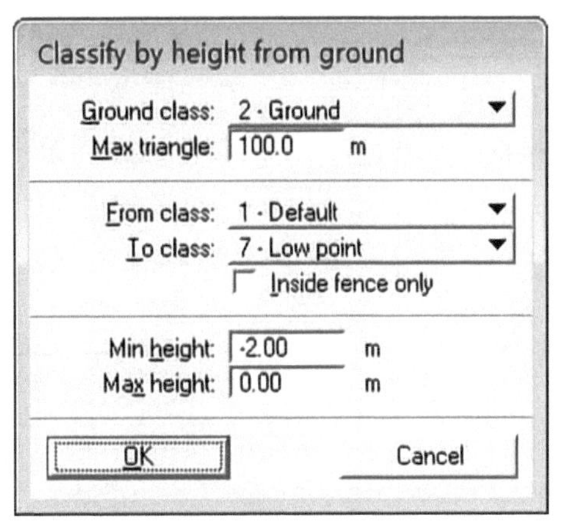

图 5-15

说明:距离地面-2.00~0 m 的点一般为山区崎岖地形误差范围。

5.3.2.4　按高度划分地物点

根据地物点与地面之间的距离,可以粗略地划分不同地物的激光点,以便于更好地分离植被点与非植被点。通过分析大野口数据发现,位于地面之上的激光点具有以下特征:

(1)距离地面 0~0.20 m 的点一般为平原区的航带重叠误差范围。

(2)距离地面 0.20~0.50 m 的点一般为山区缓坡的航带重叠误差范围。

(3)距离地面 0.50~1.00 m 的点一般为山区陡坡的航带重叠误差范围。

(4)距离地面 1.00~2.00 m 的点一般为山区险坡的航带重叠误差范围。

(5)距离地面2.00~6.00 m的点一般为山区沟壑、陡坎、凸岩等的高度范围。

山区地物的高度范围：

(1)山区道路：一般为距离地面0~2.00 m的点。

(2)窝棚篱笆：一般为距离地面1.00~2.00的点。

(3)山区平房：一般为距离地面2.00~5.00 m的点。

(4)山区电线杆：一般为距离地面6.00~8.00 m的点。

(5)山区高压线：一般为距离地面30.00~150.00 m的点。

考虑到大野口主要为山区，有不少区域为陡险坡，这里将植被点划分为低、中、高三类。具体划分方案如下：

(1)距离地面0~2.00 m的点划为低植被点。

(2)距离地面2.00~6.00 m的点划为中植被点。

(3)距离地面6.00~30.00 m的点划为高植被点。

另外，雪线以上无植被。

划分激光点的具体步骤为：

第一步，通过TerraScan的Classify→Routine→By height from ground…菜单打开Classify by height from ground对话框，Ground class选择Ground，Max triangle设为100.0 m，From class选择Default，To class选择Low vegetation，Min height设为0.00 m，Max height设为2.00 m，点击“OK”按钮执行分类操作。

第二步，通过TerraScan的Classify→Routine→By height from ground…菜单打开Classify by height from ground对话框，To class选择Medium vegetation，Min Height设为2.00 m，Max height设为6.00 m，其他参数同第一步设置（见图5-16）。

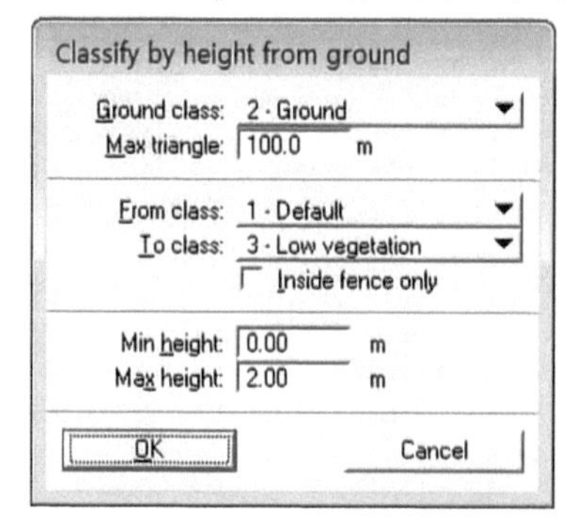

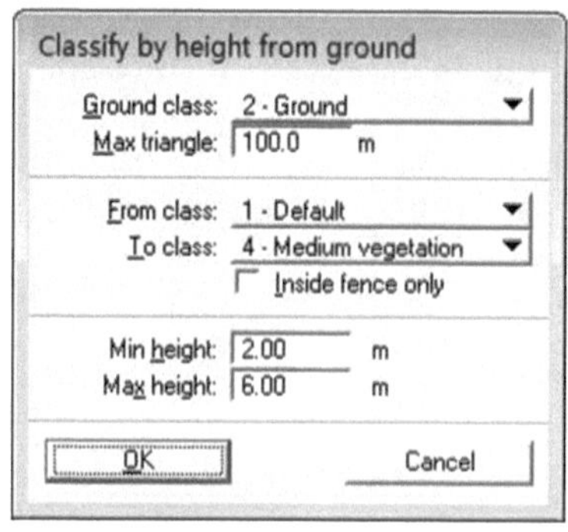

图5-16

第三步，通过TerraScan的Classify→Routine→By height from ground…菜单打开Classify by height from ground对话框，To class选择High vegetation，Min Height设为6.00 m，Max height设为30.00 m，其他参数同第一步设置。

第四步，通过TerraScan的Classify→Routine→By height from ground…菜单打开Classify by height from ground对话框，To class选择Building，Min Height设为30.00 m，Max height设为150.00 m，其他参数同第一步设置（见图5-17）。

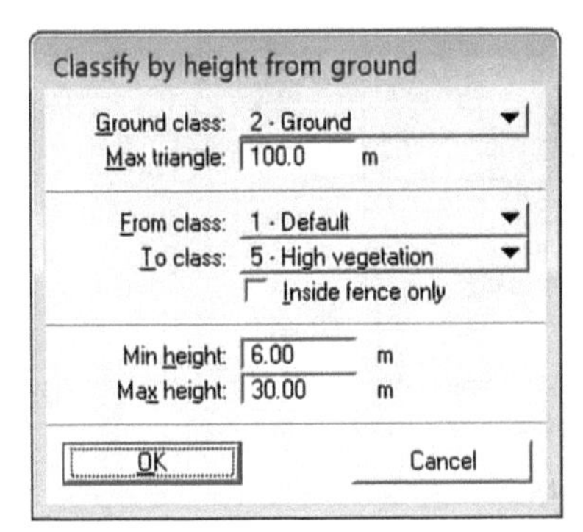

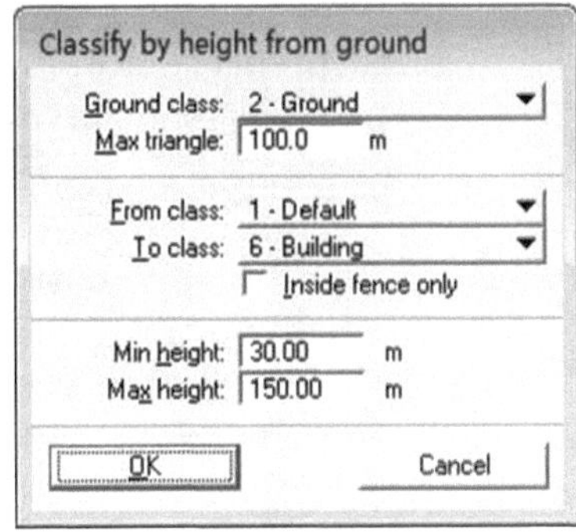

图 5-17

5.3.2.5　分离非植被点

非植被点主要是非植被区的激光点，非植被区的激光点集中在距离地面 0~2.00 m 的范围内，在距离地面 2.00 m 以上的范围内比较稀少，当有山区平房的时候激光点会多一些。另外，植被区的激光点在距离地面 2.00~30.00 m 时，相对于非植被区来说很密集，因此在距离地面 2.0~30.0 m 时可以采用 Isolated points 算法来分离非植被区的稀疏激光点。

第一步，通过 TerraScan 主窗口的 Classify→Routine→Isolated points…菜单，打开 Classify isolated points 对话框，From class 选择 Medium vegetation、High vegetation，To class 选择 Default，如果在 15.00 m 内少于 60 个点则分类点（见图 5-18）。

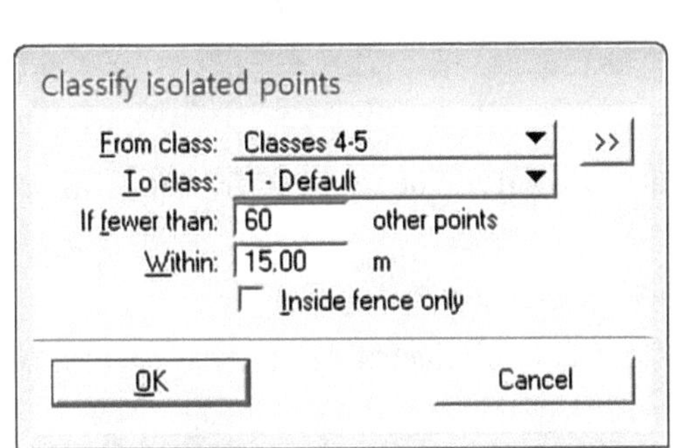

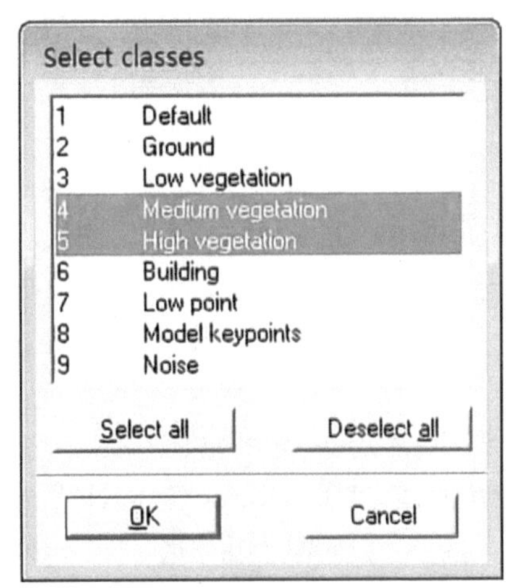

图 5-18

第二步，分离一次孤立点之后，原来不符合孤立点条件的非植被点会变成符合条件的孤立点，可以在分离一次孤立点操作。通过 TerraScan 主窗口的 Classify→Routine→Isolated points…菜单，打开 Classify isolated points 对话框，为了达到更好地分离平房的效果，对参数进行调整，如果在 30.00 m 内少于 120 个点则分类点，其他参数不变（见图 5-19）。

5.3.2.6　宏处理

宏处理是对一批激光点文件自动进行一系列处理操作。首先需要定义宏文件，然后

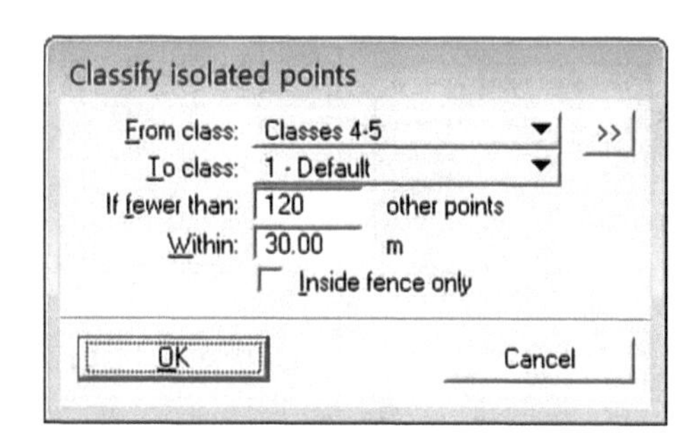

图 5-19

选择激光点文件,运行相关处理操作。

第一步,定义宏文件,通过 TerraScan 主窗口的 Tools→Macro 菜单,打开 Macro 对话框,输入 Description 信息等(见图 5-20)。

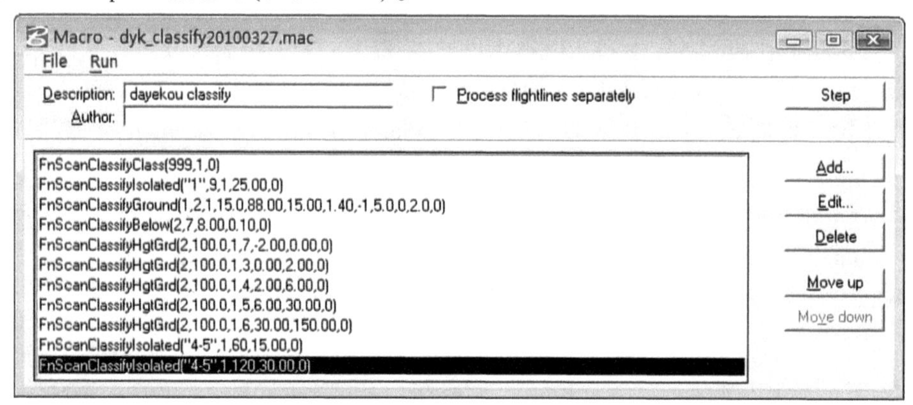

图 5-20

第二步,通过 Macro 对话框的 Add 按钮打开 Macro step 对话框,Action 选择 Classify,Routine 选择 By class,点击“OK”按钮将打开 Classify by class 对话框,设置好参数点击“OK”按钮(见图 5-21)。

第三步,类似地,依次添加 Isolated points、Ground、Below surface、By height from ground 等方法。

第四步,通过 Macro 对话框的 File→Save as…菜单保存宏文件。

第五步,通过 TerraScan General 工具组的 Define Project 工具,打开 Project 对话框,如果对话框的文件列表为空,则通过 Project 对话框的 File→Open project 菜单打开工程文件。

第六步,通过 Project 对话框的 Tool→Run macro 菜单打开 Run macro on blocks 对话框,Process 选择 All blocks,Macro 选择自定义的宏文件,Neighbours 设为 30. 00 m,表示从邻近块中读取 30. 00 m 的缓冲区,点击“OK”按钮,将对所有块执行宏处理操作(见图 5-22)。

说明:通过 Macro 对话框的 Run→On loaded points 菜单可以对已经加载到 MacroStation 中的激光点进行宏处理。

通过 Macro 对话框的 Run→On selected files 菜单打开 Run macro on files 对话框,可以对选择的文件进行宏处理,缺点是不能指定块缓冲区尺寸(见图 5-23)。

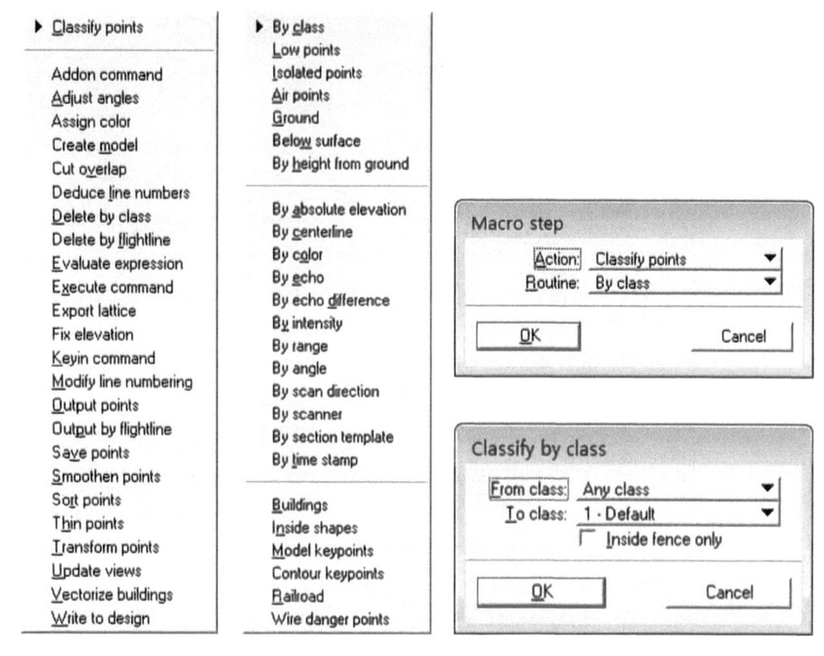

图 5-21

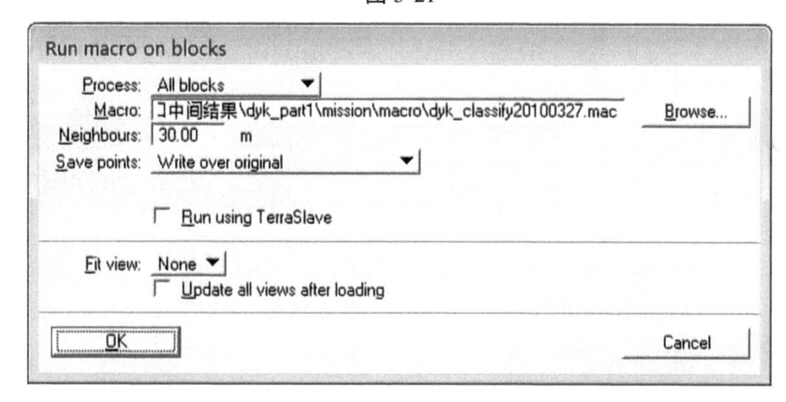

图 5-22

5.3.2.7 **手工编辑激光点**

激光点经过宏处理以后得到的分类结果可能并不完全符合要求,需要手工编辑激光点。主要思路是:

(1)加载块数据,检查分类结果中是否存在未去除的噪声点,如果存在噪声点,手工去除以后,需要对加载的块数据执行后续的宏处理操作。

(2)检查分类结果中是否存在错分的地面点,如果存在,手工去除即可。

(3)在距离地面 2.00~30.00 m 的类别范围内,检查是否存在非植被点,手工去除以后即可。

具体操作步骤如下:

第一步,通过 TerraScan 主窗口的 File→Open block 菜单打开块文件,设置块边界的缓冲区尺寸为 30.00 m,用于从临近块中读取相邻的点数据(见图 5-24)。

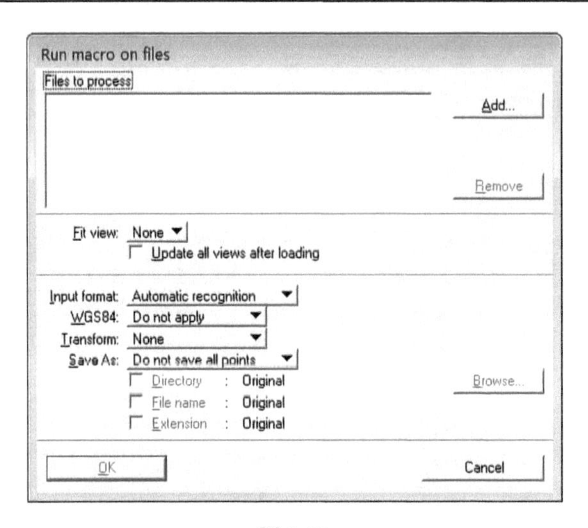

图 5-23

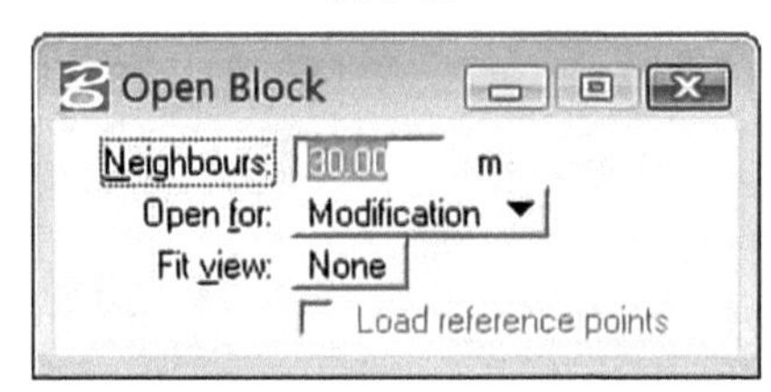

图 5-24

第二步,通过 TerraScan 主窗口的 View→Display mode 菜单,打开 Display mode 对话框,其中 Speed 选择 Normal-all points,点击"Apply"按钮更新视图显示,点击"Fit"按钮将激光点数据显示在整个视图中(见图 5-25)。

第三步,通过 TerraScan Model 工具组的手工分类工具,去除噪声点。例如使用 Classify Using Brush 工具,可以设置刷子的尺寸等参数(见图 5-26)。

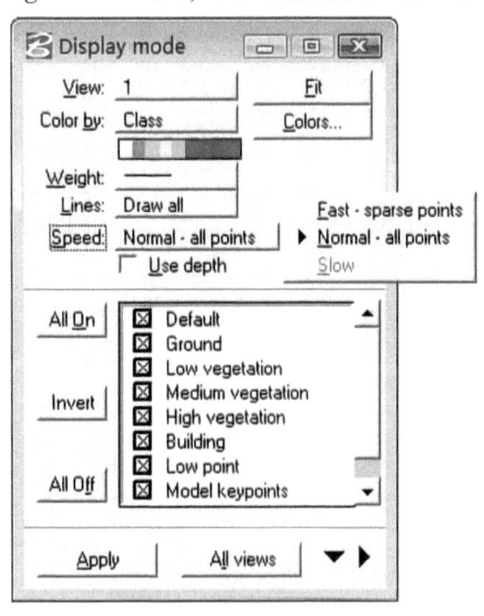

图 5-25

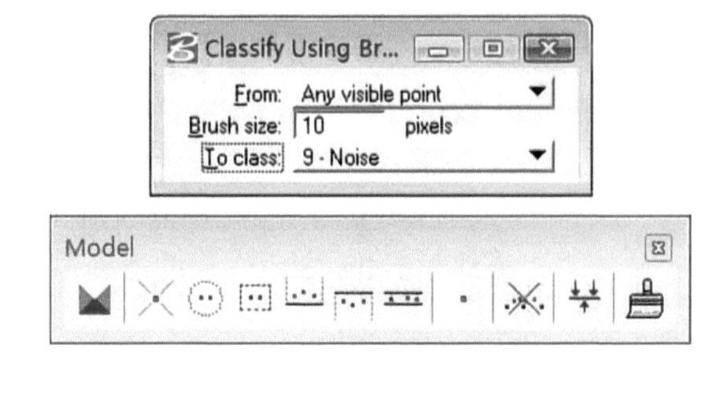

图 5-26

TerraScan Model 工具组：Create Editable Model，Assign Point Class，Classify Using Brush，Classify Fence，Classify Above Line，Classify Below Line，Classify Close To Line，Add Synthetic Point，Remove Vegetation，Fix Elevation，Rebuild Editable Model。

第四步，通过 TerraScan 主窗口的 Tools→Macro 菜单，打开 Macro 对话框，通过 Macro 对话框的 File→Open…菜单打开宏文件，通过 Macro 对话框的“delete”按钮删除去除噪声的宏操作，通过 Macro 对话框的 Run→On loaded points 菜单对已经加载到 MacroStation 中的激光点进行宏处理。

第五步，通过 TerraScan 主窗口的 View→Display mode 菜单，打开 Display mode 对话框，仅选中 Surface 类，关闭其他类，View 选择 1（表示视窗 1），Color by 选择 Class，Speed 选择 Normal-all points，点击“Apply”按钮，点击“Fit”按钮，将在视窗 1 中仅显示地面点（见图 5-27）。

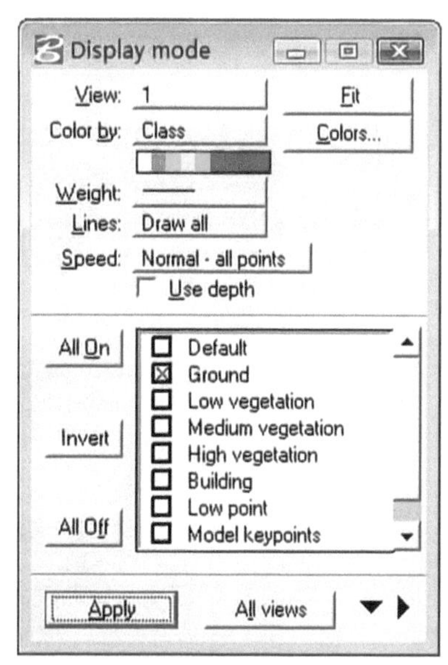

图 5-27

第六步，查看视窗 1，发现存在几个漏洞区，通过视窗工具放大某个漏洞区（见图 5-28、图 5-29）。

第七步，通过 View Laser 工具组的 Draw section 工具绘制剖面，显示在视图 2 中，发现凸起的山脊被误分为非地面点（见图 5-30）。

说明：通过 TerraScan View Laser 工具组的 Move Section 工具可以移动剖面，通过 Rotate section 工具可以旋转剖面。

第八步，通过 TerraScan Model 工具组的手工分类工具，找回误分的地面点。

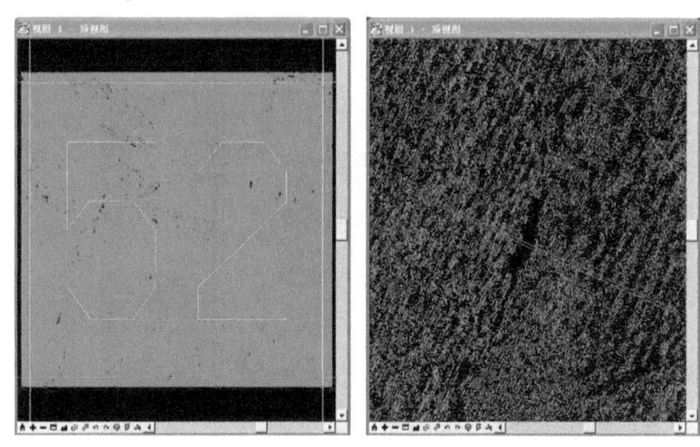

图 5-28

小提示：重点是找回植被区被误分的地面点，以减少对树高提取结果的影响。

第九步，在 Display mode 对话框中，仅选中 Medium vegetation、High vegetation 类，关闭其他类，点击“Apply”按钮，将在视窗 1 显示（见图 5-31、图 5-32）。

第十步，通过 TerraScan Model 工具组的手工分类工具，去除非植被点。

第十一步，编辑完成后，通过 TerraScan 主窗口的 File→Save points 菜单保存点。

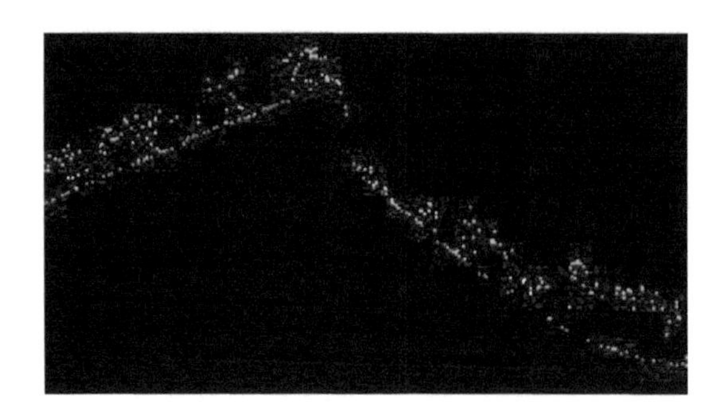

图 5-29

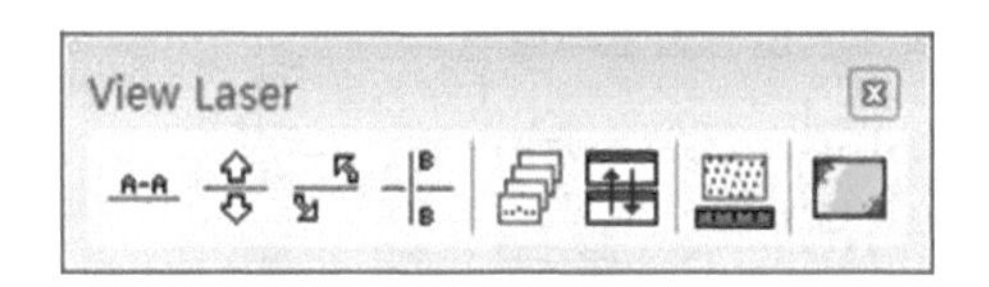

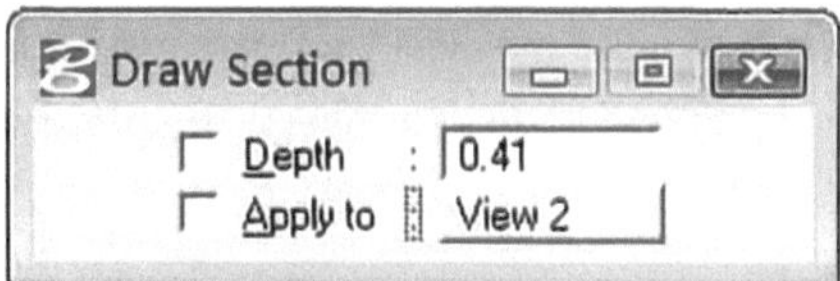

图 5-30

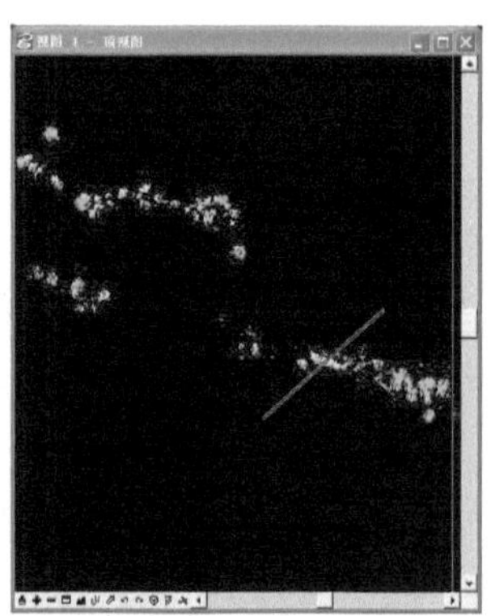

图 5-31

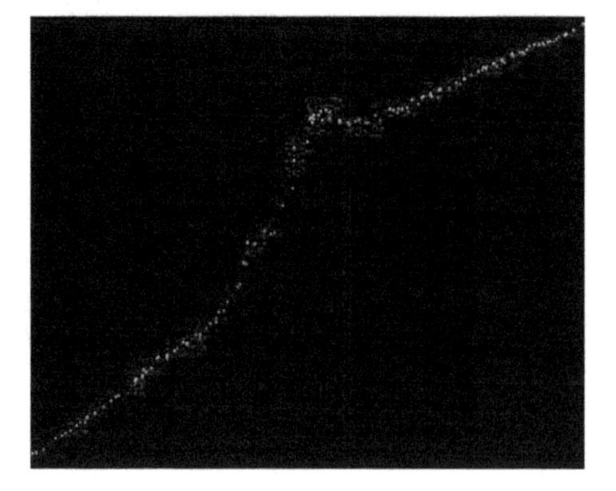

图 5-32

第十二步,类似地,编辑并保存所有的块数据。

5.3.3　生成栅格数据

栅格数据包括 DEM、DSM 和点密度等，支持浮点型 TIFF 栅格文件格式。

5.3.3.1　生成 DEM 栅格文件

由地面点可以内插生成 DEM 栅格文件，内插算法一般为 TIN 法。

第一步，通过 TerraScan 主窗口的 File→Open block 菜单打开块文件，设置块边界的缓冲区尺寸为 30.00 m，用于从临近块中读取相邻的点数据（见图 5-33）。

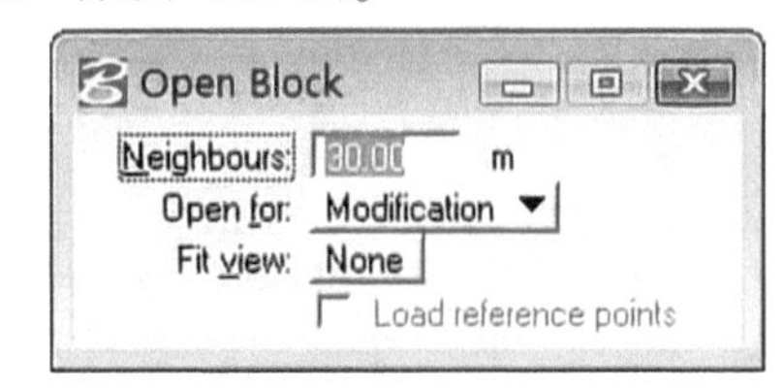

图 5-33

第二步，通过 TerraScan 主窗口的 Output→Export lattice model 菜单打开 Export lattice model 对话框，Class 选择 Ground；Value 选择 Triangulated model z，表示采用 TIN 内插算法；Export 选择 Whole area；Grid spacing 设为 1.000 m；Model buffer 设为 100.00 m，表示当前数据的缓冲区尺寸；Max triangle 设为 100.00 m 表示 TIN 算法三角形的最大边长；File format 选择 GeoTIFF float。点击“OK”按钮将提示用户输入文件名（见图 5-34）。

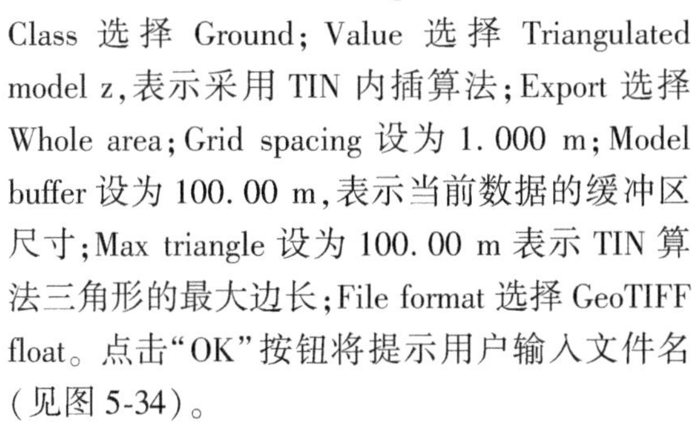

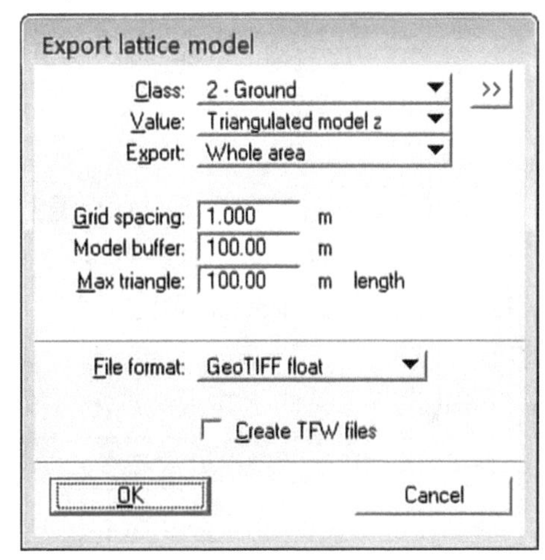

图 5-34

5.3.3.2　生成 DSM 栅格文件

由地面点、植被点和自定义点内插生成 DSM 栅格文件，内插算法采用最大高程值法。

通过 TerraScan 主窗口的 Output→Export lattice model 菜单打开 Export lattice model 对话框，Class 选择 Classes 1,3,9－11；Value 选择 Highest hit z，表示采用最大高程值内插算法；Export 选择 Whole area；Grid spacing 设为 0.500 m；Fill gaps upto 设为 20 个像元，表示填充 0.500×20＝10.00 m 的间隙；File format 选择 GeoTIFF float。点击“OK”按钮将提示用户输入文件名（见图 5-35）。

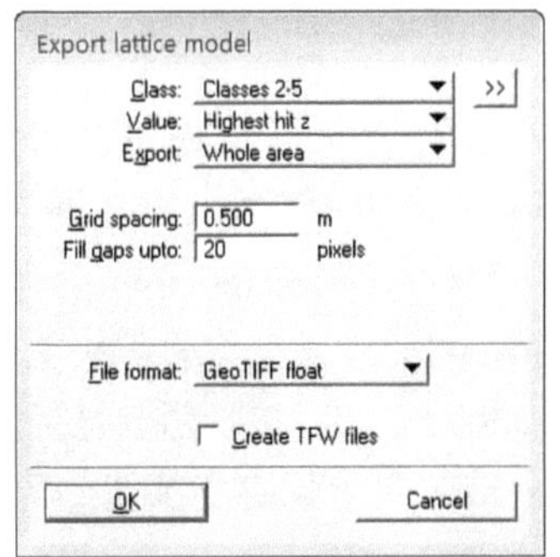

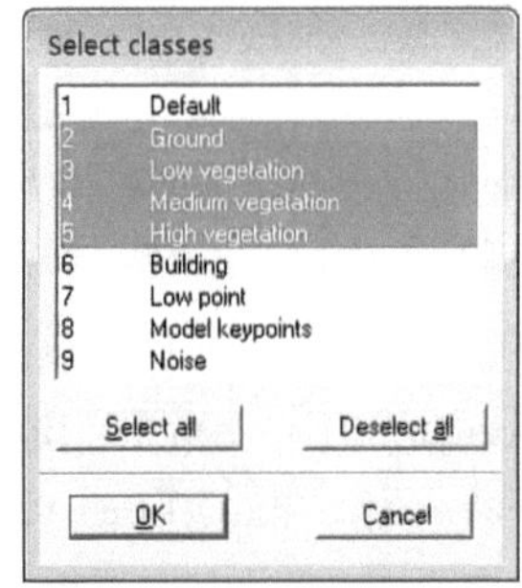

图 5-35

5.3.3.3　宏处理

生成 DEM 和 DSM 等栅格数据时可以采用宏处理。

第一步,定义宏文件,通过 TerraScan 主窗口的 Tools→Macro 菜单,打开 Macro 对话框,输入 Description 信息等(见图 5-36)。

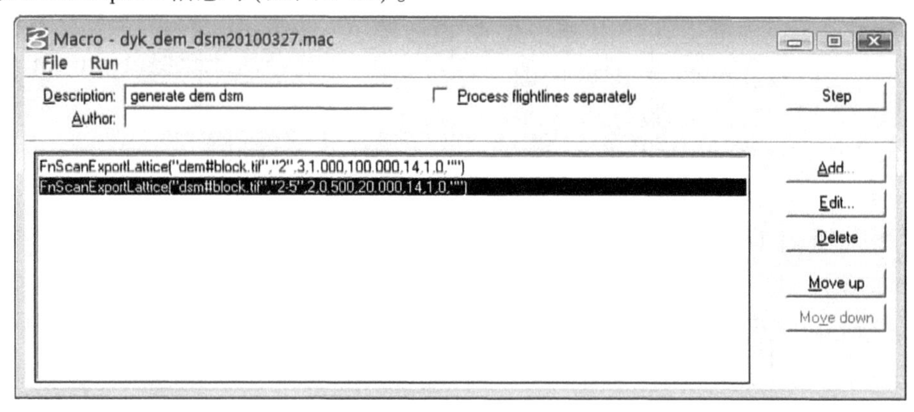

图 5-36

第二步,添加生成 DEM 宏命令,通过 Macro 对话框的"Add"按钮打开 Macro step 对话框,Action 选择 Export lattice;Class 选择 Ground;Value 选择 Triangulated model z,表示采用 TIN 内插算法; Grid spacing 设为 1.000 m;Max triangle 设为 100.00 m 表示 TIN 算法三角形的最大边长;To File 输入 dem#block.tif,表示在块文件名添加 dem,后面添加.tif 后缀;File format 选择 GeoTIFF float。点击"OK"按钮添加宏命令(见图 5-37)。

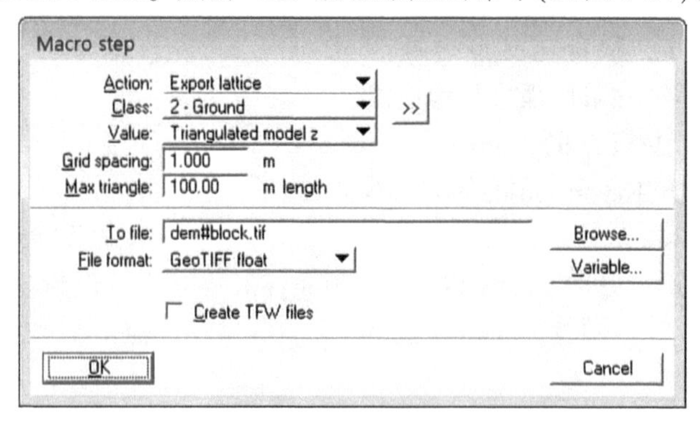

图 5-37

第三步,添加生成 DSM 宏命令,通过 Macro 对话框的"Add"按钮打开 Macro step 对话框,Action 选择 Export lattice,Class 选择 Classes 1,3,9-11;Value 选择 Highest hit z,表示采用最大高程值内插算法; Grid spacing 设为 0.500 m;Fill gaps upto 设为 20 个像元,表示填充 0.500×20=10.00 m 的间隙;To File 输入 dsm#block.tif,表示在块文件名添加 dsm,后面添加.tif 后缀;File format 选择 GeoTIFF float。点击"OK"按钮添加宏命令(见图 5-38)。

第四步,通过 Macro 对话框的 File→Save as…菜单保存宏文件。

第五步,通过 TerraScan General 工具组的 Define Project 工具,打开 Project 对话框,如果对话框的文件列表为空,则通过 Project 对话框的 File→Open project 菜单打开工程

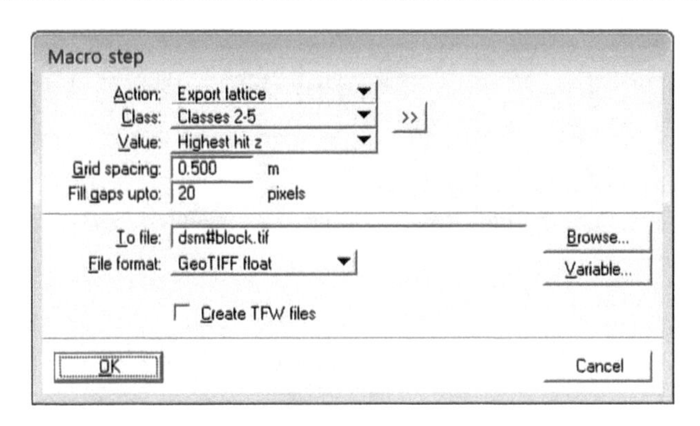

图 5-38

文件。

第六步,通过 Project 对话框的 Tool→Run macro 菜单打开 Run macro on blocks 对话框,Process 选择 All blocks,Macro 选择自定义的宏文件,Neighbours 设为 30.00 m,表示从邻近块中读取 30.00 m 的缓冲区,点击"OK"按钮,将对所有块执行宏处理操作(见图 5-39)。

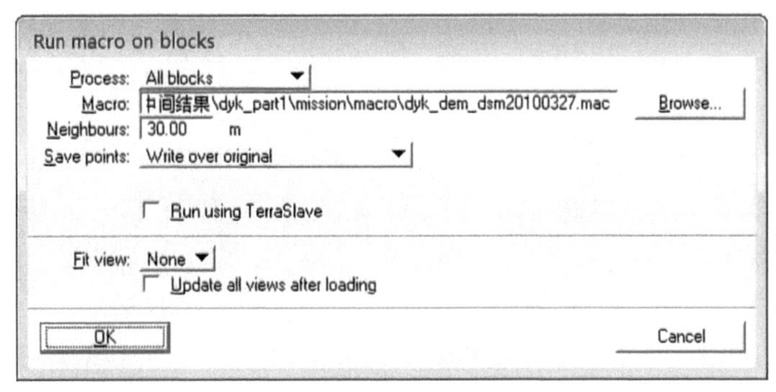

图 5-39

5.3.4　模型关键点

5.3.4.1　提取模型关键点

模型关键点(Model keypoints)方法对符合创建 TIN 表面模型指定精度的激光点进行分类。该方法用于从分出的地面点创建抽稀的数据集,可以有效地减少航片正射时加载的激光点数据量。

通过 TerraScan 主窗口的 Classify→Routine→Model keypoints 菜单,可以打开 Classify model keypoints 对话框(见图 5-40)。

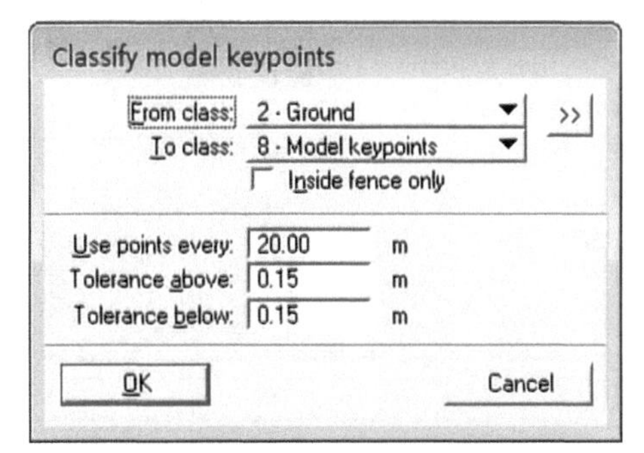

图 5-40

在 Classify model keypoints 对话框中,Use points every 参数确保最终模型的最小点密度,特别是平坦地区。例如,如果要求每 20.00 m

至少有一个点,可以将 Use points every 设为 20.00 m。

Tolerance above 和 Tolerance below 参数用于控制高程阈值的精度。这些参数确定了激光点到 TIN 模型之间的最大高程差值。Tolerance above 确定了激光点高于模型多少,Tolerance below 确定了激光点低于模型多少。

程序查找相对较小的点集(即关键点),这些点创建的 TIN 模型符合指定精度。这些点被分为一类。

对于使用关键点创建的 TIN 模型来说,所有其他的地面点都位于指定的高程差值范围内,有的地面点在模型上面,有的地面点在模型下面(见图 5-41)。

图 5-41

该分类方法是一个迭代过程,类似于 Ground 分类方法。开始时,在指定尺寸的规则区域内搜索初始点,区域内的最低点和最高点被分为关键点,使用这些点创建初始 TIN 模型。每次迭代过程都搜索远低于或远高于当前模型的点,如果找到这些点,最远点就被添加到模型中。

5.3.4.2　导出模型关键点

通过 TerraScan 主窗口的 File→Save points as…菜单打开 Save points 对话框,Classes 选择 Model keypoints;Points 选择 Active block,表示仅导出块内的点,不导出块缓冲区内的点;Flightline 选择 All flightlines;Format 选择 Scan binary 16bit lines。点击"OK"按钮将提示用户输入保存的文件名。

说明:当通过 TerraScan 主窗口的 File→Open block 菜单打开块数据时,如果缓冲区尺寸为 0(即 Neighbours 参数设为 0),则 Save points 对话框中的 Points 参数只有 All points 可用;如果缓冲区尺寸不为 0,则 Save points 对话框中的 Points 参数可以选择 All points 或 Active block(见图 5-42)。

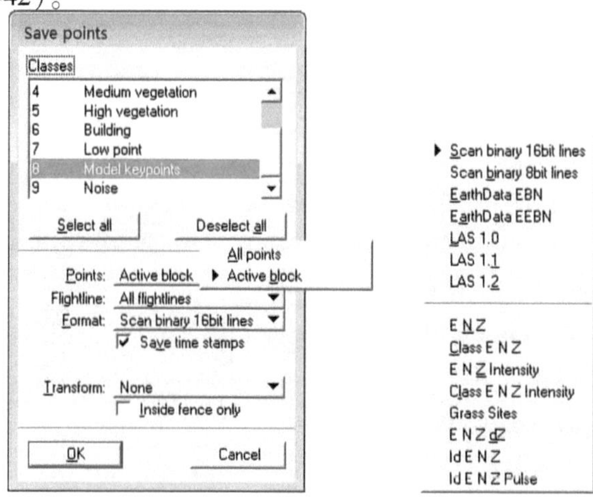

图 5-42

5.3.4.3 宏处理

提取和导出模型关键点时可以采用宏处理,能够将多个块数据中的模型关键点保存到单个文件中。具体步骤为:

第一步:定义宏文件,通过 TerraScan 主窗口的 Tools→Macro 菜单,打开 Macro 对话框,输入 Description 信息等(见图 5-43)。

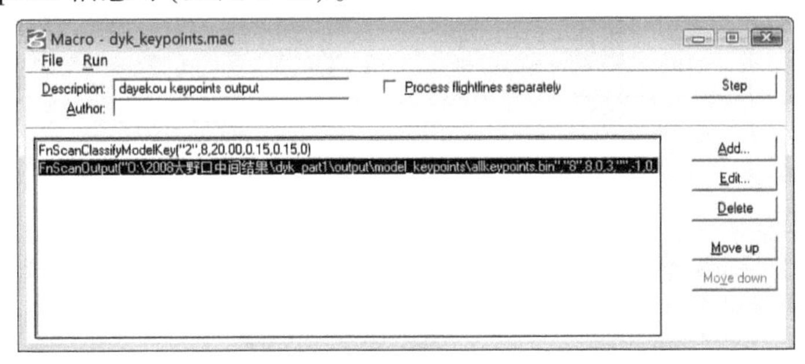

图 5-43

第二步:通过 Macro 对话框的"Add"按钮打开 Macro step 对话框,Action 选择 Classify points,Routine 选择 Model keypoints,点击"OK"按钮打开 Classify model keypoints 对话框,设置好参数以后点击"OK"按钮(见图 5-44)。

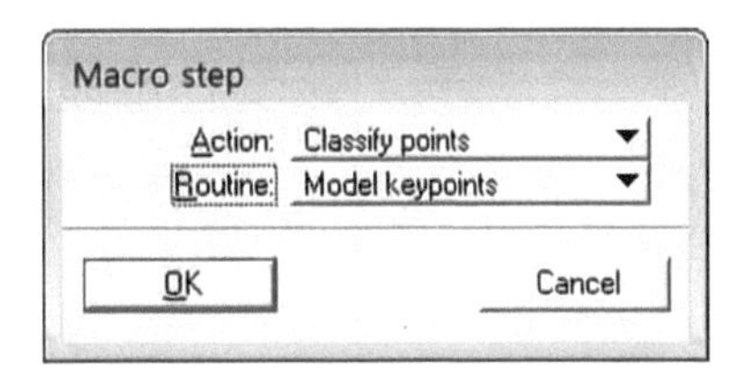

图 5-44

第三步:点击"Add"按钮,弹出 Macro step 对话框,Action 选择 Out points;Points 选择 Active block;Class 选择 Model keypoints;To file 输入保存的文件名,如 allkeypoints. bin;Format 选择 Scan binary 16bit lines;选中 Append if file exists 复选框,表示多个块数据中的点输入到单个文件中,设置好参数以后点击"OK"按钮(见图 5-45)。

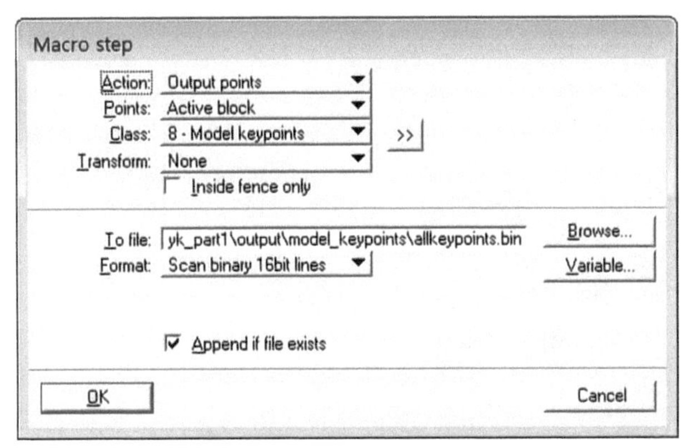

图 5-45

说明:通过宏文件导出模型关键点时,上述设置将所有块的模型关键点保存到一个文件中。

另外,也可以将每个块的模型关键点保存到一个单独的文件中,方法是修改 To file 参数。点击"Variable"按钮,弹出 Macro variable 对话框,选中一个宏变量,TerraScan 将自动命名新文件(见图 5-46)。

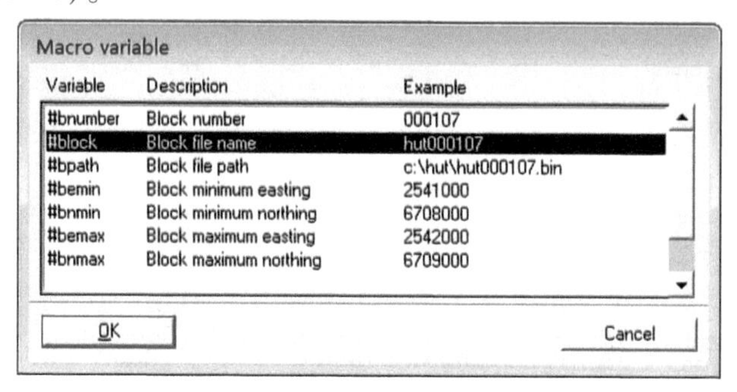

图 5-46

第四步:通过 Macro 窗口的 File→Save as 菜单,保存宏定义文件,如输入文件名 dyk_keypoints. mac。

第五步:通过 TerraScan Project 窗口的 Tools→Run macro 菜单执行宏文件,Neighbours 设为 30. 00 m,主要用于提取模型关键点操作(见图 5-47)。

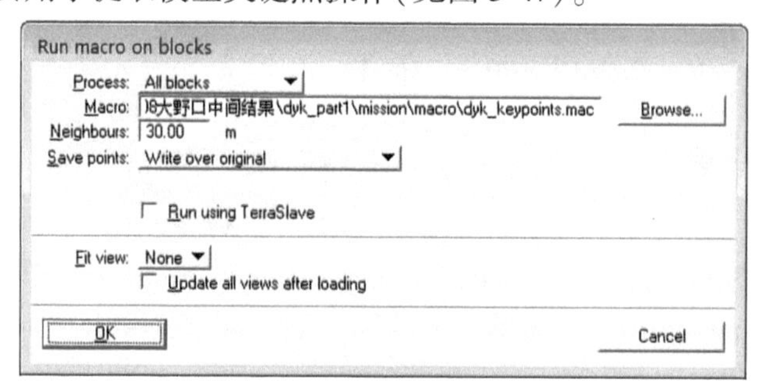

图 5-47

第 6 章　水陆一体化三维测量技术

6.1　水陆一体化三维测量系统简介

水陆一体化三维测量系统由以下几部分组成：

(1)三维激光测量系统,用于陆上地形数据采集。

(2)多波束测深系统,用于水下地形数据采集。

(3)GNSS,用于定位数据采集。

(4)姿态仪,用于采集测量载体姿态数据。

(5)罗经,用于定向数据采集。

(6)声速剖面仪,用于声速数据采集。

(7)设备控制、数据采集软件。

本书采用的 OCTANS 运动传感器具有姿态仪和罗经功能,可为系统实时提供高精度的姿态和航向数据。系统各传感器数据传输关系见图 6-1。

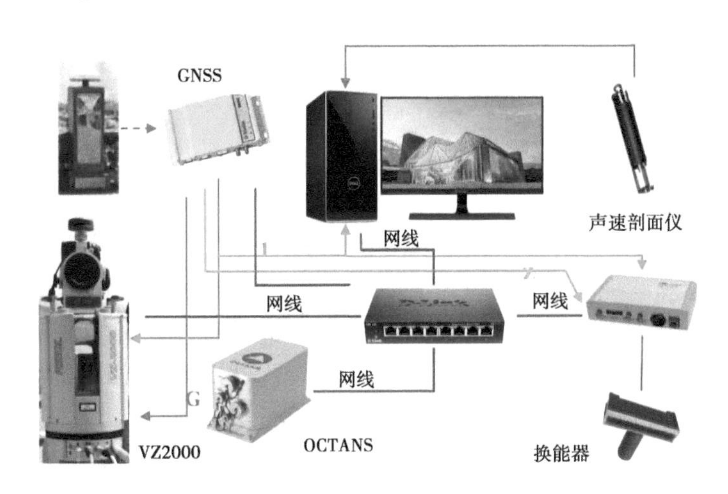

图 6-1　系统各传感器数据传输关系

水陆三维一体化测量系统的工作原理可概括为利用测船作为载体,在船上安装系统所需要的各种传感器。结合三维激光扫描仪和多波束测深仪获取的测量数据、GNSS 和 OCTANS 获取定位姿态数据来计算出所测量的地物坐标,生成点云数据。

船载水陆一体测量系统与机载激光测深系统均具备快速获取高分辨率、高精度的三维空间信息的能力，而船载水陆一体测量技术应用领域相对较为广泛，适用性较高。目前，中国科学院上海光学精密机械研究所和海洋测绘研究所已研制出机载激光测深系统样机，网格点密度达 5 m×5 m，且主流的机载激光测深系统测量点云密度远低于船载水陆一体测量系统的点云密度,1 m×1 m 内多不足一个点位。可以说，在水陆结合部大比例尺地形精细采集中，机载激光测深系统并未完全取代船载声学测深技术。

船载水陆一体测量技术可实现水陆结合部地形的无缝测量，解决了地形的快速、精准获取等难题，尤其在地形复杂区域施测效果良好。目前，我国对该系统的研究尚处在起步阶段，随着硬件性能的提高及关键技术的改进，船载水陆一体测量技术必将在我国海洋及内陆水域基础地理信息的动态监测、经济开发、国防保障中发挥重要作用。

6.2　水陆一体化三维测量系统组成

6.2.1　三维激光扫描仪

三维激光扫描仪由激光发射器、接收器、时间计数器、相机、电源、安装接口、控制面板及软件等组成(见图 6-2)。目前,主流的三维激光扫描仪为奥地利瑞格公司研发生产的 RIEGL 系列产品,下面以 RIEGL VZ-1000 三维激光扫描仪为例进行说明,以便读者对三维激光扫描仪有一个初步了解。

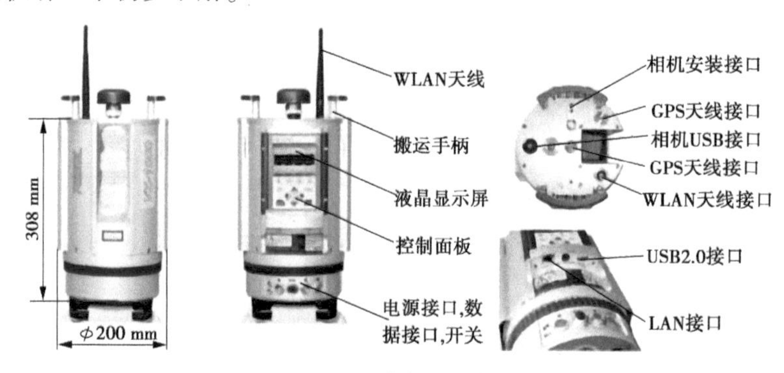

图 6-2　三维激光扫描仪

RIEGL VZ-1000 三维激光扫描仪由奥地利瑞格公司研发生产,集成了 VZ-1000 三维激光扫描仪、软件 RiSCAN PRO 及单反数码相机,三者的结合能够实现:①赋予点云真实色彩,建立接近真实场景的三维模型;②精确识别目标细节,便于区分地物地类;③实时定位,距离、面积和体积测量等。

VZ-1000 三维激光扫描仪拥有 RIEGL 独一无二的全波形回波技术(waveform digitization)和实时全波形数字化处理和分析技术(on-line waveform analysis),每秒可发射高达 30 万点的纤细激光束,提供高达 0. 000 5°的角分辨率,最大扫描距离为 1 200 m,扫描视场范围 100°×360°(垂直×水平),100 m 处单次扫描精度为 5 mm(见表 6-1)。基于 RIEGL 独特的多棱镜快速旋转扫描技术,使其能够产生完全线性、均匀分布、单一方向、完全平行的扫描激光点云线。

RiSCAN PRO 软件可用于扫描仪操作及数据处理,以目录树结构将数据存储为 XML 文件格式,提供了包括全球坐标系拼接在内的全自动和半自动四种拼接方式,并可接口其他后处理软件。

表 6-1　RIEGL VZ-1000 三维激光扫描仪技术参数

扫描参数	垂直扫描(线扫描)	水平扫描(面扫描)
扫描角度范围	100°(+60°~-40°)	0°~360°
扫描机制原理	旋转反射棱镜	旋转激光头
扫描速度	3 线/s~120 线/s	0°/s~60°/s

RIEGL VZ-1000 轻便、坚固且易操作,外业采集具备高速、高精度及长测距等优势,内业数据处理提供全方位的专业解决方案,这些优势使得其在地形和矿产测量、建筑和正射影像测量、考古及文化遗产、隧道测量、工程监测、三维建模等领域均有应用,且技术日趋成熟。

6.2.2　多波束测深仪

多波束测深仪,又称为多波束测深系统,是一种能同时获得数十个相邻窄波束的回声测深系统。一般由窄波束回声测深设备(包括换能器、测量船摇摆的传感装置、收发机等)和回声处理设备(包括计算机、数字磁带机、数字打印机、横向深度剖面显示器、实时等深线数字绘图仪、系统控制键盘等)两大部分组成。目前,国外的多波束测深系统主要有 Elac 公司的 SeaBeam 系列多波束、R2Sonic 公司生产的 Sonic 系列多波束,国内的主要有无锡海鹰、中海达及海卓同创研发的多波束产品系列。下面以 R2Sonic 公司生产的 R2Sonic 2022 为例简单介绍一下多波束测深仪(见图 6-3)。

图 6-3　R2Sonic 2022 多波束测深仪

R2Sonic 2022 是第五代宽带超高分辨率浅水多波束回声测深系统,由美国 R2Sonic 公司开发生产,系统主要包括三个部分:紧凑轻便的发射阵、接收阵和干端声呐接口模块,在 500 m 全量程范围内性能稳定、数据质量可靠,代表了当前世界最先进的水下声学技术和最新的多波束设备结构与设计,主要指标如下:

(1)工作频率:可在 200~400 kHz 范围内实时在线选择 20 多个工作频率,以达到最佳量程和条带覆盖宽度。

(2)分辨率:波束大小为 1°×1°,量程分辨率为 1.25 cm。

(3)条带覆盖宽度:在 10°~160°范围内在线连续可调。

(4)具备条带扇区实时在线旋转功能,可实现水底到垂直岸壁的高质量测量。

6.2.3　iXSEA OCTANS 光纤罗经

图 6-4　iXSEA OCTANS 光纤罗经

iXSEA OCTANS 光纤罗经是唯一经 IMO 认证的测量级罗经(见图 6-4),内含 3 个光纤陀螺和 3 个加速度计,内置自适应升沉预测滤波器,可实时提供精确可靠的运动姿态数据。系统启动 5 min 后，即可获得稳定的输出数据，包括真北方位角 Heading、横摇 Roll、纵摇 Pitch 以及升沉 Heave。光纤罗经主要性能指标见表 6-2。

表 6-2　光纤罗经主要性能指标

性能指标		取值
航向	精度	0.1°×Secant 纬度
	分辨率	0.01°
稳定时间	静态	<1 min
	各种条件	<5 min
升沉	精度	5 cm 或 5%（取较大值）
横滚、俯仰	动态精度	0.01°
	量程	无限制
	分辨率	0.001°
工作环境	工作/储存温度	−40～+60 ℃/+80 ℃
	对热冲击效应不敏感，无需预热；对纬度或航速无限制	

6.2.4　辅助设备

主要的辅助设备包括 GPS、声速剖面仪和控制电脑，声速剖面仪用于测量河道不同水深处的声速值，用于后处理的声速改正，控制室中的控制电脑需安装相应的多波束声呐控制软件和水陆一体化机动式船载三维时空信息采集软件，如 R2Sonic 系列设备需要安装 R2Sonic 声呐控制软件。水陆一体化机动式船载三维时空信息采集软件主要有 Hypack 采集软件和 QINsy 采集软件，可操控相关设备，可视化显示测量进程和测量数据。

6.2.5　坐标统一

水陆一体化测量系统各传感器与测船是刚性连接，各传感器相对于测船的位置是固定的，各传感器均有其独立相关坐标系。实际测量时，首先确定三维激光扫描仪、多波束测深仪、GNSS 与 OCTANS 之间的相对关系，利用 GNSS 定位数据、OCTANS 姿态数据实现测量数据由仪器独立坐标系向工程坐标系的转换。

6.2.5.1　三维激光扫描仪坐标系

三维激光扫描仪坐标系是自定义坐标系。该坐标系的原点定义于三维激光扫描仪的发射中心，Z 轴与极轴平行，方向垂直向上，与 X 轴构成激光扫描面（XOZ 面），Y 轴垂直于 XOZ 面。在进行激光束扫描时，待测点 P 坐标可由 P 点与扫描仪中心距离 S、水平角 α、垂直角 β 计算得出，其原理见图 6-5。

待测点 P 的坐标可以通过式（6-1）计算而得：

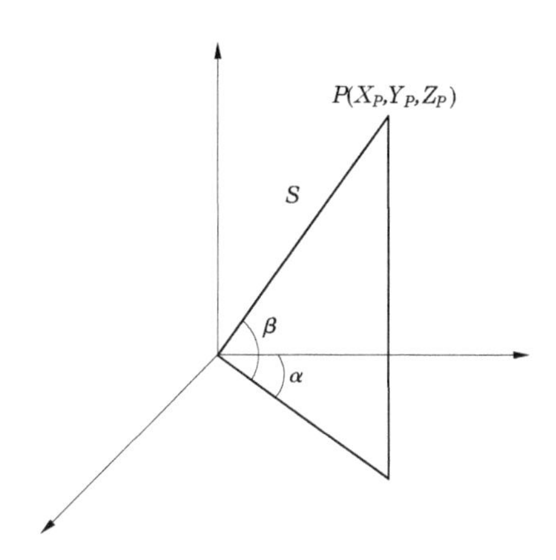

图 6-5　三维激光扫描仪坐标系

$$\begin{cases} X_P = S\cos\beta\cos\alpha \\ Y_P = S\cos\beta\sin\alpha \\ Z_P = S\sin\beta \end{cases} \tag{6-1}$$

6.2.5.2　**多波束测线坐标系**

由于多波束测深仪采用具有一定角度的扇形波束发射,多阵列回波信号接收和多波束数据的转化及处理等技术。为了建立多波束测量水底地形点位的空间关系,进行多波束测量波束的空间位置转化,须首先建立多波束测量自身的参考坐标系统(任永涛,2009)。多波束坐标系原点为换能器中心,发射的扇形波束面的每一根波束的角度固定且已知,由声速及传播时间,计算每个波束到达水底点位的斜距,进而计算各波束位置及水深,原理见图 6-6。

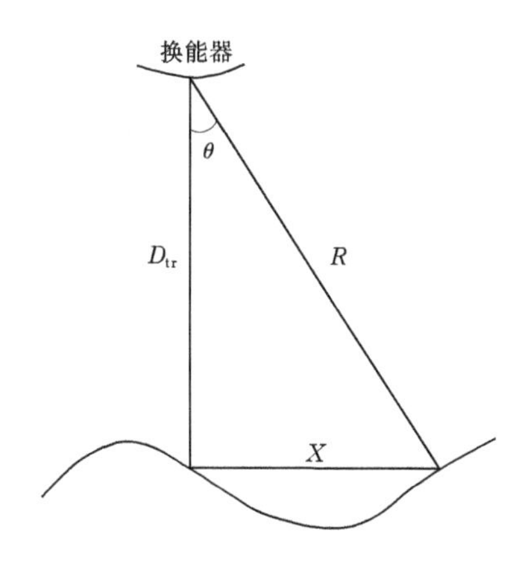

图 6-6　多波束测线坐标系

多波束所发射波束测点的深度和位置可由式(6-2)计算得到:

$$\begin{cases} X = Ct\sin\theta/2 \\ D_{\mathrm{tr}} = Ct\cos\theta/2 \end{cases} \tag{6-2}$$

式中:C 为声速;t 为回波时间;θ 为波束的入射角。

6.2.5.3　基于设备基准设计图的测船坐标系建立

为了削弱各传感器相对位置量取误差，一般可以采用基于船舶设计图及三维激光、GNSS、OCTANS、相机基座设计图的各传感器平面坐标建立方法。其平面图如图6-7所示。一般河道测量船舶在设计时均考虑换能器的安装，精确预设换能器安装位置。其他传感器安装根据其规格在机床精确生产其基座。经游标卡尺测定，船顶各传感器平面、垂直偏差均小于1 mm。经游标卡尺、钢尺量取，换能器偏差小于5 mm。

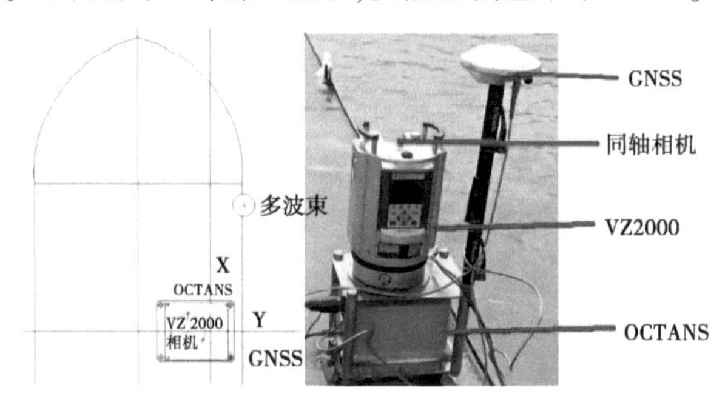

图6-7　船体坐标系建立

6.2.5.4　坐标系统转换

水陆一体化测量系统集成了三维激光扫描仪、多波束测深仪、GNSS、OCTANS和测船等设备，各传感器均有其独立的坐标系，通过其相对位置关系确定，结合GNSS实时定位数据、OCTANS实时姿态及定向数据，即可实现向工程所需的坐标系转换。其转换示意图如图6-8所示。

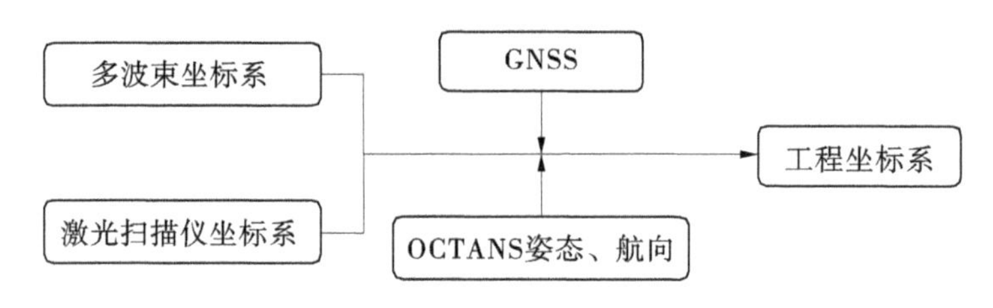

图6-8　坐标系转换示意图

1. 三维激光扫描仪坐标系到工程坐标系的转换

三维激光扫描仪坐标系到工程坐标系的转换采用的是布尔萨七参数模型，包括旋转、缩放和平移。旋转参数是依靠OCTANS提供的姿态和定向数据来计算的，缩放参数是根据三维激光扫描仪和工程坐标系的尺度系统计算的，而平移参数则依靠三维激光扫描仪与GNSS的相对位置关系及GNSS坐标值进行计算。旋转参数 R_1 是一个关于姿态角 (α,β,γ) 的矩阵，见式(6-3)。

$$R_1 = \begin{bmatrix} \cos\gamma\cos\beta & -\sin\gamma\cos\alpha + \cos\gamma\sin\beta\sin\alpha & \sin\gamma\sin\alpha + \cos\gamma\sin\beta\cos\alpha \\ \sin\gamma\cos\beta & \cos\gamma\cos\alpha + \sin\gamma\sin\beta\sin\alpha & \sin\gamma\sin\beta\cos\alpha - \cos\gamma\sin\alpha \\ -\sin\beta & \cos\beta\sin\alpha & \cos\beta\cos\alpha \end{bmatrix} \tag{6-3}$$

缩放参数 λ_1 是由于三维激光扫描仪和工程坐标的尺度系统是一样的，从而得到缩放参数 $\lambda_1=1$。

平移分为两部分。第一部分是三维激光扫描仪中心到 GNSS 接收器中心的平移,由于三维激光扫描仪坐标系原点和工程坐标系原点的平移关系无法直接得到,需要借助 GNSS 坐标值作为中转,所以在进行坐标转换时,要先将三维激光扫描仪数据从以三维激光扫描仪中心为坐标原点变成以 GNSS 接收器中心为原点,具体的计算公式见式(6-4)。

$$\begin{bmatrix} x'_1 \\ y'_1 \\ z'_1 \end{bmatrix} = \begin{bmatrix} x_{三} \\ y_{三} \\ z_{三} \end{bmatrix} + \begin{bmatrix} \Delta x_1 \\ \Delta y_1 \\ \Delta z_1 \end{bmatrix} \tag{6-4}$$

式中:($x_{三}$,$y_{三}$,$z_{三}$)为三维激光扫描仪的原始数据;(Δx_1,Δy_1,Δz_1)为在三维激光扫描仪坐标系下,GNSS 接收器中心到三维激光扫描仪坐标系原点的坐标差值。

第二部分的平移为平移参数 L_1,为 GNSS 接收器中心到工程坐标系原点的三维坐标差值,也就是 GNSS 坐标值。具体的平移参数见式(6-5)。

$$L_1 = \begin{bmatrix} x_{GPS} \\ y_{GPS} \\ z_{GPS} \end{bmatrix} \tag{6-5}$$

综上所述,三维激光扫描仪的点云数据最终归化到工程坐标系的转换矩阵数学表达式见式(6-6)。

$$\begin{bmatrix} x_1 \\ y_1 \\ z_1 \end{bmatrix} = \lambda_1 R_1 \begin{bmatrix} x'_1 \\ y'_1 \\ z'_1 \end{bmatrix} + L_1$$

$$= \lambda_1 \begin{bmatrix} \cos\gamma\cos\beta & -\sin\gamma\cos\alpha + \cos\gamma\sin\beta\sin\alpha & \sin\gamma\sin\alpha + \cos\gamma\sin\beta\cos\alpha \\ \sin\gamma\cos\beta & \cos\gamma\cos\alpha + \sin\gamma\sin\beta\sin\alpha & \sin\gamma\sin\beta\cos\alpha - \cos\gamma\sin\alpha \\ -\sin\beta & \cos\beta\sin\alpha & \cos\beta\cos\alpha \end{bmatrix} \begin{bmatrix} x_{三} + \Delta x_1 \\ y_{三} + \Delta y_1 \\ z_{三} + \Delta z_1 \end{bmatrix} + \begin{bmatrix} x_{GPS} \\ y_{GPS} \\ z_{GPS} \end{bmatrix} \tag{6-6}$$

2. 多波束测深仪坐标系到工程坐标系的转换

和三维激光扫描仪类似,多波束测深仪坐标系利用旋转、缩放和平移参数组成的布尔萨七参数转换模型向工程坐标系进行转化,数学表达式见式(6-7)。

$$\begin{bmatrix} x_2 \\ y_2 \\ z_2 \end{bmatrix} = \lambda_2 R_2 \begin{bmatrix} x'_2 \\ y'_2 \\ z'_2 \end{bmatrix} + L_2$$

$$= \lambda_2 \begin{bmatrix} \cos\gamma\cos\beta & -\sin\gamma\cos\alpha + \cos\gamma\sin\beta\sin\alpha & \sin\gamma\sin\alpha + \cos\gamma\sin\beta\cos\alpha \\ \sin\gamma\cos\beta & \cos\gamma\cos\alpha + \sin\gamma\sin\beta\sin\alpha & \sin\gamma\sin\beta\cos\alpha - \cos\gamma\sin\alpha \\ -\sin\beta & \cos\beta\sin\alpha & \cos\beta\cos\alpha \end{bmatrix} \begin{bmatrix} x_{多} + \Delta x_2 \\ y_{多} + \Delta y_2 \\ z_{多} + \Delta z_2 \end{bmatrix} + \begin{bmatrix} x_{GPS} \\ y_{GPS} \\ z_{GPS} \end{bmatrix} \tag{6-7}$$

6.2.6　时间统一

一体化测量系统由多传感器组成,为了将各传感器数据准确融合,除各坐标系统数据的转换外,各传感器之间正确的时间关系也必不可少。将系统各传感器观测目标时间不同步的数据转化至相同的时间刻度上就是时间同步要解决的问题(彭彤,2016)。通过对各传感器采用的时间系统的转换及时间校正处理,可以将系统的传感器在同一时刻对目标观测所采集的数据对应起来。

对于水陆一体化测量系统而言,系统获取的数据是否具有高精度特点的关键点就是各传感器之间时间统一的精准与否。系统中每个传感器的工作是相互独立的,而且各传感器的采样周期、采样起始时间、采样频率都不同,以及网络信号存在延迟等情况,对同一目标观测时各传感器所接收到的信息会存在一个随机的时间差,所获取的观测信息往往不同步,而大部分的多传感器数据融合算法只能处理时间同步的数据。要想计算出被测目标准确的空间三维坐标,就需要将各传感器的时间进行同步。因此,对各个传感器测量得到的数据进行时间同步,也就是将各个传感器的不同时间系统的数据转换为相同时间系统下的同步数据,这是一体化测量系统当中非常关键的环节。系统多传感器时间的统一主要包括:各传感器的时间基准转换、各传感器之间的时间同步和高频数据内插(秦海波,2015)。

6.2.6.1　多传感器时间基准的转换

一体化测量系统在进行三维数据采集的时候,载体的位置和姿态是不断变化的,姿态仪和定位系统可以实时向系统提供船体的姿态和位置信息,同时一并提供相应的瞬时时间数据。

系统的时间系统有 GPS(Global Positioning System)时间、UTC(Coordinated Universal Time)时间、TAI(International Atomic Time)时间和导航计算机时间系统(彭彤,2016),这些时间系统的计算方式虽然不同,但可以通过一定的转换公式转换为统一的时间。探讨时间系统之间存在的关系,对于系统的时间统一,进而得到正确的点云三维坐标十分重要。传感器所采用的时间系统、频率见表 6-3。

表 6-3　传感器所采用的时间系统、频率

传感器	时间系统	频率
GNSS	UTC 时间	1~20 Hz
OCTANS	导航计算机	100 Hz
三维激光扫描仪	GPS 时间	50~1 000 kHz
多波束测深仪	内部时钟	200~400 kHz

1. GPS 时间与 UTC 时间之间的关系

GPS 时间的起点为世界协调时间(UTC)1980 年 1 月 6 日 0 时 0 分 0 秒,此时 GPS 时间与 UTC 时间对齐,而 UTC 时间存在跳秒的情况,所以随着时间的推移,GPS 时间与 UTC 时间会存在差值(徐伟超,2013),可用式(6-8)表示。

$$T_{GPS} = T_{UTC} + 1 \times n - 19\ \mathrm{s} \tag{6-8}$$

式中:n 为 GPS 时间与 UTC 时间之间的调整参数。表 6-4 为 GPS 时间与 UTC 时间之间的时间偏移量(彭彤,2016)。

表 6-4　GPS 时间与 UTC 时间之间的时间偏移量

日期(年-月-日)	偏移量/s	日期(年-月-日)	偏移量/s
1980-01-01	0	1994-07-01	10
1981-07-01	1	1996-01-01	11
1982-07-01	2	1997-07-01	12
1983-07-01	3	1999-01-01	13
1985-07-01	4	2006-01-01	14
1988-01-01	5	2009-01-01	15
1990-01-01	6	2012-07-01	16
1991-01-01	7	2015-07-01	17
1992-07-01	8	2017-01-01	18
1993-07-01	9		

2. GPS 时间与 TAI 时间之间的关系

TAI 时间的起点为世界时间(Universal Time)1958 年 1 月 1 日 0 时 0 分 0 秒的瞬时,两者存在 19 s 的差值。在理论上,两者都没有跳秒的情况,所以这两种时间系统应该严格地相差 19 s,如式(6-9)所示。

$$T_{TAI} - T_{GPS} = 19\ \mathrm{s} \tag{6-9}$$

3. UTC 时间与 TAI 时间之间的关系

UTC 时间与 TAI 时间之间的关系,如式(6-10)所示:

$$T_{TAI} = T_{UTC} + 1n \tag{6-10}$$

式中:n 表示特定 UTC 时间与 TAI 时间之间的调整参数,为已知参数。表 6-5 列出了 UTC 时间和 TAI 时间之间的时间偏移量。

表 6-5　UTC 时间与 TAI 时间之间的时间偏移量

日期(年-月-日)	偏移量/s	日期(年-月-日)	偏移量/s
1980-01-01	19	1994-07-01	29
1981-07-01	20	1996-01-01	30
1982-07-01	21	1997-07-01	31
1983-07-01	22	1999-01-01	32
1985-07-01	23	2006-01-01	33
1988-01-01	24	2009-01-01	34
1990-01-01	25	2012-07-01	35
1991-01-01	26	2015-07-01	36
1992-07-01	27	2017-01-01	37
1993-07-01	28		

6.2.6.2　时间系统统一

时间系统统一一般采用两种方法:一种是时间延迟法,假设一体化测量系统各传感器之间的时间延迟值是不变的,只要探测到各传感器真实的时间延迟值,然后在计算各传感器的数据时,将时间延迟值计算在内即可;另一种是时间同步法,假设系统各传感器之间的时间延迟值不是固定的,是随机变化的,那么时间延迟法就失效了,需在采集数据时就要实时地对各传感器时间系统进行统一。

时间同步法是利用 GNSS 输出的不包含绝对时间秒脉冲信号 1PPS 和包含绝对时间的 ZDA 语句实现时间同步的。由于数据传输存在延迟,GNSS 接收机先向用户提供秒脉冲信号,再提供其对应的数值。系统各传感器根据所接收的 1PPS 信号与该时刻的数值,利用处理单元对其时钟进行校正,实现时间同步(刘胜旋,2011)。其时间同步的实现见图 6-9。

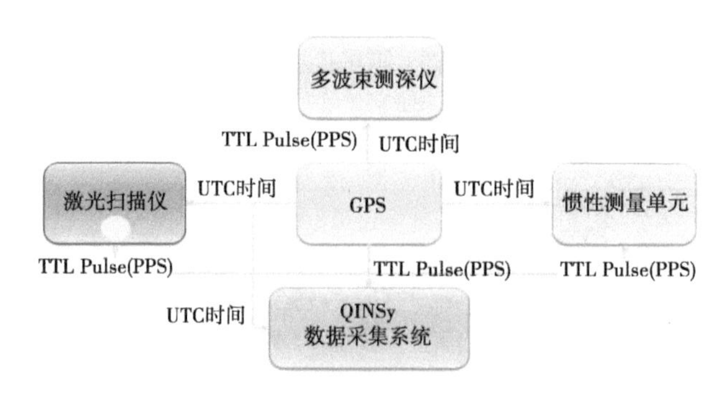

图 6-9　时间同步示意图

1. 1PPS

全球导航卫星系统(GNSS)是覆盖全球的自主地利用空间定位的卫星系统,能在地球表面或近地空间的任何地点为用户提供全天候的三维坐标和速度及时间信息的空基无线电导航定位系统。

目前市面上的 GNSS 接收机的信号输出频率一般为 1 Hz,本书所使用的 TrimbleR10 型号的 GNSS 接收机最高支持 20 Hz 的频率输出。GNSS 除输出符合 NMEA-0183 标准中常用的 GPGGA、GPZDA 数据包之外(Yao Xinyu,2010),还可以输出秒脉冲信号 1PPS,1PPS 信号中不包含绝对时间信息,是一种结构最为简单的时间同步信息(黄辰虎,2011)。

2. 同步原理

在 GNSS 接收机取得有效的导航解之后,从中提取并输出两种时间信号:一是频率为 1 Hz 的脉冲信号 1PPS;二是包括在传输数据中的 GPGGA 或 GPZDA 语句给出的 UTC 绝对时间,它是与 1PPS 脉冲相对应的。GNSS 接收机先向用户提供秒脉冲,再提供该时刻的数值(黄辰虎,2011)。系统根据接收到的 1PPS 脉冲与其对应的数值时间,数据处理中心对各传感器时间进行校正,实现系统各传感器之间的时间同步(V. Bezrukovs,2016)。

3. 一体化系统的时间同步

QINSy 时间戳装置基于来自 GNSS 接收器 1PPS 的信号投射,这个信号为一个电子脉冲持续规定在几毫秒内,将相关的 UTC 时间从 GNSS 接收器发射到一系列接口(或其他通信路径)。但是不同的 GNSS 厂家提供的 PPS 计时数据形式不同,时间标记在脉冲前或脉冲后发送,时间参考可为脉冲的上升或者下降侧。

电子脉冲可以通过一个 QPSTTLPPS 连接器被电脑获取,该连接器可将电子脉冲转换成一种可通过计算机 I/O 端口读取的信息。其中的时间信息,包括 UTC 时间值,可被电脑 I/O 端口读取,结合电子脉冲和 QINSy 中相对的时间值,可生成一个 UTC 时钟。此 1PPS 的 UTC 时钟精度可被证明优于 0.5 ms,且 QINSy 通过电脑 I/O 端口接收的所有传感器的数据将被附上来自 1PPS UTC 时钟的 UTC 时间标记。该时间标记在 QINSy 软件启动时、新建项目时或停止记录人工干预时均会重新设置(或同步)。系统数据中心在处理时间信号时,每接收一个信号时,都会得到一个时间信息,然后读取传感器数据的时间,进行各传感器数据的时间匹配,系统各传感器的时间与 GNSS 的 1PPS 时间系统同步。这种使用 GNSS 接收机 1PPS 的同步方法,是一种与外部时钟同步最为可靠、最简便的方法。

6.2.6.3　时间内插

在一体化系统中,各个传感器的工作频率各不相同,三维激光扫描仪和多波束测深仪的输出频率最高,姿态仪的输出频率次之,GNSS 定位数据的输出频率最低,如图 6-10 所示。这就使得 GNSS 定位数据和姿态仪姿态数据跟不上三维激光扫描仪和多波束测深仪的数据输出速度,导致某些时刻三维激光扫描仪和多波束测深仪的数据没有定位数据和姿态数据与之对应,只有该时刻前后某个时间点的定位数据和姿态数据。在数据处理的过程中,需保证每个时刻的三维激光扫描仪和多波束测深仪数据都要有相应的定位数据和姿态数据,这样才能准确地计算得到三维激光扫描仪和多波束测深仪所测得的点云数据的真实坐标。因此,某时刻的三维激光扫描仪和多波束测深仪数据所对应的 GNSS 定位数据和姿态仪的姿态数据需经过计算内插得到。

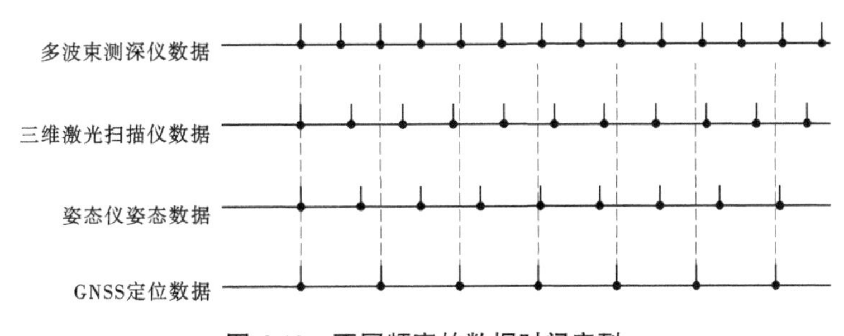

图 6-10　不同频率的数据时间序列

时间内插法的思路是将高频率传感器所采集的数据融合至最低采样频率的传感器时间上。在进行时间内插配准之前,必须选择合理的同步频率。如果同步频率选择不合理,可能浪费高频率传感器的数据。对水陆一体化测量系统而言,GNSS 定位数据的输出频率最低,故以 GNSS 的输出频率为同步基准,内插姿态数据、三维激光扫描仪数据和多波束测深仪数据最为合适。

下面以姿态数据和 GNSS 定位数据为例来介绍时间内插方法,三维激光扫描仪数据和多波束测深仪数据可按照相同的方法来进行内插。一体化测量系统所采用的 OCTANS 运动传感器的采样频率设置为 100 Hz,即 0.01 s 向系统提供一个姿态数据,而通常采用的 Trimble 公司的 GNSS 最高采样频率为 20 Hz,即 0.05 s 向系统提供一个定位数据,这就表示系统在获得两个定位数据的 0.05 s 之内,获得了数量超过 2 个的姿态数据,这样一来,必定有姿态数据没有与之对应的定位数据,就需进行内插。具体方法如下。

假定 OCTANS 运动传感器向系统提供了一个 t 时刻的姿态数据(秦海波,2015),而 GNSS 只提供了与 t 时刻相邻的两个时刻 t_1 和 t_2($t_1<t<t_2$)的定位数据(x_1,y_1,z_1)和(x_2,y_2,z_2)。

分别求得 t_1 和 t_2 时刻与 t 时刻的时间差 Δt_1 和 Δt_2 作为求解定位参数的权值,如式(6-11)所示。

$$\begin{cases}\Delta t_1 = \dfrac{1}{t - t_1} \\ \Delta t_2 = \dfrac{1}{t_2 - t}\end{cases} \tag{6-11}$$

根据加权平均公式即可求得 t 时刻的定位数据(x,y,z),如式(6-12)所示。

$$\begin{cases}x = \dfrac{\Delta t_1 \Delta x_1 + \Delta t_2 \Delta x_2}{\Delta t_1 + \Delta t_2} \\ y = \dfrac{\Delta t_1 \Delta y_1 + \Delta t_2 \Delta y_2}{\Delta t_1 + \Delta t_2} \\ z = \dfrac{\Delta t_1 \Delta z_1 + \Delta t_2 \Delta z_2}{\Delta t_1 + \Delta t_2}\end{cases} \tag{6-12}$$

6.3　水陆一体化三维测量系统设备安装

各主要部件的安装位置如图 6-11 所示,三维激光扫描仪装置在船顶左舷边缘,底部为焊接固定的螺旋基座。多波束测深仪的探头固定在船头左舷,探头需没入水中,GPS 安装于多波束换能器正上方或者置于船体空旷无信号遮挡之处。光纤罗经固定在船体重心位置的甲板上,上方箭头指向航行方向。

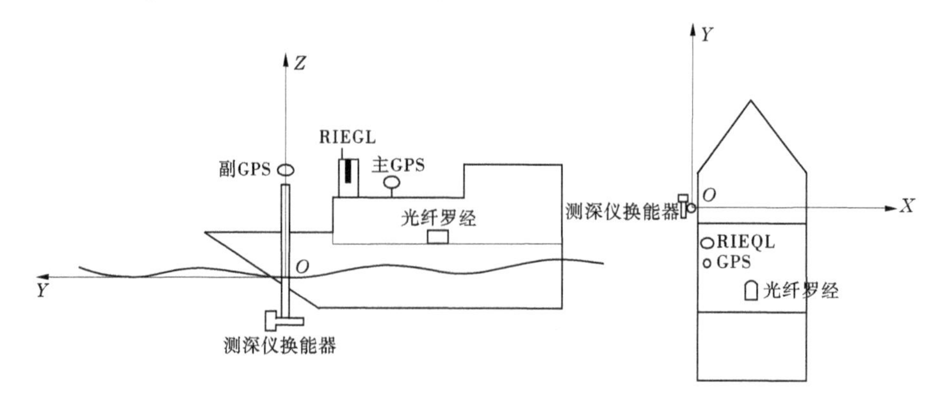

图 6-11　设备安装位置及船体坐标系

此外,为标定所有设备在测量船上的位置,定义船体坐标系:以测量船前进的方向为 Y 轴正方向,船体右侧为 X 轴正方向,垂直船体向上为 Z 轴正方向,原点 $O(0,0,0)$ 位于探杆与水面的交点处,如表 6-6 所示,换能器(量到换能器最底部)、IMU、GPS 在坐标系中的方位通常列表统计，其中换能器 $X=0$ m，$Y=-0.182$ m 为固定值。

表6-6　设备船体坐标

设备名	X/m	Y/m	Z/m
换能器	0	-0.182	* * *
IMU	* * *	* * *	* * *
GPS	* * *	* * *	* * *
三维激光扫描仪	* * *	* * *	* * *

6.3.1　多波束换能器安装

多波束探头安装应稳固、竖直，吃水值根据船速、风浪等条件进行设置，安装于船体龙骨位置，探头方向符合要求并保证大致平行于水平面。

根据科学论证及试验，现提供两种可方便拆卸的安装方案：杠杆导轨式和挂靠连接式。换能器支架安装位置选取在船体1/3与1/2处（从船头量取）。

6.3.1.1　挂靠连接式

挂靠连接式支架设计图如图6-12所示。

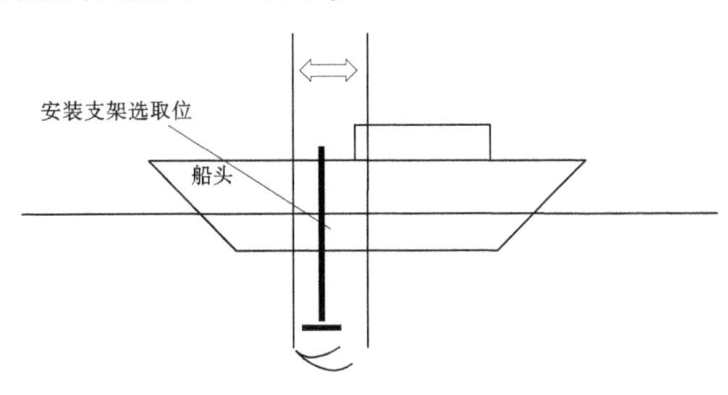

图6-12　挂靠连接式支架设计图

实际效果转轴连接杆实物如图6-13所示。

图6-13　转轴连接杆实物

可以选择船舷原有固定栓栓住，或者也可自行焊接制作。

6.3.1.2　杠杆导轨式

杠杆导轨式支架设计图如图6-14所示。

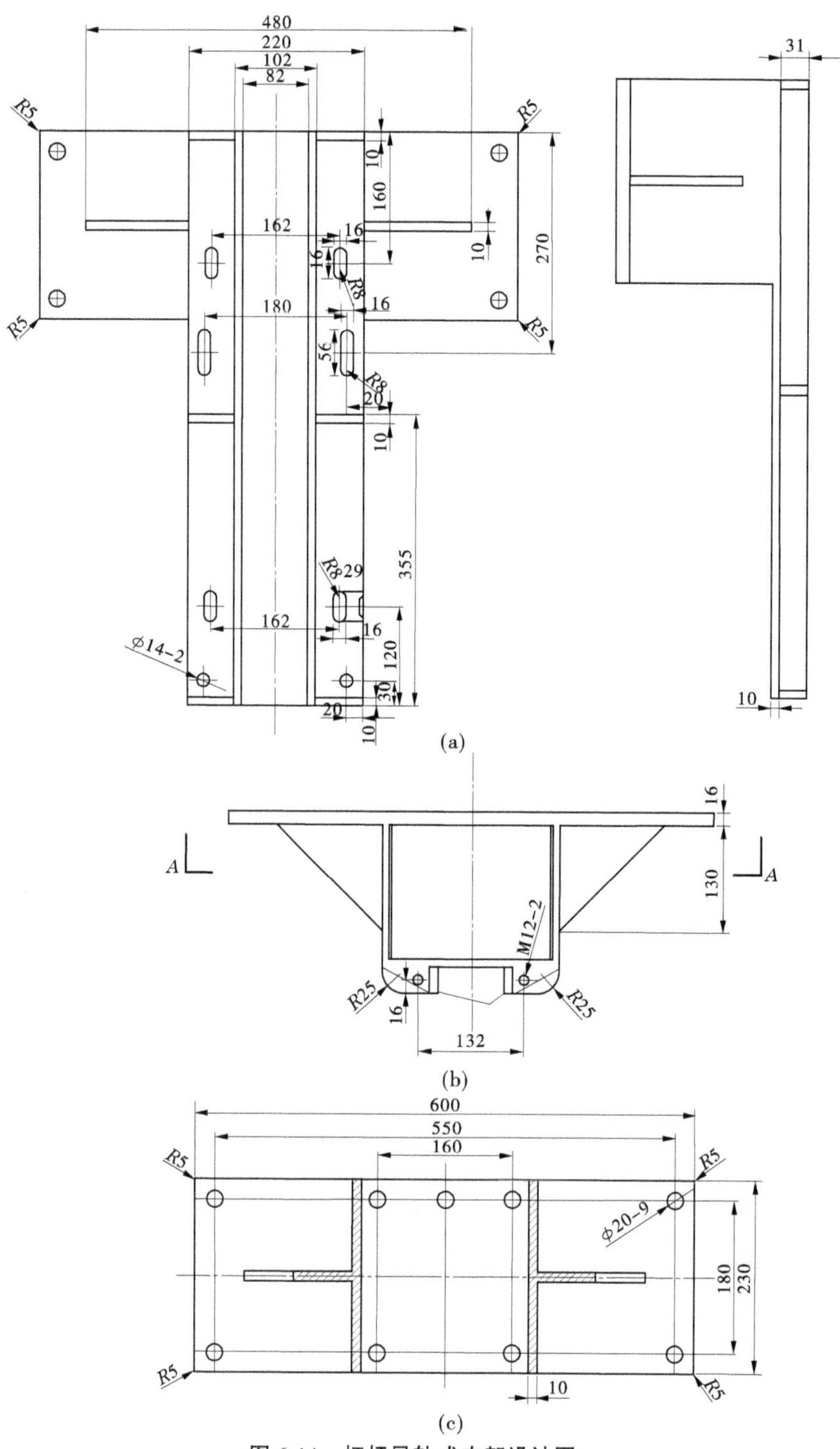

图 6-14　杠杆导轨式支架设计图

实物如图6-15所示。

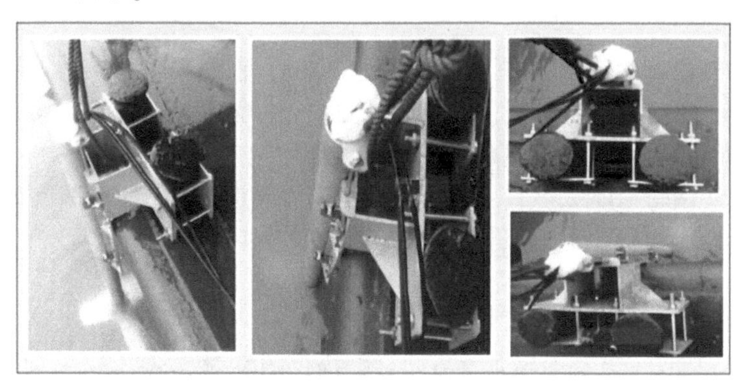

图6-15 杠杆导轨式支架实物

注意:若租用木质结构船,为保证多波束探头支架安装的稳定性,必须在船体上穿孔上螺丝。

由于杠杆导轨式支架定制方便,并已制作出了几套用于生产实践,建议在作业时直接使用该支架进行换能器的固定安装,安装完毕,量取换能器的吃水值,精确到厘米。

6.3.2 表面声速仪的安装

表面声速仪的安装相对比较简单。在接收换能器的导流罩处留有安装接口,用螺丝紧固即可。

6.3.3 姿态传感器的安装

安装位置选取:姿态传感器的正确安装非常重要,姿态传感器是以换能器、三维激光扫描仪作为补偿目标来确定安装位置的。姿态仪和电罗经一般选择安装于船体龙骨方向,安装位置水平且稳定,能够和船形成一个整体,基本安装在船的重心位置,以便能够尽可能的测出船的姿态变化。为保证姿态传感器灵敏且准确反映船体的姿态变化情况,须在船舶静止停泊状态下,利用测量姿态传感器姿态数据的软件如亿点通海洋测量软件、串口测试输出软件等,实时测量船体的姿态情况,并不断调整姿态传感器的安装,在保证姿态传感器的姿态参数横摇值、纵摇值接近0时,将姿态传感器固定。

姿态传感器安装完毕,量出姿态传感器和换能器的三维相对位置关系(精确到厘米),往返各量取一次取平均值记录在外业记录手簿中。

6.3.4 GPS定位天线安装

GPS定位天线一般安装在多波束测深系统换能器顶部位置,如无法安装则应将其安置在视野开阔、信号不易被遮挡的高处,并精确测量定位天线与换能器的相对偏差(精确到厘米),往返各量取一次取平均值记录在外业记录手簿中。定位仪可采用差分定位接收机(信标机)和RTK定位接收机。

(1)信标机的输出频率应优于1 Hz,定位准确度在河道及近岸区域应优于2 m,浅水海域及近岸海域定位准确度应优于5 m。

(2)RTK 定位接收机的输出频率应优于 10 Hz,可选用单基准站 RTK 和 CORS(网络 RTK)。

选用单基准站 RTK,其作业范围不应超过 5 km,宜选择地势高、无遮挡的地方架设 GNSS 基站,移动站获得固定解后,要对已知点进行检校并留下记录,满足精度要求后方可进行作业;必要时选择覆盖测区的控制点求取参数。

选用 CORS(网络 RTK),其作业范围不受距离限制但应在 CORS 网络覆盖的范围内,且应均匀选用不低于 3 个已知点进行参数求取坐标转换。

6.3.5　三维激光扫描仪的安装

三维激光扫描仪安置在船体龙骨方向且扫描仪的发射激光不被遮挡的位置,安装完毕量取其和换能器的三维相对位置关系(精确到厘米),往返各量取一次取平均值记录在外业记录手簿中。

6.3.6　全景相机安装

可集成 4 相机完成全景系统集成,系统将全景相机封装在刚性平台之中,具有坚固稳定、免标定、体积小、质量轻的优点,方便用户使用、维护、保管和携带(见图 6-16)。

图 6-16　全景相机集成安装示意图

6.3.7　系统工作站的安装

系统工作站安置在船舱内且方便工作的位置。

6.4　设备连接

水陆一体化机动式船载三维时空信息获取系统使用的设备较多,各个设备的串口分配和信号连通十分关键,需注意区分与调试。如图 6-17 所示,GPS、三维激光扫描仪、光纤罗经和多波束测深仪,都是通过交换机实现与计算机之间的数据传输及通信,可见交换机在设备连接中的重要性,必须确保其线路连接准确无误。

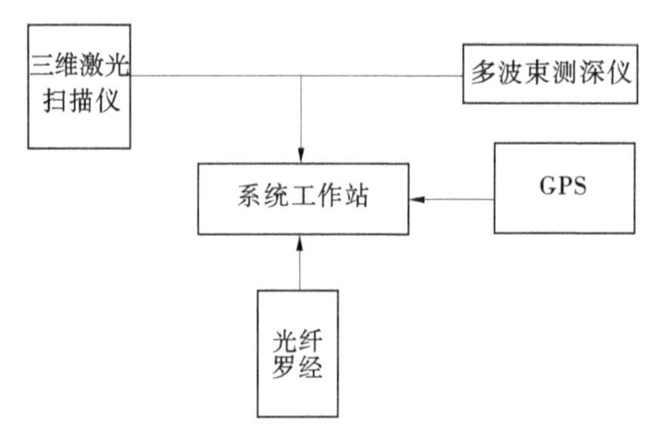

图 6-17　仪器连接示意图

6.4.1　串口分配

水陆一体化机动式船载三维时空信息获取系统需要连接 GPS、光纤罗经、三维激光扫描仪、多波束测深仪，并提供 ZDAPPS 和 PPSAdapter 数据，因此至少要提供 4 个分配串口，需配备一条一拖四的串口转接线（见图 6-18），用于连接这些设备。下面介绍接线盒和串口的连接方法（见图 6-19）：

图 6-18　一拖四串口转接线

（1）接线盒连接方法为：①多波束测深仪圆口接口直接旋拧于接线盒上；②三维激光扫描仪用网线与接线盒连接，注意接线盒上有三个网线接口，最左边一个网口用于连接计算机，中间一个网口用于连接三维激光扫描仪；③最左边的圆形针口用于连接 PPS 秒脉冲时间同步接口；④接线盒从左至右共有 4 个 COM 口，第一个 COM 口接 GPS，第三个 COM 口接表面声速仪；⑤220 V 电源线与接线盒进行连接。

（2）串口连接，一拖四的串口转接线，一端与电脑相连，另外的 COM 口分别与 GPS、ZDAPPS 和 PPSAdapter 相连。

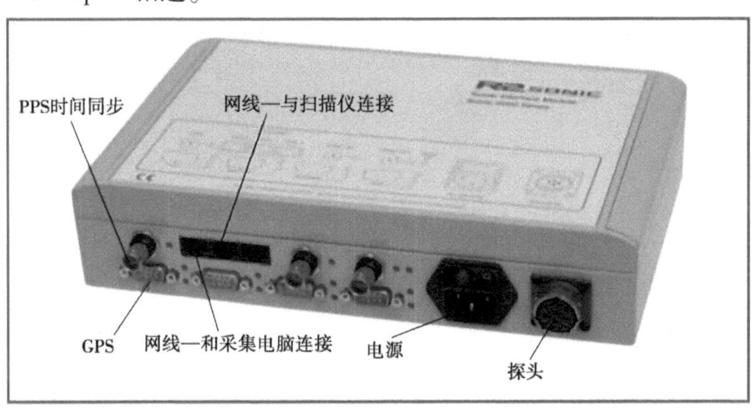

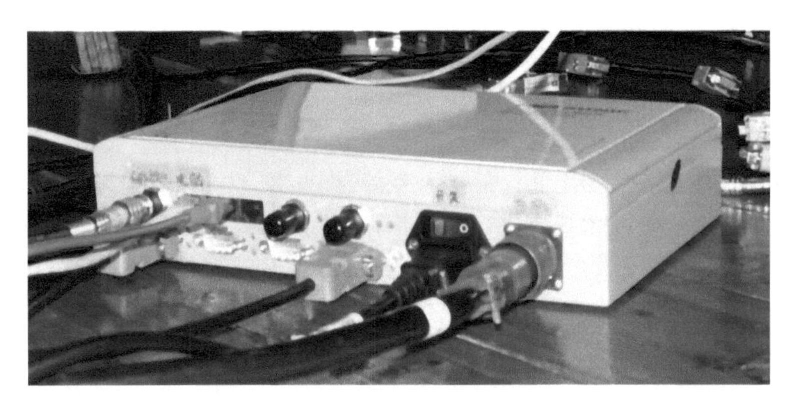

图 6-19　交换机线路连接

6.4.2　串口测试

仪器连接完毕后，可利用 Qinsy 软件打开 Template Manager 窗口中的 I/O Tester，测试设备（见图 6-20）通信是否连接成功，也可利用其他串口调试工具进行相应的调试。

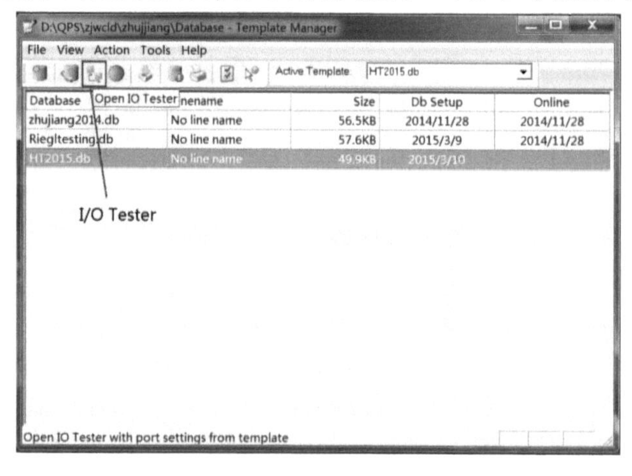

图 6-20　I/O Tester

若设备已连通，其通信窗口会有信号写入；若无信号输入，需检查串口及线路是否正常，如图 6-21 所示。

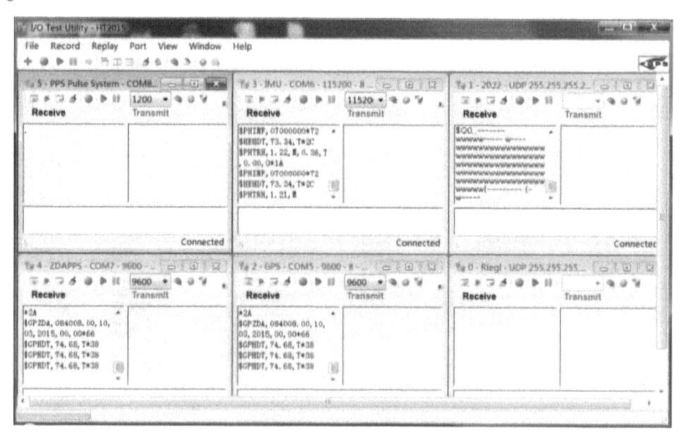

图 6-21　设备通信测试

各端口连线正确，并实时监测各个传感器回波信号质量，保证测量数据正确。将各仪器通过数据传输线连接起来，并通过系统数据口与工作站电脑连接起来，最后打开电源和仪器开关。

设备开机后，检查各仪器之间通信是否良好，GPS 是否接收到 4 颗以上卫星，定位数据是否稳定输出；惯性导航系统要进行对准工作，待仪器稳定一段时间后才可进行工作；测试多波束测深仪和三维激光扫描仪是否能够正常采集数据。设备连接安装完毕后量取各传感器在船体坐标系中的位置并测定换能器的吃水值。

6.5　三维时空信息获取

6.5.1　技术路线

水陆一体化机动式船载三维时空信息获取技术主要技术路线见图 6-22。

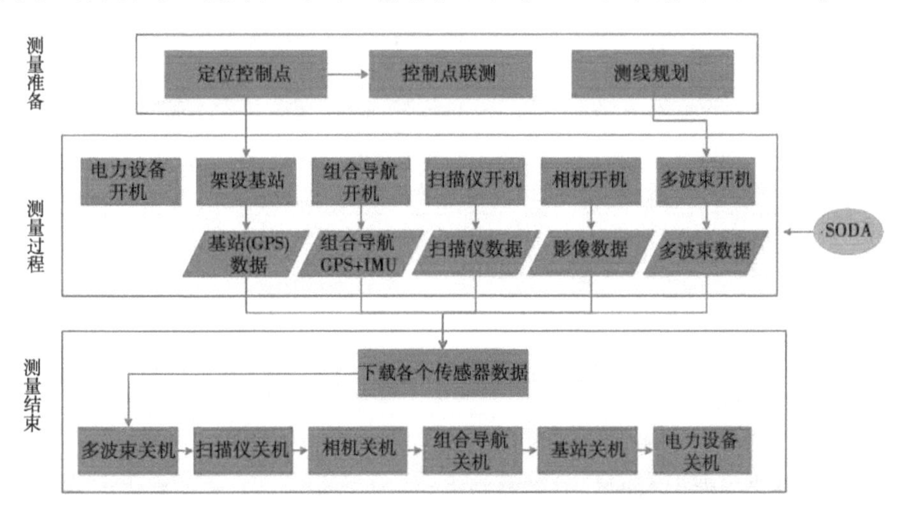

图 6-22　技术路线

6.5.2　控制基准的确立

水陆一体化机动式船载三维时空信息获取作业前应确定项目所采用的平面控制坐标系和高程控制基准。平面控制测量作业流程参考《控制测量作业指导书—水利水电工程平面控制测量》(ZSZJ-CH-01—2017),高程控制测量作业流程参考《控制测量作业指导书—水利水电工程高程控制测量》(ZSZJ-CH-01—2018),为满足水位观测的起算点—水尺零点的精度要求,高程控制测量宜采用五等及以上等级开展。

6.5.3　转换参数求取

由于水陆一体化机动式船载三维时空信息获取时,系统默认采用 WGS—84 坐标系,为方便工作,在测量作业前根据已有的控制点分布情况,求取测区采用的坐标系统与 WGS—84 坐标系统之间的转换参数。坐标转换分两种情况:①只求取平面坐标转换参数;②求取平面和高程转换参数。

6.5.3.1　平面坐标转换

平面坐标转换参数的求取按照下列步骤执行。

1. 模型选用和使用范围

各种坐标转换模型及适用范围见表 6-7。

表 6-7　坐标转换模型选取

<table>
<tr><th colspan="2">控制点</th><th rowspan="2">转换模型</th><th rowspan="2">适用区域范围</th></tr>
<tr><th>所属坐标系</th><th>坐标类型</th></tr>
<tr><td rowspan="7">国家 2000 大地坐标系
1980 西安坐标系
1954 年北京坐标系</td><td rowspan="3">大地坐标</td><td>三维七参数</td><td rowspan="3">国家级及省级范围椭球面经纬差小于 3 °的区域</td></tr>
<tr><td>二维七参数</td></tr>
<tr><td>椭球面多项式拟合</td></tr>
<tr><td rowspan="3">空间直角坐标</td><td>布尔沙模型</td><td>国家级及省级范围</td></tr>
<tr><td>莫洛坚斯基模型</td><td>省级以下范围</td></tr>
<tr><td>三维四参数</td><td>小于 2 °×2 °局部区域</td></tr>
<tr><td>平面坐标</td><td>二维四参数</td><td>局部小区域</td></tr>
<tr><td rowspan="2">相对独立的平面坐标系</td><td rowspan="2">平面坐标</td><td>二维四参数</td><td>局部小区域</td></tr>
<tr><td>平面多项式拟合</td><td>局部小区域</td></tr>
</table>

2. 重合点的选取

重合点的选取一般遵循高等级、高精度、分布均匀、覆盖整个转换区域等原则,并尽量避免选取变形或沉降较大区域的点。

3. 转换参数的计算

转换参数的计算按以下步骤进行:

(1)按转换区域选取适当的转换模型。

(2)选取重合点,计算转换参数。

(3)用得到的转换参数计算重合点坐标残差,剔除残差大于 3 倍点位权中误差的重合点。

(4)重复上述(2)和(3),直至重合点坐标残差均小于 3 倍点位中误差的重合点,且计算转换参数的重合点数量根据转换模型确定。采用七参数转换模型时,重合点不少于 6 个;采用四参数转换模型时,重合点不少于 4 个。

(5)根据确定的重合点计算转换参数。

4. 坐标转换

利用计算得到的转换参数,进行坐标转换。

5. 坐标精度评定

坐标转换精度应满足“采用内符合精度和外符合精度评定,依据计算转换参数的重合点残差中误差评估坐标转换精度,残差小于 3 倍单位权中误差的点位精度满足要求”,并可采用以下方法进行坐标精度评定。

(1)采用内符合精度和外符合精度评定,依据计算转换参数的重合点残差中误差评估坐标转换精度,残差小于 3 倍单位权中误差的点位精度满足要求。

(2)内符合精度评定公式见《大地测量控制点坐标转换技术规范》(GB/T 2014—2016)中的附录 F。

(3)外符合精度检核方法如下:

①利用未参与计算转换参数的重合点。

②利用转换参数计算外部检核点的坐标,与外部检核点的已知坐标进行比较。

6.5.3.2　平高转换

随着测绘技术的提升，千寻 CORS 由于覆盖范围广、信号好且稳定，越来越受到测绘工作者的青睐，但千寻 CORS 获得的高程为大地高，需要求取高程异常转换为正常高程系统，具体操作流程如下：

(1) 选取七参数转换模型，并均匀选取重合点，且重合点可覆盖整个测区，重合点数量不少于 6 点，且有多余点用于校核。

(2) 根据选取的重合点计算转换参数，用得到的转换参数计算重合点平面、高程残差，其中坐标转换残差不超过 7 cm，高程转换残差不超过 10 cm，剔除残差超限的重合点，重新选取重合点，并计算残差。如此重复，直至重合点的平面、高程残差满足要求。

(3) 根据确定的重合点计算转换参数。

(4) 精度评定，可利用重合点和未参与计算的外部检核点进行精度评定，计算重合点、外部检核点转换后的坐标、高程值，并将其与已知值进行比较。

(5) 记录该转换参数，用于千寻 CORS 网络下获取的平高成果转换。

6.5.4　计划线布设

三维时空信息获取前需利用已有地形图资料求取岸线坐标，布设好计划线。按照全覆盖的原则进行测线布设，并按基本平行于等深线方向布设，测线两端尽量延长，以让光纤罗经等相关设备充分稳定下来；计划线间隔按照全覆盖的原则确定，最大间隔不超过水深的 3 倍。

6.5.5　仪器测试与检校

水陆一体化机动式船载三维时空信息采集系统安装成功后，在作业前应对辅助传感器、三维激光扫描仪、多波束测深系统、GPS、动态吃水等分别进行准确性检验。定位系统的检验应在项目附近已知的控制点上对 GPS 差分信号进行检验和对比，比对结果要求在《一体化信息采集技术野外记录手簿》中按规定填写。

6.5.5.1　定位仪检验

(1) 使用期间每年及 GPS 接收机大修后，应在一个等级上做一次不少于 8 h 比对性检验，采样间隔不大于 3 min。

(2) 作业前后在一个等级点上进行不少于 1 h 比对性检验，采样间隔大于 3 min，仪器采集数据稳定且采集数据精度满足测图要求后，方可使用。

6.5.5.2　辅助传感器测试和检校

在测量前对船载测量系统各辅助传感器进行测试、检查与检校。定位系统可采用已知点检测、全站仪比测、系统定点连续观测等方式，并将采集获得的比测数据、定位数据进行分析处理，评估其稳定性、误差、差分信号质量和接收卫星数是否符合精度要求。对姿态传感器、电罗经测前应进行必要的检查和系统测试，以确定信号是否正常、连续，并需进行必要的校正。声速剖面仪进行声速剖面测量，对所测数据进行分析，以保证仪器工作正常。

6.5.5.3　三维激光扫描仪检校

在施测之前，为保证三维激光扫描仪能够正常工作，并能采集正确的数据，在陆地上用激光扫描仪扫描典型地物,用全站仪或 RTK 等常规测图方法测量多个特征点,进行点位对比和较差检核,检查扫描仪的工作性能及三维点云数据的质量。同时,对三维激光扫描仪的安装进行各参数校正。

三维激光扫描仪在测量过程中横摇、纵摇和艏向的偏移对测量结果的影响非常大,需要进行校准。三维激光扫描仪的校准和多波束测深系统的校准没有太大区别,也是依靠对特定地形的扫描数据的不匹配性来进行校准。

注意:扫描仪激光头不得扫描聚光物体,比如棱镜。

1. 校准准备

校准最好选择极点目标物体进行,如电线杆、桥墩等。

2. 横摇和纵摇偏差校准

对于横摇和纵摇计算,可以使用同一地形进行校准,如图 6-23 所示,可以选择具有以下地形特征的地物进行校准,往返扫测,建议使用相同的测量速度,并且最好选择降低速度提高密度的方式。使用往返两条测线数据可以对横摇和纵摇偏差进行校准。

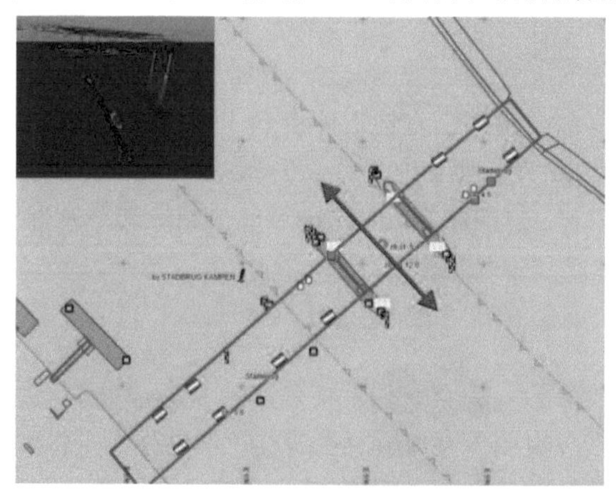

图 6-23 横摇和纵摇偏差校准示意

3. 艏向偏差校准

对于艏向偏差而言,可以选择在杆状目标或者支柱等目标的两侧以相同方向进行扫测,并建议使用相同的测量速度,且尽可能靠近目标进行扫测(见图 6-24)。

6.5.5.4 多波束测深系统安装检校

多波束测深系统固定安装后,不可能完全符合安装要求,在外业实施前,需要进行安装检校(见图 6-25)。检校工作选在海底地形符合要求的近岸海域,沿岸验潮站在测量船数据采集过程中进行水位数据采集,以便对采集的水深数据进行潮位改正。

多波束测深系统在安装过程中,很难按设计要求一步到位,存在安装误差。参数校正是多波束测深系统为消除系统内部固有误差而引入的误差改正基本方法。造成多波束测深系统存在内部误差的原因来自换能器和电罗经的安装误差及 GPS 的导航延迟。

在仪器设备安装好且性能稳定后,按照多波束测深系统参数校正的原则,进行多波束测深系统参数的校正。选取比较有代表性的地形进行校准,校准项目应包括时延、横摇倾角、纵摇倾角、艏摇。系统校准参数由两人及以上分别计算,参数一经确定,不得随意修

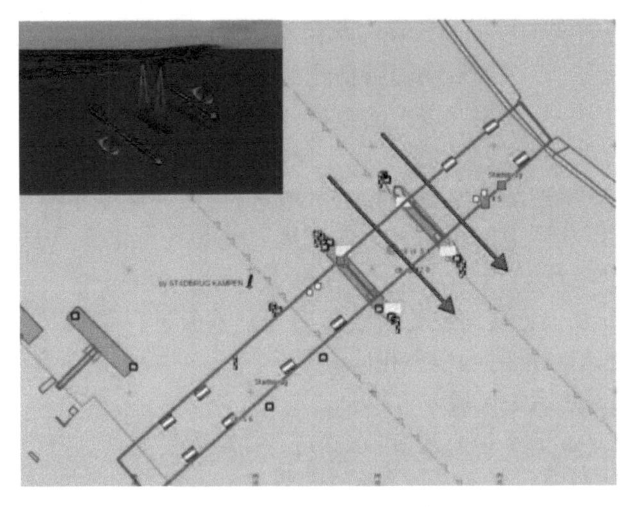

图 6-24　艏向校准示意

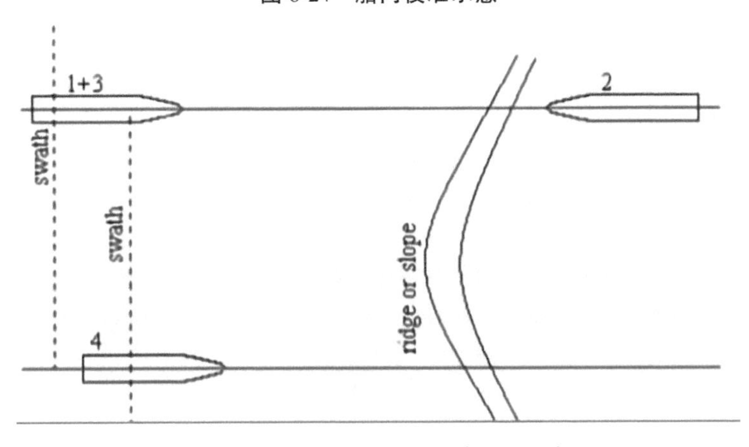

图 6-25　多波束测深系统安装校准示意图

改。校准方法见表 6-8。

表 6-8　多波束测深系统安装校准方法

校准内容	海底	航线	船速	航向	测线号
横摇校正	平坦	相同	相同	相反	1 和 2
纵摇校正	斜坡	相同	相同	相反	1 和 2
艏向校正	斜坡	不同	相同	相同	1 和 4

(1)定位时延的测定与校准宜选择在水深 10 m 左右、水下地形坡度 10°以上的水域或在水下有礁石、沉船等明显特征物的水域，在同一条测线上沿同一航向以不同船速测量两次，其中一次的速度应不小于另一次速度的 2 倍，两次测量作为 1 组，取 3 组或以上的数据计算校准值，中误差应小于±0.05 s。若信息采集系统自带 PPS 功能，可不进行延迟校准。

(2)横摇偏差的测定与校准宜选择在水深不小于测区内的最大水深且水下地形平坦的水域进行，在同一测线上相反方向相同速度测量两次作为 1 组，取 3 组及以上的数据计算校准值，中误差应小于±0.05°。

(3)纵摇偏差的测定和校准宜选择在水深不小于测区内的最大水深、水下坡度10°以上的水域或在水下有礁石、沉船等明显特征物的水域进行,在同一条测线上相反方向相同速度测量两次作为1组,取3组及以上的数据计算校准值,中误差应小于±0.3°。

(4)艏向偏差的测定与校准宜在水深不小于测区内的最大水深、水下坡度10°以上的水域或在水下有礁石、沉船等明显特征物的水域进行,使用两条平行测线,测线间距要保证边缘波束有重叠,以相同速度相同方向各测量一次作为1组,取3组及以上的数据计算校准值,中误差应小于±0.1°。

系统中各设备安装位置变动或更新设备后分别重新进行了校准,多波束测深时保证测量时换能器的姿态与校准时的姿态相同。

6.5.5.5 多波束测深稳定性试验

选择水深大于20 m的平坦海区,对水深进行2 h重复测量,进行水深比对,比对误差要符合重合点水深比对限差(0.02×水深值)的要求。

6.5.5.6 换能器吃水测定

1. 静态吃水

静态吃水采用船只停泊时直接量取水面到换能器位置的方式,多次测量取平均值。

2. 动态吃水

动态吃水可采用单波束声呐测深法或RTK测量法等方法测量。

单波束声呐测深法是采用船上携带单波束测深仪,在施测前用单波束测得动态吃水,具体步骤如下:

(1)将单波束换能器固定于测量船中央位置。

(2)选择海底平坦、底质坚硬的海区,水深为船吃水的7倍左右,且能够满足动态吃水测定需要的各种船速。

(3)在测定海区抛一浮标,船停于浮标旁,用测深仪精确地测量水深,然后船以各种不同速度在同一位置测量水深,相同速度下测量三组以上深度,消除潮汐影响后,取平均值。

(4)将船只不同速度下测量的深度与静止时测量的深度进行比较,二者的差值即为船只在该船速下的动态吃水。

RTK测量法是采用船上携带GPS-RTK,在施测前用RTK测得动态吃水,具体步骤如下:

(1)将GPS-RTK移动站固定于多波束换能器的上方,按照每秒采集一个高程,连续采集5 min。

(2)让船只按照不同的速度行进,每个不同速度下的RTK高程值均按照每秒采集一个数据,连续采集5 min的方法记录高程值。

(3)分析不同速度下的RTK高程,剔除误差较大的高程值,求取5 min内的高程平均值。

(4)不同速度下测量的高程平均值与静止时测量的高程平均值进行比较,二者的差值即为船只在该船速下的动态吃水。

6.5.6 信息获取

按照预先布设的计划测线进行水上水下一体化测量,需要采集的数据有:激光扫描点云数据、多波束测深数据、姿态仪姿态数据、声速剖面仪测得的声速剖面数据、GPS 定位数据及验潮数据。

6.5.6.1　声速剖面测量

声速测量采用声速剖面仪进行观测，在测区为了保证测深精度，应根据测区海水的深度、盐度、温度的分布情况适当安排站位进行声速剖面测量，内业数据处理时加入声速测量数据结果进行声线弯曲改正。

声速测量采用声速剖面仪进行测量，测量前应先对声速剖面仪进行设置，检查内存空间，按水域深度测量，深度间隔设置为 0.5 m，即 0.5 m 采集一个声速，新建声速项目名称。

每次作业前在测区内有代表性的水域测定声速剖面，一般选择测区水深处，单个声速剖面的控制范围不宜大于 5 km，声速剖面测量的时间间隔应小于 6 h，声速变化大于 2 m/s 时重新测定声速剖面。测量时，应先将仪器放入水中进行水温预热，一般预热约 30 s，待仪器在水中稳定后，匀速放入水中，正常记录时，仪器指示灯在水中显示绿灯并闪烁，到达水底后，再均匀的提起仪器，声速剖面仪会自动记录沉入和提起的声速。

测量结束后，应将数据传入电脑，与测量数据一起进行声速改正处理。

6.5.6.2　静态吃水测量

由于船体的重量不断变化，因此在每次开工前、收工前均需测量静态吃水，并将量取结果记录在野外作业记录本上。

6.5.6.3　动态吃水测量

测量船的动态吃水是静态吃水和船体下坐与船倾的总和，而船倾是指随着船速的增加，船舶出现船艏抬升和船艉下蹲的状态。对于现代中大型测量船而言，换能器一般安装在距船艏 1/3 处，因此船倾将导致换能器产生垂直位移，该位移值可以通过姿态测量获得。由上述定义和分析可以看出在不同航速测量船体下坐量测定的情况下，即可求出测量船的动态吃水。目前，主要的测定方法有水准仪观测法及测深仪测定法。

1. 水准仪观测法

由于任何水准仪都存在视准轴误差，因此水准仪观测法的控制距离有限。针对沿岸测量项目，水准测量至少达到三等测量精度标准，即可以使用Ⅰ、Ⅱ、Ⅲ级准确度等级的水准仪，依标准规定其视准轴误差分别为 5″、8″、10″（相当于±0.05 mm/m），假如水准仪与测船观测点的距离为 1 km，那么，单纯水准尺的观测精度为 2.5 cm、4 cm 和 5 cm，其动态吃水测定误差（10″）与 10 km 距离的差分 GPS 测定法相当。因靠近岸边不利于中大型测量船机动航行，所以水准仪观测法比较适用于近岸（如码头）区域的测量艇动态吃水测量。

2. 测深仪测定法

以 HY1600 型测深仪为例，该型仪器的标称测量精度为±(0.01 m+0.1%D)（D 为所测深度）、换能器波束角≤8°，即在 20 m 水深时，其深度误差为 3 cm，波束脚印直径为 2.8 m，如果此时测量船的纵横摇为±4°，考虑到测量船需要往返方向采集同一海底区块的数据，此时动态吃水要达到±0.1 m 的测量精度，对海底的平整度要求较高，如用 W 表示测深仪脚印区块内的最大深度起伏，则 W 应满足：

$$R_D = \pm\sqrt{\sigma_{\mathrm{cv}}^2 + S^2 + \delta^2 + \sigma_{\mathrm{HD}}^2 + W^2} \tag{6-13}$$

式中：R_D 为动态吃水要达到 0.1 m 的测量精度，单位为 cm；σ_{cv} 为潮汐观测精度，小于 2

cm;S 为姿态传感器升沉观测精度,5 cm;δ 为姿态传感器纵横摇观测精度对 GPS 天线高观测精度的影响值(很小),约为 0;σ_{HD} 为天线大地高精度,3.5 cm;$W\approx 8$ cm,以倾斜海底为例,坡度角应小于 1.7°,可见,用测深仪测定船舶的动态吃水,要求测量区域的海底非常平坦(否则应保证纵横摇不大于 1.5°,并提供分米级精度定位),相对来讲,载波相位差分 GPS 测定法对海底地形没有过多要求。

6.5.6.4　**信息采集**

水陆一体化机动式船载三维时空采集时,应采用专业的采集软件如 QINSY、Hypack 等软件,并对多波束声呐软件、时空信息采集软件等进行相关正确的设置。

三维时空信息采集时应顺河道或沿水下等高线进行数据采集,数据校准时在图上画出一条计划线,沿计划线进行测量校准。采集过程中,实时监测姿态传感器、GPS、罗经、姿态仪、三维激光扫描仪及测深设备的运行状态,根据所展示的三维时空信息变化及时调整多波束、三维激光扫描仪的扫测范围,发生故障时停止作业,作业过程中尽量减少键盘操作,不改变关键参数的设置。测量时尽量避免急转弯,实时监控测深数据的覆盖情况和测深信号的质量,信号质量不稳定时,及时调整多波束发射与接收单元的参数,使波束的信号质量处于稳定状态;发现覆盖不足或水深漏空情况时,测深信号质量不满足精度要求等情况时及时进行补测或重测,测线旁向重叠度不小于 20%。

数据采集结束后,及时对测量成果进行外业过程检查,水下采集的信息可采用单波束或多波束测量方法检查,陆地采集的信息可采用三维激光扫描仪、RTK 等多种方法,水下信息检查的检查线尽量和测线相交(见图 6-26),分布均匀,检查线总长度不少于主测深线总长度的 5%。测量结束后,将数据及时传入电脑,进行保存备份。

图 6-26　水上水下点云融合显示

6.5.6.5　**质量控制**

测量正式开始后,工作人员要实时查看测量数据进行测量数据质量监控并按要求记录班报。当天数据采集结束后,工作人员进行数据的及时备份,检查数据质量等工作。

(1)现场资料整理和检查。为了检查外业工作的总体质量,对所取得的数据进行初步编辑处理,并对测量数据质量做出初步评价。

(2)测量工作结束后,作业组对所获得的测量资料进行全面检查,检查合格后方可进行内业处理。

6.6　三维时空信息一体化建模及产品制作

6.6.1　三维点云数据处理

针对点云处理,国外一些公司的软件已经非常成熟,比如英国 DELCAM 公司研发的逆向工程软件 CopyCAD、韩国 INUS 公司研发的软件 RapidForm、德国 Gom 公司出品的 Inspect 软件、美国 DES 公司研发的 Imageware 及美国 Raindrop 公司研发的功能全面操作简单的点云数据处理软件 Geomagic Studio。而国内由于接触点云处理这部分内容时间不长,起步较晚,还没有较为成熟的相关软件,仍然处于研发阶段。点云数据处理通常用到的软件有 PCL 点云库、Cloud Compare 软件、imageware 软件和 Geomagic Studio 软件;PCL 是大型跨平台开源 c++编程库,基于第三方库 Boost、Eigen、FLANN、VTK、OpenNI、Qhull 实现了大量点云相关的通用算法和高效数据结构操作,涉及点云获取、滤波、分割、配准、检索、特征提取、识别、追踪、曲面重建、可视化等;本书是在 windows 系统下配置 PCL1. 8. 0 和 VS2013,配置项目主要有添加环境变量;新建工程后在 Release\x64 配置属性表,然后就可以写入代码运行;Cloud Compare 软件是一款 3D 点云处理软件,也可以处理三维网格和校准图像。CloudCompare 是一个免费的点云库比较平台,可以支持跨平台开发的一个独立的开源项目。CloudCompare 提供了一整套用于手动编辑和渲染 3D 点云和三角网格的基本工具,提供了许多高级算法,如 cloud-cloud or cloud-mesh nearestneighbor distance 等;CloudCompare 还支持多种输入和输出格式,如点云库 PCD 文件、徕卡 PTX 点云、法如的 FLS/FWS 点云、STL 网格、OBJ 网格等,而且通过安装插件可以进一步扩展 CloudCompare 的功能,学术界的算法都可用来编写插件;imageware 是著名的逆向工程软件,具有强大的点云处理能力、曲面编辑能力和 A 级曲面构建能力,支持导入导出多种数据格式,如 RTX、ASC、DXF、TXT 等;Geomagic Studio 12 通过扫描点云自动生成准确的数字模型,还可以作为 CAD 工具提供完美补充,该软件可以输出行业标准格式,如 STL、DXF、IGES 等;作业人员根据不同软件的特点选择进行点云数据处理,处理流程主要包括点云数据校准、点云配准、点云去噪、点云滤波、点云简化、点云分类与分割、基准面拟合、特征线的提取、三角网格化、三维建模。

6.6.1.1　点云数据校准

点云数据校准,包括姿态校准和潮位改正。姿态校准包括横摇 Roll、纵摇 Pitch、艏向偏差 Heave 三项改正,必须先求得这三项改正值;潮位改正根据潮位观测值进行。三项姿态改正值的求取思路为:选取两个来回的四条测线作为校准线,经过潮位改正后,在校准线上分别选取切片求取三项改正值。求得姿态改正值后,首先对扫描仪原始数据(*. db)做姿态校准,数据回放输出 *. qdb 后做潮位改正,最终导出得到 Leica Cyclone (*. pts)数据。

6.6.1.2　点云配准

点云数据的配准,实际就是转换两个三维空间直角坐标系,其中一个设为基准坐标系,另一个将左右点的坐标系转换到这个坐标系中;坐标进行旋转的过程中,需要求解 3 个平移参数、3 个旋转参数和 1 个尺度参数共 7 个参数。设点 M 在 $O-XYZ$ 和 $O'-X'Y'Z'$

中的坐标分别为(X,Y,Z)和(X',Y',Z')，坐标转换公式为：

$$\begin{bmatrix} X' \\ Y' \\ Z' \end{bmatrix} = (1+m)\begin{bmatrix} 1 & \varepsilon_Z & -\varepsilon_Y \\ -\varepsilon_Z & 1 & \varepsilon_X \\ \varepsilon_Y & -\varepsilon_X & 1 \end{bmatrix}\begin{bmatrix} X \\ Y \\ Z \end{bmatrix} + \begin{bmatrix} \Delta X_0 \\ \Delta Y_0 \\ \Delta Z_0 \end{bmatrix} \tag{6-14}$$

式中：3 个平移参数为ΔX_0、ΔY_0、ΔZ_0；3 个旋转参数为ε_X、ε_Y、ε_Z；1 个尺度参数为m。获取这 7 个参数至少需要 3 个公共点。

令$r_1=m+1, r_2=r_1\varepsilon X, r_3=r_1\varepsilon Y, r_4=r_1\varepsilon Z$，则式(6-14)可写为：

$$\begin{bmatrix} X' \\ Y' \\ Z' \end{bmatrix}_{变换} = \begin{bmatrix} 1 & 0 & 0 & X & 0 & -Z & Y \\ 0 & 1 & 0 & Y & Z & 0 & -X \\ 0 & 0 & 1 & Z & -Y & -X & 0 \end{bmatrix}\begin{bmatrix} \Delta X_0 \\ \Delta Y_0 \\ \Delta Z_0 \\ r_1 \\ r_2 \\ r_3 \\ r_4 \end{bmatrix} \tag{6-15}$$

取

$$\begin{bmatrix} V_{X'} \\ V_{Y'} \\ V_{Z'} \end{bmatrix} = \begin{bmatrix} X' \\ Y' \\ Z' \end{bmatrix}_{已知} - \begin{bmatrix} X' \\ Y' \\ Z' \end{bmatrix}_{变换} \tag{6-16}$$

误差方程可以写为：

$$\begin{bmatrix} V_{X'} \\ V_{Y'} \\ V_{Z'} \end{bmatrix}_{变换} = \begin{bmatrix} 1 & 0 & 0 & X & 0 & -Z & Y \\ 0 & 1 & 0 & Y & Z & 0 & -X \\ 0 & 0 & 1 & Z & -Y & -X & 0 \end{bmatrix}\begin{bmatrix} \Delta X_0 \\ \Delta Y_0 \\ \Delta Z_0 \\ r_1 \\ r_2 \\ r_3 \\ r_4 \end{bmatrix} + \begin{bmatrix} X' \\ Y' \\ Z' \end{bmatrix}_{已知} \tag{6-17}$$

变换成矩阵为：

$$V = N \cdot \delta X + L \tag{6-18}$$

需要求取转换向量

$$\delta X = (\Delta X_0, \Delta Y_0, \Delta Z_0, r_1, r_2, r_3, r_4) \tag{6-19}$$

改向量为$V=\begin{bmatrix} V_X' \\ V_Y' \\ V_Z' \end{bmatrix}$，　$L=\begin{bmatrix} V_X' \\ V_Y' \\ V_Z' \end{bmatrix}$，系数阵为$N$。

由最小二乘原理：$V^{\mathrm{T}}PV=\min$ 知

法方程：

$$N^{T}PN \cdot \delta X + N^{T}PL = 0 \tag{6-20}$$

求解得：

$$\delta X = -(N^{T}PN)^{-1}N^{T}PL \tag{6-21}$$

进而求得：$m = r_1 - 1, \varepsilon_X = \frac{r_2}{r_1}, \varepsilon_Y = \frac{r_3}{r_1}, \varepsilon_Z = \frac{r_4}{r_1}$。

根据求取的转换参数就可以实现点云的配准。

根据采用的配准基元，将其分为基于特征的配准算法和基于无特征的配准算法两类，基本原理如上述所示；国内外在配准方面的研究已经非常成熟，而且配准精度较高，精度误差为 1 m。

6.6.1.3　点云去噪

三维点云可以采集成千上万个点，采集的过程中肯定会出现非目标物点，这些存在的差点和错误点就是噪声点。噪声点不仅占用存储空间，影响了点云数据的质量，而且对模型的精度产生不利影响。产生噪声点的原因主要有三类：第一类是被扫描物的反射特性引起的噪声，比如被扫描物体表面的光滑程度、材质、颜色等都会对激光的反射造成影响。第二类是偶然噪声。就是在扫描的过程中偶然因素导致的噪声，比如扫描过程中有人进行遮挡，或者人从被扫描物体前缓慢通过等，这样得到的数据就是直接的“坏点”，很明显应该删除或者过滤掉这些“坏点”。第三类是由于激光扫描仪系统本身引起的误差，比如扫描仪的精度、轻微振动等。

国内外学者在点云去噪方面做了许多相关的研究。比如，刘大峰等提出了一种能够快速去除点云数据中噪声的滤波算法，应用核密度估算与聚类相结合的方法，去除不同幅度的噪声点，适用于平滑点云去噪。徐波等将去噪分为数个并行步骤，利用 CUDA 核函数，在双边滤波的基础上加入面积权重缓解边光顺，提高了计算速度。吴禄慎等根据点云的微分几何信息将点云划分为平坦区域和非平坦区域，分别对这两种区域应用不同的算法去噪，达到了较好的效果。Lange 等利用偏微分方程对噪声进行去除，但是并不适用于离群点较多的情况。Alexa 等利用移动最小二乘方法来消除噪声，不过要解非线性方程，所以会影响去噪的速率。Fleishman 等把双边滤波方法应用于二维图像上，提出一种基于特征不变的去噪方法。

6.6.1.4　点云滤波

点云滤波就是对去噪后仍然隐含于点云数据中的噪声进行平滑处理，从而降低甚至消除这种噪声对建模质量的影响。点云滤波时考虑点云数据的分布特征，根据点云的分布特征采用相对应的方法进行去噪处理可以得到更好的效果。当前点云数据的分布特征主要有：①扫描线点云特征；②阵列式点云特征；③三角化点云特征；④散乱点云特征。扫描线点云属于部分有序数据，阵列式点云和三角化点云属于有序数据，三角化点云数据之间存在拓扑关系，根据之间的拓扑关系可以采用平滑滤波的方法进行去噪处理。常用的滤波方法有高斯滤波、中值滤波、平均滤波。

高斯（Gaussian）滤波是一种线性平滑滤波器，主要依据高斯函数的形状选择权值。有序点云滤波用到的是零均值离散高斯函数作为滤波器，它的函数表达式如下：

$$g(i,j) = e^{\frac{-(i^2-j^2)}{2\sigma^2}} \tag{6-22}$$

由式(6-22)可知,二维高斯函数有旋转对称的特点,即各方面的平滑程度一样,滤波的平均效果较小,滤波的同时能较好的保持原数据形貌。

均值(Averaging)滤波是采样点的值取滤波邻域内各数据点的统计平均值。函数表达式如下:

$$F'(x,y) = \frac{\sum_{(m,n)eS_{XY}}[G(m,n)]}{M} \tag{6-23}$$

其中:$G(x,y)$为图像的灰度值,经过滤波后输出为$F'(x,y)$,窗口选择的邻域为S_{XY},窗口包括M个点,含有噪声的原始图像$G(x,y)$的每个邻域S,计算S中像素灰度值的平均值作为处理后的$F'(x,y)$的像素值。点云均值滤波的方法原理如式(6-23)所示。

中值(Median)滤波是滤非线性噪声的一种有效算法。与均值滤波比较,它把邻域的像素灰度值重新排序,并选择邻域内中间值作为像素值。中值滤波消除数据的突兀部分较好。公式如下:

$$h(x,y) = \text{median}_{(x,y)ef(x,y)}[s(x,y)] \tag{6-24}$$

式中:$h(x,y)$表示滤波输出;$f(x,y)$代表(x,y)为中心,滤波可见的坐标点;$s(x,y)$表示坐标点(x,y)的灰度值;Median 表示中值计算。

散乱点云数据之间没有建立拓扑关系,当前对散乱点云滤波还在继续研究。常见的散乱点云数据滤波方法有双边滤波算法、拉普拉斯(Laplace)滤波算法两种,进行点云去噪处理。

1. 双边滤波算法

双边滤波算法是以数字图像处理技术中的双边滤波思想为基础的一种点云去噪算法。在数字图像处理领域,双边滤波算法的主要思想是先算出邻域的灰度值的加权平均值,然后以此来代替当前点的灰度值,这样就达到滤波效果,这其中的权因子取决于两个点之间的距离和灰度值差异。在三维点云中,假设数据点集为$C=\{P_i \in R^2 \mid i=1,2,\cdots,n\}$,其中任一点$p_i$的领域点集合以及单位法矢分别设为$N(p_i)$与$n_i$,那么双边滤波就可定义为

$$\hat{p_i} = p_i + \lambda n_i \tag{6-25}$$

式中:$\hat{p_i}$为点p_i经过双边滤波处理后得到的新点;λ为双边滤波的权因子。

$$\lambda = \frac{\sum_{D_j \in N(D_j)W_C(\|P_j-P_i\|)W_S(|<ni,ni>-1|)<ni,P_j-P_i>}}{\sum D_j \in N(D_j)W_C(\|P_j-P_i\|)W_S(|<n_j,n_i>-1|)} \tag{6-26}$$

式中:n_j为点P_i的邻域点P_j的单位法向量;W_C、W_S为将σ_c,σ_s作为标准差的高斯核函数,其中σ_c是点P_i到它的邻域点P_j的距离对点P_i的影响因子,σ_s则是点P_i到它的邻域点P_j的距离矢量在点单位法向量n_j上的投影对该点的影响因子;W_C为空间域权重,能够控制平滑程度;s为特征域权重,能够反映邻域点间的法向量的变化,从而可以控制保留特征的程度。

用双边滤波算法除去点云数据中的噪声点是一种简单、有效,并且运算速度比较快的

方法,同时它还能尽量保留特征点。但是双边滤波算法的缺点在于它不适用于处理大量的噪声数据,尤其是在迭代的次数比较多的时候,很容易出现光顺过度和细节上失真等问题。对于高梯度的区域降噪的效果比较差;将特征变化比较剧烈的几何信息(尖锐部分)平滑掉了。本书在进行点云滤波处理的时候会用双边滤波做一些平滑点云的滤波处理,比如点云墙面、点云地面等。

2. 拉普拉斯滤波算法

拉普拉斯滤波算法是一种比较简单和常见的点云去噪算法。它的主要原理就是对三维点云模型中的每个点使用拉普拉斯算子,在拉普拉斯算子基础上的三维点云去噪算法,从本质上说就是利用把高频的几何噪声能量扩散到点的邻域中其他的点上来完成的,也就是通过不断迭代的过程,一步步把当前的点移到邻域的重心处,从而达到去噪的目的。拉普拉斯的表示公式如下:

$$\nabla^2 = \frac{\vartheta^2}{\vartheta x^2} + \frac{\vartheta^2}{\vartheta y^2} + \frac{\vartheta^2}{\vartheta z^2} \tag{6-27}$$

假设点云模型中有一点 p_i,其三维坐标为(x_i, y_i, z_i),离散拉普拉斯的实现需要依赖点 p_i 的邻域点 $N(i)$,可定义为:

$$\delta_i = L(p_i) = p_i - \frac{\sum_{j \in N(i)} p_j}{d_i} \tag{6-28}$$

由上式结果移动顶点,即把点云数据去除噪声的计算当成一个不断扩散的过程:

$$\frac{\vartheta p_i}{\vartheta t} = \lambda L(p_i) \tag{6-29}$$

对于均匀分布的三维点云数据,采用拉普拉斯滤波算法一般可以得到较为理想的效果,然而对于分布不是太均匀或者噪声点含量太大的点云数据,局部邻域的重心通常和邻域的中心点并不相同,这时候再采取拉普拉斯滤波算法去噪就会造成当前点与原来的位置相偏离而向点云数据密度较高处移动,而且在进行多次迭代之后会产生特征磨损和顶点漂移的情况。拉普拉斯滤波算法并不适用于所有的散乱点云数据。拉普拉斯滤波算法在处理点云数据时还是存在不足之处:当点云分布不是很均匀时,待处理点的邻域的几何重心一般不与邻域的中心点完全重合,这会使该点向点云密集的区域移动而偏离原来的位置,在多次迭代后会使得点云模型产生扭曲现象。在进行点云滤波处理的时候通常会将分布均匀的点云截取进行拉普拉斯滤波处理。

综上所述,在进行点云的滤波处理时,考虑到特征点云各不相同,考虑到计算机的配置和处理效率,会根据点云的分布特征先确定相关的滤波处理方法,然后根据建筑构件点云数量的大小选择处理速度最快的滤波算法进行滤波处理。

6.6.1.5 点云简化

点云简化的重点在于如何能在尽量保持被扫描物体的有效特征信息的条件下最大程度地减少点的数量,在应用过程中需要在表示模型的精细程度和处理的效率上找到适当的平衡,即从初始采样数据中尽量找出足以说明模型特点的有用的信息。所以点云简化算法一般应该遵循以下几条准则:

首先,有较高的压缩率,在尽可能保留被扫描模型点云中特征点的前提下,能以较大的程度减少冗余点;其次,设定误差上限,在小于误差上限的条件下简化误差,最终压缩的结果可以实现实际应用的相关要求;再次,点云压缩算法尽量操作简单,能够有较好的精简效果;最后,能够适合于所有的数据点,算法没有特殊性。

到现在为止,一些国内外的研究学者们根据不同类型点云数据的不同特点提出了很多关于点云压缩的方法,概括起来主要有两种:一种是在三角网格基础上的压缩;另外一种是直接针对点云数据的压缩。第一种方法需要首先建立点云数据的网格拓扑关系,再将细节比较小的网格合并起来,除掉对应点,这样就实现了点云精简的目的,但是一般情况下三维扫描仪得到的点云数据数量都过于庞大,它们建立和存储网格结构会耗费大量的时间,这样会影响算法的效率。第二种方法是由数据点的空间位置关系来构建没有网格的空间拓扑关系,接着算出每个点所对应的离散的空间几何信息,依据信息量的大小对三维点云数据进行优化处理,因为省去了构建复杂的网格结构的步骤,基于散乱点云数据的压缩方法具有更高的计算效率和更好的效果。

数据简化是将密集的点云减少,通过数据的简化可以实现数据的高效处理。数据简化通常用两种方法:第一种就是在扫描的过程中,根据被扫描物的形状及分辨率的要求,设置不同的扫描间隔对扫描数据进行简化,同时保证重叠区域满足配准要求就行,不需要太多;第二种就是在已经获取的点云数据基础上通过相关算法对数据进行简化,目前用到的点云简化方法主要有点个数简化法、点间距离简化法、基于八叉树的数据缩减算法、基于比例压缩方法、基于曲率缩减算法。

1. 点个数简化法

点个数简化法的基本思想是:简化之前设置保留点云的个数,重点是简化过程按优先队列进行,直到点云数据达到预先设定的个数。

算法实现步骤如下:

(1)初始化,设置 MinDistance 为一个合理数值,NumExist 为初始点云的总个数,NumTarget 为简化后点云的总个数,SimDelete[i]=FALSE,$i=0,1,\cdots,n$。

(2)如果 NumExist>NumTarget,转(3)。否则将 SimDelete 数组中所有标记为 TRUE 的点从原始点的一维数组中删除,算法结束。

(3)对每个扫描点 x,如果 SimDelete[i]等于 TRUE,则继续进行下一个点,否则查找与 x_i 相邻的 K 个邻接链表中第一个没有被标记为删除过的点,即 SimDelete[index]等于 FALSE 的边节点。如果相应的 distance<MinDistance,则 MinDistance=distance,并记录 IndexToBeDelete=index。对所有测点循环,就可找到未被删除的点 SimDelete[IndexToBeDelete]=TRUE,点中距离最近的两个点。置 NumExist=NumExist-1,转(2)。

2. 点间距离简化法

点间距离简化法直接以测量点间的距离作为是否进行简化的判定依据,算法实现步骤如下:

(1)初始化,设置 SimDistance 为简化之后点与点之间的最小距离,SimDelete[i]=FALSE,$i=0,1,\cdots,n$。

(2)对每个测量点 x_i,如果 SimDelete[i]等于 TRUE,则查看下一个点,否则遍历与 x_i

相邻的 K 邻接链表,如果某个边结点所连接的另外一个测量点的 SimDelete[index]等于 FALSE,且该边结点中相应的 distance<SimDistance,则置 SimDelete[index]=TRUE。对所有测点进行这样的检查与遍历,就可以将整个点集中距离小于 SimDistance 的两点中的一个做删除标记。

(3)将 SimDelete 数组中所有标记为 TRUE 的点从原始点云的一维数组中删除,算法结束。

3. 基于八叉树的数据缩减算法

Lee 等对逐行扫描的点云数据,提出运用三维立方体进行点云数据缩减的方法。算法包括以下过程:

(1)点法线矢量的计算:首先建立三角格网,然后对一个点 p_i 搜索与该点相邻接的所有三角形,从而找出与 p_i 相连所有边的点。根据公式计算出 P 点处的点法线矢量。

(2)三维立方体的生成与细分:沿着坐标轴的 X、Y 和 Z 方向生成若干个初始立方体格,对没有数据点的初始立方体格则进行删除,对其他初始立方体格按八叉树结构进行细分,细分的步骤如下:

①计算立方体格中所包含点的法线矢量均值 n_p 。

$$n_p = \frac{\sum_{i=1}^{m} n_i}{m} \Big/ \left| \frac{\sum_{i=1}^{m} n_i}{m} \right| \tag{6-30}$$

式中:m 为立方体中所包含的点的数目;n_i 为点法线矢量。

②计算立方体格中所包含点的法线矢量的标准差 δ_p。

$$\delta_p = \sqrt{\frac{\sum_{i=1}^{m} |n_i - n_p|^2}{m - 1}} \tag{6-31}$$

③判断是否需要再进行细分。首先设定点的法线矢量的容差 δ_r,如果点的法线矢量标准差 δ_p 大于等于容差 δ_r,则对立方体进行八叉树划分。

④对划分后的8个立方体格重复进行(1)到(3)步骤,直到最后划分的立方体格中所有点的法线矢量标准差 δ_p 小于容差 δ_r,则停止进一步的划分。

(3)数据缩减:立方体格细分生成许多八叉树立方体格,每个小立方体格中的点的法线矢量标准差 δ_p 小于容差 δ_r,数据缩减是在每个小立方体格中只保留一个最具有代表性的点作为特征点。特征点选择的准则是:立方体中所有点的法线矢量中,最接近该立方体格点法线矢量均值 n_p 的点被保留下来,其他点则被删除掉。这种数据缩减方法的效果主要取决于设置的点法线矢量容差 δ_r 的大小和初始立方体格的数目。

4. 基于比例的缩减方法

基于比例的缩减方法相对来说是一种最为简单的无序点云数据缩减算法,这种算法操作简便,不会耗费太多时间,能够快速的完成点云简化过程。基于比例的缩减方法的主要流程是:首先给出一个缩减比例参数 $n(n>3)$,留下两个点作为端点,接着每隔 $n-2$ 个点就从给定点云数据中抽取数据点。此种方法比较适合用来缩减规则物体或者是表面曲率变化比较缓慢的点云。如果将其用于表面形状不太规则的物体,就可能会丢失一些曲率变化比较明显的区域的几何特征和模型的边界特征。

5. 基于曲率的缩减算法

对于三维点云数据而言,曲率所表示的是其内在的属性信息。曲率不同数值的分布也从侧面反映了三维物体模型的细节特征在整个三维空间中的分布。当某一区域的曲率比较小时,说明该处的特征变化不太明显;而当某一区域的曲率比较大时,表明此处的特征变化比较剧烈。由此可知,在曲率值相对较大的区域,为了保留模型的细节特征,应当留下数量足够多的点;反之,在曲率值相对较小的区域,为了尽量删除不需要的冗余点,应该只留下少量点,同时这也是基于曲率的缩减算法的主要思路。这种方法用于估计被用于抛物线拟合的曲率估计上,以提高曲率估计的精度。基于曲率的缩减算法能够比较有效地保留模型数据中比较明显的特征信息,同时还能高效地删除冗余部分,但此种方法的缺点在于某些平坦区域因为曲率比较小会被删除过多的数据,从而产生局部真空的现象。

综上所述,点云简化的目的是提高计算机的运行效率,解决点云数据量过大造成的计算机死机或者处理软件卡顿的问题,同时又要保留点云的特征点用于特征线的提取。以上介绍的每种方法都可以进行点云快速简化,但是本书是通过每个建筑构件获取详细的尺寸信息,而每个构件的形状各不相同,单一的点云简化处理方法往往达不到理想的结果,比如古建筑窗户,获取外部轮廓可以简化大量的点,但是导致内部轮廓点云不完整,为了尽可能多地简化点而又保证点云轮廓清晰,需多种方法结合应用,提高处理效率,节省内业时间。

6.6.1.6　点云分类和分割

三维激光点云获取的点云数据巨大,就建筑而言,这些点云数据通常都是由平面、圆柱、球体等众多形状组成,整体运算不仅运算效率低下,还会对后面的应用带来许多麻烦,合理的分割点云数据可以提取相关构件、量取尺寸、提取特征线等操作。因此,点云分割是数据的重要处理环节。本小节对常用的点云分割理论进行概述。

1. 基于法矢量的点云分割

在法矢边界变化处,点云的法向量也会发生变化,因此可以通过法矢点的变化确定法矢变化的边界。设输入的点 p 的 K 邻域的点集为 $P=[P_1,P_2,\cdots,P_i,\cdots,P_k]$,其中 $P_i\in R^3$,则 p 点周围的法向变化期望和平均差分别为:

$$u_n=\frac{\sum_{i=1}^{k}\arccos\left|n(P_i)\cdot n(P)\right|}{k}\tag{6-32}$$

$$w_n=\sqrt{\frac{\sum_{i=1}^{k}\left[\arccos\left|n(P_i)\cdot n(P)\right|-u_n\right]^2}{k-1}}\tag{6-33}$$

然后通过给定的阈值判断法矢变化边界点。为了消除点云的噪声影响,对每个法矢变化点及其邻域进行搜索,如果邻域不存在法矢变化点,则判断其为非法矢变化点。最终确定的法矢变化点将点云分割。

2. 基于曲率的分割

由曲率的特点可知,同一个曲面上所有的点具有相同的曲率特性,不同曲面具有不同的曲率特性,因此两个相邻的不同曲面一定会有不同的曲率特性。以主曲率为主,首先计算每个点与其邻域的曲率均值和曲率方差,然后引入 k 均值法对点云进行分割。设输入的点 p 及其 K 邻域的点集为 $P=[P_1,P_2,\cdots,P_i,\cdots,P_k]$,其中 $P_i\in R^3$。则点 p 的曲率变化期望和标准差分别为:

$$u=\frac{\sum_{i=1}^{k}[k(P_i)-k(p)]}{k} \tag{6-34}$$

$$w=\sqrt{\frac{\sum_{i=1}^{k}[k(P_i)-k(p)-u_n]^2}{k-1}} \tag{6-35}$$

其中:$k(P_i)$ 和 $k(p)$ 分别为 p 点其邻域的主曲率和点 p 的主曲率。设置 k 均值聚类的初始值,将对象不断地进行迭代分配,从而实现点云的分割。

3. 基于 RANSAC 算法的分割

RANSAC(Random Sample Consensus)算法是根据一组包含异常数据的样本数据计算出数据的最佳数学模型几何参数,得到样本数据的有效样本。该算法首先选取一个子集样本,使用最小方差法估计这个子集的数学模型所在的集合参数,然后计算所有样本点与该模型的偏差,使用一个预先设定好的阈值与所有的模型偏差进行比较,当模型偏差小于阈值时,该样本集中的样本点属于模型内样本点,并保留;否则该样本集中的样本点为模型外样本点,记录所有的样本子集,连续重复这一过程,每次重复记录最佳的模型参数。

近年来对点云的分割算法也有较多的学者进行研究,Yang 等利用拟合的局部二次曲面逼近点云求得曲率,并根据突变的曲率获取边界特征点实现数据的分割。Huang 等根据不同边界在与之相连的两个切面的曲率与曲面的连续性判断边界类型并提取特征点,最后采用一定的区域生长方法区分尖锐边和过渡边实现数据的分割。Woo 等用八叉树来组织根据法向偏差完成细划分的栅格,最后依据法向量提取点云特征完成数据分割。董明晓等直接提取点云中曲率变化较大的点作为边界点,完成分割。柯映林等利用栅格之间的曲率差值作为特征栅格的提取依据,最后从提取出的栅格中分离出边界以实现区域分割。莫堃等构造符号距离函数估算曲率,提高分割对噪声的抵抗力,利用 3D 活动轮廓实现分割。

以古建筑为例,古建筑异形结构点云很多,而且连接紧凑,自动分割和手动分割相结合,往往能取得不错的效果。对于古建筑而言,都会有许多相同的结构,比如门、窗、柱子,而这些点云都在一个集合中,为了实现对单个构件准确的提取,方便对构件进行量测和分析,需要对构件进行详细分类。分类的依据:①方便分析建筑物的结构,量测建筑物的尺寸;②掌握建筑物的现状结构、历史风貌等信息,对分类的点云分开存储,为后续对比和监测提供依据;③地面作为建筑物高度的量测基准,需要分类;植物作为特别的附属物,因自身点云对建筑物点云的影响,也需要分类提取。针对复杂的点云,即粗糙元素在所有尺度上,例如树木、植被等可以应用训练样本进行分类,它是基于多尺度多维度进行的分类,可以通过小样本进行训练,借助期望最大算法(Expectation-Maximization,EM)创建每一种类别的高斯混合模型(Gaussian Mixture Model,GMM)作为分类器,根据点云的实际情况可以创建不同样本的分类器,而且在点云上可以多次应用不同分类器,以便可以更精确地分类。这种方法分类点云简单高效,对于复杂地形地貌有很好的分类效果。

6.6.2　DEM 制作

DEM 是数字高程模型的简称,其精细化的网格模型可以生成地形图所需的等高线、高程点等地形、地貌要素。DEM 制作流程如图 6-27 所示。水陆一体化机动式船载三维时空信息获取技术采集的水下、陆地点云数据经过上述处理后,将点云导出为 *. las 或者 *. xyz,并将其依次导入相应的点云处理软件如 Globemap 或 arcgis 等三维点云处理软件进行点云融合,并采用投影点云的方式设置一定网格大小,每个格网范围内按照需要取最高点、平均值、最低点方式将原始点云进行抽稀并能较好地保存点云原有地物特征,同时也可方便地过滤掉树木、建筑物等,较好地反映出原始地表,然后根据点云制作水陆一体化机动式船载三维时空获取技术无缝衔接的 DEM(见图 6-28),也可生成等高线(见图 6-29)满足工程用图等所需的地形数据。

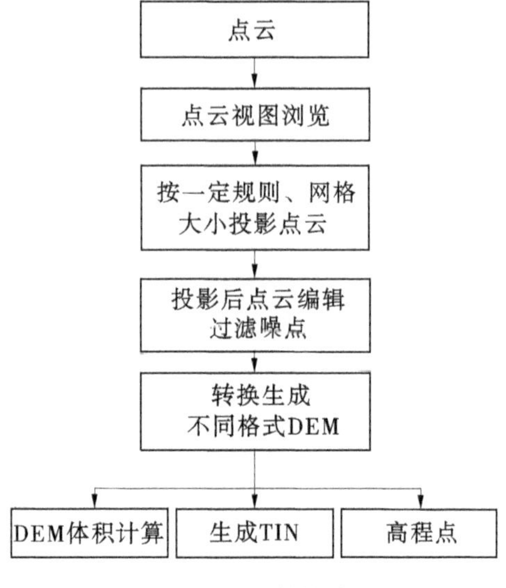

图 6-27　DEM 制作流程

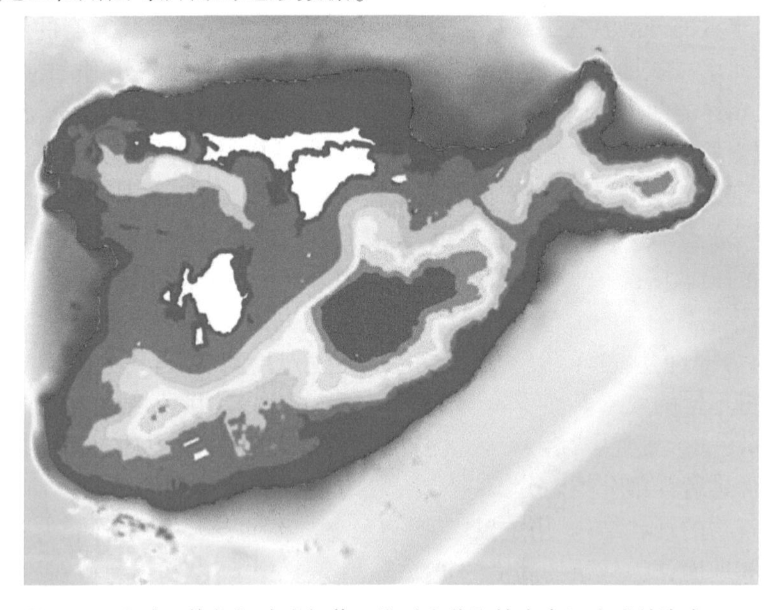

图 6-28　水陆一体化机动式船载三维时空获取技术点云生成的海岛 DEM

6.6.3　三维颜色点云模型生成

为了更好、更直观地展示真实地形地貌场景,需要生成具有色彩的三维点云模型,对于原始数据,生产颜色点云制作流程如图 6-30 所示。

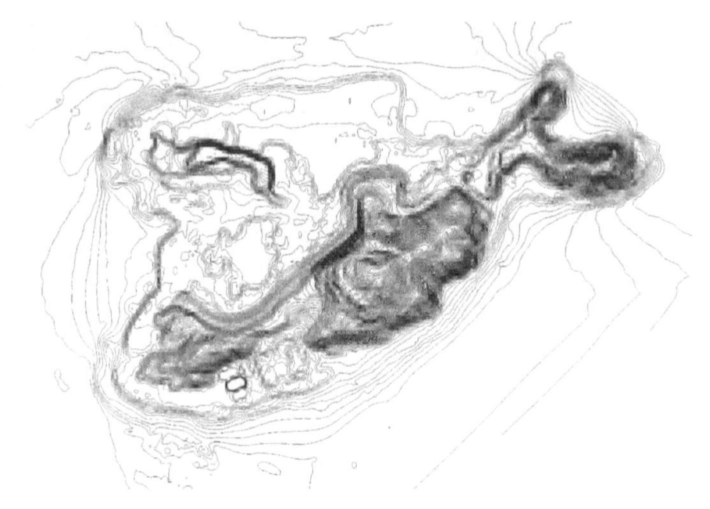

图6-29　水陆无缝衔接的等高线

采用以上流程生成的三维颜色点云模型可直接应用于BIM设计的数字三维模型，并可生成三维河道立体图(见图6-31～图6-33)。

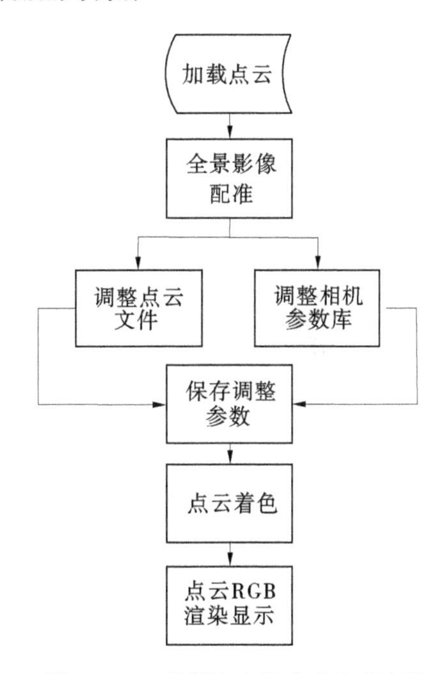

图6-30　三维颜色点云生成技术流程

6.6.4　三维点云建模

三维时空点云数据建模根据相应需求，可使用原始点云、颜色点云编辑生成建模数据，在对点云编辑、去除噪声处理后，导出三维点云建模可识别的格式，然后进行建模。点云数据建模流程如图6-34所示。

6.6.5　数字测图

利用数字测图软件可以实现基于三维点云数据的立体测图，生成工程应用需要的地形图。目前普遍采用的数字测图软件为HD Point Cloud Vector数字测图软件，该软件依赖于AutoCAD平台基于点云与全景影像融合进行符号化测图建库软件，支持TB级海量点云和全景影像动态数据加载；软件主要提供了点云在AutoCAD的水上水下快速三维浏览、水下三维点云空间基准建立、点云编辑、点云渲染、可扩展自定义符号库、基于水上水下点云与全景的系列比例尺地图符号库等功能(见图6-35)。

6.6.5.1　数字测图采集

通过对矢量地物如点、线、面地物要素的采集，实现三维点云数据的数字线划。

(1)基于点云的数字测图。以点云分类渲染方式进行地物要素判读，通过选择预定义的符号库，进行点、线、面状地物要素采集(见图6-36)。

图 6-31　水下水上一体化三维颜色点云模型(一)

图 6-32　水下水上一体化三维颜色点云模型(二)

图 6-33　水下水上一体化三维颜色点云模型(三)

(2)基于全景的数字测图。以全景影像方式进行地物要素判读,利用影像点云,通过选择预定义的符号库,直接在全景影像上进行地形图测绘采集(见图 6-37);该模式可以

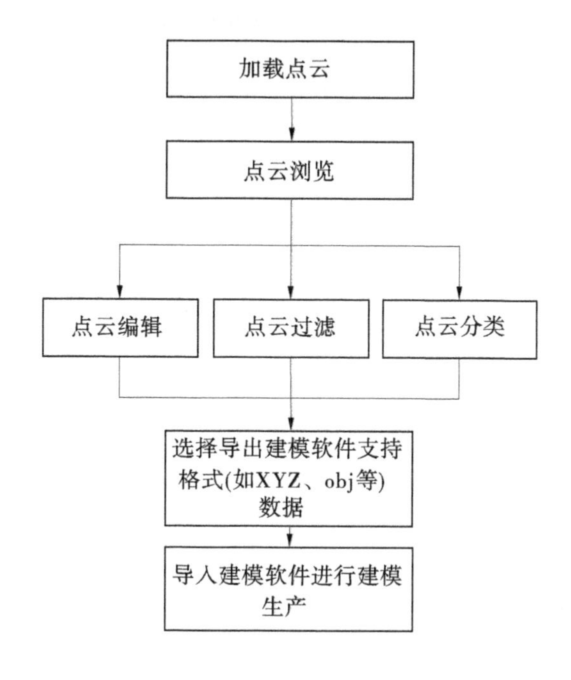

图6-34　三维点云模型生成技术流程

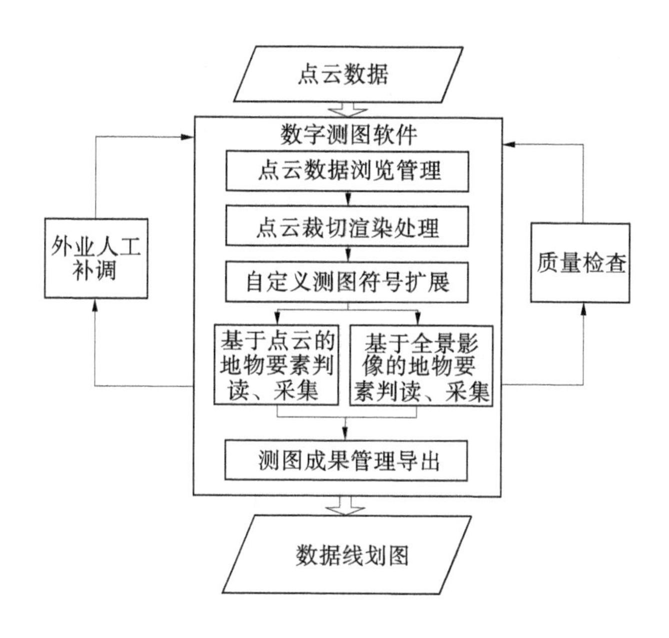

图6-35　数字测图技术流程

在真实实景影像模式下进行测图生产，提高了测图效率与准确性。

6.6.5.2　**数据成果导出**

三维点云数据在立体测图完毕后，根据需要选择指定的图层、区域范围无缝导出

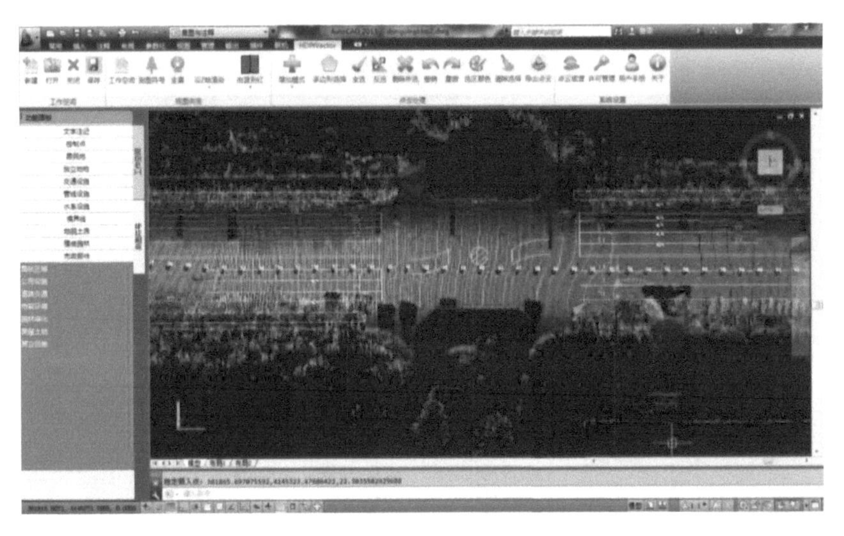

图 6-36　基于点云的地物采集

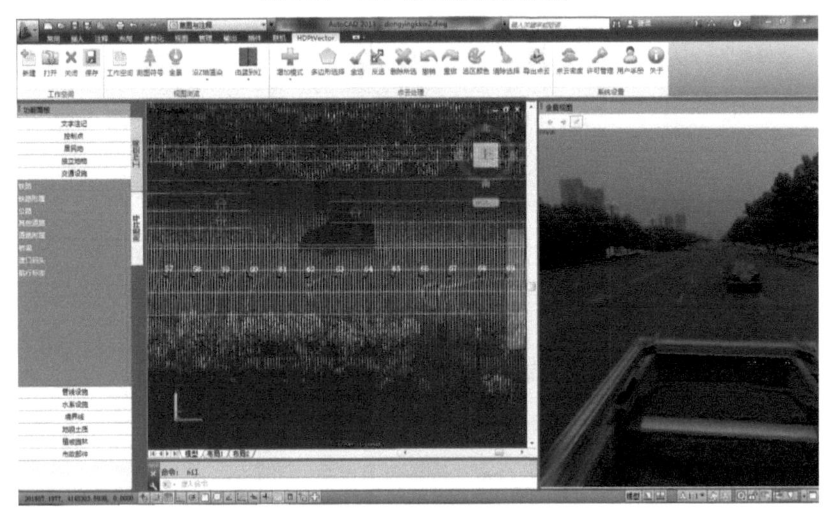

图 6-37　基于全景的地物采集

DWG、SHP、DXF、南方 CASS 等常用的 GIS 数据格式,用以满足后期在第三方软件中进行成果数据检查、建库需求(见图 6-38)。

6.6.6　街景生成

水陆一体化机动式船载三维时空信息获取技术获取的点云全景数据,可利用街景生产软件进行街景数据生产制作,用以满足业主对多样的三维地理信息数据的需求。街景生产时在利用街景生产软件可对轨迹点的轨迹编辑、生成邻接关系和邻接点的基础上,开展点云的建筑物面片采集、深度图制作,最后开展全景影像切片等数据生产,进而生产街景。街景生产技术流程如图 6-39 所示,街景生产见图 6-40。

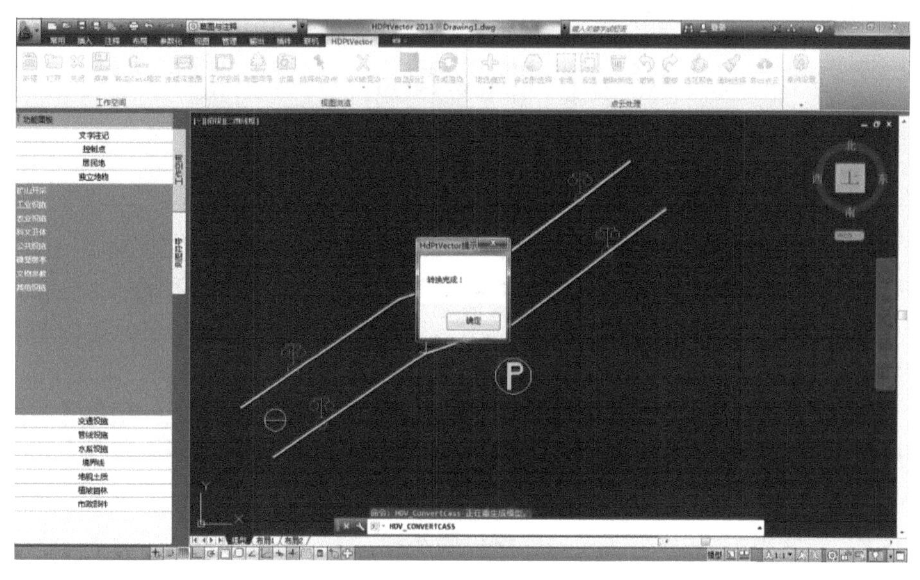

图6-38　基于全景的地物采集

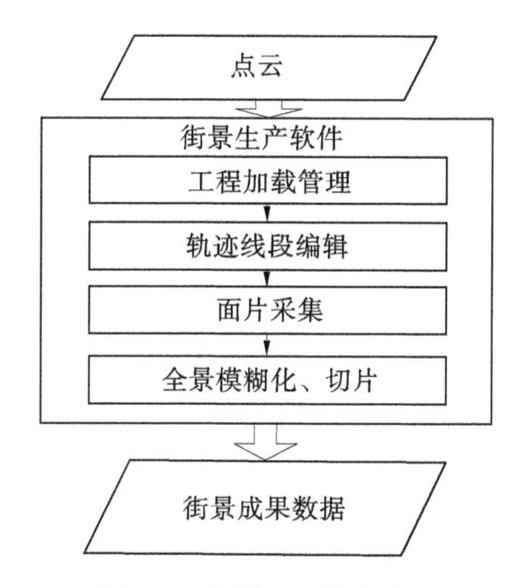

图6-39　街景生产技术流程

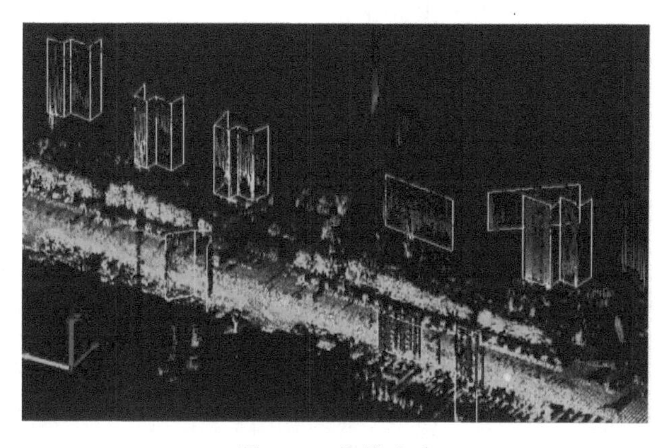

图6-40　街景生产

6.7　几种常见的船载水陆一体化测量系统

6.7.1　Vsurs-W 型系统

2012 年始,山东科技大学、海洋一所、中国测绘科学研究院等单位共同参与船载多传感器综合测量系统相关技术研究,于 2014 年实现了多波束测深系统和船载激光扫描系统的协同信息采集,之后推出船载多传感器岛礁综合测量系统升级版 Vsurs-W 及配套软件系统,系统精度在西沙群岛区域得到验证,精度可以满足实际应用需求。其中,水上点云的均方误差为 0.133 m,水上点云重复精度优于 5 cm@ 50 m,水下点云重复精度优于 20 cm@ 50 m,水上水下点云在垂直方向上的缝隙间距≤0.3 m,水平方向上的平均缝隙间距≤0.2 m,均满足规范要求。此外,Vsurs-W 系统分为内河版和海测版。内河版配备自主设计测量船,仅适用于湖泊、水库等风浪较小的水域;海测版则需将系统安装在渔船等船载平台。

6.7.2　船载水上水下一体化综合测量系统

海洋一所引进的船载水上水下一体化综合测量系统由丹麦 ResonSeaBat7125 多波束测深系统、加拿大 Optech ILPJS-LR 激光扫描系统、加拿大 Applannix POSMV320 定位定姿系统等传感器组成,配套 PDS2000、ILRIS 3D PC Controller、POS View、POS Pac 等采集、导航及后处理软件。在实际应用中,海洋一所采用船载水陆一体测量系统与 SIRIUSPRO-天狼星测图系统,对青岛千里岩海岛分别从水上、水下、空中进行了全方位空间立体测量,数据融合后得到完整的千里岩水上、水下三维地形图,并利用 RTK 定位结果评估了其水上点云精度。在高动态测量条件下,激光点云水平定位和高程精度均优于 0.3 m。

6.7.3　iAqua 系统

2012 年,中海达研制出第一台国产地面三维激光扫描仪,其后又推出自主研制的一体化移动三维测量系统 iScan;在此基础上,于 2014 年自主研制成功 iAqua 船载水上水下一体化移动三维测量系统,并提取了高精度的水边线。目前,iAqua 系统及配套的国产点云处理软件 HD_3LS_SCENE 和 HD_PtVector 已商业化,并可为用户提供高精度、高密度的基础地理空间数据。系统先后在长江九江段、长江三峡段测试,RTK 采集了特征点(房屋角点、线状物、棱台等),定位结果绝对精度可达 10 cm。

6.7.4　PMLS-1 系统

2010 年,美国便携式多波束激光雷达系统(portable mulibeam & LiDAR system)PMLS-1 研制成功,该系统水上部分采用 MDL 公司的一款集多传感器为一体的激光雷达系统 Dynascan,水下部分采用 EM2040C 多波束测深系统,并配有自主设计快速调度测量船(rapid deployment survey vessel,RDSV),将其应用于内河航道、沿海海域、湖泊与水库疏浚、救助搜救等。PMLS-1 系统完全兼容 HyPAC/Hy2016、EIVA 和 PDS2000 软件,与国内配置自主设计测量船的 VSurs-W 系统内河版的不同之处在于 PMLS-1 自主设计测量船适应了近海测量。

表 6-9 列出了目前国内 4 种常见的船载水陆一体化测量系统的主要技术指标。

表 6-9　4 种船载水陆一体化综合测量系统的主要技术指标对比

系统指标	VSurs-W 系统	船载水上水下一体化综合测量系统	iAqua 系统	PMLS-1 系统
多波束测深仪	R2Sonic 2024	SeaBat 7125	兼容各品牌	R2Sonic 2024
测深分辨率/m	0.012 5	0.006	—	0.012 5
最大测深/m	500	500	—	500
三维激光扫描仪	Riegl VZ-1000	Optech	可选配	MDLDynascan
扫描仪测量精度	≤0.005 m(@ 150 m)	0.004 m@ 100 m	平面优于 5 cm	3~5 cm(@ 150 m)
点频率(万点/s)	12	1	30	12
扫描系统有效测程/m	≥2.5,≤700（反射率≥20%）	3 000	600/1 000/2 000/4 000(90%反射率)	≤500
激光测角范围	100°×360°（垂直×水平）	40°×40°	100°×300°（垂直×水平）	100°×360°（垂直×水平）

目前,国内外船载水陆一体化测量系统在传感器技术指标性能上差距不大,而在载体平台设计方面,国内研发的船载水陆一体化测量系统并未达到国外测量船整体标定、普通车型即可便携运输、安置平台仅需简易拆装的设计水准。其中,人工量测误差是船载水陆一体化测量系统中最大的误差来源。数据处理方面,国外在海底无特征地形时采用重叠区激光雷达数据校准多波束水深数据,目前国内尚未对此着手研究。

6.8　系统目前存在的问题及发展趋势

船载水陆一体化测量系统是新兴的三维空间信息探测技术,由于多传感器集成的复杂性、水域动态测量的特性,系统集成、应用、数据处理方面仍存在诸多问题:

(1)存在测量盲区。系统安装位置、水空障碍物、平台航向、船只吃水、潮汐等因素均会影响点云数据采集的完整性,在地形环境较规整的港口码头、航道、岛礁、桥梁等区域系统适用性较强,在潮差较小、坡度变化较大的地形复杂区域,则常出现测量盲区。

(2)数据处理问题。现有滤波算法具有局限性,由于陆海非地形要素差别较大,三维激光点与多波束水深点云滤波多采用交互式滤波与自动滤波,忽视了系统误差对高度与深度的影响,并未根据误差源类型与特点进行相应滤波削弱误差;点云处理成果部分区域存在不真实的地形,植被等地面附着物致使无法直接测定地貌的真实高度;应建立测区三维动态声速场模型,实现了低掠射声波束的准确归位,确保近岸多波束低掠射波束的有效性。

（3）其他问题。固联设备受海水锈蚀影响，常锈蚀松动，反复拆装增加了多波束和船载激光的校准次数，降低了作业效率；无统一的一体化测量作业标准，测量盲区时宜依靠不同移动测量系统之间的优势互补、协同作业，但多系统联合作业又会增加水陆一体化测量作业的复杂性；当前的船载水陆一体化测量系统对激光扫描仪和多波束测深仪的检校工作多是分开进行，即水上水下的传感器使用不同的目标物或标定场，角度安装系统误差和偏移量系统误差检校分开进行，这也使得船载水陆一体化测量系统检校工作较为复杂。

目前，我国船载水陆一体化测量系统研究尚处在起步阶段，其未来的发展趋势主要表现在：

（1）硬件以集成为主，提高系统兼容性。

（2）加强数据处理技术及应用软件开发，根据数据类型和特点改进点云滤波、数据分类分割等算法，考虑植被对地形测量的影响提取出真实地形，并重视海量点云的快速显示方法研究。

（3）快速构建多分辨率数字高程、深度模型，精细化显示近岸复杂地形。

（4）降低成本，同时提高系统的便携性，建立行之有效的仪器检校和应用技术标准。

第 7 章　无人船船载三维时空信息获取技术

7.1　无人船系统简介

无人船(Unmanned surface vehicle,USV)是一种可以按照预设任务在水面航行的全自动水面机器人。

无人船是一种用于海洋或者内陆水体表面观测的无人平台,借助精确卫星定位和自身传感平台及控制系统,以遥控、预编程、自主的工作方式,通过搭载多种海洋观测传感器,在航行过程中完成相关观测。

无人船首先在军事领域受到关注,美国、以色列等海军已研发出了多种型号和用途的高速无人船,主要用于海上巡逻、扫雷、潜艇跟踪和充当武器平台等。目前国内外有大量机构在进行无人船技术的研发工作,其中企业包括美国科学应用公司、美国通用动力公司、美国诺格公司、以色列埃尔比特系统公司、以色列拉斐尔先进防务系统公司、以色列航空工业公司、英国奎纳蒂克公司、英国 ASV 公司、德国阿特拉斯电子公司、法国 ECA 公司、日本雅马哈公司以及中国云洲智能科技、华测、中海达等;科研院所、高校包括美国海军研究局、DAPPA、中国科学院沈阳自动化研究所以及中国的中国船舶重工集团公司旗下各研究所以及中国的哈尔滨工程大学、海军工程大学、上海海事大学、大连海事大学、上海大学等。

无人船由平台系统和任务载荷系统组成,两系统之间通过通用接口进行集成。平台系统包括平台本体系统、动力系统、感知系统、控制系统、通信系统,五个子系统共同组成无人船最基本的通用单元,可以独自操作运行,是为完成不同任务而设计的自动船体平台。任务载荷系统指无人船用以执行任务的仪器设备及配套伺服机构、装置,可根据不同任务目的、用途规划出不同的任务载荷系统。

目前无人船从用途上可分为两大方向,内陆河湖、海洋调查及测量(简称海洋调测)类和防务类。

海洋调测类无人船对速度要求不高,通常在 10 km/h 以内,但对平台载荷适配性设计、自主运动控制能力、续航能力等要求较高。从任务目的来说,海洋调测总体可分为海洋地球物理探测和海洋环境要素观测两个大方向,前者主要包括海洋测绘、沉积环境调查、水下目标检测等任务,后者则涵盖了物理海洋(气象、水文)观测、海洋生化指标监测、海洋生物观测等。

防务类无人船则对航速有较高要求,应急、巡逻无人船通常最高航速需达到 20 km/h 以上,而可执行舰队级战术支持任务的军用截击无人船则需达到 40 km/h 以上。从防务目的来说,防务类总体可分为要地巡逻、海上事故应急处置、区域战术支持三大方向。第一个方向主要面向重点港口、海上构筑物、航道区域的巡检;第二个方向主要面对海难、海上环境事故等的现场侦查取证、人员和设施救助及污染物处置等;第三个方向主要面对配合大型水面舰只进行舷外干扰、电子对抗、火力打击、区域反介入等。

无人船作为一种水面自主平台,搭载相应任务载荷的无人船相对于传统载人船舶而言,其优势在于灵活机动、安全、隐蔽性强、运维费用低廉,未来发挥作用的场景主要包括以下三种:代替从业者执行劳动强度大、安全风险高的工作;代替从业者执行重复性、长周期的工作;取代部分施工成本高、人力投入大的工作模式或方法。

7.1.1 国内外相关的典型技术和应用成果

Sail Drone 风帆动力无人船在冰岛附近海域进行水文观测,如图 7-1 所示。

图 7-1 Sail Drone 风帆动力无人船

法国 ECA 公司开发了"Inspector Mk"系列 USV 可执行浅水及极浅水测量和检查、濒海及沿海水文测量工作、海港及海上设备监测和保护及目标探测和分类等典型任务(见图 7-2)。

哈尔滨工程大学在科技部"863 项目"支持下开发了"天行一号"无人船(见图 7-3),复合动力推进,航速超过 50 节,具备自主完成地形地貌测绘、水文气象信息采集能力。

中国第 34 次南极科考航次使用珠海云洲智能科技有限公司设计、制造的 M80 海底探测无人船对罗斯海难言岛周边进行全覆盖水深地形测量(见图 7-4),为新站建设时雪龙号锚地选址提供依据。

7.1.2 小型化无人测量船的优势

小型无人测量船之所以能够达到所谓的测量盲区,因其具有以下几大特点:

(1)安全系数高。对于很多未知水域或者浅水水域,如采用有人船载人作业或直接人员下水测量,由于其存在大量不确定因素,因此人员的安全风险极大,而采用无人船作业,人员无需下水即可完成作业,安全系数大大提升。

(2)体积小,重量轻,便于运输。很多待测量水域,有的远离人烟,有的山路难行,无

图 7-2　ECA 公司“Inspector Mk”系列无人船搭载相干声呐条带测深系统、侧扫声呐和水下机器人

图 7-3　哈尔滨工程大学“天行一号”无人船

法将传统的有人船运输至此进行测量作业。针对此类水域，则可以选择体积小、重量轻的无人测量船，轻松实现船只运输、下放、回收等，从而实现水域测量的目的。

（3）重量轻，吃水浅。对于浅水区测量作业，往往是水下测量的难点，水浅，常规船只无法到达，人工测量效率低，安全隐患大。而无人测量船凭借其重量轻、载荷少、吃水浅的优势，完美地解决了浅水测量的难题。

（4）自动化控制，压线质量高。从事水下测量的测量人员都知道，水下地形测量作业，一大难点是水域环境复杂，有人船难以严格根据布设的测线进行导航行船，往往是蛇形走位，压线质量不佳，最终导致断面测量及其他水下测量工作效率降低，数据质量降低，而无人测量船基于程序的自动化控制，实时精准地对船只的方向和位置进行修正，可以保

图 7-4 珠海云洲智能科技有限公司 M80 海底探测无人船搭载多波束条带测深系统进行水下地形测量

证测量船只实时在线、跑线直、数据质量高(见图 7-5)。

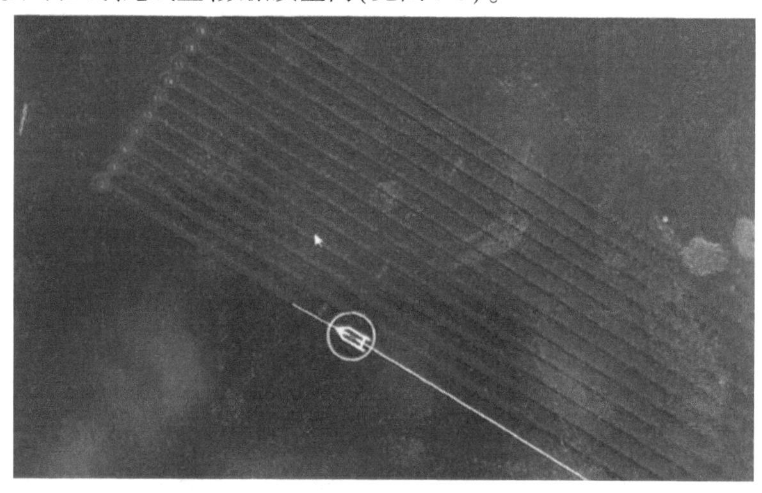

图 7-5 无人船地面站航线监控

当然,在传统的测量手段中,费用高、地形复杂、支架加工不便、安装不便、操作复杂等诸多问题,无人测量船都对其进行了很好的解决。

7.2 无人船船载三维时空信息系统集成

7.2.1 无人船系统组成

无人船包括船体及辅助结构部件、航行模块、能源模块、导航定位模块、通信模块、环境信息监测模块、负载平台模块及指挥与控制模块。

(1)船体及辅助结构部件是最基本的组成部分。船体是无人船所有设备的搭载平台。同时其选择对无人船的操纵性能和可实现的功能有着较大的影响。船体的选择主要和无人船期望达到的操纵性、灵活性、续航力、载重量及成本限制有关。无人船可以选择的船体类型包括:射流滑行艇外壳、刚性充气艇、定制的三体壳、巡逻艇单体壳和小水面双体船外壳(SWATH,Small-waterplane-areatwinhull)、平底船、水翼艇、穿浪艇、很细长的船型、表面效应及地效翼船。辅助结构指的是水上舷侧结构及加固支架等,可以用来保护船载系统,容纳和安装传感器。辅助结构还可以增加无人船的载重率,提高无人船的有效载荷能力。刚性充气艇具有较好的辅助结构,只需对水上结构进行重新布置和部分覆盖,安装传感器支架即可。玻璃纤维、碳纤维和凯夫拉等轻质材料都可以用来制造辅助结构。这些复合材料与金属或者木材相比具有较高的比强度、无磁性、耐腐蚀、防蛀、使用经济等优点。

(2)航行模块。主要对无人船的航向和航速进行实时控制,以实现无人船的航行功能。具体设备包括发动机、齿轮箱、推进器、舵机。考虑到无人船的遥控操作,发动机选择可电控操作的柴油发动机或者混合能源发动机。混合能源发动机噪声相对较小,因此发动机的马力要足够强大,航速设计定在30 km。推进器可使用螺旋桨、喷泵,采用喷水推进的方式,成本相对较高。航向的改变由舵机实现,通过控制舵的转角改变航向,其上加装舵角指示器后就可以检测舵角信号。若采用喷泵,则通过改变喷泵的喷口朝向控制无人船航向的改变。

(3)能源模块。包括动力系及电池系统,一般基于燃油、铅酸电池、太阳能电池或者混合动力。能源模块提供全艇所需能源,可实现能源智能管理。为了确保无人船能够安全自主航行,燃料或者动力不足时可以关闭不重要的设备,或者降低航速保证返航。电池组为全船的电子设备进行供电,一般采用铅酸蓄电池组或银锌电池组,同等质量下银锌电容量是铅酸蓄电池的5倍,亦可考虑太阳能电池板为电池组供电。

(4)导航定位模块。无人船必须获得实时的定位信息,因此导航系统选用卫星导航系统,使用GPS、北斗一体机获取包括UTC时间、经纬度位置及速度在内的卫星导航信息。设备应安装在远离其他通信天线的位置,减少电磁干扰,避免影响卫星信号接收。在无人船首尾线靠近船中的位置安装体积较小的激光陀螺罗经,用来提供无人船的船首向和转首角速度信息。

(5)通信模块。考虑到无人船的工作环境,设计采用卫星通信、超短波通信和微波通信组合通信的方式。超短波和微波设备通信距离有限,主要用于视距范围内的通信。超出视距范围的远距离通信采用卫星通信。近海覆盖4G、5G、网络信号的水域可以利用4G网络进行通信,也可以通过布设无线网络在近岸水域作为备用的通信方式。这样就保证了通信线路的冗余,可以根据使用环境的实际情况选择通信方式,保证无人船与主控站之间的实时通信。

(6)环境信息监测模块。是无人船的眼睛和耳朵,负责对水面进行侦察和监视任务。基于航海雷达(Radar)和激光雷达(LIDAR)及摄像头(Camera)观察水面情况,通过前置声纳(FrontSonar)、侧扫声纳(SideSonar)来避障,根据外部环境反馈信号,自动识别系统(AIS,Automatic Identification System)设备可执行避障。

(7)负载平台模块。包括转动平台和其他负载设备。安装多普勒计程仪获取无人船的速度和航程信息，安装回声测深仪测量水深数据，并提供浅水报警信息。

无人船可搭载单波束测深仪、多波束测深仪等测量声呐设备（见图 7-6）。

图 7-6　船载多波束与单波束扫描示意图

（8）指挥与控制模块。由以上模块中的设备实时采集的信息都将通过网络或者串口线汇总到指挥与控制模块。指挥与控制模块采用一台工业用加固计算机，在计算机内对所有的信息进行处理和分析，对无人船的状态信息进行编码，将视频和音频数据进行压缩处理，通过选定的通信线路发送回主控站。同时负责接收主控站的控制指令，解码后发送到相应的设备实现对无人船的控制。该计算机内部安装有标准输入输出接口的航行管理系统，可以实现本地航行操作，确保无人船在通信状态不佳或者通信线路断开时仍能按照一套规定的控制程序进行控制，保证无人船的安全。

目前无人测量船的发展有两大基本方向：一是在有人船领域，无人船对有人船的替代；二是有人船无法到达或不易到达（如环保要求）的水域，无人船对可测量水域的扩充。今天我们重点要说的应用场景：常规测量的盲区，大量人烟稀少无人到达的水域，而这些水域几乎没有船只。同样，大量的浅水区和环保要求较高的水域，有人船依然难以到达，这均导致了大量的水域水下数据是空白的。对于有人船无法到达或不易到达的水域，针对此水域的无人测量船，要解决下放、回收、吃水、运输等一系列问题，因此无人测量船的小型化发展便成为发展的必然趋势。

7.2.2　无人船载负载设备的发展

前面提到了小型化无人测量船如果要解决无船水域、浅水水域的测量问题，必然利用其体积小、重量轻、吃水浅等优势。同样，要想适应相关水域的测量作业，无人测量船势必向体积更小、重量更轻、吃水更浅等方向发展。多波束测深系统作为目前水下测量的先进技术手段，要解决无人测量船在浅水水域、无船水域的测量任务，必须向更小、更轻、吃水更浅的无人船搭载靠拢，因此要适应此类无人测量船的作业，多波束测深系统必须具备以下优势才会更容易使用。

随着无人驾驶技术的迅猛发展，轻型激光雷达技术得到前所未有的技术发展，从重量到体积都很小，国外 Velodyne、Luminar、Aeva、Ouster、Innoviz、Ibeo 等技术相对成熟，国内近年也涌现出了禾赛、速腾聚创等创业公司。1 kg左右的激光雷达已经发展的很成熟。

7.2.2.1　无人船集成系统对多波束的技术要求及发展

(1)体积小、重量轻。无人测量船的应用要求其吃水要浅,势必其载重要轻,无人测量船便于运输则要求尺寸要小,必定其载荷能力受限,因此要求其搭载的声呐也必须体积要小。因此,要想更好地搭配更轻更小的无人船使用,多波束测深系统也必须体积小、重量轻。

(2)安全系数高。从前面提到的多波束的系统组成可以看出,多波束测深系统是非常复杂的,其含有的辅助设备众多,很多组成部分不可或缺,而无人测量船本身体积小,则复杂多样的多波束各部分必须足够小,否则无法进行安装,而高度集成化产品,降低总的设备体积,走线等方案,成功降低无人船搭载的难度。

(3)免安装校准。使用过多波束的人都知道,多波束测深系统由于其传感器众多,在使用过程中必须进行安装偏差校准测量,而校准测量必须在特定地形条件下进行特定方向的数据采集测量作业,而在未知水域,甚至极浅水水域,要想找到符合校准条件的地形,难度可想而知,甚至不存在理想的校准地形条件,因此多波束在此水域进行测量作业时,便要求其具备免安装校准的功能和特性。

(4)极浅水测量技术。常规多波束测深系统一般的有效测量范围为0.5 m以上,个别产品甚至米级以上才可以使用,而对于极浅水水域来说,此测量范围显然不可使用,因此在极浅水水域使用多波束测深仪,必须解决近场问题。

无人船载多波束的技术要求也注定多波束测深系统是一组包含多种辅助传感器的测量系统,其主要由以下的软硬件产品组成:

(1)多波束测深仪。

(2)GNSS定位系统。

(3)表面声速仪。

(4)声速剖面仪。

(5)姿态仪。

(6)罗经。

(7)潮位仪。

(8)显控软件(声呐工作控制软件)。

(9)导航采集软件(记录声呐和辅助传感器数据)。

(10)后处理软件。

(11)供电、采集计算机等其他工具。

以北京海卓同创科技有限公司的海卓MS400P多波束测深系统为例,其典型的系统组成如图7-7所示。

多波束技术的出现,给水下测量工作带来了极大的突破,与传统的水深测量相比,多波束有以下几个比较明显的优势:

(1)精度高。相较于单波束测深系统,多波束测深系统具备更丰富完善的传感器,在声速仪、姿态仪、潮位仪等高精度传感器的配合下可以测得更精确的水底坐标信息。如图7-8所示为单波束在风浪摇摆下测量误差变大,而多波束则不受此影响。

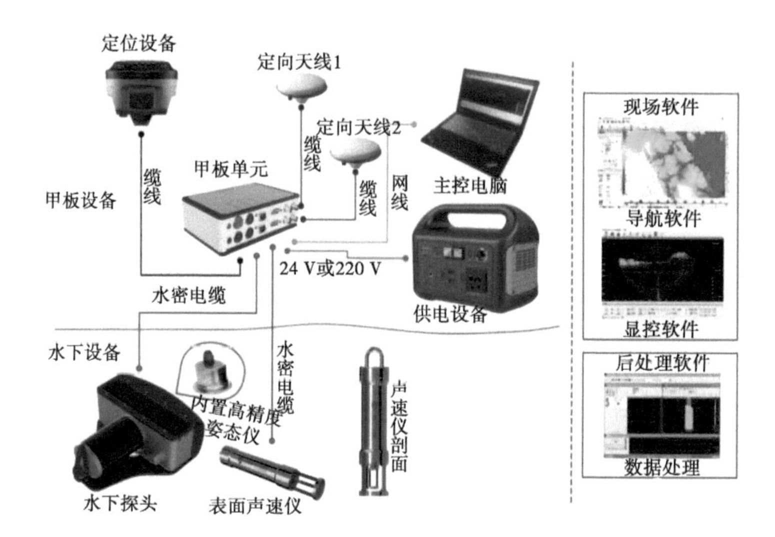

图 7-7 无人船船载多波束系统组成示意图

其次，单波束波束角为 6°～8°，而多波束则在 0.5°～2°，如北京海卓同创的 MS400P 和 MS8200 波束角均为 1°，与单波束相比，多波束的波束角更小，其返回的水深值越接近水底真值，对地形走势的反映越准确。

(2)分辨率高。单波束是一种“由点到线”的测量方式，每次测量只能测量一个水深点，随着载体及设备的航行移动，产生由点到线的测量结果。

而多波束是一种“由线到面”的测量方式，一次测量即可得到垂直于航迹方向的几百甚至上千个水深点，随着载体及设备的航行移动，产生由线到面的测量结果。

单波束无论如何加密测量，均无法和多波束的全覆盖测量相媲美。

如图 7-8 所示为同一水下地形，由于单波束和多波束采集的水底点密度不同，造成结果分辨率的区别，从效果图中可以看出，很多地形的细节是单波束无法反应和表达的。如图 7-9 所示，即便是单波束的加密测量，在分辨率上仍然达不到多波束的测量效果，仍然有大量的地形细节无法反应出来。

图 7-9 中，左侧为单波束效果，右侧为多波束效果，通过此效果可以看出，单波束测量效果存在很多细节的丢失，在分辨率无法比及的情况下，生成的地形图的关键信息的丢失势必也造成了“成果精度”的下降。

(3)效率高。单波束由点到线的测量到多波束由线到面的测量不仅是分辨率的提升，更带来水下测量效率的提升。随着多波束技术的发展，目前多波束已经能够以水深的 6～8 倍，甚至更大的扫测覆盖宽度进行扫测了，水深 10 m 的水域同样进行 1:500 的地形图扫测，单波束 5 m 一条测线，多波束则一条测线覆盖 60～80 m，效率远高于单波束测深仪。作业时长大大降低，效率大大提升。

从图 7-10 中可以看出，同样的地形扫测，多波束扫测测线总长度要比单波束少很多，带来的直接结果即为多波束的地形扫测效率要高很多。

7.2.2.2 陆地三维激光扫描系统要求及特点

随着无人机驾驶的迅猛发展，机械式激光雷达的厂商有 Velodyne、禾赛、Ouster 等，混

(a)单波束效果

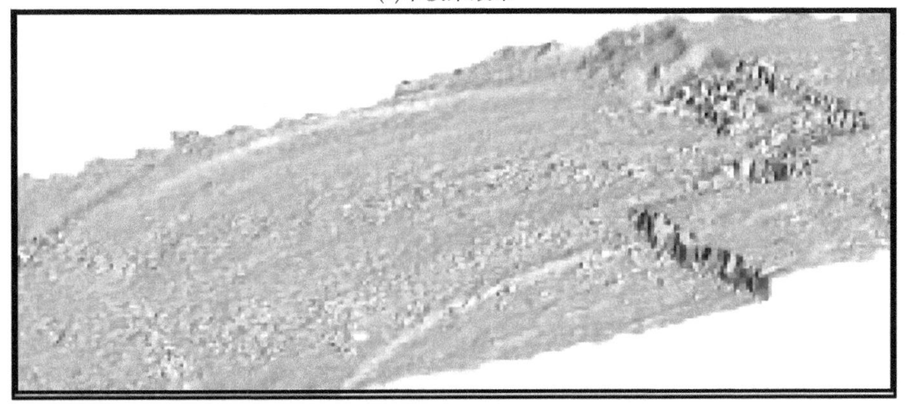

(b)多波束效果

图 7-8　无人船船载单波束、多波束成果比较

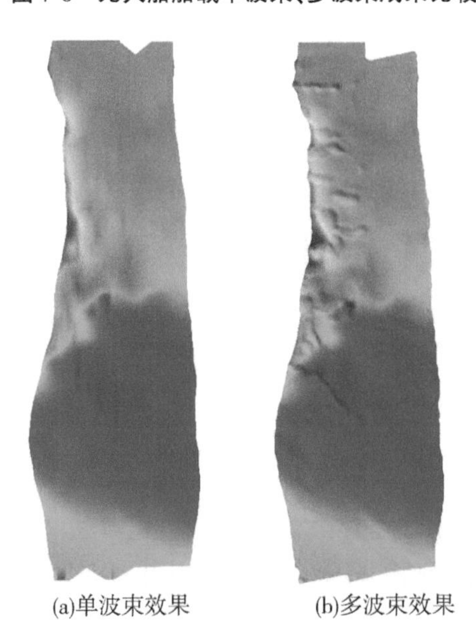

(a)单波束效果　(b)多波束效果

图 7-9　无人船船载单波束、多波束 DEM 成果比较

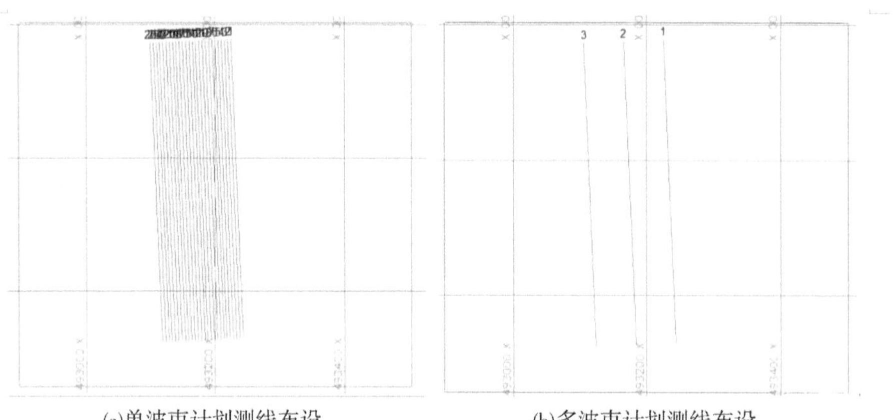

(a)单波束计划测线布设　　(b)多波束计划测线布设

图 7-10　无人船船载单波束、多波束航线规划比较

合固态激光雷达厂商有速腾、Innoviz、大疆 Livox、Luminar 等,纯固态激光雷达厂商有 Quanergy、Ibeo 等。

1. Velodyne 轻型船载激光传感器

Velodyne LiDAR 业务随着自动驾驶的发展,其产品在轻型机载激光和船载激光领域也得到广泛应用。凡涉及自动驾驶研发投入的主机厂、地图厂商及自动驾驶运营项目几乎都是 Velodyne 激光雷达产品的客户。

Velodyne 机械式激光雷达——HDL-64E、HDL-32E、VLP-16。目前,Velodyne 主要有 64 线、32 线、16 线 3 类产品在售,官方定价分别为 8 万美元(约 52.3 万人民币)、4 万美元(约 26 万人民币)和 8 千美元(约 5.23 万人民币)。16 线激光雷达在船载激光系统上所应用,如华测等无人船厂商。Velodyne 激光雷达搀配如图 7-11 所示。

图 7-11　Velodyne 激光雷达搀配

Velodyne 64 线最早用于地图及相关行业,32 线主要用于固定翼无人机。

2. Merlin 船载激光传感器

无缝对接船上现有水道测量设备,如多波束测深仪、IMU、GPS。兼容主流水道测量软件包括 HYPACK ©、EIVA、QPS、Teledyne PDS。实时显示三维模型图。连接使用两个

Merlin 激光雷达,可以减小项目时间,改善点云密度。与水下传感器同步更新,精确地获取周围 360°时间标记的数据集。Merlin 无人船载激光雷达如图 7-12 所示。

图 7-12　Merlin 无人船载激光雷达

250 m 远范围的激光扫描,能快速精确地捕捉、处理和分析地理空间的点云数据,以便规划管理复杂的项目。定制加工的底板控制水平旋转定位,A 字形框架可垂直调整定位。广泛应用于船舶上,是浅水测量船、大型海上船只、无人船的理想之选。

Merlin 由 Carlson 公司设计制造,是一款专门为经济高效完成海上和内河航道测量作业而开发的激光传感器。Merlin 可作为测量船舶已有硬件和软件设施的补充设备,能够与水下传感器无缝集成,帮助快速、有效地同时采集水上和水下的带有时间同步标记的测量数据。Merlin 是同类、同价位产品中唯一的即插即用激光扫描传感器,能够以较低的成本提高船载测量能力,从而提高服务能力。Merlin 提供测量距离远且对人眼安全的激光扫描方案,能够快速、精确地采集、编辑和分析地理空间点云数据,以便规划和管理。激光模块指标如表 7-1 所示。

表 7-1　激光模块指标

类型	InGaAs 激光二极管
波长(典型)	905 nm
精度	±1 cm
最大脉冲能量	0. 461 μJ
光束发散角	2. 25×1. 5 mrads
距离分辨率	1 cm
被动目标的最大量程	250 m
最小量程	0. 5 m
镜头直径和位置	28 mm(位于模块前方)
扫描仪视野	360°
扫描仪角度分辨率	最高可达 0. 01°
扫描速率	最高可达 20 Hz
50 m 处的光斑尺寸	141 mm×103 mm
脉冲测量频率(每秒点数)	36 000
物理数据	
电源	11~30 V 直流 198 W

续表 7-1

类型	InGaAs 激光二极管
重量(不含安装架)	12.5 kg
尺寸(L×W×H)	370.5 mm×274 mm×423 mm
使用环境	
防水防尘	IP66(海洋级别)
工作温度	−10~+50 ℃
储存温度	−25~+70 ℃

7.3　无人船船载三维时空信息典型系统

7.3.1　华微 6 号无人测量船

水上水下无人化点云数据采集方案由水下部分 NORBIT iWBMS 多波束、水上部分 NORBIT iLidar 及载体华微 6 号无人测量船组成。

7.3.1.1　相关设备参数

1. 水上

扫描速度:1~20 Hz 转/s,旋转镜扫描;帧频率:5~20 Hz(10 Hz 默认值);视野范围:30° VER 360° HOR;水平角分辨率:2°;量程:100 m/200 m/300 m;精度:2 cm。

2. 水下

开角:7°~210°(波束横向开角,开角越大效率越高);Ping 率:60 Hz(每秒发射 ping 数,数值越大,点密度越大);波束角:0.5°×1.0°/0.5°×0.5°(单个波束开角,树值越小,指向性越强,精度越高);纵横摇精度:0.01°/0.02°/0.03°(根据姿态仪的不同);量程:0.2~600 m。

3. 无人船

空载船体自重:15 kg;最大载重:60 kg;吃水:0.15 m;电池续航:6 h,可超配至 12 h;船型:可拆卸式三体船(综合运输与抗风浪解决方案)。

7.3.1.2　性能指标

(1)高精度。水上点云综合精度优于 2 cm,水下地形综合精度优于 3 cm。

(2)高集成。NORBIT 多波束集成表面声速、定位定向板卡、姿态等设备,前期安装校准时间由传统的 2~4 h 降低到 0.5 h。210°广角:水下全覆盖,成倍提高工作效率。

(3)超轻便。一套设备,即拎即走,2 人即可作业,提高人员使用率。

华微 6 号无人船系统组成如图 7-13 所示,水面作业如图 7-14 所示,作业成果如图 7-15 所示。

NORBIT 公司专注于新一代集成化、轻便化、高精度的多波束系统,NORBIT 全系列多耗低。

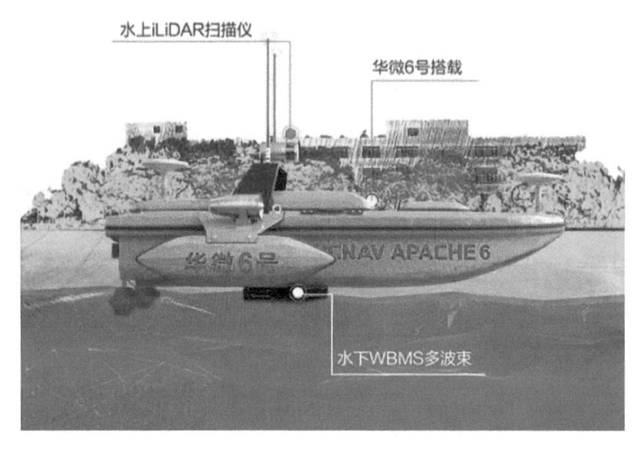

图7-13　华微6号无人船系统组成

图7-14　华微6号无人船水面作业

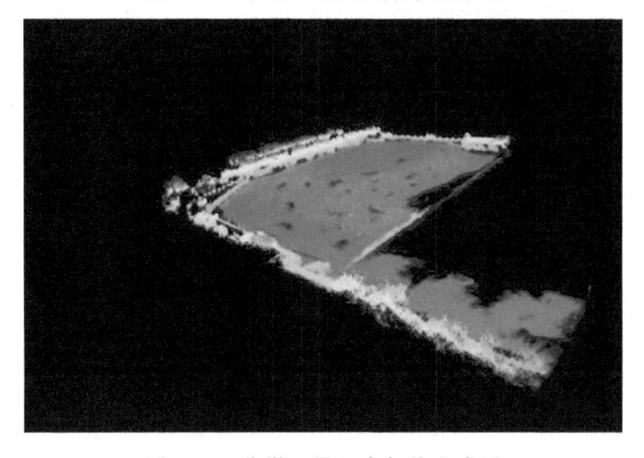

图7-15　华微6号无人船作业成果

波束按集成姿态分为iWBMSe、iWBMS、iWBMSh,按照声呐类型分为宽窄波束、STX扫描声呐、LR长量程版,系统优势在于高度集成、轻便小巧、安装方便、操作简单、便于携带、功耗低。

NORBIT iLiDAR是与高分辨率测深多波束系统完全集成的紧凑型地面测绘传感器

(见图 7-16),30°×360°扫描范围,每秒高达 30 万个数据点。结合 NORBIT 系列多波束,可实现水上水下一体化作业。IP67 的声呐接口单元(SIU),更少的连接,高集成的设计和紧凑的尺寸设计,同时对操作人员的专业知识要求少,大大减轻外业人员负担。

NORBIT iLiDAR 水上水下一体化可应用于港口调查、河流调查、高度间隙(传输线和桥等)、海滩营养调查、海岸线图表调查、水产养殖等领域。NORBIT iLiDAR(水上)各项指标见表 7-2。

图 7-16　NORBIT iLiDAR

表 7-2　NORBIT iLiDAR(水上)指标

项目	指标
红外激光模块	1~20 Hz 时间的双重返回的飞行测量
帧频率	5~20 Hz(10 Hz 默认值)
波长峰值	905 nm(典型)1 类眼睛安全
输出	高达 300.000 点每秒
角分辨率	每个 16 激光/水平的角度分辨率为 2°
角分辨率	0.1°~0.4°垂直
视野范围	30°VER,360°HOR
距离	100 m/200 m/300 m
电压	10~29 VDC 或 110/220 VAC
精度	2 cm
尺寸	103 mm×130 mm×150 mm
质量	2.4 kg

7.3.2　海卓同创无人测量船应用系统

MS400P 多波束测深系统性能优良,无人船厂家在测量船选配多波束测深设备时通常会选择 MS400P 进行集成,目前已为国内外众多无人船厂家进行了搭配测试,可以说普适性非常好(见图 7-17~图 7-20)。

MS400P 多波束特点:体积小,就像一本字典,一个鞋盒;质量轻,探头只有 6 kg;功耗低,低至 40 W;安装和单波束一样快捷方便。

400 kHz 工作频率、512 个电子波束、1°×2°波束宽度、143°波束开角、0.2~150 m 的测量范围、0.75 cm 测深分辨率、60 Hz 最大 Ping 率,都是主流先进浅水多波束的标准指标。

近场动态聚焦波束形成、免安装校准、实时水体成像、实时横摇稳定、侧扫图像输出,具备多波束各种先进功能。

图 7-17　云洲 ME120 无人船(船长 2.5 m)

图 7-18　优世达 U160 无人船(船长 1.6 m)

图 7-19　测量成果

一体化集成航姿测量仪,实现免安装校准和任意角度倾斜测量,表面声速仪、声速剖面仪一应俱全,根据需要还可选配海卓 POS 或其他外置姿态仪,解决各种场合应用需求。

图 7-20　MS400P 多波束

MS400P 多波束测深系统凭借其深度的“惯声融合”技术，通过特定的安装结构，实现了免安装校准，节省大量外业工作量。

MS400P 多波束测深系统采用了先进的动态聚焦波束形成、自适应旁瓣抵消等技术，确保了远近均清晰的效果，其有效测量范围为 0.2～150 m，非常适合极浅水测量使用。

seafloor 无人船如图 7-21 所示。

图 7-21　seafloor 无人船(船长 1.6 m)

第 8 章　技术示范应用

8.1　北江干流黄塘村河段船载三维激光扫描系统测量

8.1.1　测区概况和已有资料

8.1.1.1　测区概况

测区为北江干流黄塘村河段，位于佛山市三水区乐平镇，水流流向由北向南，全长约 6.8 km，水面最大宽度约 960 m，测量时段（3 月初）属于北江枯水期，最大水深 19.2 m。测区左岸为整齐的北江大堤，扫描效果较右岸更为直观有整体性，因此陆地部分选取左岸为扫描对象，水下部分将覆盖整个测区的 6.8 km 河段。

8.1.1.2　已有资料利用情况

（1）GPS 控制点，测区河段左右两岸均有控制点成果，左右两岸各 7 个，用于求取 WGS—84 坐标与北京 1954 坐标的转换七参数，还可作为测量过程中 GPS-RTK 的基站站点。

（2）两岸 1∶5 000 河道地形图，可用于陆地点云精度校核。

（3）水下 1∶5 000 地形图，用于多波束水下测量成果的精度对比。

（4）1∶2 000 河道断面，断面间隔介于 800～1 000 m，按照 1∶2 000 比例尺测量，可用于检查陆地扫描精度。

8.1.2　技术依据及指标

8.1.2.1　技术依据

（1）《水利水电工程测量规范》（SL 197—2013）。

（2）《全球定位系统（GPS）测量规范》（GB/T 18314—2009）。

（3）《全球定位系统实时动态测量（RTK）技术规范》（CH/T 2009—2010）。

（4）《1∶5 000　1∶10 000 地形图图式》（GB/T 20257.2—2006）。

（5）《测绘成果质量检查与验收》（GB/T 24356—2009）。

（6）本项目测量任务书。

8.1.2.2　主要技术要求

（1）坐标系统：1954 北京坐标系，中央子午线 114°。

（2）高程系统：1985 国家高程基准。

（3）源椭球：WGS—84。

（4）测量技术要求：

①船载扫描系统各配套设备的传感器位置与测量船船体坐标系原点的偏移量必须精

确测量,读数精确至毫米,往返各测一次,水平方向读数互差小于 50 mm,竖直方向小于 20 mm,取有效读数平均值作为最终结果。

②校准项目包括时延、横摇、纵摇及艏向偏差,定位时延中误差小于±0.05 s,横摇偏差中误差小于±0.05°,纵摇偏差中误差小于 0.3°,艏向偏差中误差小于±0.1°。

③多波束测线旁向重叠率大于 20%,水下地形等高线高程中误差不超过±2h/3。其中,h 为基本等高距,单位为 m,见《水利水电工程测量规范》(SL 197—2013)。

④地面三维激光扫描精度应符合表 8-1 的规定[参照《水利水电工程测量规范》(SL 197—2013)第八节]。

表 8-1　地面三维激光扫描成图精度要求

误差类别	平面位置中误差(图上 mm)			高程中误差/m	
	1:200	1:500~1:2 000	1:5 000		
地物点	±1.0	±0.8	±0.75	—	
高程注记点	—	—	—	±h/2	
等高线	—	—	—	山地±2h/3	高山地±h

注:h 为基本等高距。

8.1.3　设备软件配置

本项目用到的主要仪器设备包括多波束测深仪、三维激光扫描仪、光纤罗经及 GPS 接收机等,软件包括各设备的配套软件及相关数据的后处理软件,主要设备及软件的技术指标和功能见表 8-2。

表 8-2　船载三维激光扫描系统仪器及软件

类别	型号	指标/功能		数量	产地
GPS	中海达 V30	平面精度/mm	$10+1\times10^{-6}$	3 台	中国
		高程精度/mm	$20+1\times10^{-6}$		
多波束测深仪	R2Sonic 2022	波束	1°×1°	1 套	美国
		量程分辨率	1.25 cm		
光纤罗经	iXSEA OCTANS	航向精度	0.1°×Secant 纬度	1 台	法国
		横摇动态精度	0.01°		
		纵摇动态精度	0.01°		
三维激光扫描仪	RIEGLVZ-1000	单次扫描精度	5 mm(100 m 处)	1 套	奥地利
计算机	DELL OptiPlex 9010	i73770/4 GB/1 TB		1 套	美国
声速剖面仪	AML Micro X	声速精度	0.05 m/s	1 套	加拿大
应用软件	Qinsy	外业采集、设备控制		1 套	荷兰
	CARIS	数据处理、显示及成果输出		1 套	加拿大
	RiSCAN PRO	三维激光点云处理		1 套	奥地利
	Leica Cyclone	三维模型一体化显示及动态漫游		1 套	德国
	Cass	绘制地形图、精度校核		1 套	中国

8.1.4　关键技术

船载扫描系统涉及的仪器和软件较多，RIEGL 扫描仪、R2Sonic 多波束测深仪和 GPS 是主要的数据采集软件；iXSEA 光纤罗经、潮位观测、声速剖面仪为原始数据提供实时同步的校准参数；Qinsy 是外业采集的控制软件，也有一定的数据处理功能，其保存并输出原始数据；CARIS 是主要的数据后处理软件。本项目技术路线如图 8-1 所示。

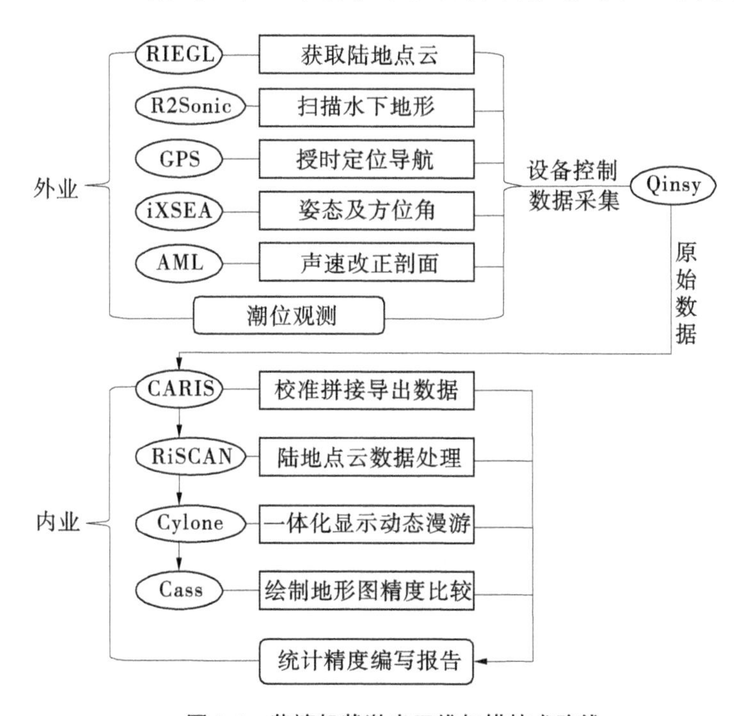

图 8-1　黄塘船载激光三维扫描技术路线

由于系统设备较多，各设备的相对位置也是配准点云模型的参考之一，加之船载扫描是一个动态测量过程，如何正确安装和连接所有设备，确定设备相对位置的稳固和准确性，获取作业过程中各项同步改正值，是本项目的关键技术问题。

8.1.4.1　设备安装及船体坐标系

系统主要部件的安装位置如图 8-2 所示，VZ-1000 扫描仪装置在船顶左舷边缘，底部为焊接固定的螺旋基座。多波束测深仪的探头固定在船头左舷，探头需没入水中。光纤罗经固定在船体重心位置的甲板上，上方商标符号指向航行方向。GPS 包括主副 GPS 各一个，厚一点的为主 GPS，放在船尾，薄一点的为副 GPS，放在船头，两个 GPS 相距 1～2 m（不宜超过 2 m），一般为 1.5 m 左右，均位于左舷船顶，两者连线平行船体中心线，并保持同样高度，最理想的位置是安装在船中间。

此外，为标定所有设备在测量船上的位置，定义船体坐标系：以测量船前进的方向为 Y 轴正方向，船体右侧为 X 轴正方向，垂直船体向上为 Z 轴正方向，原点 $O(0,0,0)$ 位于探杆与水面的交点处，如表 8-3 所示，根据实际测量结果，得到多波束换能器（量到换能器最底部）、IMU、主 GPS 在船体坐标系中的坐标值，其中换能器 $X=0$ m、$Y=-0.182$ m 为固

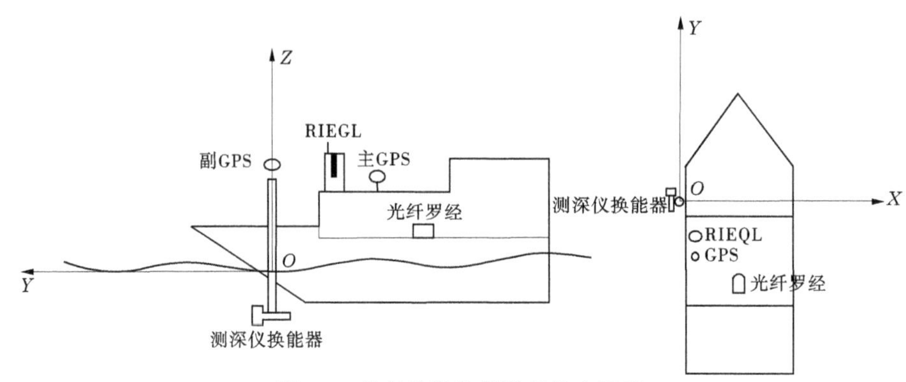

图 8-2　设备安装位置及船体坐标系

定值。

表 8-3　设备船体坐标

设备名	X/m	Y/m	Z/m
换能器	0	-0.182	-0.367
IMU	2.212	-7.222	0.821
主 GPS	0.432	1.521	2.155

8.1.4.2　设备连接

三维激光船载扫描系统使用的设备较多,各个设备的串口分配和信号连通十分关键,需注意区分与调试。如图 8-3 所示,GPS、RIEGL 扫描仪、光纤罗经和多波束测深仪,都是通过交换机实现与计算机之间的数据传输及通信,可见交换机在设备连接中的重要性,必须确保其线路连接准确无误。

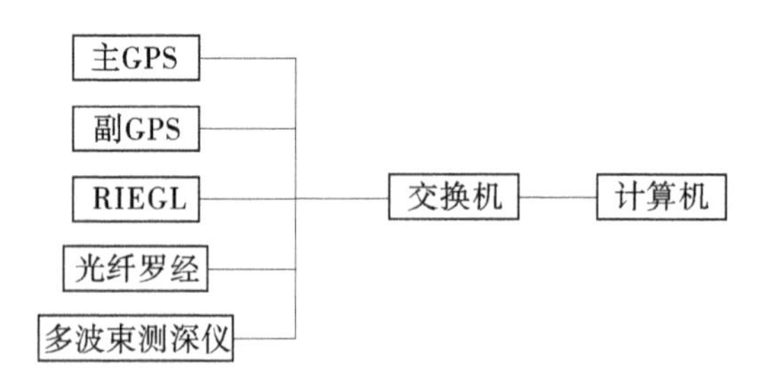

图 8-3　数据传输及通信

(1)本次试验串口分配 GPS 为 COM5,姿态仪和罗经均为 COM6,ZDAPPS(时间同步系统)为 COM7,PPS Adapter 为 COM8。各个设备在交换机上的通信连接如图 8-4 所示。

(2)仪器连接完毕后,可打开 Template Manager 窗口中的 I/O Tester 测试设备通信是否连接成功(见图 8-5)。

若设备已连通,其通信窗口会有信号写入;若无信号输入,需检查串口及线路是否正常(见图 8-6)。

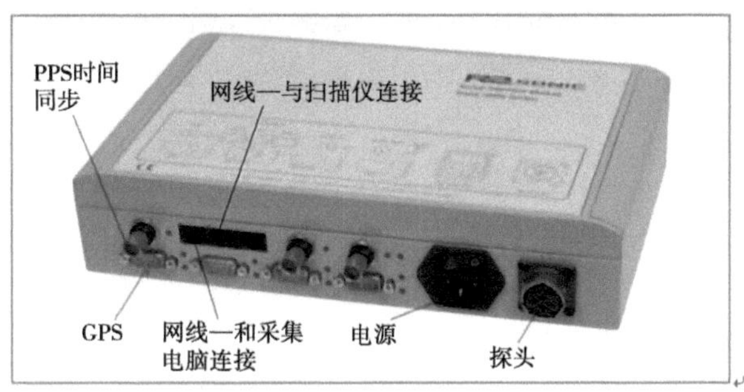

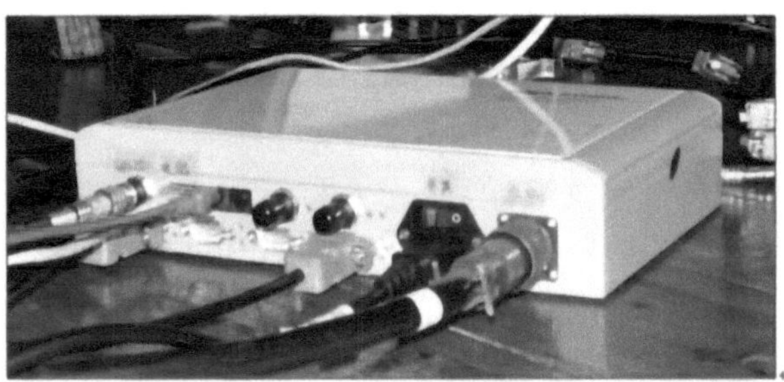

图 8-4　交换机线路连接

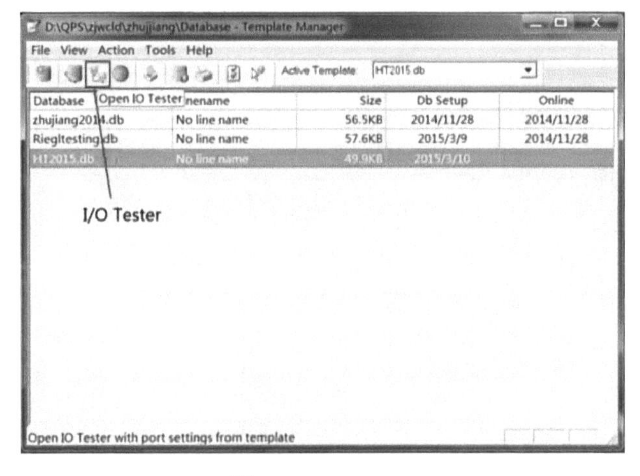

图 8-5　I/O Tester

8.1.4.3　三项改正

三项改正指的是潮位改正、声速改正和姿态改正，改正参数的准确性不仅取决于改正值的测量精度，还取决于改正值是否与测量成果准确同步。

(1)潮位改正。观测时段必须包括整个测量时段，保证测量时段内每一时刻都有潮位值，若测区较长，还需在上下游设置多个验潮站，内插求出整个河段的潮位改正值。

(2)声速改正。声速剖面的水深范围必须包含多波束测量成果的取值区间，保证所有水深处均有对应的改正值，使用声速仪时必须先没入水中，待声速仪与水温相同时再慢慢沉入水中，触底后再缓慢拖出水面。

(3)姿态改正。关键在于使用时间同步系统，将每一时刻的测量数据与其相应姿态准确无误地对应起来。

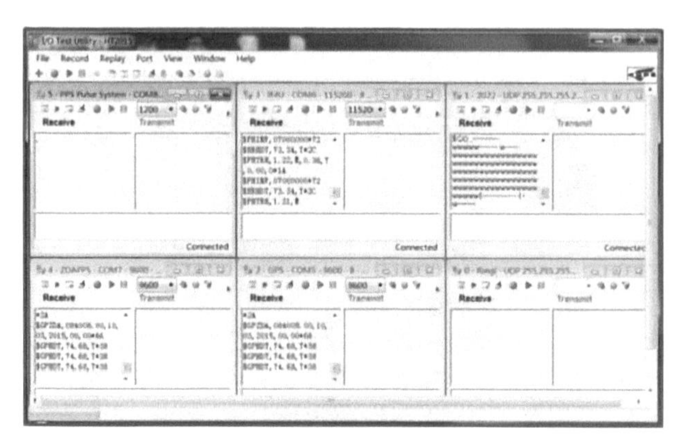

图 8-6　设备通信测试

(4)时间同步系统。船载系统配备了两个 GPS,其中的主 GPS 用于导航定位,副 GPS 则用于授时,为时间同步系统提供秒脉冲,这是保证改正值与测量值精确同步的关键技术。

8.1.4.4　求取转换七参数

系统的定位及导航数据仅接收、保存 WGS—84 大地坐标,必须经过七参数转换才能获得 1954 北京坐标系等坐标系下的坐标。利用左右两岸的已有成果,选取能覆盖整个测区的至少四个控制点,使用中海达 V30 可求得测区的转换七参数,作为数据后处理的重要输入参数。

8.1.5　船载激光三维扫描

8.1.5.1　新建数据库

(1)打开 Qinsy 采集(见图 8-7),弹窗提示输入用户名,点击“OK”按钮返回主窗口,点击“Setup”按钮进入数据库的模板管理器(Template manager)。

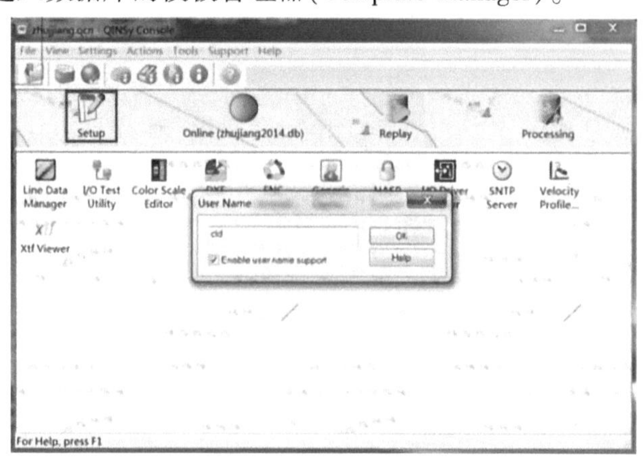

图 8-7　打开 Qinsy 采集

(2)选择 File—New Template Database 新建数据库(见图 8-8),输入数据库名,点击“OK”按钮后自动跳转至 Database Setup Program 窗口,并自动弹出基准面参数(Datum Parameters)窗口。

(3)测量单位选择 Meters,基准面(Datum)选择 WGS84,基准面参数使用默认值(见

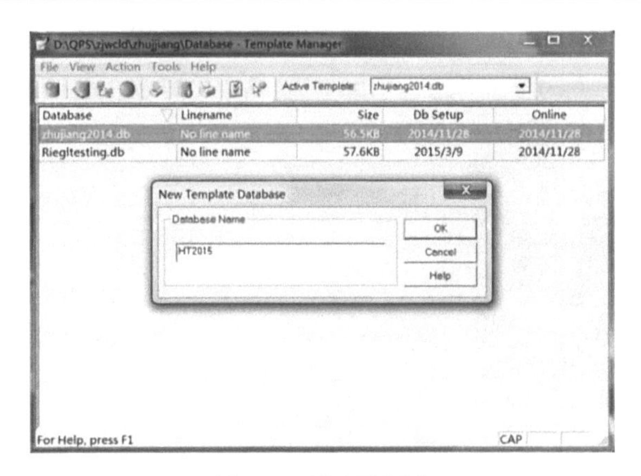

图 8-8　新建数据库

图 8-9、图 8-10)，点击“下一步”按钮。

图 8-9　设定参数(1)

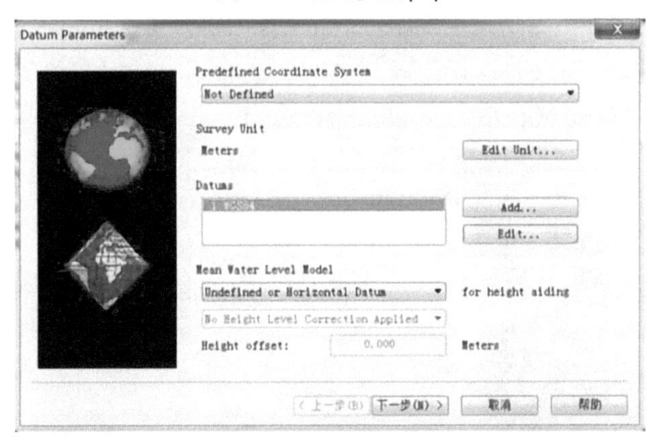

图 8-10　设定参数(2)

(4)Output Datum Parameters 窗口中(见图 8-11)，Survey Datum 及 Vertical Datum 均选择 WGS84，Digital Terrain Models 选择 Relative DTM’s with DTM heights relative to object reference。

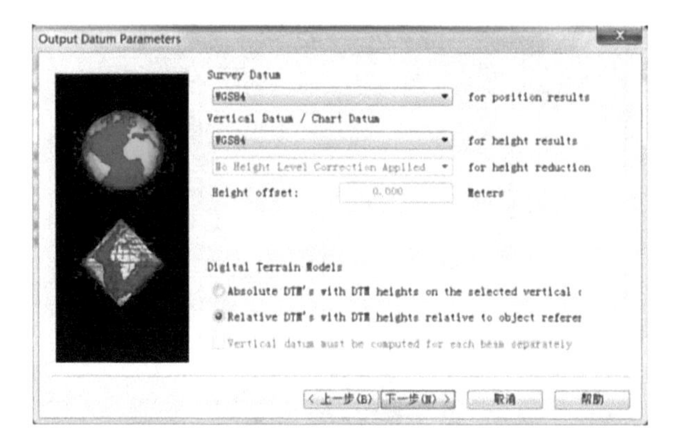

图 8-11　Output Datum Parameters 窗口

(5) Projection Grid Parameters 窗口中(见图 8-12), Projection Type 选择 Transverse Mercator(North Orientated);根据当地大地坐标,中央子午线 Longitude of grid origin 修改为114°,若修改前中央子午线为 3°,需先在数字 3 前输入两位空格,再键入 114;Scale factor at longitude of origin 修改为 1,其他为默认值。

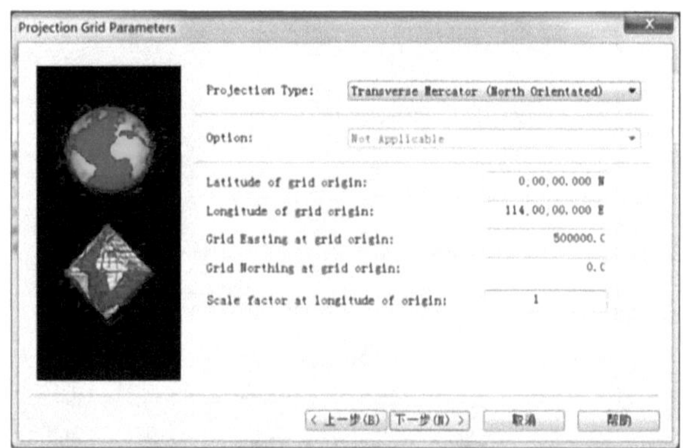

图 8-12　Projection Grid Parameters 窗口

点击“下一步”按钮进入 Construction Grid Parameters 窗口(见图 8-13),无需设置,点击“完成”按钮跳转至船定义(Object Definition)窗口。

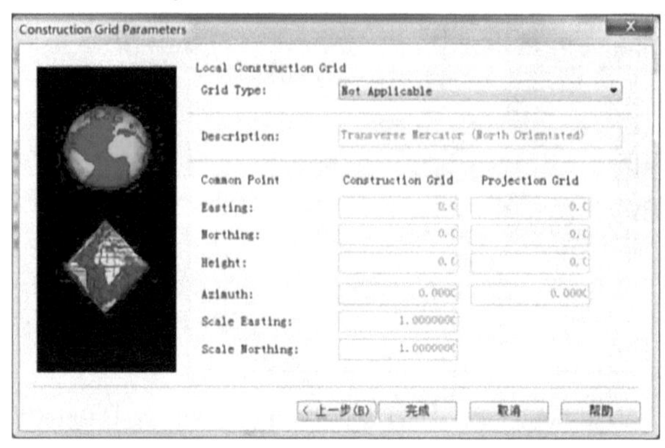

图 8-13　Construction Grid Parameters 窗口

8.1.5.2　船定义

(1)在 Object Definition 窗口中(见图 8-14),Type 选择船(Vessel),输入船名称,进入下一步。

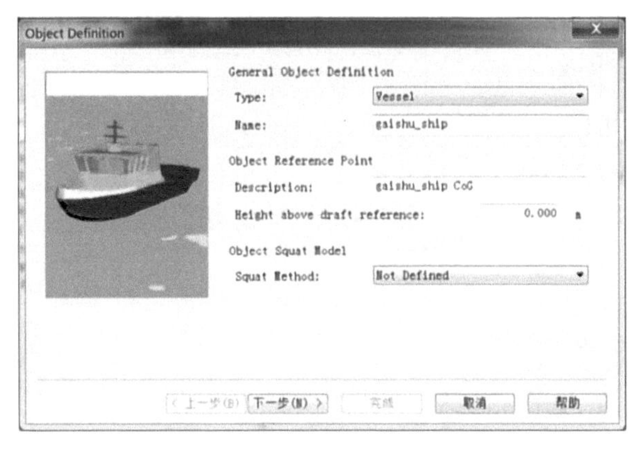

图 8-14　Object Definition 窗口

(2)设置船参数(Vessel Parameters)(见图 8-15),使用默认参数,点击"下一步"。

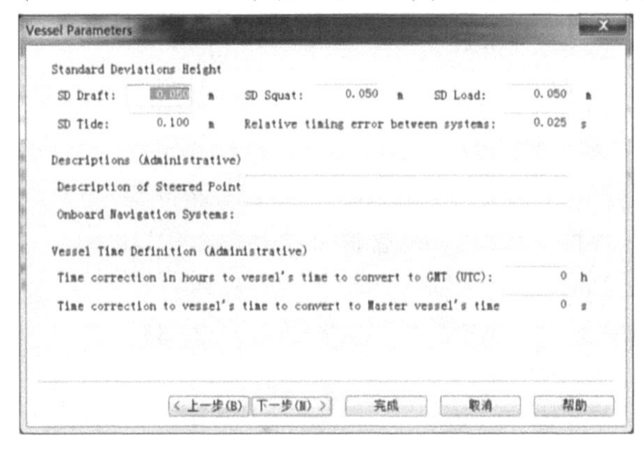

图 8-15　Vessel Parameters

(3)定义船形状(Shape)(见图 8-16),若需自定义船形状,点击"Add…"添加船形状后,点击"Edit…"编辑船形状,Scale 一般设置为 1∶2;若使用默认船形状,直接点击"完成"结束船定义,自动跳转至 New System 界面。

图 8-16　定义船形状

测量船上设备多,为确定设备在船上的相对位置,定义船体坐标系:坐标系原点 $O(0,0,0)$ 位于多波束探杆与水面的交点处,航行方向为 Y 轴正方向,竖直向上为 Z 轴正方向,X 轴正方向指向航行方向右侧。后续添加的测深仪、罗经及 GPS 等设备,均采用此坐标系确定其在船上的位置。

8.1.5.3　添加多波束测深仪

(1)Database Setup Program 窗口中(见图 8-17),在当前测量船 gaishu_ship 目录下右键单击 System,选择 New System 新建系统。

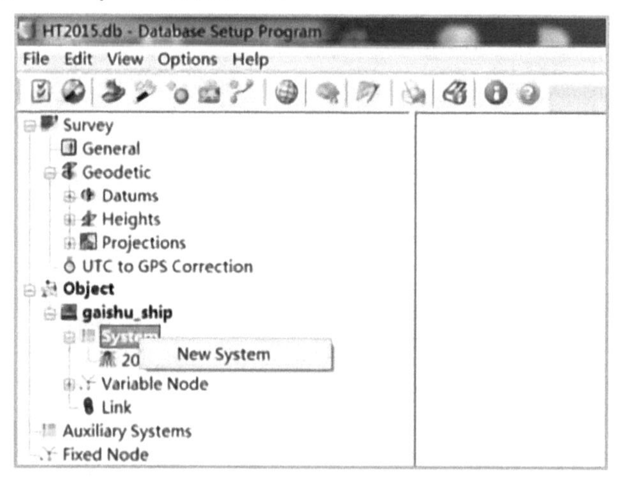

图 8-17　Database Setup Program 窗口

(2)输入多波束名称 2022,Type 选择 Multibeam Echosounder,Driver 选择 R2Sonic 2000 Series(Network),Port number 输入 4000(见图 8-18),点击“下一步”。

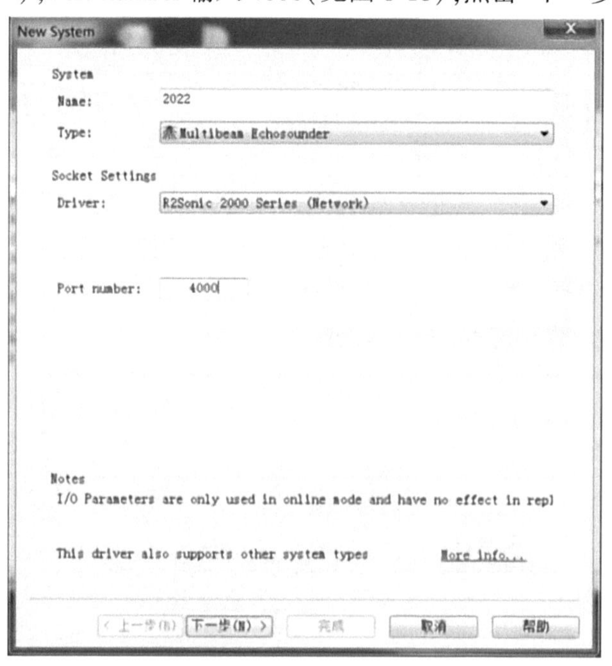

图 8-18　New System 界面

(3) Driver Specific Parameters 界面中(见图 8-19), Raw Bathymetry Storage、Raw Snippet Storage 两项均选择 Enabled,点击"下一步"。

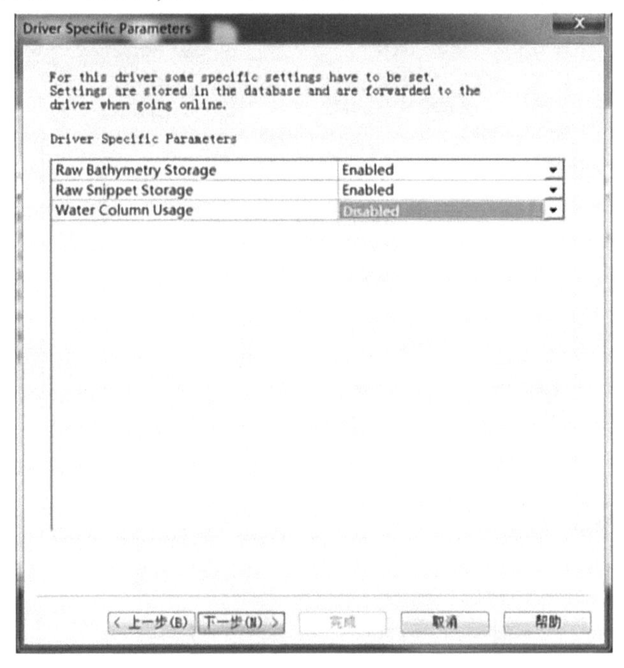

图 8-19　Driver Specific Parameters 界面

(4) Multibeam Echosounder Parametes 窗口中(见图 8-20),点击右侧十字图标打开 New Variable Node,添加测深仪节点,输入节点名称如 2022, Object 选择当前测量船,输入测深仪换能器在船体坐标系中的位置: $X = 0$ m, $Y = -0.182$ m 为固定值, $Z = -0.8$ m, A-priori SD = 0.01 m,点击"OK"返回 Multibeam Echosounder Parameters 窗口,点击"下一步"。

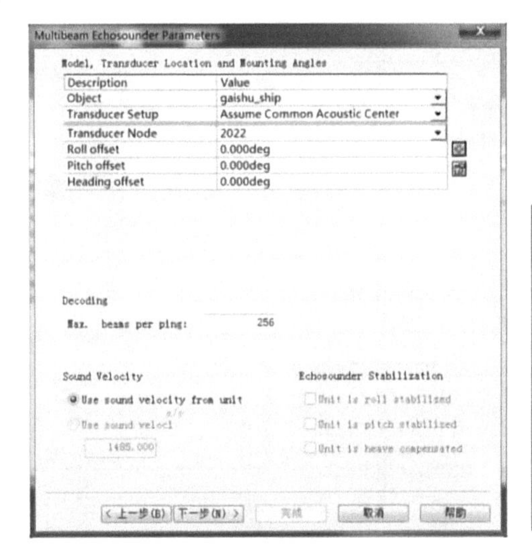

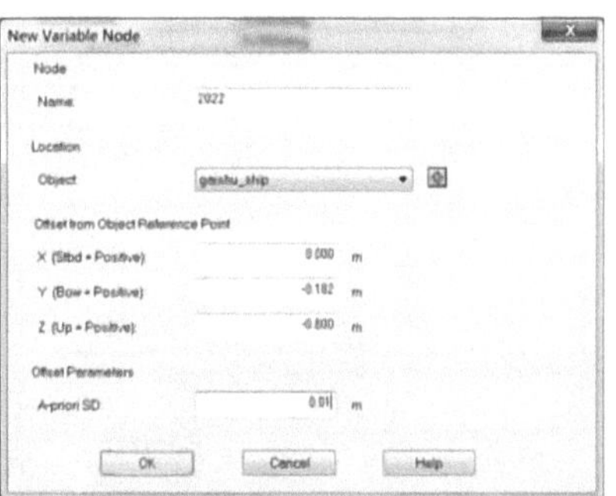

图 8-20　Multibeam Echosounder Parametes 窗口参数设置

(5)Echosounder Accuracy Parametes 窗口中(见图 8-21),采用默认设置,点击“下一步”。

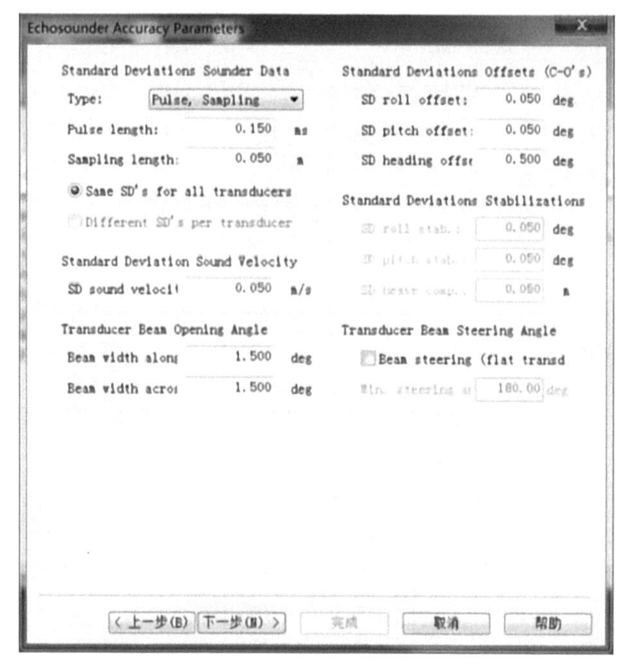

图 8-21　Echosounder Accuracy Parametes 窗口

(6)Multibeam Echosounder Corrections 窗口中(见图 8-22),默认设置,点击“完成”,在弹出的 Add Related System 中,点击“Cancel”结束添加。

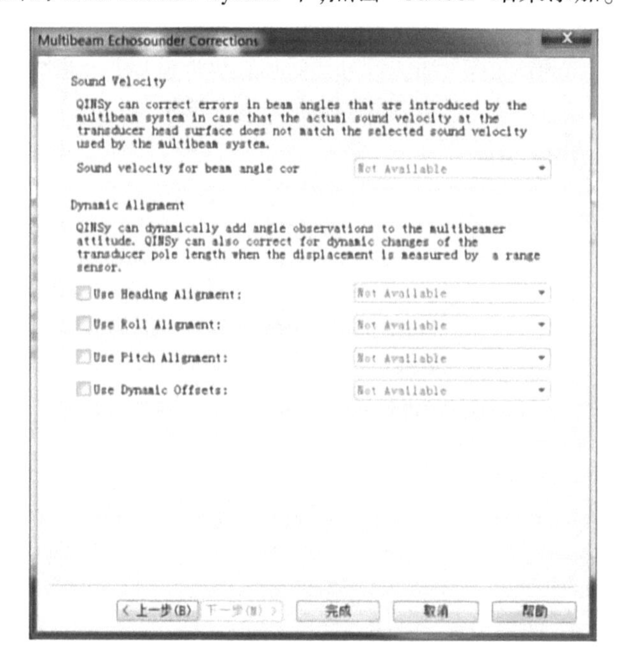

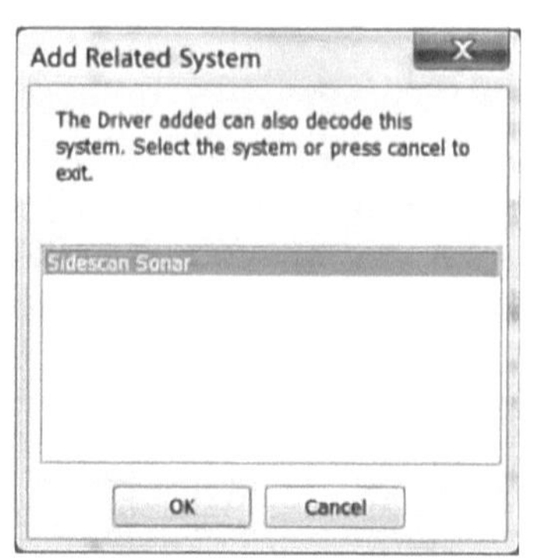

图 8-22　Multibeam Echosounder Corrections 窗口

8.1.5.4　添加 GPS

(1)Database Setup Program 窗口中(见图 8-23),在当前测量船 gaishu_ship 目录下右键单击 System,选择 New System 新建系统。

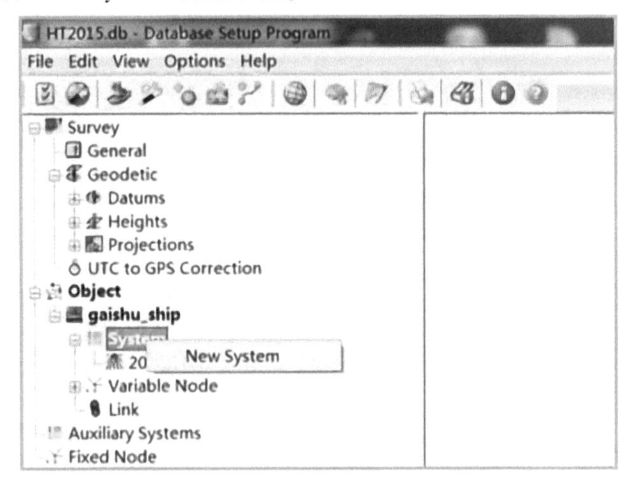

图 8-23　Database Setup Program 窗口

(2)New System 窗口中(见图 8-24),输入名称如 GPS,Type 选择 Position Navigation System;由于只需 GPS 提供定位功能,因此 Driver 选择 NMEA Position(GPGGA);Port number 选择 5,其余参数默认,点击"下一步"。

(3)Position System Parameters 窗口中(见图 8-25),Object 选择当前测量船 gaishu_ship,Antenna 点击其下拉框右侧十字图标进行新增,在弹出的 New Variable Node 窗口中(见图 8-26),输入名称如 GPS,量测 GPSRTK 在测量船上的相对位置后输入:$X=0.430$ m,$Y=0.000$ m,$Z=1.000$ m,A-priori SD=0.500 m。实际工作中,每次测量 GPS 装置位置可能发生变化,GPS 坐标并不是固定不变的,需量测计算确定。

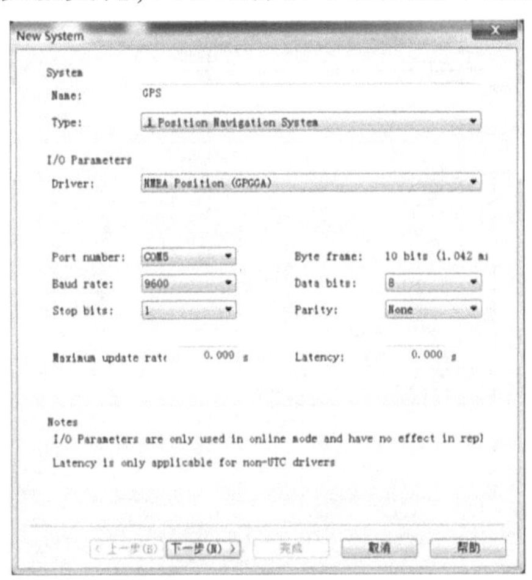

图 8-24　New System 窗口

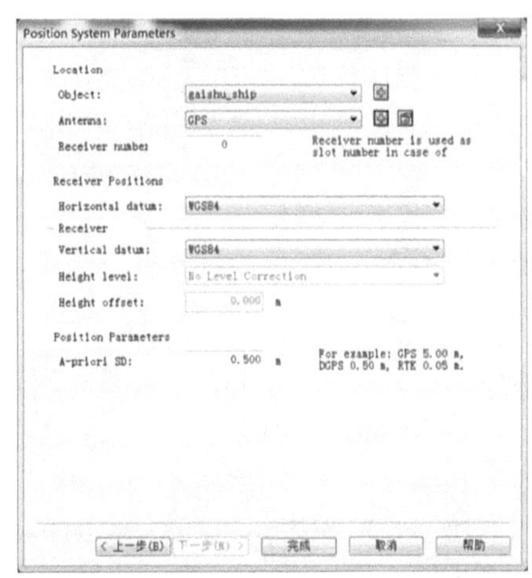

图 8-25　Position System Parameters 窗口

节点创建成功后,点击"OK"返回 Position System Parameters 窗口,点击"完成"结束添加。

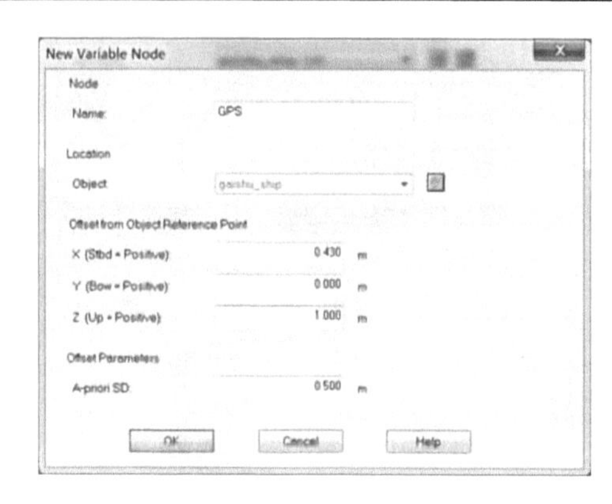

图 8-26　New Variable Node 窗口

8.1.5.5　添加光纤罗经

iXSEA OCTANS 光纤罗经集成了姿态仪及罗经的功能,可实时提供精确可靠的运动姿态数据和真北方位角。在 QINSy 的数据库设置阶段,需分别添加姿态仪及光纤罗经。需要注意的是,姿态仪添加完成后,罗经是作为与姿态仪关联的设备添加进来的,并且两者所用的串口(Portnumber)是相同的。

1. 添加姿态仪

(1)Database Setup Program 窗口中(见图 8-27),在当前测量船 gaishu_ship 目录下右键单击 System,选择 New System 新建系统。

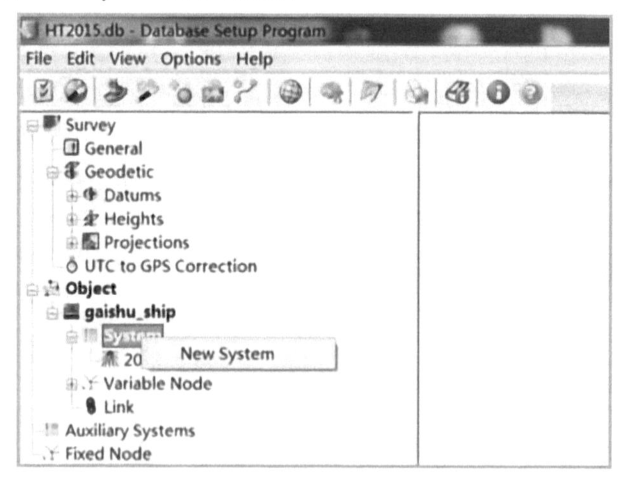

图 8-27　Database Setup Program 窗口

(2)New System 窗口中(见图 8-28),需进行以下设置:

①输入 Name:IMU。

②Type 选择 Pitch Roll Heave Sensor。

③Driver 选择 iXSea Octans MRU($PHTRH)(Heave Up 'U')。

④Portnumber 选择 COM6,避免和 GPS 串口冲突。

⑤Baud rate(波特率)务必选择 115200。

⑥Latency(延时)输入 0.003 s。

其余参数使用默认值,点击“下一步”。

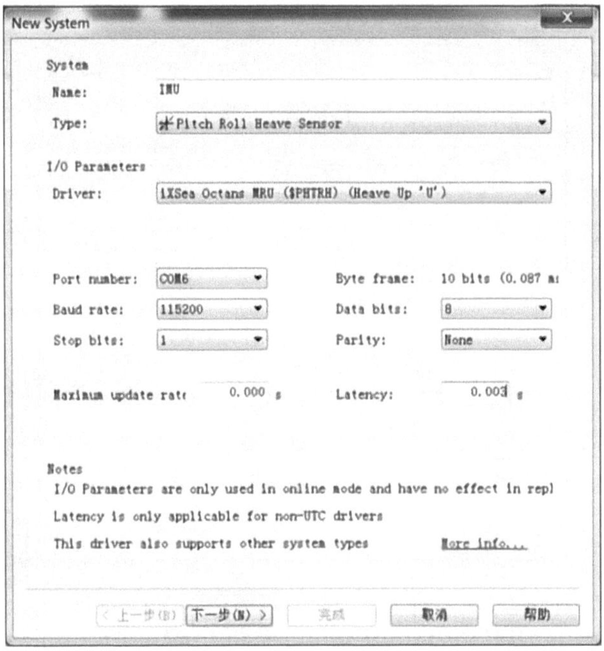

图 8-28　New System 窗口

(3) Motion Sensor Parameters 窗口中(见图 8-29),Object 选择当前测量船 gaishu_ship,点击 Node 下拉框右侧的十字图标,增加一个 IMU 节点,输入光纤罗经的相对坐标后,点击“OK”返回 Motion Sensor Parameters 窗口。Type 选择 HRP(pitch first),其余使用默认值,点击“下一步”。

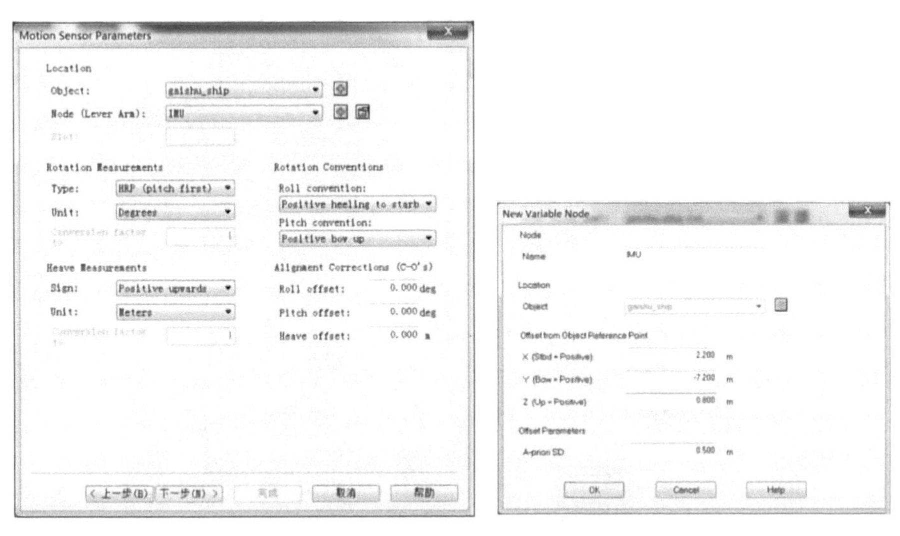

图 8-29　Motion Sensor Parameters 窗口

(4)在如图 8-30 所示窗口中,Heave delay 输入 0.003 s,其余使用默认值,点击“完成”,弹出 Add Related System 窗口。iXSEA OCTANS 光纤罗经集成了姿态仪和罗经的功能,此处需将姿态仪和罗经关联起来,点击“OK”添加关联罗经。

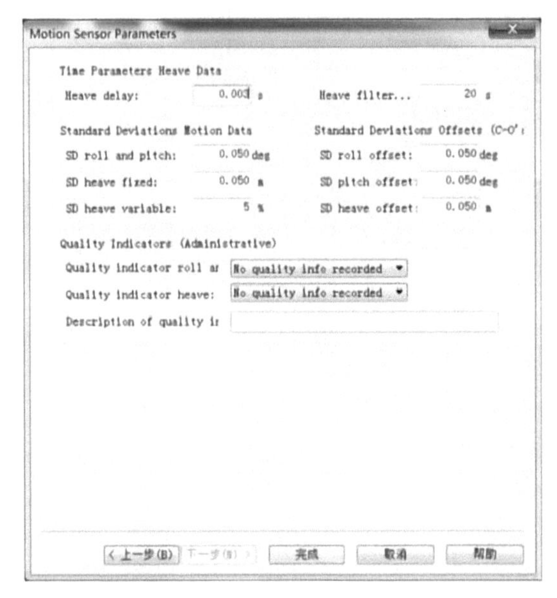

图 8-30　Motion Sensor Parameters 窗口

2. 添加罗经

(1)在如图 8-31 所示窗口中,由于罗经是与已添加的姿态仪相关联的,参数已全部自动设置:

①Name 修改为 Gyro。

②Type 使用 Gyro Compass。

③Driver 选择 iXSea Octans MRU($ HEHDT)(Heave Up‘U’)。

④Port number 选择 COM6,Baud rate 选择 115200,与姿态仪保持一致。

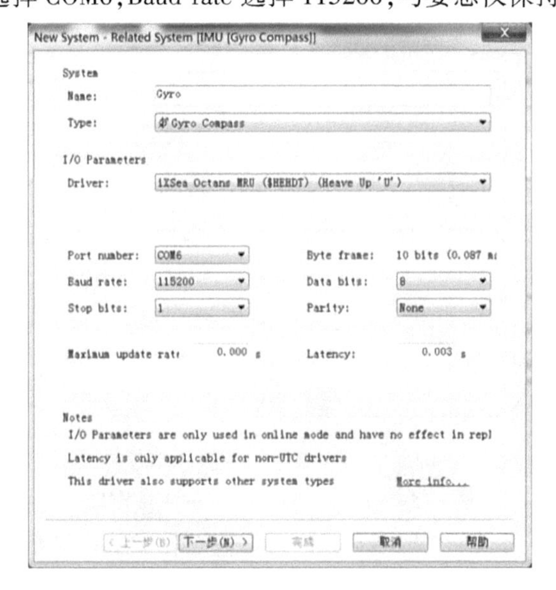

图 8-31　添加罗经参数设置

其余参数使用默认值,点击"下一步"。

(2)Gyro Observation Parameters 窗口中(见图 8-32),Location 选择当前测量船 gaishu_ship,点击"完成"结束罗经的添加。

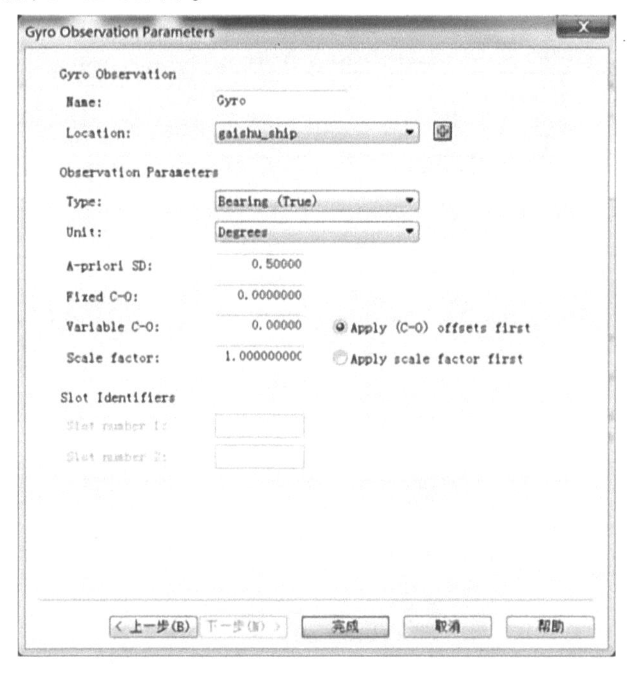

图 8-32　Gyro Observation Parameters 窗口

8.1.5.6　添加时间同步系统

(1)Database Setup Program 窗口中(见图 8-33),在当前测量船 gaishu_ship 目录下右键单击 System,选择 New System 新建系统。

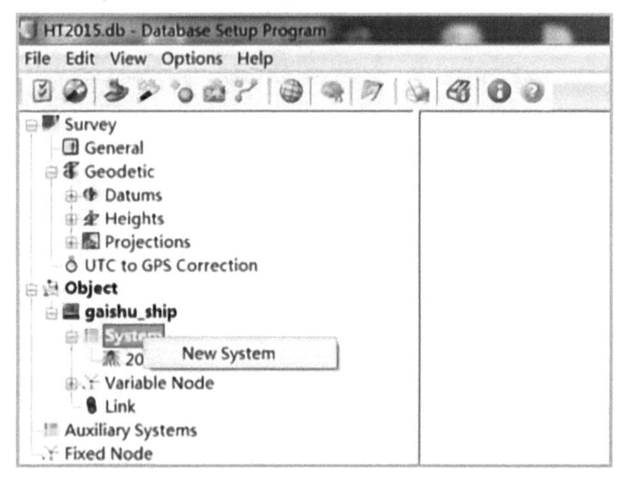

图 8-33　Database Setup Program 窗口

(2)New System 窗口中(见图 8-34),输入 Name 如 ZDAPPS,Type 选择 Time Synchronization System,Driver 选择 NMEA ZDA,Port number 选择 COM7 以免与之前设备冲突,

Baud rate 选择 9600,其余使用默认参数,点击“下一步”。

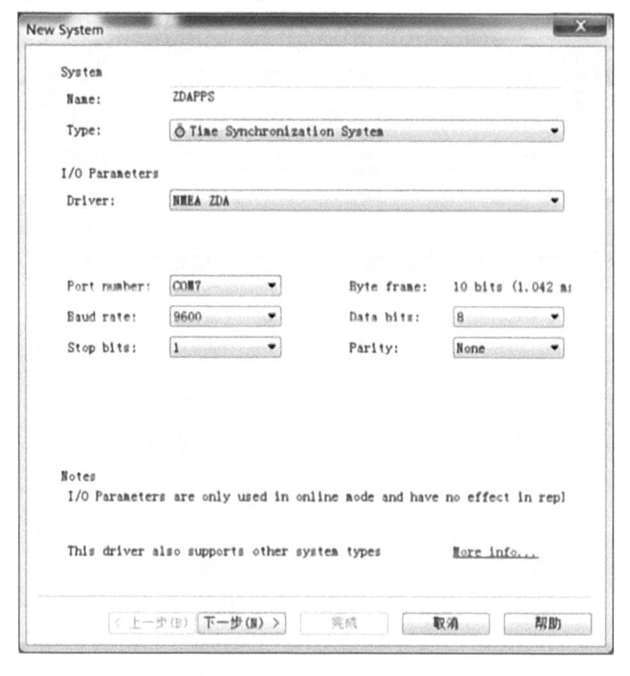

图 8-34　New System 窗口

(3)PPS System Options 窗口中(见图 8-35),勾选 Use PPS Adapter,并选择 COM8,Time tag-Pulse 选择 Automatic Matching,点击“完成”后弹出 Add Related System,点击“Cancel”结束添加。

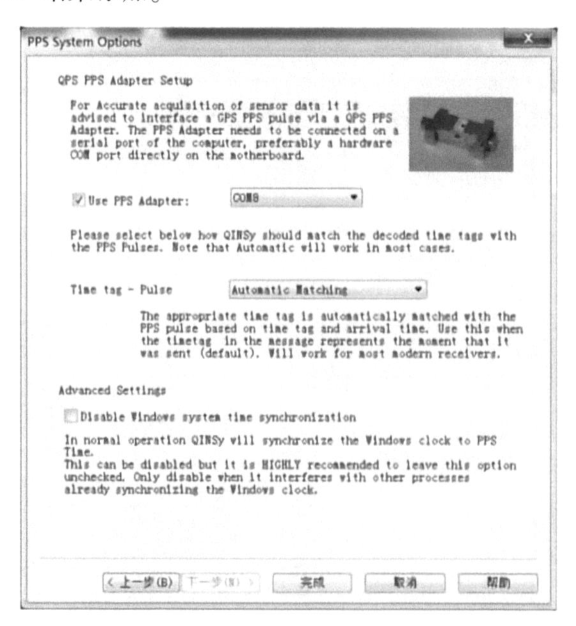

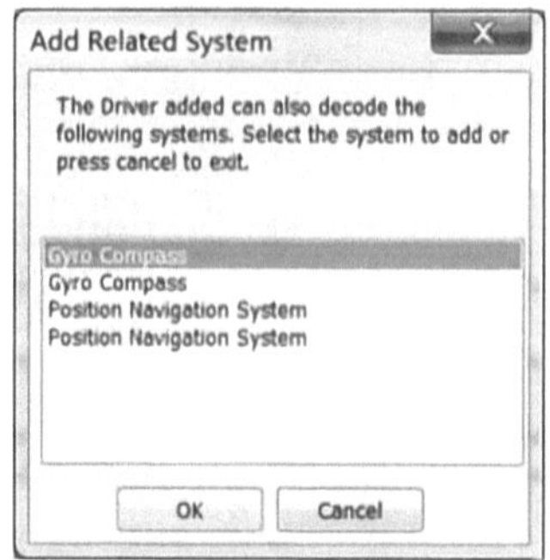

图 8-35　PPS System Options 窗口

8.1.5.7　添加 RIEGL VZ-1000

扫描仪工作之前,扫描模式选择 Line Scan Demo(线扫描模式),扫描仪不会水平旋转,仅在竖直方向内上下扫描;扫描距离根据两岸地物距离确定,一般以 450 m 和 950 m 为宜,扫描距离过大时船速需控制得较低。

(1)Database Setup Program 窗口中(见图 8-36),在当前测量船 gaishu_ship 目录下右键单击 System,选择 New System 新建系统。

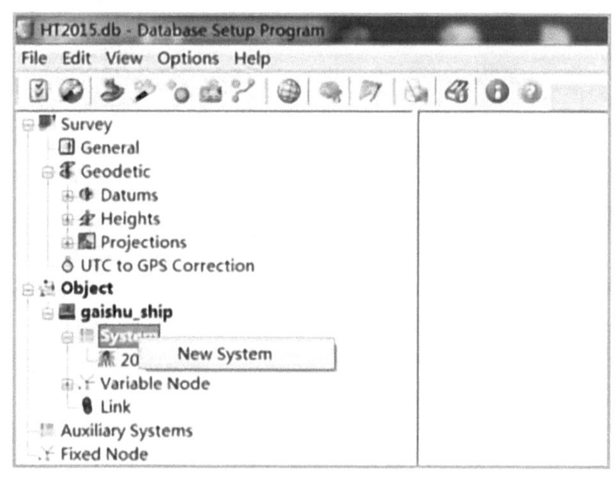

图 8-36　Database Setup Program 窗口

(2)New System 窗口中(见图 8-37),Name 输入 Riegl,Type 选择 Multibeam Echosounder,Driver 选择 Laser Scanning-RIEGL VZ-1000,Port number 输入 20002。由于主控电脑 IP 地址固定为 10.0.1.102,为构成局域网通过交换机传输数据,此处扫描仪 IP 地址输入 10.0.1.34,并将扫描仪内部 IP 地址修改为 10.0.1.34。Maximum updaterate 设置为 0.000 s,点击“下一步”。

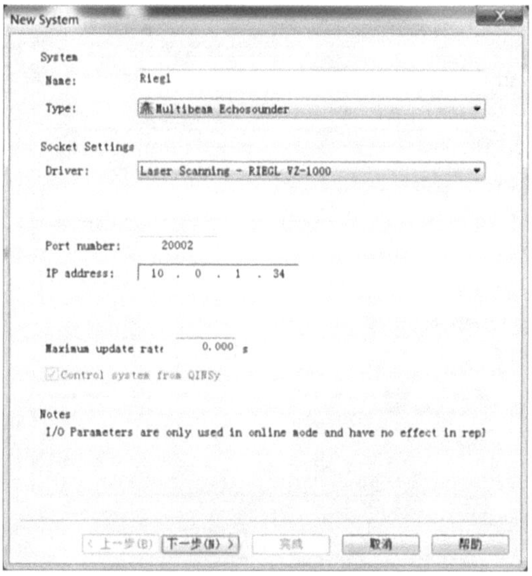

图 8-37　New System 窗口

(3)Multibeam Echosounder Parameters 窗口中(见图 8-38),需做以下设置:

①Object 选择当前测量船 gaishu_ship。

②Tansducer Node 设置,需添加一个扫描仪位置节点:点击右侧十字图标打开 New Variable Node 小窗口,Name 输入 Riegl,Object 选择当前测量船,坐标根据扫描仪在船上相对位置量测确定,点击“OK”关闭小窗口。

③根据扫描仪当前朝向,Heading offset 输入-90deg。

④Max. beams per ping 为 34463,建议输入 99999,点击“下一步”。

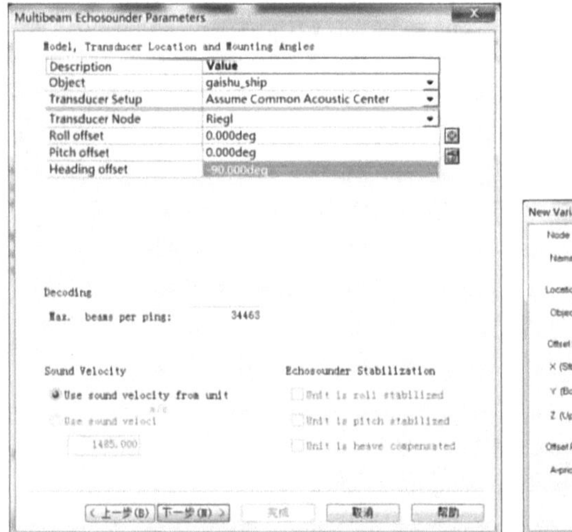

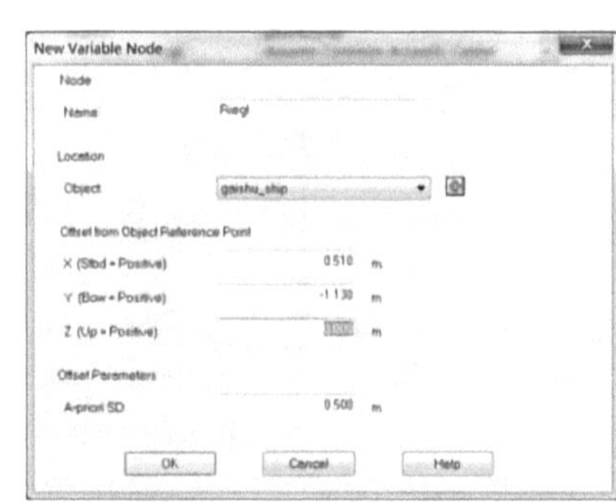

图 8-38　Multibeam Echosounder Parameters 窗口

(4)Echosounder Accuracy Parameters 使用默认设置(见图 8-39),点击“下一步”。

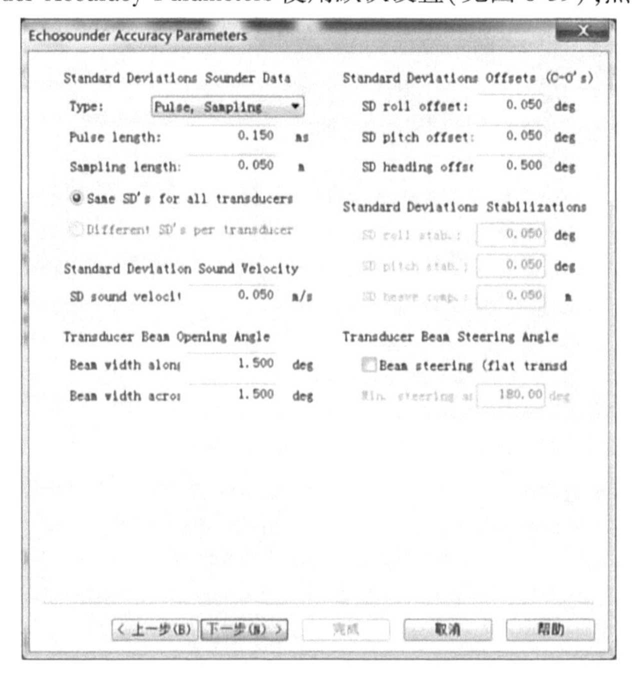

图 8-39　Echosounder Accuracy Parameters 窗口

(5)Multibeam Echosounder Corrections 使用默认设置(见图 8-40),点击“完成”结束添加。

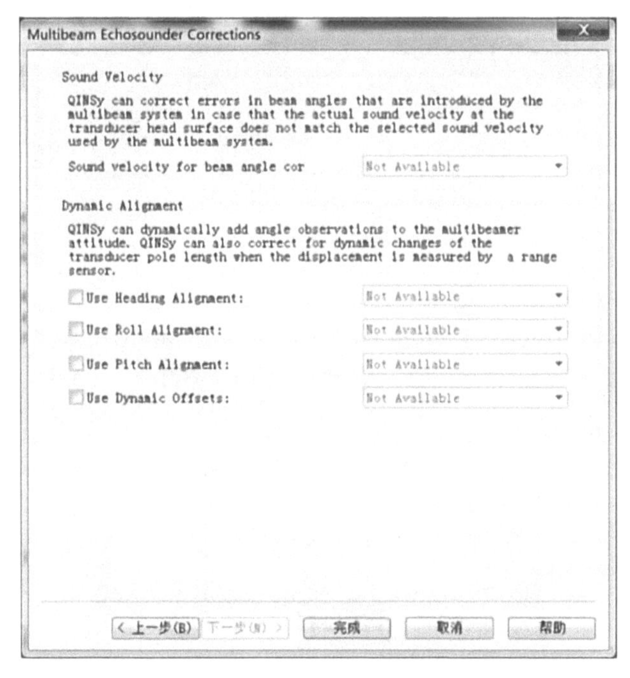

图 8-40　Multibeam Echosounder Corrections 窗口

(6)点击 File—Save,保存以上数据库设置(见图 8-41),关闭 Database Setup Program 窗口。以上所有设置均被保存至当前数据库 HT2015. db 中,后期作业可查看、修改各项设置,后续其他工程可套用设置参数。

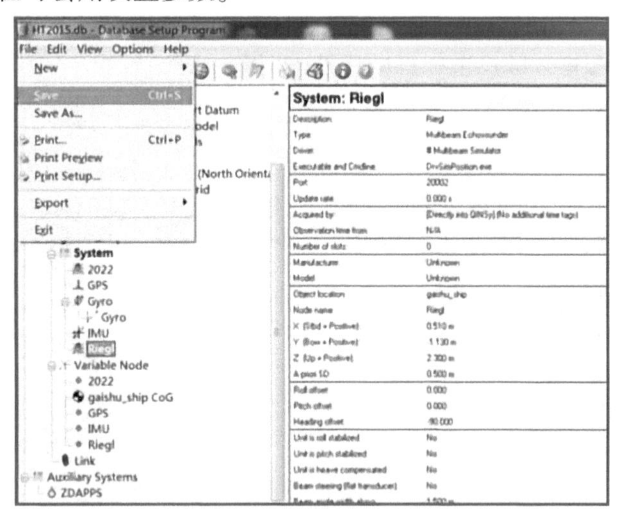

图 8-41　保存数据库设置

(7)保存设置后退出至 Template Manager 窗口(见图 8-42),在 Active Template 下拉菜单中选择刚刚建立的数据库,激活数据库,待设备连接完成后,点击红色圆圈图标可进行 Online 在线测量等。

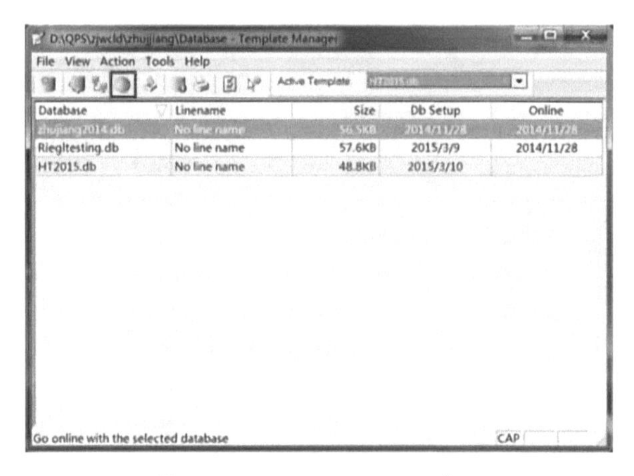

图 8-42　Template Manager 窗口

8.1.6　CARIS 软件数据处理

8.1.6.1　船配置

（1）打开 CARIS 软件（见图 8-43），点击 Edit—Vessel Configuration，配置测量船。

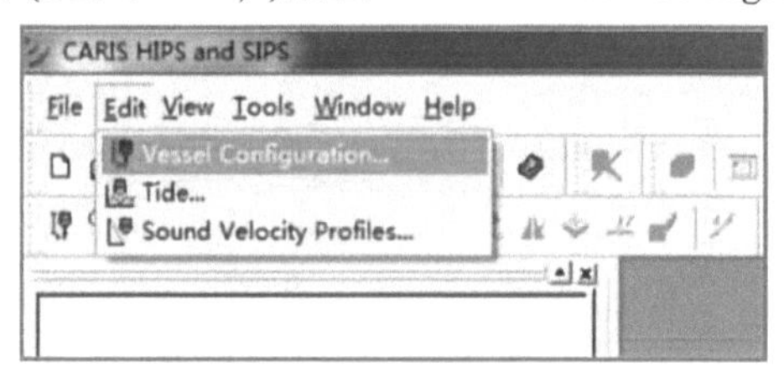

图 8-43　打开 CARIS 软件

（2）在弹出窗口中，选择 Create a new document，Step1 窗口中选择船文件保存路径及船名 ZJWCLD001（见图 8-44），选择日期后点击"下一步"。

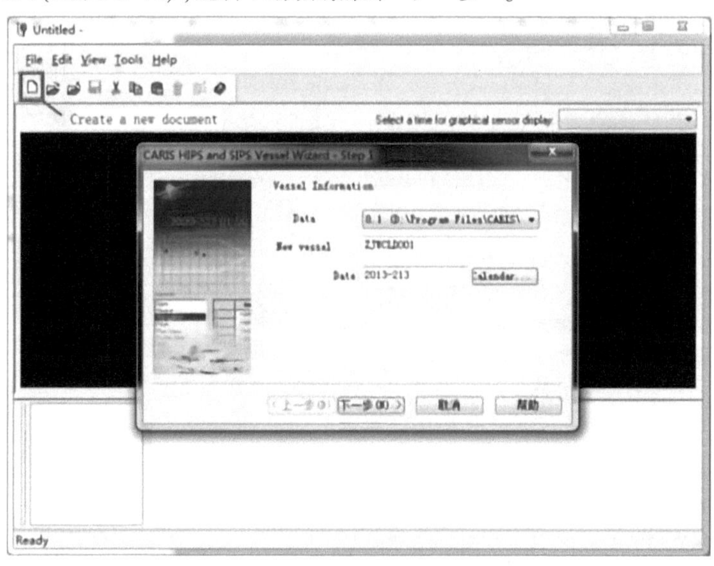

图 8-44　选择船文件保存路径及船名

(3)Step 2 窗口(见图 8-45),测量类型 Type of Survey 选择多波束 Multibeam,点击“下一步”。

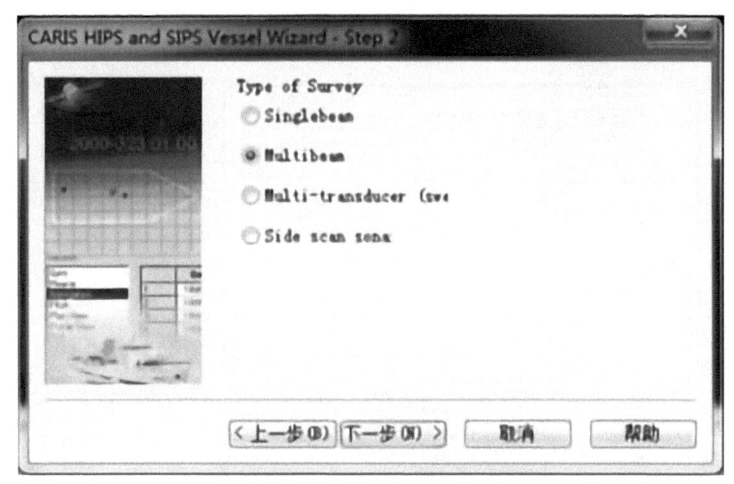

图 8-45　Step 2 窗口

(4)Step 3 窗口(见图 8-46),Number of 选择 1,换能器 Transducer 后输入 256,Model 选择多波束型号 R2 Sonic 2022 400 kHz。

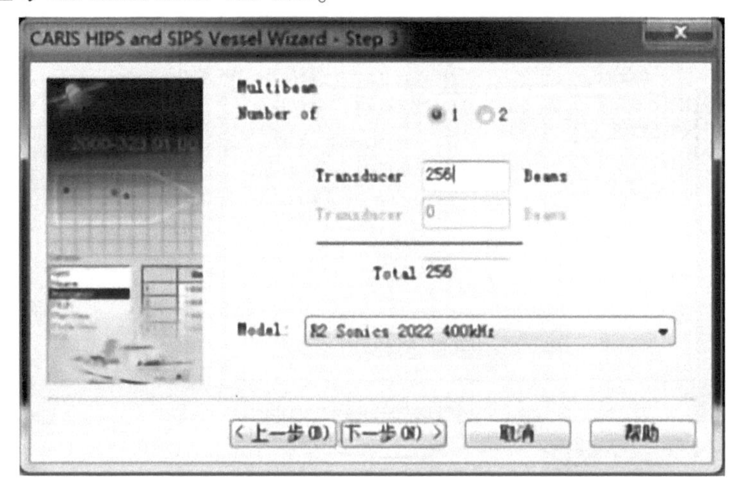

图 8-46　Step 3 窗口

(5)Step 4 窗口(见图 8-47),姿态仪除 Heave 项的 Apply in post progress 不勾选外,其余五项均勾选,点击“下一步”。

(6)Step 5 窗口(见图 8-48),配置选项 Configuration Options 勾选第一项定义声速参数及最后两项定义水面高,点击“下一步”。

(7)Step 6 窗口(见图 8-49),直接点击“完成”。

(8)ZJWCLD. hvf 窗口中(见图 8-50),选择工具条上的 Launch the Vessel Shape Wizard,在 Vessel Editor 中输入测量船的长、宽、高共三项数值,点击“下一步”。

(9)根据换能器在船上的安装位置,分别输入其距右舷及船尾的距离(见图 8-51),点击“下一步”。

CARIS HIPS and SIPS Vessel Wizard - Step 4
Motion Sensor
Select the recorded vessel
Heave
Apply in post process
Roll
Apply in post process
Pitch
Apply in post process
< 上一步(B)
下一步(N) >
取消
帮助

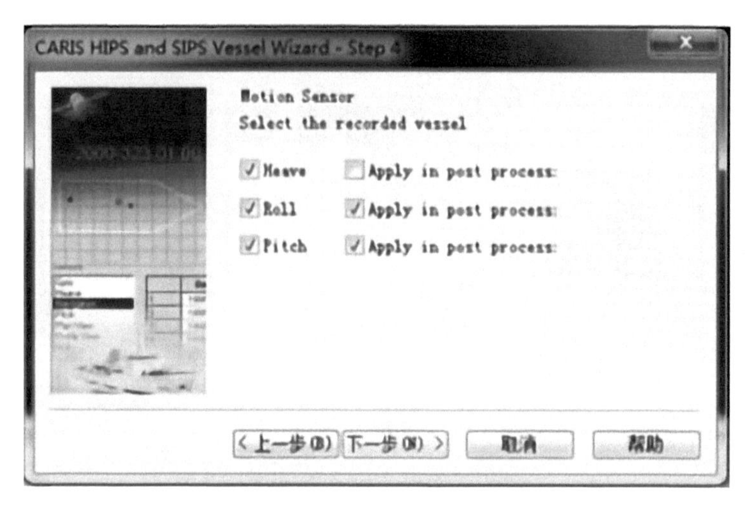

图 8-47　Step 4 窗口

CARIS HIPS and SIPS Vessel Wizard - Step 5
Configuration Options
Define parameters for sound velocity cor
Create a Dynamic Draft table of speed vs. dra
Apply in post-process
Define vessel waterline height var
Apply in post-process
< 上一步(B)
下一步(N) >
取消
帮助

图 8-48　Step 5 窗口

CARIS HIPS and SIPS Vessel Wizard - Step 6
Sound Velocity Corrections
The transducer is mounted with a 180° Azimuth offset
The transducer is mounted with a Roll offset
Roll Offset
0
deg
(Positive when rotated port up)
The transducer is mounted with a Pitch offset
Pitch Offset
0
deg
< 上一步(B)
完成
取消
帮助

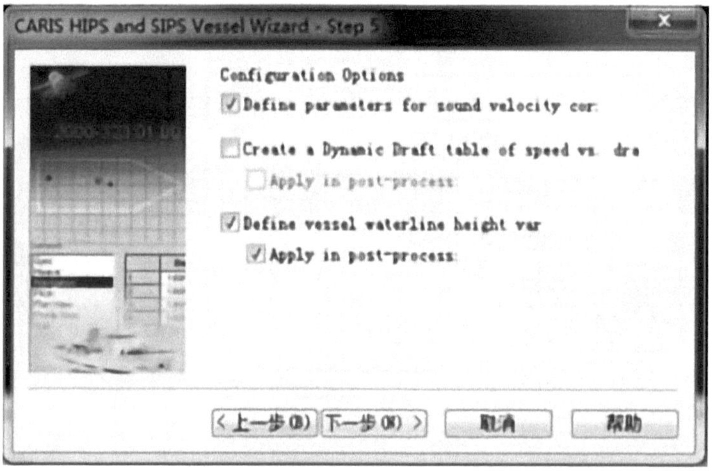

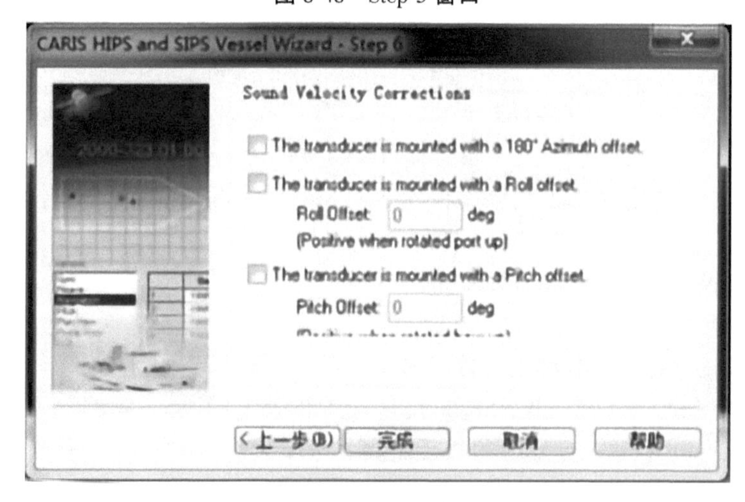

图 8-49　Step 6 窗口

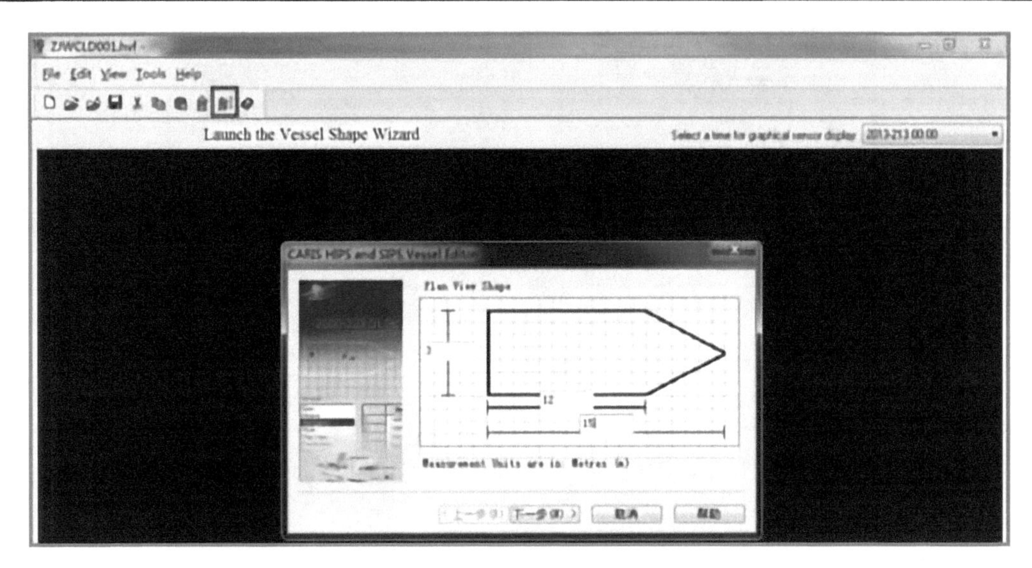

图 8-50　ZJWCLD. hvf 窗口

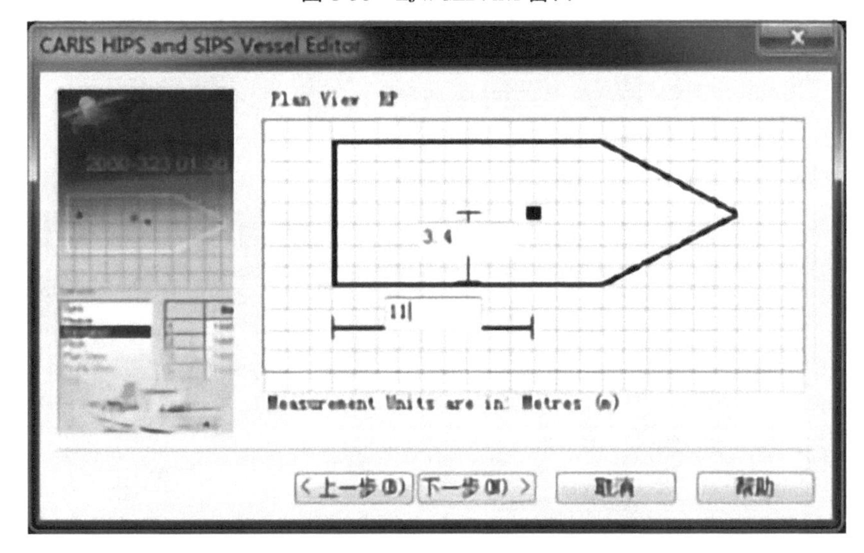

图 8-51　输入距右舷及船尾的距离的窗口

(10)选择左下角的换能器 Transducer 1,输入它的船体坐标系及 Pitch、Roll、Yaw 三项数值,之后在窗口左下角依次选择定位设备 Navigation、罗经 Gyro、姿态 Heave 等设备,并输入其相应参数值(见图 8-52)。

本试验各设备参数如下:

Transducer 1:$X=0$,$Y=-0.182$,$Z=0.49$,Pitch=0.19,Roll=-3.68,Yaw=-3.06。

Navigation:$X=0.4$,$Y=-1.81$,$Z=-2.25$。

Gyro:无需修改。

Heave:$X=2.7$,$Y=-7.21$,$Z=-0.5$。

(11)在工具栏上选择 Active Sensors 功能(见图 8-53),弹窗中勾选 TPU values,点击“OK”关闭弹窗。

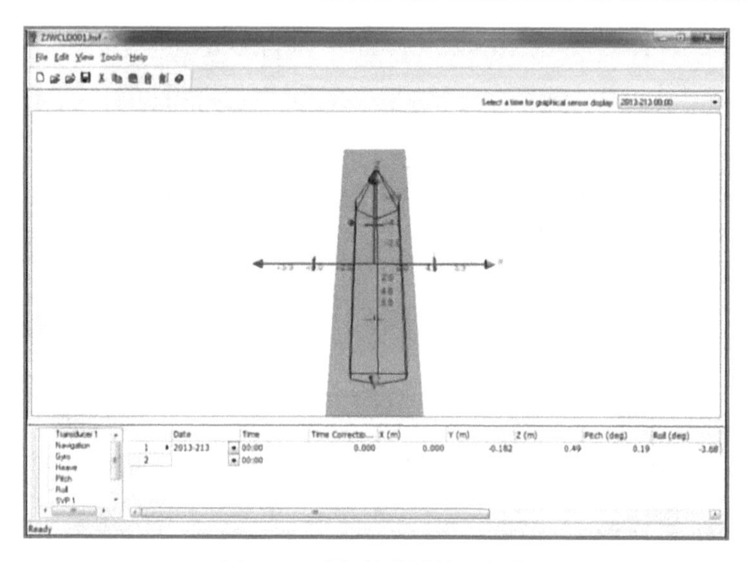

图 8-52　选择换能器输入数值

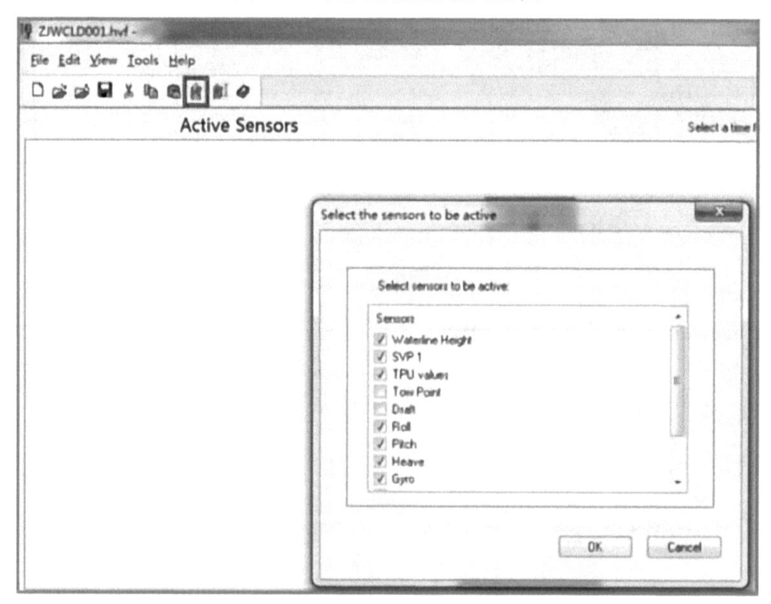

图 8-53　在工具栏上选择 Active Sensors 功能

(12)点击“TPU”,为 TPU value 指定日期 Date(见图 8-54)。

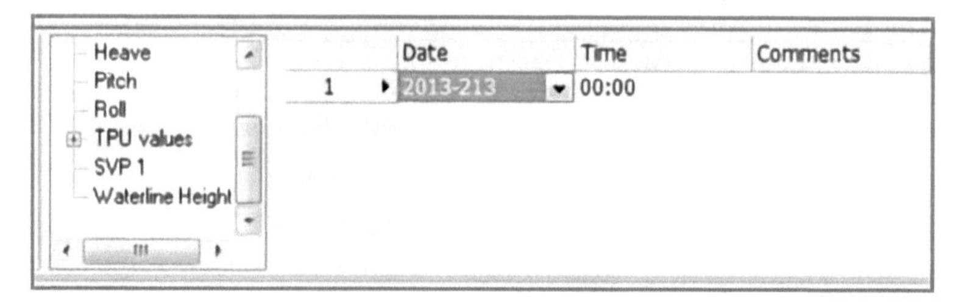

图 8-54　为 TPU value 指定日期 Date

(13)“TPU values”—“Off Sets”,输入姿态仪至换能器 1 的相对位置和 GPS 至换能器 1 的相对位置(见图 8-55),相对位置有正负之分,以指向方向来判断正负。点击左下角“TPU values”—标准方差“StdDev”,输入各种设备精度信息(0.1,5%,0.05,0.03,0.03,1,0.003,0.003),可在网站 WWW.CARIS.COM/TPE 中查看各设备的精度指标。

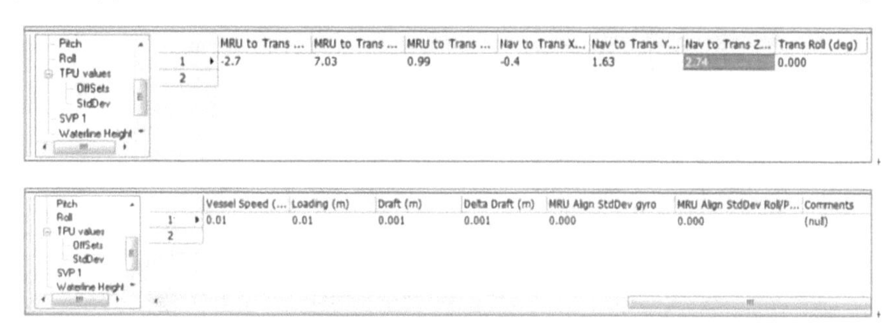

图 8-55　输入相对位置

(14)配置完成点击保存后退出,可在 CARIS 主界面中点击 Edit-Vessel configuration 打开 Vessel Editor,点击“Open”打开新建的船文件,可查看、修改船配置。

8.1.6.2　新建工程

(1)点击 CARIS 主窗口菜单栏 File—New—Project,首先在中间窗格中选择数据库,再依次选择添加工程 Add Project 输入工程名,如 Shan Shui 201308(见图 8-56);点击添加测量船 Add Vessel,选择之前新建的 ZJWCLD001;最后点击添加日期 Add Day,选择测量日期,点击“下一步”。

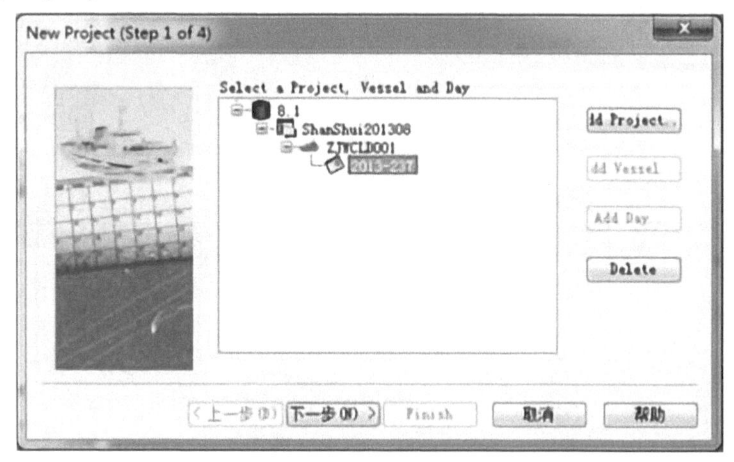

图 8-56　Step 1 窗口

(2)第二步窗口中(见图 8-57),无需输入描述或使用者,点击“下一步”。

(3)第三步(见图 8-58),使用默认设置,直接点击“下一步”。

(4)第四步(见图 8-59),默认设置,直接点击“Finish”完成创建工程。

8.1.6.3　导入数据

(1)CARIS 主窗口中(见图 8-60),选择 File—Import—Conversion Wizard,第一步窗口中数据格式选择最底部的 XTF,点击“下一步”。

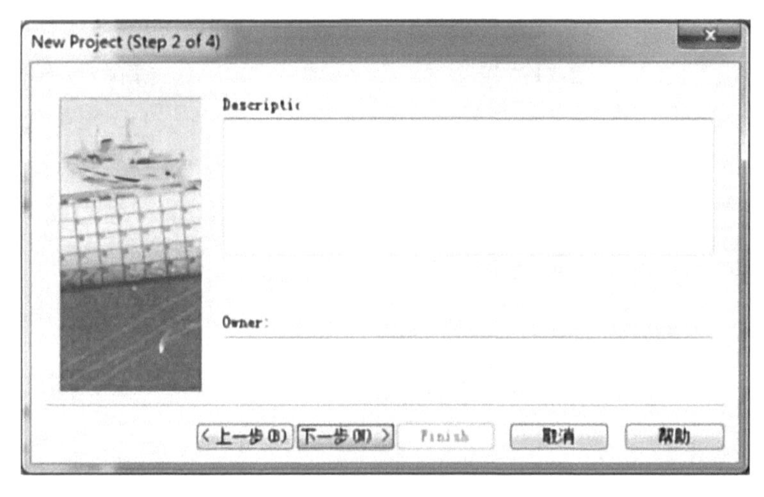

图 8-57 Step 2 窗口

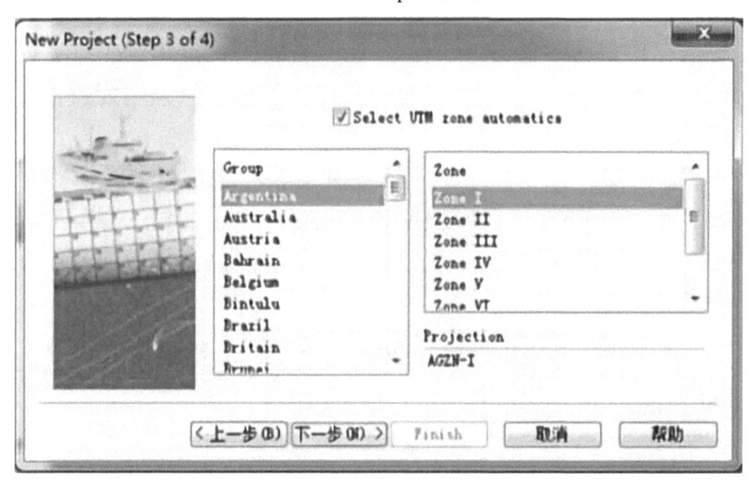

图 8-58 Step 3 窗口

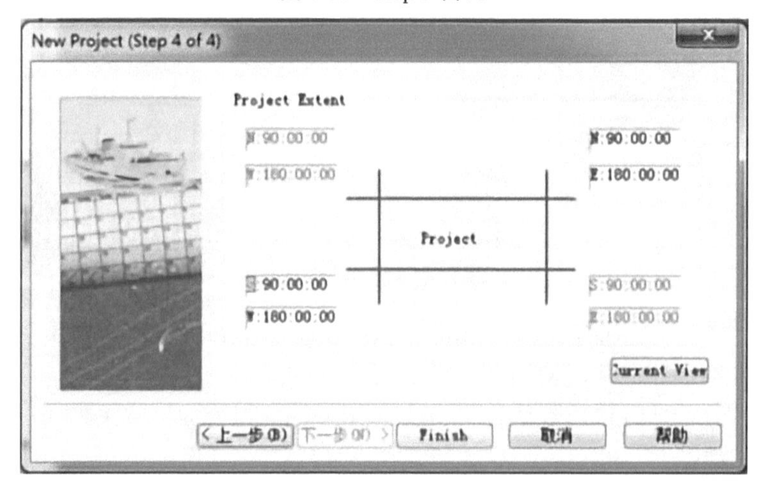

图 8-59 Step 4 窗口

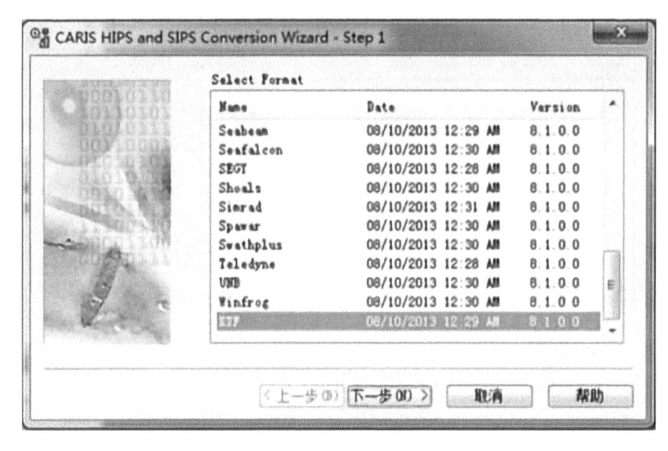

图 8-60　CARIS 主窗口

(2)导入方式选择创建新的测线 Create new survey lines,并勾选下方两个选项(见图 8-61),点击“下一步”。

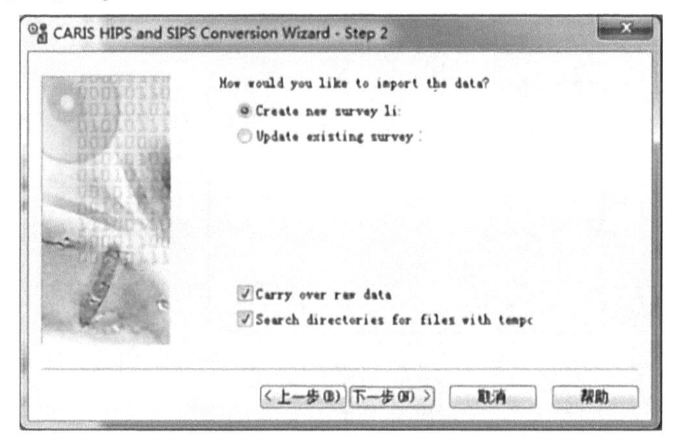

图 8-61　Step 2 窗口

(3)点击“Select”选择 XTF 存储路径并打开,注意存储路径不能有任何中文字符(见图 8-62),点击“下一步”。

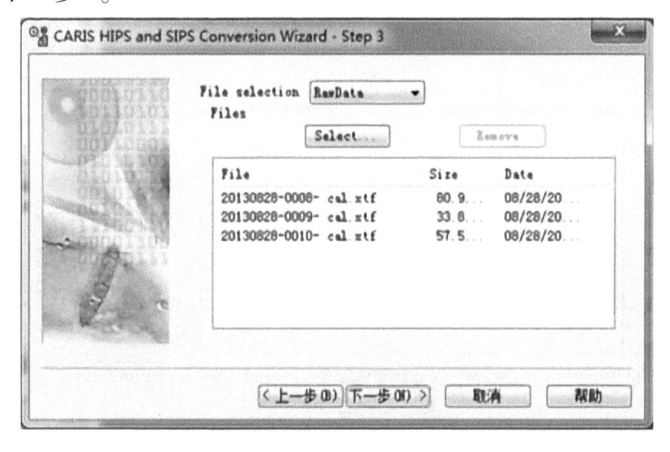

图 8-62　Step 3 窗口

(4)在中间窗格中逐级展开目录至日期项,为数据指定工程、测量船及日期(见图 8-63),点击“下一步”。

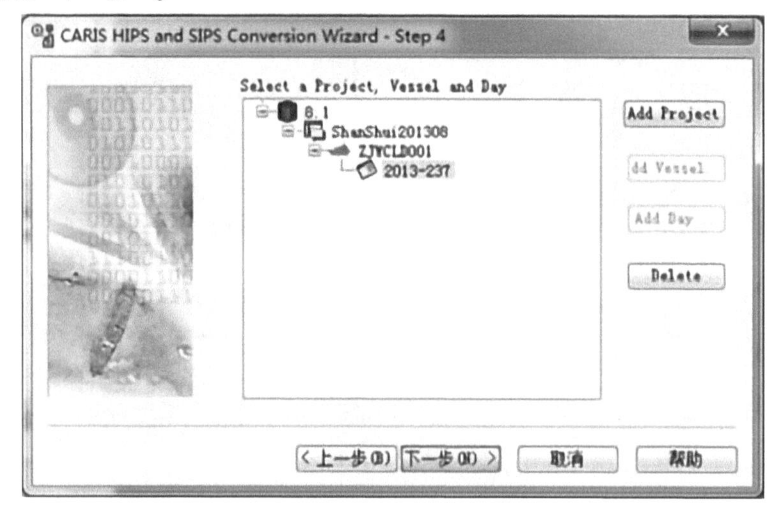

图 8-63　Step 4 窗口

(5)导航坐标系类型默认选择地理坐标,投影方式使用默认设置(见图 8-64),点击“下一步”。

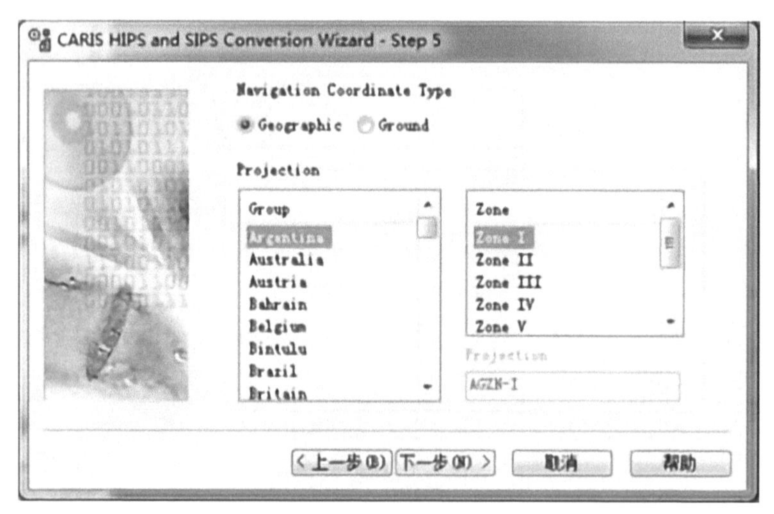

图 8-64　Step 5 窗口

(6)导航 Navigation 范围可不设定,水深过滤可视情况输入最大、最小水深,过滤异常水深值(见图 8-65),点击“下一步”。

(7)若数据质量很差,Rejecting sounding using 可不勾选,若无异常,可默认设置(见图 8-66),点击“下一步”。

(8)由于本次船载三维激光扫描未使用侧扫声呐,侧扫声呐转换 Side Scan Convert 不勾选设置(见图 8-67),点击“下一步”。

(9)默认设置(见图 8-68),点击“下一步”。

CARIS HIPS and SIPS Conversion Wizard - Step 6
Navigation
Set extents
Manual
Project fi
N:90:00:00
W:180:00:00
N:90:00:00
E:180:00:00
Project
S:90:00:00
W:180:00:00
S:90:00:00
E:180:00:00
Depth
Min: 0.00 m
Max: 50.00 m
Advanced Filtering
Parameters
<上一步(B)
下一步(N)>
取消
帮助

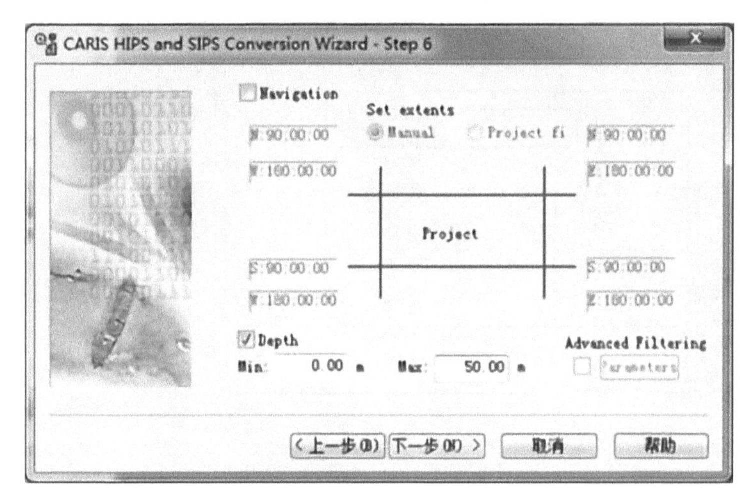

图 8-65 Step 6 窗口

CARIS HIPS and SIPS Conversion Wizard - Step 7
XTF
Ship
Ping Header: Ship
Attitude
Attitude datagr
Raw navigation datagr
Convert Bathymetr
Convert
Multibeam
Gyro data
Ping Header: Ship
Reject soundings using
0
1
2
3
Multibeam Filter
(C3D/QPS)
Parameters
<上一步(B)
下一步(N)>
取消
帮助

图 8-66 Step 7 窗口

CARIS HIPS and SIPS Conversion Wizard - Step 8
XTF
Convert Side Sca
Sonar
1,2
3,4
1,4
2,3
Navigation
Ping Header: Sensor
Gyro data
Ping Header: Sensor
Convert Hidden Dat
Apply Image Enhancement
<上一步(B)
下一步(N)>
取消
帮助

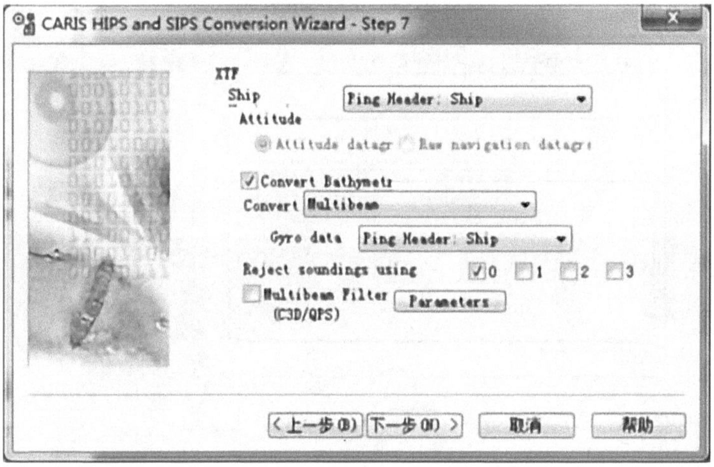

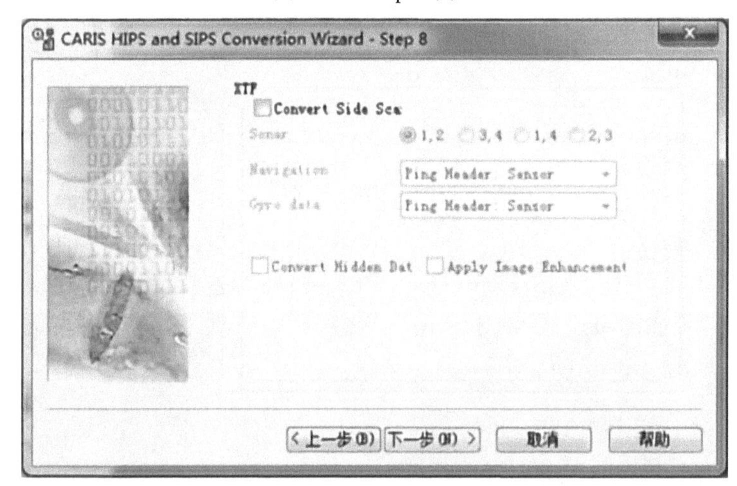

图 8-67 Step 8 窗口

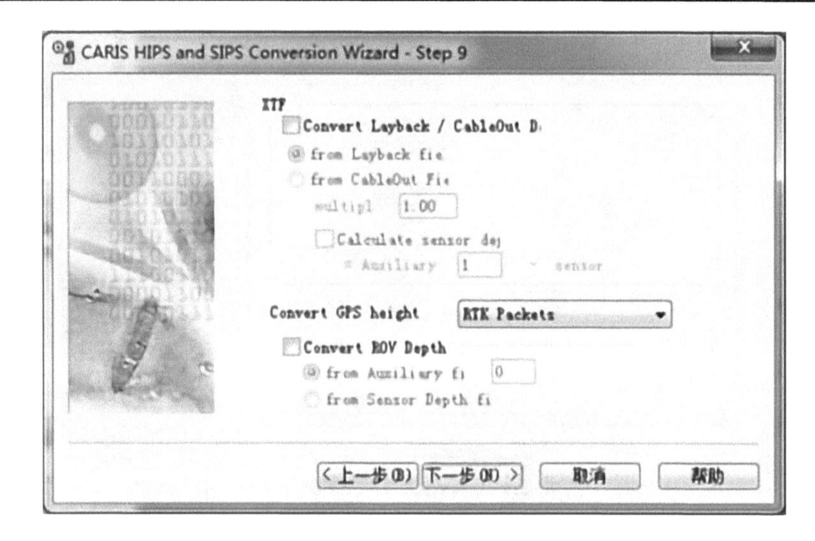

图 8-68　Step 9 窗口

(10)点击“Convert”开始转换(见图 8-69),待完成后检查转换过程是否有报错,若无问题点击“Close”退出。

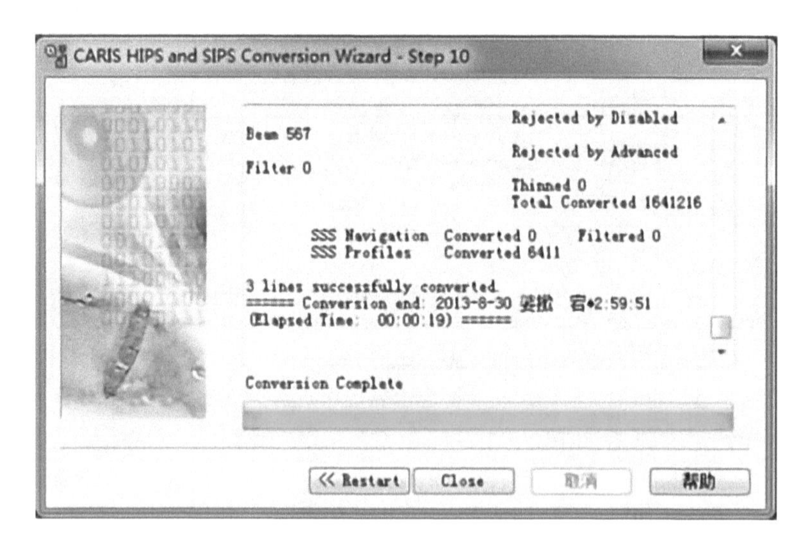

图 8-69　Step 10 窗口

8.1.6.4　数据检查

(1)CARIS 主窗口中,点击 File—Open Project,展开左侧目录至日期项,勾选 Open ship track line,打开船的轨迹线,由于未使用拖鱼,后一选项不勾选,在右侧窗格中选择需要打开的数据,点击“Open”(见图 8-70)。

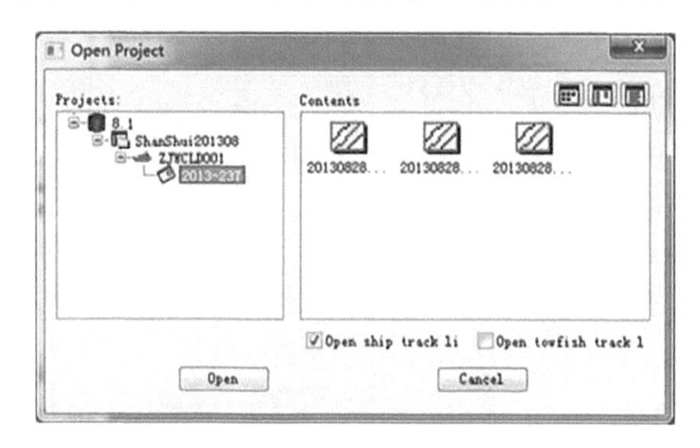

图 8-70　Open Project 窗口

打开后三条测线默认全部选中,其中一条高亮显示的被选中,接下来依次用 Attitude Editor、Navigation Editor 和 Swath Editor,分别通过姿态数据、导航信息和条带形态剔除噪声点(见图 8-71)。

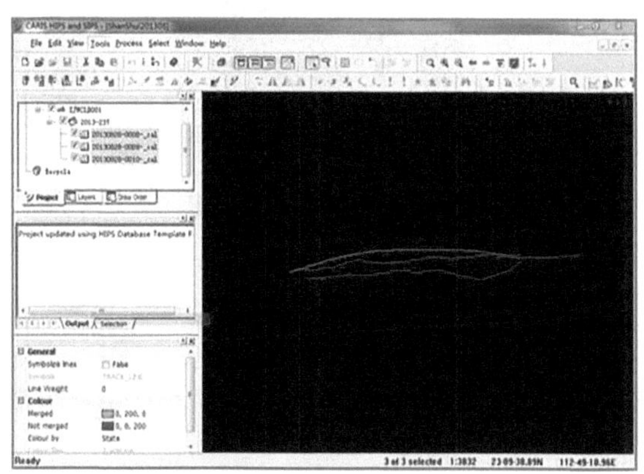

图 8-71　剔除噪声点

(2)姿态数据检查:CARIS 主窗口中,选择 Tools—Attitude Editor 打开姿态编辑器,可查看姿态数据是否有异常(见图 8-72),左上角 Time period 可调整查看数据的时段长,右下角的滚动条可调整查看数据的位置,点击 Tools—Attitude Editor 或工具栏上的 Attitude Editor 可退出。

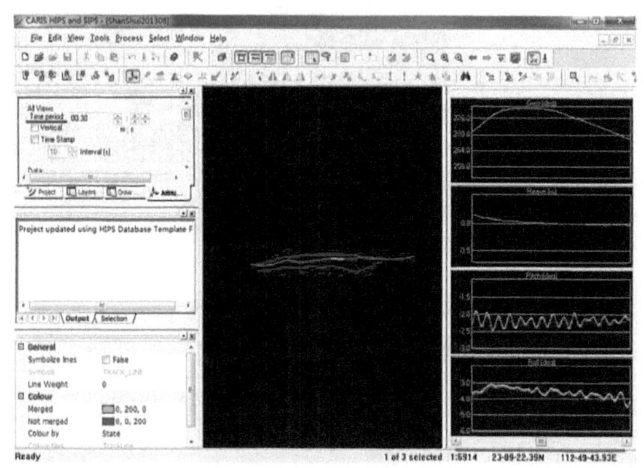

图 8-72　姿态数据检查

(3)导航信息检查(见图 8-73):点击 Tools—Navigation Editor,可结合 Speed 和 Distance 两项确定是否有异常点。若存在异常数据,点击工具栏中的 Auto Cursor Mode,选择 Reject—With Interpolation 可删除异常值并追加插值点,选择 Reject—Break Interpolation 可直接删除数据。同理可实现姿态数据的异常值剔除,若需撤销编辑,可点击工具栏中“Undo”按钮,编辑之后点击“Save”保存。

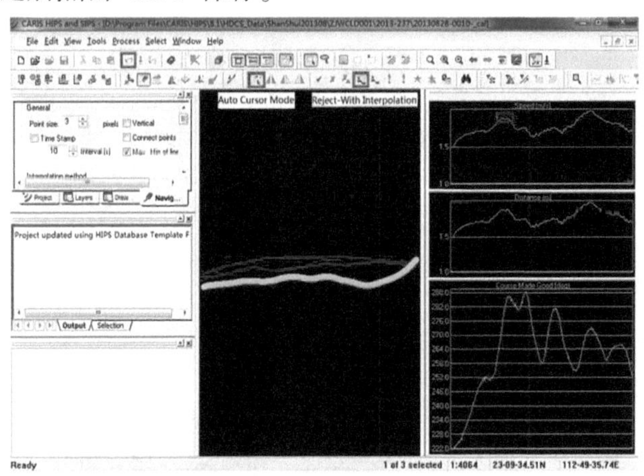

图 8-73　导航信息检查

(4)条带形态检查(见图 8-74)。点击菜单栏 Tools—Swath Editor—Open,红色、绿色分别代表左、右舷数据,在 Side 视图和 Rear 视图中,可看出 Rear 视图中白色方框内为噪声点,选择工具栏中 Auto Cursor Mode 及 Reject 工具,可剔除噪声点。左上角窗格中 Point size 和 Profile spacing 可调整点、线密度,工具栏中 Display filter、Accept 可分别用于查看、恢复删除的数据。

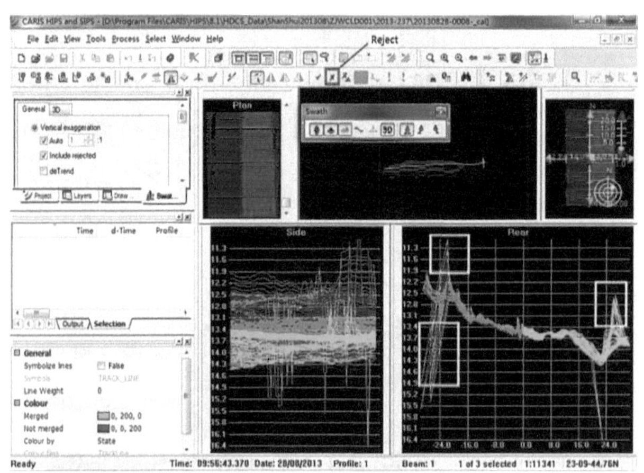

图 8-74　条带形态检查

(5)检查修改完毕后,注意保存所做修改(见图 8-75)。另外,可以在 CARIS 主窗口中选择 File—Save Session 保存进程文件,下次可直接打开进程文件,进入本次作业时间节点继续作业。

图 8-75　保存所做修改

8.1.6.5　声速改正

若声速在不同水深处变化较大,必须做声速改正,首先生成声速剖面文件,再用声速剖面文件做声速改正。

1. 声速剖面文件

(1)CARIS 主窗口中,选择 Edit—Sound Velocity Profiles,在调出的窗口中,点击 File—New 新建声速剖面文件(见图 8-76)。

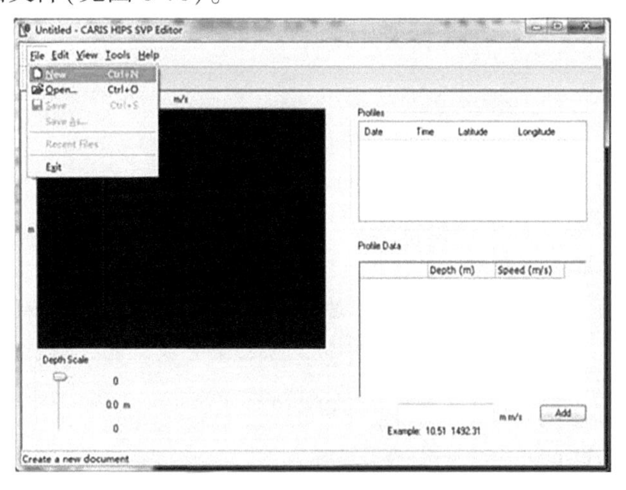

图 8-76　新建声速剖面文件

(2)CARIS HIPS SVP Editor 窗口,点击 Edit—Add Profile,选择声速剖面测定时间(见图 8-77)。注意,Time 必须为格林威治时间,若测量范围较大,不同位置声速变化较大,还需输入声速测定位置的经纬度。若范围较小,可只输入时间,点击 Add 添加剖面。

(3)选中添加的剖面,在右下方的文本框中按照示例格式,输入深度、空格和声速后,点击 Add,如此输入一到两行即可,目的是得到声速剖面文件的头文件(见图 8-78)。点击 Save,选择路径并命名后保存声速剖面文件。

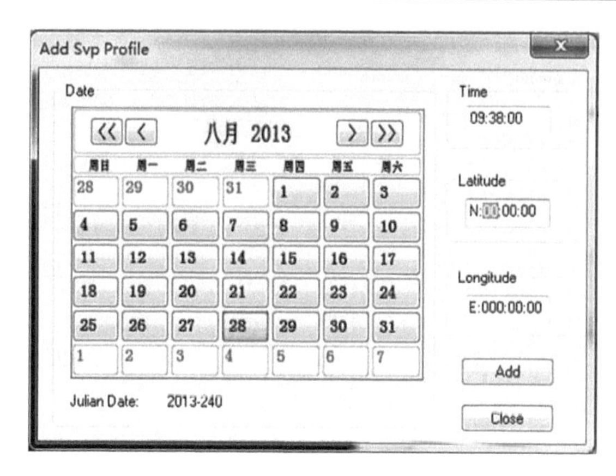

图 8-77　选择声速剖面测定时间

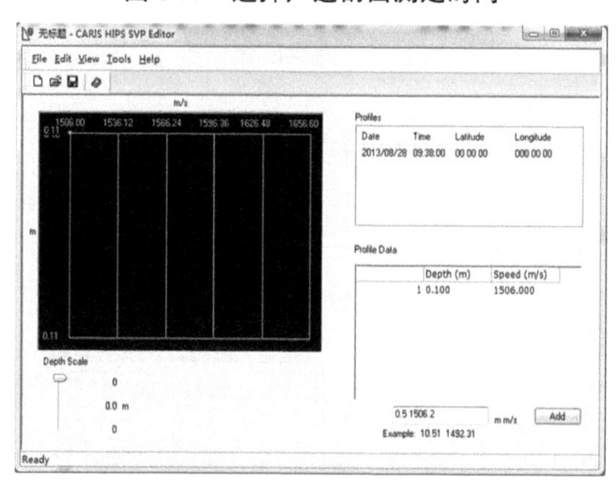

图 8-78　得到声速剖面文件的头文件

(4)使用 UltraEdit 软件打开该剖面(见图 8-79),套用声速剖面的头文件,并将实测的声速数据拷贝进来。在文档首尾分别添加一个对应最大和最小水深的声速值,以保证所有水深均得到改正,编辑后保存文件。

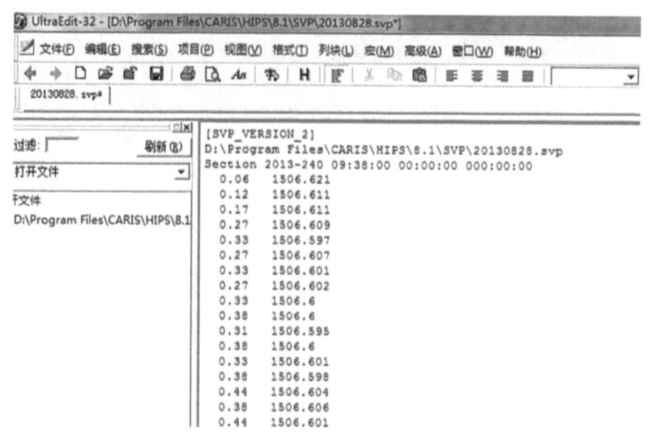

图 8-79　使用 UltraEdit 软件打开剖面

(5)CARIS 主窗口中,选择 Edit—Sound Velocity Profiles,在调出的窗口中,点击 File—Open 打开修改后的声速剖面文件。类似地,可继续添加声速剖面文件。

2. 声速改正

(1)CARIS 主窗口中,选择 Process—Sound Velocity Correction 打开声速改正窗口(见图 8-80),勾选 Load new SVP file,点击 Select 加载声速剖面文件。

图 8-80　打开声速改正窗口

(2)点击 Edit 打开 SVP Editor(见图 8-81),点击 Open 打开剖面文件,选择其中一项后关闭窗口返回声速改正窗口,其余使用默认设置,点击 Process(见图 8-82)。

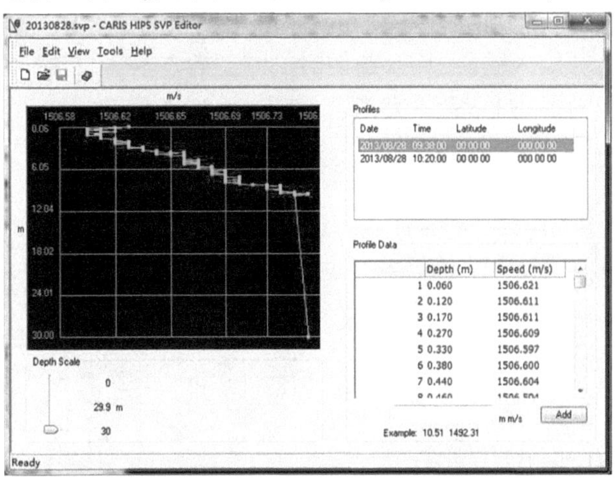

图 8-81　打开 SVP Editor

图 8-82　Processing

8.1.6.6　潮位改正

与声速改正类似，潮位改正需首先录入潮位观测数据，生成潮位文件，再使用潮位文件完成改正。

（1）CARIS 主窗口（见图 8-83），选择 Edit—Tide，打开 CARIS HIPS Tide Editor 窗口。

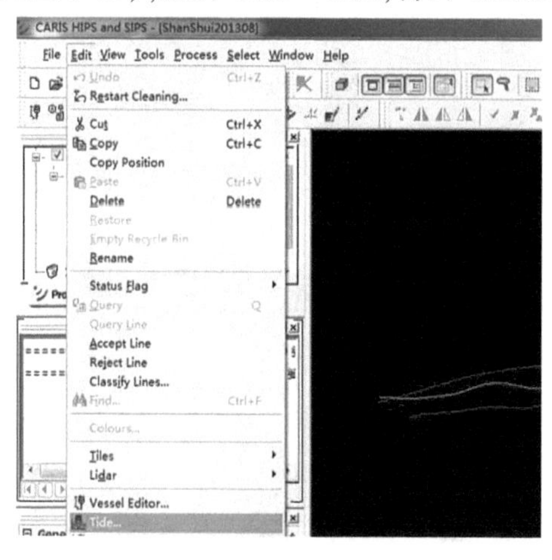

图 8-83　CARIS 主窗口

（2）CARIS HIPS Tide Editor 窗口，首先点击 New 新建空白潮位文件，再点击 Edit—Add Tide，首先选择观测日期，输入起始格林威治时间及对应潮位后，点击 Add，若无固定观测间隔，再次输入时间及潮位后点击 Add，如此反复（见图 8-84）；若有固定观测间隔，可勾选 Input Interval 并输入间隔，输入起始时刻潮位后点击 Add，时间自动跳转至下一观测时刻，继续输入并点击 Add。录入完毕后，点击 Close 关闭。

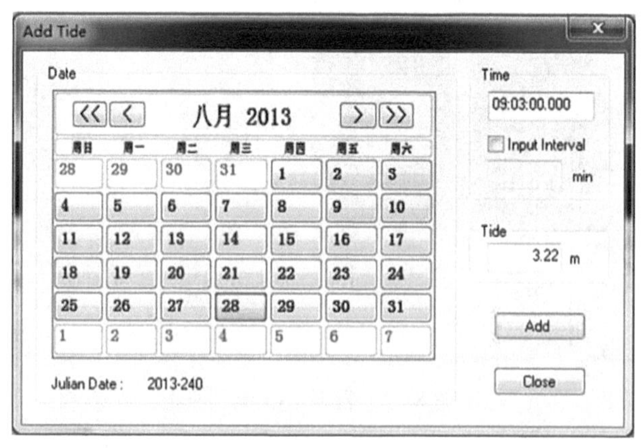

图 8-84　Add Tide

（3）CARIS HIPS Tide Editor 窗口（见图 8-85），点击 Save 保存录入的潮位数据。注意，录入的潮位数据起始时间必须早于外业开工时间，末尾时间必须晚于外业收工时间。

（4）返回 CARIS 主窗口，选择 Process—Load Tide 加载潮位文件（见图 8-86），点击 Load 开始改正。

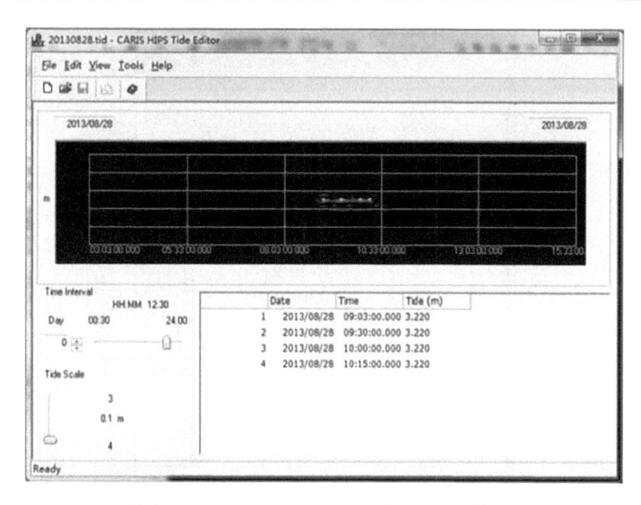

图 8-85　CARIS HIPS Tide Editor 窗口

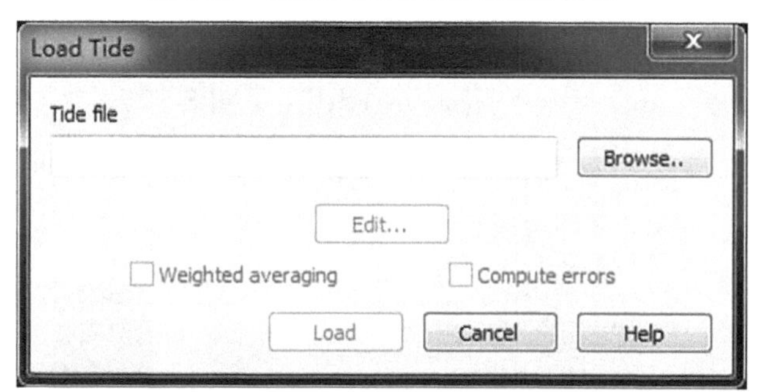

图 8-86　加载潮位文件

8.1.6.7　合并数据

(1)选中所有测线数据,点击 CARIS 菜单中“Process”→“Merge”(见图 8-87)。

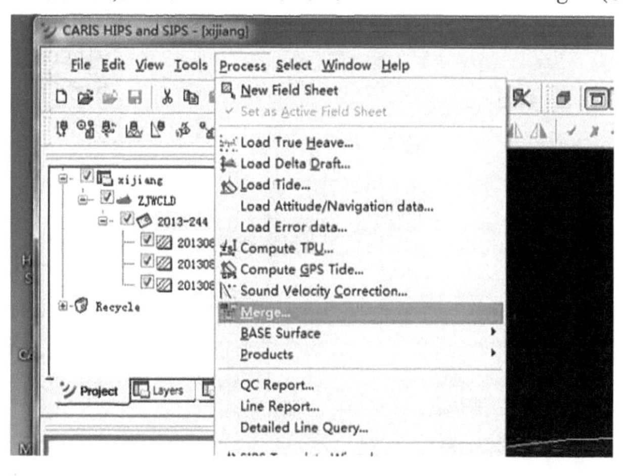

图 8-87　CARIS 菜单中“Process”→“Merge”

(2)弹出的窗口中,都不要选,点“Merge”,合并数据结束(见图 8-88)。

图 8-88 合并数据结束

8.1.6.8 计算误差不确定度

(1)CARIS 主菜单"Process"→"Compute TPU"(见图 8-89)。

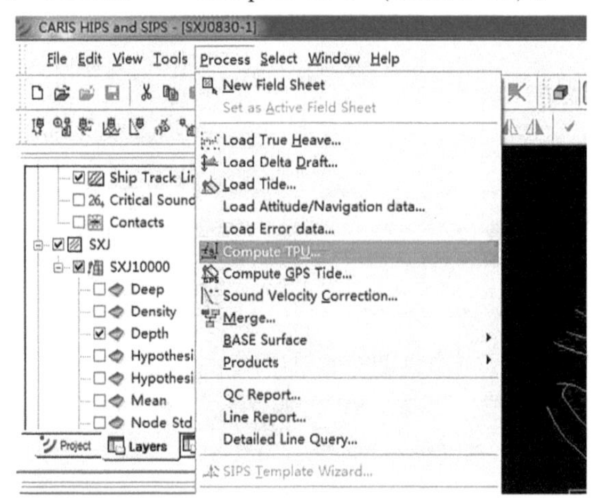

图 8-89 Compute TPU

(2)输入潮位误差值、声速误差值(见图 8-90)。

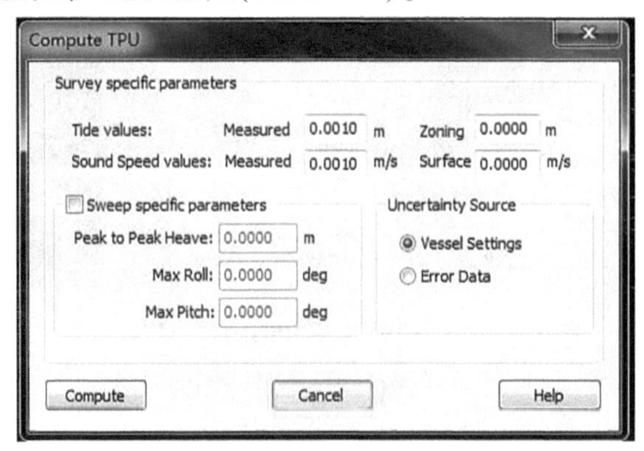

图 8-90 输入潮位误差值、声速误差值

8.1.6.9　作图

1. 新建区域名

(1)CARIS 主菜单“Process”(见图 8-91)→“New Field Sheet”。

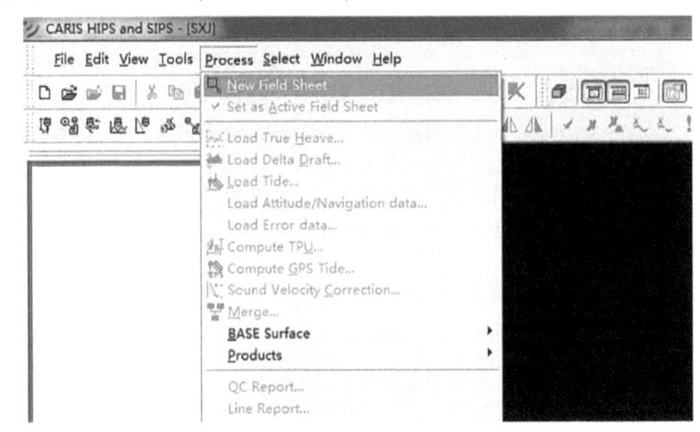

图 8-91　CARIS 主菜单

(2)选择保存路径、新建区域名(见图 8-92)。

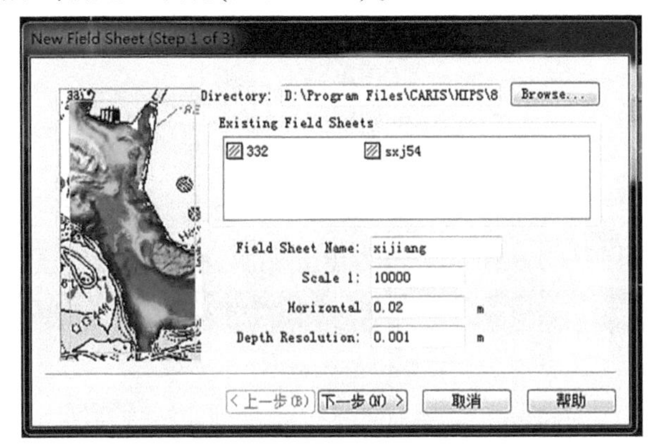

图 8-92　选择保存路径、新建区域名

(3)选择当地坐标系(见图 8-93),如北京 1954 坐标系,如没有坐标系和投影,可在安装目录“System”下面的文件“datum. dat”和“mapdef. dat”中添加坐标系统。

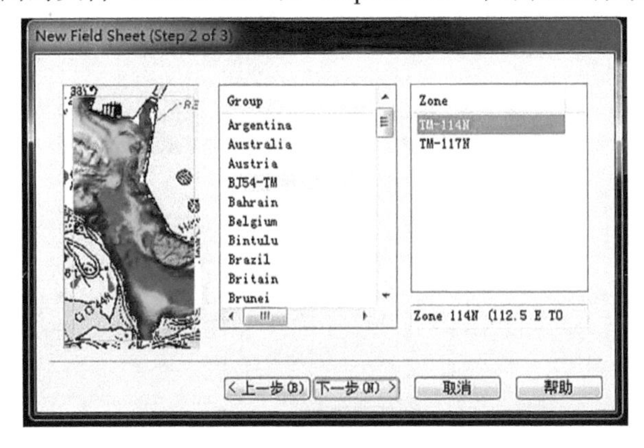

图 8-93　坐标系选择

“datum. dat”文件下添加坐标系格式如图 8-94 所示，其中 x0、y0、z0、rx、ry、rz、sf 与实际求出的参数符号相反。

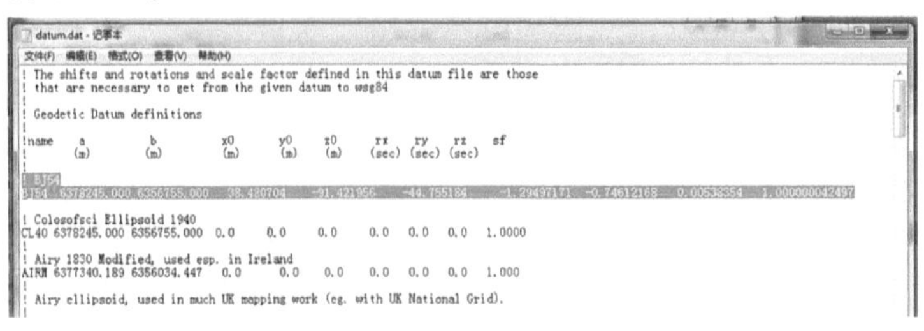

图 8-94　添加坐标系格式

“mapdef. dat”文件下添加投影格式如图 8-95 所示。

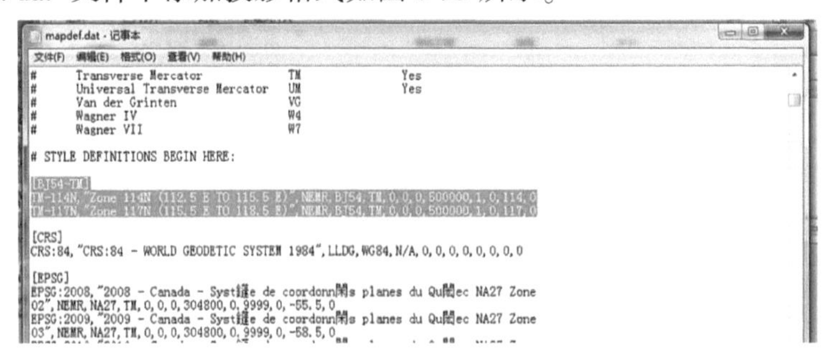

图 8-95　添加投影格式

(4)选择图形窗口(见图 8-96)，左边为全屏显示，右边为窗口显示。

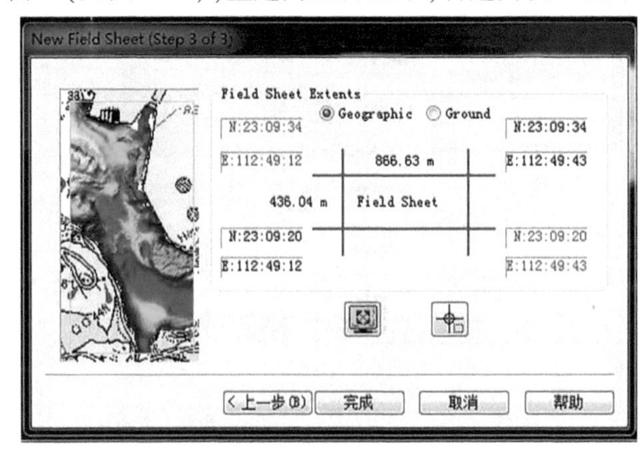

图 8-96　选择图形窗口

(5)完成后，即可显示图形窗口，图层中可查看到添加的作图区域名称。

2. 建表面图

(1)在 Layers 层，新建的作图区域名称中，右键“New”→“BASE Surface”(见图 8-97)。

(2)输入图形名称(见图 8-98)。

(3)输入取点间隔、取点方式(见图 8-99)。“single”值越小，图像越清晰。前面不做 TPU 计算时，“Surface”项会出错。

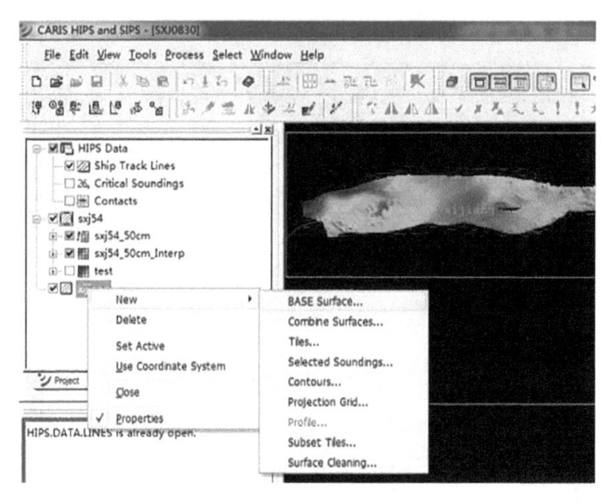

图 8-97　CARIS 主窗口

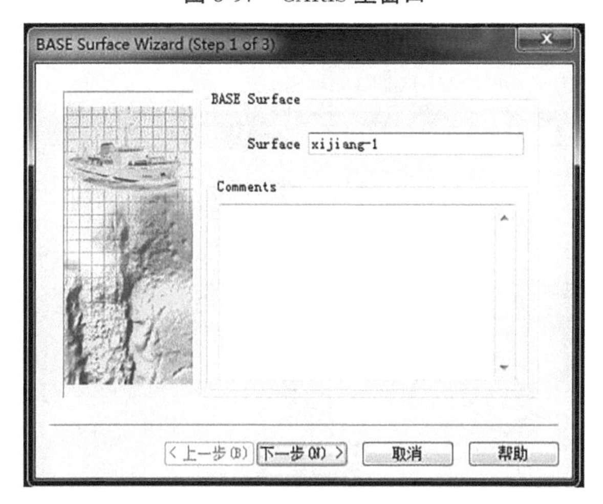

图 8-98　输入图形名称

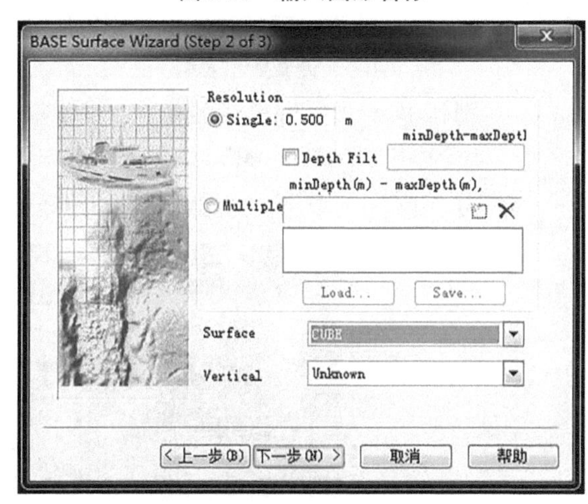

图 8-99　输入取点间隔、取点方式

(4)增加测线(见图 8-100),默认即可。

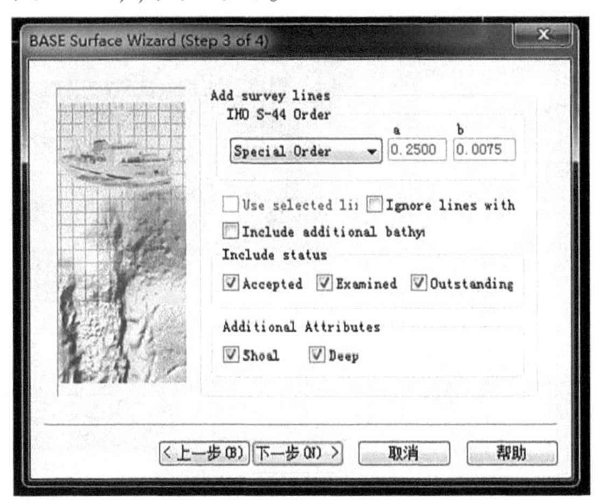

图 8-100　增加测线

(5)设置方格参数(见图 8-101),默认即可。

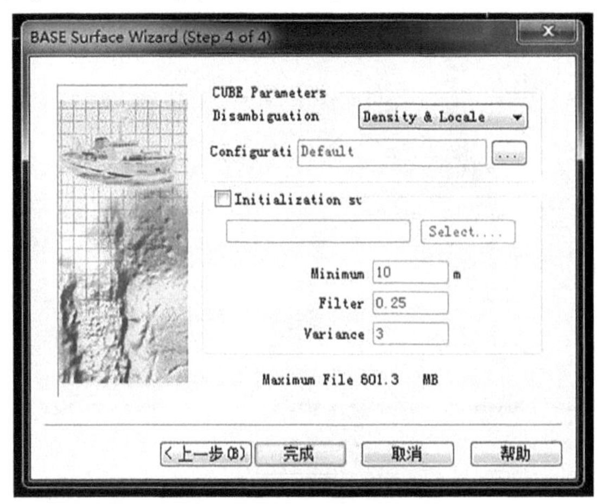

图 8-101　设置方格参数

(6)完成,processing……,刷新屏幕"F5"键出现如图 8-102 所示界面。

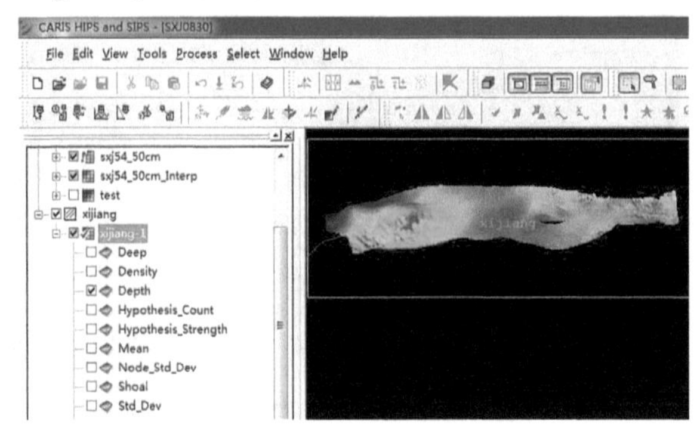

图 8-102　完成

8.1.6.10 线校准

1. 横摇误差

(1)CARIS 主窗口中,选中反向的两条测线(见图 8-103),理想的校准区域测线应尽量重合且地势平坦。选择工具栏中子集编辑器 Subset Editor,使用鼠标拖选校准范围,并在其中拖放一个垂直测线的条带。

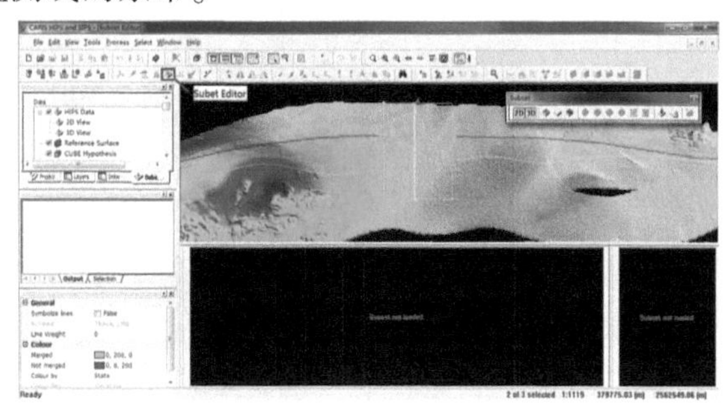

图 8-103 选中反向的两条测线

(2)点击子集编辑器上的 Load Subset,将选中的条带子集加载到下方两个窗口中(见图 8-104)。

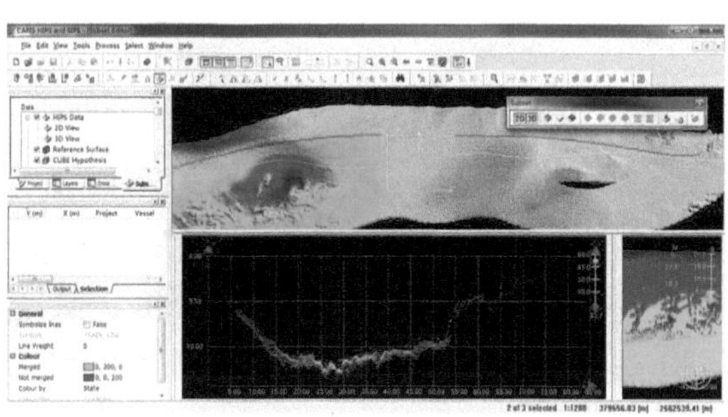

图 8-104 加载条带子集

(3)左侧上方 Data 窗格中选中 Calibration(见图 8-105),下拉至 Calibrate 属性。

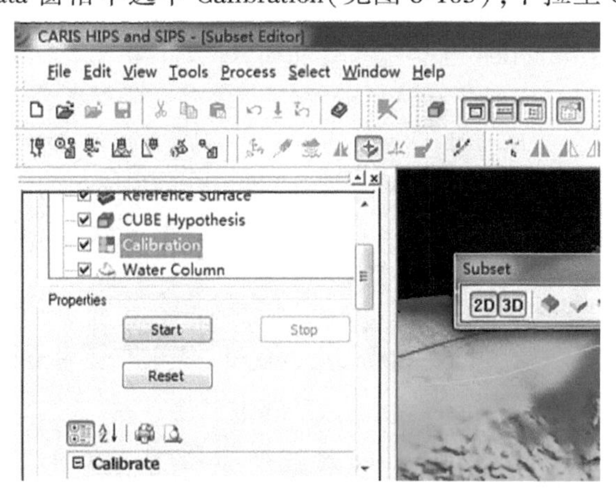

图 8-105 选中 Calibration

(4)Calibrate 属性中,传感器 Sensor 选择换能器 Transducer 1(见图 8-106),传感器属性 Sensor Property 选择横摇误差 Roll error,Value 输入初始值后点击 Start 进行校准,可在下方子集视图中查看配准效果,不断调整 Value 值,直至条带子集重合度达到最高。

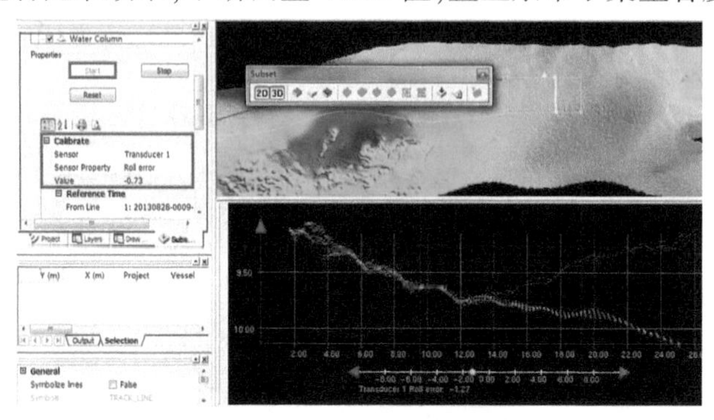

图 8-106 Calibrate 属性选择

(5)点击 Stop,会提示保存窗口(见图 8-107),Value 会自动保存到当前的船配置中。

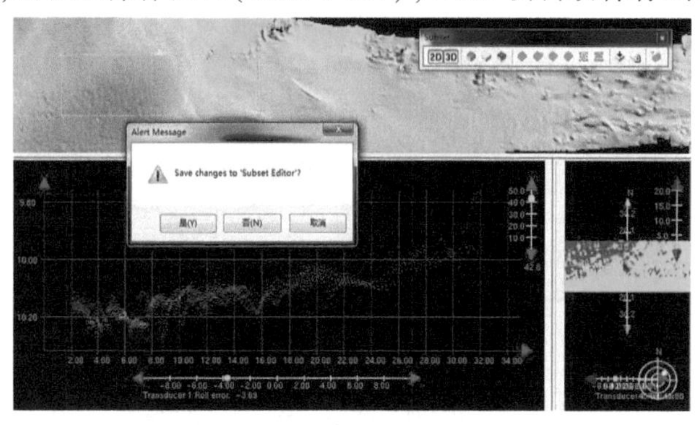

图 8-107 保存窗口

2. 纵摇误差

(1)仍然使用反向校准线,条带子集选择平行测线且地形变化较大(见图 8-108),左侧 Display 中视角 View direction 选择底部 Bottom。

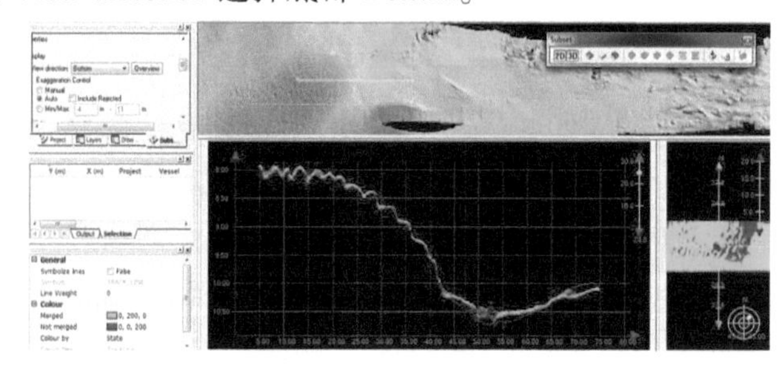

图 8-108 选择平行测线

(2)Calibrate 属性中,传感器 Sensor 选择换能器 Transducer 1,传感器属性 Sensor Property 选择横摇误差 Pitch error,Value 输入初始值后点击 Start 进行校准,可在下方子集视图中查看配准效果(见图 8-109),不断调整 Value 值,使得陡坡处重合度达到最高。

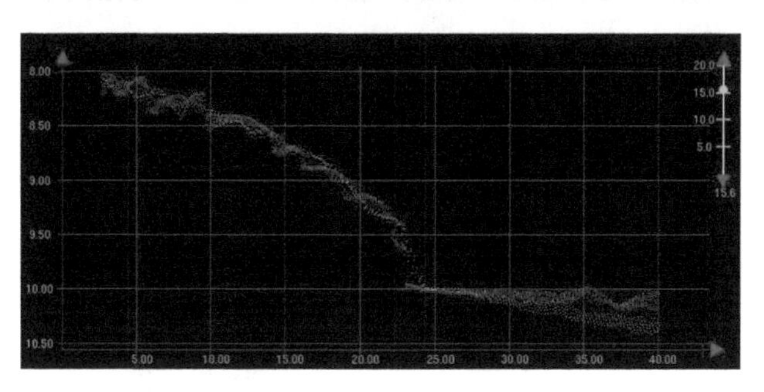

图 8-109　查看配准效果

(3)点击 Stop,提示保存窗口,Value 会自动保存到当前的船配置中。

3. 艏向偏差

(1)选择同向行驶的两条测线作为校准线(见图 8-110),在两条测线重叠的陡坎位置,绘制平行测线的条带子集,点击“Load Subset”加载子集。

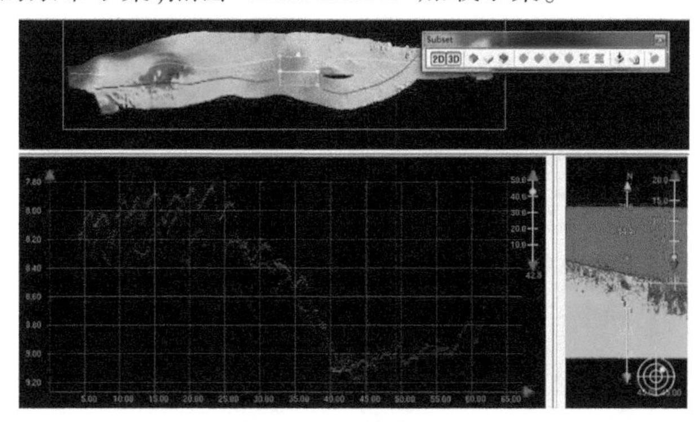

图 8-110　校准线选择

(2)Calibrate 属性中,传感器 Sensor 选择换能器 Transducer 1,传感器属性 Sensor Property 选择横摇误差 Yaw error,Value 输入初始值后点击“Start”进行校准,可在下方子集视图中查看配准效果(见图 8-111),不断调整 Value 值,使得两条子集的趋势尽量一致、接近平行。

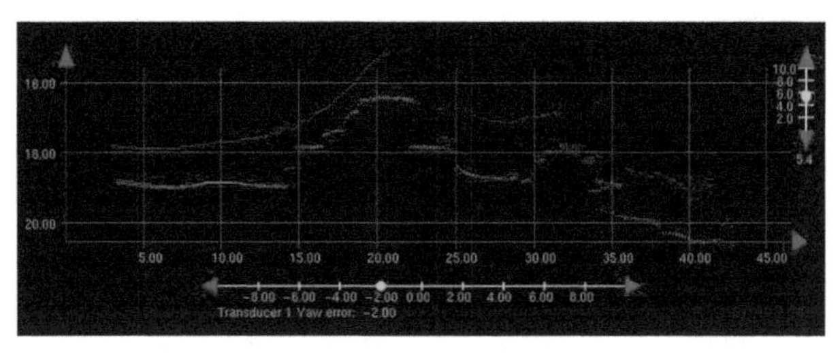

图 8-111　查看配准效果

(3)点击“Stop”,提示保存窗口,Value 会自动保存到当前的船配置中。

需特别注意,校准之后,船配置文件中 Roll、Pitch、Yaw 均有变化,因此所有数据必须重新做声速剖面改正,并重新合并。

8.1.6.11　导出数据

(1)CARIS 主菜单“File”→“Export”→“Wizard”,可输出常见数据(见图 8-112)。图

像输出:在屏幕上右键→“save image”。

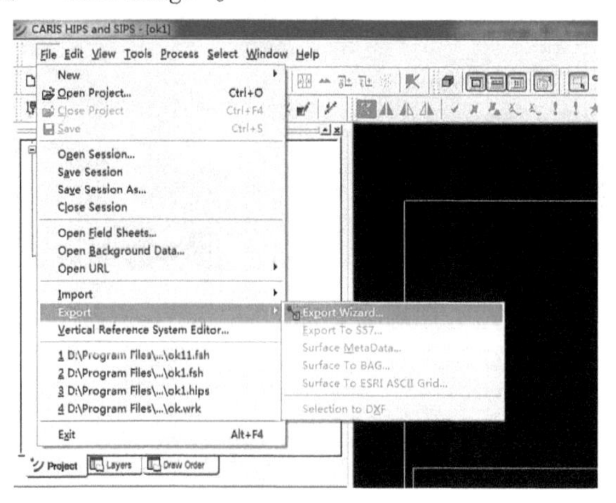

图 8-112　CARIS 主菜单输出常见数据

(2)输出的常见数据有:表面图形坐标数据:BASE Surface To ASCII;表面图形:BASE Surface To Image;最原始的坐标数据:HIPS to ASCII 输出,这里可选择输出数据的间距(见图 8-113),可选择水深值 Depth 或高程值 Elevation 进行输出。

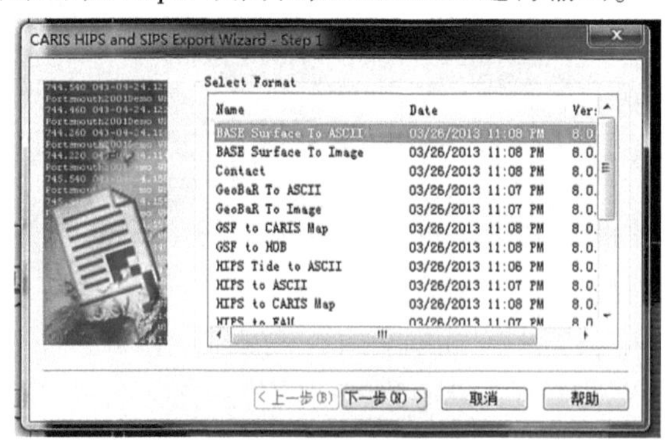

图 8-113　选择数据输出

(3)以输出坐标为例介绍,输入文件名、X、Y、水深、逗号 Comma、小数位数,也可根据南方 CASS 进行数据排列,输出“点名,点号,Y,X,H”五位数(见图 8-114)。

图 8-114　输出坐标

(4)选择单位 m(见图 8-115),输出。

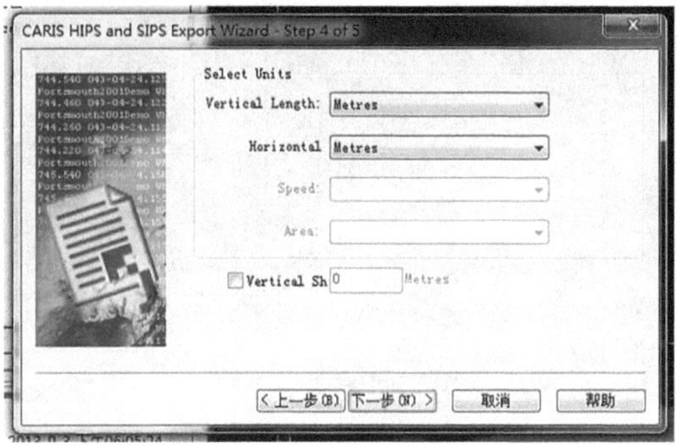

CARIS HIPS and SIPS Export Wizard - Step 4 of 5
Select Units
Vertical Length: Metres
Horizontal Metres
Speed:
Area:
Vertical Sh 0 Metres
< 上一步(B)　下一步(N) >　取消　帮助

图 8-115　**输出单位** m

8.1.7　点云三维模型一体化

8.1.7.1　CARIS **导出点云文本**

在 CARIS 中,经过处理的数据创建 Surface 图层,使用 File 菜单的导出向导,选择导出为 Base surface to ASCII,可得到含有 X、Y、H 的文本数据,作为 RiSCAN PRO 的输入数据。

8.1.7.2　**一体化显示**

在 RiSCAN RPO 软件中,首先新建测站,将点云文本作为测站的多义数据(POLYDATA)导入。由于点云数据量大,需将点云文本数据分成若干个测站分别导入,在同一视图中加载所有点云,便可实现陆地水下三维模型的一体化显示,还可个性化选择点云模型的显示方式。此外,还可使用 Leica Cyclone 软件进一步处理,制作河道三维点云模型漫游视频。

8.1.8　项目成果

8.1.8.1　**点云模型**

黄塘船载激光扫描范围内河段长 6.8 km,水下多波束测深仪获得的点云模型覆盖了整个河段,然而由于测区来往船只较多,河段整体水深较浅,水下模型存在部分盲区。河段左岸为整齐的北江大堤,因此陆地仅扫描了左岸。经过前述处理过程,得到测区一体化三维点云模型,模型效果见图 8-116～图 8-119。此外,附上测区船载扫描全景图(见图 8-120)与无人机航摄点云模型(见图 8-121)进一步对比。

图 8-116　**黄塘一体化三维点云模型(一)**

图 8-117　黄塘一体化三维点云模型(二)

图 8-118　黄塘一体化三维点云模型(三)

图 8-119　测区内某码头点云模型

图 8-120　黄塘船载三维激光扫描模型全景

图 8-121　黄塘无人机航摄点云模型全景

8.1.8.2　成图比较

为进一步检测多波束测深仪的精度,选取其中长约800 m的河段,利用船载扫描数据绘制地形图,与已有的珠江流域三期地形测量成果对比。需要说明的是,两者水下地形测量时间仅隔7 d左右。如图8-122所示,船载扫描地形图与常规测量地形图极为吻合,说明船载激光扫描精度较高。

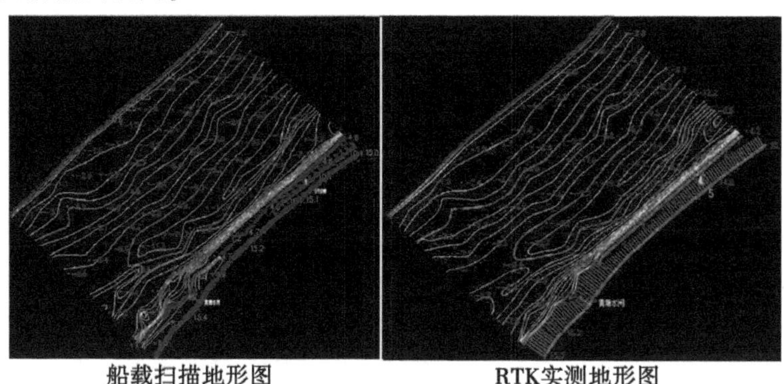

船载扫描地形图　　RTK实测地形图

图 8-122　地形图比较

8.1.9　精度统计

参照《水利水电工程测量规范》(SL 197—2013)的规定,平地地物点点位、高程允许误差及水下等高线高程允许中误差见表8-4。其中,等高线高程允许中误差是检测点与相应图面等高线内插求得高程的差值算出的高程允许中误差。

表 8-4　地形图允许中误差

误差类别	地形/比例尺	允许中误差	允许误差值/m	实测误差/m	是否合格
平地地物点点位中误差	1:500	图上±0.6 mm	±0.300	±0.228	合格
	1:2 000	图上±0.6 mm	±1.200		合格
	1:5 000	图上±0.5 mm	±2.500		合格
等高线高程中误差	平地	$\pm h/3$	±0.333	±0.176	合格
	水下	$\pm 2h/3$	±0.667	±0.338	合格

注:h为基本等高距,单位为m,本试验基本等高距设为1 m。

根据已有的珠江河道地形测量成果，以及试验当日使用 RTK 现场采集的岸上检查点，黄塘船载三维激光扫描，陆地地物点选取了 28 对检测点，点位中误差统计见表 8-5，高程中误差统计见表 8-6，计算得到点位中误差为 0.228 m、等高线高程中误差为 0.176 m；水下地形点共统计 117 个检查点，算得水下地形点的等高线高程中误差为 0.338 m。三项统计值分别与规定的允许误差比较，可以得出结论：本次船载三维激光扫描试验测得的数据精度满足规范要求。

8.1.9.1　陆地地物点点位中误差

陆地地物点点位中误差统计见表 8-5。

表 8-5　陆地地物点点位中误差统计　　单位：m

序号	检测点号及点位说明	RTK	扫描仪	Δ	$Δ^2$	$ΔX^2+ΔY^2$	中误差计算及有关说明
1	堤顶	2 575 088.125	2 575 088.012	0.113	0.013	0.145	地形图地物点平面位置中误差：$M_p=\pm\sqrt{\frac{[nn]}{2n}}$ $M_p=\pm 0.228$ m
		382 729.637	382 730.000	-0.363	0.132		
2	堤顶	2 575 099.860	2 575 100.001	-0.141	0.020	0.168	
		382 737.959	382 738.344	-0.385	0.148		
3	堤顶	2 575 121.617	2 575 121.250	0.367	0.135	0.324	
		382 758.060	382 757.625	0.435	0.189		
4	堤顶	2 575 133.714	2 575 134.000	-0.286	0.082	0.092	
		382 770.539	382 770.438	0.101	0.010		
5	堤顶	2 575 162.492	2 575 162.750	-0.258	0.067	0.249	
		382 801.177	382 800.750	0.427	0.182		
6	堤顶	2 575 172.342	2 575 172.750	-0.408	0.166	0.168	
		382 811.866	382 811.906	-0.040	0.002		
7	堤顶	2 575 196.000	2 575 196.000	0	0	0.002	
		382 831.813	382 831.767	0.046	0.002		
8	堤顶	2 575 230.352	2 575 230.250	0.102	0.010	0.219	
		382 853.199	382 853.656	-0.457	0.209		
9	堤顶	2 575 242.700	2 575 242.500	0.200	0.040	0.139	
		382 863.248	382 863.563	-0.315	0.099		
10	堤顶	2 575 293.007	2 575 292.750	0.257	0.066	0.074	
		382 904.378	382 904.469	-0.091	0.008		
11	堤顶	2 575 333.091	2 575 332.750	0.341	0.116	0.123	
		382 942.893	382 942.813	0.080	0.006		

续表 8-5

序号	检测点号及点位说明	RTK	扫描仪	Δ	Δ^2	$\Delta X^2+\Delta Y^2$	中误差计算及有关说明
12	堤顶	2 575 388.624	2 575 388.500	0.124	0.015	0.183	
		383 006.785	383 006.375	0.410	0.168		
13	堤顶	2 575 456.654	2 575 456.750	−0.096	0.009	0.047	
		383 087.070	383 086.875	0.195	0.038		
14	石碑	2 575 074.072	2 575 074.000	0.072	0.005	0.008	
		382 627.601	382 627.656	−0.055	0.003		
15	台阶角	2 575 081.106	2 575 081.000	0.106	0.011	0.103	
		382 647.322	382 647.625	−0.303	0.092		
16	台阶角	2 575 107.260	2 575 107.250	0.010	0	0.034	
		382 668.440	382 668.625	−0.185	0.034		
17	堤	2 575 108.448	2 575 108.250	0.198	0.039	0.112	
		382 710.825	382 711.094	−0.269	0.072		
18	坎顶	2 575 153.421	2 575 153.250	0.171	0.029	0.094	
		382 724.505	382 724.250	0.255	0.065		地形图地物点平面位置中误差： $M_p=\pm\sqrt{\frac{[nn]}{2n}}$ $M_p=\pm 0.228$ m
19	坎脚	2 575 190.305	2 575 190.500	−0.195	0.038	0.119	
		382 744.434	382 744.719	−0.285	0.081		
20	坎脚	2 575 190.368	2 575 190.250	0.118	0.014	0.096	
		382 759.942	382 759.656	0.286	0.082		
21	坎头	2 575 184.788	2 575 184.750	0.038	0.001	0152	
		382 763.800	382 764.188	−0.388	0.151		
22	坎脚	2 575 197.903	2 575 198.000	−0.097	0.009	0.051	
		382 764.984	382 765.188	−0.204	0.042		
23	坎顶拐弯	2 575 216.198	2 575 216.134	0.064	0.004	0.009	
		382 792.353	382 792.286	0.067	0.004		
24	坎顶	2 575 326.393	2 575 326.250	0.143	0.020	0.142	
		382 865.932	382 866.281	−0.349	0.122		
25	坎顶	2 575 374.814	2 575 374.750	0.064	0.004	0.019	
		382 920.223	382 920.344	−0.121	0.015		
26	岸标	2 575 454.737	2 575 454.750	−0.013	0	0.037	
		383 053.434	383 053.625	−0.191	0.036		

续表 8-5

序号	检测点号及点位说明	RTK	扫描仪	Δ	Δ^2	$\Delta X^2+\Delta Y^2$	中误差计算及有关说明
27	坎顶	2 575 526. 915	2 575 527. 000	-0. 085	0. 007	0. 009	地形图地物点平面位置中误差：$M_p=\pm\sqrt{\frac{[nn]}{2n}}$ $M_p=\pm0.228$ m
		383 100. 744	383 100. 781	-0. 037	0. 001		
28	坎顶	2 575 534. 928	2 575 535. 000	-0. 072	0. 005	0. 005	
		383 110. 497	383 110. 500	-0. 003	0		

8. 1. 9. 2　陆地地物点高程中误差

陆地地物点高程中误差统计见表 8-6。

表 8-6　陆地地物点高程中误差统计

序号	点名或点位	RTK	扫描仪	ΔH	ΔH^2	中误差计算及有关说明
1	堤顶	15. 369	14. 980	0. 389	0. 151	地形图地物点平面位置中误差：$M_p=\pm\sqrt{\frac{[nn]}{2n}}$ $M_p=\pm0.176$ m
2	堤顶	15. 367	15. 030	0. 337	0. 114	
3	堤顶	15. 426	15. 070	0. 356	0. 127	
4	堤顶	15. 434	15. 020	0. 414	0. 171	
5	堤顶	15. 656	15. 290	0. 366	0. 134	
6	堤顶	15. 600	15. 190	0. 410	0. 168	
7	堤顶	15. 536	15. 190	0. 346	0. 120	
8	堤顶	15. 527	15. 190	0. 337	0. 114	
9	堤顶	15. 495	15. 200	0. 295	0. 087	
10	堤顶	15. 561	15. 270	0. 291	0. 085	
11	堤顶	15. 533	15. 210	0. 323	0. 104	
12	堤顶	15. 445	15. 040	0. 405	0. 164	
13	石墩	1. 200	1. 110	0. 090	0. 008	
14	台阶角	1. 203	1. 160	0. 043	0. 002	
15	台阶角	1. 180	1. 050	0. 130	0. 017	
16	堤	6. 472	6. 530	-0. 058	0. 003	
17	坎顶	4. 125	3. 960	0. 165	0. 027	
18	坎脚	1. 867	1. 820	0. 047	0. 002	
19	坎脚	1. 895	2. 070	-0. 175	0. 031	
20	坎头	4. 937	4. 960	-0. 023	0. 001	
21	坎脚	1. 181	1. 130	0. 051	0. 003	

续表 8-6

序号	点名或点位	RTK	扫描仪	ΔH	ΔH^2	中误差计算及有关说明
22	坎顶拐弯	4.742	4.948	−0.206	0.042	地形图地物点平面位置中误差：$M_p=\pm\sqrt{\frac{[nn]}{2n}}$ $M_p=\pm 0.176$ m
23	坎顶	4.638	4.550	0.088	0.008	
24	坎顶	4.668	4.550	0.118	0.014	
25	坎顶	4.597	4.520	0.077	0.006	
26	岸标	10.457	10.460	−0.003	0	
27	坎顶	4.545	4.430	0.115	0.013	
28	坎顶	4.599	4.490	0.109	0.012	

8.1.9.3　水下地形点高程中误差

多波束水下地形点高程中误差见表 8-7。

表 8-7　多波束水下地形点高程中误差

序号	点名	单波束	多波束	ΔH	ΔH^2	中误差计算及有关说明
1	水下点	6.600	6.200	0.400	0.160	地形图地物点平面位置中误差：$M_p=\pm\sqrt{\frac{[nn]}{2n}}$ $M_p=\pm 0.338$ m
2	水下点	6.500	6.760	−0.260	0.068	
3	水下点	8.000	8.020	−0.020	0	
4	水下点	7.900	7.840	0.060	0.004	
5	水下点	6.600	6.150	0.450	0.202	
6	水下点	6.400	6.580	−0.180	0.032	
7	水下点	6.800	6.000	0.800	0.640	
8	水下点	6.800	6.380	0.420	0.176	
9	水下点	8.300	7.980	0.320	0.102	
10	水下点	8.100	7.700	0.400	0.160	
11	水下点	7.500	7.040	0.460	0.212	
12	水下点	7.200	6.760	0.440	0.194	
13	水下点	8.300	7.980	0.320	0.102	
14	水下点	7.200	6.940	0.260	0.068	
15	水下点	7.900	7.270	0.630	0.397	
16	水下点	6.100	6.620	−0.520	0.270	
17	水下点	7.100	6.840	0.260	0.068	
18	水下点	7.900	7.340	0.560	0.314	

续表 8-7

序号	点名	单波束	多波束	ΔH	ΔH^2	中误差计算及有关说明
19	水下点	7.400	6.920	0.480	0.230	
20	水下点	8.800	8.590	0.210	0.044	
21	水下点	8.100	7.690	0.410	0.168	
22	水下点	7.500	7.030	0.470	0.221	
23	水下点	7.000	6.300	0.700	0.490	
24	水下点	6.400	6.240	0.160	0.026	
25	水下点	7.100	6.490	0.610	0.372	
26	水下点	7.900	7.730	0.170	0.029	
27	水下点	7.300	6.770	0.530	0.281	
28	水下点	7.200	6.610	0.590	0.348	
29	水下点	8.800	8.190	0.610	0.372	
30	水下点	5.900	5.400	0.500	0.250	
31	水下点	6.300	5.790	0.510	0.260	
32	水下点	6.500	6.920	−0.420	0.176	地形图地物点平面位置中误差： $M_p=\pm\sqrt{\frac{[nn]}{2n}}$ $M_p=\pm 0.338$ m
33	水下点	9.000	8.930	0.070	0.005	
34	水下点	6.800	6.220	0.580	0.336	
35	水下点	5.200	4.720	0.480	0.230	
36	水下点	8.800	8.580	0.220	0.048	
37	水下点	9.300	8.700	0.600	0.360	
38	水下点	6.400	6.260	0.140	0.020	
39	水下点	6.400	5.900	0.500	0.250	
40	水下点	8.900	8.410	0.490	0.240	
41	水下点	8.500	8.600	−0.100	0.010	
42	水下点	9.800	9.350	0.450	0.203	
43	水下点	5.100	4.770	0.330	0.109	
44	水下点	3.900	3.330	0.570	0.325	
45	水下点	11.500	10.830	0.670	0.449	
46	水下点	11.000	11.120	−0.120	0.014	
47	水下点	10.000	10.560	−0.560	0.314	
48	水下点	6.500	6.440	0.060	0.004	

续表 8-7

序号	点名	单波束	多波束	ΔH	ΔH^2	中误差计算及有关说明
49	水下点	11.800	11.460	0.340	0.116	
50	水下点	3.400	2.910	0.490	0.240	
51	水下点	10.700	10.520	0.180	0.032	
52	水下点	10.800	10.600	0.200	0.040	
53	水下点	8.800	8.390	0.410	0.168	
54	水下点	8.000	7.520	0.480	0.230	
55	水下点	10.700	10.520	0.180	0.032	
56	水下点	9.500	9.150	0.350	0.123	
57	水下点	11.700	11.400	0.300	0.090	
58	水下点	8.400	8.000	0.400	0.160	
59	水下点	10.600	9.920	0.680	0.462	
60	水下点	9.500	8.960	0.540	0.292	
61	水下点	10.800	10.290	0.510	0.260	
62	水下点	9.000	8.690	0.310	0.096	地形图地物点平面位置中误差: $M_p=\pm\sqrt{\frac{[nn]}{2n}}$ $M_p=\pm0.338$ m
63	水下点	9.100	8.680	0.420	0.176	
64	水下点	7.800	7.360	0.440	0.194	
65	水下点	8.200	7.730	0.470	0.221	
66	水下点	11.500	10.900	0.600	0.360	
67	水下点	6.400	5.990	0.410	0.168	
68	水下点	11.000	10.670	0.330	0.109	
69	水下点	6.400	6.080	0.320	0.102	
70	水下点	9.090	9.500	-0.410	0.168	
71	水下点	9.000	8.450	0.550	0.303	
72	水下点	6.000	5.840	0.160	0.026	
73	水下点	5.400	5.190	0.210	0.044	
74	水下点	10.600	10.420	0.180	0.032	
75	水下点	9.600	9.143	0.457	0.209	
76	水下点	7.200	6.740	0.460	0.212	
77	水下点	9.700	9.290	0.410	0.168	
78	水下点	5.900	5.530	0.370	0.137	

续表 8-7

序号	点名	单波束	多波束	ΔH	ΔH^2	中误差计算及有关说明
79	水下点	7.200	7.020	0.180	0.032	地形图地物点平面位置中误差：$M_p=\pm\sqrt{\frac{[nn]}{2n}}$ $M_p=\pm 0.338$ m
80	水下点	5.800	5.300	0.500	0.250	
81	水下点	7.100	6.820	0.280	0.078	
82	水下点	7.600	7.240	0.360	0.130	
83	水下点	8.500	8.080	0.420	0.176	
84	水下点	10.700	10.090	0.610	0.372	
85	水下点	4.800	4.220	0.580	0.336	
86	水下点	4.700	4.260	0.440	0.194	
87	水下点	8.600	8.090	0.510	0.260	
88	水下点	6.100	5.840	0.260	0.068	
89	水下点	4.500	3.900	0.600	0.360	
90	水下点	7.400	7.280	0.120	0.014	
91	水下点	7.200	8.820	-1.620	2.624	
92	水下点	4.200	3.890	0.310	0.096	
93	水下点	9.100	8.610	0.490	0.240	
94	水下点	8.900	8.530	0.370	0.137	
95	水下点	9.400	8.620	0.780	0.608	
96	水下点	9.200	8.660	0.540	0.292	
97	水下点	7.100	6.530	0.570	0.325	
98	水下点	9.700	9.270	0.430	0.185	
99	水下点	8.600	8.220	0.380	0.144	
100	水下点	9.500	8.970	0.530	0.281	
101	水下点	7.800	7.310	0.490	0.240	
102	水下点	6.600	6.080	0.520	0.270	
103	水下点	10.200	10.710	-0.510	0.260	
104	水下点	10.200	9.690	0.510	0.260	
105	水下点	9.600	9.120	0.480	0.230	
106	水下点	9.300	8.960	0.340	0.116	
107	水下点	10.200	8.940	1.260	1.588	
108	水下点	8.900	8.450	0.450	0.203	

续表 8-7

序号	点名	单波束	多波束	ΔH	ΔH^2	中误差计算及有关说明
109	水下点	10.500	9.920	0.580	0.336	地形图地物点平面位置中误差： $M_p=\pm\sqrt{\frac{[nn]}{2n}}$ $M_p=\pm 0.338$ m
110	水下点	10.200	9.790	0.410	0.168	
111	水下点	10.300	9.820	0.480	0.230	
112	水下点	9.200	8.800	0.400	0.160	
113	水下点	8.500	7.690	0.810	0.656	
114	水下点	8.300	7.900	0.400	0.160	
115	水下点	7.600	7.030	0.570	0.325	
116	水下点	8.900	8.600	0.300	0.090	
117	水下点	7.500	6.990	0.510	0.260	

8.2　无人船搭载 NORBIT+iLiDAR 水上水下一体化演示

8.2.1　产品简介

NORBIT iWBMS 多波束测深系统是 NORBIT 公司最新推出新一代多波束测深系统，系统具有非常高的水深分辨率(见图 8-123)。NORBIT iWBMS 与其他多波束测深系统相比较，优势在于高度集成、小巧、安装方便、操作简单、便于携带、功耗低等。

NORBIT iLiDAR 是与高分辨率测深多波束系统完全集成的最紧凑的地面测绘传感器(见图 8-124)。每秒 300 k 的数据点，是一个用于映射水面地形以获得一次完整图像的理想工具。强大的单根电缆将 IP67 iLiDAR 传感器头连接到顶层声呐接口单元(SIU)。具有连接快、集成快速和紧凑的尺寸。

图 8-123　iWBMS 水下部分

图 8-124　iLiDAR 三维激光扫描仪

NORBIT 的 iLiDAR 激光器是一种全新的多感测概念，将多个紧密集成的传感器组合成一个硬件平台，并通过单个 LAN 连接测量用笔记本电脑。支持的传感器包括测深多波束回声测深仪、声呐、底部探测和 iLiDAR 的任何组合。

8.2.1.1 系统特征和优势

(1)超高分辨率高频宽带宽技术，在线选 CW 或 FM 工作模式。

NORBIT 多波束中心工作频率为 400 kHz，宽带达到 78 kHz(360～440 kHz)，宽带宽有利于提高量程分辨率，NORBIT 多波束提供不到 1 cm 水深分辨率。为提高抗干扰能力，NORBIT 可以在线选择 CW 或 FM 工作模式，能够提供高达 78 kHz 带宽同时具备 FM 线性调频技术，NORBIT 多波束独一无二。

(2)高达 210°条带覆盖宽度。

NORBIT 接收换能器采用圆弧型设计，这样可以有效接收边缘波束的信号，提高多波束工作效率，达到更大条带覆盖范围。波束覆盖范围从 7°～210°，在线可调，且具备旋转功能。这样的结构可以适应复杂地形及码头等需要进行侧面扫测的地形。

(3)小巧、轻便，高度集成，便于安装。

NORBIT 多波束有效集成高精度惯导系统，提升整体测深多波束性能。NORBIT iWBMS 多波束系统内部可选配集成 Applanix POS MV Wavemaster 惯导系统，iWBMSc 集成 NovAtel 惯导系统，同时还集成了 AML SV 表面声速仪。整套水下部分重量不超过 10 kg，方便安装和运输，也方便安装于无人测量船上。

内置高精度惯导有以下几个好处：①惯导系统姿态变换能真实体现多波束换能器在测量过程中的姿态变化；②免去复杂的前期校准步骤，ROLL、PITCH、YAW 校准可以免除；③减少多波束量取中心的 MRU 量取中心之间量取的误差，提升多波束整体测量精度。

NORBIT 多波束可以适应不同类型的船只安装，从小型到大型船只都能使用，提供不超过 45 m 的甲板电缆。

(4)超低功耗。

超低功耗，集成多波束系统整体功耗不超过 55 W，供电可以选择 12～28 VDC 或者 220 VAC，适用不同环境下使用。同时可以选择适于 ROV 和 AUV 等安装使用的设备，最大水深等级为 4 000 m。

(5)固件升级服务。

NORBIT 不定时免费提供系统固件升级服务，提升仪器性能，使多波束系统保持先进和高性能状态。

8.2.1.2 技术参数

技术参数见表 8-8。

表 8-8　技术参数

工作频率	中心频率 400 kHz±40 kHz (80 kHz 带宽)	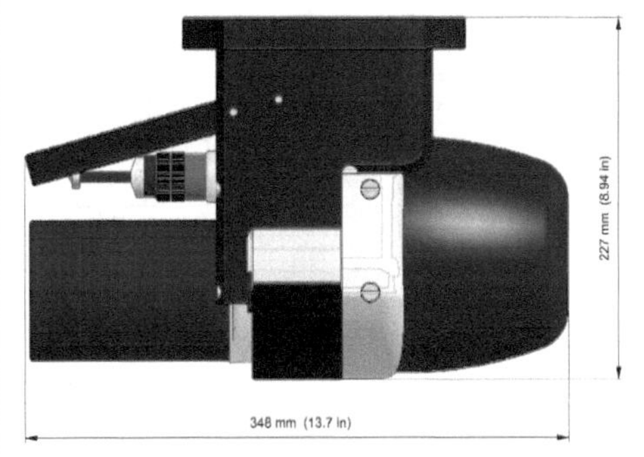
条带宽度	7°~210°可设	
垂直分辨率	<10 mm	
波束数	256~512 EA&ED	
量程范围	0. 2~275 m	
波束开角	0. 9°×1. 9°、0. 9°×0. 5°	
Ping 率	最高达 50 Hz,与使用量程有关	
定位精度	RTK 0. 02 m	
艏向精度	0. 03° (RTK) ,2 m 基线长度	
纵横摇精度	0. 02°依赖基线长度	
涌浪精度	5 cm 或 5% (2 cm RTK)	
重量	9. 5 kg(空气中),6 kg(水中)	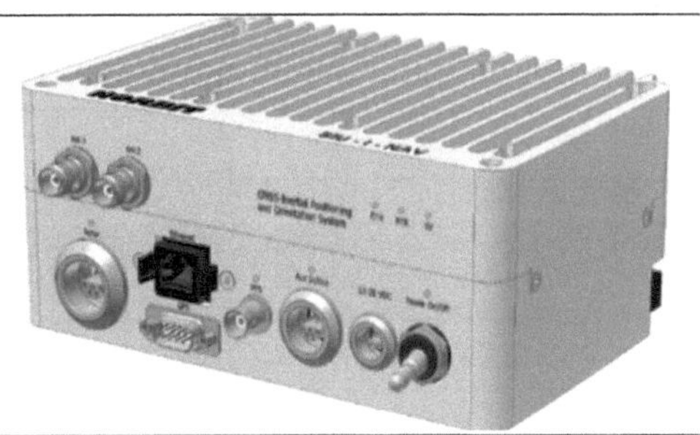
接口	100 MB 网口	
电缆长度	8 m	
功耗	≤55 W(12~28VDC)	
工作/存储温度	-4~+40 ℃/-20~+60 ℃	
防尘防水	IP67	

1. Applanix POS MV wavemaster 惯导系统(内置)

NorbitiWBMS 内置了加拿大 Applanix 研发的 POS MV 系统,能够为多波束测量和海洋船只的高可靠性、高精度定位和姿态艏向提供完美的解决方案。POS MV 系统(Position and Orientation Systems for Marine Vessels)用于支持水文数据采集操作,特别是用在一些直接提供地理标注及成图的工作中,它可以提供精确的、连续的及完整的位置和方向解决方案。

POS MV 系统作为工艺水平和精度超高的陀螺仪,同外部扶助的 GPS 相结合,为工作船只和传感器提供连续的、精确的位置和方向数据。在 GPS 信号被阻挡或者信号不连续的时间段内,在由于多路效应导致 GPS 无法有效接收卫星信号的区域,在某个时间段内位置漂移必须减小或者需要更快速重新获取位置及方向信息的条件下,POS MV 系统都能够输出可靠的位置和方向信息。

POS MV 系统可以提供 6 个自由度的位置和方位解决方案,包括位置、速度、姿态、升沉、加速度和角速度矢量。Applanix 的 POS MV 系统能够在恶劣的环境下,无论船在动态还是静态下都能够提供精确的位置和方向数据,数据输出频率高达 200 Hz,使得直接地理参考和姿态补偿成为海上作业的一个现实的和可操作的选择。

由于 POS MV 系统具有很高的数据更新速率,因此它可以提供一个完整的六个自由度的位置和方位的解决方案。该系统专为多波束声纳系统使用所设计，该系统在所有动态条件下即使波束覆盖宽度超过±75 度的情况下同样能够符合 IHO(国际水道测量)标准。

POS MV 系统 wavemaster 参数指标见表 8-9。

表 8-9　POS MV 系统 wavemaster 参数指标

POS MV 系统 WaveMaster	DGPS	RTK	GPS Outage
位置	0.5~2 m	0.02~0.1 m	<3 m 30 s 之内,<10 m 60 s 之内
横摇、纵摇	0.03°	0.02°	0.04°
真实艏向	0.03°(2 m 基线)	—	每小时漂移小于 2°
升沉	5 cm 或 5%	5 cm 或 5%	5 cm 或 5%

2. AML Smart SV 实时声速仪(内置)

AML Smart SV 实时声速仪主要有设计小巧、紧凑、高防水、易冲洗，测量声速精确可靠等特点。

AML Smart SV 实时声速仪主要参数见表 8-10。

表 8-10　AML Smart SV 实时声速仪主要参数

声速范围	1 375~1 625 m/s
精密度	±0.006 m/s
精度	±0.025 m/s
分辨率	0.001 m/s
响应时间	47 μS

3. Valeport Mini SVP 声速剖面仪工作原理和技术指标

由于水中(海水或河水)的温度、压力及盐度不均匀，在水深大于 10 m 的条件下，水中的声波传播速度将明显不同，它将造成水中的声波传播路径弯曲。如果对此影响不加考虑，多波束测深仪测得的水下深度将会发生明显的弯曲。

Valeport Mini SVP 声速剖面仪上装有固定距离的发射声源和反射器，在水中发射声源发射的声波经反射器反射后被接收，根据其往返程时间，声速剖面仪可直接测量计算出水中的声速。工作时，将声速剖面仪从水面投放到水底，即可得到该处的声速剖面。

Valeport Mini SVP 声速传感器技术指标：量程：1 375~1 900 m/s；精度：±0.02 m/s；分辨率：0.001 m/s。

温度传感器：量程：-5 ℃~+35 ℃；精度：±0.01 ℃；分辨率：0.000 1 ℃。

压力传感器：量程：10、50、100、300 或者 600 Bar；精度：±0.05%范围；分辨率：0.001%范围。

1)通信

在部署前后通过与个人电脑进行直接通信操作而产生设置和数据提取，该设备将自动运行，进行实时操作。

RS232:长达 200 m 的电缆,直接连接串行端口;

RS485:长达 1 000 m 电缆,寻址半双工通信科;

波特率:4 800~460 800;

协议:8 数据位,1 停止位,无奇偶校验,没有流控制;

蓝牙:可供电缆免费数据恢复的可选择性蓝牙配置器(该配置器不适用于浸泡)。

2)存储

Mini SVP 配有固态非挥发性闪存储存器,能够存储超过 10 000 000 线数据(在 500 m 剖面范围内得到 10 000 剖面数据,以 1 m 为剖面单位)。

3)电源

内部:1 * C 电池,1.5 V 碱性或者 3.6 V 锂电池;

外部:9~28 Vdc;

电源:<0.25 W;

电池寿命:碱性大约 30 h 运行,锂电池大约 90 h 运行。

4. QPS 多波束实时数据采集处理显示软件

QPS 软件包含多波束数据采集软件 Qinsy 和多波束数据后处理软件 Qimera,其主要功能包括:水深点实时三维显示、体积和土方计算、全面覆盖多波束外业作业需求、全功能测线设计和实时导航、可连接多种海洋设备同时工作、多窗口显示以实时监测调查过程、实时水深数据自动改正和剔除、实时生成彩色网格化水深数据,以及姿态、潮位、GPS、RTK、SVP 和安装角的改正。可输出数据包括条带水深数据、侧扫影像数据、定位数据、方位数据和测量船姿态数据等。

总体上满足多波束和单波束测量,能适应 Windows 98/NT/2000/XP/Windows 7/Windows 8/Windows 10 系统,Qinsy 数据采集+Qimera 数据后处理。

1)项目设置

(1)有设置向导。

(2)内含椭球体、投影和数据转换的数据库,使数据投影转换方便。

(3)可配置所有的船上的设备和布置。

2)数据采集

(1)多显示器和不同图层显示。

(2)3D 舵手显示。

(3)在线式处理单波束和多波束数据。

(4)实时数字地面模型包含标准偏差和各单元采样数。

(5)多个质量控制显示。

(6)平面图多用途和多属性显示。

(7)实时数据处理,兼容运动姿态数据、SVP 和 RTK 等。

3)处理

实时在线处理:

(1)运动、潮位、GPS-RTK、SVP 和安装角改正。

(2)单波束的跳点、疵点的过滤。

(3)多波束的跳点自动滤波功能。

(4)过滤和编辑数据的时候不会改动原始数据。

(5)无需回放,可以添加进新的声速文件和应用潮位文件。

(6)无需回放,可以进行安装角和多波束校正。

(7)一个视图上可以显示多人同时进行编辑。

8.2.2 应用领域

(1)港口应用。港口、港池水下精细测量和碍航物、浅点检测等。

(2)航道应用。数字化航道水下基础空间数据采集,通航安全水域碍航物检测,航标水下测绘等。

(3)水下工程应用。疏浚、抛石等工程土石方量的精确计算,水下建筑物等形态精细测量,炸礁事后残存物精细化测量等。

(4)水文应用。数字水文建设,如水文信息化建设的数据清查和校核,江河湖泊水下基础空间数据采集,水库库容的精细化测量,水下地形数据采集等。

(5)海洋石油应用。海洋平台地基形态及周边海底冲淤状况精细化测量,海底管线铺设、检测等相关测量工作,海底管线路由精细化勘察等。

(6)水下目标探测应用。水下危险目标精细化测量、水下碍航物精细化测量、沉船打捞应用等。

8.2.3 作业方式:华威6号

由于NORBIT iWBMS所具备的以下特点,使得NORBIT多波束能够轻松地装载在无人测量船上。

8.2.3.1 轻便性

换能器空气中质量9.5 kg,甲板单元2.35 kg,扫描仪3 kg,可以轻松搭载在无人船上(见图8-125)。

图8-125　无人船搭载换能器

8.2.3.2 接线简单

主机接线包含GNSS天线两根、声呐IMU 2合1线一根、电源、网线一根、iLidar数据线一根即可(见图 8-126)。

图 8-126　主机接线图

8.2.3.3　数据接口统一

甲板单元通过数据整合,所有数据通过一个网口传递到采集软件,对于无人船来讲,仅需一条网线通过网桥将所有数据传回岸基平台,数据传输方便。

8.2.4　广东省龙川县枫树坝水电站演示成果

8.2.4.1　测量区域

本次水下地形测量和扫测区域位置如图 8-127 所示,地址位于广东省龙川县枫树坝水电站。测量长度约 400 m,测区宽度约 200 m。一共花费 1 h 即完成了测量。

图 8-127　测量区域

8.2.4.2　设备安装

无人船搭载多波束测深系统换能器(内置 GNSS 惯导系统)悬挂在无人船底部凹槽。三维激光扫描仪通过专用支架放置在无人船上(见图 8-128~图 8-130)。

图 8-128　船体的安装(安装部件:多波束探头、甲板单元、前后天线、GNSS 接收机、船体零件)

图 8-129　无人船下水

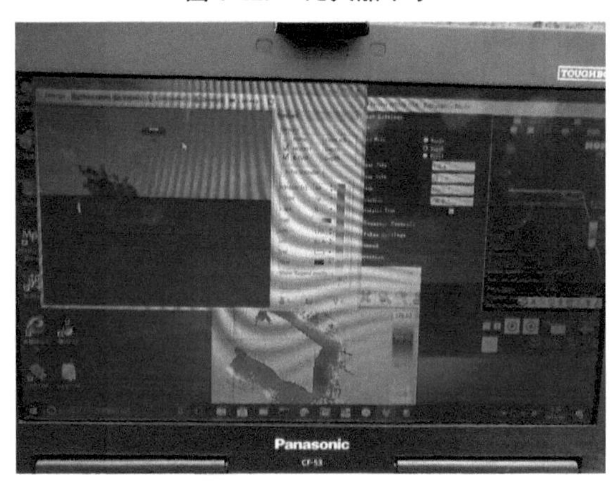

图 8-130　数据采集

无人船搭载 NORBIT iLiDAR 安装简单方便,安装整体耗时半小时,相对有人船安装可节省 3~5 h。另外,多波束甲板单元及多波束探头、扫描仪等设备,均可通过无人船电池直流给设备供电,一块电池工作时长可达 8~10 h 以上,免去船上使用发电机的窘迫。

8.2.4.3　数据采集过程

多波束测量过程中,采用手动和自动两种模式,控制无人船保持沿测线行进(见图 8-131),船只航速保持稳定,控制在 4~6 节。多波束测深系统配套的显控软件和导航软件运行在数据采集计算机上,完成设备工作控制、数据采集显示和测量导航功能(见图 8-132)。

图 8-131　无人船在进行测量

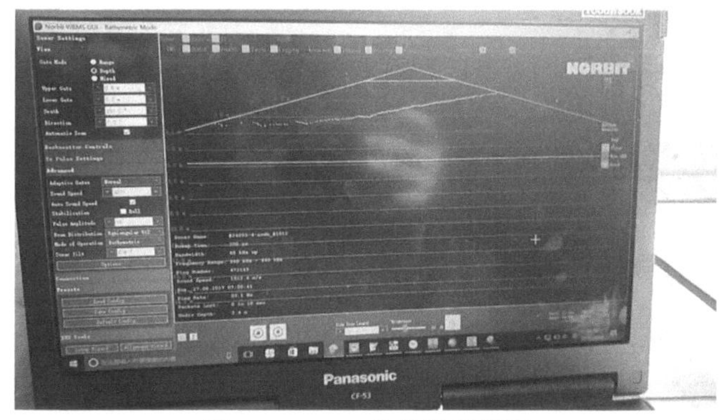

图 8-132　GUI 软件显示界面

8.2.4.4　数据成果展示

数据成果如图 8-133~图 8-135 所示。

图 8-133　数据成果展示(1)

图 8-134 数据成果展示(2)

图 8-135 数据成果展示(3)

8.3 中海达船载水上水下一体化移动测量解决方案

8.3.1 中海达船载水上水下一体化移动测量介绍

海洋地形数据主要包括水上及水下两个部分,水上部分主要包括了 GPS RTK 岸线测量、岛礁测量、航测遥感、岛礁测量等部分,水下部分则主要包括 GPS+水深测量、旁扫声呐、多波束测深等。传统的海洋地形数据采集一般是采用水上、水下分开测量的方式,存在着效率低及水上水下基准不统一等问题。中海达船载水上水下一体化移动测量系统采用 GPS/IMU 动态定位定姿技术、三维激光扫描技术、CCD 成像技术和多波束测深技术,在船只行进过程中快速采集海岛礁岸线、水下地形数据(见图 8-136),通过数据融合处理,实现水上水下地形一体化测量与建库。

中海达船载水上水下一体化移动观测的工作原理主要是高精度时空同步将 GPS/IMU 定位定姿数据与三维激光扫描点云关联,实现水上三维地形高精度测量(见图 8-137),同时通过多波束测深(见图 8-138)获取水下三维地形数据,动态、高精度的 GPS/IMU 获取的载体位置和姿态将水上水下三维地形归算到同一个坐标参考。

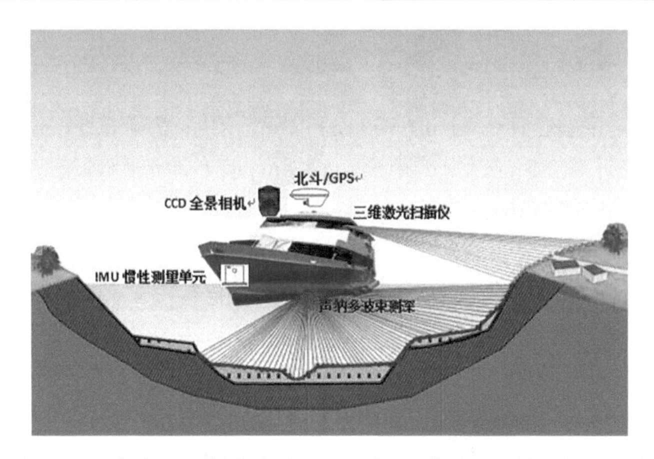

图 8-136　中海达船载水上水下一体化移动测量系统工作示意图

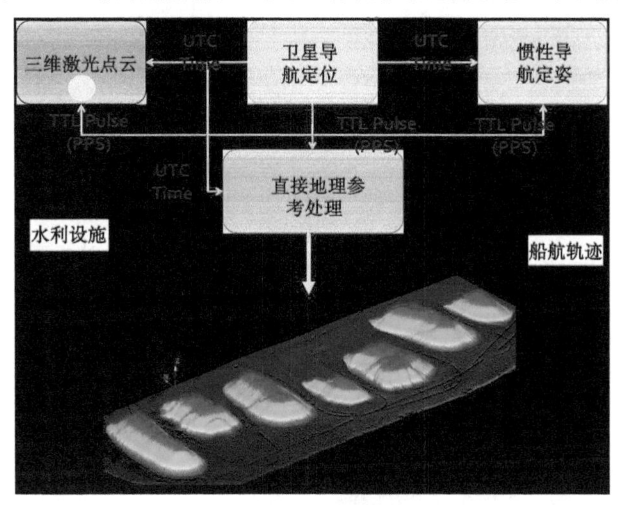

图 8-137　水上三维地形高精度测量

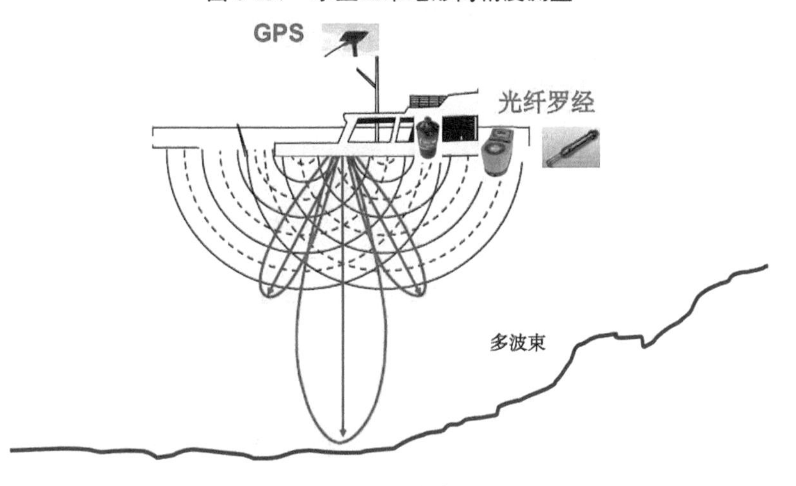

图 8-138　多波束测深

8.3.2　主要技术指标

绝对定位测量精度:优于 0.11 m(500 m);高程精度:优于 0.11 m(500 m);相对测量精度:55 cm;影像分辨率:55 cm;测量距离:1.4 km;水下地形测量精度:优于 10 cm。

8.3.3　系统主要功能

中海达船载水上水下一体化移动测量系统主要功能有很多,如获取海岸带水上水下三维地形数据、岛礁周边与岸线地形图测量、海上设施勘测与监测等,见图 8-139~图 8-141。

图 8-139　直接获取海岸带水上水下三维地形数据

图 8-140　岛礁周边与岸线地形图测量

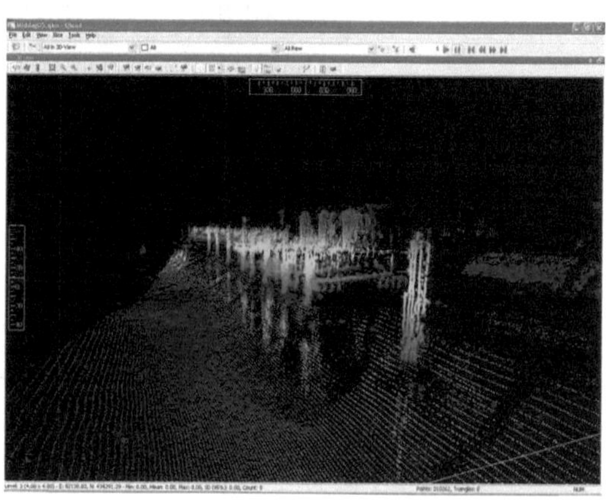

图 8-141　海上设施勘测与监测

8.3.4　系统集成方案

8.3.4.1　系统安装与调试

1. 船只选择

钢铁结构船一般选择中小型钢铁船,只安装多波束系统(见图8-142、图8-143)。

图8-142　多波束测量船

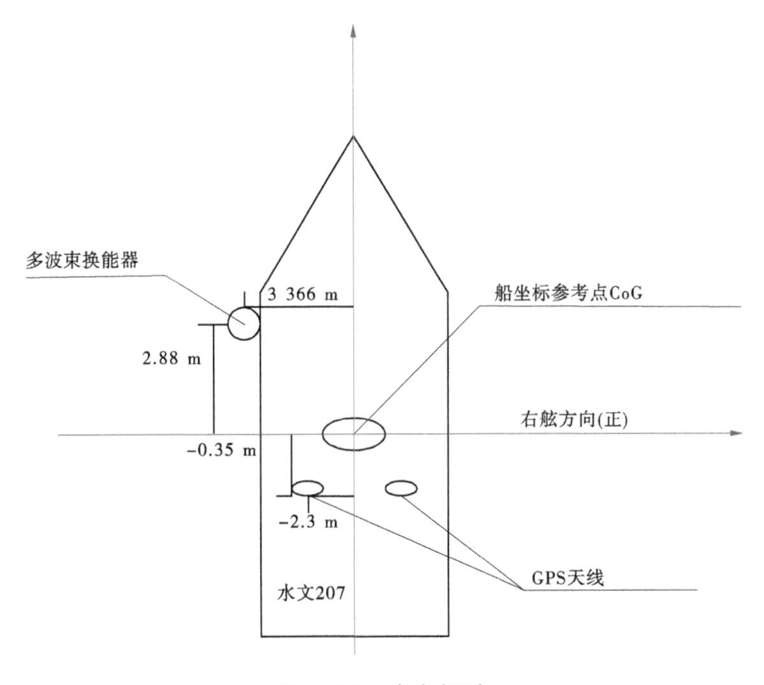

图8-143　参考船型

2. 换能器连接杆安装位置选择

根据科学论证及试验,现提供两种可方便拆卸的安装方案:杠杆导轨式和挂靠连接式。换能器支架安装位置选取在船体1/3与1/2处(从船头量取),如图8-144~图8-147所示。

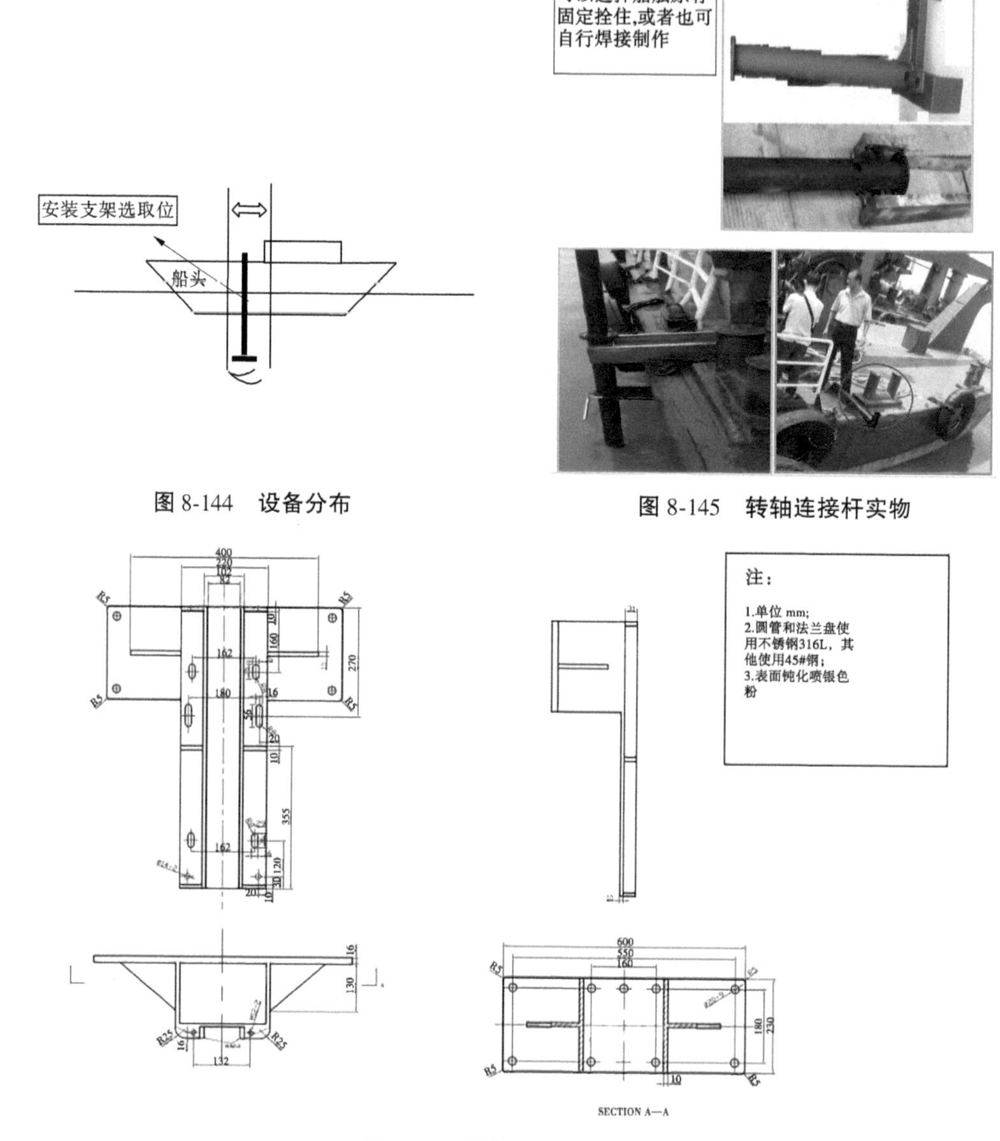

图 8-144　设备分布

图 8-145　转轴连接杆实物

图 8-146　转轴连接杆设计图

图 8-147　杠杆式导轨实物

对于木质结构船(见图8-148),介于木质结构,为保证多波束探头支架安装的稳定性,必须在船体上穿孔上螺丝。

图8-148　木质船实物

图8-149为木质船支架设计图。

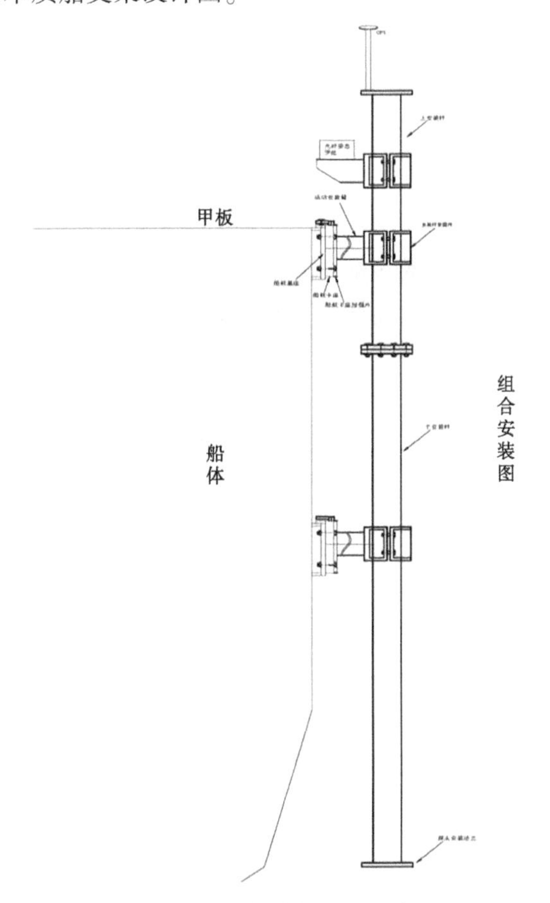

图8-149　木质船支架设计图

国外相关安装实例如图8-150、图8-151所示。

光纤罗经支架

光纤罗经船舷安装示意

图 8-150　罗经安装实物一

图 8-151　罗经安装实例二

3. 姿态传感器安装

安装位置选取：姿态传感器的正确安装非常重要，姿态传感器是以换能器作为补偿目标来确定安装位置的。海洋测量设备的换能器一般有两种安装方式：一种是船体固定式，另一种是水中式。

对于船体固定式，由于船体是钢性体，姿态传感器安装在船体的任何位置都可以，只要按照姿态传感器标示的三维方向，量出姿态传感器和换能器的三维相对位置关系，并输入到主机进行计算改正就行。三维姿态传感器安装在船体龙骨的中心位置为最佳，这样可以减少感应幅度，提高感应精度。也推荐客户使用此种安装方式。姿态传感器安装在换能器的垂直上方最方便，感应精度最高。但在实际安装过程当中由于换能器支架杆长度的缘故，往往姿态传感器装在杆子顶部容易产生晃动，增大系统误差。

对于水中姿态传感器的安装，只要按照姿态传感器标示的三维方向，同换能器行进方向同步固定即可，光纤罗经的外壳能承受很大压力，也可以同换能器绑定在一起放置水下

300 m甚至到3 000 m。不过,水下安装使用的光纤罗经比船体安装使用的光纤罗经成本贵20万~30万元。另外,水中安装使用的光纤罗经的线缆暴露在水中,其安全性降低,容易碰触水下不明物体,损坏后维修费用昂贵。

注:国外同类设备安装技术和经验表明,以上三种姿态传感器(光纤罗经)安装方式使用频率为:船体中心安装80%;水下安装15%;换能器支架垂直上方安装10%。

4. 声速仪安装

声速探头如图8-152所示。

表面声速仪的安装相对比较简单,在接收换能器的导流罩处留有安装接口,用螺丝紧固即可(如图8-153所示)。

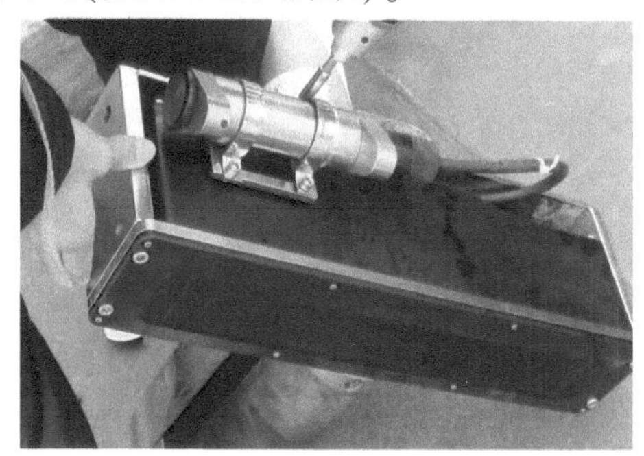

图8-152　声速探头

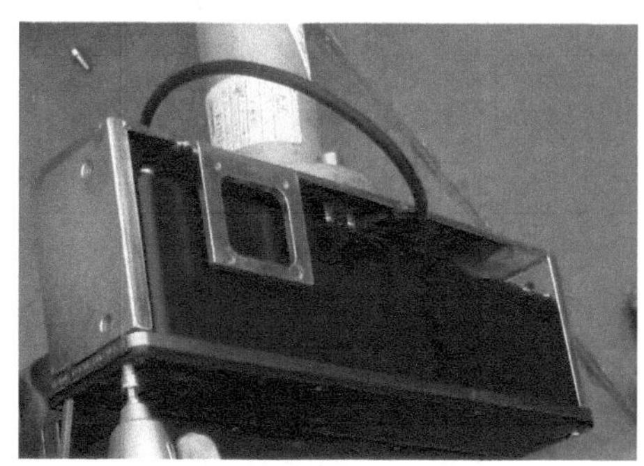

图8-153　表面声速仪安装

5. 声速剖面仪安装

mini SVP声速剖面仪上装有固定距离的发射声源和反射器,在水中发射声源,发射的声波经反射器反射后被接收,根据其往返程时间,声速剖面仪可直接测量计算出水中的声速。工作时,将声速剖面仪从水面投放到水底,即可得到该处的声速剖面。

6. DGPS或RTK安装

根据设计要求,DGPS或RTK定位设备直接安装在换能器支架的上方(见图8-154)。

7. 三维扫描仪安装

通过计算GPS和IMU的相对位置,确定统一的坐标基准,设计支架安装(见图8-155)。

8. 全景相机解决方案

可集成4相机完成全景系统集成,系统将全景相机封装在刚性平台之中,具有坚固稳定、免标定、体积小、重量轻的优点,方便用户使用、维护、保管和携带。其一体化集成设计如图8-156所示。

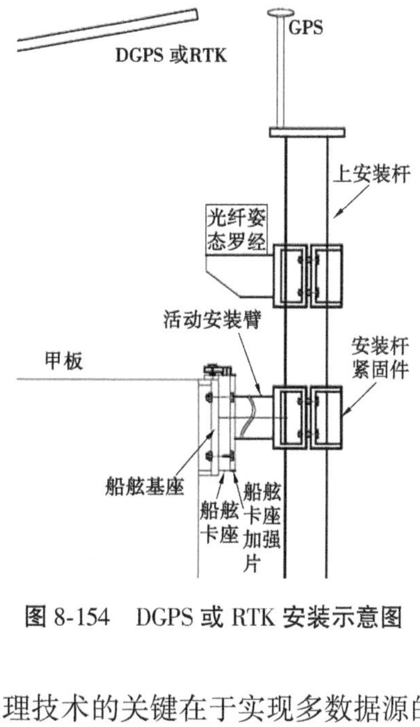

图8-154　DGPS或RTK安装示意图

8.3.4.2　同步方案

对多传感器集成水岸一体多源测量数据的集成处理技术的关键在于实现多数据源的同步采集,在此基础上实现三维激光扫描、相机影像、多波束测深和GPS、IMU等数据的融

图 8-155　三维激光扫描组件安装

图 8-156　一体化集成设计图

合。多传感器的同步控制是指为完成指定的检测和测量任务,通过特定的方法和手段使得参与任务的多个传感器按照预定的节奏、频率和逻辑顺序协同工作。时间同步控制器就是通过一系列的电路系统,保证各个传感器之间,以及传感器和定位系统之间的时间同步。时间同步控制系统是船载多传感器集成水岸一体测量系统的中枢神经系统和指挥控制系统,在船载三维激光扫描数据采集系统建立统一的时空基准的同时,协调、指挥和控制着所有船载激光传感器、数据采集板卡及计算机。船载三维激光扫描数据采集系统的同步控制系统主要由时间同步控制器(主同步控制器)、多波束测深设备、相机、激光扫描同步控制器和外部事件记录同步控制器组成,如图 8-157 所示。

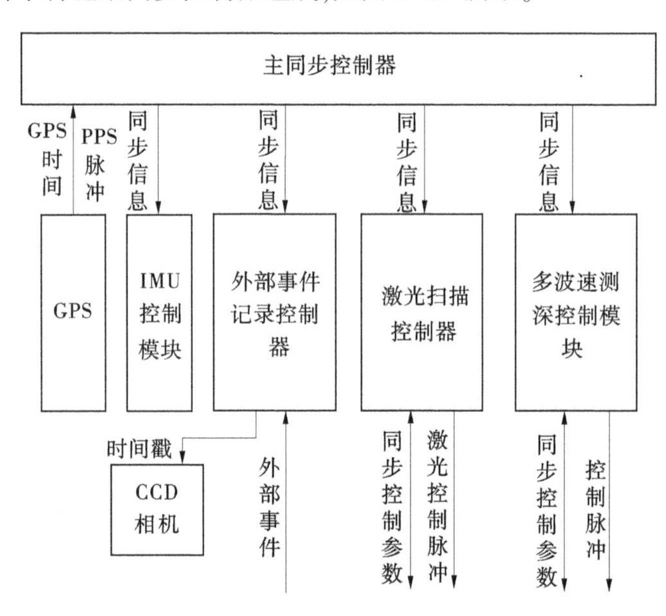

图 8-157　船载多传感器集成水岸一体测量的同步控制方案

时间同步控制器的主要功能是接收 GPS 空间和时间信息及上位机的设置信息,在建立时空基准的同时,将位置信息、距离信息和时间信息融合,为其他职能型同步控制器提供位置、距离及时间等同步信息。本项目拟采用统一的时间板进行多传感器集成时间同步。时间同步控制器的工作原理如图 8-158 所示。

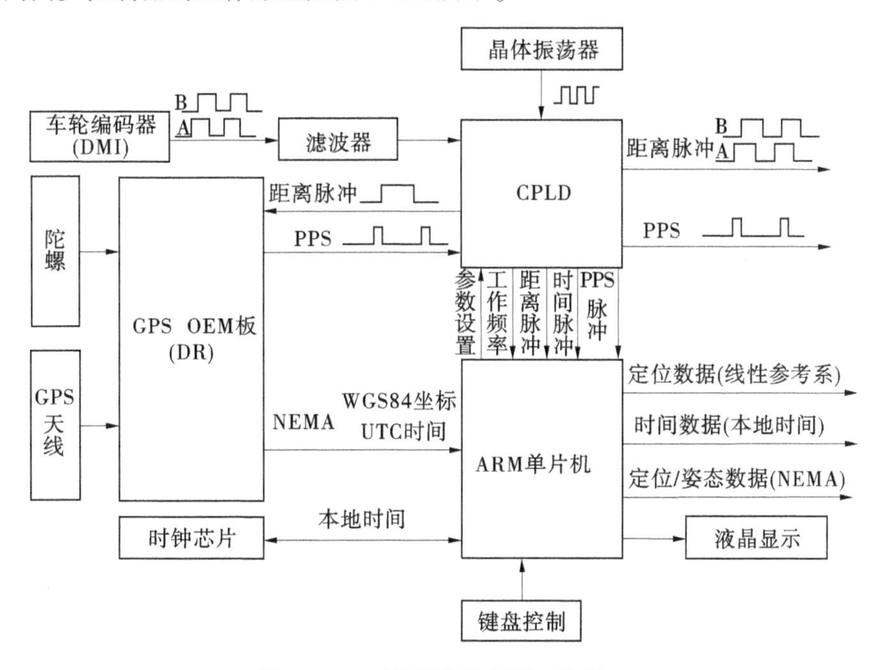

图 8-158　**时间同步控制器工作原理**

在图 8-158 所示的时间同步控制系统中,通过一个时间板(Time-Board)实现三维激光扫描仪、相机、多波束测深设备和 IMU 设备等各传感器数据的同步记录。时间板有一个高精度的授时单元,通过 GPS 获取绝对时刻,并与 GPS PPS 相结合,从而达到 0.1 ms 的高精度时间同步。

图 8-159 为实现三维激光扫描仪、相机、多波束测深设备和 IMU 设备时间同步的板卡。

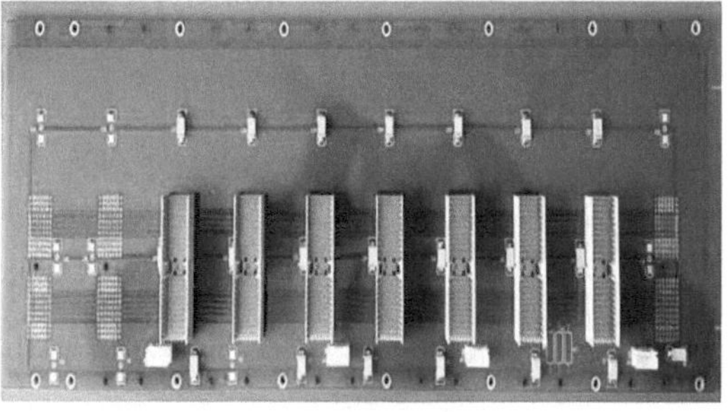

图 8-159　**时间同步板卡**

8.3.4.3　集成一体化数据采集操控软件

提供多波束测深仪、激光扫描仪及定位定姿系统等设备的基础一体化数据采集操控软件(见图 8-160)。

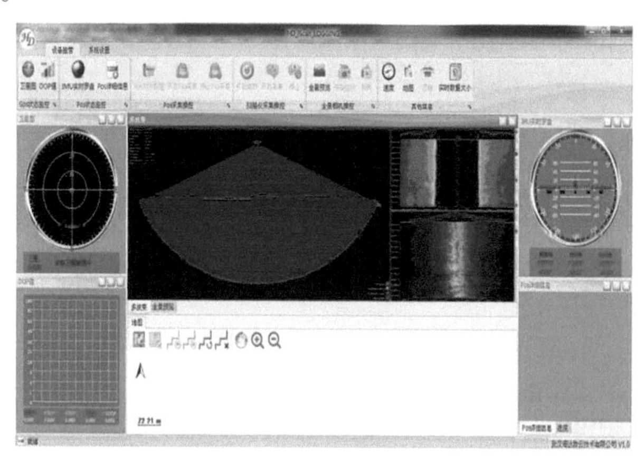

图 8-160　操控软件界面

8.3.4.4　多波束与罗经定位系统的一体化在线标定功能

1. 水下标定场方案

主要是提供一个水下声场环境,用于水声计量测试和试验仪器设备调试。消声水池就是提供一个自由场环境,声波传播到敷设吸声材料的边界上,能量被吸声材料吸收掉,从而可以模拟无限水域的声场条件。在水声设备中离不开换能器,换能器产品研制完成后,需要对其性能进行计量测试,在消声水池中通过标准水听器比较法实现换能器电声性能的测试。声呐系统研制过程中,需要对其部分功能进行摸底和验证,大量的试验工作需要在消声水池中完成。混响水池的池壁对声波具有反射能力,对于测距测深系统、避碰声纳等需要反射面配合的水声试验及一般设备调试可在混响水池中进行。

综合声学水池包括土建、循环水系统、人工、护栏、试验支架等辅助设施;吸声圆锥消声处理;起吊设备、回旋装置、位移控制系统及软件;标准水声测试与分析系统; 测试用辅助工装、试验平台等。

(1)主要功能。

①池中水体提供真实水声信号传播所需的载体。

②水池四壁可吸收若干频段的水声信号,消除池壁对水声传播的影响。

③池底可布放模拟实际水底的沉积层,池面为自然水面。

④水池升降回转装置可精确携带有关设备或者水下目标至池中特定位置。

⑤具备上、下水系统,包括防溢泄流系统。

⑥具备基本测试设备(含标准水听器和发射换能器)及其安放平台。

(2)技术指标。

①水池长≥8 m(外壁)、宽 3.8 m(外壁)、深 2.1 m,池壁厚度不低于 200 mm。

②土建采用 C35 以上等级防水混凝土,抗渗等级不低于 S6,使用寿命 20 年以上。

③消声材料沿四壁布设,长度不超过 350 mm, 低频 3 kHz 以上吸声系数高于 98% ,

高频 100~200 kHz 吸声系数高于 96% ,无异味、无污染,使用寿命 20 年以上。

④升降回转装置两套,纵向行程范围≥6.0 m ,定位误差不超过±5 mm ,横向行程范围≥2.0 m ,定位误差不超过±3 mm ,升降行程范围≥1.5 m(水下≥1 m),定位误差不超过±1 mm ,回转角度范围 0±360°,定向误差不超过±0.1°,升降杆最大负载能力≥100 kg ,具备自动和手动控制。

(3)主要用途。

①水声系统的测试,以减少湖上、海上测试成本。

②水声传播环境模拟,如在水池整体或局部模拟自由声场、波导传播环境及三维多径传播环境等,以支持特定环境下水声技术研究。

③水下目标特性测量,如水雷目标的散射特性测量;其他小型海洋工程设备,如小型水下航行器的测试。

2. 多波束与罗经定位系统的标定方案

(1)测量原理:多波束测深系统通过声波发射与接收换能器阵进行声波广角度定向发射、接收,在与航向垂直的垂面内形成条幅式高密度水深数据,能精确、快速地测出沿航线一定宽度条带内水下目标的大小、形状和高低变化,从而精确可靠地描绘出海底地形、地貌的精细特征。与单波束回声测深仪相比,多波束测深系统具有测量覆盖范围大、测量速度快、精度和效率高、记录数字化和实时自动绘图等优点。完整的多波束系统除具有复杂的多阵列发射接收换能器和用于信号控制、处理的电子柜外,还需要高精度的运动传感器、定位系统、声速剖面仪和计算机软、硬件及其显示输出设备。典型多波束系统应包括 3 个子系统:①多波束声学子系统包括多波束发射接收换能器阵和多波束信号控制处理电子柜。②波束空间位置传感器子系统包括电罗经等运动传感器、DGPS 差分卫星定位系统和 SVP 声速剖面仪。运动传感器将船只测量时的摇摆等姿态数据发送给多波束信号处理系统,进行误差补偿。卫星定位系统为多波束系统提供精确的位置信息。声速剖面仪为准确计算水深提供精确的现场水中声速剖面数据。③数据采集、处理子系统(包括多波束实时采集、后处理计算机及相关软件和数据显示、输出、储存设备)。

(2)多波束标定技术系统的参数标定是多波束系统为消除来自换能器、电罗经的安装误差及 GPS 的导航延迟造成的系统内部固有误差而引入的误差改正的基本方法。在多波束系统的安装过程中,把电罗经航向的安装误差校正为零是十分困难的;同时换能器的安装精度又受到支架、角度测量和焊接变形等误差的影响,一般很难按设计要求一步到位。有鉴于此,多波束系统普遍引入了一种在特定条件下通过测量水下特定目标物以求取系统内部误差的方法,即多波束系统的参数标定方法,并通过系统的参数设定,达到消除内部误差的目的。系统参数标定包括横摇偏差、纵摇偏差、导航延迟、偏航等的标定。多波束系统标定所要具备的基本条件如下:优于 1 m 的定位精度,平静海况,偏航距保持在 5 m 内,现场声速校正,换能器、GPS、运动传感器的相对位置精确,运动传感器参数设定合理。

(3)多波束与罗经定位系统的在线标定功能。

①横摇偏差校正。由于导航延迟和纵摇偏差均造成测点的前后移位,而航向角偏差在平坦的海底只造成波束横向排列角度的旋转,因此在平坦的海底进行横摇校正不会受

其他偏差的影响,即横摇偏差校正独立于其他校正,应予首先进行。

②电罗经偏差校正。电罗经偏差的存在将会造成测点位置以中央波束为原点的旋转位移,即这种位移具有在中心波束处位移为零,但在边缘波束处增至最大的特点。根据这一特点,在测区选择一个线性目标进行往返测线测量,如果多波束系统确实存在电罗经偏差(即航向偏差),则电罗经偏差角将使线性目标以中央波束为原点旋转相同的一个角度。由于往返测线航向相反,从而造成线性目标在两侧数据叠加后成为交叉的 2 条线而不是单独的 1 条线。电罗经偏差就等于这 2 条线之间的夹角的 1/2。

③导航延迟校正。导航延迟与船只航行速度有关,它引起测点位置沿航迹方向的前后位移。因此,进行导航延迟校正的合适目标是突起岩石、疏浚海穴、管道线、尖角等。为了使校正达到高精度,测量时测区水深应较浅,以减小电罗经和纵摇偏差效应,并且应以中心波束穿越目标,以减小电罗经偏差效应。以相同的测线来回穿过目标几次,选择最高的可能船速(要求船速不变),以减小电罗经和纵摇偏差效应。测量中扇区开角应较小,以增加发射更新率(数据密度)。测量结束后,叠加 2 个方向的所有测线,标出 2 个不同方向测线测得的目标。如果多波束系统存在导航延迟,则两个方向测线测得的同一目标是分离的。

④纵摇偏差校正。换能器纵向安装角度存在偏差会引起测点位置沿航迹前后发生位移。纵摇偏差校正应选择一个孤立目标进行,测量方法仍是以相同的测线来回穿过目标几次。测量中船速应保持不变并尽可能低,以减小导航延迟效应及增加位置分辨率。测区水深应尽可能大,以减小导航延迟效应和增加角度分辨率。测线布设应以中心波束穿越目标顶部,以减小电罗经效应。选择 60°扇区开角以增加发射更新率。测量后叠加 2 个方向的所有测线,标出 2 个不同方向测线测出的目标。如果存在纵摇偏差,则孤立目标在显示来回测线的多波束数据叠加图上出现的将是 2 个分离的目标。在完成了校正并正确的输入参数之后,来回的测线将会把原先分开的 2 个目标合并为 1 个目标 O。

8.3.4.5　多波束水下点云和水上三维激光点云自动融合功能

可实现水上水下点云规范到一个坐标体系下,无缝融合(见图 8-161),一体化显示。

图 8-161　水上水下点云融合

8.3.5　系统数据处理软件

为了满足移动测量系统后续数据处理及应用需要，本系统在数据处理环节配备了五个数据处理软件，其各个处理软件在整体业务作业上下游流程如图 8-162 所示。

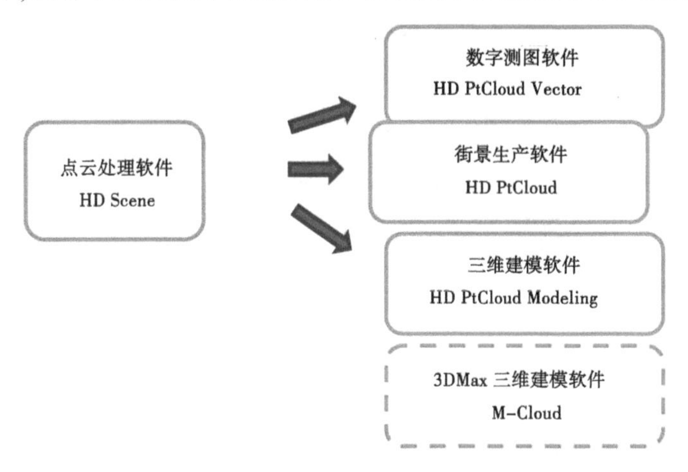

图 8-162　配套数据处理软件

8.3.5.1　点云处理软件(HD 3LS Scene)

1. 软件概述

点云处理软件(HD 3LS Scene)是为一体化移动测量系统专门自主研发提供的配套点云处理软件，主要提供了 TB 级海量点云动态数据加载、多测站数据高精度拼接(见图 8-163)、支持外部普通照片、全景影像与三维点云进行配准并着色(见图 8-164)、点云与全景影像配准、点云编辑、点云去噪过滤、点云分类、点云着色、点云数据转换、数据的导入导出、Dem 快速生产、水上水下测量与地物采集测图等功能。

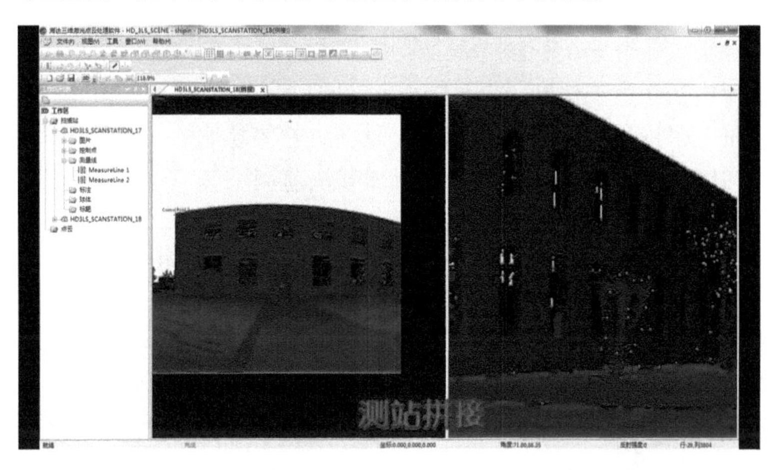

图 8-163　点云处理软件(HD 3LS Scene)多测站数据高精度拼接

图 8-164　三维点云着色

2. 软件主要功能

点云处理软件(HD 3LS Scene)主要功能模块如图 8-165 所示。

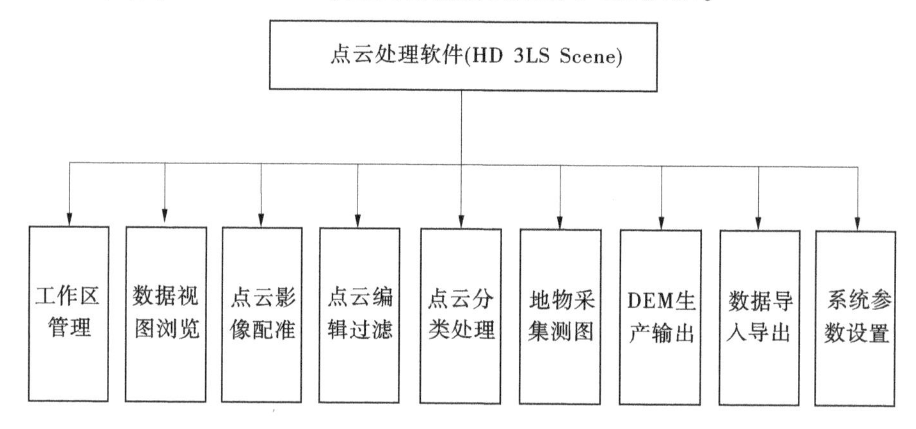

图 8-165　点云处理软件(HD 3LS Scene)主要功能模块

工作区管理包括新建工作区、打开工作区(见图 8-166)、保存工作区、导入工程、添加 hls 文件、移除 hls 文件、导入图片、删除对象、属性查看等功能。

数据视图浏览功能主要提供了海量点云加载快速浏览、多视角的点云视图浏览方式、轨迹视图及点云渲染显示等功能。

(1)多视角视图浏览功能:提供基于全景、点云叠加浏览和三维点云三种视图浏览方式。

全景和点云叠加浏览是将点云数据和相机的全景球面图片显示同一视图下,将相应点云显示在全景球中,浏览更加直观、方便,如图 8-167 所示。

三维点云的浏览是在三维视图中进行,加载显示海量点云为三维视图,如图 8-168 所示。

(2)轨迹视图功能:主要满足快速进行轨迹、范围、全景点快速关联定位需求,主要包括轨迹漫游、查看全部、定位和显示轨迹球编号等功能(见图 8-169)。

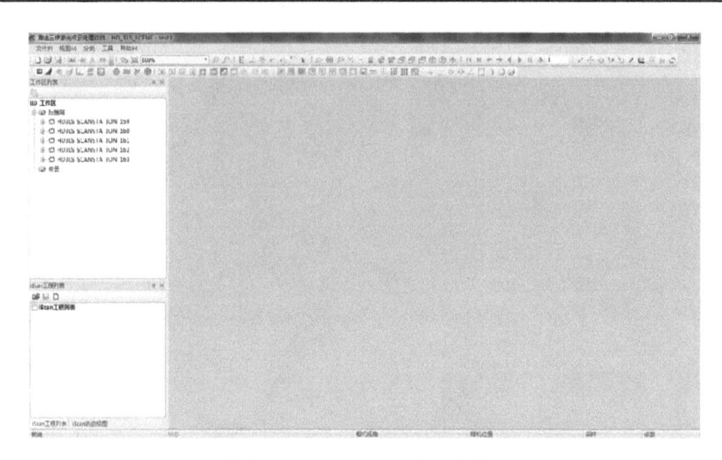

图 8-166　打开工作区界面

图 8-167　全景点云显示视图

图 8-168　三维点云浏览显示视图

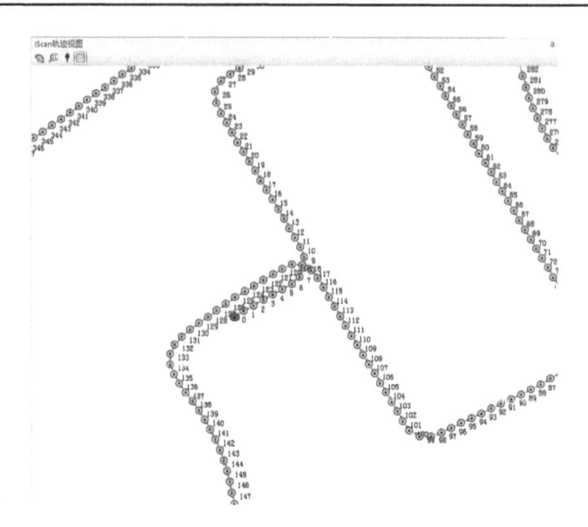

图 8-169　轨迹视图

(3)点云渲染显示功能:提供了 RGB 颜色、反射强度、Z 值、分类、距离、色带循环等多种点云渲染方式,并支持用户配置(见图 8-170~图 8-172)。

图 8-170　点云 RGB 颜色渲染

图 8-171　点云反射强度渲染

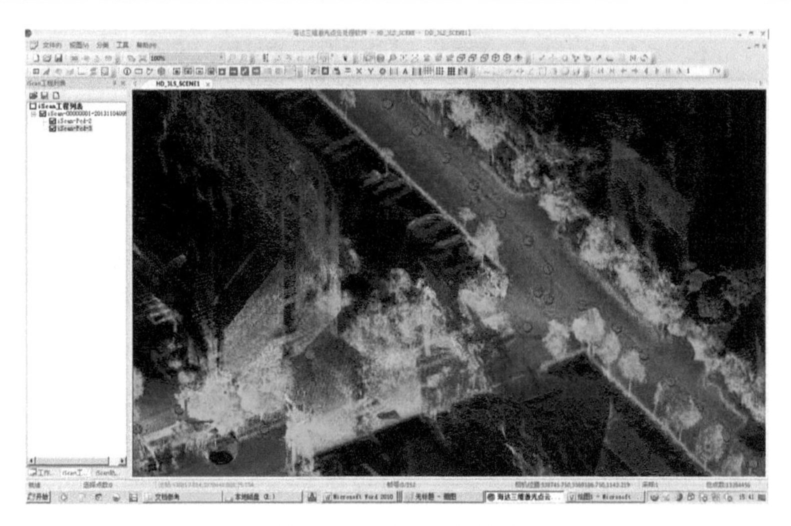

图 8-172　点云 Z 值渲染

移动测量系统采集的数据经过融合解算处理后，点云与全景已经完全匹配（见图 8-173）。但是由于道路弯度、坡度等影响，全景影像会发生一些旋转、偏移等，有时会造成全景影像与点云匹配存在一定的偏移，可根据外部普通照片、全景影像需要调整全景相片六个参数使得全景影像与点云一一匹配重合，以方便后续的点云根据全景进行着色等操作。

图 8-173　点云与全景匹配效果

点云编辑过滤功能提供了点云手工编辑过滤及多种方式的自动扫描过滤（离群过滤、统计过滤、距离过滤、平滑过滤、角度过滤、POS 过滤等）功能，用户可以根据应用需要使用不同的过滤方法，过滤不需要的点云。

【手工编辑过滤】提供了矩形选择、多边形选择、全选/反选点云、隐藏/显示选择点云、删除/选择点云等功能（见图 8-174）。

【离群过滤】选中点云的异常点云值，设置距离阈值和分配阈值参数，计算其点邻域内点到扫描仪的距离与正在查看扫描点的距离。

【统计过滤】通过统计当前点周围的点的个数作为点密度指标来过滤。

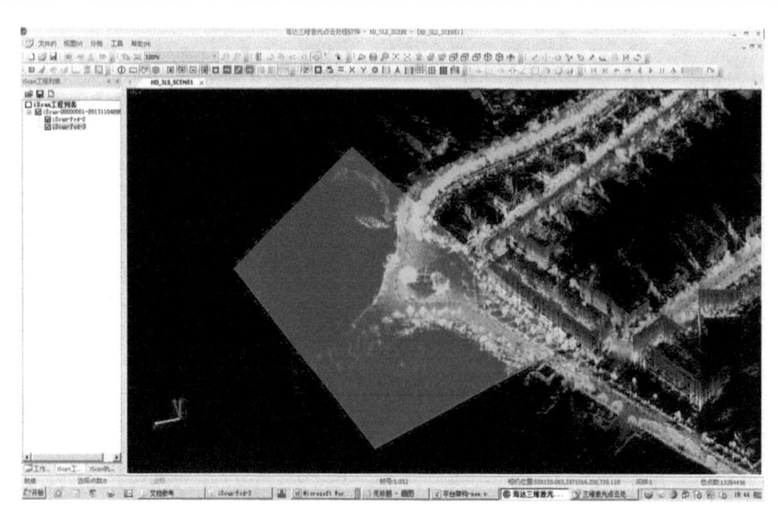

图 8-174　点云手工选择过滤

【角度过滤】主要针对三维激光扫描仪正对强烈的太阳光时出现的散射状的噪点，其分布特性如图 8-175、图 8-176 所示。

图 8-175　点云阳光噪点

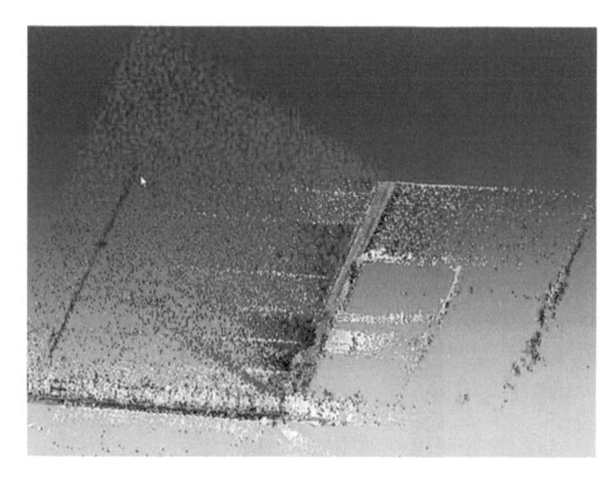

图 8-176　阳光噪点扫描过滤效果

【POS 过滤】是根据扫描头轨迹点高度来过滤点云数据（见图 8-177），主要用于地面点与非地面点自动化过滤。

点云分类处理功能提供了各种智能的点云分类算法，方便点云的后处理。包括自动分类、半自动分类及手动分类，其中自动分类包括噪点分类、建筑物轮廓提取、特征二值化分类、立面分类、低点分类；半自动分类包括道路标志线分类；手动分类包括直接分类、滑动分类及手动分类工具。系统默认 9 种类别，包括未分类、地面、较低的植被、一般高的植被、较高的植被、建筑物、低洼点、噪声、水体，系统支持添加自定义类别，在分类完成后，可以指定分类类别导出点云。

自动分类-建筑物轮廓线自动提取：能够实现自动地提取建筑物轮廓线。图 8-178 中红色矩形框即为建筑物轮廓线。

图 8-177　POS 过滤后数据

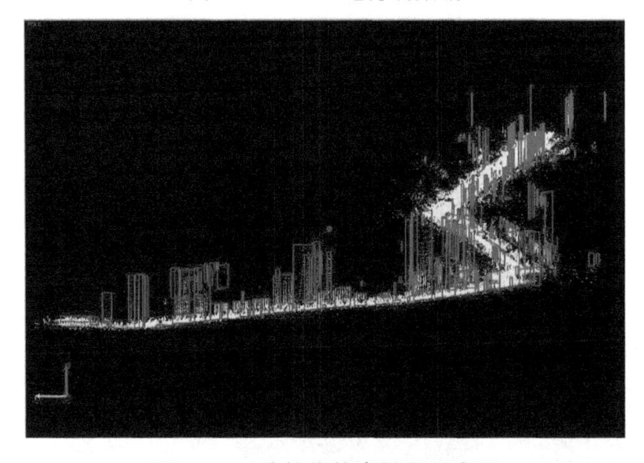

图 8-178　建筑物轮廓提取示意图

分类-立面分类：通过将当前点云投影到 XOY 平面上，进行格网划分后，统计每个格网内点的密度，点的平均高程等特征，从而将立面分出来；立面分类效果如图 8-179 所示。

图 8-179　立面分类效果图

半自动化分类-道路标志线分类：实现将地面和附近一定范围内的点分离出来并自动提取道路标志线（见图 8-180）。

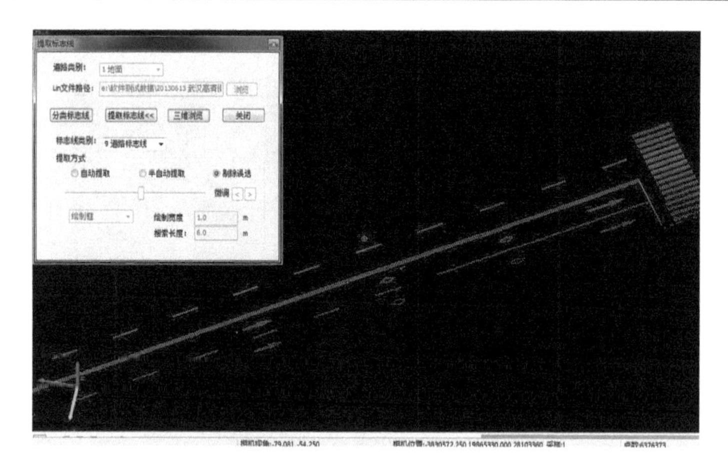

图 8-180　自动提取效果图

手工分类:手工分类提供了三个视图窗口(见图 8-181～图 8-183),包括俯视窗口、三维窗口及剖面窗口。三个窗口均按照分类进行渲染,在剖面窗口中进行分类操作,三维窗口与俯视窗口联动显示分类效果。

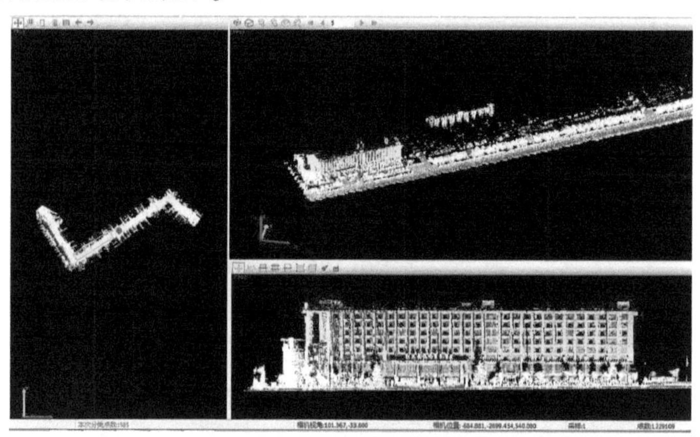

图 8-181　手动分类窗口

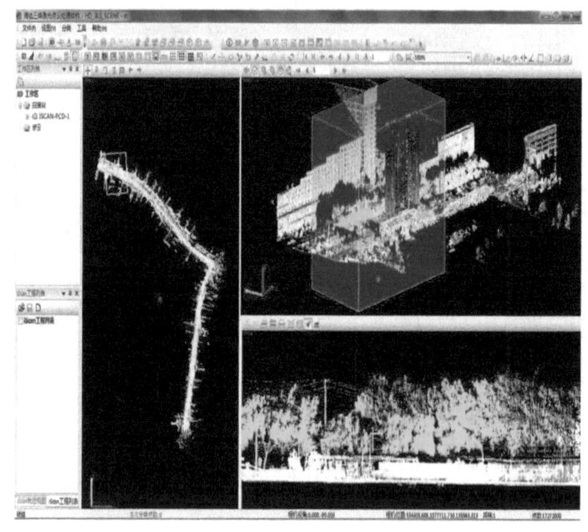

图 8-182　三维窗口—改变包围盒大小

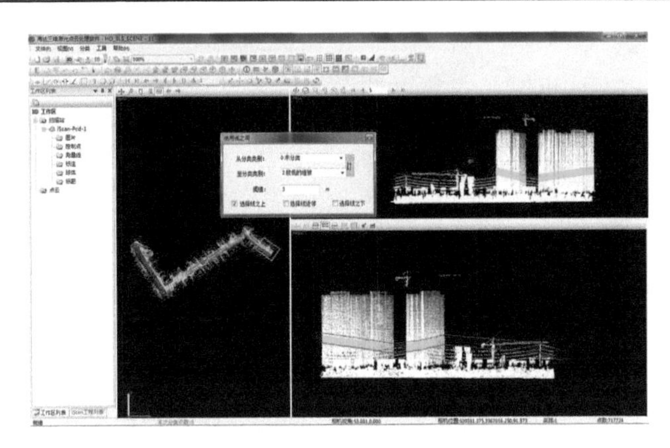

图8-183　剖面窗口—选择线之间效果图

地物采集测图功能提供了通过与AutoCAD的多波束水下地形联合测图建库模式，可以实现基于三维点云进行地物特征提取采集（见图8-184），成果可以无缝输出到AutoCAD中。主要功能包括绘制二维点到CAD、绘制三维点到CAD、绘制多段线到CAD、绘制三维多线到CAD等功能；支持AutoCAD版本为AutoCAD2002～AutoCAD2013。

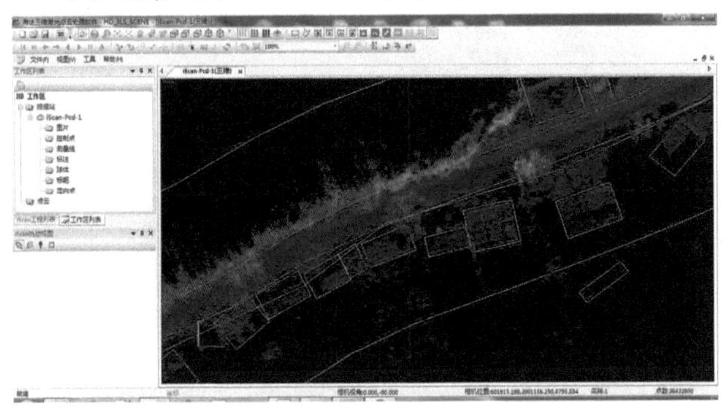

图8-184　基于点云的地物要素提取采集

软件提供了基于点云进行DEM快速生产功能（见图8-185～图8-188），此功能采用投影点云的方式设置一定网格大小；每个格网范围内按照需要取最高点、平均值、最低点方式将原始点云进行抽稀并能较好地保存点云原有地物特征，同时也可方便地过滤掉树木、建筑物等，较好地反映出原始地表。

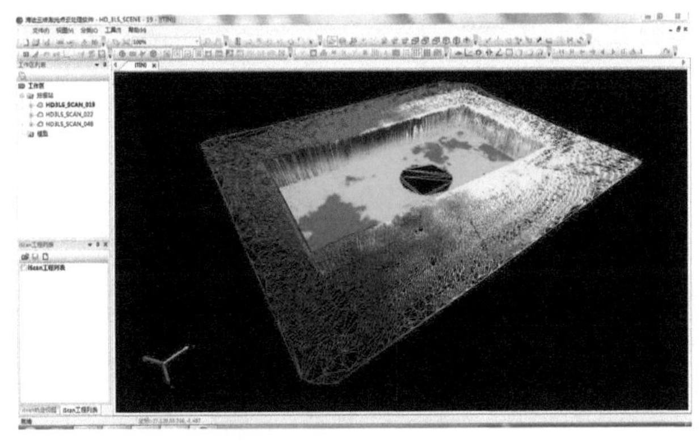

图8-185　点云进行精密模型（三角网TIN）生成

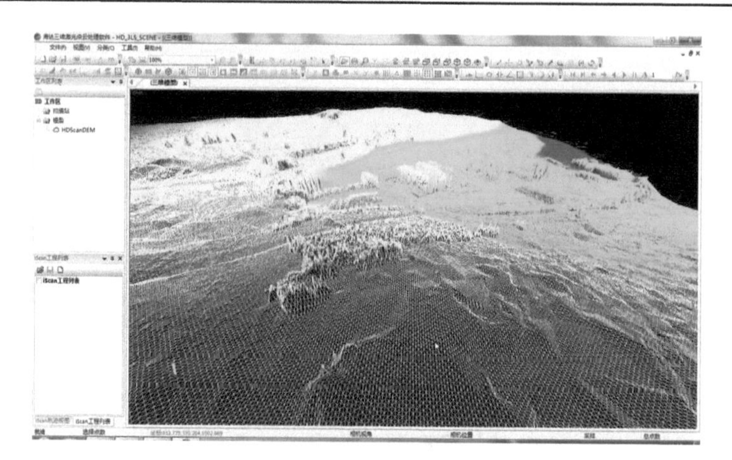

图 8-186　点云进行 DEM 生成实时浏览一

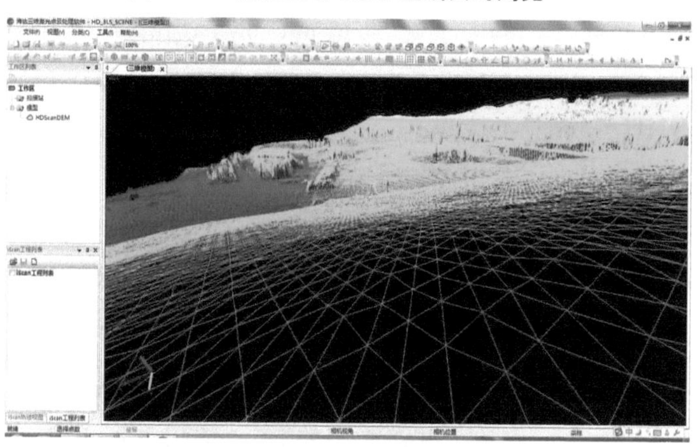

图 8-187　点云进行 DEM 生成实时浏览二

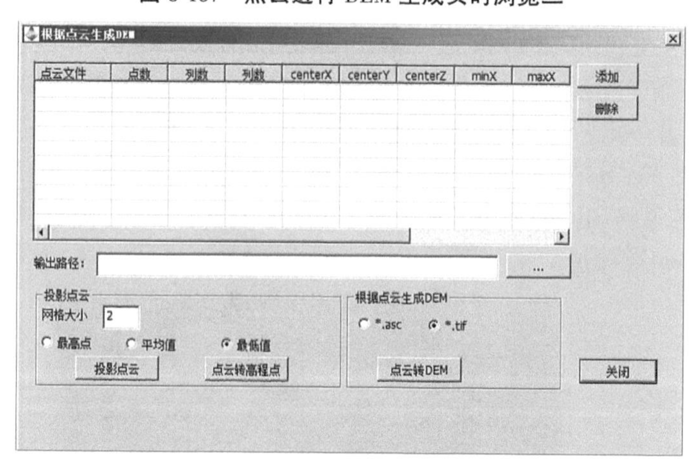

图 8-188　点云生成 DEM 工具界面

本软件支持多种点云数据格式的导入导出(见图 8-189、图 8-190)，包括 obj、dxf、xyz、las txt、csv 等。

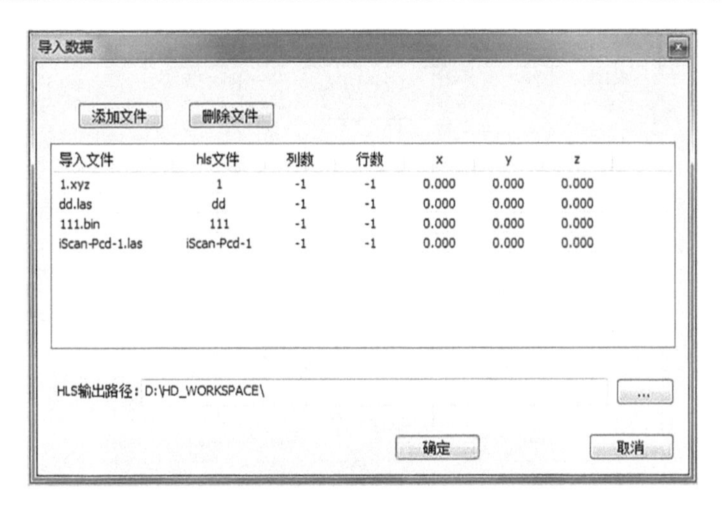

图 8-189　导入点云界面

系统参数设置用于设置软件处理环境参数，包括常规设置、导入设置、导出设置、匹配设置、过滤设置、颜色设置及工程设置（见图 8-191）。

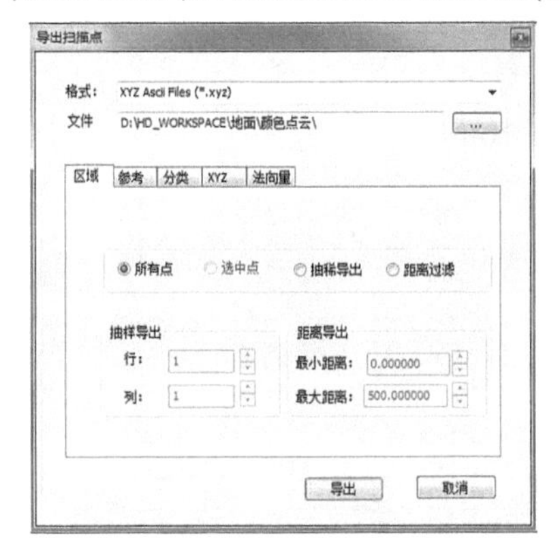

图 8-190　导出点云对话框

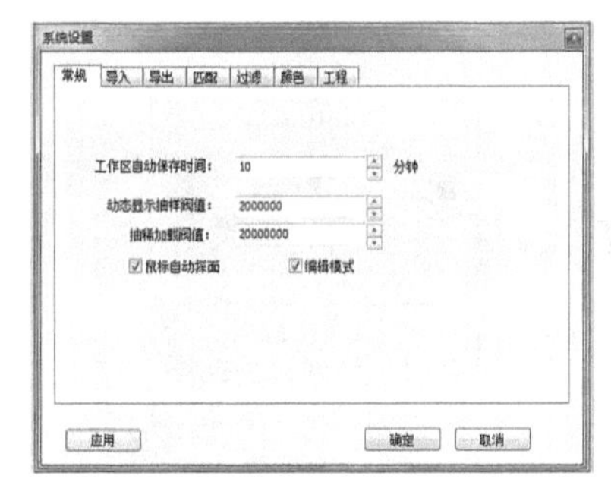

图 8-191　系统设置对话框

3. 数据处理流程

使用 HD 3LS SCENE 点云处理软件进行数据处理的基本流程根据不同用户需求有四种：颜色点云处理流程、DEM 成果生产流程、街景测图点云处理流程、点云数据建模处理流程。

后续数据成果生产中需要导入点坐标带颜色属性时，需要进行颜色点云处理；对于原始数据，生产颜色点云制作流程如图 8-192 所示。

扫描得到的点云数据需要进行如体积量算、遥感影像纠正、生产正射影像时等需要得到 DEM 数据，本软件提供了一套较方便、精准的 DEM 数据生产流程方案。DEM 数据生产流程如图 8-193 所示。

点云数据建模根据用户需求，可以选择使用原始点云、颜色点云编辑生成建模数据，本软件提供与其他专业建模软件对接的数据格式，用户可以使用本软件方便地编辑点云、去除噪点、导出对应格式，用后续软件进行数据建模。点云数据建模流程如图 8-194 所示。

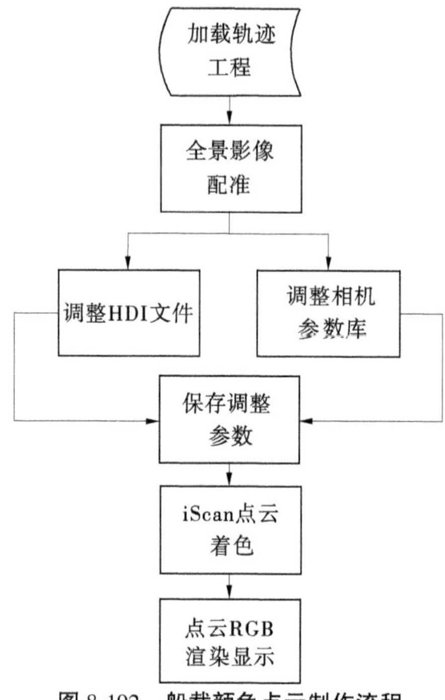

图 8-192　船载颜色点云制作流程

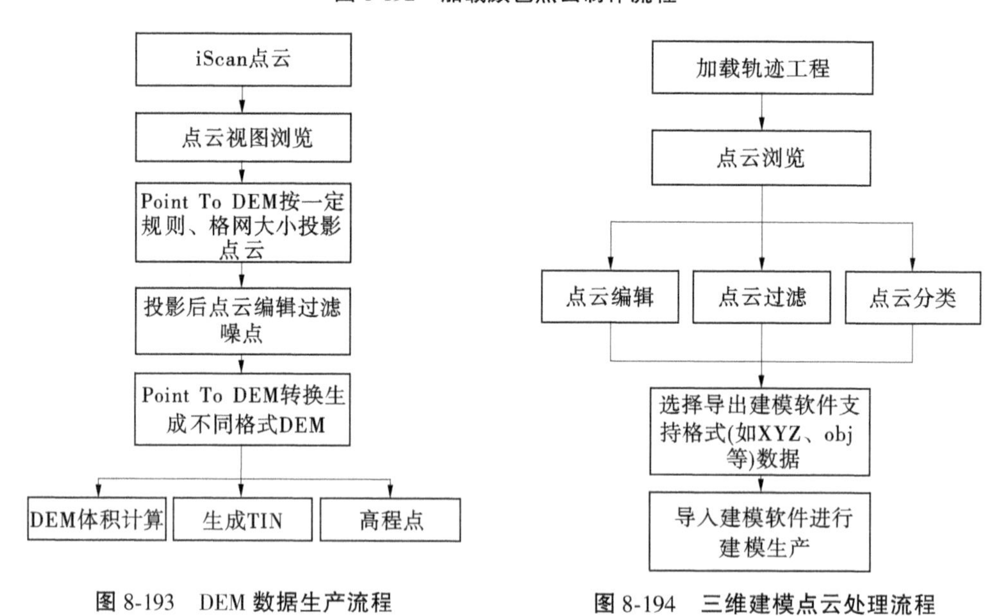

图 8-193　DEM 数据生产流程

图 8-194　三维建模点云处理流程

8.3.5.2　数字测图软件(HD PointCloud Vector)

1. 软件概述

数字测图软件(HD PointCloud Vector)是自主研发的依赖 AutoCAD 平台基于点云与全景影像融合进行符号化测图建库软件,支持 TB 级海量点云和全景影像动态数据加载;软件主要提供了点云在 AutoCAD 的水上水下快速三维浏览、水下三维点云空间基准建立、点云编辑、点云渲染、可扩展自定义符号库、基于水上水下点云与全景的系列比例尺地图符号库等功能，如图 8-195～图 8-197 所示。

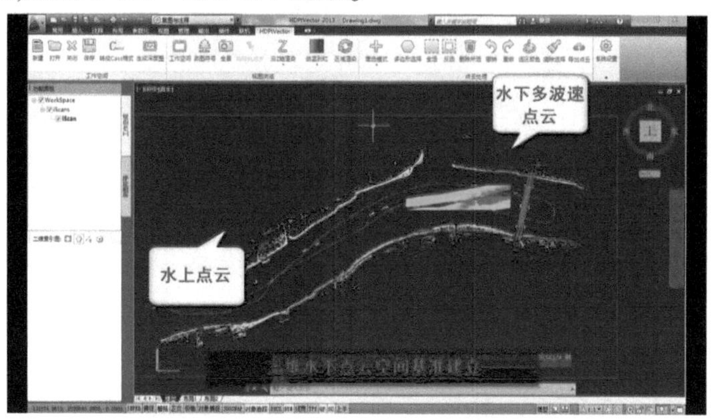

图 8-195　基于水上水下点云地形测图建库

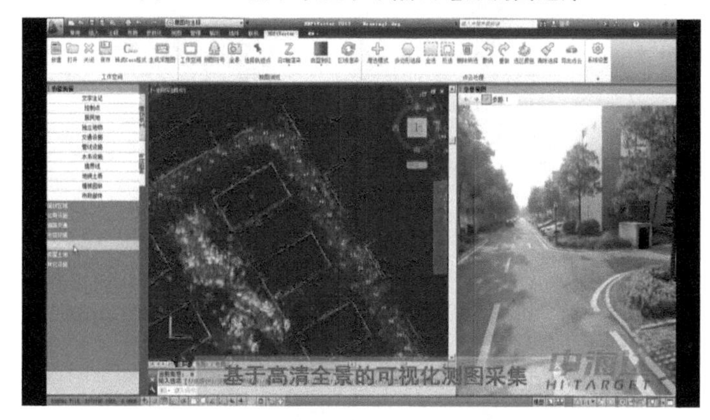

图 8-196　基于高清全景的可视化测图采集

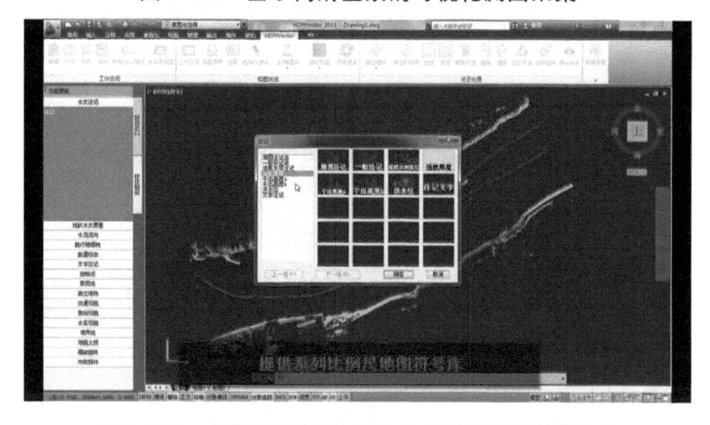

图 8-197　水下地形测绘与建库、比例尺地图符号库

2. 软件主要功能

数字测图软件主要功能模块如图 8-198 所示。

工作区管理包括新建工作区、打开工作区、保存工作区、关闭工程等功能，主要实现工程目录及点云数据加载与测图工程管理。打开工程后其界面如图 8-199 所示。

视图浏览管理功能主要是为了满足用户基于点云与全景两种模式的符号化测图需

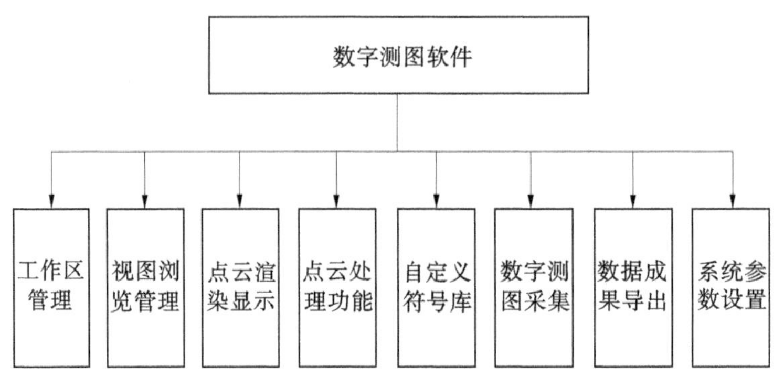

图 8-198　数字测图软件主要功能模块

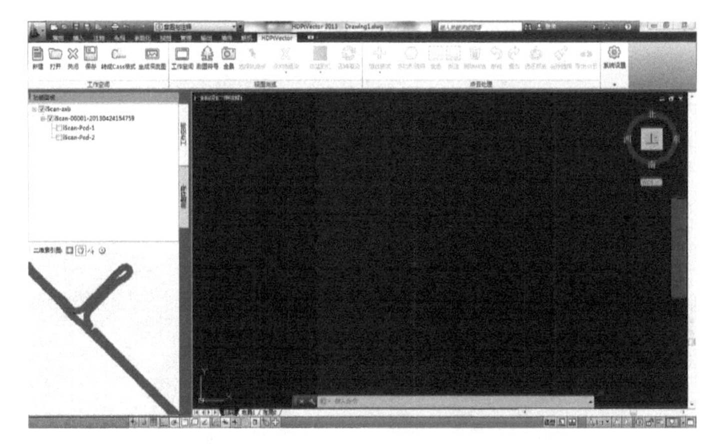

图 8-199　打开工作区界面

求，三维点云和全景影像关联与自动配准映射，软件提供了三种数据视图，即轨迹视图、点云视图、全景视图，并通过视图浏览管理功能可以对点云、全景、轨迹索引三种视图进行隐藏显示、联动操作浏览，实现对点云、全景、轨迹线段进行加载显示浏览（见图 8-200）。

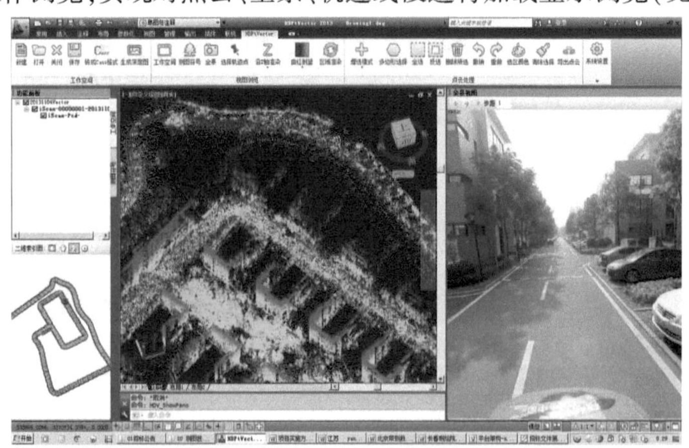

图 8-200　轨迹、点云、全景三种视图联动浏览界面

轨迹浏览主要是在 AutoCAD 中和工作区面板上对轨迹的实时查看，可以通过在工作区面板单击轨迹点或在 AutoCAD 中选中轨迹点直接跳转到单击或选中的轨迹点（见图 8-201）。

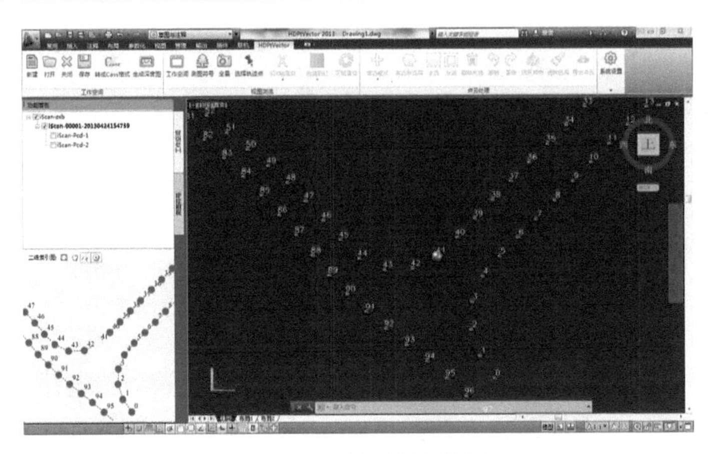

图 8-201　轨迹浏览界面

点云渲染显示功能主要提供了对点云的渲染方式和渲染颜色（见图 8-202～图 8-204），以实现对点云更好的判读和浏览。其中点云渲染方式主要有：沿 X 轴渲染、沿 Y 轴渲染、沿 Z 轴渲染、区域渲染和跳变渲染；点云渲染的颜色主要有：红色、蓝色、由红到蓝和由蓝到红。

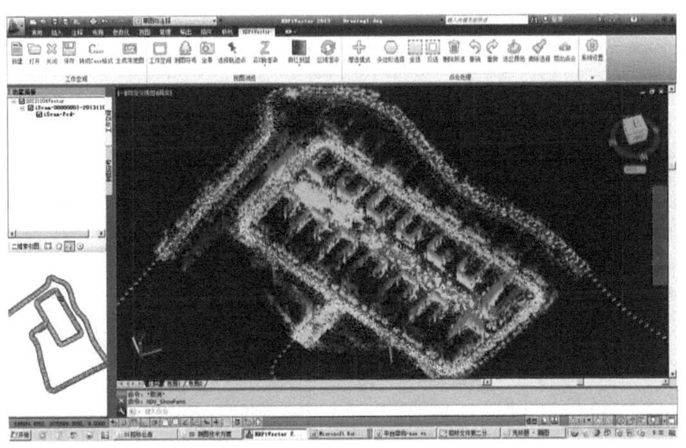

图 8-202　点云沿 Z 轴渲染

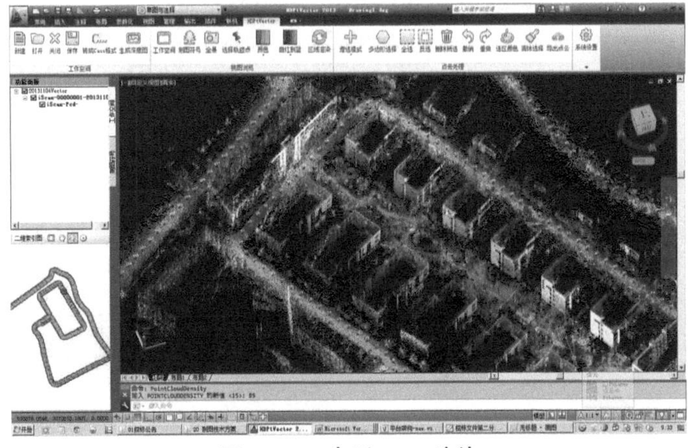

图 8-203　点云 RGB 渲染

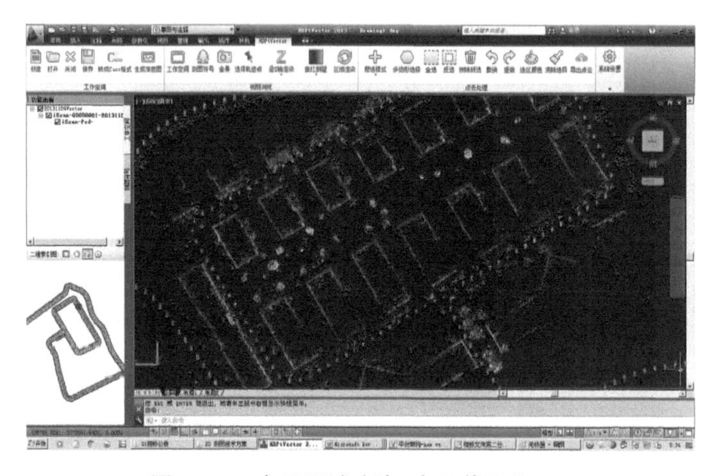

图 8-204　点云区域渲染(点云截面处理)

点云编辑处理可以实现根据实际需要对点云进行裁切处理(见图 8-205),如选取或分割导出有主要利用价值的点云。其提供的功能主要有多边形选择、全选、反选、删除所选、撤销或重做、选取颜色、清除选择、导出点云等功能。

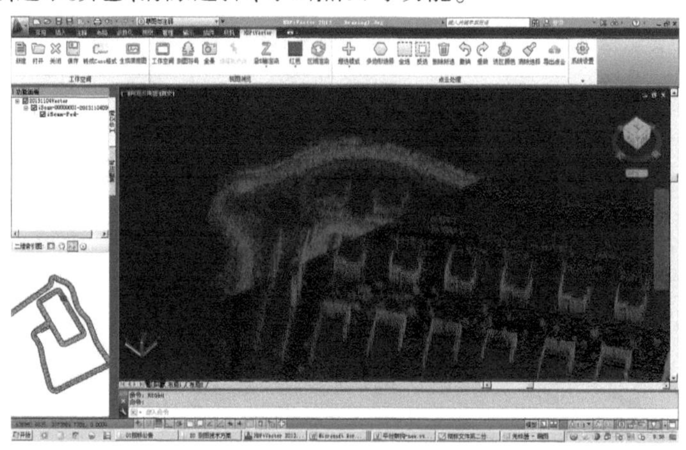

图 8-205　点云处理界面

本软件提供了完善的地图符号库,预提供的符号库符合国标的预定义九大类测绘数字成图符号库;用户也可以根据自己实际需求,按照规则进行自定义扩展测图符号(见图 8-206)。

数字测图采集功能主要实现矢量地物的采集(见图 8-207),支持点、线、面地物要素采集,其提供了三种测图方法,用户可以根据实际需求进行选择。

(1)基于点云的数字测图(见图 8-208):以点云分类渲染方式进行地物要素判读,通过选择预定义的符号库,进行点、线、面状地物要素采集。

(2)基于全景的数字测图(见图 8-209):以全景影像方式进行地物要素判读,利用影像点云,通过选择预定义的符号库,直接在全景影像上进行地形图测绘采集;该模式可以在真实实景影像模式下进行测图生产,提高了测图效率与准确性。

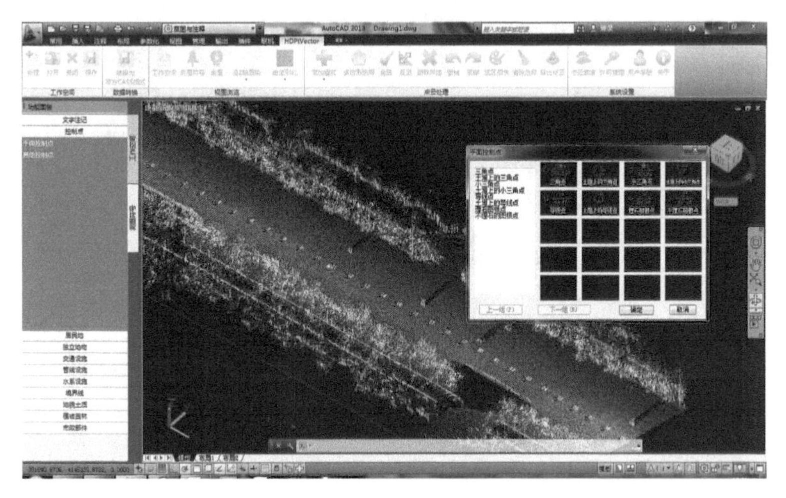

图 8-206　可扩展符号库

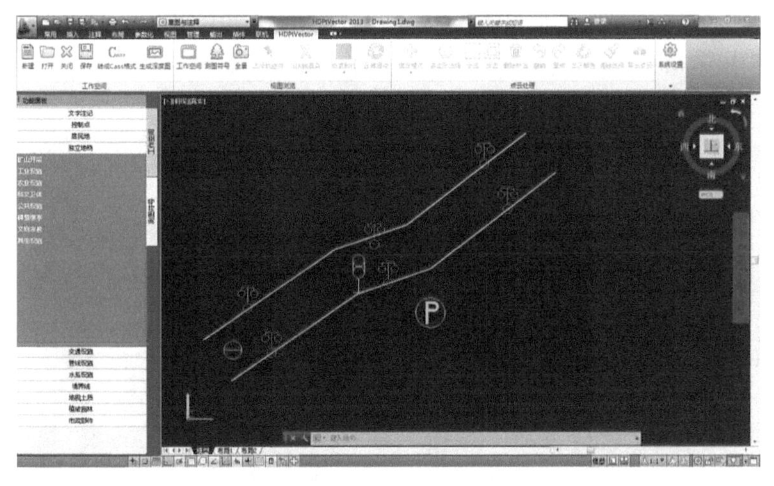

图 8-207　矢量地物的采集

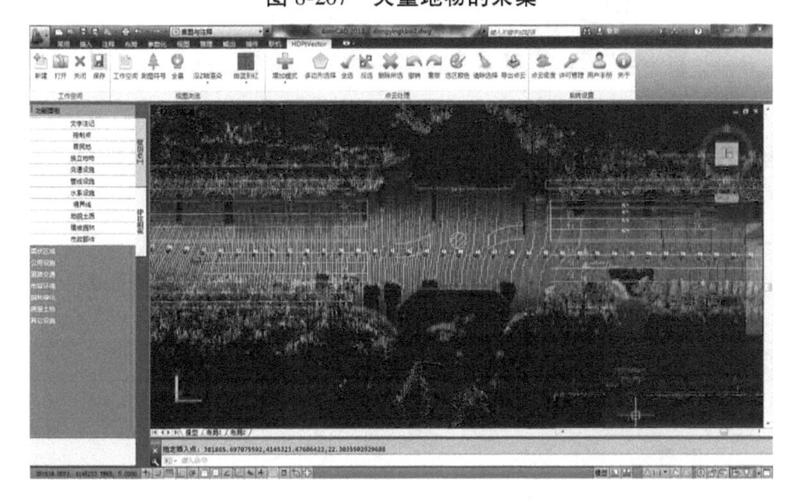

图 8-208　基于点云的数字测量

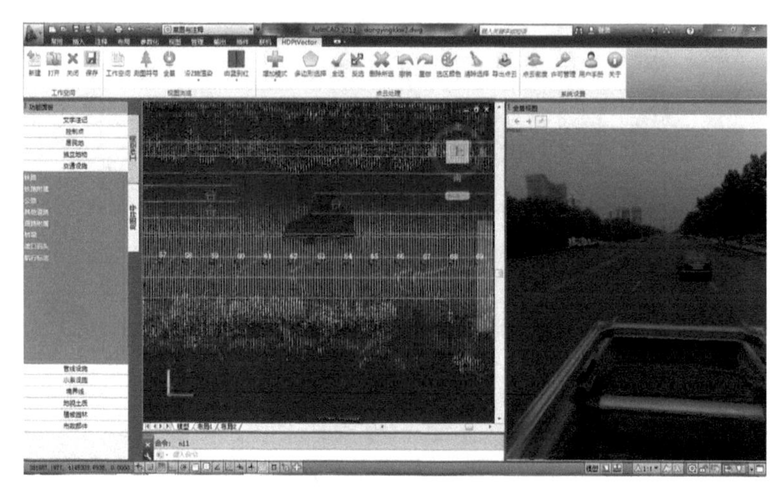

图 8-209　基于全景的数字测图

(3)测图成果可以根据指定的图层、区域范围无缝导出 DWG、SHP、DXF、南方 CASS 等常用的 GIS 数据格式(见图 8-210),满足后期在第三方软件中进行成果数据检查、建库需求。

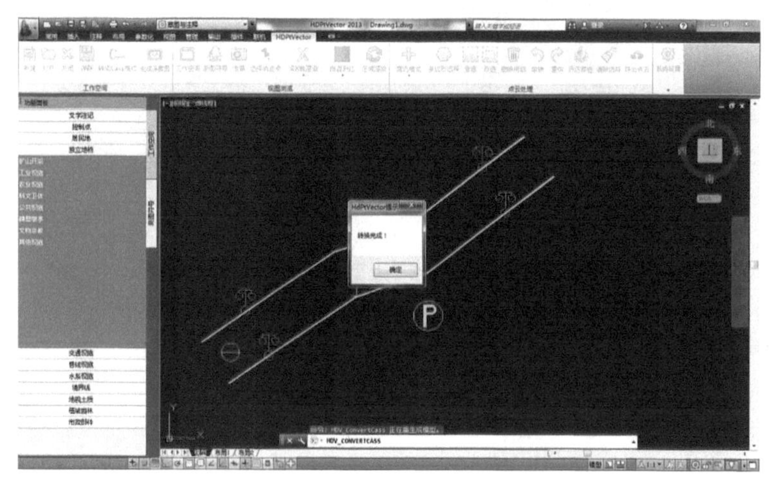

图 8-210　成果与 CASS 对接界面

系统参数设置:该功能主要是对系统相关参数的设定,主要包括地物绘制、地图保存、点云渲染参数的设置功能,通过该功能可以提高测图采集的方便性及灵活性。

3. 数据处理流程

数字测图软件的主要数据流程如图 8-211 所示。

8.3.5.3　街景生产软件

1. 软件概述

街景生产软件(HD ptCloud StreetView),是基于船载激光扫描系统的点云全景数据,进行街景数据生产制作的软件。

该软件是系统配套的数据生产套件之一,提供基于轨迹点的轨迹编辑、生成邻接关系和邻接点功能;基于点云的建筑物面片采集、深度图制作功能;基于全景影像的人脸模糊、

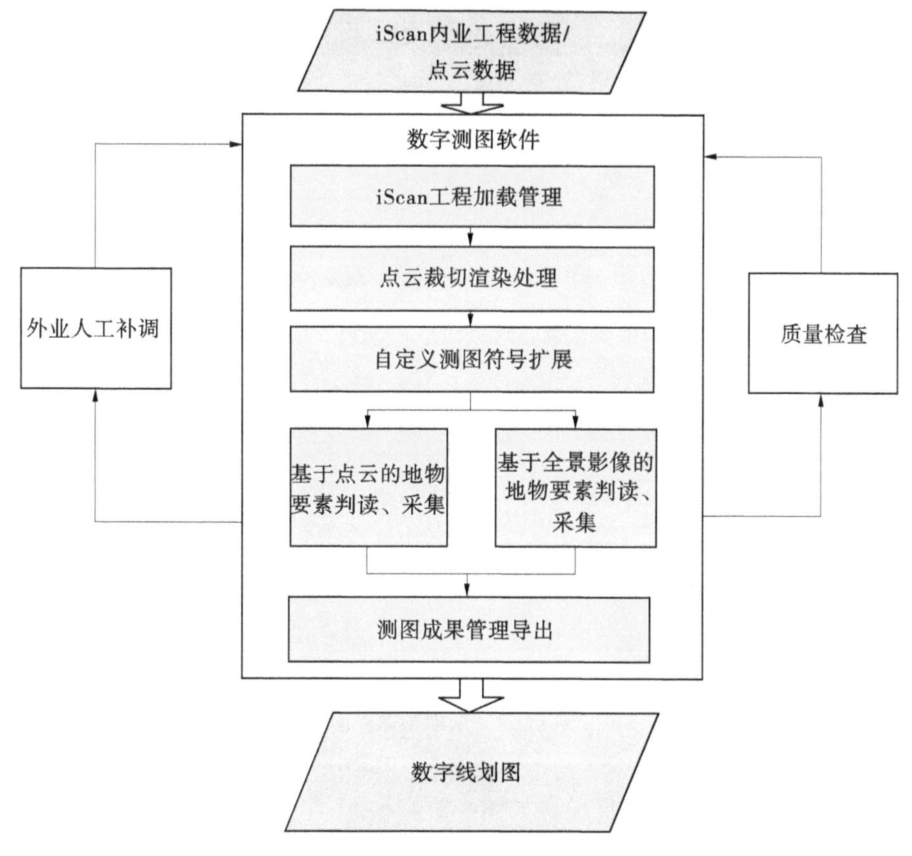

图 8-211　数字测图流程

全景影像切片等数据生产功能。软件启动界面如图 8-212 所示,软件整体界面如图 8-213 所示。

图 8-212　软件启动界面

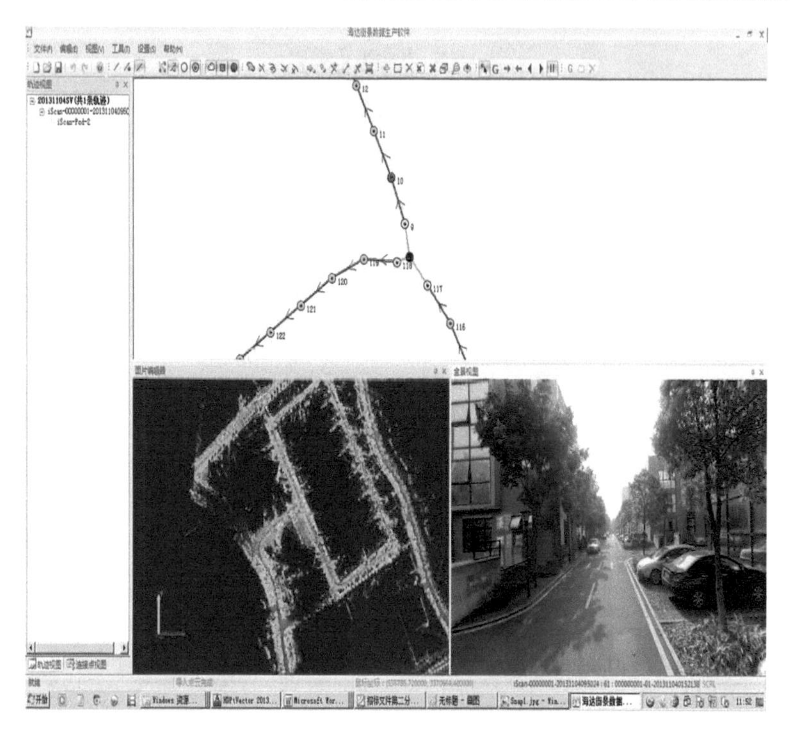

图 8-213　**软件整体界面**

2. 软件主要功能

街景数据生产软件主要功能模块如图 8-214 所示。

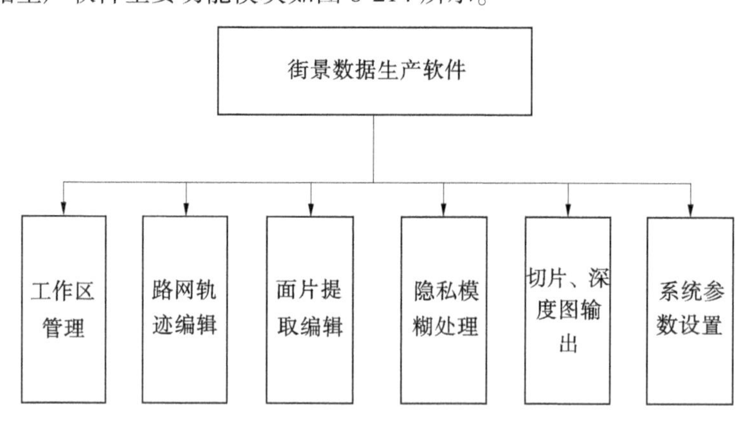

图 8-214　**软件功能模块**

工作区管理包括轨迹导入、工程卸载、轨迹移除、轨迹显示、轨迹隐藏、点云加载和点云隐藏等功能。配合工作区管理功能，软件提供了三个视图浏览窗口，即轨迹视图、全景视图、点云视图窗口。

轨迹导入功能能够随时往工程中添加轨迹，轨迹移除功能能够随时删除不必要的轨迹，轨迹显示与轨迹隐藏功能能随时方便的打开或者隐藏指定的轨迹，工程卸载能够关闭当前工程，添加点云功能可以在点云视图区域加载点云。对应的功能选项如图 8-215 所示。

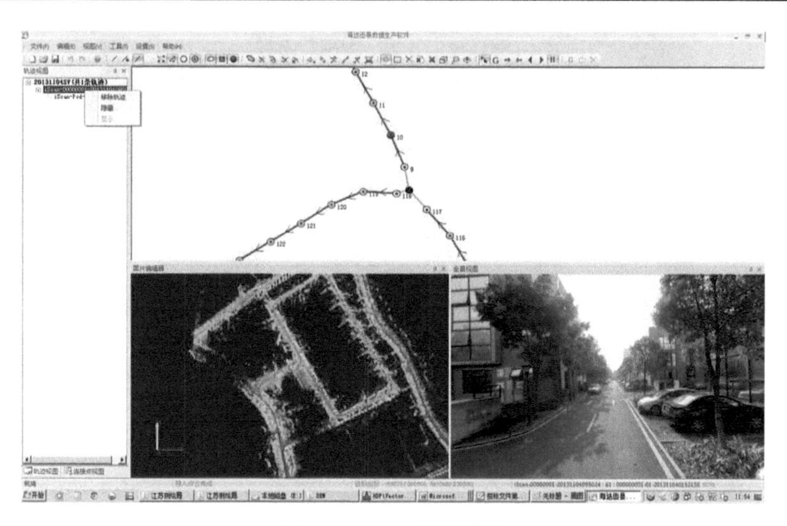

图 8-215　工作区管理

路网轨迹编辑功能包括轨迹打断、连接、轨迹无效、轨迹有效、添加邻接点、删除邻接点、添加邻接关系、删除邻接关系等功能。该模块的功能主要是为了完成路网编辑,通过打断与无效,来去掉路网中多余的路段,使用添加邻接点和邻接线功能,可以在路网中建立新的连接关系,如图 8-216 所示。

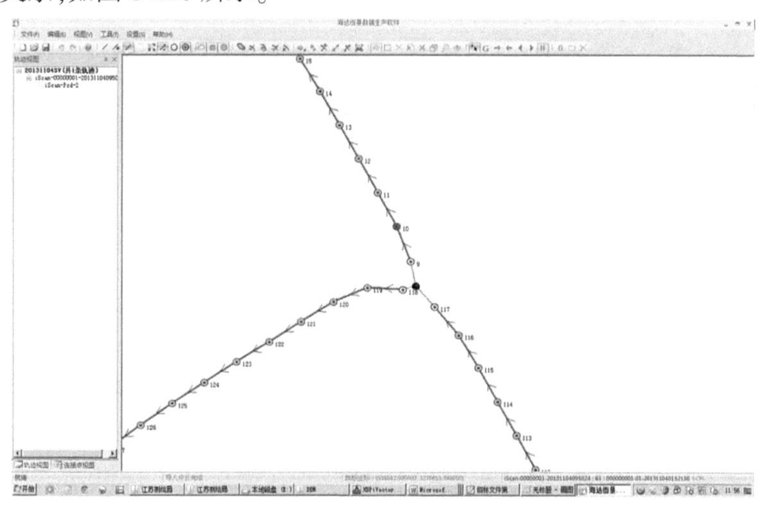

图 8-216　工作区管理

面片提取编辑功能包括提取面片、删除面片、框选删除、全部删除、自动提取面片等功能。该模块功能主要是针对面片提取编辑的。面片手工提取是在点云俯视图的状态下,根据点云的边界,勾勒出面片的轮廓,软件会自动计算高程,竖直拉起一个面片。面片自动提取是根据点云的编辑自动提取建筑物三维面片。面片提取效果如图 8-217 所示。

面片调整功能,能够在全景视图中对比建筑物大小,根据需要调整面片的大小,效果如图 8-218 所示。

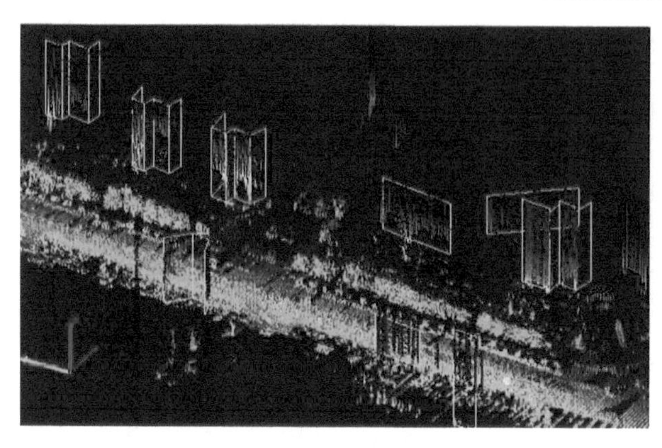

图 8-217　工作区管理(一)

图 8-218　工作区管理(二)

隐私模糊处理功能包括画模糊区域、删除模糊区域、保存模糊区域等功能,可对人脸和船牌模糊进行手工与自动化处理。

为了保护全景中的个人隐私,需要对全景中出现的人脸和船牌进行模糊化处理。处理方式是,先在全景模糊视图中勾画出需要模糊的区域,对于误画的区域,可以进行模糊区域删除,并且能够跳转到指定的全景。模糊区域勾画完成以后保存到数据库,最后在前景切片的时候统一进行模糊化处理,如图 8-219 所示。

为了提高数据生产效率,软件也提供了自动提取全景中的人脸和船牌区域,对其进行模糊化处理功能。对于质量较好的高清全景图片,准确率能够达到 95% 以上,如图 8-220、图 8-221 所示。

全景切片是把全景根据网络分级加载的方式,按照六面体模式切分成金字塔形式的切片,以满足后期街景互联网发布展示效率要求。

生成深度图工具能够根据全景站点和点云对应的区域,生成一张能够表达距离的图片,用于后期应用中全景测量等功能。

系统参数设置用于设置当前运行参数的信息,主要包括数据库类型和点云设置、颜色设置、采集设置等,如图 8-222 所示。

图 8-219　工作区管理(三)

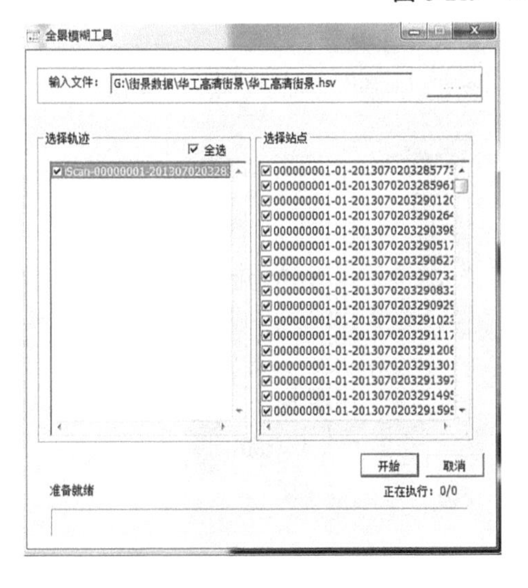

图 8-220　工作区管理一

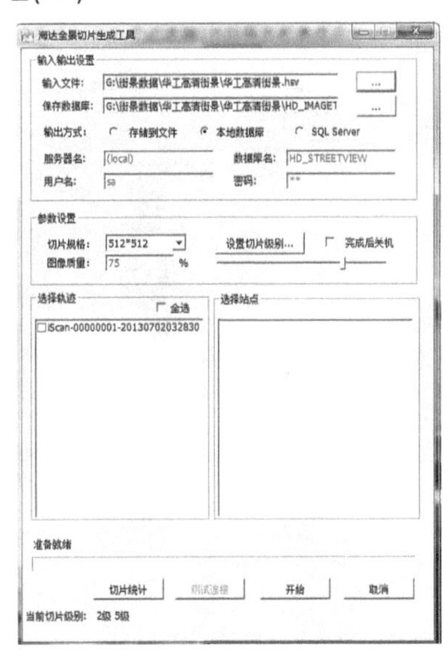

图 8-221　工作区管理二

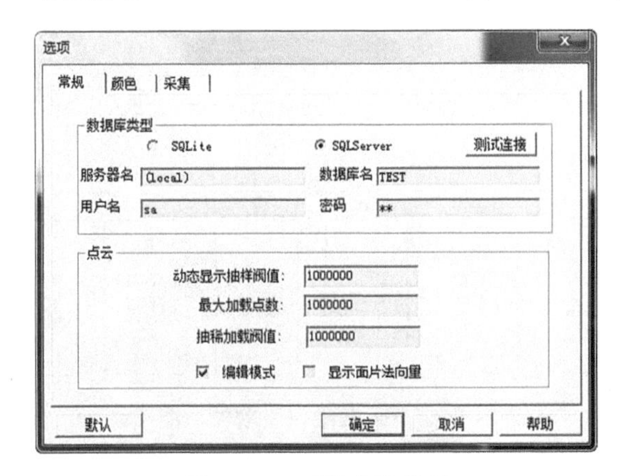

图 8-222　系统参数设置

3. 数据处理流程

街景数据生产是在系统数据预处理之后，并且街景数据的处理有一定的先后顺序，街景数据生产作业流程如图 8-223 所示。

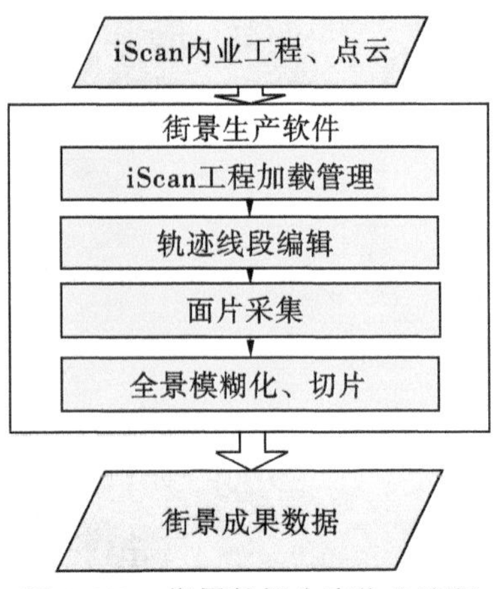

图 8-223 街景数据生产作业流程

8.3.5.4 三维建模软件

1. 软件概述

点云三维建模软件主要是通过使用移动集成测量系统采集激光点云数据建立被测物体的模型（见图 8-224），旨在为三维建模作业人员提供快速、便捷的工具，完成点云三维建模工作，并最终实现室内或城市三维景观建模和成果导出。主要功能包括点云管理、点云浏览、UCS 管理、点云裁切、点云选择、点云拟合等。

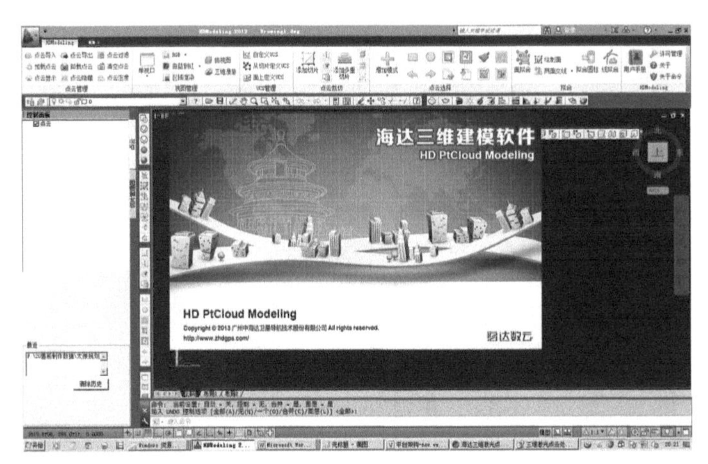

图 8-224 点云三维建模软件界面

2. 软件主要功能

点云三维建模软件（HD Point Cloud Modeling）主要功能模块如图 8-225 所示。

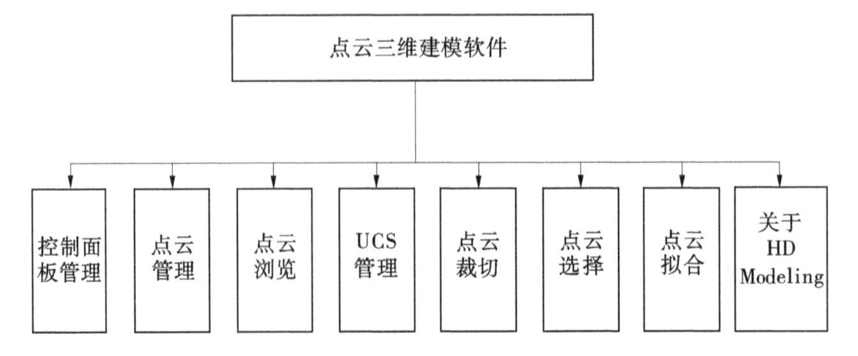

图 8-225 点云三维建模软件功能模块

控制面板管理包括打开和隐藏控制面板(见图 8-226)、添加 pcg 文件、移除 pcg 文件、缩放至指定对象、删除对象、显示隐藏对象、切换至多重切片面版、历史记录列表等功能。

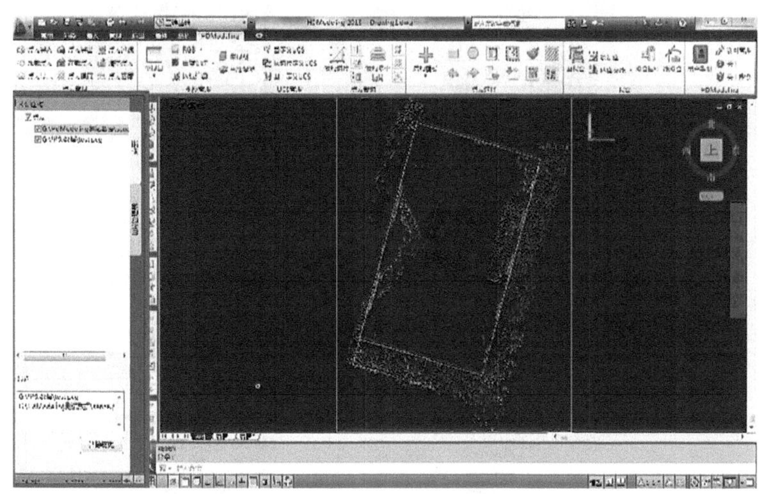

图 8-226　打开管理面板

点云管理功能主要提供了点云转换、点云加载(卸载)、点云显示(隐藏)及点云导出等功能。点云导入界面如图 8-227 所示。

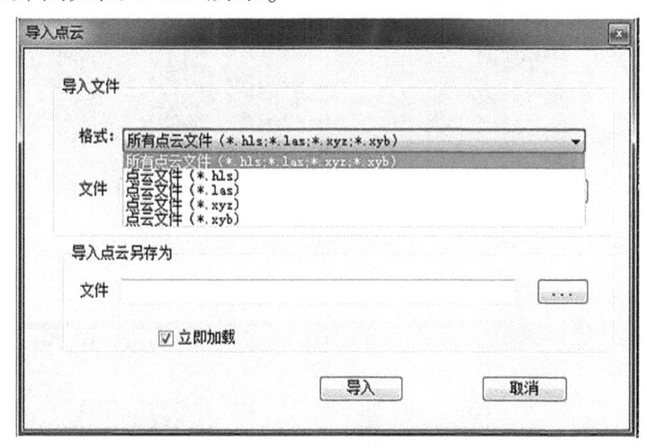

图 8-227　点云导入界面

点云转换功能:可以把“.xyz”“.xyb”“.las”“.hls2.0”转换为“.pcg”格式。

点云浏览功能支持点云真彩色显示、Z 值渲染、区域渲染、跳变渲染等多种渲染模式,同时支持三维漫游和视口管理功能。

(1)在三维视图中进行三维点云的浏览,加载显示海量点云为三维视图,如图 8-228 所示。

(2)点云渲染显示功能(见图 8-229):提供了 RGB 颜色、Z 值、区域渲染、色带循环等多种点云渲染方式,并支持用户配置。

(3)点云三维漫游显示功能:可以在当前视图中平移、旋转操作,同时支持绕指定旋转中心三维旋转。高清街景纹理贴图如图 8-230 所示。

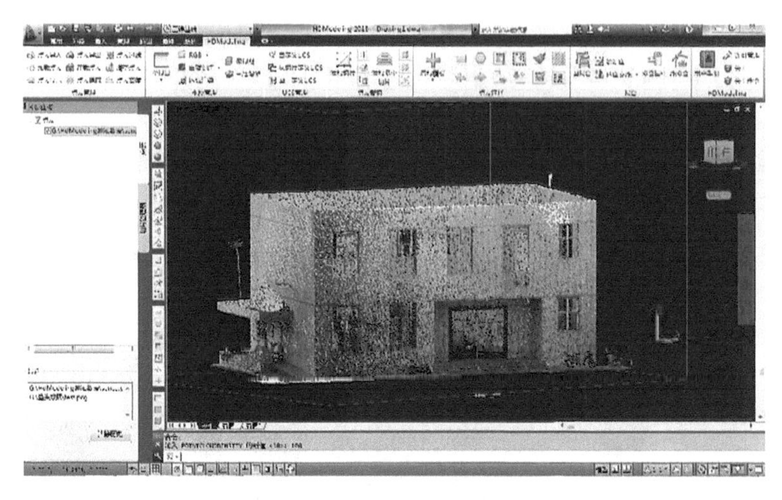

图 8-228 影像点云显示

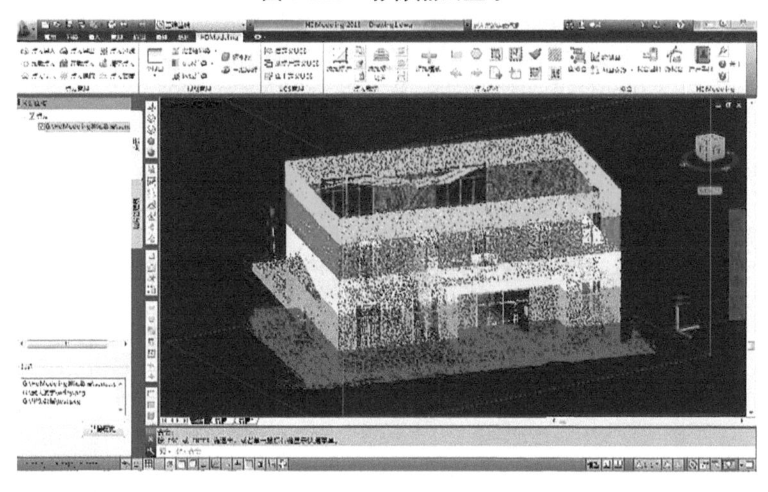

图 8-229 点云渲染显示功能

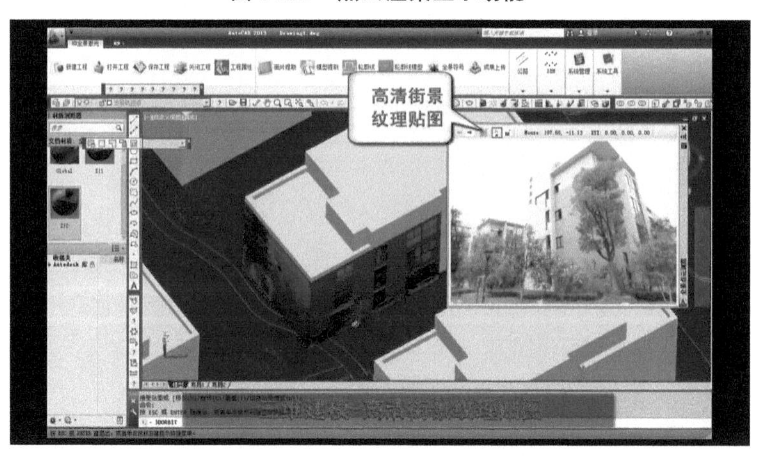

图 8-230 高清街景纹理贴图

(4)视口管理功能(见图 8-231):支持单视口和四视口切换,这样便于在多视图角度进行模型构建。

(5)可直接在全景影像上进行三维建模与纹理提取,输出标准 3ds 模型。

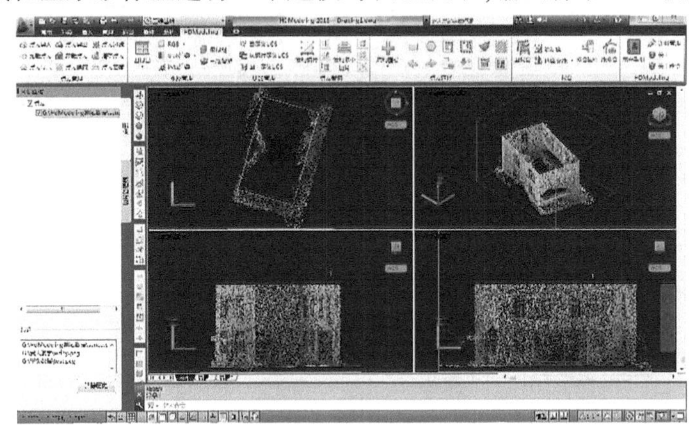

图 8-231　视口管理功能

UCS 管理功能包括:用户自定义 UCS,面上定义 UCS 和生成切片 UCS 功能。

点云裁切功能支持:对点云添加单切片和对点云添加多重切片功能。

(1)单切片功能:对指定点云在对应 UCS 状态下进行切片处理,便于进行点云轮廓线的提取,同时包括相应的切片位置调整,切片厚度设置和清空切片功能,如图 8-232 所示。

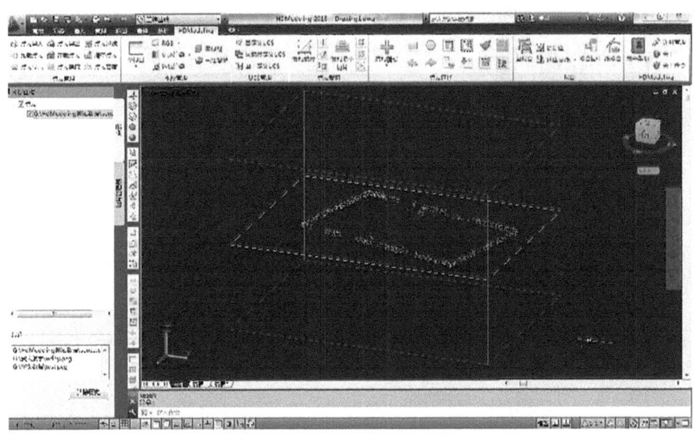

图 8-232　点云切片(点云截面)

(2)多重切片功能(见图 8-233):对指定点云在对应 UCS 状态下进行多重切片处理,同时包括对应的切片颜色设置,切片导出,切片合并等一系列功能。

点云选择功能支持:矩形选择、多边形选择、全选、反选、隐藏所选、清空选择、重新选择、撤销选择、选区颜色设置、导出导入选择参数等编辑功能,同时支持增加选择和减少选择两种选择模式。

点云拟合功能包括:面拟合、绘制面、两平面求交线、三平面求交线、三平面求交点、柱面拟合、曲线拟合等。

面拟合:通过框选选择的点云进行面拟合(见图 8-234)。

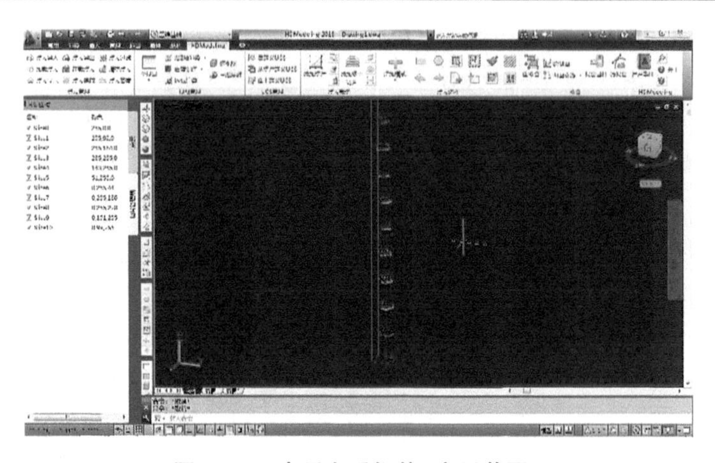

图 8-233　点云多重切片(点云截面)

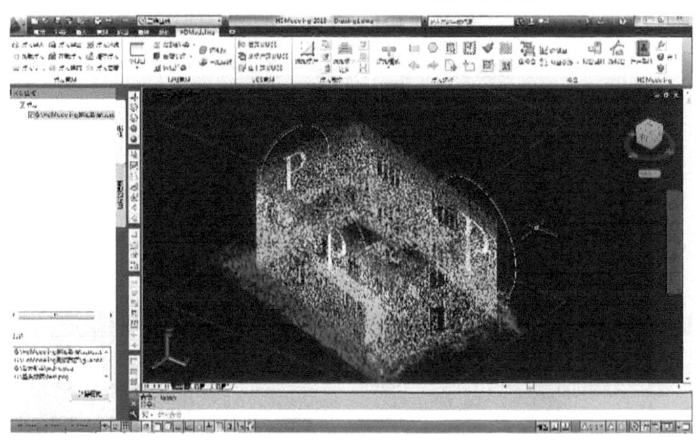

图 8-234　点云面拟合

绘制面:通过交互拾取点云上三点构造面。

两面求交线(见图 8-235)、三面自动求交线(见图 8-236):通过拟合出来的面进行面交线获取。

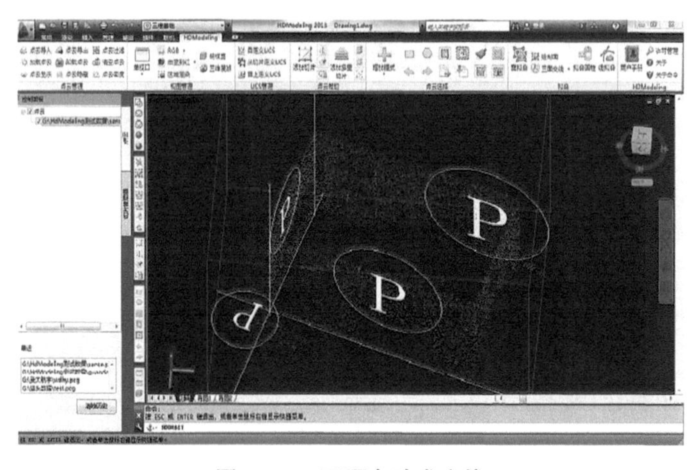

图 8-235　两面自动求交线

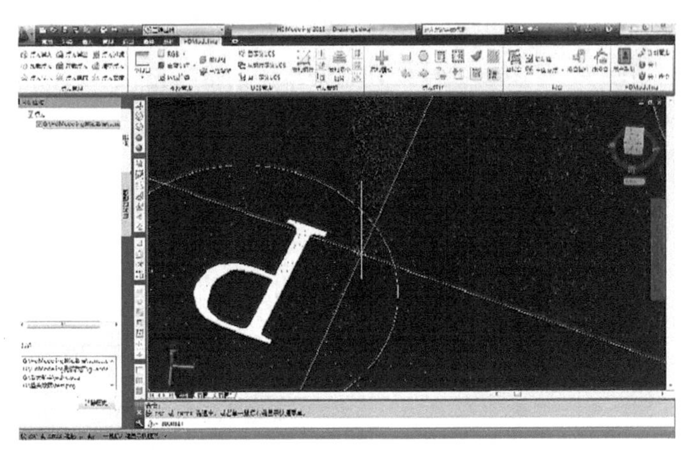

图 8-236　三面自动求交线

三面求交点:通过选择拟合出来的不在同一平面的三个面,拟合三面面交点。

柱面拟合:通过选区的点云拟合圆柱,如图 8-237 所示。

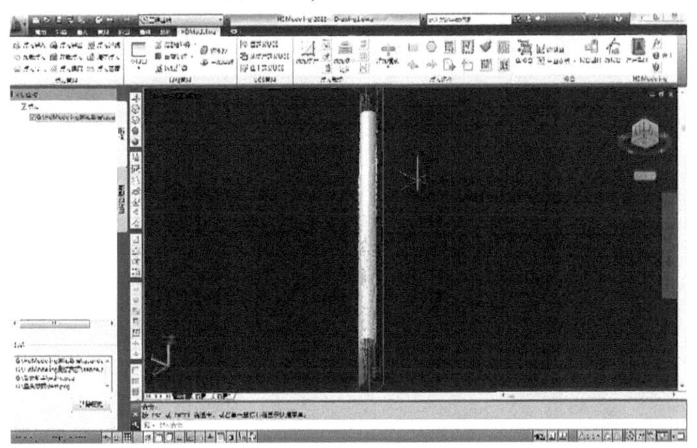

图 8-237　柱面拟合

曲线拟合:支持两种曲线拟合方式,样条曲线(如图蓝色)和多段线(如图 8-238 中红色)方式。

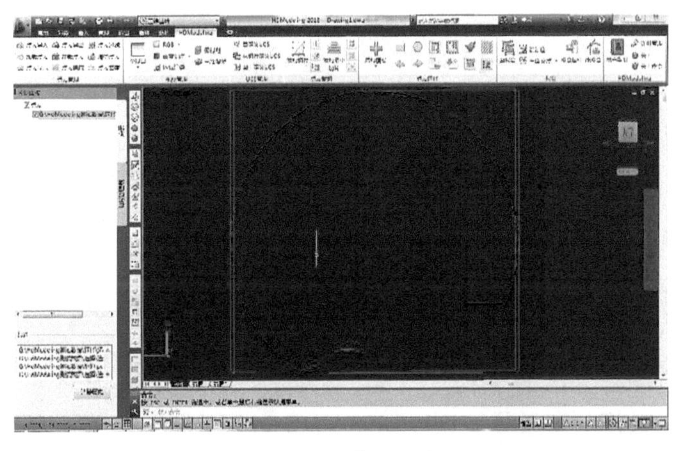

图 8-238　曲面拟合

数据处理流程：点云数据建模根据用户需求，可以选择使用原始点云、颜色点云作为建模数据，本软件提供与其他专业数据处理软件对接的数据格式，使用点云建模软件进行点云建模的基本流程如图 8-239 所示。

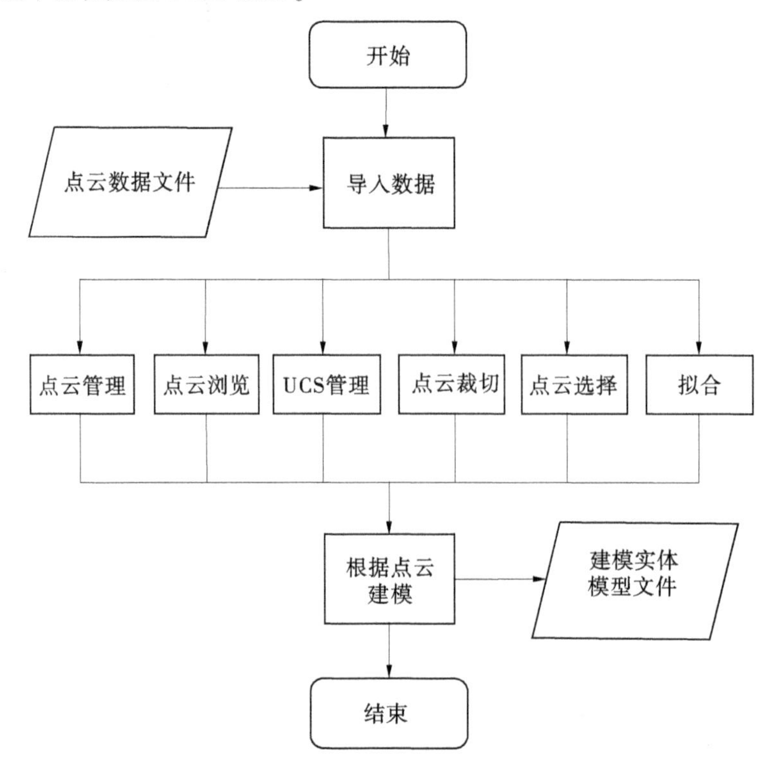

图 8-239 点云三维建模处理流程

8.3.5.5 街景发布与展示平台(HD MapCloud RealVision)

街景地图服务是新一代的地图产品，使用新的地图技术，营造新的产品体验，真正实现了人视角的地图浏览体验，提供更加真实准确、更富画面细节的地图服务。

街景数据的采集生产，其目的就是向各类客户提供服务。由于街景数据量巨大，如导航仪那样的离线应用不太适合，基本只适合在线应用。通过使用与街景生产平台一致的面向街景服务的街景发布与展示平台，可以满足上述需求。

1. 平台概述

街景发布与展示平台(见图 8-240)主要面向不同的终端客户提供基于浏览器和移动终端的流程便捷的三维全景浏览应用展示平台。其主要功能包括：提供 360 度可量测全景在线发布、街景的导航浏览、鼠标探面、面片自动跳转、测量、POI 标注等服务。

2. 主要功能

街景发布与展示平台提供基于互联网浏览器的 360°街景浏览、标注、量测、搜索等综合应用，其功能如下：

(1)支持互联网浏览器 B/S 街景浏览，Flex、JavaScript 开发接口，方便各类定制开发。

(2)提供流畅快捷的街景导航浏览体验，主要包括连续全景实现任意放大、缩小、环

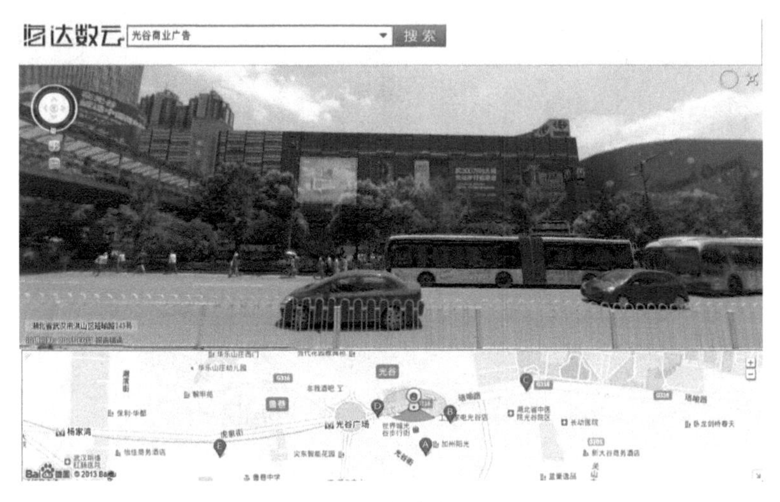

图 8-240　街景发布与展示平台

视、俯瞰和仰视等，达到清晰的沉浸式全景显示效果。

导航分为两种方式：

①逐节点导航。根据导航按钮（前、后、左、右），点击导航按钮，进入下一全景节点，以此来达到导航的目的。

②连续导航。以某条道路为导航线路，点击开始按钮，根据行进速度，连续载入节点。

（3）支持鼠标探面效果，提供基于鼠标探面的街景定位跳转体验；通过点云数据对场景环境信息进行提取。在点云数据与实景影像进行配准之后，当我们将鼠标拖动的时候，能够以面片显示道路、建筑物等地物的表面，如图 8-241 所示。

图 8-241　面片探面效果

（4）支持 POI 标注信息功能。支持 POI 标注信息在街景中无缝加载显示，可在场景中增加虚拟的模型、图片、文字等，以及进行属性挂接（例如城管部件三维模型、广告牌、横幅等），如图 8-242 所示。

（5）支持基于全景的测量功能，如图 8-243 所示。

（6）支持与二维地图联动显示，如图 8-244 所示。

图 8-242　POI 信息显示

图 8-243　全景测量功能

图 8-244　百度地图联动

(7)支持手持移动终端街景应用,如图 8-245 所示。

3. 部署流程

街景成果部署发布主要完成街景成果数据的有效管理并对外提供相应的发布服务。本发布平台系统将设计成分布式系统,采用基于组件的架构和策略来进行系统的层次体系架构设计,采用面向对象的方法对组件与服务进行构件,系统应有很强的扩展性、重用

图 8-245　移动端街景应用

性和很好的性能。在数据层面上通过良好的数据模型设计来应对各种变化；在实现上通过各个层次上的复用提高系统的开发效率和系统的灵活性。

街景成果部署发布应用流程如图 8-246 所示。

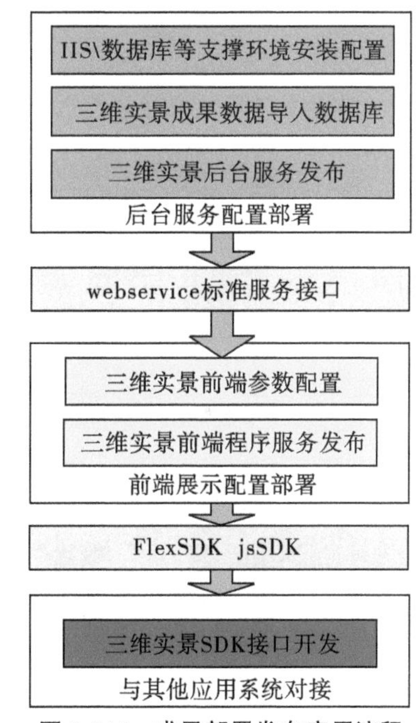

图 8-246　成果部署发布应用流程

8.3.5.6　二次开发包应用插件(HD MapCloud API)

HD MapCloud API 是街景发布与展示平台的二次开发包(见图 8-247)，开发人员可根据引擎提供的对象，根据项目需求进行灵活定制，需要时在相关功能页面中通过简单的 JavaScript 脚本就可以显示丰富的街景应用功能。

提供 Flex、JavaScript 开发接口。提供开发接口详细文档及开发示例 DEMO 程序。通过接口，可与行业系统平台或其他互联网系统无缝集成。

图 8-247　应用二次开发接口在线帮助站点

参 考 文 献

[1] 宿殿鹏,阳凡林,石波,等.船载多传感器综合测量系统点云实时显示技术[J].海洋测绘, 2015, 35(6):29-32.

[2] Pötrönen J. High resolution multibeam survey and mobile laser scanning - comprehensive information for coastal infrastructure management and planning[J]. Hydro12 - Taking care of the sea. 2012.

[3] Mitchell T J Miller C A, Lee T P. "Multibeam serveys extended above theaterline", Proceedings of the Western Dredging Association (WEDA XXXI) Technical Conference and Texas A&M University (TAMU 42) Dredging Seminar, Nashville, Tennessee, June 5-8,2011.

[4] 余建伟, 刘守军. 中海达船载水上水下一体化三维移动测量系统[J]. 测绘通报, 2013(7):119-120.

[5] 汪连贺.三维激光移动测量系统在海岛礁测量中的应用[J].海洋测绘, 2015, 35(5):79-82.

[6] 李杰,唐秋华,丁继胜,等.船载激光扫描系统在海岛测绘中的应用[J].海洋湖沼通报, 2015(3):108-112.

[7] 徐良, 沈蔚, 王林振. 移动激光扫描测量系统在海岛海岸带测量中的应用[J]. 城市勘测, 2016(5).

[8] 彭彤. 基于船载移动激光扫描的滩涂崩岸测量系统关键技术研究[D]. 东华理工大学, 2016.

[9] Paweł B,Artur J. MARITIME LASER SCANNING AS THE SOURCE FOR SPATIAL DATA[J]. POLISH MARITIME RESEARCH, 2015, 4(88):9-14.

[10] 邓神宝, 沈清华, 王小刚. 船载激光三维扫描系统构建与应用[J]. 人民珠江, 2016(10):23-26.

[11] Michoud C, Carrea D, Costa S,et al. Landslide detection and monitoring capability of boat-based mobile laser scanning along Dieppe coastal cliffs, Normandy[J]. Landslides, 2014, 12(2): 403-418.

[12] Mitchell T J, Chang M N. Utilizing Vessel Based Mobile Laser and Bathymetry Survey Techniques for Survey of Four Southern California Breakwaters[C]//Conference on Coastal Engineering Practice. 2014: 957-969.

[13] Puente I, Riveiro B, Arias P. Metrological evaluation of vessel-based mobile lidar for survey of coastal structures[J]. International Journal of Remote Sensing, 2015, 36(10):2622-2633.

[14] Matti Vaaja. Feasibility of mobile laser scanning for mapping and monitoring a riverine environment[R]. Aalto University, 2014.

[15] 李广伟.基于船载 LiDAR 的湖沿岸植被参数估测[D].北京:首都师范大学, 2012.

[16] 边志刚,王冬.船载水上水下一体化综合测量系统技术与应用[J].港工技术,2017(2):109-112.

[17] 石硕崇,周兴华,李杰,等.船载水陆一体化综合测量系统研究进展[J].测绘通报,2019(9):7-12.

[18] 周建红,马耀昌,刘世振,等. 水陆地形三维一体化测量系统关键技术研究[J].人民长江,2017(24):61-65.

[19] 张天巧.水陆机载激光测量技术在岛礁测量中的应用研究[J].城市勘测,2015,6(3):135-138.

[20] 李钦荣. 多波束测深系统在长江河道监测中的应用[J]. 水利信息化,2021(3):51-53.

[21] 陶振杰,朱永帅,成益品,等. 多波束测深系统在沉管隧道基槽回淤监测及边坡稳定性分析中的应用[J]. 中国港湾建设,2021,41(5):15-18.

[22] 曹公平,周小峰,凌佳,等. NORBIT iWBMS 多波束测深系统在宁波市三江河道监测中的应用[J]. 浙江水利科技,2021(3):87-90.

[23] 许招华,王志良,张平. 多波束测深技术在码头地形测量中的应用[J]. 测绘标准化,2021,37(1):83-86.

[24] 吴琼,刘胜震,杨盼,等. 水上水下一体化测绘关键技术研究[J]. 地理空间信息,2020,18(1):32-35.

[25] 杨亮亮. 三维激光扫描技术在矿山地下采空区测量中的应用[J]. 新疆有色金属,2021(4):41-42.

[26] 胡玉祥,李勇,张洪德,等. 基于三维激光扫描技术的空间坐标传递测量及工程应用[J]. 城市勘测,2021(3):117-120.

[27] 莫师慧. 三维激光扫描仪在建筑物竣工测量中的应用研究[J]. 广西城镇建设,2021(6):82-84.

[28] 赵兴友. 三维激光扫描仪在建筑立面测绘中的应用[J]. 测绘与空间地理信息,2021,44:206-208,212.

[29] 阳杨. 三维激光扫描技术在道路工程断面测量中的应用[J]. 企业科技与发展,2021(6):71-72,75.

[30] 余章蓉,王友昆,潘俊华,等. Trimble X7 三维激光扫描仪在建筑工程竣工测量中的应用[J]. 测绘通报,2021(4):160-163.

[31] 宋鹤宁,唐春晓. HERON 背包 SLAM 激光扫描系统在建筑规划测量中的应用[J]. 北京测绘,2021,35(4):485-488.

[32] 周世明. 基于三维激光扫描的铁路隧道净空断面测量[J]. 铁道勘察,2021(3):33-37.

[33] 郑贤泽,朱艳军,陶旭. 三维激光扫描技术在地形测量中的应用分析[J]. 城市勘测,2021(1): 106-109.

[34] 周美川. 三维激光扫描技术在古建筑测绘绘图中的应用[J]. 甘肃科技,2021,37(4):108-110.

[35] 金卓,王占利,张自宾. 基于三维激光扫描的矿井开拓巷道围岩变形测量技术研究[J]. 应用激光,2020,40(6):1120-1125.

[36] 沈清华,邓神宝,庞远宇. 浅析水陆一体化三维移动测量系统[J]. 水利规划与设计,2018(1):125-127.

[37] 石硕崇,周兴华,李杰,等. 船载水陆一体化综合测量系统研究进展[J]. 测绘通报,2019(9):7-12.

[38] 边志刚,王冬. 船载水上水下一体化综合测量系统技术与应用[J]. 港工技术,2017,54(1):109-112.

[39] 杨朋,田立柱,文明征,等. 船载海陆一体化三维地形测量技术在海岸带侵蚀淤积监测中的应用[J]. 地质调查与研究,2020,43(4):348-352.

[40] 王小刚,赵薛强,许军. 珠江口瞬时水位解算方法研究及应用[J]. 水利水电技术,2020,51(11):117-124.

[41] 江四义,苗丰民,游大伟,等. 自动验潮仪数据消波浅析[J]. 海洋技术,2010,29(2):36-38.

[42] 周坚,周绍炜,田志光,等. TGR-2050 型自动验潮仪的使用[J]. 海洋测绘,2012,32(6):60-62.

[43] 李东峰,韩磊. 潮位仪与 GNSS 测定水面高程的方法研究及应用[J]. 测绘与空间地理信息,2020,43

(5):147-149.

[44] 王正杰,王峰,吴自银,等.基于 GNSS PPK 技术确定测深点瞬时潮位及分析[J].海洋技术学报,2020,39(2):58-63.

[45] 刘冠伟,武文博.压力式验潮仪在航道水深测量中的应用[J].水运工程,2019,563:95-99.

[46] Wilfried ELLMER,Patrick GOFFINET. Tidal Correction Using GNSS-Determination of the Chart Datrum [J].2016.

[47] 孙昊,黄辰虎,蒋红燕,等.涨落潮历时时间不等显著海区的水位改正问题[J].海洋测绘,2014,34(6):17-20.

[48] 吴俊彦.中国沿海潮汐类型分布特点[C]//中国测绘学会,中国测绘学会九届四次理事会暨 2008 年学术年会论文集.中国测绘学会:中国测绘学会,2008:194-199.

[49] 许军,暴景阳,于彩霞.《海道测量规范》中水位控制部分修订的要点[J].海洋测绘,2017,37(2):17-19,31.

[50] 刘聚,暴景阳,许军.利用时变潮时差进行水位改正[J].武汉大学学报(信息科学版)2019,44(5):675-681.

[51] 刘云波,李柏.时差法在测深数据水位改正中的应用[J].测绘地理信息,2014,39(6):14-16.

[52] 刘聚,暴景阳,许军.时差法水位改正的精度评估方法研究[J].海洋测绘,2019,39(2):10-15.

[53] 许军,暴景阳,章传银,等.最小二乘水位拟合法的应用优化设置[J].海洋测绘,2016,36(1): 21-24.

[54] 俞成明,张玉山.基于最小二乘的多站水位改正技术[J].海洋测绘,2010,30(4): 26-29.

[55] 刘雷,董玉磊,曲萌,等.基于潮汐模型与余水位监控法的实例分析[J].海洋测绘,2015,35(4):36-39.

[56] 刘洪博,潘国富,应元康,等.基于海洋潮汐动力模型的水位改正方法研究[J].海洋学研究,2014,32(2): 35-39.

[57] 王华,李树明,陆德中.GNSS-PPK 无验潮技术在长江南京以下 12 m 深水航道测量中的应用及精度分析[C]// 2013 年度江苏省测绘学会年会论文集,2013:15-18,24.

[58] 刘胜震,陈景涛,陈真,等.大面积水下地形测绘中的 PPK 技术应用研究[J].测绘空间与信息,2018,41(8): 157-159.

[59] 汪连贺.基于 GNSS-PPK 技术的远距离高精度验潮方法研究[J].海洋测绘,2014,34(4): 24-27.

[60] 张颖,沈卫明,李静,等.南黄海辐射沙脊群海域 GNSS-PPK 海测方案应用分析[J].现代测绘,2019,42(3): 46-48.

[61] 王智明,孙月文.无验潮模式下的宁波杭州湾水下地形测量[J].城市勘测,2019(2): 157-159.

[62] MATSUMOTO K,TAKANEZAWA T,OOE M. Ocean tide models developed by assimilating TOPEX/POSEIDON altimeter data into hydrodynamical model: a global model and a regional model around Japan [J]. Journal of Oceanography,2000(56): 567-581.

[63] CHENG Y C,ANDERSEN O B. Multimission empirical ocean tide modeling for shallow waters and polar seas[J]. Journal of Geophysical Research,2011,116(C11): 1130-1146.

[64] SAVCENKO R, BOSCH W. EOT11A-Empirical ocean tide model from multi-mission satellite altimetry [R]. Germany: DGFI Report No. 89,2012.

[65] LEFEVRE F, LYARD F, PROVOST C L, et al. FES99: a global tide finite element solution assimilating tide gauge and altimetric information[J]. Journal of Atmospheric and Oceanic Technology, 2002, 19(9): 1345-1356.

[66] 边志刚,王冬,许军. 渤海海峡及附近水域水位控制的组织与实施[J]. 海洋测绘,2017,37(3): 45-48.

[67] 侯世喜,黄辰虎,陆秀平,等. 基于余水位配置的海洋潮汐推算研究[J]. 海洋测绘,2005,25(6): 29-33.

[68] 刘庆东,俞成明,许军. 粤东船舶定线制测量中水位控制的实施[J]. 海洋测绘,2015,35(6): 41-43.

[69] 许军,暴景阳,刘雁春,等. 基于 POM 模式与 blending 同化法建立中国近海潮汐模型[J]. 海洋测绘,2008,28(6): 15-17.

[70] XU J, BAO J, ZHANG C, et al. Tide model CST1 of China and its application for the water level reducer of bathymetric data[J]. Marine Geodesy, 2017, 40(2-3): 74-86.

[71] 许军,桑金,刘雷. 中国近海及邻近海域精密潮汐模型的构建[J]. 海洋测绘: 2017,37(6): 13-16.

[72] 中华人民共和国水利部. 水利水电工程测量规范: SL 197—2013[S]. 北京: 中国水利水电出版社, 2013.

[73] 王小刚,赵薛强,沈清华,等. 大范围海域实时水位解算方法应用研究[J]. 人民长江,2020,51(6): 95-100.

[74] 周宇艳,马向阳,冯雷,等. 传统水位改正法的实施条件与评价指标[J]. 海洋测绘,2018,38(1):14-17.

[75] 秦子健,张晓霞. 雷达潮位仪在海洋潮位观测中的技术应用[J]. 信息技术,2014,12(4):55,57.

[76] 陈春,黄辰虎,王智明,等. 海道测量中几种水位改正方法的比较与分析[J]. 海洋测绘,2014,34(1):16-20.

[77] 孙昊,黄辰虎,蒋红燕,等. 涨落潮历时时间不等显著海区的水位改正问题[J]. 海洋测绘,2014,34(6):17-20.

[78] 邹小锋,曹树青,梁达炜,等. 航道测深中的水位改正方法及应用研究[J]. 中国水运·航道科技, 2020(3):54-58.

[79] 何志敏,许军. 大亚湾水域水位控制实施与精度评估[J]. 测绘通报,2021(5): 137-139.

[80] 赵宇鹏,王墉成,王荣林,等. 基于潮汐模型与余水位监控法的海图测量水位改正及应用[J]. 海岸工程,2019,38(4): 304-309.

[81] 黄辰虎,陆秀平,欧阳永忠,等. 远海航渡式水深测量水位改正方法研究[J]. 海洋测绘,2013,33(5):10-14.

[82] 许军,暴景阳,刘雁春,等. 基于区域潮汐场模型的水位控制可行性研究[J]. 海洋测绘,2011,37(4):8-12.

[83] 许军,暴景阳,于彩霞,等. 海洋潮汐与水位控制[M]. 武汉:武汉大学出版社,2020.

[84] 秦立华. 三维激光扫描技术在水利测绘中的应用[J]. 内蒙古水利,2019(6):55-56.

[85] 虞道祥. 三维激光扫描技术在水利工程地形测绘中的运用研究[J]. 工程技术与应用,2018(12): 52-53.

[86] 张华臣. 高精度多波束水深测量方法研究[D]. 上海:上海海洋大学,2020.

[87] 朱相丞,彭广东,王子俊,等.多波束测深技术在护岸工程运行监测中的应用[J].水利技术监督,2021(8):26-29.

[88] 李旭阳.多平台三维激光扫描系统大比例尺测图应用研究[D].西安:长安大学,2020.

[89] 牛英杰.三维激光扫描技术在高速公路沉降监测中的应用[D].青岛:山东科技大学,2019.

[90] 蒋其伟,金绍华,边刚,等.多波束测深系统海底目标探测能力评估方法[J].海洋测绘,2020,40(4):32-34,38.

[91] 付五洲,舒国栋,李涛,等.高分辨率多波束测深系统在长江口河底目标物探测中的应用[J].水利水电快报,2019,40(10):16-18.

[92] 鄢泓哲.多波束测深系统关键技术研究[D].舟山:浙江海洋大学,2019.

[93] 李家彪.多波束勘测原理技术与方法[M].北京:海洋出版社,1999.

[94] 陆秀平.海底地形精密测量数据处理理论方法及应用研究[D].武汉:海军工程大学,2011.

[95] 赵建虎,刘经南.多波束测深及图像数据处理[M].武汉:武汉大学出版社,2008.

[96] Mccaffrey E K. A review of the bathymetric swath survey System[J]. International Hydrographic Review, 1981, LVI I I(1): 19-27.

[97] Tyce R C. Deep seafloor mapping systems—a review[J]. Marine Technology Society Journal, 1986, 20(4): 4-16.

[98] Atanu B. , Saxena N K. A review of shallow water mapping systems[J]. Marine Geodesy, 1999, 22(3): 249-257.

[99] 黄谟涛,翟国君,管铮,等. 多波束测深技术研究进展与展望[J]. 海洋测绘,2000,20(3):2-7.

[100] 黄谟涛,翟国君,欧阳永忠,等.多波束和机载激光测深位置归算及载体姿态影响研究[J]. 测绘学报,2000(1):82-88.

[101] 李家彪,郑玉龙,王小波,等. 多波束测深及影响精度的主要因素[J]. 海洋测绘,2001,21(1):26-32.

[102] 肖付民,暴景阳,吕仁臣.多波束坐标系统及误差源分析[J]. 海洋测绘,2001,21(2):41-44.

[103] 赵建虎.多波束深度及图像数据处理方法研究[D].武汉:武汉大学,2002.

[104] 刘胜旋,关永贤.多波束系统的参数误差判断及校正 [J].海洋测绘,2002,22(1):33-37.

[105] 刘经南,赵建虎.多波束测深系统的现状和发展趋势 [J].海洋测绘,2002,22(5):3-6.

[106] 王闰成.多波束测深系统的安装校准[J].海洋测绘, 2003,23(1):34-37.

[107] 董庆亮,王伟平. EM1002 型多波束测深系统及参数校正[J].海洋测绘,2004,24(5):23-26.

[108] 吴超,殷晓冬,张立华,等.基于不确定度的多波束测深数据质量评估方法[J]. 海洋测绘,2009,29(5):11-14.

[109] 张红梅,赵建虎,柯灝,等.精密多波束测量中时延的确定方法研究[J].武汉大学学报(信息科学版),2009,34(4):449-453.

[110] 丁继胜,张卫红.声速剖面对多波束测深的影响[J]. 海洋测绘,2000,20(2):15-19.

[111] 何高文,刘方兰,余平,等.多波束测深系统声速校正[J]. 海洋地质与第四纪地质,2000(11):109-114.

[112] 隋波,郑彦鹏,刘保华. SeaBeam2100 多波束系统的声速误差分析[J]. 海洋科学进展,2004(1):77-84.

[113] 赖仲滔,方兆宝,陈金火. EM120 型多波束测深系统及在深海测量中的应用[J]. 海洋测绘,2006,26(2):52-54.

[114] 丁继胜,周兴华,吴永亭,等. 多波束回声测深系统测量数据的分离提取方法[J]. 海洋测绘,2006,26(4):33-35.

[115] 朱小辰,肖付民,刘雁春,等. 表层声速对多波束测深影响的研究[J]. 海洋测绘,2007,27(2):23-25.

[116] 董庆亮,韩红旗,方兆宝,等. 声速剖面改正对多波束测深的影响[J]. 海洋测绘,2007,27(2):56-58.

[117] 王闰成,黄永军. 多波束测深外业实施研究[J]. 海洋测绘,2007,27(3):66-70.

[118] 刘胜旋. 关于表层声速对多波束测深影响及改正的探讨[J]. 海洋测绘,2009,29(6):26-29.

[119] 刘胜旋,屈小娟,高佩兰. 声速剖面对多波束测深影响的新认识[J]. 海洋测绘,2008,28(3):31-35.

[120] 关永贤,屈小娟. 多波束测深中声速剖面的横向加密方法[J]. 海洋测绘,2009,29(5):54-56.

[121] 赵建虎,周丰年,张红梅. 局域空间声速模型的建立方法研究[J]. 武汉大学学报(信息科学版),2008,33(2):199-202.

[122] Xueyi Geng, Adam Zielinski. Precise multibeam Acoustic Bathymetry[J]. Marine Geodesy,1999(22):157-167.

[123] 赵建虎,刘经南. 多波束测深系统的归位问题研究[J]. 海洋测绘,2003,23(1):6-7.

[124] 丁继胜. 多波束声纳测深系统的声线弯曲及其校正技术[D]. 青岛:国家海洋局第一海洋研究所,2004.

[125] 丁继胜,周兴华,唐秋华,等. 基于等效声速剖面法的多波束测深系统声线折射改正技术[J]. 海洋测绘, 2004,24(6):27-29.

[126] 陆秀平,边少锋,黄谟涛,等. 常梯度声线跟踪中平均声速的改进算法[J]. 武汉大学学报(信息科学版), 2012,37(5):590-593.

[127] 徐永斌,黄辰虎,申家双,等. 潮汐对多波束测深的影响与改正[J]. 海洋测绘,2008,28(2):29-32.

[128] 刘雷,张永合. 在 CARIS HIPS 中实现多潮位站水位改正[J]. 海洋测绘,2010,30(2):61-63.

[129] 陆秀平,黄辰虎,黄谟涛,等. 浅水多波束测深潮汐改正技术研究[J]. 武汉大学学报(信息科学版),2008,33(9):922-925.

[130] Herlihy D R, et al. Filtering erroneous soundings from multibeam survey data[J]. International Hydrographic Review,1992,LXIX (2):67-76.

[131] Ware C, et al. A system for cleaning high volume bathymetry[J]. International Hydrographic Review, 1992,LXIX (2):77-94.

[132] Shaw S, J Arnold. Automated error detection in multibeam bathymetry data [C]//Ocean'93, IEEE Conference Processings, Victoria, BC, Canada, 1993, 2: II/89-II/94.

[133] Jorgen E E G. On the identification of spikes in soundings[J]. International Hydrographic Review, 1995, LXXII (1):33-41.

[134] Lirakis C B, Bongiovanni K P. Automated multibeam data cleaning and target detection[C]//Oceans 2000, MTS / IEEE Conference and Exhibition, Providence, RI, USA, 2000: 719-723.

[135] Mann M, Agathokils P, Antoniou A. Automatic outlier detection in multibeam data using median filtering [C]//Communications, Computers and Signal Processing, 2001. PACRIM. 2001 IEEE Pacific Rim Conference on, Victoria, BC, Canada, 2001: 690-693.

[136] Calder B R, Mayer L A. Robust automatic multibeam bathymetric processing. Http: // www. thsoa. org / pdf /h01 / 3_4. pdf, 2001.

[137] Calder B R, Mayer L A. On the effect of random errors in gridded bathymetric compilations[J]. Journal of Geophysical Reseach, 2002, 107(12): 1-11.

[138] Calder B R, Mayer L A. Automatic processing of high - rate, high - density multibeam echosounder data [J]. Geochem, Geophys, Geosyst, 2003, 4(6): 24-48.

[139] 朱庆,李德仁. 多波束测深数据的误差分析与处理[J]. 武汉大学学报(信息科学版), 1998, 23(1): 1-4.

[140] 董江,任立生. 基于趋势面的多波束测深数据滤波方法[J]. 海洋测绘, 2007, 27(6): 25-28.

[141] 黄谟涛,翟国君,欧阳永忠,等. 海洋测量异常数据的检测[J]. 测绘学报, 1999(3): 269-277.

[142] HUANG Motao, ZHAI Guo jun, OUYANG Yong zhong, et al. Robust method for the detection of abnormal data in hydrography[J]. International Hydrographic Review, 1999(2): 93-102.

[143] 阳凡林,刘经南,赵建虎. 多波束测深数据的异常检测和滤波[J]. 武汉大学学报(信息科学版), 2004, 29(1): 80-83.

[144] 郭发滨,周兴华,陈义兰. 多波束测深数据出现失真的因果分析[J]. 海洋测绘, 2008, 28(1): 59-61.

[145] 阳凡林,郑作亚,郭金运,等. 多波束测深的异常数据编辑技术和实现[J]. 测绘科学, 2009(6): 78-80.

[146] 孙岚,王海栋,余成道,等. 多波束测深数据异常值检测算法比较[J]. 海洋测绘, 2009, 29(5): 57-60.

[147] 黄辰虎,陆秀平,侯世喜,等. 利用 CUBE 算法剔除多波束测深粗差研究[J]. 海洋测绘, 2010, 30(3): 1-5.

[148] Kammerer E. A new method for the removal of refraction artifacts in multibeam echosounder systems [D]. University of New Brunswick, 2000.

[149] Beaudoin J D, Clarke J E H, Bartlett J E. Application of surface sound speed measurements in post - processing for multi - sector multibeam echosounders[J]. International Hydrographic Review, 2004, 5(3): 26-31.

[150] 黄谟涛,翟国君,欧阳永忠,等. 多波束与单波束测深数据的融合处理技术[J]. 测绘学报, 2001(4): 299-303.

[151] 吴自银,金翔龙,郑玉龙,等. 多波束测深边缘波束误差的综合校正[J]. 海洋学报, 2005, 27(4): 88-94.

[152] 阳凡林,李家彪,吴自银,等. 浅水多波束勘测数据精细处理方法[J]. 测绘学报, 2008, 37(4): 444-457.

[153] 梅赛,高金耀,杨春国,等. 冲绳海南部多波束海底地形虚拟视景仿真初探[J]. 海洋测绘, 2010, 30(2): 19-23.

[154] 刘胜旋,屈小娟. 多波束测深残余折射处理技术的对比研究[J]. 海洋测绘,2010,30(2): 49-54.

[155] 赵建虎,张红梅,严俊,等. 削弱残余误差对多波束测深综合影响的方法研究[J]. 武汉大学学报(信息科学版),2013,38(10): 1184-1187.

[156] 陆秀平,黄谟涛,翟国君,等. 多波束测深数据处理关键技术研究进展与展望[J]. 海洋测绘,2016,36(4):4-9,14.

[157] 普东东,欧阳永忠,马晓宇. 无人船监测与测量技术进展[J]. 海洋测绘,2021,41(1): 8-12,16.

[158] 秦亮亮. 无人船在水下地形测量中的应用[J]. 科技创新与应用,2021(15):169-171.

[159] 胡玗晗. 基于多波束测深系统的隧道沉管覆土及沉降变化研究[J]. 科技资讯,2019(27):1-2,4.

[160] 闫文斌,郑杰尹. 多波束测深技术在水工项目中的应用[J]. 中国水运,2019(5):48-50.

[161] 李贤标. 船载移动测量在水库地形测绘中的应用探析[J]. 珠江水运,2020(12):61-62.

[162] 余建伟,陈海佳,杨晶,等. 中海达船载移动测量系统在河道、库区测量中的应用[J]. 测绘通报,2017(5):157-158.

[163] 张毅. 地面三维激光扫描点云数据处理方法研究[D]. 武汉:武汉大学,2008.

[164] Allen P K, Stamos I. 3D Modeling of Historic Sites using Range and Image Data[J]. International Conference of Robotics and Automation, Taipei, 2003:145~150.

[165] Nabbout Khaled. Terrestrial Laser Scan Applications in Urban Planning[C] . FIG Working Week 2008 and FIG/UN-HABITAT Seminar Stockholm. Sweden. 2008:14-19.

[166] Baltsavias E(Ed.). Recording, Modeling and Visualization of Cultural Heritage[J]. Taylor & Francis Publishers, London, 2006 [516p.].

[167] AV. Leonov et al. Laser scanning and 3D modeling of the Shukhov hyperboloid tower in Moscow[J]. Journal of Cultural Heritage, 2015,16 (4):551-559.

[168] 王婷. 文物真三维数字建模技术在秦始皇兵马俑博物馆中的应用——以一号坑陶俑为例[J]. 文物保护与考古科学,2012(4):103-108.

[169] 李永强,刘会云,冯梅,等. 大型古建筑文物三维数字化保护研究——以白马寺齐云塔为例[J]. 河南理工大学学报(自然科学版),2012(2):186-190.

[170] 赵俊兰,吴依琴,尹文广,等. 三维激光扫描技术在汶川什邡地震遗址虚拟重建中的应用研究[J]. 测绘通报,2012(7):53-56.

[171] 高绍伟,薄志毅,王晓龙. 利用三维激光点云数据绘制地形图[J]. 测绘通报,2014(3):67-70.

[172] 郭超,李建委,冯华俊,等. 三维激光扫描技术在矿区大坝沉陷监测中的应用[J]. 矿山测量,2014(6):70-72.

[173] 吴侃,黄承亮,陈冉丽. 三维激光扫描技术在建筑物变形监测的应用[J]. 辽宁工程技术大学学报(自然科学版),2011(2):205-208.

[174] 杨帆,李龙飞,吴昊. 基于三维激光扫描的边坡变形数据提取研究[J]. 测绘工程,2016(10):1-4.

[175] 张国龙. 基于地面三维激光扫描的滑坡变形监测[D]. 郑州:战略支援部队信息工程大学,2018.

[176] 李欢. 组合导航船姿矫正在多波束测深中的应用研究[D]. 西安:长安大学,2020.

[177] 卢凯乐. 多波束测深数据预处理及系统误差削弱方法研究与实现[D]. 南昌:东华理工大学,2016.

[178] 蒋俊杰,贺慧忠,陈津,等. 海缆路由勘察技术[M]. 北京:机械工业出版社,2017.

[179] 杨盼. 水陆三维一体化测量系统的集成与实现[D]. 成都:成都理工大学,2018.

[180] 王雅君. 基于 Qt 的多波束测深系统显控软件设计实现[D]. 哈尔滨:哈尔滨工程大学,2020.

[181] 吴炳昭,黄谟涛,陆秀平,等. 测量船动态吃水测量方法研究[J]. 海洋测绘,2013,33(4):16-18,22.

[182] 曾如铁. 三维激光扫描的点云数据处理与建模研究[D]. 重庆:重庆交通大学,2019.

[183] 白慧鹏. 地面三维激光点云去噪算法研究[D]. 长沙:长沙理工大学,2019.

[184] 孙钰科. 三维激光点云数据的处理与应用研究[D]. 上海:上海师范大学,2018.

[185] 赵建虎, 陆振波, 王爱学. 海洋测绘技术发展现状[J]. 测绘地理信息, 2017(6): 5-14.

[186] 刘经南, 赵建虎. 多波束测深系统的现状和发展趋势[J]. 海洋测绘,2002(5): 3-6.

[187] 刘雁春. 海洋测深空间结构及其数据处理[J]. 测绘学报. 2001, 30(2): 186.

[188] 赵建虎, 刘经南. 多波束测深及图像数据处理[M]. 武汉:武汉大学出版社, 2008.

[189] 王发省, 张鹏飞, 辛明真, 等. GNSS 船姿测量方法及对多波束测深精度的影响分析[J]. 海洋通报, 2018(5).

[190] Phillips J, Fleming A J G S A, MAP SER. MC-19. Multibeam sonar study of the MAR Rift Valley 36°-37°N[J]. 1976.

[191] 赵会滨, 徐新盛, 吴英姿. 多波束条带测深技术发展动态展望[J]. 哈尔滨工程大学学报, 2001(2):48-52,6.

[192] 戴理文. 基于多波束水深与回波强度融合的高精度水下底质分类方法研究[D]. 广州:东华理工大学, 2019.

[193] Wei M, Schwarz K P. Flight test results from a strapdown airborne gravity system[J]. 1998, 72(6): 323-332.

[194] Nassar S, EI-Sheimy N. A combined algorithm of improving INS error modeling and sensor measurements for accurate INS/GPS navigation[J]. Gps Solution, 2006,10(1): 29-39.

[195] 冯丹琼, 徐晓苏. 船用捷联惯性导航系统姿态算法精度评估研究[J]. 中国惯性技术学报,2005(4).

[196] 孙丽, 秦永远. 捷联惯导系统姿态算法比较[J]. 中国惯性技术学报, 2006(3): 8-12.

[197] Wendel J, Meistersinger O, Monkeys R, et al. Time-Differenced Carrier Phase Measurements for Tightly Coupled GPS/INS Integration[C]// Position, Location, & Navigation Symposium, IEEE/ION. IEEE, 2006.

[198] 艾伦, 金玲, 黄晓瑞. GPS/INS 组合导航技术的综述与展望[J]. 数字通信世界, 2011, 000(2): 58-61.

[199] P. Greiff, B. Boxenhorn, T. King,et al. Silicon monolithic micromechanical gyroscope[J]. proctransducers91 san francisco ca usa, 1991: 966-968.

[200] J M. Godhaven. Adaptive tuning of heave filter in motion sensor[C]//Ocean. IEEE, 1998.

[201] 胡国兵. 微惯性舰体升沉高度测量算法仿真及数据采集系统的研究[D]. 南京:南京航空航天大学, 2005.

[202] 孙伟, 孙枫. 基于惯导解算的舰船升沉测量技术[J]. 仪器仪表学报, 2012,33(1): 167-172.

[203] 严恭敏, 苏幸君, 翁浚, 等. 基于惯导和无时延滤波器的舰船升沉测量[J]. 导航定位学报,

2016, 4(2):91-93,107.

[204] 黄卫权, 李智超, 卢曼曼. 基于 BMFLC 算法的舰船升沉测量方法[J]. 系统工程与电子技术, 2017(12):159-164.

[205] Kuchler S, Eberharter J K, Langer K, et al.. Heave motion estimation of a vessel using acceleration measurements[J]. IFAC Proceedings Volumes, 2011, 44(1): 14742-14747.

[206] 高源. 基于惯性技术的舰船瞬时线运动测量方法研究[D]. 哈尔滨:哈尔滨工程大学.

[207] Chang C C, Lee H W, Lee J T, et al.. Multi-applications of GPS for hydrographic surveys, berlin, heidelberg, F, 2002[C]. Springer Berlin Heidelberg.

[208] Zhao J, Clarke J E, Brucker S, et al.. On the fly GPS tide measurement along the Saint John River [J]. International Hydrographic Review, 2004, 5(3): 48-58.

[209] 阳凡林, 赵建虎, 张红梅, 等. RTK 高程和 Heave 信号的融合及精度分析[J]. 武汉大学学报(信息科学版), 2007, 32(3):225-228.

[210] 周凌峰, 赵汪洋, 赵小明,等. 基于组合惯导的多波束测深系统运动补偿[C]// 惯性技术发展动态发展方向研讨会文集——新世纪惯性技术在国民经济中的应用. 2012.

[211] 朱庆, 李德仁. 多波束测深数据的误差分析与处理[J]. 武汉测绘科技大学学报, 1998, 023(1): 1-4,46.

[212] 黄谟涛, 翟国君, 谢锡君, 等. 多波束和机载激光测深位置归算及载体姿态影响研究[J]. 测绘学报, 2000(1):84-90.

[213] Hopkins R D, Adamo L C. Heave-roll-pitch correction for hydrographic and multi beam survey systems [J]. Ocean Management, 1981: 85-97.

[214] 周平. 多波束测深条带拼接区误差处理方法研究[D]. 南昌:东华理工大学, 2017.

[215] 孙章国. 基于 ARM 的航姿参考系统研究[D]. 上海:上海交通大学, 2010.

[216] 董绪荣, 张守信, 华仲春. GPS/INS 组合导航定位及其应用[M]. 北京:国防科技大学出版社, 1998.

[217] 张荣辉, 贾宏光, 陈涛, 等. 基于四元数法的捷联式惯性导航系统的姿态解算[J]. 光学精密工程, 2008, 16(10):1963-1970.

[218] 王励扬, 翟昆朋, 何文涛, 等. 四阶龙格库塔算法在捷联惯性导航中的应用[J]. 计算机仿真, 2014, 31(11):56-59.

[219] 陈坡. GNSS/INS 深组合导航理论与方法研究[D]. 北京:中国人民解放军信息工程大学, 2013.

[220] Zhong L, Liu J, Li R, et al.. Approach for Detecting Soft Faults in GPS/INS Integrated Navigation based on LS-SVM and AIME[J]. The Journal of Navigation, 2017, 70(3):561-579.

[221] 杜习奇. GPS 与捷联惯导组合导航系统研究[D]. 南京:南京理工大学, 2004.

[222] 田源. GNSS/INS 定位测姿模型构建与算法研究 [D]. 郑州:战略支援部队信息工程大学, 2018.

[223] 杨彬, 何林帮, 汪佳丽. POS MV OceanMaster 系列数据格式解译及其应用[J]. 海洋测绘, 2018 (2):38-42.

[224] Xu P, Liu J, Shi C. Total least squares adjustment in partial errors-in-variables models: algorithm and statistical analysis[J]. Journal of Geodesy, 2012, 86(8):661-675.

[225] 勾启泰. 利用 GPS-RTK 高程进行换能器升沉改正的研究[J]. 岩土工程技术, 2017(5):225-

228,257.

[226] 殷晓冬. 高程基准与海图水深趋算面问题研究[J]. 海洋测绘, 2004(1):9-14.

[227] Balasubramania N. Definition and realization of a global vertical datum[D]. The Ohio State University, 1994.

[228] 柯灏. 海洋无缝垂直基准构建理论和方法研究[D]. 武汉:武汉大学, 2012.

[229] 张泽能, 广东海事局海测大队. 漫谈测量中基准面的确定及相互关系[J]. 中国航海学会航标专业委员会测绘学组 2008 年学术研讨会, 2010.

[230] 孔祥元, 郭际明. 大地测量学基础 [M]. 武汉:武汉大学出版社,2005.

[231] 陈艳华, 周兴华, 孙翠羽, 等. 我国海域无缝垂直基准面的选择[J]. 海岸工程, 2010,029(2):43-48.

[232] 桑金. 基于 GPS 技术的精密水深测量方法研究[D]. 天津:天津大学, 2006.

[233] 李婧. 基于惯性导航的升沉测量方法研究[D]. 哈尔滨:哈尔滨工业大学, 2019.

[234] 奔粤阳, 魏晓峰, 高倩倩, 等. 基于 SINS 舰船升沉测量误差分析与补偿[J]. 系统工程与电子技术.

[235] Cho S Y, Kim B D. Adaptive IIR/FIR fusion filter and its application to the INS/GPS integrated system [J]. Automatica, 2008, 44(8):2040-2047.

[236] 陈江良, 陆志东. 基于 Matlab 的数字滤波器设计及其在捷联惯导系统中的应用[J]. 中国惯性技术学报, 2005(6):12-14.

[237] 徐博, 郝艳玲, 刘付强. 数字滤波方法在光纤陀螺捷联罗经系统中的应用[C]// 中国仪器仪表学会青年学术会议,2007.

[238] Hu Yongpan, Tao Limin. Real-time zero phase filtering for heave measurement[C]// IEEE International Conference on Electronic Measurement & Instruments. IEEE, 2014.

[239] A. V. 奥本海姆, R. W. 谢弗, 奥本海姆, 等. 离散时间信号处理[M]. 西安:西安交通大学出版社, 2001.

[240] 徐博, 郝艳玲, 刘付强. 数字滤波方法在光纤陀螺捷联罗经系统中的应用[C]// 中国仪器仪表学会青年学术会议,2007.

[241] 刘兴, 张鹤. 基于 MATLAB 的 IIR 数字滤波器的设计与仿真分析[J]. 机电设备, 2015, 000(5):68-72.

[242] Giorgi G , Teunissen P J G. Carrier phase GNSS attitude determination with the Multivariate Constrained LAMBDA method[C]// IEEE Aerospace Conference. IEEE, 2010.

[243] Godhavn J M. High quality heave measurements based on GPS RTK and accelerometer technology [C]// OCEANS 2000 MTS/IEEE Conference and Exhibition. IEEE, 2000.

[244] Wang S , Wang J , Wu Z , et al. Instantaneous datum reconstruction method of multi-beam transducer in short- time GPS signal anomaly[J]. Journal ofEngineering Ence And Technology Review, 2017, 10 (6):70-78.

[245] Wikipedia. Point Cloud. http://en. wikipedia. org/wiki/Point_cloud, 2011-01-27/2011-03-01.

[246] 肖春霞. 点模型数字几何处理技术研究[D]. 杭州:浙江大学,2006.

[247] Gross M, Pfister H. Point-Based Graphics[M]. San Francisco: Morgan Kaufmann Publishers Inc.,

2007.

[248] 缪永伟.点模型的几何处理和形状编辑[D].杭州:浙江大学,2007.

[249] 王仁芳.点模型数字几何处理若干技术研究[D].杭州:浙江大学,2007.

[250] Weyrich T, Pauly M, Keiser R,et al. Post-processing of Scanned 3D Surface Data[C]//Alexa M, Rusinkiewicz S(eds.). Eurographics Symposium on Point-Based Graphics. Geneve: Eurographics Association,2004.

[251] 金涛,童永光.逆向工程技术[M].北京:机械工业出版社,2003.

[252] Wand M, Adams B, Ovsjanikov M,et al. Efficient Reconstruction of Nonrigid Shape and Motion from Real-time 3D Scanner Data[J]. ACM Transactions on Graphics,2009,28(2):15.

[253] Li H, Adams B, Guibas L J,et al. Robust Single-view Geometry and Motion Reconstruction[J]. ACM Transactions on Graphics,2009, 28(5):175.

[254] Bernardini F, Rushmeier H. The 3D Model Acquisition Pipeline[J]. Computer Graphics Forum,2002, 21(2):149-172.

[255] 胡国飞.三维数字表面去噪光顺技术研究[D].杭州:浙江大学,2005.

[256] 苗兰芳.点模型的表面几何建模和绘制[D].杭州:浙江大学,2005.

[257] Nan L, Sharf A, Zhang H, Cohen-Or D, Chen B. Smart boxes for interactive urban reconstruction[J]. ACM Transactions on Graphics, 2010, 29(4):93.

[258] Zheng Q, Sharf A, Wan G,et al. Nonlocal scan consolidation for 3D urban scenes[J]. ACM Transactions on Graphics,2010,29(4):94.

[259] Chen J, Chen B. Architectural modeling from sparsely scanned range data[J]. International Journal of Computer Vision,2008,78(2-3): 223-236.

[260] 张连伟.散乱点云三维表面重建技术研究[D].长沙:国防科学技术大学,2009.

[261] 孟娜.基于激光扫描点云的数据处理技术研究[D].济南:山东大学,2009.

[262] Alexa M, Behr J, Cohen-Or D, Fleishman S, Levin D, Silva C T. Point Set Surfaces[C]//Ertl T, Joy K I, Varshney A(eds.). The 11th IEEE Conference on Visualization. Washington DC: IEEE Computer Society Press, 2001:21-28.

[263] Hoppe H, De Rose T, Duchamp T,et al. Surface reconstruction from unorganized points[J]. Computer Graphics,1992, 26(2):71-78.

[264] Curless B, Levoy M. A volumetric method for building complex models from range images[C]//Jii F (ed.). The 23rd Annual Conference on Computer Graphics and Interactive Techniques (SIGGRAPH96). New York: ACM Press,1996:303-312.

[265] Wheeler M D, Sato Y, Ikeuchi K. Consensus Surfaces for Modeling 3D Objects from Multiple Range Images[C]//Davis L, Zisserman A, Yachida M, Narasimhan R(eds.). The 6th International Conference on Computer Vision(ICCV98). Washington DC: IEEE Computer Society Press,1998:917-924.

[266] Turk G, Levoy M. Zippered Polygon Meshes from Range Images[C]//Bailey M(ed.). The 21st Annual Conference on Computer Graphics and Interactive Techniques (SIGGRAPH94). New York: ACM Press, 1994:311-318.

[267] Soucy M, Laurendeau D. Surface Modeling from Dynamic Integration of Multiple Range Views[C]//

Gelsema E, Backer E(eds.). Intl. Conf. on Pattern Recognition. Washington DC: IEEE Computer Society Press, 1992:449-452.

[268] Goshtasby A, O'Neill W D. Surface Fitting to Scattered Data by a Sum of Gaussians[J]. Computer Aided Geometric Design, 1993, 10(2):143-156.

[269] Krishnamurthy V, Levoy M. Fitting Smooth Surfaces to Dense Polygon Meshes[C]//Jii F(ed.). The 23rd Annual Conference on Computer Graphics and Interactive Techniques (SIGGRAPH96). New York: ACM Press, 1996:313-324.

[270] Fan H, Yu Y, Peng Q. Robust Feature-Preserving Mesh Denoising based on Consistent Subneighborhoods[J]. IEEE Transactions on Visualization and Computer Graphics, 2010, 16(2):312-324.

[271] Zheng Y, Fu H, Au O K-C, et al. Bilateral Normal Filtering for Mesh Denoising[J]. IEEE Trans. Vis. & Comp. Graph., To appear.

[272] Botsch M, Pauly M, Kobbelt L, et al. Geometric Modeling based on Polygonal Meshes[Z]. New York: ACM Press, 2007.

[273] Schall O, Belyaev A, Seidel H-P. Adaptive Feature-Preserving Nonlocal Denoising of Static and Time-varying Range Data[J]. Computer-Aided Design, 2008, (40):701-707.

[274] Desbrun M, Meyer M, Schröder P, et al. Implicit Fairing of Irregular Meshes using Diffusion and Curvature Flow[C]//Waggenspack(ed.). The 26th Annual Conference on Computer Graphics and Interactive Techniques(SIGGRAPH99). New York: ACM Press, 1999:317-324.

[275] Hildebrandt K, Polthier K. Anisotropic Filtering of Non-linear Surface Features[J]. Computer Graphics Forum, 2004, 23(3):391-400.

[276] Clarenz U, Rumpf M, Telea A. Fairing of Point Based Surfaces[C]//Cohen-Or D, Jain L, Magnenat-Thalmann N(eds.). Computer Graphics International. Washington DC: IEEE Computer Society Press, 2004:600-603.

[277] Lange C, Polthier K. Anisotropic Smoothing of Point Sets[J]. Computer Aided Geometric Design, 2005, 22(7):680-692.

[278] Xiao C, Miao Y, Liu S, et al. A Dynamic Balanced Flow for Filtering Point Sampled Geometry[J]. The Visual Computer, 2006, 22(3): 210-219.

[279] Taubin G. A Signal Processing Approach to Fair Surface Design[C]//Mair S G, Cook R(eds.). The 22nd Annual Conference on Computer Graphics and Interactive Techniques (SIGGRAPH95). New York: ACM Press, 1995:351-358.

[280] Linsen L. Point Cloud Representation[R]. Karlsruhe: Faculty of Computer Science, University of Karlsruhe, 2001:3-8.

[281] Pauly M, Kobbelt L, Gross M. Multiresolution Modeling Of Point-Sampled Geometry[R]. ETH Zurich: Computer Science Department, 2002: 3-4.

[282] Pauly M, Gross M. Spectral Processing of Point-Sampled Geometry[C]//Pocock L(ed.). The 28th Annual Conference on Computer Graphics and Interactive Techniques (SIGGRAPH01). New York: ACM Press, 2001:379-386.

[283] Tomasi C, Manduchi R. Bilateral Filtering for Gray and Color Images[C]//Davis L, Zisserman A,

Yachida M, Narasimhan R(eds.). IEEE Int. Conf. on Computer Vision. Washington DC: IEEE Computer Society Press,1998:836-846.

[284] Fleishman S, Drori I, Cohen-Or D. Bilateral Mesh Denoising[J]. ACM Transactions on Graphics, 2003,22(3):950-953.

[285] Hu G, Peng Q, Forrest A R. Mean Shift Denoising of Point-Sampled Surfaces[J]. The Visual Computer,2006,22(3):147-157.

[286] Levin D. Mesh-independent Surface Interpolation[C]//Brunnett G, Hamann B, Müller H, Linsen L (eds.). Geometric Modeling for Scientific Visualization, Heidelberg: Spinger Verlag,2003:37-49.

[287] Amenta N, Kil Y: Defining Point-Set Surfaces[J]. ACM Transactions on Graphics,2004,23(3):264-270.

[288] Alexa M, Adamson A. On Normals and Projection Operators for Surfaces Defined by Point Sets[C]// Alexa M, Rusinkiewicz S(eds.). Eurographics Symposium on Point-Based Graphics. Geneve: Eurographics Association,2004:149-156.

[289] Alexa M, Adamson A. Interpolatory Point Set Surfaces - Convexity and Hermite Data[J]. ACM Transactions on Graphics, 2009, 28(2):20.

[290] Amenta N, Kil Y. The Domain of a Point Set Surface[C]//Alexa M, Rusinkiewicz S(eds.). Eurographics Symposium on Point-Based Graphics. Geneve: Eurographics Association,2004:139-147.

[291] Guennebaud G, Gross M. Algebraic Point Set Surfaces[J]. ACM Transactions on Graphics, 2007, 26 (3):23.

[292] Guennebaud G, Germann M, Gross M. Dynamic Sampling and Rendering of Algebraic Point Set Surfaces[J]. Computer Graphics Forum,2008, 27(2): 653-652.

[293] Mederos B, Velho L, de Figueiredo L H. Robust Smoothing of Noisy Point Clouds[C]//Lucian M, Neamtu M(eds.). SIAM Conference on Geometric Design and Computing. Seattle: Nashboro Press, 2003:405-416.

[294] Fleishman S, Cohen-or D, Silva C T. Robust Moving Least-squares Fitting with Sharp Features[J]. ACM Transactions on Graphics, 2005,24(3):544-552.

[295] Lipman Y, Cohen-Or D, Levin D. Data-dependent MLS for Faithful Surface Approximation[C]//Belyaev A, Garland M(eds.). The 5th Eurographics Symposium on Geometry Processing. Geneve: Eurographics Association,2007:59-67.

[296] Öztireli C, Guennebaud G, Gross M. Feature Preserving Point Set Surfaces based on Non-linear Kernel Regression[J]. Computer Graphics Forum,2009,28(2):493-501.

[297] Lipman Y, Cohen-Or D, Levin D,et al. Parameterization-free Projection for Geometry Reconstruction [J]. ACM Transactions on Graphics,2007,26(3):22.

[298] Schall O, Belyaev A G, Seidel HP. Robust Filtering of Noisy Scattered Point Data[C]//Pauly M, Zwicker M(eds.). IEEE/Eurographics Symposium on Point-Based Graphics. Washington DC: IEEE Computer Society Press,2005:71-77.

[299] Jenke P, Wand M, Bokeloh M,et al. Bayesian PointCloud Reconstruction[J]. Computer Graphics Forum,2006,25(3): 379-388.

[300] Zhang L, Liu L, Gotsman C, et al. Mesh Reconstruction by Meshless Denoising and Parameterization [J]. Computes & Graphics, 2010, 34(3): 198-208.

[301] Avron H, Sharf A, Greif C, et al. L1-sparse Reconstruction of Sharp Point Set Surfaces[J]. ACM Transactions on Graphics, 2010, 29(5): 135.

[302] Yoon M, Ivrissimtzis I, Lee S. Variational Bayesian Noise Estimation of Point Sets[J]. Computers & Graphics, 2009, 33(3): 226-234.

[303] Sun X, Rosin P L, Martin R R, Langbein F C. Noise Analysis and Synthesis for 3D Laser Depth Scanners[J]. Graph. Models, 2009, 71(2): 34-48.

[304] Abbasinejad F F, Kil Y J, Sharf A, et al. Rotating Scans for Systematic Error Removal[J]. Computer Graphics Forumm, 2009, 28(5): 1319-1326.

[305] Wand M, Berner A, Bokeloh M, et al. Processing and Interactive Editing of Huge Point Clouds from 3D Scanners[J]. Computers & Graphics, 2008, 32(2): 204-220.

[306] Medioni G, Lee M-S, Tang C-K. A Computational Framework for Segmentation and Grouping[M]. Amsterdam: Elsevier, 2000: 33-64.

[307] Huhle B, Schairer T, Jenke P, et al. Fusion of Range and Color Images for Denoising and Resolution Enhancement with a Non-local Filter[J]. Comput. Vis. Image Underst., 2010, 114(12): 1336-1345.

[308] Shen J, Yoon D, Shehu D, et al. Spectral Moving Removal ofNon-isolated Surface Outlier Clusters[J]. Computer-Aided Design. 2009, 41(3): 256-267.

[309] Umasuthan M, Wallace A M. Outlier Removal and Discontinuity Preserving Smoothing of Range Data [J]. Vision Image Signal Process., 1996, 143(3): 91-200.

[310] Liu S, Chan K-C, Wang C C L. Iterative Consolidation of Unorganized Points[J]. IEEE Computer Graphics and Applications, 2011, to appear.

[311] Huang H, Li D, Zhang H, et al. Consolidation of Unorganized Point Clouds for Surface Reconstruction [J]. ACM Transactions on Graphics, 2009, 28(5): 176.

[312] Ju T. Fixing Geometric Errors on Polygonal Models: A Survey[J]. Journal of Computer Science and Technology, 2009, 24(1): 19-29.

[313] Bendels G H, Schnabel R, Klein R. Detecting Holes in Point Set Surfaces[J]. Journal of WSCG, 2006, 14(1-3): 89-96.

[314] Davis J, Marschner S, Garr M, et al. Filling Holes in Complex Surfaces Using Volumetric Diffusion [C]//Cortelazzo G M, Guerra C(eds.). International Symposium on 3D Data Processing, Visualization and Transmission. Washington DC: IEEE Computer Society Press, 2002: 428-438.

[315] Park S, Guo X, Shin H, et al. Shape and Appearance Repair for Incomplete Point Surfaces[C]// Chaudhuri S, Freeman B, Gool L V(eds.). The 10th IEEE International Conference on Computer Vision(ICCV2005), Washington DC: IEEE Computer Society Press, 2005: 1260-1267.

[316] Xiao C, Zheng W, Miao Y, et al. A Unified Method for Appearance and Geometry Completion of Point Set Surfaces[J]. The Visual Computer, 2007, 23(6): 433-443.

[317] Fischler M A, Bolles R C. Random Sample Consensus: A Paradigm for Model Fitting with Applications to Image Analysis and Automated Cartography[J]. Comm. of the ACM, 1981, 24(6): 381-395.

[318] Schanbel R, Degener P, Klein R. Completion and Reconstruction with Primitive Shapes[J]. Computer Graphics Forum,2009, 28(2):503-512.

[319] Rusinkiewicz S, Levoy M. Qsplat: A Multiresolution Point Rendering System for Large Meshes[C]// White J(ed.). The 27th Annual Conference on Computer Graphics and Interactive Techniques (SIGGRAPH00). New York: ACM Press,2000:343-352.

[320] Zwicker M, Pfister H, van Baar J,et al. Surface Splatting[C]//Pocock L(ed.). The 28th Annual Conference on Computer Graphics and Interactive Techniques (SIGGRAPH01). New York: ACM Press, 2001:371-378.

[321] Ohtake Y, Belyaev A,et al. Multi-level Partition of Unity Implicits[J]. ACM Transactions on Graphics, 2003, 22(3):463-470.

[322] Shen C, O'Brien J F, Shewchuk J R. Interpolating and Approximating Implicit Surface from Polygon Soup[J]. ACM Transactions on Graphics, 2004,23(3):896-904.

[323] Kazhdan M, Bolitho M, Hoppe H. Poisson Surface Reconstruction[C]//Sheffer A, Polthier K(eds.). The 4th Eurographics Symposium on Geometry Processing. Geneve: Eurographics Association, 2006: 61-70.

[324] Pauly M, Keiser R, Kobbelt L P,et al. Shape Modeling with Point-Sampled Geometry[J]. ACM Transactions on Graphics, 2003, 22(3): 641-650.

[325] Lalonde J-F, Unnikrishnan R, Vandapel N,et al. Scale Selection for Classification of Point-Sampled 3D Surfaces[C]//Rushmeier H, Fisher R(eds.). The 5th International Conference on 3D Digital Imaging and Modeling. Washington DC: IEEE Computer Society Press, 2005:285-292.

[326] Mitra N J, Nguyen A. Estimating Surface Normals in Noisy Point Cloud Data[C]//de Berg M, Mount D(eds.). The 19th Annual Symposium on Computational Geometry. New York: ACM Press, 2003: 322-328.

[327] Yoon M, Lee Y, Lee S,et al. Surface and Normal Ensembles for Surface Reconstruction[J]. Comput. Aided Des. ,2007,39(5):408-420.

[328] Amenta N, Bern M. Surface Reconstruction by Voronoi Filtering[C]//Janardan R(ed.). The 14th Annual Symposium on Computational Geometry. New York: ACM Press, 1998:39-48.

[329] Dey T K, Goswami S. Provable Surface Reconstruction from Noisy Samples[J]. Comput. Geom. Theory Appl. , 2006, 35(1):124-141.

[330] Ou Yang D, Feng H-Y. On the Normal Vector Estimation for Point Cloud Data from Smooth Surfaces [J]. Computer-Aided Design,2005,37(10): 1071-1079.

[331] Alliez P, Cohen-Steiner D, Tong Y,et al. Voronoi-based Variational Reconstruction of Unoriented Point Sets[C]//Belyaev A, Garland M(eds.). The 5th Eurographics Symposium on Geometry Processing. Geneve: Eurographics Association,2007:39-48.

[332] Rousseeuw P J, Leroy A M. Robust regression and outlier detection[M]. New York: John Wiley & Sons Inc. ,1987:1-18.

[333] Huber P J, Ronchetti E. Robust statistics[M]. New York: John Wiley &Sons Inc. ,2009:1-20.

[334] Hoppe H,DeRose T,Duchamp T,et al. Surface reconstruction from unorganized points[C]. Computer

Graphics Proceedings. ACM SIGGRAPH. 1992:71-78.

[335] 郭凤华. 几何造型中参数化与拟合技术的研究[D]. 山东:山东大学. 2007.

[336] ECK M, Hoppe H. Automatic reconstruction of B-spline surface of arbitray topological type[C]. SIGGRAPH. 1996:325-334.

[337] Piegl L A, Tiller W. Surface approximation to scanned data[J]. The Visual Computer. 2000. 16:86-395.

[338] Floater M S. Meshless parameterization and B-spline approximation[J]. The Mathematics of Surface. 2000, 1-18.

[339] 冯洁青. 赵豫红. 万华根,等. 基于曲线和曲面控制的多边形物体变性反走样[J]. 计算机学报, 2005,28(1):60-67.

[340] 计忠平,刘利刚,王国瑾. 无局部自交的轴变形新方法[J]. 计算机学报,2005,28(1):60-67.

[341] N. Amenta. M. Bern. D. Eppstein. The curst and the B-skeleton: combinatorial curve reconstruction [J]. Graphical Models. 2001,63:1-20.

[342] 董辰世. 汪国超. 一个利用法矢的散乱点三角剖分计算[J]. 计算机学报,2005,28(6):1000-1005.

[343] Adamy U. Giesen J. Jhon M. Surface reconstruction using umbrella filters[J]. Computational Geometry Theory&Applications. 2002,21(1-2):63-68.

[344] 许军,暴景阳,于彩霞. 海道测量水位控制原理与方法[M]. 北京:测绘出版社,2020.

[345] 涂玉林. 基于网络 RTK 的无验潮测量系统研制及精度分析[D]. 南京:东南大学,2018.

[346] 秦永元,等. 卡尔曼滤波与组合导航原理[M]. 西安:西北工业大学出版社,2015.

[347] Paul D. Groves. 李涛,练军想,等译. GNSS 与惯性及多传感器组合导航系统原理[M]. 北京:国防工业出版社,2015.